Springer-Lehrbuch

Springer
Berlin
Heidelberg
New York
Hongkong
London
Mailand
Paris
Tokio

Grundwissen Mathematik

Ebbinghaus et al.: Zahlen
Elstrodt: Maß- und Integrationstheorie
Hämmerlin† /Hoffmann: Numerische Mathematik
Koecher†: Lineare Algebra und analytische Geometrie
Leutbecher: Zahlentheorie
Remmert/Schumacher: Funktionentheorie 1
Remmert: Funktionentheorie 2
Walter: Analysis 1
Walter: Analysis 2

Wolfgang Walter

Analysis 1

Siebente Auflage

Mit 145 Abbildungen

Springer

Wolfgang Walter
Universität Karlsruhe
Mathematisches Institut I
76128 Karlsruhe, Deutschland
e-mail: wolfgang.walter@math.uni-karlsruhe.de

Mathematics Subject Classification (2000): 26-01, 26-03, 26Axx, 34A30

Dieser Band erschien bis zur 2. Auflage (1990) als Band 3 der Reihe *Grundwissen Mathematik*

Die Deutsche Bibliothek – CIP-Einheitsaufnahme

Bibliografische Information Der Deutschen Bibliothek
Die Deutsche Bibliothek verzeichnet diese Publikation in der Deutschen Nationalbibliografie; detaillierte bibliografische Daten sind im Internet über <http://dnb.ddb.de> abrufbar.

ISBN 3-540-20388-5 Springer-Verlag Berlin Heidelberg New York
ISBN 3-540-41984-5 6. Aufl. Springer-Verlag Berlin Heidelberg New York

Springer-Verlag ist ein Unternehmen von Springer Science+Business Media GmbH

springer.de

Einbandgestaltung: *design & production* GmbH, Heidelberg
Druck- und Bindearbeiten: Strauss Offsetdruck, Mörlenbach
Gedruckt auf säurefreiem Papier 44/3142ck - 5 4 3 2 1 0

Vorwort zur 7. Auflage

In der Neuauflage wurden keine wesentlichen Änderungen vorgenommen. Einige Druckfehler wurden beseitigt und auch kleine Korrekturen im Text angebracht. Herrn Professor Alexander Ostermann und seinen Studenten der Universität Innsbruck danke ich für eine Reihe entsprechender Hinweise.

Karlsruhe, im November 2003 Wolfgang Walter

Vorwort zur 6. Auflage

In der Neuauflage sind keine größeren Änderungen vorgenommen worden. Der Text wurde durch zwei Einschübe bereichert. Im Abschnitt 11.20 werden einige Funktionen mit interessanten Eigenschaften untersucht, die ein vertieftes Verständnis über Extrema von Funktionen und die zugehörigen Kriterien vermittelt.

Der Abschnitt 12.27 ist der Gronwallschen Ungleichung gewidmet; sie wird heute in zahlreichen Gebieten der Analysis als wertvolle Hilfe benutzt. Daran schließen sich in 12.28–29 einige verwandte Integral-Ungleichungen an. Die Darstellung soll auch deutlich machen, daß wir heute einen sehr einfachen Zugang zu diesen Ungleichungen haben und – was erstaunen mag – daß Gronwalls Schranke nicht optimal ist.

Verschiedene neue Aufgaben, teilweise mit Lösungen, erweitern das Übungsmaterial.

Für die Hilfe bei der Vorbereitung der Neuauflage gilt Frau H. Schreiber und Frau M. Ewald mein bester Dank, ebenso dem Verlag für die gute Zusammenarbeit und das bereitwillige Eingehen auf meine Wünsche.

Karlsruhe, im Juni 2001 Wolfgang Walter

Vorwort zur 4. Auflage

Größere Änderungen wurden in der Neuauflage nicht vorgenommen. Hinweise aus dem Leserkreis, für die sich der Autor bedankt, haben die Zahl der noch unentdeckten Druckfehler weiter verringert und auch sonst zu Verbesserungen geführt.

Das letzte Thema von §12 „Verallgemeinerung des Mittelwertsatzes" wurde durch mehrere Übungsaufgaben vertieft; insbesondere wurde der Satz von Zygmund aufgenommen. Der hier gebotene Zugang zu wesentlichen Sätzen der Analysis besticht durch Kürze und Einfachheit und ist auch heute noch nicht allgemein bekannt, wie die entsprechende Literatur zeigt. Er geht wohl auf Zygmund zurück und findet sich in dem Buch *Theory of the Integral* von S. Saks (2nd ed., Warszawa 1937, p. 203). Seine Grundidee läßt sich bis auf L. Scheeffer (Acta math. 5 (1884/1885)) zurückverfolgen.

Karlsruhe, im November 1996 Wolfgang Walter

Vorwort zur ersten Auflage

Das vorliegende Buch ist der erste Band eines zweibändigen Werkes über Analysis und behandelt die Funktionen einer reellen Veränderlichen. In der komplexen Analysis beschränkt es sich im wesentlichen auf Potenzreihen. Es enthält insbesondere den Stoff, welcher üblicherweise im ersten Semester einer einführenden Analysis-Vorlesung für Mathematiker, Physiker und Informatiker geboten wird, und geht an einigen Stellen darüber hinaus. Das Buch wendet sich an Studenten, denen es sich als ein hilfreicher Begleiter der Vorlesung und eine Quelle zur Vertiefung des Gegenstandes anbietet, an die im Beruf stehenden Mathematiker, besonders an die Lehrer an weiterführenden Schulen, und schließlich an alle, die etwas über die Analysis und ihre Bedeutung im größeren naturwissenschaftlichen und kulturellen Zusammenhang erfahren möchten.

Damit sind wir bei einem wesentlichen Anliegen der Lehrbuchreihe „Grundwissen Mathematik", dem historischen Bezug. Die mathematischen Begriffe und Inhalte der Analysis sind nicht vom Himmel der reinen Erkenntnis gefallen, und kein Denker im Elfenbeinturm hat sie ersonnen. Die europäische Geistesgeschichte beginnt dort, wo Natur nicht mehr als rätselhaftes, von unheimlichen höheren Mächten gesteuertes Geschehen, sondern als rational erklärbar verstanden wird: bei den jonischen Philosophen des 6. vorchristlichen Jahrhunderts. Die Analysis ist entstanden in der Verfolgung dieses Zieles, die Welt rational zu durchdringen und ihre Gesetzmäßigkeiten zu finden. Ihre Geschichte ist ein Stück Kulturgeschichte.

Jedem einzelnen Paragraphen ist ein Prolog vorangestellt, in welchem die historische Entwicklung und gelegentlich auch die Lebensumstände der Hauptdarsteller dargelegt werden. Die Grundbegriffe reelle Zahl, Funktion, Grenzwert und Stetigkeit, Ableitung und Integral treten uns im heutigen Unterricht in der Form eines Axiomensystems oder einer abstrakten Definition entgegen, welche wenig über Sinn, Zweck und Bedeutung verrät. All diese Begriffe sind im Ansatz bereits in der Antike vorhanden, und sei es auch nur in der Form der Nichtbewältigung (wie bei der reellen Zahl). Sie waren das unentbehrliche Handwerkszeug für die Entdeckung der Naturgesetze und wurden dabei unter bewußter Aufgabe der „griechischen Strenge" geschaffen, um schließlich im 19. Jahrhundert wieder auf ein sicheres Fundament gestellt zu werden. Die Schilderung dieses historischen Prozesses stößt auf eine wohlbekannte Schwierigkeit: Die methodisch bedingte Anordnung einer heutigen Vorlesung ist völlig verschieden von der historischen Evolution des Gegenstandes. Wenn diese nicht in einen Anhang verbannt, sondern parallel zum Text dargestellt wird, so war dafür vor allem der Gesichtspunkt maßgebend, daß nur in der Nähe zum Gegenstand eine lebendige, durch konkrete Aufgaben und Beispiele illustrierte Beschreibung gedeiht. Verweise und gelegentliche Überschneidungen waren dabei nicht ganz zu vermeiden.

Die sachlichen und methodischen Prinzipien, denen der Autor hier Gestalt geben wollte, seien kurz erläutert. Das Fundament, auf dem wir das Gebäude der Analysis errichten, ist ein Axiomensystem für die reellen Zahlen. Das Vollständigkeitsaxiom erscheint in der Form der Existenz des Supremums einer beschränkten Menge. Im Teil A (Grundlagen) werden die Überlegungen, welche zur Existenz von Wurzeln führen, sogleich für Lipschitz-Funktionen durchgeführt. So ergibt sich ohne Mehrarbeit (und ohne ε und δ) ein erster Satz über die Umkehrfunktion. Die Ungleichung zwischen dem arithmetischen und dem geometrischen Mittel, hier kurz AGM-Ungleichung genannt, wird an mehreren Stellen mit Vorteil benutzt. Die Themen Stetigkeit und Grenzwert werden im Teil B vor der Differential- und Integralrechnung behandelt, und in diesem Teil werden auch die elementaren Funktionen eingeführt. Hier folgen wir also einer „kontinentalen", auf Euler (Introductio) und Cauchy (Cours d'Analyse) zurückgehenden Tradition, während englischsprachige Lehrbücher des ‚Calculus' die Differentialrechnung nach vorne ziehen. Eine bewußte Betonung der Ordnungsstruktur (sie ist schon beim Vollständigkeitsaxiom angedeutet) kommt u.a. bei den zentralen Existenzsätzen, dem Zwischenwertsatz und dem Satz von Bolzano-Weierstraß und ihren Beweisen zum Ausdruck: Eine beschränkte Folge hat einen größten (und einen kleinsten) Häufungspunkt, und eine stetige, das Vorzeichen wechselnde Funktion hat eine erste Nullstelle. Das Halbierungsverfahren als Beweisprinzip erscheint erst im 2. Band.

Im Teil C schließlich wird die Differential- und Integralrechnung dargestellt. Wir beginnen mit dem Integral. Man kann jedoch bei der Erarbeitung des Stoffes ohne weiteres die Reihenfolge umkehren, also die Abschnitte 10.1 bis 10.11 über die Ableitung vorziehen und nach dem Integral (§ 9) beim Hauptsatz weitermachen. Die hier gewählte Anordnung hat der Autor seit vielen Jahren im Hörsaal erprobt. Sie übt auf den Dozenten einen gelinden Druck aus, den zentralen Begriff des Integrals eingehend und mit Beispielen zu behandeln; der Hauptsatz ist ja noch nicht in Sicht! Daß wir beim altbewährten Riemann-Integral geblieben sind, hat vor allem zwei Gründe. Das Integral mißt eine Größe, welche elementarer Messung nicht zugänglich ist. Die Einschließung von beiden Seiten, welche dem Riemann-Integral zugrundeliegt, bringt diesen Aspekt in unübertroffener Klarheit und Anschaulichkeit zum Ausdruck. Das gilt im besonderen für die durch Integrale gemessenen geometrischen und physikalischen Größen. Zum zweiten wurde in den letzten Jahren ein einfacher, direkter Zugang zum Lebesgue- und Perron-Integral gefunden, der auf Riemannschen Summen basiert und im zweiten Band dargestellt werden soll. Am Schluß dieses Teiles wird der allgemeine Mittelwertsatz mit einer einfachen, noch wenig bekannten Methode bewiesen. Ob sie dereinst den Satz von Rolle verdrängen wird, wird sich erweisen (hier hat sie es nicht getan).

Ein Verweis auf Satz 6.7 (Corollar 6.7) bezieht sich auf den Satz (das Corollar) im Abschnitt 6.7, welcher sich in § 6 befindet. Die Aufgabe 7 im Aufgabenteil von § 6 wird als Aufgabe 6.7, innerhalb von § 6 als Aufgabe 7 zitiert.

Ein Verweis auf Abschnitt II.8.1 bezieht sich auf den Abschnitt 8.1 im zweiten Band.

Das Herausgebergremium hat das Entstehen des Werkes kritisch begleitet, und insbesondere Herr Lamotke hat durch nützliche Vorschläge zu seiner Verbesserung beigetragen. Herr Dr. A. Voigt hat fast alle Bilder mit sicherem Blick für das Wesentliche gezeichnet; das Programmieren des Tuschezeichners besorgte Herr cand. inf. B. Stauß. Die schwierige Aufgabe, aus einer vielfach schwer entzifferbaren Vorlage ein sauberes Manuskript herzustellen, besorgte Frau I. Jendrasik mit großer Sachkenntnis und Zuverlässigkeit. Die Herren Dr. R. Redlinger und Dr. A. Voigt haben Korrekturen gelesen und dabei manche wertvolle Anregung gegeben. Ihnen allen sei an dieser Stelle herzlich gedankt. Nicht zuletzt gilt mein Dank dem Springer-Verlag. Er hat dem Autor alle Unterstützung gewährt und ist auf seine Wünsche zuvorkommend eingegangen.

Für Anregungen aus dem Leserkreis werde ich immer dankbar sein.

Karlsruhe, im Juli 1985 Wolfgang Walter

Inhaltsverzeichnis

Hinweise für den Leser

Das Buch ist unterteilt in 12 Paragraphen, und die Abschnitte in einem Paragraphen sind durchnumeriert. Ein Hinweis auf Satz 6.7 bezieht sich auf den Satz im Abschnitt 6.7, den man in §6 findet. Das Corollar 6.7 befindet sich im selben Abschnitt.

Jeder Paragraph wird mit einem Aufgabenteil abgeschlossen. Die Aufgabe Nr.7 im Aufgabenteil von §6 wird als Aufgabe 6.7, innerhalb von §6 einfach als Aufgabe 7 zitiert. Lösungen und auch Hinweise zur Lösung von Aufgaben sind in einem Kapitel am Ende des Buches ab S. 375 gesammelt.

Bei der Beschreibung der historischen Entwicklung wird häufig auf die Originalliteratur oder auf entsprechende historische Werke verwiesen. Man findet diese Literatur im Kapitel „Literatur" am Ende des Buches. In eckigen Klammern gesetzte Angaben im Text wie [Cantor III, S. 75] oder Cauchy [1823] weisen auf diese Literatursammlung hin; dabei ist die Jahreszahl das Erscheinungsjahr.

Gelegentlich wird auf den zweiten Band verwiesen. Ein Hinweis auf den Abschnitt II.8.1 bezieht sich auf den Abschnitt 8.1 im zweiten Band.

A. Grundlagen

§ 1. Reelle Zahlen

Die Entwicklung des Zahlbegriffs ist im Grundwissen-Band 1 *Zahlen* ausführlich dargestellt. Wir gehen darauf nur insoweit ein, als es zum Verständnis der Analysis in ihrem historischen Werdegang notwendig erscheint.

Im 5. vorchristlichen Jahrhundert wird in der Schule des Pythagoras das Irrationale in der Form der inkommensurablen Streckenverhältnisse entdeckt. Zwei Strecken werden *kommensurabel* genannt, wenn sie ein gemeinsames Maß besitzen, wenn also beide ganzzahlige Vielfache einer Strecke sind (modern ausgedrückt, wenn der Quotient der Längen rational ist), andernfalls *inkommensurabel*. Die Entdeckung, daß es inkommensurable geometrische Größen gibt, kann in ihrer Bedeutung für die Mathematik kaum überschätzt werden. Die Vorstellung, daß man über einer Strecke ein Quadrat errichtet und dann dessen Diagonale nicht mehr messen, nicht durch Zahlen ausdrücken kann, scheint jedem gesunden Menschenverstand zu widersprechen. Welche Auswege aus dieser „Grundlagenkrise“ gab es? Die Erweiterung des Zahlenbereiches, eine klare Definition der irrationalen Zahlen, war unerreichbar (sie wurde erst um 1870 gemeistert!). Der Verzicht auf logische Strenge, die vage Vorstellung von „fiktiven“ Zahlen, die man nicht genau angeben, aber beliebig gut approximieren und mit denen man näherungsweise rechnen kann, wäre eine Möglichkeit gewesen. Schließlich wurde unter diesen Bedingungen die Infinitesimalrechnung entwickelt. Die Griechen blieben sich treu und entschieden sich für die logische Strenge. Der Zahlbegriff blieb diskret, wie er war. Zahl war weiterhin ganze Zahl oder, in der Form des Zahlenverhältnisses, rationale Zahl. Daneben gibt es geometrische Größen, die nicht durch Zahlen gemessen werden können. Als Konsequenz tritt die Geometrie in den Vordergrund. Man ‚rechnet‘ mit Größenverhältnissen, wozu u.a. geometrische Konstruktionen für Addition, Multiplikation und Wurzelziehen gehören. Diese Theorie geht auf Eudoxos von Knidos (408?–355? v. Chr.) zurück. Er war Schüler in der Akademie Platons in Athen und lernte von den Priestern in Heliopolis in Ägypten Astronomie. Später gründete er eine eigene Schule und wurde berühmt als Mathematiker, Astronom, Arzt und Philosoph.

Um 300 v. Chr. schreibt Euklid seine *Elemente*, ein aus 13 „Büchern“ bestehendes Sammelwerk des mathematischen Wissens seiner Zeit. Die *Elemente* sind das berühmteste mathematische Lehrbuch. Für mehr als zwei Jahrtausende war es Vorbild und Beispiel, an dem der logische Aufbau einer mathematischen Theorie und die Schlüssigkeit eines Beweises gemessen wurden.

Über das Leben des Autors wissen wir nicht viel mehr, als daß er um 300 unter Ptolemaios I. im Museion in Alexandria gewirkt hat (die dortige Bibliothek wurde später zur bedeutendsten der Antike).

Die Grundfrage, wie man geometrische Verhältnisse vergleicht, wird in dem auf Eudoxos zurückgehenden V. Buch der *Elemente* folgendermaßen beantwortet (Def. 5 und 7 in freier Formulierung): Sind a und b geometrische Größen von derselben Art, also beides Längen oder Flächen oder Volumina, und gilt dasselbe von c und d, so ist $a:b>c:d$, wenn es Zahlen m, n mit $na>mb$ und $nc\leq md$ gibt, und $a:b=c:d$, wenn $a:b$ weder größer noch kleiner als $c:d$ ist. (Zahlen sind positive ganze Zahlen, na ist also ein Vielfaches von a.) Auf dieser Basis werden Sätze der elementaren Geometrie und, auf höherer Ebene, geometrische Grenzübergänge bewiesen (vgl. § 4 und § 9).

Die Mathematiker des 17. und 18. Jahrhunderts benutzen irrationale Zahlen ohne Bedenken. Die Erfindung der Analytischen Geometrie durch FERMAT [1636] und DESCARTES [1637] setzt die Existenz des reellen Zahlenkontinuums voraus. Denn hier wird ja die Möglichkeit, geometrische Längen durch Zahlen darzustellen, zum Prinzip erhoben. So entstand in der Schule des Descartes die Definition einer reellen Zahl als „das, was sich zur Eins verhält wie eine gerade Linie (Strecke) zu einer anderen geraden Linie". Mit dieser Zahlenvorstellung wurde die Infinitesimalrechnung entwickelt.

Exakte Theorien der reellen Zahlen werden erst im 19. Jahrhundert geschaffen. Am Anfang dieser Entwicklung steht B. BOLZANO, der die Grundlagenprobleme schärfer als seine Zeitgenossen erkennt. In der Arbeit *Rein analytischer Beweis*... [1817] versucht er, den Zwischenwertsatz für stetige Funktionen (vgl. 6.10) zu beweisen und benutzt dabei in § 12 den folgenden Lehrsatz:

> Wenn eine Eigenschaft M nicht allen Werthen einer veränderlichen Größe x, wohl aber allen, die kleiner sind, als ein gewisser u, zukömmt: so gibt es allemahl eine Größe U, welche die größte derjenigen ist, von denen behauptet werden kann, daß alle kleineren x die Eigenschaft M besitzen.

In unserer Sprechweise heißt das: Die Menge N aller x, welche die Eigenschaft M nicht besitzen, hat, wenn sie nach unten beschränkt ist, eine größte untere Schranke $U=\inf N$. Man beachte die korrekte Formulierung, die die beiden Möglichkeiten, daß U zu N oder nicht zu N gehört, offenläßt. Bolzanos „Lehrsatz" ist nichts anderes als das Vollständigkeitsaxiom A 13 in 1.6.

Rein arithmetische, nur auf dem Begriff der rationalen Zahlen fußende Definitionen der reellen Zahlen wurden von Cantor und Dedekind aufgestellt. RICHARD DEDEKIND (1831–1916, promovierte bei Gauß und wurde 1858 auf das Polytechnikum (die heutige ETH) in Zürich berufen, später Professor in Braunschweig) erzeugt in der 1872 erschienenen Schrift *Stetigkeit und irrationale Zahlen* die reellen Zahlen als *„Dedekindsche Schnitte"* $(A|B)$, das sind Zerlegungen der Menge der rationalen Zahlen in zwei nichtleere Klassen A und B mit der Eigenschaft, daß für $a\in A$ und $b\in B$ immer $a<b$ gilt. Bei GEORG CANTOR (1845–1918, Professor in Halle, Begründer der Mengenlehre) bilden *„Fundamentalreihen"*, das sind Cauchy-Folgen rationaler Zahlen, den Ausgangspunkt für die Theorie der irrationalen Zahlen (vgl. § 4).

Was wird mit diesen Konstruktionen erreicht? Den einzelnen Punkten auf der „Zahlengerade" entsprechen Zahlen, nämlich ihre Abstände vom Nullpunkt. Die Pythagoräer entdeckten, daß auf diese Weise nicht jedem Punkt eine Zahl entspricht. Bei den rationalen Zahlen gibt es Lücken oder Löcher, während die Gerade, wie die Anschauung lehrt, offenbar lückenlos, ein Kontinuum ist. Dedekind gibt in der oben zitierten Schrift zum ersten Mal eine klare Definition des Kontinuums und kann dann zeigen, daß die von ihm als „Schnitte" $(A|B)$ definierten reellen Zahlen ein Kontinuum bilden. Sein „Dedekindscher Stetigkeitssatz" lautet:

§ 5. Stetigkeit des Gebietes der reellen Zahlen. ... Zerfällt das System $\mathfrak{R}$ aller reellen Zahlen in zwei Klassen $\mathfrak{A}_1$, $\mathfrak{A}_2$ von der Art, daß jede Zahl α_1 der Klasse $\mathfrak{A}_1$ kleiner ist als jede Zahl α_2 der Klasse $\mathfrak{A}_2$, so existiert eine und nur eine Zahl α, durch welche diese Zerlegung hervorgebracht wird. ...

Heute wird die Dedekindsche „Stetigkeit" als Vollständigkeit bezeichnet. In den Aufgaben 11 und 12 ist zu zeigen, daß die Bolzanosche und die Dedekindsche Form der Vollständigkeit gleichwertig sind.

Im späten 19. Jahrhundert entwickelt sich ein neues Verständnis der mathematischen Grundlagen. Bahnbrechend wirkte hier DAVID HILBERT (1862–1943, einer der größten Mathematiker, begründete in Göttingen, wohin er 1895 berufen wurde, die „Göttinger Schule", welche Mathematiker aus aller Welt anzog, formulierte 1900 auf dem Pariser Internationalen Mathematiker-Kongreß die berühmten 23 Probleme, die die Mathematik bis zum heutigen Tag beeinflussen). Hilbert ist der Vater der modernen axiomatischen Methode, wonach eine mathematische Disziplin aufgebaut ist auf wenigen Grundbegriffen, die nicht weiter erklärt werden, und auf einigen Grundtatsachen über diese Begriffe, die als wahr angenommen und Axiome genannt werden. Eine axiomatische Fundierung der Analysis ist auf verschiedenen „Ebenen" möglich. Man kann ein Axiomensystem für die Mengenlehre oder, eine Stufe höher, für die natürlichen Zahlen oder, noch eine Stufe höher, für die reellen Zahlen zugrundelegen. Wir wählen hier den dritten Weg. Andere Möglichkeiten sind im Grundwissen-Band *Zahlen* ausführlich besprochen.

Mathematische Notation. Unsere heutige symbolische Schreibweise reicht in ihren Anfängen bis ins Altertum zurück. Zunächst haben mathematische Aufgaben mit einer Vielzahl von Gegenständen, mit Anzahlen von Dingen, mit Flächen und Inhalten, Längen und Zeiten zu tun. Die symbolische Schreibweise beginnt dort, wo mathematisch gleichartige Probleme, die aus oft ganz verschiedenen Anwendungen kommen, als solche erkannt und entsprechend behandelt werden. Auf dem ägyptischen Papyrus Rhind (um 1800 v.Chr.) tritt das Schriftzeichen der Buchrolle, Zeichen eines abstrakten Begriffs, auf; es kann als eine erste abstrakte, vom speziellen Inhalt losgelöste Bezeichnung für die Unbekannte angesehen werden. Auch in der babylonischen Mathematik geht etwa die Zurückführung von quadratischen Gleichungen auf bestimmte Normalformen mit den Anfängen einer symbolischen Schreib- und Sprechweise einher. So werden für unbekannte Größen die Worte Länge und Breite verwandt, auch wenn es sich um ganz andere, nichtgeometrische Größen handelt. DIOPHANT VON ALEXANDRIA (um 250 n.Chr., griechischer Mathematiker) bevorzugt rein algebraische Fragestellungen ohne praktische Einkleidung. Für die Unbekannte hat er ein spezielles Zeichen, das einem *s* ähnlich sieht und auch schon früher auftritt. Insgesamt ist seine algebraische Zeichenschrift noch primitiv. Er hat kurze Bezeichnungen für die Potenzen, z.B. Δ^Y (Abkürzung von *δύναμισ*, Kraft) für das Quadrat, K^Y (Abkürzung für *κύβοσ*, Kubus) für die dritte Potenz. Auch die Araber benutzten spezielle Wörter zur Bezeichnung für die verschiedenen Potenzen, und gelegentlich werden Unbekannte, wenn deren mehrere vorkommen, durch verschiedene Farben bezeichnet. AL-HWARIZMI (lebte etwa von 780–850 in Bagdad, schrieb über Arithmetik und Algebra, Astronomie und den Kalender) gab eine systematische Darstellung der verschiedenen algebraischen Umformungen.

Der Übergang zum Buchstabenrechnen vollzog sich in den nächsten Jahrhunderten langsam und in vielfältiger Weise. FRANÇOIS VIÈTE (lat. Vieta, 1540–1603, französischer Jurist, war Berater König Heinrichs IV und trieb Mathematik mehr als Hobby) brachte diese Entwicklung zu einem gewissen Abschluß. In seinem Werk *In artem analyticem Isagoge* von 1591 werden nicht nur für die Unbekannten, sondern auch für die bekannten Größen Buchstabensymbole benutzt, diese mit Operationszeichen kombiniert und auch Klammern und andere Zeichen für das Zusammenfassen verwendet. Zur Unterscheidung nimmt er die großgeschriebenen Vokale $A, E, I, \ldots$ für die Unbekannten, die Konsonanten $B, C, \ldots$ für die gegebenen Größen. Der Engländer THOMAS HARRIOT (1560–1621) gebraucht kleine Buchstaben, die er, um die Formeln vom Text zu unterscheiden, kursiv setzt, ein heute noch geübter Brauch. Während FERMAT sich an VIÈTE anlehnt, wählt DESCARTES $a, b, c, \ldots$ für die bekannten, $A, B, C, \ldots$ für die unbekannten Größen, später in seiner *Géométrie* jedoch die ersten Buchstaben $a, b, c, \ldots$ des Alphabets für die bekannten, die letzten x, y, z für die unbekannten Größen. Und dabei ist es geblieben!

Wir beginnen mit einer Zusammenstellung von Definitionen und Redeweisen über Mengen und Funktionen. Eine gewisse Vertrautheit des Lesers mit diesen Begriffen wird unterstellt.

1.1 Mengen. CANTOR, der Schöpfer der Mengenlehre, beginnt seine letzte große Arbeit (1895, 1897) mit der berühmt gewordenen Definition, die auch für uns genügen mag:

> Unter einer „Menge" verstehen wir jede Zusammenfassung M von bestimmten, wohlunterschiedenen Objekten m unserer Anschauung oder unseres Denkens (welche die „Elemente" von M genannt werden) zu einem Ganzen. [Werke S. 282]

Wir setzen voraus, daß der Leser mit der üblichen Mengenschreibweise und den zugehörigen elementaren Begriffen vertraut ist. Das wichtigste davon in Kürze: Für zwei Mengen A, B bedeutet $A \subset B$, daß A *Teilmenge* von B ist, d.h. daß aus $x \in A$ folgt $x \in B$. Man nennt die Mengen

$A \cup B := \{x\colon\ x \in A \text{ oder } x \in B\}$ *Vereinigung,*

$A \cap B := \{x\colon\ x \in A \text{ und } x \in B\}$ *Durchschnitt,*

$A \setminus B := \{x\colon\ x \in A \text{ und } x \notin B\}$ *Differenz* von A und B. Bei der Differenz wird nicht vorausgesetzt, daß B Teilmenge von A ist. Zwei Mengen, die kein Element gemeinsam haben, deren Durchschnitt also leer ist, nennt man *disjunkt* oder *punktfremd*.

Die *Potenzmenge* von A, das ist die aus allen Teilmengen von A gebildete Menge, wird mit $P(A)$ bezeichnet. Die *Nullmenge* oder *leere Menge* $\emptyset$ ist Teilmenge jeder Menge. Die Mengen $\mathbb{N}$, $\mathbb{Z}$, $\mathbb{Q}$, $\mathbb{R}$, $\mathbb{C}$ der natürlichen, ganzen, rationalen, reellen und komplexen Zahlen werden an späterer Stelle definiert.

Produktmenge (kartesisches Produkt). Unter dem Produkt $X \times Y$ zweier Mengen X, Y versteht man die Menge aller *geordneten Paare* (x, y) mit $x \in X$, $y \in Y$. Gleichheit ist dabei definiert als

$$(x, y) = (\bar{x}, \bar{y}) \quad \Leftrightarrow \quad x = \bar{x} \text{ und } y = \bar{y}.$$

1.2 Funktionen. Sind X, Y zwei Mengen, so versteht man unter einer Funktion oder Abbildung f von X in Y eine Vorschrift, welche jedem $x \in X$ in eindeutiger Weise ein Element $y \in Y$ zuordnet; man schreibt $y = f(x)$. Die Funktion wird mit $f\colon X \to Y$ oder auch mit $x \mapsto f(x)$ bezeichnet. Wir werden jedoch auch Formulierungen wie „die Funktion $\sin x$" (statt die Funktion $x \mapsto \sin x$) benutzen. Man nennt

$$\operatorname{graph} f := \{(x, f(x))\colon x \in X\} \subset X \times Y$$

den *Graph* der Funktion f. Zwei Funktionen $f, g\colon X \to Y$ sind gleich, wenn $f(x) = g(x)$ für $x \in X$ ist, d.h. wenn ihre Graphen gleich sind. Die Menge der Funktionen $f\colon X \to Y$ wird mit $\operatorname{Abb}(X, Y)$ oder Y^X bezeichnet.

Es sei $f\colon X \to Y$ gegeben. Für $A \subset X$ nennt man die Menge $f(A) := \{y \in Y\colon$ Es gibt ein $a \in A$ mit $y = f(a)\}$ *Bild von A* und für $B \subset Y$ die Menge

$$f^{-1}(B) := \{x \in X\colon f(x) \in B\} \qquad \textit{Urbild von } B.$$

Statt $f^{-1}(\{a\})$ schreibt man $f^{-1}(a)$. Es ist X der *Definitionsbereich (Definitionsmenge)*, $f(X) \subset Y$ die *Wertemenge* und Y der *Wertebereich* von f (in der Literatur wird auch $f(X)$ als Wertebereich bezeichnet). Ferner nennt man f

injektiv oder *eineindeutig*, wenn aus $x \neq \bar{x}$ $(x, \bar{x} \in X)$ folgt $f(x) \neq f(\bar{x})$;

surjektiv oder Abbildung *auf* Y, wenn $f(X) = Y$;

bijektiv, wenn f injektiv und surjektiv ist.

Man spricht auch von einer Injektion, Surjektion oder Bijektion.

Umkehrfunktion. Ist $f\colon X \to Y$ bijektiv, so gibt es zu jedem $y \in Y$ genau ein „Urbild" x mit $f(x) = y$. Man nennt die Funktion, welche jedem $y \in Y$ sein Urbild x zuordnet, die Umkehrfunktion zu f; sie wird (u.a.) mit f^{-1} oder genauer $f^{-1}\colon Y \to X$ bezeichnet. Man überlegt sich leicht, daß f^{-1} ebenfalls eine Bijektion und daß $f^{-1}(f(A)) = A$ für $A \subset X$ ist.

Komposition (Zusammensetzung) von Abbildungen. Sind zwei Abbildungen

$$f\colon X \to Y \quad \text{und} \quad g\colon W \to Z \quad \text{mit } f(X) \subset W$$

gegeben, so erhält man durch „Hintereinander-Ausführung" eine Abbildung h von X nach Z, welche mit $h = g \circ f$ bezeichnet wird:

$$h(x) = (g \circ f)(x) := g(f(x)) \qquad \text{für alle } x \in X.$$

Man beachte die Reihenfolge $g \circ f$, g wird nach f ausgeführt.

Mit $\mathrm{id}_X: X \to X$ wird die *identische Abbildung* in X ($\mathrm{id}_X(x) = x$ für alle $x \in X$) bezeichnet. Ist $f: X \to Y$ eine Bijektion, so ist $f^{-1}(f(x)) = x$ für alle $x \in X$, $f(f^{-1}(y)) = y$ für alle $y \in Y$ oder

$$f^{-1} \circ f = \mathrm{id}_X \quad \text{und} \quad f \circ f^{-1} = \mathrm{id}_Y.$$

Restriktion und Fortsetzung. Ist $f: X \to Y$ eine Funktion und $A \subset X$, so versteht man unter $g = f|A$, die *Restriktion* oder *Einschränkung* von f auf A, diejenige Funktion, welche auf A definiert ist und dort mit f übereinstimmt. Es ist also $g: A \to Y$ und

$$g(x) = (f|A)(x) = f(x) \quad \text{für } x \in A.$$

Umgekehrt nennt man, wenn $A \subset X$ und $g: A \to Y$ gegeben sind, jede Funktion $f: X \to Y$ mit $f|A = g$ eine *Fortsetzung* von g, genauer eine Fortsetzung auf X.

Reelle Zahlen

Die reellen Zahlen sind das Fundament, auf dem wir die Analysis aufbauen. Sie bilden einen *angeordneten, vollständigen Körper*, den wir mit $\mathbb{R}$ bezeichnen. Diese Eigenschaften der reellen Zahlen werden in den folgenden dreizehn Axiomen (A 1)–(A 13) präzisiert, aufgeteilt in drei Gruppen: Körperaxiome, Anordnungsaxiome, Vollständigkeitsaxiom.

1.3 Körperaxiome. In $\mathbb{R}$ sind zwei Operationen Addition und Multiplikation erklärt, d.h. jedem Paar (a, b) von Elementen aus $\mathbb{R}$ ist genau ein Element $a + b \in \mathbb{R}$ (Summe) und genau ein Element $a \cdot b \in \mathbb{R}$ (Produkt) zugeordnet. Dabei gelten die folgenden neun Körperaxiome.

(A 1) $a + (b + c) = (a + b) + c$ *Assoziativität.*

(A 2) Es gibt in $\mathbb{R}$ ein *neutrales Element der Addition* 0 („Null") mit der Eigenschaft

$$a + 0 = a \quad \text{für alle } a \in \mathbb{R}.$$

(A 3) Zu jedem $a \in \mathbb{R}$ existiert ein *additiv inverses Element* $(-a) \in \mathbb{R}$ mit

$$a + (-a) = 0.$$

(A 4) $a + b = b + a$ *Kommutativität.*

(A 5) $(ab)c = a(bc)$ *Assoziativität.*

(A 6) Es gibt in $\mathbb{R}$ ein *neutrales Element der Multiplikation* $1 \neq 0$ („Eins") mit der Eigenschaft

$$a \cdot 1 = a \quad \text{für alle } a \in \mathbb{R}.$$

(A 7) Zu jedem $a \neq 0$ aus $\mathbb{R}$ existiert ein *multiplikativ inverses Element* $a^{-1} \in \mathbb{R}$ mit

$$a \cdot a^{-1} = 1.$$

(A 8) $ab = ba$ *Kommutativität.*

(A 9) $a(b + c) = ab + ac$ *Distributivität.*

Die beiden neutralen Elemente sind durch ihre Eigenschaften eindeutig definiert. Denn ist etwa $0'$ ein weiteres Nullelement, so gilt $0'+0=0'$ und $0+0'=0$, woraus mit (A 4) $0=0'$ folgt. Wir geben einige weitere Folgerungen aus den Körperaxiomen (Zahl bedeutet reelle Zahl).

(a) Die (insgesamt 12) verschiedenen Möglichkeiten, die Summe bzw. das Produkt dreier Zahlen a, b, c zu bilden, ergeben stets dieselbe Zahl. Es ist also $(a+b)+c=a+(b+c)=c+(b+a)=\ldots$. Man schreibt deshalb $a+b+c$ und abc.

(b) Für zwei Zahlen a, b hat die Gleichung $a+x=b$ genau eine Lösung $x=b+(-a)$. Entsprechend hat die Gleichung $ax=b$ für $a\neq 0$ genau eine Lösung $x=a^{-1}b$. Insbesondere ist das zu a additiv bzw. multiplikativ inverse Element eindeutig bestimmt. Man schreibt $b+(-a)=:b-a$ und $a^{-1}b=:b/a\equiv\frac{b}{a}$.

(c) *Rechenregeln.* $-(-a)=a$, $(-a)+(-b)=-(a+b)$.

$$(a^{-1})^{-1}=a, \quad a^{-1}\cdot b^{-1}=(ab)^{-1} \quad (a,b\neq 0).$$

$$a\cdot 0=0, \quad a(-b)=-(ab), \quad (-a)(-b)=ab, \quad a(b-c)=ab-ac.$$

(d) Aus $ab=0$ folgt $a=0$ oder $b=0$ (es gibt keine „Nullteiler“).

Beweis. (a) folgt leicht aus (A 1) und (A 4).

(b) Es sei x eine Lösung von $x+a=b$. Durch Addition von $(-a)$ auf beiden Seiten folgt $x=b+(-a)$. Daß umgekehrt diese Zahl die Gleichung $x+a=b$ löst, rechnet man leicht nach.

(c) Offenbar ist a inverses Element zu $-a$ und $(-a)+(-b)$ inverses Element zu $a+b$. Die erste Zeile folgt also aus (b). Aus $a\cdot 0=a(0+0)=a\cdot 0+a\cdot 0$ und (b) folgt $a\cdot 0=0$. Der Rest ist einfach. □

Wenn hier „triviale“ Regeln mühsam abgeleitet werden, so ist das nicht eine Marotte der Mathematiker. Vielmehr kommen wir zum ersten Mal in den Genuß eines eminent wichtigen Vorzugs der axiomatischen Methode: Die aus den Axiomen (A 1)–(A 9) abgeleiteten Regeln gelten für *jeden* Körper, also z.B. für die in §8 eingeführten komplexen Zahlen. Der axiomatische Aufbau bringt es mit sich, daß gewisse grundlegende Überlegungen nur ein einziges Mal durchdacht werden müssen, und er führt so zu einer Ökonomie im Denken. So sind auch die folgenden Regeln des Bruchrechnens (alle Nenner $\neq 0$)

$$\frac{a}{c}+\frac{b}{d}=\frac{ad+bc}{cd}, \quad \frac{a}{c}\cdot\frac{b}{d}=\frac{ab}{cd}, \quad \frac{a/c}{b/d}=\frac{ad}{bc},$$

deren Ableitung keine Mühe macht, in jedem Körper gültig.

1.4 Anordnungsaxiome. Es existiert eine Teilmenge P von $\mathbb{R}$, genannt *Menge der positiven Zahlen*, mit den nachfolgenden Eigenschaften.

(A 10) Für jede reelle Zahl a gilt genau eine der drei Beziehungen $a\in P$ oder $-a\in P$ oder $a=0$.

(A 11) Sind a und b aus P, so ist auch $a+b$ aus P.

(A 12) Sind a und b aus P, so ist auch ab aus P.

Ist $a \in P$, so wird a *positiv*, ist $-a \in P$, so wird a *negativ* genannt. Jede reelle Zahl ist also entweder positiv oder negativ oder gleich Null. Mit Hilfe von P läßt sich nun in der Menge der reellen Zahlen eine Kleiner-Relation definieren. Sind a, b reelle Zahlen und ist $a-b \in P$, so schreiben wir $a>b$ oder auch $b<a$ (gelesen: „a größer b", „b kleiner a"). Die Zahl a ist also positiv bzw. negativ, wenn $a>0$ bzw. $a<0$ gilt. Ferner folgt aus (A 10) sofort das

Trichotomiegesetz. *Für je zwei reelle Zahlen a, b gilt genau eine der drei Beziehungen $a<b$, $a=b$, $a>b$.*

Für die Relationen $>$, $<$ gelten die folgenden *Rechenregeln*. Dabei sind a, b, c beliebige reelle Zahlen.

(a) *Transitivität:* Aus $a<b$ und $b<c$ folgt $a<c$.
(b) Aus $a<b$ folgt $a+c<b+c$.
(c) Aus $a<b$ folgt $-a>-b$.
(d) Aus $a<b$ und $c>0$ folgt $ac<bc$, aus $a<b$ und $c<0$ folgt $ac>bc$.
(e) Aus $a \neq 0$ folgt $a^2>0$. Insbesondere ist $1>0$.
(f) Aus $a>0$ folgt $\frac{1}{a}>0$, aus $a<0$ folgt $\frac{1}{a}<0$.
(g) Aus $0<a<b$ folgt $\frac{a}{b}<1$, $\frac{b}{a}>1$ und $\frac{1}{a}>\frac{1}{b}$.
(h) Aus $a<b$ und $c<d$ folgt $a+c<b+d$.
(i) Aus $0<a<b$ und $0<c<d$ folgt $ac<bd$.
(k) Aus $a<b$ und $0<\lambda<1$ folgt $a<\lambda a+(1-\lambda)b<b$.

Übrigens kann man erst jetzt zeigen, daß es außer 0 und 1 noch weitere Zahlen gibt. Definiert man $2:=1+1$, $3:=2+1$, so hat man $0<1<2<3$ wegen (a) und (b), also nach (g) $0<\frac{1}{3}<\frac{1}{2}<1$. Aus (k) ergibt sich nun eine wichtige Aussage über das *arithmetische Mittel* $\frac{1}{2}(a+b)$ der beiden Zahlen a und b.

(l) Aus $a<b$ folgt $a<\frac{a+b}{2}<b$.

Beweis. (a) bis (d) folgen unmittelbar aus der Definition.

(e)(f) Für positive Zahlen p_1, p_2 und negative Zahlen n_1, n_2 ist wegen (A 12) $p_1 p_2 \in P$, $n_1 n_2 \in P$, $p_1 n_1 \notin P$. Daraus folgt sowohl (e) als auch (f) durch Widerspruch.

(g)(h)(i) sind einfach.

(k) Wegen $\lambda>0$ und $1-\lambda>0$ ist

$$\lambda a<\lambda b \quad \text{und} \quad (1-\lambda)a<(1-\lambda)b.$$

Mit (b) folgt

$$a=\lambda a+(1-\lambda)a<\lambda a+(1-\lambda)b<\lambda b+(1-\lambda)b=b. \qquad \square$$

Diese wichtigen Regeln werden wir in Zukunft ohne speziellen Hinweis benutzen. Das Gesetz der Trichotomie (griech., „Dreiteilung") liegt der Definition der Gleichheit in der Größenlehre des Eudoxos zugrunde; vgl. Einleitung.

Es bildet die Grundlage für die in §4 zu besprechenden griechischen Exhaustionsbeweise durch *doppelte reductio ad absurdum* (Beweis durch Widerspruch): Für den Nachweis von $a=b$ werden die beiden Ungleichungen $a<b$ und $a>b$ zum Widerspruch geführt.

1.5 Obere und untere Schranken, größtes und kleinstes Element, Supremum und Infimum. Die reelle Zahl a wird *nichtnegativ* genannt, $a \geq 0$, wenn $a>0$ oder $a=0$ ist. Allgemein schreiben wir $a \leq b$ oder $b \geq a$ (gelesen a kleiner-gleich b, b größer-gleich a), wenn $a<b$ oder $a=b$ ist. Offenbar ist $a=b$ genau dann, wenn $a \leq b$ und $b \leq a$ ist.

Sind A, B nichtleere Teilmengen von $\mathbb{R}$ und ist ξ eine reelle Zahl, so bedeutet

$A \leq \xi$: Für alle $a \in A$ ist $a \leq \xi$.

$A \leq B$: Für alle $a \in A$ und $b \in B$ ist $a \leq b$.

Entsprechend sind $\xi \leq A$, $A<\xi$, $\xi<A$, $A<B$ definiert.

Wenn $A \leq \xi$ bzw. $\xi \leq A$ ist, dann heißt ξ eine *obere Schranke* bzw. *untere Schranke* von A. Besitzt A eine obere bzw. eine untere Schranke, so heißt A *nach oben beschränkt* bzw. *nach unten beschränkt;* trifft beides zu, so nennt man die Menge A *beschränkt.*

Eine Zahl η, die gleichzeitig Element von A und obere bzw. untere Schranke von A ist, heißt *größtes* oder *maximales* Element bzw. *kleinstes* oder *minimales* Element von A. Das größte Element von A wird mit $\max A$, das kleinste Element mit $\min A$ bezeichnet. Man beachte, daß nicht jede Menge, auch nicht jede beschränkte Menge, ein größtes oder kleinstes Element besitzt. Leicht einzusehen ist, daß die Menge A höchstens ein größtes Element hat, daß man also von „dem" größten Element sprechen kann (entsprechendes gilt für das kleinste Element). Statt $\max\{a,b\}$ schreibt man auch $\max(a,b), \ldots$.

Wenn eine Zahl η eine obere Schranke von $A \neq \emptyset$ ist und wenn es keine kleinere obere Schranke gibt, wenn also

(a) $A \leq \eta$, (b) aus $A \leq \xi$ folgt $\eta \leq \xi$

gilt, dann wird η *kleinste obere Schranke* oder *Supremum* (oder auch obere Grenze) von A genannt und mit $\eta = \sup A$ bezeichnet. Man sieht leicht, daß eine Menge höchstens ein Supremum hat. Entsprechend heißt die Zahl η *größte untere Schranke* oder *Infimum* (oder untere Grenze) von A, wenn

(c) $\eta \leq A$, (d) aus $\xi \leq A$ folgt $\xi \leq \eta$

gilt. Es gibt höchstens ein Infimum; falls es existiert, wird es mit $\inf A$ bezeichnet.

Existiert $\eta = \max A$, so hat η die beiden Eigenschaften (a), (b), d.h. es ist $\eta = \sup A$. Ist umgekehrt $\eta = \sup A$ in A gelegen, so ist $\eta = \max A$. Entsprechendes gilt für $\min A$ und $\inf A$.

Als Beispiel betrachten wir die Menge P der positiven Zahlen. Sie ist nicht nach oben, jedoch nach unten beschränkt, und es ist $0<P$. Man erkennt leicht, daß $\inf P=0$ ist und daß P kein kleinstes Element besitzt. Es ist nämlich $0 \notin P$, und für eine positive Zahl ξ kann nicht $\xi \leq P$ gelten, da nach 1.4 (k) $0<\frac{1}{2}\xi<\xi$ ist.

1.6 Das Vollständigkeitsaxiom. Es gibt im wesentlichen zwei Möglichkeiten, das Vollständigkeitsaxiom zu formulieren, nämlich (i) als die Aussage, daß eine Cauchy-Folge (vgl. §4) immer eine reelle Zahl als Grenzwert besitzt, oder (ii) als die Aussage, daß eine beschränkte Menge immer ein Supremum besitzt. Die Form (i) hängt mit Cantors Definition der reellen Zahlen zusammen, während (ii) mit den Dedekindschen Schnitten verwandt ist. Wir wählen hier, um die Ordnungsstruktur in $\mathbb{R}$ zu betonen, den zweiten Weg. Die Äquivalenz zur Form (i) wird sich erst in §4 bei der Diskussion der Konvergenz ergeben.

(A 13) *Vollständigkeitsaxiom:* Jede nichtleere, nach oben beschränkte Menge besitzt ein Supremum.

Damit sind die Grundlagen, auf denen wir die Analysis aufbauen, vollständig beisammen. Es folgen noch einige wichtige Bezeichnungen und einfache Sätze.

1.7 Vorzeichen und Absolutbetrag. Es sei a eine reelle Zahl. Man nennt

$$\operatorname{sgn} a = \begin{cases} 1 & \text{für } a>0 \\ 0 & \text{für } a=0 \\ -1 & \text{für } a<0 \end{cases}$$

das *Vorzeichen* von a. Unter dem *Betrag* von a versteht man die Zahl

$$|a| = a \cdot \operatorname{sgn} a = \begin{cases} a & \text{für } a \geq 0 \\ -a & \text{für } a<0. \end{cases}$$

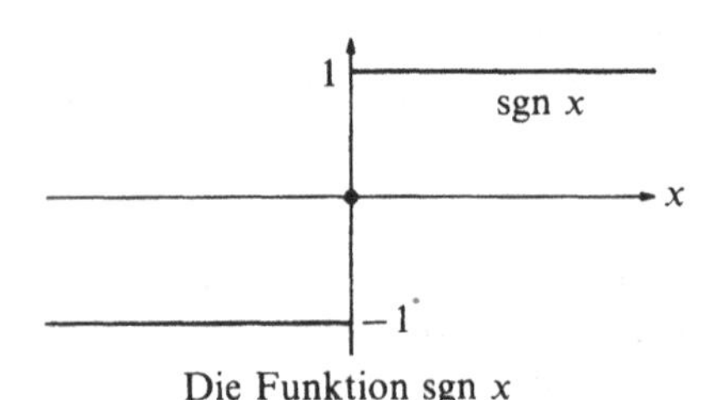

Die Funktion sgn x

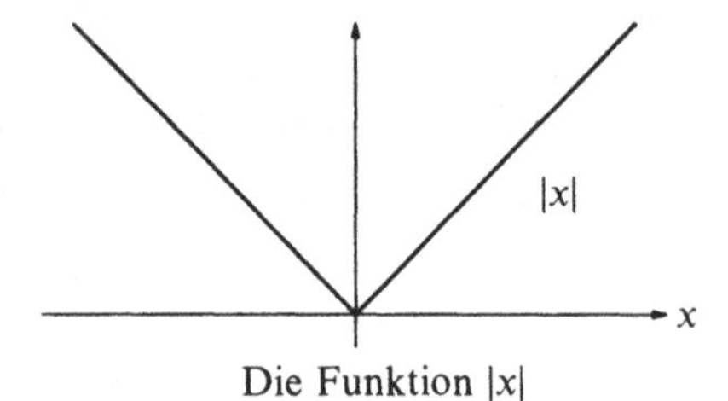

Die Funktion $|x|$

Für reelle Zahlen a, b gelten die folgenden Rechenregeln:

(a) Für $a \neq 0$ ist $|a|>0$.

(b) $||a|| = |a|$.

(c) Es ist $a=b$ genau dann, wenn $|a|=|b|$ und $\operatorname{sgn} a = \operatorname{sgn} b$ ist.

(d) $\operatorname{sgn} a \cdot \operatorname{sgn} b = \operatorname{sgn}(ab)$ und $|a|\,|b| = |ab|$.

(e) Für $b \neq 0$ ist $\dfrac{\operatorname{sgn} a}{\operatorname{sgn} b} = \operatorname{sgn} \dfrac{a}{b}$ und $\left|\dfrac{a}{b}\right| = \dfrac{|a|}{|b|}$.

(f) Wichtig ist die

Dreiecksungleichung $\quad |a+b| \leq |a| + |b|$

und ihre Folgerung

$$||a|-|b|| \le |a-b|.$$

Beweis. Die einfachen Beweise von (a)-(e) seien dem Leser überlassen.

(f) Aus $\pm a \le |a|$ und $\pm b \le |b|$ folgt mit 1.4 (h)

$$a+b \le |a|+|b| \quad \text{und} \quad -(a+b) \le |a|+|b|.$$

Es gilt also die Dreiecksungleichung $|a+b| \le |a|+|b|$. Mit ihrer Hilfe ergibt sich nun

$$|a| = |a-b+b| \le |a-b|+|b|$$

und auf dieselbe Weise

$$|b| = |b-a+a| \le |a-b|+|a|,$$

also $\pm(|a|-|b|) \le |a-b|$, wie behauptet war. □

1.8 Die Menge $\overline{\mathbb{R}}$. Zum Abschluß unserer Betrachtungen über reelle Zahlen führen wir noch zwei neue Objekte ∞ oder $+\infty$ (*unendlich*) und $-\infty$ (*minus unendlich*) ein. Dabei wollen wir nicht das Unendliche, diesen geheimnis- und widerspruchsvollen Begleiter der Mathematik durch die Jahrhunderte, durch die Hintertür eintreten lassen. Vielmehr benutzen wir diese „uneigentlichen Zahlen" lediglich als eine ‚façon de parler', wie es GAUSS einmal gesagt hat, zur kurzen Beschreibung von genau umrissenen Sachverhalten über reelle Zahlen und Funktionen.

Durch Hinzufügung der Elemente ∞ und $-\infty$ entsteht aus $\mathbb{R}$ die Menge $\overline{\mathbb{R}} = \mathbb{R} \cup \{-\infty, \infty\}$. Sie wird gelegentlich *erweitertes System der reellen Zahlen* oder erweiterte Zahlengerade genannt. Es bleibt festzuhalten, daß ∞ und $-\infty$ keine reellen Zahlen sind. Die Definition

$$-\infty < x < \infty \quad \text{für alle } x \in \mathbb{R}, \quad -\infty < \infty,$$

welche die Ordnungsrelation von $\mathbb{R}$ auf $\overline{\mathbb{R}}$ fortsetzt, präzisiert unsere Vorstellung, daß ∞ größer und $-\infty$ kleiner als jede reelle Zahl ist. Das Rechnen mit ∞ und $-\infty$ geschieht nach den folgenden Regeln, bei denen x eine beliebige reelle Zahl bedeutet:

$$\infty + x = \infty, \qquad -\infty + x = -\infty,$$

$$\infty \cdot x = \infty \quad \text{für } x > 0, \qquad \infty \cdot x = -\infty \quad \text{für } x < 0,$$

$$\frac{x}{\infty} = \frac{x}{-\infty} = 0,$$

$$\infty + \infty = \infty \cdot \infty = \infty,$$

$$-\infty + (-\infty) = (-\infty) \cdot \infty = -\infty.$$

Außerdem sollen Formeln, die aus den obigen durch Anwendung der Vorzeichenregeln oder des Kommutativgesetzes hervorgehen, ebenfalls gelten, z.B. $(-\infty)\cdot(-\infty) = \infty$, $\infty - (-\infty) = \infty$, $x + \infty = \infty$.

Man beachte, daß

$$\infty - \infty \quad \text{und} \quad 0 \cdot \infty$$

sowie die mittels Vorzeichenregeln daraus abgeleiteten Ausdrücke $(-\infty)-(-\infty)$, $(-\infty)+\infty$, $0\cdot(-\infty)$ nicht definiert sind. Die obigen Regeln machen also $\overline{\mathbb{R}}$ weder bezüglich der Addition noch bezüglich der Multiplikation zu einer Gruppe.

Als erste Anwendung der neuen Begriffe betrachten wir eine nichtleere Teilmenge M von $\mathbb{R}$. Wir schreiben $\sup M=\infty$, wenn M nicht nach oben beschränkt ist, und entsprechend $\inf M=-\infty$, wenn M nicht nach unten beschränkt ist. Manche Autoren definieren $\sup\emptyset=-\infty$, $\inf\emptyset=\infty$, doch machen wir davon keinen Gebrauch. Ist M Teilmenge von $\overline{\mathbb{R}}$ und $\infty\in M$, so schreibt man ebenfalls $\sup M=\infty$ (entsprechend $\inf M=-\infty$, wenn $-\infty\in M$ ist). Ein erstes Beispiel für die Zweckmäßigkeit der Rechenregeln ist in Aufgabe 4 beschrieben. Weitere Anwendungen finden diese Regeln u.a. in 4.16 bei unbeschränkten Folgen.

Bemerkung. Wenn man die reellen Zahlen als Dedekindsche Schnitte in der Menge $\mathbb{Q}$ der rationalen Zahlen definiert, wie es Dedekind getan hat, dann liegt die Definition $-\infty:=(\emptyset|\mathbb{Q})$, $\infty:=(\mathbb{Q}|\emptyset)$ nahe. Damit hat man eine Definition „zum Anfassen“, und außerdem bekommen so die zwei bei Dedekind verbotenen Schnitte - es wird ja verlangt, daß beide Mengen des Schnittes nichtleer sind - einen Sinn.

1.9 Intervalle und Umgebungen, offene und abgeschlossene Mengen. Einige häufig auftretende Teilmengen von $\mathbb{R}$ sind mit eigenen Bezeichnungen belegt worden. Es seien a, b reelle Zahlen mit $a<b$. Man nennt

$[a,b]:=\{x\in\mathbb{R}:\ a\le x\le b\}$ *abgeschlossenes Intervall,*
$(a,b):=\{x\in\mathbb{R}:\ a<x<b\}$ *offenes Intervall,*
$[a,b):=\{x\in\mathbb{R}:\ a\le x<b\}$ *(nach rechts) halboffenes Intervall,*
$(a,b]:=\{x\in\mathbb{R}:\ a<x\le b\}$ *(nach links) halboffenes Intervall.*

In derselben Weise wird $\pm\infty$ zur Bezeichnung unbeschränkter Intervalle benutzt. Für $a\in\mathbb{R}$ heißen die Mengen

$$(-\infty,a]:=\{x\in\mathbb{R}:\ x\le a\},\qquad [a,\infty):=\{x\in\mathbb{R}:\ x\ge a\}$$

abgeschlossene Intervalle, die Mengen

$$(-\infty,a):=\{x\in\mathbb{R}:\ x<a\},\qquad (a,\infty):=\{x\in\mathbb{R}:\ x>a\}$$

offene Intervalle. Ein Intervall heißt *kompakt*, wenn es beschränkt und abgeschlossen ist. Auch die Menge $(-\infty,\infty):=\mathbb{R}$ wird als Intervall bezeichnet, und zwar ist $\mathbb{R}$ als einziges Intervall sowohl offen als auch abgeschlossen. Der Grund für diese Bezeichnungsweise wird sich sogleich ergeben. Das Intervall $(a-\varepsilon,a+\varepsilon)$, wobei ε eine positive Zahl ist, nennt man die *ε-Umgebung* von a. Diese Bezeichnungsweise appelliert an die anschauliche Darstellung der Zahlen auf der Zahlengerade. Jede Menge, welche Obermenge einer ε-Umgebung von a ist, wird *Umgebung* von a genannt. Ihrer Wichtigkeit wegen hat man der ε-Umgebung eine eigene Bezeichnung

$$B_\varepsilon(a):=(a-\varepsilon,a+\varepsilon)\qquad \varepsilon\text{-}Umgebung\ von\ a$$

gegeben. Die Menge U ist also genau dann eine Umgebung von a, wenn es ein $\varepsilon>0$ mit $B_\varepsilon(a)\subset U$ gibt.

Das genauere Studium von Mengen ist dem zweiten Band vorbehalten. Wir führen hier lediglich ein paar Begriffe ein, ohne sie weiter zu vertiefen. Es sei M eine Menge reeller Zahlen. Der Punkt a wird *innerer Punkt* von M genannt, wenn M Umgebung von a ist, d.h. also, wenn es ein $\varepsilon>0$ mit $B_\varepsilon(a)\subset M$ gibt; er heißt *Randpunkt* von M, wenn er kein innerer Punkt von M und kein innerer Punkt von $\mathbb{R}\setminus M$ ist. Die Menge M heißt *offen*, wenn sie nur aus inneren Punkten besteht, sie heißt *abgeschlossen*, wenn ihr Komplement $\mathbb{R}\setminus M$ offen ist. Die Nullmenge ist offen und abgeschlossen. Der Leser möge sich davon überzeugen, daß die oben eingeführten offenen und abgeschlossenen Intervalle offene bzw. abgeschlossene Mengen in dem hier definierten Sinn sind und daß die halboffenen Intervalle weder offen noch abgeschlossen sind.

Wir beschließen den Paragraphen mit einigen allgemeinen Bemerkungen.

1.10 Bemerkungen zur Axiomatik. Die folgenden Probleme treten bei jeder axiomatisch festgelegten mathematischen Struktur auf. Wir formulieren sie jedoch nur für den vorliegenden Fall der reellen Zahlen.

(a) *Unabhängigkeit der Axiome.* Sind die Axiome (A 1)–(A 13) voneinander unabhängig, oder sind einige von ihnen überflüssig, d.h. lassen sie sich aus den übrigen Axiomen als Sätze beweisen?

(b) *Widerspruchsfreiheit.* Ist das System der Axiome (A 1)–(A 13) in sich widerspruchsfrei, d.h. ist man sicher, durch Ableitung von Sätzen aus diesen Axiomen nie zu einem Widerspruch zu gelangen?

(c) *Vollständigkeit.* Sind die reellen Zahlen durch die Axiome (A 1)–(A 13) eindeutig charakterisiert, oder gibt es noch andere, von $\mathbb{R}$ verschiedene mathematische Strukturen, die diesen Axiomen genügen?

Hierzu einige mehr kursorische Bemerkungen. Die Unabhängigkeit eines Axiomensystems beweist man, indem man ein Axiom oder mehrere Axiome streicht und dann eine mathematische Struktur angibt, die zwar allen restlichen, aber nicht den gestrichenen Axiomen genügt. Z.B. ist (A 10) von den Körperaxiomen unabhängig, denn der nur aus zwei Elementen 0 und 1 bestehende Körper genügt den Körperaxiomen, aber es ist wegen $1=-1$ unmöglich, eine Menge P mit $1\in P$, $-1\notin P$ anzugeben. In unserem Axiomensystem gibt es eine ganze Reihe von Abhängigkeiten. Insbesondere läßt sich die Multiplikation mit Hilfe der Addition und der Ordnungsregeln definieren. Die Axiome (A 5)–(A 9) und (A 12) können dann als Sätze bewiesen werden. Dies geht auf O. Hölder [Leipziger Ber. 53 (1901), 1–64; Fortschritte d. Math. 1901, 79] zurück. Eine neuere Darstellung mit Beweisen findet man bei A. Frölicher [Math.-phys. Semesterberichte 19 (1972), 38–54]. Allgemein haftet jedem Axiomensystem eine gewisse Willkür an. Vom formalen Standpunkt aus ist jedes zum ursprünglich gegebenen Axiomensystem äquivalente System gleichberechtigt. Dabei nennt man zwei Axiomensysteme äquivalent, wenn man aus jedem von beiden die Axiome des jeweils anderen als Sätze ableiten kann. In der Praxis wird man sich von der einfachen Formulierbarkeit oder Einsichtigkeit der Axiome leiten lassen. Eine dabei auftretende Abhängigkeit einzelner Axiome von den anderen ist von logischem Interesse, aber sie stiftet kein Unheil.

Das Problem (b), die Widerspruchsfreiheit, birgt tiefliegende logische Schwierigkeiten und kann hier nicht behandelt werden.

Auf die Frage (c) können wir eine Antwort geben. In der Tat ist durch (A 1)–(A 13) das System der reellen Zahlen eindeutig „bis auf Isomorphie“ festgelegt. Ohne diesen Begriff genau zu definieren, sei folgendes bemerkt: In 5.18 wird gezeigt, daß jede reelle Zahl mit Hilfe der in den Axiomen auftretenden Zahlen 0 und 1 in einer normierten Gestalt, nämlich als unendlicher Dualbruch, darstellbar ist.

1.11 Bemerkungen zur Logik und Beweistechnik. Die folgenden, eher vordergründigen Anmerkungen haben den Zweck, einige Eigentümlichkeiten der mathematischen Sprache zu erläutern. Die Mathematik hat es zunächst mit Aussagen über mathematische Objekte zu tun. Von einer Aussage wird verlangt, daß sie klar und unmißverständlich formuliert ist. Der Mathematiker möchte dann wissen, ob sie wahr oder falsch ist. Der Nachweis, daß sie wahr, also ein „Satz" ist, geschieht mittels eines Beweises: Die Aussage wird durch erlaubte logische Schlüsse aus bekannten Tatsachen, also letzten Endes aus den Axiomen abgeleitet.

Zwei Beispiele für Aussagen: A: Die Menge $\{0,2\} \cup (0,1]$ ist ein Intervall. B: 7 ist eine Primzahl. Es ist A eine falsche, B eine wahre Aussage.

Die folgenden Symbole werden häufig benutzt (A und B seien Aussagen):

$\neg A$: „nicht A";
$A \wedge B$: „A und B";
$A \vee B$: „A oder B";
$A \Rightarrow B$: „aus A folgt B"; „wenn A, dann B";
$A \Leftrightarrow B$: „A äquivalent mit B"; „A genau dann, wenn B";
„aus A folgt B und umgekehrt".

Von diesen Bezeichnungen werden wir hier lediglich den einfachen und den doppelten „Folgepfeil" verwenden. Die Aussage „A und B" ist nur dann richtig, wenn beide Aussagen richtig sind (wir verwenden „wahr" und „richtig" synonym). Die Aussage „A oder B" ist nur dann falsch, wenn beide Aussagen falsch sind. Es handelt sich also nicht um das ausschließende „oder" (entweder ... oder; lat.: aut ... aut), sondern um das einschließende „oder", bei dem der Fall, daß beide Aussagen wahr sind, zugelassen ist (lat.: vel).

Quantoren. Häufig kommen Aussagen vor, in denen eine „freie Variable" auftritt, etwa

$$A(x): \ x \text{ ist eine Primzahl.}$$

Dieser Satz ist zunächst sinnlos (man setze für x etwa „Apfel" ein). Er wird zu einer sinnvollen Aussage, wenn für x eine natürliche Zahl eingesetzt wird (und kann dann wahr oder falsch sein). Eine Aussage, in welcher eine freie Variable auftritt, wird auch Aussageform genannt. Zu einer Aussageform gehört immer eine Grundmenge (Universalmenge) U derart, daß $A(x)$ zu einer Aussage wird, wenn man für x ein Element aus U einsetzt. Aus der Aussageform $A(x)$ kann man mit Hilfe der *Quantoren* „es gibt" und „für alle" Aussagen bilden.

$\exists x\{A(x)\}$: „es gibt ein x, so daß $A(x)$ wahr ist";
„$A(x)$ für (mindestens) ein x".
$\forall x\{A(x)\}$: „$A(x)$ ist für alle x wahr";
„$A(x)$ für alle x".

Wir werden auch hier der sprachlichen Formulierung den Vorzug geben. Man beachte, daß der Mathematiker „es gibt" im Sinne von „es gibt mindestens ein" und nicht im Sinne von „es gibt genau ein" verwendet. Der Leser schaue sich daraufhin die Axiome (A 2), (A 3) und die entsprechenden Eindeutigkeitsaussagen von Abschn. 1.3 an. Die Schwierigkeit beim Verständnis mathematischer Texte besteht häufig darin, daß die Aussagen nicht vollständig hingeschrieben sind. Insbesondere fehlen oft die Quantoren und die Grundmenge.

Direkter und indirekter Beweis. Betrachten wir drei Beispiele.

Satz 1: $x^2 \geq 0$.

Satz 2: Aus $0 < x < y$ folgt $0 < \frac{1}{y} < \frac{1}{x}$.

Satz 3: Aus $x > 0$ folgt $\frac{1}{x} > 0$.

In allen drei Fällen handelt es sich um Aussagen über reelle Zahlen (was der verständnisvolle Leser aus dem Zusammenhang erkennen soll!). Es wird vorausgesetzt, daß die Axiome (A 1)–(A 13) gelten. Die Sätze 2 und 3 sind vom Typ „aus ... folgt ...". Genau genommen, gehört auch Satz 1 zu diesem Typ:

Aus (A 1)–(A 13) folgt $x^2 \geq 0$ für $x \in \mathbb{R}$.

Ein *direkter Beweis* einer Aussage $A \Rightarrow B$ liegt vor, wenn der Nachweis mit Hilfe von Zwischenbehauptungen $A_1, A_2, \ldots, A_n$ in der Form

$$A \Rightarrow A_1 \Rightarrow A_2 \Rightarrow \ldots \Rightarrow A_n \Rightarrow B$$

geführt wird. Ein Beispiel dafür ist der folgende Beweis zu Satz 2.

Es wird benutzt, daß $1/x > 0$ und $1/y > 0$ ist (Satz 3). Multiplikation der Ungleichung $0 < x < y$ mit $1/x$ ergibt nach 1.4(d) die Zwischenbehauptung $0 < 1 < y/x$, erneute Multiplikation mit $1/y$ ergibt nach derselben Regel das gesuchte Endresultat $0 < 1/y < 1/x$. □

Der *indirekte Beweis* oder *Beweis durch Widerspruch* benutzt die Tatsache, daß die beiden Aussagen

(a) $A \Rightarrow B$ und (b) (nicht B) $\Rightarrow$ (nicht A)

gleichwertig sind. Die Aussage (b) wird *Kontraposition* der Aussage (a) genannt. Die einfachste Form des Widerspruchsbeweises für die Aussage (a) ist der „Beweis durch Kontraposition", das ist ein direkter Beweis der Aussage (b). Meist ist es jedoch so, daß man beim Widerspruchsbeweis, ausgehend von „nicht-B", einen Widerspruch zu irgendeiner wahren Aussage ableitet. Das allgemeine Schema eines indirekten Beweises für die Aussage „$A \Rightarrow B$" lautet also:

Alle schon bekannten Aussagen (Axiome und Sätze) seien zu einer Aussage C zusammengefaßt. Nachzuweisen ist die Richtigkeit von (A und C) $\Rightarrow$ B. Man geht aus von „nicht B" und erzielt mit Hilfe von A und C irgendeinen Widerspruch zu A oder C.

Als Beispiel betrachten wir den Beweis zu Satz 3. Ist $1/x > 0$ falsch, so ist entweder (i) $1/x = 0$ oder (ii) $1/x < 0$. Aus $1/x = 0$ folgt $1 = x \cdot 1/x = 0$ nach 1.3(c), im Widerspruch zum Axiom (A 6). Damit ist der Fall (i) widerlegt. Betrachten wir den Fall (ii). Aus $1/x < 0$ und $x > 0$ folgt $1 = 1/x \cdot x < 0$ nach 1.4(d), im Widerspruch zu 1.4(e). □

Aufgaben

1. Man leite die in 1.3 angegebenen Regeln der Bruchrechnung aus den Axiomen ab.

2. *Das Rechnen mit Mengen reeller Zahlen.* Für Teilmengen A, B von $\mathbb{R}$ seien $A+B$, $A-B$ und AB gemäß

$$A \circ B = \{a \circ b : a \in A \text{ und } b \in B\}$$

definiert, wobei $\circ$ für Addition, Subtraktion und Multiplikation steht. Besteht die Menge A nur aus dem einen Element a, so schreibt man statt $\{a\} \circ B$ kürzer $a \circ B$. Es ist z.B.

$$2 \cdot [3,5] = [6,10], \quad 2 + [3,5] = [5,7], \quad [-1,2] + [3,5] = [2,7]$$

sowie $A \circ \emptyset = \emptyset$ für alle A.

Man zeige, daß in der Potenzmenge $P(\mathbb{R})$ von $\mathbb{R}$ die Axiome (A 1)–(A 8) ohne (A 3) und (A 7) gelten. Welches sind die neutralen Elemente?

Man zeige, daß (A 9) falsch, jedoch die schwächere Version

$$A(B+C) \subset AB + AC$$

richtig ist.

Die Relation $A < B$ wurde für $A, B \neq \emptyset$ in 1.5 definiert. Man überzeuge sich, daß

$$\text{aus } A < B \text{ folgt } B - A \subset P \text{ und umgekehrt}$$

$$\text{und daß aus } A, B \subset P \text{ folgt } A + B \subset P \text{ und } AB \subset P; \text{ vgl. (A 11)(A 12).}$$

3. Für nichtleere beschränkte Mengen A, B reeller Zahlen beweise man:

$$\sup(A+B) = \sup A + \sup B, \qquad \inf(A+B) = \inf A + \inf B,$$
$$\sup(A-B) = \sup A - \inf B, \qquad \inf(A-B) = \inf A - \sup B,$$

$$\sup \lambda A = \begin{cases} \lambda \cdot \sup A & \text{für } \lambda > 0 \\ \lambda \cdot \inf A & \text{für } \lambda < 0. \end{cases}$$

Wie lautet die entsprechende Formel für $\inf \lambda A$?

4. Man zeige, daß die vorangehenden Formeln mit den Rechenregeln von 1.8 auch für unbeschränkte Teilmengen von $\mathbb{R}$ gültig bleiben (die rechten Seiten sind immer definiert).

5. Es sei $\{M_\alpha : \alpha \in A\}$ eine (endliche oder unendliche) Familie von nichtleeren Mengen $M_\alpha \subset \mathbb{R}$ und M deren Vereinigung. Ferner sei $m_\alpha = \sup M_\alpha$. Man zeige: $\sup M = \sup\{m_\alpha : \alpha \in A\}$.

6. Man bestimme alle $x \in \mathbb{R}$, für die gilt:

(a) $|3-2x| < 5$; (b) $\dfrac{x+4}{x-2} < x$;

(c) $\left|\dfrac{x+4}{x-2}\right| < x$; (d) $x(2-x) > 1 + |x|$;

(e) $|2x| > |5-2x|$; (f) $\dfrac{1}{x+|x-1|} < 2$.

7. Man beweise die Ungleichungen

(a) $\dfrac{r}{1+r} < \dfrac{s}{1+s}$ für $0 \le r < s$;

(b) $\dfrac{x+y}{1+|x+y|} \le \dfrac{|x|}{1+|x|} + \dfrac{|y|}{1+|y|}$ für $x, y \in \mathbb{R}$.

8. Es sei $f: M \to N$ eine Funktion. Man zeige: Für $A, B \subset M$ gilt

$$f(A \cup B) = f(A) \cup f(B), \qquad f(A \cap B) \subset f(A) \cap f(B),$$
$$f(A \setminus B) \supset f(A) \setminus f(B),$$

für $C, D \subset N$ gilt

$$f^{-1}(C \cup D) = f^{-1}(C) \cup f^{-1}(D), \qquad f^{-1}(C \cap D) = f^{-1}(C) \cap f^{-1}(D),$$
$$f^{-1}(C \setminus D) = f^{-1}(C) \setminus f^{-1}(D).$$

Man gebe ein Beispiel mit $f(A \cap B) \neq f(A) \cap f(B)$ an.

9. Die Funktionen $f: M \to N$ und $g: N \to P$ seien injektiv. Man zeige, daß $g \circ f$ injektiv ist und $(g \circ f)^{-1} = f^{-1} \circ g^{-1}$ gilt.

10. Man leite die für jedes $\varepsilon>0$ gültigen Ungleichungen

$$2|ab|\leq\varepsilon^2 a^2+\frac{1}{\varepsilon^2}b^2,$$

$$(a+b)^2\leq(1+\varepsilon^2)a^2+\left(1+\frac{1}{\varepsilon^2}\right)b^2$$

für $a, b\in\mathbb{R}$ ab. Wann besteht (bei gegebenem ε) Gleichheit?

11. Es seien A, B nichtleere Teilmengen von $\mathbb{R}$ mit $A<B$. Man zeige, daß eine Zahl s mit $A\leq s\leq B$ existiert.

12. Man zeige mit Hilfe von Aufgabe 11, daß das Vollständigkeitsaxiom (A 13) äquivalent zum Dedekindschen Stetigkeitssatz (vgl. Einleitung) ist, genauer zum Axiom

(A 13*) Zu nichtleeren Mengen A, B mit $A\cup B=\mathbb{R}$ und $A<B$ existiert eine Schnittzahl s mit $A\leq s\leq B$.

13. Es sei X eine Menge und $P(X)$ ihre Potenzmenge.
(a) Man gebe eine injektive Abbildung $f\colon X\to P(X)$ an.
(b) Man zeige, daß es keine surjektive (und also auch keine bijektive) Abbildung $g\colon X\to P(X)$ geben kann.
Anleitung zu (b): Man betrachte $A=\{x\in X\colon x\notin g(x)\}$.

14. Man bestimme Supremum und Infimum der folgenden Mengen und prüfe, ob diese Mengen ein Minimum oder ein Maximum besitzen:

(a) $\left\{\frac{|x|}{1+|x|}\colon x\in\mathbb{R}\right\}$; (b) $\left\{\frac{x}{1+x}\colon x>-1\right\}$;

(c) $\left\{x+\frac{1}{x}\colon \frac{1}{2}<x\leq 2\right\}$; (d) $\{x\colon (x+1)^2+5y^2<4,\ (x,y)\in\mathbb{R}^2\}$.

15. In $\mathbb{R}$ sei eine Operation $*$ durch

$$x*y:=x+y+\frac{xy}{\lambda}\qquad(\lambda\neq 0 \text{ fest})$$

erklärt. Man zeige, daß $*$ eine kommutative und assoziative Operation ist und bestimme das Einselement. Welche Zahlen haben ein Inverses? Man beweise die Gleichung

$$x_1*x_2*\ldots*x_n=\lambda^{1-n}(x_1+\lambda)(x_2+\lambda)\ldots(x_n+\lambda)-\lambda\qquad\text{für } n\geq 2.$$

§ 2. Natürliche Zahlen und vollständige Induktion

Nachdem um 1870 die reellen Zahlen auf verschiedene Weise unter Benutzung rationaler Zahlen erklärt waren (vgl. § 1), erwachte das Bedürfnis, auch die letzteren (und das heißt, die natürlichen Zahlen) auf ein sicheres Fundament zu stellen. DEDEKIND und G. PEANO (1858–1932, italienischer Mathematiker, Professor an der Universität Turin) entwickelten Axiomensysteme für die natürlichen Zahlen, bei denen der Vorgang des Zählens, der Übergang von n zu seinem Nachfolger $n+1$, eine zentrale Rolle spielt; vgl. Kapitel 1 im Grundwissen-Band *Zahlen*. Bei dem in diesem Buch gewählten Aufbau der Analysis auf der Grundlage der reellen Zahlen geht es nicht um eine axiomatische Begründung der natürlichen Zahlen. Sie sind schon da, wir müssen sie nur finden!

2.1 Definition der natürlichen Zahlen. Wodurch sind die natürlichen Zahlen 0, 1, 2, 3, ... innerhalb der reellen Zahlen ausgezeichnet? Zum einen dadurch, daß jede natürliche Zahl n einen Nachfolger $n+1$ hat, daß man also von 0 beginnend zählen kann und dabei immer auf natürliche Zahlen stößt. Zum anderen sollen nur die so erhaltenen Zahlen und keine anderen als natürliche Zahlen gelten. Zur Präzisierung dieser Gedanken nennen wir eine Menge $M \subset \mathbb{R}$ *induktive Menge* (oder Nachfolgermenge), wenn sie die beiden Eigenschaften

(a) $0 \in M$ und (b) aus $x \in M$ folgt $x+1 \in M$

hat. Z.B. ist jedes Intervall $[a, \infty)$ mit $a \leq 0$ induktiv. Der Durchschnitt aller induktiven Mengen wird *Menge der natürlichen Zahlen* genannt und mit $\mathbb{N}$ bezeichnet,

$$\mathbb{N} = \bigcap \{M: \ M \text{ ist induktiv}\}.$$

Ist die Menge $\mathbb{N}$ induktiv? Die Antwort ist positiv, und der Beweis ist einfach. Zunächst ist 0 Element jeder induktiven Menge, also auch Element ihres Durchschnitts, d.h., es gilt (a) $0 \in \mathbb{N}$. Zum Nachweis der Eigenschaft (b) betrachten wir irgendein $x \in \mathbb{N}$. Die Zahl x ist Element jeder induktiven Menge, dasselbe gilt dann auch für $x+1$, und daraus folgt $x+1 \in \mathbb{N}$.

Aufgrund ihrer Definition ist $\mathbb{N}$ eine Teilmenge jeder induktiven Menge, und sie ist selbst induktiv, wie wir gesehen haben. Kurz gesagt: Es gibt eine kleinste induktive Menge, und diese wird Menge der natürlichen Zahlen genannt. Dieses Ergebnis formulieren wir wegen seiner zentralen Bedeutung als

Induktionsprinzip. *Hat eine Menge $M \subset \mathbb{N}$ die beiden Eigenschaften*

(a) $0 \in M$ *und* (b) *aus $x \in M$ folgt $x+1 \in M$, so ist $M = \mathbb{N}$.*

Bemerkung. In der Literatur findet man auch die Definition $\mathbb{N} = \{1, 2, 3, \ldots\}$ sowie $\mathbb{N}_0 = \{0, 1, 2, 3, \ldots\}$.

Seine wichtigste Anwendung findet das Induktionsprinzip beim Beweis von Aussagen $A(n)$, die für alle natürlichen Zahlen definiert sind. Ein

2.2 Beweis durch vollständige Induktion beruht auf dem Nachweis, daß diejenigen Zahlen n, für die $A(n)$ richtig ist, eine induktive Menge bilden. Dazu sind zwei Schritte erforderlich, nämlich

(a) Die Richtigkeit von $A(0)$ ist nachzuweisen;

(b) *Schluß von n auf $n+1$:* Für jedes n ist unter der „Induktionsannahme", daß $A(n)$ gilt, die Richtigkeit von $A(n+1)$ zu zeigen.

Durch einen solchen *Induktionsbeweis*, wie man auch sagt, wird also $A(n)$ für alle natürlichen Zahlen n als wahr erwiesen. Wir werden im Verlauf dieses Buches zahlreiche Induktionsbeweise führen. Als einfaches Beispiel betrachten wir die Aufgabe, die Aussage

$$A(n):\ 1+3+5+\ldots+(2n+1)=(n+1)^2$$

durch vollständige Induktion zu beweisen.

(a) $A(0)$: $1=1^2$ ist richtig.

(b) Es sei ein beliebiges $n\in\mathbb{N}$ fixiert und $A(n)$ richtig. Dann ist

$$1+3+\ldots+(2n+1)+(2n+3)=(n+1)^2+2n+3=(n+2)^2,$$

d.h. $A(n+1)$ ist richtig.

Damit ist der Induktionsbeweis abgeschlossen, die betrachtete Gleichung $A(n)$ gilt für alle natürlichen Zahlen.

Wo im folgenden „Beweis" der Wurm steckt, wird der Leser rasch entdecken. Wir wollen zeigen, daß alle reellen Zahlen gleich sind (!), indem wir die Aussage $A(n)$: „Sind n reelle Zahlen gegeben, so sind sie alle gleich" durch vollständige Induktion beweisen. Offenbar ist $A(0)$ richtig. Um den Leser nicht auf eine falsche Fährte zu locken, sei bemerkt, daß auch $A(1)$ richtig ist. Zum Schluß von n auf $n+1$ nehmen wir an, es seien $n+1$ Zahlen $a_1, a_2, \ldots, a_{n+1}$ gegeben. Aus der Induktionsannahme $A(n)$ folgt, daß $a_1=a_2=\ldots=a_n$, und ebenso, daß $a_2=a_3=\ldots=a_{n+1}$ ist. Daraus folgt $A(n+1)$: $a_1=a_2=\ldots=a_{n+1}$.

2.3 Einige Eigenschaften von $\mathbb{N}$. Wenn man die Forderung, alles aus Axiomen abzuleiten, ernst nimmt, muß man nun eine Reihe einfacher Begriffe und Tatsachen behandeln, die dem Leser aus dem Schulunterricht vertraut sind oder evident erscheinen. Das sind zunächst die Zahlzeichen $2:=1+1$, $3:=2+1$, $\ldots$, $9:=8+1$, $10:=9+1$, ... Daran schließt sich das „Einspluseins" und „Einmaleins" an. Gleichungen wie $3+3=2\cdot 3=6$ sind jetzt beweisbar, doch werden wir uns damit nicht aufhalten.

Auch die folgenden Eigenschaften, bei denen m und n natürliche Zahlen bezeichnen, erscheinen selbstverständlich, doch sind wir deshalb keineswegs der Pflicht eines Beweises enthoben.

(a) Es ist $n=0$ oder $n\geq 1$.

(b) Mit m und n sind auch $m+n$ und mn natürliche Zahlen.

(c) Ist $m\leq n$, so ist $n-m$ eine natürliche Zahl.

(d) Zwischen n und $n+1$ liegt keine weitere natürliche Zahl.

(e) Jede nichtleere Menge natürlicher Zahlen besitzt ein kleinstes Element.

Beweis. Wir betrachten die Mengen (m, n sind immer natürliche Zahlen)

$$A=\{0\}\cup\{n\colon n-1 \text{ ist natürliche Zahl } \geq 0\},$$

$$B=\{n\colon \text{Für } m\leq n \text{ ist } n-m\in\mathbb{N}\}.$$

Man erkennt leicht, daß 0 und 1 zu A gehören. Ist $0\neq n\in A$, so folgt $0\leq n-1\in\mathbb{N}$, also $1\leq n\in\mathbb{N}$ und damit $n+1\in A$. Also ist A induktiv, d.h. $A=\mathbb{N}$. Insbesondere ist (a) bewiesen.

Nun wollen wir zeigen, daß auch B induktiv ist. Es ist $0\in B$, denn aus $m\leq 0$ folgt $m=0$ nach (a). Nun sei $n\in B$ und $m\leq n+1$. Im Fall $m=0$ ist $n+1-m\in\mathbb{N}$, im Fall $m>0$ ist $m-1$ eine natürliche Zahl $\leq n$ (wegen $A=\mathbb{N}$), also $n-(m-1)$ $=n+1-m\in\mathbb{N}$ und damit $n+1\in B$. Damit ist auch B induktiv und (c) bewiesen.

Der Beweis von (b) sei als Übungsaufgabe empfohlen. Man kann etwa die Menge $C=\{n\colon n+m\in\mathbb{N}$ für alle $m\}$ und eine entsprechende Menge für das Produkt betrachten.

(d) Aus $n<m<n+1$ würde $0<m-n<1$ und $m-n\in\mathbb{N}$ folgen im Widerspruch zu (a).

(e) Ist M eine nichtleere Menge von natürlichen Zahlen ohne kleinstes Element, so gilt insbesondere $0<M$. Nun sei $n<M$, also $n<m$ für alle $m\in M$. Nach (d) ist dann $n+1\leq m$ für alle $m\in M$ oder $n+1\leq M$. Es ist sogar $n+1<M$, denn M hat ja kein kleinstes Element. Ohne Mühe erhält man so das paradoxe Ergebnis, daß $n<M$ für alle natürlichen Zahlen n ist. □

Bemerkung. Eine Menge M von reellen Zahlen (oder allgemeiner eine Menge, in der eine Ordnungsrelation definiert ist) wird *wohlgeordnet* genannt, wenn jede nichtleere Teilmenge von M ein kleinstes Element besitzt. Aus diesem Grund wird die Aussage (e) auch als *Wohlordnungssatz für natürliche Zahlen* bezeichnet.

2.4 Die archimedische Eigenschaft der reellen Zahlen.

Satz. *Die Menge der natürlichen Zahlen ist nicht nach oben beschränkt.*

Beweis. Angenommen, $\mathbb{N}$ sei nach oben beschränkt. Dann existiert $\eta=\sup\mathbb{N}$, und $\eta-1$ ist keine obere Schranke für $\mathbb{N}$. Es gibt folglich ein $n\in\mathbb{N}$ mit $\eta-1<n$. Somit ist $\eta<n+1\in\mathbb{N}$, im Widerspruch zur Definition von η. Unsere Annahme ist daher falsch, $\mathbb{N}$ ist nicht nach oben beschränkt. □

Aus dem obigen Satz ergibt sich eine wichtige Eigenschaft des Körpers der reellen Zahlen.

Corollar (Archimedes, Eudoxos). *Zu je zwei positiven reellen Zahlen a und b existiert eine natürliche Zahl n, so daß $na>b$ ist. Man sagt kurz: Der Körper der reellen Zahlen ist archimedisch angeordnet.*

Insbesondere existiert zu jeder positiven Zahl a eine natürliche Zahl n mit $\frac{1}{n}<a$. Anders ausgedrückt: Ist $a\geq 0$ und $a\leq\frac{1}{n}$ für $0\neq n\in\mathbb{N}$, so ist $a=0$.

Beweis. Wäre nämlich $na\leq b$ für alle $n\in\mathbb{N}$, so wäre $n\leq\frac{b}{a}$ für alle $n\in\mathbb{N}$. Dies widerspricht dem Satz. Der zweite Teil ist als Sonderfall $b=1$ enthalten. □

Historisches. Die Griechen arbeiteten nicht mit reellen Zahlen, sondern mit Verhältnissen von Größen. Die eudoxische Definition der Gleichheit von Größenverhältnissen (vgl. die Einleitung zu § 1) setzt voraus, daß je zwei der eingehenden Größen die Eigenschaft haben, daß sie „vervielfältigt einander übertreffen können". Das erfaßt EUKLID in der Definition (*Elemente* V, Def. 4): „Daß sie ein Verhältnis zueinander haben, sagt man von Größen, die vervielfältigt einander übertreffen können." EUDOXOS bzw. EUKLID machen keine Angaben darüber, welche Klassen von Größen diese Eigenschaft haben. ARCHIMEDES gibt als Postulat (!) an (*Kugel und Zylinder* I, Post. 5), daß die Differenz zweier Größen, seien es Strecken, oder Flächen oder Körper, die Eigenschaft hat, daß sie vervielfältigt jede der beiden Größen übertreffen kann. Daher wird das Corollar nach Archimedes oder Eudoxos benannt und gelegentlich als *Archimedisches Axiom* bezeichnet; vgl. auch Gericke [1984], insbes. S. 115–116.

2.5 Ganze und rationale Zahlen. Die reelle Zahl x heißt *ganze Zahl*, wenn x oder $-x$ eine natürliche Zahl ist. Ist x Lösung einer Gleichung $qx=p$, wobei p und $q\neq 0$ ganze Zahlen sind, so heißt $x=p/q$ *rationale Zahl*, andernfalls *irrationale Zahl*. Die Menge der ganzen Zahlen wird mit $\mathbb{Z}$, die der rationalen Zahlen mit $\mathbb{Q}$ bezeichnet. Offenbar sind genau die ganzen Zahlen ≥ 0 natürliche Zahlen. Der folgende Satz, dessen einfacher Beweis (mit Hilfe von 2.3) dem Leser überlassen sei, beschreibt die algebraische Struktur von $\mathbb{Z}$ und $\mathbb{Q}$.

Satz. ($\mathbb{Z}, +, \cdot$) *ist ein kommutativer Ring mit Einselement, d.h. für die Elemente aus* $\mathbb{Z}$ *gelten die Axiome* (A 1) - (A 9) *mit Ausnahme von* (A 7).

($\mathbb{Q}, +, \cdot$) *ist ein Körper, d.h. für die Elemente von* $\mathbb{Q}$ *gelten die Axiome* (A 1) - (A 9).

Für $p\in\mathbb{Z}$ bezeichne $Z_p=\mathbb{N}+p$ (vgl. Aufgabe 1.2 zur Schreibweise) die Menge der ganzen Zahlen $\geq p$. Offenbar wird $\mathbb{N}$ durch $k\mapsto k+p$ bijektiv auf Z_p abgebildet. Da jede nach unten beschränkte Teilmenge von $\mathbb{Z}$ in einem Z_p enthalten ist, ergibt sich das

Lemma. *Jede nach oben bzw. nach unten beschränkte nichtleere Menge ganzer Zahlen besitzt ein größtes bzw. kleinstes Element.*

Auch der *Beweis durch vollständige Induktion* läßt sich nun auf den Fall ausdehnen, daß $A(n)$ eine für alle ganzen Zahlen $n\geq p$ erklärte Aussage ist. Aus der Induktionsannahme $A(p)$ und der für jedes $n\geq p$ gültigen Aussage „aus $A(n)$ folgt $A(n+1)$" (Schluß von n auf $n+1$) folgt die allgemeine Gültigkeit von $A(n)$ für alle $n\geq p$.

2.6 Endliche Mengen. Wenn man sagt, eine Menge habe 5 Elemente, so weiß jedermann, was damit gemeint ist. Cantor hat diese Vorstellung präzisiert und erweitert. Zwei Mengen A und B werden (nach Cantor) *gleichmächtig* oder äquivalent genannt, in Zeichen $A\sim B$, wenn eine Bijektion ϕ von A auf B existiert. Man sieht leicht, daß die Beziehung $\sim$ reflexiv ($A\sim A$), symmetrisch ($A\sim B\Rightarrow B\sim A$) und transitiv ($A\sim B$, $B\sim C\Rightarrow A\sim C$) ist. Es sei n eine positive ganze Zahl und N_n die Menge $\{k\in\mathbb{N}\colon 1\leq k\leq n\}$, für die auch kürzer $\{1, 2, \ldots, n\}$ geschrieben wird. Ist $N_n\sim A$, so sagt man, A hat n Elemente, oder A hat die *Mächtigkeit* oder *Kardinalzahl* n, und schreibt $\operatorname{card} A=n$. In diesem Fall ist also, wenn ϕ eine Bijektion von N_n auf A bezeichnet und wenn man $\phi(k)=a_k$ setzt, $A=\{a_1,\ldots,a_n\}$ mit $a_i\neq a_j$ für $i\neq j$, d.h. die Elemente von A sind von 1 bis n durchnumeriert. Jede solche Menge und ebenso die Nullmenge, für die $\operatorname{card}\emptyset=0$ gesetzt wird, bezeichnet man als *endliche Menge*.

Über den Mächtigkeitsbegriff gelten die folgenden, trivial erscheinenden Aussagen.

(a) Aus $A\sim N_n$ und $A\sim N_m$ folgt $m=n$, d.h. $\operatorname{card} A$ ist eindeutig bestimmt.

(b) Teilmengen endlicher Mengen sind endlich, und aus $A \subset B$ folgt $\operatorname{card} A \leq \operatorname{card} B$.

(c) Für disjunkte endliche Mengen A, B gilt $\operatorname{card} A \cup B = \operatorname{card} A + \operatorname{card} B$.

Wir geben einige Hinweise zum Beweis und überlassen die Ausführung dem Leser. Aus der Voraussetzung von (a) folgt $N_m \sim N_n$, und hieraus ist $m = n$ abzuleiten. Der Fall $n = 1$ erledigt sich sofort. Für den Schluß von n auf $n+1$ betrachten wir eine Bijektion ϕ von N_{m+1} nach N_{n+1}. Durch Abänderung von ϕ (Vertauschung zweier Bildelemente) erreicht man, daß $\phi(m+1) = n+1$ ist. Damit hat man eine Bijektion von N_n nach N_m, und nach Induktionsvoraussetzung ist $m = n$. Der Beweis von (b) durch Induktion ist einfach. Im Fall (c) sei $A \sim N_m$ und $B \sim N_n$. Man erkennt, daß $B \sim C := m + N_n = \{m+1, \ldots, m+n\}$ und deshalb $A \cup B \sim N_m \cup C = N_{n+m}$ ist.

Wir beschließen diesen Abschnitt mit einem wichtigen

Lemma. *Jede nichtleere endliche Menge reeller Zahlen besitzt ein kleinstes und ein größtes Element.*

Der Induktionsbeweis ergibt sich aus der folgenden offensichtlichen Tatsache: Ist $A = \{a_1, \ldots, a_{n+1}\}$ und c das kleinste Element von $\{a_1, \ldots, a_n\}$, so ist c oder a_{n+1} das kleinste Element von A, je nachdem, ob $a_{n+1} \geq c$ oder $< c$ ist. □

2.7 Folge, Kartesisches Produkt und *n*-Tupel. Es sei A eine nichtleere Menge. Eine Abbildung $f\colon \mathbb{N} \to A$ nennt man eine *Folge* und bezeichnet sie auch mit einem der Symbole $(f_n)_{n=0}^{\infty}$, $(f_n)_0^{\infty}$, $(f(n))_0^{\infty}$ oder $(f_0, f_1, f_2, \ldots)$. Für die einzelnen Funktionswerte einer Folge, die man *Glieder* der Folge nennt, ist statt der Schreibweise $f(n)$ die sog. „Indexschreibweise“ f_n im Gebrauch.

Es sei p eine ganze Zahl und $Z_p = \{n \in \mathbb{Z} : n \geq p\} = \{p, p+1, p+2, \ldots\}$. Man nennt allgemeiner auch eine Abbildung f von Z_p in A eine Folge und bezeichnet sie mit $(f_n)_{n=p}^{\infty}$ oder kurz $(f_n)_p^{\infty}$. Genauer spricht man auch von einer *Folge in A*, wenn man die Bildmenge A explizit angeben will. Gelegentlich werden auch *endliche Folgen* $(a_n)_{n=1}^{p}$, das sind Abbildungen von N_p in A, betrachtet. Dabei ist, wie in 2.6, $N_p = \{1, \ldots, p\}$.

Eine Abbildung f von N_n in A wird in der Form eines *geordneten n-Tupels* $(f_1, \ldots, f_n)$ geschrieben, und es ist üblich, die Menge all dieser Abbildungen statt mit $A^{\{1, \ldots, n\}}$ einfach mit A^n zu bezeichnen. Die Tupel-Schreibweise stellt eine Konvention dar: An erster Stelle steht das Bild von 1, an zweiter Stelle das Bild von 2, usw. So ist etwa im Fall $A = \mathbb{R}$, $n = 3$ das Tripel $(3, 0, 1)$ die durch $f(1) = 3$, $f(2) = 0$, $f(3) = 1$ definierte Funktion $f \in \mathbb{R}^3$, das Tripel $(0, 1, 3)$ dagegen die durch $g(1) = 0$, $g(2) = 1$, $g(3) = 3$ definierte Funktion $g \in \mathbb{R}^3$.

Damit ist auch die Gleichheit zwischen n-Tupeln erklärt. Zwei n-Tupel $(a_1, \ldots, a_n)$, $(b_1, \ldots, b_n)$ sind gleich, wenn sie als Funktionen gleich sind, d.h. wenn $a_i = b_i$ für $i \in N_n$ gilt. Im Fall $n = 2$ stimmt die jetzige Definition von A^2 mit der früher in 1.1 gegebenen Definition von $A \times A$ überein. In den Fällen $n = 2$, 3, 4, 5 benutzt man für n-Tupel die Ausdrücke Paar, Tripel, Quadrupel, Quintupel.

2.8 Rekursive Definition. Bisher haben wir das Prinzip der vollständigen Induktion nur als Beweismittel verwendet. Dieses Prinzip kann aber auch zur

Definition von Folgen herangezogen werden. So wird etwa durch die Vorschrift

$$a_0 = 1, \quad a_{n+1} = 3a_n^2 - 1 \quad \text{für } n = 0, 1, 2, \ldots$$

eine Folge $(a_0, a_1, a_2, \ldots) = (1, 2, 11, 362, \ldots)$ eindeutig definiert. Man spricht in einem solchen Fall von einer *rekursiven Definition* oder *Definition durch vollständige Induktion.*

Zur rekursiven Definition einer Folge gehört also zweierlei, nämlich (a) die Angabe des Anfangsgliedes und (b) die Vorschrift, wie das $(n+1)$-te Glied aus den vorangehenden Gliedern zu berechnen ist. Im folgenden „Rekursionssatz" wird dies präzisiert.

Satz. *Gegeben seien eine Menge A, ein Element $a \in A$ und eine Folge von Funktionen ϕ_n: $A^{n+1} \to A$ $(n \in \mathbb{N})$. Dann existiert genau eine Folge (f_n): $\mathbb{N} \to A$ mit den beiden Eigenschaften*

(a) $f_0 = a$,

(b) $f_{n+1} = \phi_n(f_0, f_1, \ldots, f_n)$ *für* $n \in \mathbb{N}$.

Für den Mathematiker früherer Jahrhunderte war dieses Definitionsprinzip unmittelbar einsichtig, und ähnliches gilt für den Studenten unserer Anfängervorlesungen. In der Tat hat sich die Notwendigkeit eines Beweises (also die Einsicht, daß es sich nicht um eine triviale Folge aus dem Induktionsprinzip 2.1 handelt) erst durch die exakten Begriffsbildungen, welche die Mengenlehre in die Mathematik eingeführt hat, ergeben. Für den Anfänger mag es ein Trost sein, daß ein so bedeutender Mathematiker wie E. Landau (1877–1938) bei der Abfassung seines auch heute noch lesenswerten Büchleins *Grundlagen der Analysis* [1930] hier ebenfalls gestrauchelt ist und durch seinen Assistenten auf den Fehler aufmerksam gemacht wurde. Im Vorwort stellt er den Sachverhalt ausführlich dar.

Wir werden diesen Satz nicht beweisen. Der interessierte Leser findet Beweise im ersten Kapitel des Grundwissen-Bandes *Zahlen* und bei van der Waerden, *Algebra* I [1966].

Natürlich können auch Folgen von der Form $(a_n)_p^\infty$ und endliche Folgen rekursiv definiert werden, ähnlich wie es in 2.5 beim Beweis durch vollständige Induktion beschrieben wurde. Oft sind Folgen durch eine Vorschrift definiert, die sich auf den ersten Blick nicht unserem durch (a), (b) gegebenen Schema unterordnet. Man betrachte etwa das Beispiel

$$a_{n+3} = 2a_n - a_{n+1} + 3a_{n+2} \quad \text{für } n = 0, 1, 2, \ldots \quad \text{mit} \quad a_0 = a_1 = 1, \ a_2 = 2.$$

Auch hier liegt eine korrekte Definition durch vollständige Induktion vor. Man kann etwa eine Folge von Tripeln $A_n = (\alpha_n, \beta_n, \gamma_n)$ gemäß

$$A_0 = (1, 1, 2) \quad \text{und} \quad A_{n+1} = (\beta_n, \gamma_n, 3\gamma_n - \beta_n + 2\alpha_n) \quad \text{für } n \in \mathbb{N}$$

definieren. Es ist dann $A_n = (a_n, a_{n+1}, a_{n+2})$.

2.9 Abzählbare Mengen. Eine nicht endliche Menge A wird *unendlich* genannt. Insbesondere heißt A abzählbar unendlich oder einfach *abzählbar*, wenn $\mathbb{N} \sim A$ ist, also A in der Form $A = \{a_0, a_1, a_2, \ldots\}$ mit $a_i \neq a_j$ für $i \neq j$ geschrieben werden kann. *Höchstens abzählbar* heißt eine Menge, wenn sie endlich oder abzählbar ist, andernfalls *nichtabzählbar* oder *überabzählbar*.

Wir stellen zunächst einige Aussagen über abzählbar unendliche Mengen zusammen.

(a) Jede Teilmenge einer abzählbaren Menge ist höchstens abzählbar.

(b) Jede unendliche Menge besitzt eine abzählbare Teilmenge.

(c) Sind A und B abzählbare Mengen, so ist auch $A \times B$ abzählbar.

(d) Es sei $\{A_k\}$ eine höchstens abzählbare Menge von Mengen A_k, und jedes A_k sei höchstens abzählbar. Dann ist die Vereinigung $A = \bigcup A_k$ ebenfalls höchstens abzählbar.

Beweisskizze. (a) Es genügt offenbar zu zeigen, daß eine Teilmenge A von $\mathbb{N}$ höchstens abzählbar ist. Nach 2.3 (e) hat A ein kleinstes Element a_1, die Menge $A_1 = A \setminus \{a_1\}$ ein kleinstes Element a_2, die Menge $A_2 = A_1 \setminus \{a_2\}$ ein kleinstes Element a_3, usw. (rekursive Definition). Wenn $A_n = \emptyset$ ist, bricht das Verfahren ab, und es ist $\operatorname{card} A = n$. Andernfalls ist $A = \{a_1, a_2, a_3, \ldots\}$, also abzählbar (es ist $a_n \geq n-1$, also kommt ein beliebiges Element $k \in A$ unter $a_1, \ldots, a_{k+1}$ vor).

(b) Ist A eine unendliche Menge, so wählt man nacheinander $a_0 \in A$, $a_1 \in A_1 := A \setminus \{a_0\}$, $a_2 \in A_2 := A_1 \setminus \{a_1\}$, usw. Das Verfahren bricht nicht ab.

(c) Wegen $A \sim \mathbb{N}$, $B \sim \mathbb{N}$ genügt es nachzuweisen, daß $\mathbb{N} \times \mathbb{N} = \mathbb{N}^2$ abzählbar ist. Zu diesem Zweck zeigen wir, daß die Abbildung

$$\phi\colon (m,n) \mapsto 2^m 3^n$$

von $\mathbb{N}^2$ in $\mathbb{N}$ eineindeutig ist. Ist $\phi(m,n) = \phi(p,q)$, also $2^m 3^n = 2^p 3^q$, und ist etwa $m \leq p$, so folgt $3^n = 2^{p-m} 3^q$. Da hier links eine ungerade Zahl steht, muß $p-m = 0$ sein, und aus $3^n = 3^q$ folgt dann $n = q$, also $(m,n) = (p,q)$. Die Funktion ϕ ist also injektiv, und nach Teil (a) ist $\mathbb{N}^2$ abzählbar.

(d) Jede der Mengen A_k läßt sich in der Form

$$A_k = \{a_{kn} : 0 \leq n \leq p_k \text{ oder } n \in \mathbb{N}\}$$

schreiben. Sind die A_k paarweise disjunkt, so wird durch diese Numerierung eine Bijektion $a_{kn} \mapsto (k,n)$ von $A = \bigcup A_k$ auf eine Teilmenge von $\mathbb{N} \times \mathbb{N}$ definiert, d.h. A ist nach (a) höchstens abzählbar. Im anderen Fall geht man zu neuen Mengen $B_0 = A_0$, $B_1 = A_1 \setminus A_0$, $B_2 = A_2 \setminus (A_0 \cup A_1), \ldots$ über, welche paarweise disjunkt sind. □

Aus (d) erhält man ohne Mühe den wichtigen

Satz. *Die Menge der rationalen Zahlen ist abzählbar.*

2.10 Nichtabzählbare Mengen. Ihre Existenz sichert der folgende

Satz. *Die Menge F aller Folgen $f = (f_n)\colon \mathbb{N} \to A$ ist, wenn A mindestens zwei Elemente enthält, nichtabzählbar.*

Beweis. Angenommen F sei abzählbar, etwa $F = \{f^0, f^1, f^2, \ldots\}$ mit

$$f^0 = (f_{00}, f_{01}, f_{02}, \ldots)$$
$$f^1 = (f_{10}, f_{11}, f_{12}, \ldots)$$
$$\cdots\cdots\cdots\cdots\cdots\cdots$$

Wir konstruieren eine Folge $g=(g_0, g_1, g_2, \dots)$, welche von allen f^k verschieden ist, indem wir

$$g_0 \neq f_{00}, \quad g_1 \neq f_{11}, \dots \quad \text{allgemein } g_k \neq f_{kk}$$

setzen. Das ist immer möglich, da A mindestens zwei Elemente enthält. In der Tat ist $g \neq f^k$ für jedes k, andererseits $g \in F$, womit ein Widerspruch erreicht ist. □

Wir wählen etwa $A=\{0,1\}$. Eine Folge $f=(f_n)$ besteht dann aus den Ziffern 0 und 1, und man kann ihr einen unendlichen Dezimalbruch $x_f = f_1 \cdot 10^{-1} + f_2 \cdot 10^{-2} + \dots$ zuordnen; vgl. dazu 5.18. Es folgt, daß die Menge der mit den Ziffern 0 und 1 gebildeten Dezimalbrüche und erst recht die Menge der im Intervall $(0,1)$ gelegenen Zahlen nicht abzählbar ist. Hieraus ergibt sich dann (unter Benutzung von Satz 5.18) das

Corollar. *Jedes Intervall enthält abzählbar viele rationale Zahlen und überabzählbar viele irrationale Zahlen; insbesondere ist $\mathbb{R}$ nicht abzählbar.*

Historisches. Die Frage, ob die Menge der reellen Zahlen abzählbar ist, wird zum ersten Mal von G. CANTOR in einem Brief vom 29. Nov. 1873 an R. DEDEKIND gestellt. Wenige Tage später gelingt es Cantor, die (vermutete) Nichtabzählbarkeit der reellen Zahlen zu beweisen. Dieses erste bedeutende Ergebnis leitet die Entwicklung einer neuen Wissenschaft ein, der Mengenlehre. Zum Beweis haben wir das von Cantor erst später gefundene „Cantorsche Diagonalverfahren" (Jahresber. DMV 1 (1890–91) = Werke S. 278–281) benutzt. Auch die Bezeichnung „Zweites Cantorsches Diagonalverfahren" ist gebräuchlich, zur Unterscheidung von der Anordnung einer Doppelfolge (a_{ij}) nach Diagonalen (vgl. 5.14), mit der Cantor die Abzählbarkeit der rationalen Zahlen bewiesen hat.

2.11 Definition des Summen- und des Produktzeichens. Die Summe von mehreren Zahlen $a_1, a_2, \dots, a_n$ berechnet man (etwa auf einem Taschenrechner), indem man nacheinander die *Teilsummen* $s_1 := a_1$, $s_2 := s_1 + a_2, \dots, s_n := s_{n-1} + a_n$ bildet. Dies ist eine rekursive Definition im Sinne von 2.8. Man benutzt für die Summe eine der Bezeichnungen

$$a_1 + \dots + a_n \equiv \sum_{i=1}^{n} a_i := s_n.$$

Für den Summationsindex im *Summenzeichen* $\sum$ kann statt i auch irgendein anderer Buchstabe gewählt werden (n und a ausgenommen). Die Summe ist unabhängig von der Reihenfolge der Summanden, es gilt also ein

Allgemeines Kommutativgesetz. *Für eine Umordnung $b_1, \dots, b_n$ der Zahlen $a_1, \dots, a_n$ ist $a_1 + \dots + a_n = b_1 + \dots + b_n$.*

Dabei bilden die b_i eine Umordnung der a_i, wenn eine Bijektion ϕ von $N_n = \{1, 2, \dots, n\}$ auf sich existiert, so daß $b_i = a_{\phi(i)}$ ist für $i = 1, \dots, n$.

Beweisskizze. Man sieht leicht, daß die Vertauschung zweier Nachbarglieder die Summe nicht ändert. Daraus folgt dann, daß man zwei beliebige Glieder vertauschen darf. Ist $b_1, \ldots, b_{n+1}$ eine Umordnung von $a_1, \ldots, a_{n+1}$, so kann man deshalb $a_{n+1} = b_{n+1}$ annehmen und darauf einen Induktionsbeweis gründen. □

In entsprechender Weise ergibt sich für das durch

$$p_1 := a_1, \quad p_{k+1} := p_k a_{k+1} \quad \text{für } k = 1, \ldots, n-1$$

induktiv definierte Produkt

$$a_1 \cdots a_n \equiv \prod_{i=1}^{n} a_i := p_n$$

die Unabhängigkeit des Wertes von der Reihenfolge der Faktoren.

Man kann jetzt Summen und Produkte für beliebige endliche Indexmengen definieren. Ist I eine Indexmenge mit $\operatorname{card} I = n$ und $\phi\colon N_n \to I$ eine Bijektion, so ist

$$\sum_{\alpha \in I} a_\alpha \quad \text{als} \quad \sum_{i=1}^{n} a_{\phi(i)}$$

erklärt. Nach dem oben Bewiesenen ist diese Erklärung unabhängig von der speziellen Bijektion ϕ.

Damit sind auch Summen wie $\sum_{i=3}^{n} a_i$ und Doppelsummen wie $\sum_{i=1}^{m} \sum_{j=1}^{n} a_{ij}$ mit der Indexmenge $I = \{3, 4, \ldots, n\}$ bzw. $I = N_m \times N_n$ definiert. Im Fall der leeren Indexmenge definiert man

$$\sum_{\alpha \in \emptyset} a_\alpha = 0 \quad \text{und} \quad \prod_{\alpha \in \emptyset} a_\alpha = 1.$$

Diese Festsetzung tritt z.B. dann in Kraft, wenn eine Summe $\sum_{i=1}^{n}$ für natürliche Zahlen n betrachtet wird. Die Indexmenge ist dann im Fall $n=0$ die leere Menge, d.h. es ist $\sum_{i=1}^{0} a_i = 0$.

Man darf in Summen Klammern setzen,

$$a_1 + \ldots + a_n = (a_1 + \ldots + a_p) + (a_{p+1} + \ldots + a_n) \quad (1 \le p < n),$$

wie man ebenfalls durch Induktion beweist. Die Übertragung dieser Regel auf beliebige disjunkte endliche Indexmengen lautet

$$S(I \cup J) = S(I) + S(J) \quad \text{mit} \quad S(A) := \sum_{\alpha \in A} a_\alpha$$

und entsprechend für mehr als zwei Indexmengen. Insbesondere gilt für Doppelsummen

$$\sum_{i=1}^{m} \sum_{j=1}^{n} a_{ij} = \sum_{i=1}^{m} \left(\sum_{j=1}^{n} a_{ij} \right) = \sum_{j=1}^{n} \left(\sum_{i=1}^{m} a_{ij} \right).$$

Die Potenzen einer reellen Zahl a sind durch vollständige Induktion gemäß

$$a^0 = 1, \quad a^{n+1} = a \cdot a^n \quad \text{für } n \in \mathbb{N}$$

definiert. Die bekannten Potenzgesetze

$$a^{m+n}=a^m\cdot a^n, \qquad a^n b^n=(ab)^n, \qquad (a^m)^n=a^{mn}$$

werden durch vollständige Induktion bewiesen. Durch die Definition

$$a^{-n}:=(a^{-1})^n \quad (a\neq 0;\ n\geq 1 \text{ und ganz})$$

werden negative Potenzen eingeführt. Die drei Potenzregeln gelten dann, falls a und b von Null verschieden sind, für alle ganzen Zahlen m, n.

2.12 Einige einfache Tatsachen. Im folgenden sind a, b, λ, μ und a_i, b_i $(i=1,\dots,n)$ reelle Zahlen, und es ist $n\geq 1$.

(a) $\sum_{i=1}^{n}(\lambda a_i+\mu b_i)=\lambda\sum_{i=1}^{n}a_i+\mu\sum_{i=1}^{n}b_i$.

(b) $(1-a)(1+a+a^2+\dots+a^n)=(1-a)\sum_{i=0}^{n}a^i=1-a^{n+1}$.

(c) $b^{n+1}-a^{n+1}=(b-a)\sum_{i=0}^{n}a^i b^{n-i}=(b-a)(b^n+ab^{n-1}+\dots+a^{n-1}b+a^n)$.

(d) Aus $a_i\leq b_i$ für $i=1,\dots,n$ folgt $\sum_{i=1}^{n}a_i\leq\sum_{i=1}^{n}b_i$.

(e) Aus $0<a_i\leq b_i$ für $i=1,\dots,n$ folgt $\prod_{i=1}^{n}a_i\leq\prod_{i=1}^{n}b_i$.

(f) *Verallgemeinerte Dreiecksungleichung*

$$|a_1+\dots+a_n|\leq|a_1|+\dots+|a_n|.$$

In den Fällen (d) und (e) gilt das Gleichheitszeichen nur dann, wenn $a_i=b_i$ für $i=1,\dots,n$ ist.

Man beweist (a)–(f) am besten durch vollständige Induktion. Für $n=1$ sind alle Aussagen trivial, und der Schluß von n auf $n+1$ bietet keine Schwierigkeiten. Als Beispiel sei (e) betrachtet. Sind Zahlen $0<a_i\leq b_i$ für $i=1,\dots,n+1$ gegeben und sind sie nicht alle gleich, so kann man durch Vertauschung erreichen, daß $a_1<b_1$ ist. Nach Induktionsvoraussetzung ist dann $\prod_1^n a_i<\prod_1^n b_i$, woraus die Behauptung

$$\prod_1^{n+1}a_i=a_{n+1}\prod_1^n a_i<a_{n+1}\prod_1^n b_i\leq b_{n+1}\prod_1^n b_i=\prod_1^{n+1}b_i$$

folgt. Übrigens folgt (c) auch direkt aus (b), indem man dort a durch a/b ersetzt und diese Gleichung mit b^{n+1} durchmultipliziert (der Fall $b=0$ ist trivial). □

Historische Bemerkungen. Der Sonderfall $n=1$ von (c), also die Gleichung

$$b^2-a^2=(b+a)(b-a),$$

war den Babyloniern bereits in der Hammurapi-Zeit (um 1700 v.Chr.) bekannt, ebenso wie die Formeln

$$(a+b)^2=a^2+2ab+b^2,$$

$$(a-b)^2=a^2-2ab+b^2.$$

Diese Formeln wurden von ihnen zur Lösung quadratischer Gleichungen und zur Approximation von Quadratwurzeln benutzt. In einigen Texten werden zahlreiche Aufgaben über quadratische Gleichungen und über Gleichungssysteme mit zwei Unbekannten gestellt, zum Teil mit, zum Teil ohne Lösungen. Daraus muß man den Schluß ziehen, daß die babylonische Algebra in systematischer Weise in Schulen gelehrt wurde.

Die Formel (b) wird besonders einfach für Zweierpotenzen,

$$1+2+2^2+\ldots+2^n=2^{n+1}-1.$$

Sie findet sich (für $n=9$) auf einem spätbabylonischen Keilschrift-Text.

Eine für viele Anwendungen wichtige Abschätzung von Potenzen nach unten gibt die nach JACOB BERNOULLI (1689) benannte, aber schon bei ISAAC BARROW, dem Lehrer Newtons, in den *Lectiones geometricae* (1670, Lectio 7, Satz 13) erscheinende

2.13 Bernoullische Ungleichung. *Für $n=0,1,2,\ldots$ und $x>-1$ ist*

$$(1+x)^n \geq 1+nx.$$

Dabei gilt das $>$-Zeichen, wenn $n>1$ und $x\neq 0$ ist.

Der Induktionsbeweis ist sehr einfach. Der Schluß von n auf $n+1$ ist enthalten in der Ungleichungskette

$$(1+x)^{n+1}=(1+x)^n(1+x)\geq(1+nx)(1+x)>1+(n+1)x$$

für $x\neq 0$. □

2.14 Die Binomialformel. Das *Pascalsche Dreieck* zur Berechnung von $(a+b)^n$ findet sich bis zur 8. Potenz bereits in dem chinesischen Werk *Der kostbare Spiegel der vier Elemente* von CHU SHIH-CHIEH aus dem Jahre 1303, in dem 288 mathematische Probleme gelöst werden.

$$\begin{array}{lccccccccccccccccc}
n=0 & & & & & & & & & 1 \\
n=1 & & & & & & & & 1 & & 1 \\
n=2 & & & & & & & 1 & & 2 & & 1 \\
n=3 & & & & & & 1 & & 3 & & 3 & & 1 \\
n=4 & & & & & 1 & & 4 & & 6 & & 4 & & 1 \\
n=5 & & & & 1 & & 5 & & 10 & & 10 & & 5 & & 1 \\
n=6 & & & 1 & & 6 & & 15 & & 20 & & 15 & & 6 & & 1 \\
n=7 & & 1 & & 7 & & 21 & & 35 & & 35 & & 21 & & 7 & & 1 \\
n=8 & 1 & & 8 & & 28 & & 56 & & 70 & & 56 & & 28 & & 8 & & 1
\end{array}$$

Es ist üblich geworden, die in der n-ten Zeile stehenden *Binomialkoeffizienten* mit $\binom{n}{0}, \binom{n}{1}, \ldots, \binom{n}{n}$ zu bezeichnen. Ihr Bildungsgesetz lautet: Jede

Zahl ist die Summe der beiden links und rechts über ihr stehenden Zahlen, und jede so berechnete Zeile wird dadurch ergänzt, daß man als erstes und letztes Glied noch 1 hinzufügt,

$$\binom{n}{0}=\binom{n}{n}=1, \qquad \binom{n}{k-1}+\binom{n}{k}=\binom{n+1}{k} \qquad \text{für } 1\le k\le n.$$

Es gilt dann

$$\text{(a)} \qquad (1+x)^n=\binom{n}{0}+\binom{n}{1}x+\binom{n}{2}x^2+\ldots+\binom{n}{n}x^n.$$

Addiert man nämlich diese Gleichung zu der mit x multiplizierten Gleichung $x(1+x)^n=\binom{n}{0}x+\binom{n}{1}x^2+\ldots+\binom{n}{n}x^{n+1}$, so folgt

$$(1+x)^{n+1}=1+\left[\binom{n}{0}+\binom{n}{1}\right]x+\left[\binom{n}{1}+\binom{n}{2}\right]x^2+\ldots+\left[\binom{n}{n-1}+\binom{n}{n}\right]x^n+x^{n+1},$$

also die Gleichung (a) für die nächste Potenz. Damit ist der Induktionsbeweis bereits abgeschlossen.

Binomischer Lehrsatz. *Für beliebige Zahlen a, b und $n\in\mathbb{N}$ ist*

$$(a+b)^n=\sum_{i=0}^{n}\binom{n}{i}a^{n-i}b^i\equiv a^n+\binom{n}{1}a^{n-1}b+\ldots+\binom{n}{n-1}ab^{n-1}+b^n.$$

Das ergibt sich aus (a), indem man dort $x=a/b$ setzt und mit b^n multipliziert (der Fall $b=0$ ist trivial). □

Um eine explizite Darstellung der Zahlen im Pascalschen Dreieck zu gewinnen, definieren wir, unabhängig von den obigen Betrachtungen, Binomialkoeffizienten $\binom{\alpha}{k}$ für beliebige $\alpha\in\mathbb{R}$, $k\in\mathbb{N}$ gemäß

$$\binom{\alpha}{0}:=1, \qquad \binom{\alpha}{k}:=\frac{\alpha(\alpha-1)\cdots(\alpha-k+1)}{1\cdot 2\cdots k}=\prod_{i=1}^{k}\frac{\alpha+1-i}{i} \qquad \text{für } k\ge 1$$

und zeigen, daß sie das Additionsgesetz

$$\text{(b)} \qquad \binom{\alpha}{k}+\binom{\alpha}{k+1}=\binom{\alpha+1}{k+1} \qquad \text{für } \alpha\in\mathbb{R},\ k\in\mathbb{N}$$

befolgen. In der Tat ist $\binom{\alpha}{k+1}=\binom{\alpha}{k}\frac{\alpha-k}{k+1}$, also

$$\binom{\alpha}{k}+\binom{\alpha}{k+1}=\binom{\alpha}{k}\left(1+\frac{\alpha-k}{k+1}\right)=\binom{\alpha}{k}\cdot\frac{\alpha+1}{k+1}=\frac{(\alpha+1)\alpha\cdots(\alpha-k+1)}{1\cdot 2\cdots(k+1)}=\binom{\alpha+1}{k+1}.$$

Das Produkt der Zahlen $1,2,\ldots,n$ nennt man „n *Fakultät*" und schreibt dafür $n!$,

$$0!:=1, \qquad n!:=1\cdot 2\cdots n.$$

Unter Benutzung dieses Symbols erhält man für $\alpha = n \in \mathbb{N}$

$$\text{(c)} \quad \binom{n}{k} = \frac{n(n-1)\cdots(n-k+1)}{1\cdot 2\cdots k} = \frac{n!}{k!(n-k)!} = \binom{n}{n-k} \quad \text{für } 0 \le k \le n,$$

insbesondere $\binom{n}{0} = \binom{n}{n} = 1$. Daß diese Zahlen $\binom{n}{k}$ gerade die Zahlen in der n-ten Zeile des Pascalschen Dreiecks sind, erkennt man nun daran, daß sie wegen des Additionstheorems (b) das eingangs zitierte Bildungsgesetz erfüllen und durch dieses eindeutig charakterisiert sind.

Aus dem binomischen Satz ergeben sich für $a = b = 1$ bzw. für $a = -b = 1$ die folgenden beiden Gleichungen

$$\text{(d)} \qquad \binom{n}{0} + \binom{n}{1} + \binom{n}{2} + \ldots + \binom{n}{n} = 2^n,$$

$$\text{(e)} \qquad \binom{n}{0} - \binom{n}{1} + \binom{n}{2} - + \ldots + (-1)^n \binom{n}{n} = 0,$$

gültig für $n \in \mathbb{N}$. Ferner ist

$$\text{(f)} \quad \binom{\alpha}{0} + \binom{\alpha+1}{1} + \ldots + \binom{\alpha+k}{k} = \binom{\alpha+k+1}{k} \quad \text{für } \alpha \in \mathbb{R},\ k \in \mathbb{N},$$

$$\text{(g)} \quad \binom{n}{n} + \binom{n+1}{n} + \binom{n+2}{n} + \ldots + \binom{n+k}{n} = \binom{n+k+1}{n+1} \quad \text{für } n, k \in \mathbb{N}.$$

Die Gleichung (f) ist für $k = 0$ und $k = 1$ trivial. Für den Schluß von k auf $k+1$ addieren wir auf beiden Seiten $\binom{\alpha+k+1}{k+1}$. Es ergibt sich

$$\binom{\alpha}{0} + \ldots + \binom{\alpha+k+1}{k+1} = \binom{\alpha+k+1}{k} + \binom{\alpha+k+1}{k+1} = \binom{\alpha+k+2}{k+1}$$

nach (b). Dies ist aber gerade die Behauptung für die nächste Zahl $k+1$. – Schließlich folgt (g) aus (f), wenn man dort $\alpha = n$ setzt und beachtet, daß $\binom{n+i}{i} = \binom{n+i}{n}$ ist.

Historisches. Neben dem eingangs zitierten chinesischen Werk gibt es auch in der indischen und arabischen Mathematik frühe Zeugnisse über die Binomialformel. Sie wurde u.a. auch zur Berechnung von n-ten Wurzeln benötigt. Das Pascalsche Dreieck erscheint gedruckt zum ersten Mal auf der Titelseite des 1527 erschienenen Arithmetikbuches von Peter Apian (1495–1552, Professor in Ingolstadt). Bekannt wurde es erst durch den im Jahre 1665 veröffentlichten *Traité de triangle arithmétique* von Blaise Pascal (1623–1662). Der Franzose Pascal, eine der großen Gestalten des 17. Jahrhunderts, entdeckte als 16-jähriges Wunderkind den nach ihm benannten Satz über Kegelschnitte. Die von ihm entwickelte „arithmetische Maschine“ war die erste kommerziell vertriebene Rechenmaschine; man konnte sie ab 1645 käuflich erwerben. Zusammen mit Fermat begründete er um 1654 die Wahrscheinlichkeitsrechnung, und er arbeitete an der Vervollkommnung von Cavalieris Indivisiblentheorie (§ 9). Eine nie publizierte

Abhandlung über Kegelschnitte hat Leibniz wesentlich inspiriert (vgl. das Leibniz-Zitat in §10). Die oben zitierte Arbeit über das „arithmetische Dreieck", wie Pascal es nannte, enthält auch Beziehungen zwischen Binomialkoeffizienten und Ergebnisse zur Kombinatorik, und sie ist eines der frühesten Beispiele für Induktionsbeweise. Zu Pascals unvergänglichen religiösen Schriften gehören die *Pensées*. [DSB, Pascal]

2.15 Zahlendarstellung in Positionssystemen. Es sei a eine reelle Zahl. Die Menge M_a der ganzen Zahlen $\leq a$ ist nach oben beschränkt, sie hat also nach Lemma 2.5 ein größtes Element $p \in \mathbb{Z}$, welches (nach dem Vorbild von Gauß) mit $[a]$ bezeichnet wird. Die Zahl $[a]$ ist also die größte ganze Zahl $\leq a$. Es ist

$$a = p + r \quad \text{mit} \quad p = [a] \in \mathbb{Z} \quad \text{und} \quad 0 \leq r < 1.$$

Diese Darstellung ist eindeutig. Denn gilt gleichzeitig $a = q + s$ mit $q \in \mathbb{Z}$ und $0 \leq s < 1$ und ist etwa $p < q$, so folgt

$$q - p = r - s \leq r < 1$$

im Widerspruch zu 2.3 (a), wonach $q - p$ als positive ganze Zahl ≥ 1 ist.

Dieses Resultat läßt sich auch folgendermaßen aussprechen. Die halboffenen Intervalle $I_n := [n, n+1)$ sind paarweise disjunkt, und ihre Vereinigung für alle $n \in \mathbb{Z}$ ist gleich $\mathbb{R}$. Eine leichte Verallgemeinerung ist das folgende

Lemma. *Es sei α eine positive reelle Zahl und $J_n := [n\alpha, (n+1)\alpha)$ für $n \in \mathbb{Z}$. Die Intervalle J_n sind paarweise disjunkt, und sie haben $\mathbb{R}$ zur Vereinigung. Insbesondere hat jede reelle Zahl x eine eindeutig bestimmte Darstellung in der Form*

$$x = [x] + r \quad \textit{mit} \quad [x] \in \mathbb{Z} \quad \textit{und} \quad 0 \leq r < 1.$$

Für den *Beweis* genügt die Feststellung, daß $n\alpha \leq x < (n+1)\alpha$ gleichbedeutend mit $n \leq x/\alpha < n+1$ und damit $x \in J_n$ gleichbedeutend mit $x/\alpha \in I_n$ ist. Die Behauptungen über die Disjunktheit und über die Vereinigung der J_n folgen also aus den entsprechenden Aussagen über die I_n. □

Ein Spezialfall dieses Lemmas ($\alpha \in \mathbb{N}$) ist der folgende wichtige Satz der elementaren Zahlentheorie.

Satz über die Division mit Rest. *Zu einer ganzen Zahl n und einer positiven ganzen Zahl g gibt es zwei eindeutig bestimmte ganze Zahlen $m = [n/g]$ und r mit*

$$n = mg + r, \quad 0 \leq r < g.$$

Man nennt r den *reduzierten Rest* von n modulo g.

Man weiß mindestens seit Pascal (1654), daß das Dezimalsystem mathematisch nicht ausgezeichnet ist und daß man jede natürliche Zahl ≥ 2 als Grundzahl eines entsprechenden Positionssystems wählen kann. Es sei g eine ganze Zahl ≥ 2 und $Z = \{0, 1, \ldots, g-1\}$ die Menge der „Ziffern".

Satz über die g-adische Zahlendarstellung. *Jede natürliche Zahl $n > 0$ besitzt eine eindeutig bestimmte Darstellung*

(P) $$n = z_0 + z_1 g + \ldots + z_p g^p \quad \text{mit} \quad z_i \in Z, \quad z_p \neq 0, \; p \in \mathbb{N},$$

wofür wir auch kurz $n = z_p \ldots z_1 z_0$ *schreiben.*

Man nennt (P) die g-adische Darstellung von n ($g=10$: Dezimaldarstellung; $g=2$: Dualdarstellung).

Beweis. Für $0<n<g$ lautet die eindeutige Darstellung offenbar $n=z_0$, $p=0$, denn jede in der obigen Form mit $p \geq 1$ dargestellte Zahl ist $\geq g^p \geq g$. Wir beweisen den Satz durch Induktion und nehmen für den Schluß von $n-1$ auf n an, die eindeutige Darstellbarkeit sei für alle Zahlen $\leq n-1$ bereits als wahr erkannt. Nach dem Satz über die Division mit Rest ist $n = mg + r$, wobei m und r mit $0 \leq r < g$ eindeutig bestimmt sind. Die gesuchte Darstellung (P) läßt sich in der Form

$$n = z_0 + g(z_1 + \ldots + z_p g^{p-1})$$

schreiben. Setzt man $z_0 = r$ und $m = z_1 + \ldots + z_p g^{p-1}$, was wegen $m<n$ aufgrund der Induktionsvoraussetzung möglich ist, so hat man eine g-adische Darstellung von n gewonnen. Dabei ist $z_0 = r$ eindeutig bestimmt, und dasselbe gilt nach Induktionsvoraussetzung auch für die Ziffern $z_1, \ldots, z_p$ von m. □

2.16 Kombinatorische Aufgaben. Gegeben seien n verschiedene Dinge, die wir zu einer Menge M (mit n Elementen) zusammenfassen. Jede Auswahl von k dieser Dinge, bei der es auf die Reihenfolge nicht ankommt, nennen wir eine *k-Kombination.* Die Anzahl $K(n,k)$ dieser k-Kombinationen soll bestimmt werden. Wenn wir auf die Reihenfolge der ausgewählten Dinge achten, wenn es also auf die Anordnung ankommt, so sprechen wir von einer *k-Permutation.* Ihre Anzahl sei mit $P(n,k)$ bezeichnet. Im Fall $k=n$ spricht man einfach von Permutationen. In beiden Fällen ist $1 \leq k \leq n$. Man spricht auch von Permutationen bzw. Kombinationen „*ohne Wiederholung*" (o.W.), weil es nicht zulässig ist, ein Ding mehrmals auszuwählen.

Hat man beispielsweise n (verschiedene!) Buchstaben eines Alphabets zur Verfügung, dann ist jedes Wort mit einer Länge von k Buchstaben eine k-Permutation. Hier wird man zulassen, daß ein Buchstabe auch mehrfach auftritt, und man spricht deshalb von einer k-Permutation „*mit Wiederholung*" (m.W.). Ihre Anzahl wird mit $W(n,k)$ bezeichnet. $W(n,k)$ ist also die Anzahl der Worte mit k Buchstaben, die man aus einem Alphabet von n Buchstaben bilden kann (oder auch die Anzahl von k-ziffrigen Zahlen in einem Zahlensystem mit der Basis n, d.h. mit den Ziffern 0, 1, 2, …, $n-1$).

Anders formuliert, eine k-Kombination ist eine Teilmenge von M mit genau k Elementen, eine k-Permutation o.W. bzw. m.W. ist eine injektive bzw. eine beliebige Abbildung von $\{1, \ldots, k\}$ in M. In der älteren Literatur bezeichnet man als Permutationen nur die n-Permutationen von n Elementen. Die k-Permutationen (o.W. oder m.W.) sind als „Kombinationen k-ter Ordnung (o.W. oder m.W.) mit Berücksichtigung der Anordnung", die k-Kombinationen als „Kombinationen k-ter Ordnung ohne Berücksichtigung der Anordnung" gekennzeichnet.

Beispiel: $n=4$, $k=2$, $M=\{a, b, c, d\}$.

k-Kombination o.W.	*ab ac ad bc bd cd*	$K(4,2)=6$
k-Permutation o.W.	*ab ac ad bc bd cd* *ba ca da cb db dc*	$P(4,2)=12$
k-Permutation m.W.	*aa ab ac ad ba bb bc bd* *ca cb cc cd da db dc dd*	$W(4,2)=16.$

Satz. *Es sei* $n \geq 1$. *Dann gilt*

(a) $P(n,k) = n(n-1)\cdots(n-k+1) = k!\binom{n}{k}$ *für* $1 \leq k \leq n$,

(b) $W(n,k) = n^k$ *für* $k \geq 1$,

(c) $K(n,k) = \binom{n}{k}$ *für* $1 \leq k \leq n$.

Insbesondere ergibt sich für die Zahl der Permutationen $(k=n)$ *von* n *Elementen* $P(n,n) = 1 \cdot 2 \cdots n = n!$

Beweis. (a)(b) Bei Permutationen o.W. hat man beim 1. Element n Möglichkeiten, beim 2. Element $n-1$ Möglichkeiten, ..., beim k-ten Element $n-k+1$ Möglichkeiten der Auswahl, also ist $P(n,k) = n(n-1)\cdots(n-k+1)$. Sind Wiederholungen zugelassen, so stehen bei jedem Auswahlvorgang n Elemente zur Verfügung, und man erhält $W(n,k) = n \cdot n \dots n$ (k-mal). Diese etwas saloppe Beweisidee kann man auch in die strenge Form eines Induktionsbeweises nach k bei festem n fassen. Offenbar ist $P(n,1) = W(n,1) = n$. Da man aus jeder k-Permutation durch Anfügung eines Elements eine $(k+1)$-Permutation (und auf diese Weise alle $(k+1)$-Permutationen) erhält und da hierfür $n-k$ Elemente (o.W.) bzw. n Elemente (m.W.) zur Verfügung stehen, ist

$$P(n,k+1) = P(n,k)(n-k) \quad \text{und} \quad W(n,k+1) = W(n,k)n.$$

Also gilt die Behauptung für $k+1$.

(c) Wählt man k Elemente aus M aus, so lassen sich durch Permutationen dieser Elemente genau $P(k,k) = k!$ k-Permutationen (o.W.) gewinnen. Es ist also $K(n,k)k! = P(n,k)$. □

2.17 Die Fibonacci-Zahlen. Der bedeutendste Mathematiker im mathematisch dunklen Mittelalter ist LEONARDO VON PISA. Leonardo, geboren um 1170 in Pisa, gestorben nach 1240 daselbst, nennt sich auch „FIBONACCI", Sohn des Gutmütigen, den Übernamen ‚bonaccio' seines Vaters benutzend. Er hat wesentlichen Anteil an der Durchsetzung des Dezimalsystems, das er auf seinen weiten Reisen als Kaufmann kennenlernt. Aufgrund seiner Werke erregt er die Aufmerksamkeit Kaiser Friedrichs II. und weilt wiederholt am kaiserlichen Hof. Eine der Aufgaben, die ihm dort in einer Art mathematischem Wettbewerb vorgelegt werden, lautet, die kubische Gleichung $x^3 + 2x^2 + 10x = 20$ zu lösen. Er beweist, daß keine rationale und auch keine quadratisch irrationale Lösung existiert, und berechnet – wir wissen nicht, wie – eine erstaunliche sexagesimale Näherung 1; 22; 7; 42; 33; 4; 40; (d.h. $1 + 22 \cdot 60^{-1} + 7 \cdot 60^{-2} + \ldots = 1{,}3688081075$ dezimal) mit einem Fehler $< 4 \cdot 10^{-11}$. In seinem 459 Seiten starken *Liber Abaci* von 1202, einem einzigartigen Sammelwerk der Rechenkunst, wird zum ersten Mal das indische (d.h. dezimale) Rechnen für die Praxis des Kaufmanns gelehrt. Daneben enthält es eine Fülle von Aufgaben über Folgen, Reihen, quadratische Gleichungen, Kubikwurzeln, ... Jahrhundertelang bildet es ein Standardwerk von großem Einfluß.

Fibonacci behandelt in diesem Werk die „Kaninchenaufgabe", wie viele Kaninchenpaare im Laufe eines Jahres aus einem Paar entstehen. Er legt die Annahme zugrunde, daß jedes Paar allmonatlich ein neues Paar zeugt, welches selbst vom 2. Monat an zeugungsfähig wird, während Todesfälle nicht auftreten. Hat man im 1. Monat ein neugeborenes Paar (N), so im 2. Monat ein zeugungsfähiges Paar (Z), im 3. Monat sind es 2 Paare (P), nämlich $1N$ und $1Z$, im 4. Monat $3P$, nämlich $1N$ und $2Z$. Bezeichnet man die Zahl der Kaninchenpaare im n-ten Monat mit F_n, so ist

(F) $$F_{n+1} = F_n + F_{n-1} \quad \text{für } n = 1, 2, \ldots, \quad F_0 = 0, \quad F_1 = 1.$$

Die *Fibonaccischen Zahlen*, wie die F_n genannt werden, sind das älteste uns bekannte nichttriviale Beispiel einer induktiv definierten Zahlenfolge. Sie haben zahlreiche Anwendungen in Mathematik und Naturwissenschaft, u.a. in der Botanik bei der Beschreibung der Schuppenbelegung von Tannenzapfen und Ananasfrüchten und in mathematischen Theorien zur Vererbung. Eine mathematische Zeitschrift, *The Fibonacci Quarterly*, ist ausschließlich dem Studium dieser und verwandter Zahlenfolgen gewidmet. Eine leicht lesbare Einführung gibt das Büchlein *Fibonacci and Lucas numbers* von V.E. Hogatt Jr., Boston 1969.

Kann man eine Darstellung der F_n in geschlossener Form angeben? Wir skizzieren einen zunächst heuristischen Weg zu diesem Ziel. Macht man für die Lösung von (F) den Ansatz $F_n = x^n$, so ergibt sich die Gleichung

$$x^{n+1} = x^n + x^{n-1}, \quad \text{also} \quad x^2 = x + 1$$

mit den Lösungen

$$\lambda = \tfrac{1}{2}(1+\sqrt{5}), \qquad \mu = \tfrac{1}{2}(1-\sqrt{5})$$

(die Existenz von Quadratwurzeln wird in 3.6 bewiesen). Wie man leicht sieht, wird nicht nur durch $a_n = \lambda^n$ und $a_n = \mu^n$, sondern auch durch eine beliebige Linearkombination

$$a_n = c\lambda^n + d\mu^n \qquad (c, d \in \mathbb{R})$$

eine Lösung von $a_{n+1} = a_n + a_{n-1}$ für $n \geq 1$ gegeben. Die „Anfangsbedingung" von (F), $a_0 = F_0 = 0$ und $a_1 = F_1 = 1$, führt auf zwei lineare Gleichungen für c und d

$$F_0 = c + d = 0,$$

$$F_1 = c\lambda + d\mu = 1.$$

Aus der Lösung $c = -d = \sqrt{5}/5 = 1/(\lambda - \mu)$ ergibt sich die

$$\textit{Binetsche Darstellung} \quad F_n = \frac{\lambda^n - \mu^n}{\lambda - \mu},$$

benannt nach dem französischen Mathematiker JACQUES-PHILIPPE-MARIE BINET (1786–1856). Diese Zahlen genügen der Vorschrift (F), es sind also aufgrund der eindeutigen Definition durch (F) die Fibonacci-Zahlen.

Für große n ist F_{n+1}/F_n näherungsweise gleich λ. Unter der Annahme, daß ein neugeborenes Paar sofort zeugungsfähig ist, würde sich die Kaninchenpopulation in jedem Monat verdoppeln. Die eingangs gemachte Annahme, daß ein Paar erst nach einem Monat zeugungsfähig wird, führt also dazu, daß der Multiplikationsfaktor von 2 auf $\lambda \approx 1{,}618$ sinkt.

Aufgaben

1. *Algebraische Zahlen.* Eine reelle Zahl ξ heißt algebraische Zahl, wenn ξ Nullstelle eines Polynoms mit ganzzahligen Koeffizienten ist, wenn also $a_0, \ldots, a_n \in \mathbb{Z}$ $(a_n \neq 0)$ existieren mit $a_0 + a_1\xi + \ldots + a_n\xi^n = 0$. Insbesondere ist jede rationale Zahl p/q als Lösung der Gleichung $p - qx = 0$ eine algebraische Zahl.

Man zeige, daß die Menge aller algebraischen Zahlen abzählbar ist.

Dieses Ergebnis geht auf Cantor zurück. Er betrachtet dazu ganzzahlige Polynome der Form

$$P_n(x) = a_0 + a_1 x + \ldots + a_n x^n \quad \text{mit} \quad a_k \in \mathbb{Z}, \quad a_0 > 0 \quad \text{und} \quad a_n \neq 0$$

und nennt

$$h(P_n) = n + |a_0| + |a_1| + \ldots + |a_n|$$

die „Höhe" des Polynoms P_n. Man zeige, daß die Menge N_k der Nullstellen aller Polynome der Höhe k endlich ist und wende 2.9 (d) an. Man gebe die N_k für $k \leq 5$ an. (Der Nullstellensatz 3.2 wird benötigt.)

2. *Transzendente Zahlen.* Jede nicht-algebraische reelle Zahl wird transzendent genannt. In Erweiterung des Corollars aus 2.10 zeige man, daß jedes Intervall abzählbar viele algebraische und überabzählbar viele transzendente Zahlen enthält.

3. *Fibonaccische Zahlen.* Man beweise die folgenden, für $n \geq 0$ gültigen Formeln

$$\text{(a)}\quad F_{n+1} = \sum_{i=0}^{n} \binom{n-i}{i}, \qquad \text{(b)}\quad \sum_{i=0}^{n} \binom{n}{i} F_i = F_{2n}, \qquad \text{(c)}\quad \sum_{i=0}^{n} F_i = F_{n+2} - 1.$$

Bei (a) geht die Summe nur bis $[n/2]$, bei (b) benutze man die Binetsche Darstellung.

4. *Lucassche und verwandte Zahlen.* (a) Man löse die Rekursionsgleichung $a_{n+1} = a_n + a_{n-1}$ von 2.17 unter der Anfangsbedingung $a_0 = a$, $a_1 = b$, wobei a, b reelle Zahlen sind. Im Fall $(a, b) = (2, 1)$ ergeben sich die sog. Lucasschen Zahlen L_n:

$$L_{n+1} = L_n + L_{n-1} \quad \text{für } n = 1, 2, \ldots, \qquad L_0 = 2, \; L_1 = 1.$$

Man drücke die L_n durch die F_n aus.

(b) Man löse die Kaninchenaufgabe unter der Annahme, daß jedes Paar monatlich 2 Paare zeugt (bei sonst gleichbleibenden Annahmen), d.h. man betrachte

$$b_{n+1} = b_n + 2b_{n-1}, \qquad b_0 = 0, \qquad b_1 = 1$$

und gebe eine geschlossene Binetsche Darstellung (vgl. 2.17) für die b_n an.

(c) Die ursprünglichen Annahmen (vgl. 2.17) seien dahingehend abgeändert, daß ein neugeborenes Paar erst nach 2 Monaten zeugungsfähig wird. Sinkt dadurch der Multiplikationsfaktor unter 1,5?

5. *Rekurrente Reihen.* Eine Folge $a_0, a_1, a_2, \ldots$, welche einer Rekursionsformel

$$\text{(R)} \qquad a_n = \gamma_1 a_{n-1} + \gamma_2 a_{n-2} + \ldots + \gamma_k a_{n-k} \quad \text{für } n \geq k$$

genügt, wird rekurrente Reihe (oder Folge) von der Ordnung k genannt. Gegeben sind dabei die Koeffizienten $\gamma_1, \ldots, \gamma_k$. Vorgegebene *Anfangswerte* $a_0, \ldots, a_{k-1}$ legen die Folge eindeutig fest. Durch $a_n = \lambda^n$ $(n = 0, 1, 2, \ldots)$ ist genau dann eine Lösung von (R) gegeben, wenn das zugehörige

$$\textit{charakteristische Polynom} \quad P(x) = x^k - \gamma_1 x^{k-1} - \gamma_2 x^{k-2} - \ldots - \gamma_k$$

λ zur Nullstelle hat. Gibt es k verschiedene Nullstellen von P, so erhält man k verschiedene Lösungen, und jede Lösung von (R) läßt sich als Linearkombination dieser Lösungen darstellen.

Man beweise diese Aussagen (es wird ein Satz über die Vandermonde-Determinante sowie 3.2 benötigt).

6. *Die Polynomial-Formel* lautet für drei Summanden

$$(a+b+c)^n = \sum_{i+j+k=n} \frac{n!}{i!\,j!\,k!} a^i b^j c^k \quad (i, j, k \in \mathbb{N}).$$

Zur bequemen Schreibweise der entsprechenden Formel für k Summanden $a_1, \ldots, a_k$ faßt man die Indizes $p_1, \ldots, p_k$ zu einem „Multiindex" $p = (p_1, \ldots, p_k) \in \mathbb{N}^k$ zusammen und setzt $|p| = p_1 + \ldots + p_k$. Dann lautet die Polynomial-Formel

$$(a_1 + \ldots + a_k)^n = n! \sum_{|p|=n} \frac{a_1^{p_1} \ldots a_k^{p_k}}{p_1! \ldots p_k!} \quad (n \in \mathbb{N}),$$

wobei über alle $p \in \mathbb{N}^k$ mit $|p|=n$ summiert wird. Definiert man noch $p!=p_1!p_2!\dots p_k!$ und, wenn $a=(a_1,\dots,a_k)$ ist, $a^p=a_1^{p_1}a_2^{p_2}\dots a_k^{p_k}$, so lautet die Formel einfach

$$(a_1+\dots+a_k)^n=n!\sum_{|p|=n}\frac{a^p}{p!}.$$

Man beweise die Formel durch Induktion nach k, ausgehend vom Fall $k=2$ (Binomialformel). Die auftretenden Zahlen $n!/p!$ werden auch als *Polynomialkoeffizienten* bezeichnet. Man schreibe im Fall $k=3$, $n=4$ alle Tripel $p=(i,j,k)$ mit $|p|=4$ und die zugehörigen Polynomialkoeffizienten $4!/p!$ auf, bestimme deren Summe und mache die Probe (mit $a=b=c=1$).

7. *Die Summe von Potenzzahlen.* (a) Man beweise die Gleichungen

$$S_n^1:=1+2+\dots+n=\tfrac{1}{2}n(n+1)$$

$$S_n^2:=1^2+2^2+\dots+n^2=\tfrac{1}{6}n(n+1)(2n+1)$$

$$S_n^3:=1^3+2^3+\dots+n^3=[\tfrac{1}{2}n(n+1)]^2=(1+2+\dots+n)^2.$$

(b) Man leite für

$$S_n^p:=1^p+2^p+3^p+\dots+n^p \quad (p,n\in\mathbb{N}, n\geq 1)$$

die 1654 von Pascal gefundene Identität

$$(p+1)S_n^p+\binom{p+1}{2}S_n^{p-1}+\dots+S_n^0=(n+1)^{p+1}-1$$

ab.

(c) Man zeige: Zu jedem $p\geq 1$ gibt es p reelle Zahlen $c_1,\dots,c_p$ derart, daß

$$S_n^p=\frac{1}{p+1}n^{p+1}+\frac{1}{2}n^p+c_1n^{p-1}+\dots+c_{p-1}n+c_p$$

ist.

Anleitung: Es ist

$$(x+1)^{p+1}-x^{p+1}=\binom{p+1}{1}x^p+\binom{p+1}{2}x^{p-1}+\dots+1 \quad (p,n\in\mathbb{N}, n\geq 1).$$

Man addiere diese Gleichungen für $x=1,2,\dots,n$; auf der linken Seite heben sich die Glieder wechselseitig weg. Die Aussagen (a), (c) lassen sich durch Induktion oder aus der Pascalschen Identität herleiten.

8. Man beweise durch Induktion für $n=1,2,3,\dots$:

(a) $\displaystyle\sum_{k=1}^{n}(-1)^k k^2=(-1)^n\binom{n+1}{2}$;

(b) $\displaystyle\sum_{k=1}^{2n}\frac{(-1)^{k+1}}{k}=\sum_{k=n+1}^{2n}\frac{1}{k}$;

(c) $\displaystyle(1+x)(1+x^2)(1+x^4)\dots(1+x^{2^n})=\frac{1-x^{2^{n+1}}}{1-x} \quad (x\neq 1)$;

(d) $\displaystyle\frac{x}{1-x^2}+\frac{x^2}{1-x^4}+\frac{x^4}{1-x^8}+\dots+\frac{x^{2^{n-1}}}{1-x^{2^n}}=\frac{1}{1-x}-\frac{1}{1-x^{2^n}} \quad (x\neq 1)$;

(e) $\displaystyle\left(1-\frac{x}{2}\right)\left(1-\frac{x^2}{2}\right)\left(1-\frac{x^4}{2}\right)\cdots\left(1-\frac{x^{2^n}}{2}\right)\geq 1-x+\frac{x}{2^{n+1}}$ für $0\leq x\leq 1$.

9. Man zeige, daß die Menge

$$M=\{S\subset\mathbb{N}: S \text{ ist endlich oder } \mathbb{N}\setminus S \text{ ist endlich}\}$$

abzählbar ist.

10. Man bestimme die Anzahl der verschiedenen Möglichkeiten, eine vorgegebene natürliche Zahl n in der Form

(a) $n=p+2q$, (b) $n=p+2q+4r$ $(p,q,r\in\mathbb{N})$

zu schreiben.

Anleitung zu (b): Man benutze (a). Es ist zweckmäßig, das Ergebnis mit Hilfe von $\left[\frac{n}{2}\right]$, $\left[\frac{n}{4}\right]$ auszudrücken.

11. Man berechne die Wahrscheinlichkeit $\left(=\dfrac{\text{Zahl der günstigen Fälle}}{\text{Zahl der möglichen Fälle}}\right)$, daß

(a) genau k unter n Personen $(1\leq k\leq n)$ an einem vorgegebenen Tag Geburtstag haben,

(b) mindestens k unter n Personen an einem vorgegebenen Tag Geburtstag haben.

Zahlenbeispiel: $n=200$, $k=2$ (1 Jahr $=365$ Tage).

12. Es sei $\lambda\in\mathbb{R}$, $a_0=1$, $a_1=\lambda$ und $a_{n+2}=2a_{n+1}-a_n$ $(n\in\mathbb{N})$. Für die Menge $M=\{a_n: n\in\mathbb{N}\}$ bestimme man $\sup M$ und $\inf M$ (in Abhängigkeit von λ).

13. Man zeige (jeweils für $n>1$):

(a) $(x_1+\ldots+x_n)\cdot\left(\dfrac{1}{x_1}+\ldots+\dfrac{1}{x_n}\right)\geq n^2$ für $x_i>0$;

(b) $(1+x_1)(1+x_2)\cdots(1+x_n)>1+x_1+x_2+\ldots+x_n$ für $x_i>0$;

(c) $(1-x_1)(1-x_2)\cdots(1-x_n)>1-x_1-x_2-\ldots-x_n$ für $x_i\in(0,1)$.

Wann gilt in (a) das Gleichheitszeichen? [(b) und (c) verallgemeinern die Bernoullische Ungleichung.]

14. Die Funktion $f\colon \mathbb{N}\to\mathbb{R}$ genüge der Funktionalgleichung

$$f(m+n)=f(m)+f(n)+a \quad \text{für } m,n\in\mathbb{N} \quad (\text{mit } a\in\mathbb{R}),$$

und es sei $f(2)=10$ und $f(20)=118$. Man bestimme f und a.

15. Für die Funktion $f\colon \mathbb{R}\to\mathbb{R}$ gelte

$$f(x+y)=f(x)+f(y) \quad \text{und} \quad f(xy)=f(x)f(y) \quad \text{für } x,y\in\mathbb{R}.$$

Man zeige, daß entweder $f(x)=0$ für alle x oder $f(x)=x$ für alle x ist.

Anleitung: Wenn es ein c mit $f(c)\neq 0$ gibt, so zeige man nacheinander $f(1)=1$, $f(r)=r$ für $r\in\mathbb{Q}$, $f(x)>0$ für $x>0$, f ist streng monoton, $f(x)=x$.

§ 3. Polynome und Wurzeln

Die Bestimmung der Seitenlänge eines Quadrats oder eines Würfels von gegebenem Inhalt führt auf Quadrat- und Kubikwurzeln, worauf schon die Namen hindeuten. Diese und verwandte Aufgaben über Dreiecke, Trapeze, Pyramidenstümpfe, ... treten schon im Altertum in vielerlei Gestalt auf, etwa beim Bau von Mauern und Dämmen, dem Fassungsvermögen von Gefäßen und Getreidespeichern. Aus altbabylonischer Zeit sind uns Tabellen von Quadrat- und Kubikwurzeln und Lösungsverfahren für quadratische Gleichungen überliefert.

Potenzen werden in den Büchern VIII und IX der *Elemente* von EUKLID behandelt. Euklid spricht von Zahlen, die „der Reihe nach in Proportion" oder in „fortlaufender stetiger Proportion" stehen. Gemeint ist damit eine Kette von Gleichungen $a_0:a_1=a_1:a_2=a_2:a_3=\dots$, woraus sich in unserer Schreibweise eine geometrische Folge

$$a, aq, aq^2, aq^3, \dots \left(\text{mit } a=a_0,\ q=\frac{a_1}{a_0}\right)$$

ergibt. Euklid spricht von der „Platzzahl" eines Gliedes, das ist die Zahl, die den Abstand des Gliedes vom Anfang mißt, und führt damit die Potenzen q^n ein. Die Sätze IX.3–6, 8, 9, 11 lassen sich als Potenzgesetze (mit natürlichen Zahlen als Exponenten) $a^n b^n=(ab)^n$, $a^n/b^n=(a/b)^n$, $a^{nm}=(a^n)^m=(a^m)^n$, $a^m/a^n=a^{m-n}$ interpretieren.

Aussagen über Zahlen, die zwischen zwei gegebenen Zahlen in stetiger Proportion eingeschaltet werden, sind äquivalent zu Formeln über das Rechnen mit n-ten Wurzeln. Sind z.B. zwischen $a=a_0$ und $b=a_n$ die $n-1$ Zahlen $a_1,\dots,a_{n-1}$ in stetiger Proportion eingeschaltet, so ist $q=a_1/a_0=\sqrt[n]{b/a}$. Aus der Existenz von $\sqrt[n]{b/a}$ folgt die Existenz von $\sqrt[n]{a}$ und $\sqrt[n]{b}$; das ist der Inhalt des folgenden Satzes aus dem VIII. Buch.

VIII.9: Sind zwei Zahlen gegeneinander prim und kann man zwischen sie Zahlen in stetiger Proportion einschalten, dann müssen sich ebensoviele Zahlen, wie sich zwischen jene in stetiger Proportion einschalten lassen, auch zwischen jede von ihnen und die Einheit in stetiger Proportion einschalten lassen.

Die *Existenz* der n-ten Wurzel wird also nicht postuliert. Quadratwurzeln waren den Griechen als geometrische Größen verfügbar. Die Verwandlung eines Rechtecks mit den Seiten a und 1 in ein Quadrat, eine der geometrischen Grundaufgaben, liefert $\sqrt{a}$ als Seitenlänge. Bei den Kubikwurzeln liegen die Dinge viel schwieriger. Von $\sqrt[3]{2}$ handelt das *Delische Problem* der Verdoppelung des Würfels. Über den Ursprung dieses berühmten Problems gibt es mehrere Legenden. Die bekannteste ist uns durch THEON VON SMYRNA (2. Jahrhundert n.Chr.) überliefert:

ERATOSTHENES berichtet in der Schrift, die den Titel ‚Platonikos' trägt, dass zufolge eines Orakelspruches des Gottes an die Delier des Inhalts: Sie sollten zur Befreiung von der Pest einen Altar von doppelter Grösse, als der bestehende gross war, errichten, die Architekten in grosse Verlegenheit geraten seien, als sie forschten, wie man einen Körper verdoppeln müsse. Sie seien schliesslich zu PLATON gegangen, um ihn um Rat zu fragen. Platon habe ihnen aber erklärt, dass der Gott nicht einen doppelt so grossen Altar brauche, dass er ihnen vielmehr ein solches Orakel erteilt habe, um die Griechen zu tadeln, dass sie die Mathematik vernachlässigten und die Geometrie geringschätzten. [Zit. nach van der Waerden, *Erwachende Wissenschaft*, S. 264.]

Dieses „mit Zirkel und Lineal" unlösbare Problem beschäftigte die griechischen Mathematiker über Jahrhunderte.

Die Entwicklung der Buchstabenrechnung im 16. Jahrhundert führte zwangsläufig auf Polynome und andere einfache Funktionen; darüber wird in § 6 im Zusammenhang mit der Stetigkeit berichtet. Bis ins 19. Jahrhundert wurden die Existenz n-ter Wurzeln und verwandte Aussagen über Umkehrfunktionen als selbstverständlich angesehen.

3.1 Das Rechnen mit Funktionen. Funktionenraum und Funktionenalgebra. Das Rechnen mit Zahlen überträgt sich in natürlicher Weise auf Funktionen. Sind f, g reellwertige Funktionen mit demselben (beliebigen) Definitionsbereich D, so versteht man unter λf die durch $x \mapsto \lambda f(x)$ und unter $f+g$ die durch $x \mapsto f(x)+g(x)$ auf D definierte Funktion; bei $f-g$, $f \cdot g$ und f/g ($g(x) \neq 0$ in D) verfährt man entsprechend. Auch Ungleichungen und die Funktionen $|f|$, $\max(f,g)$, $\min(f,g)$, $f^+ := \max(f,0)$, $f^- := \max(-f,0)$ sind „punktweise" erklärt. Es bedeutet also $f \leq g$, daß $f(x) \leq g(x)$ für $x \in D$ ist, und $\max(f,g)$ ist die Funktion $x \mapsto \max\{f(x), g(x)\}$. Man sagt, f sei auf D *beschränkt* bzw. *nach oben* oder *unten beschränkt*, wenn eine Konstante K existiert, so daß $|f(x)| \leq K$ bzw. $f(x) \leq K$ oder $f(x) \geq K$ für alle $x \in D$ ist. Für das Supremum der Wertemenge $f(D) = \{f(x) \colon x \in D\}$ schreibt man statt $\sup f(D)$ auch $\sup\limits_{x \in D} f(x)$ und verfährt entsprechend beim Infimum.

Die Funktion $f \colon D \to \mathbb{R}$ heißt *gerade* oder *ungerade*, wenn mit x auch $-x$ zu D gehört und

$$f(x) = f(-x) \quad \text{bzw.} \quad f(x) = -f(-x) \quad \text{in } D$$

ist. Eine auf $\mathbb{R}$ erklärte Funktion f heißt *periodisch* mit der Periode $p \neq 0$, wenn $f(x+p) = f(x)$ für alle $x \in \mathbb{R}$ ist. Es wird angenommen, daß dem Leser die graphische Darstellung einer Funktion in der x-y-Ebene vertraut ist. Das Schaubild einer geraden bzw. ungeraden Funktion ist symmetrisch zur y-Achse bzw. zum Nullpunkt.

Ein (reeller oder komplexer) Vektorraum V, dessen Elemente Funktionen sind, wird auch *Funktionenraum* genannt. Hat V außerdem die Eigenschaft, daß mit f und g auch $f \cdot g$ zu V gehört, so spricht man von einer *Funktionenalgebra*.

In diesem Sinne ist die Menge $\mathbb{R}^D$ aller Funktionen $f \colon D \to \mathbb{R}$ eine (reelle) Funktionenalgebra, und dasselbe gilt offenbar auch für die Teilmenge der auf D beschränkten Funktionen. Jedoch bilden die nach oben beschränkten Funktionen keinen Funktionenraum.

3.2 Polynome. Unter einem Polynom versteht man eine Funktion $P \colon \mathbb{R} \to \mathbb{R}$ von der Gestalt

$$P(x) = a_0 + a_1 x + \ldots + a_n x^n \equiv \sum_{i=0}^{n} a_i x^i \quad \text{mit} \quad a_i \in \mathbb{R},\ n \in \mathbb{N}.$$

Man nennt die a_i die *Koeffizienten* und, wenn $a_n \neq 0$ ist, die Zahl n den *Grad* des Polynoms, den wir auch mit $\operatorname{Grad} P$ bezeichnen (nach dem Identitätssatz (s.u.) sind die Koeffizienten durch P eindeutig bestimmt). Wenn alle Koeffizienten von P verschwinden, so ist P das *Nullpolynom*. Ihm wird der Grad -1 zugeschrieben, während die Polynome vom Grad 0 (in Übereinstimmung mit der obigen Definition) durch $P(x) \equiv a_0 \neq 0$ für alle $x \in \mathbb{R}$ gegeben sind. Ein vom

Nullpolynom verschiedenes Polynom wird gelegentlich „nichttriviales" Polynom genannt. Ein Polynom vom Grad $n \leq 1$, also eine Funktion der Form $x \mapsto a+bx$ wird als *lineare Funktion* (oder *affine Funktion*) bezeichnet. Ist $P(\xi)=0$, so wird ξ *Nullstelle* oder *Wurzel* von P genannt. Ein Quotient zweier Polynome $R(x)=P(x)/Q(x)$ heißt *rationale Funktion.*

(a) Mit P und Q sind auch λP, $P+Q$ und PQ Polynome, d.h. die Polynome bilden eine Funktionenalgebra. Für $P(x)=a_0+\ldots+a_n x^n$, $Q(x)=b_0+\ldots+b_m x^m$ ist

$$P(x)\,Q(x)=c_0+c_1 x+\ldots+c_{m+n}x^{m+n}$$

mit

$$c_k=a_0 b_k+a_1 b_{k-1}+\ldots+a_k b_0$$

(diese Formel ist so zu verstehen, daß auftretende, aber nicht definierte Koeffizienten durch 0 zu ersetzen sind). Es gilt $\operatorname{Grad}(PQ)=\operatorname{Grad}P+\operatorname{Grad}Q$, wobei allerdings das Nullpolynom ausgeschlossen werden muß.

(b) *Entwicklung um neuen Mittelpunkt.* Das Polynom $P(x)=a_0+a_1 x+\ldots+a_n x^n$ läßt sich, wenn $\xi \in \mathbb{R}$ vorgegeben ist, in der Form

$$P(x)=b_0+b_1(x-\xi)+\ldots+b_n(x-\xi)^n$$

mit

$$b_k=\sum_{i=k}^{n} a_i \binom{i}{k} \xi^{i-k}, \quad \text{insbesondere} \quad b_0=P(\xi),\ b_n=a_n$$

darstellen. Umgekehrt ist jede Funktion der Form $x \mapsto b_0+b_1(x-\xi)+\ldots+b_n(x-\xi)^n$ ein Polynom.

(c) Es sei $\operatorname{Grad}P=n\geq 1$ und ξ vorgegeben. Dann hat P die Darstellung

$$P(x)=P(\xi)+(x-\xi)\,Q(x),$$

wobei Q ein Polynom vom Grad $n-1$ ist. Insbesondere gilt, wenn ξ Nullstelle von P ist, $P(x)=(x-\xi)\,Q(x)$.

Beweis. (a) Das Produkt $P(x)\,Q(x)$ ergibt sich als Summe aller Ausdrücke $a_i x^i b_j x^j$ mit $0\leq i\leq n$, $0\leq j\leq m$. Betrachtet man nur jene Summanden mit $i+j=k$, so ergibt sich als deren Summe $x^k(a_0 b_k+a_1 b_{k-1}+\ldots+a_k b_0)$, wie behauptet war. Die Gradformel erhält man dann aus der Beziehung $c_{m+n}=a_n b_m \neq 0$. Das übrige ist einfach.

(b) Setzt man $\eta=x-\xi$, also $x=\xi+\eta$, so wird aufgrund der Binomialformel

$$P(x)=\sum_i a_i(\xi+\eta)^i=\sum_i a_i \sum_k \binom{i}{k} \eta^k \xi^{i-k}=\sum_k \eta^k \sum_i a_i \binom{i}{k} \xi^{i-k},$$

wie behauptet war. (Die etwas nachlässigen Angaben über die Summationsindizes führen zu keinen Schwierigkeiten, da man bei der Binomialformel für $(\xi+\eta)^i$ den Summationsindex k ruhig über i hinauslaufen lassen kann; es ist ja $\binom{i}{k}=0$ für $k>i$, und man kann also $0\leq i\leq n$ und $0\leq k\leq n$ annehmen.)

Schließlich folgt die Darstellung (c) sofort aus (b) wegen $b_0=P(\xi)$. Die Angabe über den Grad von Q ergibt sich aus der Gradformel in (a). $\square$

Von zentraler Bedeutung ist der folgende

Nullstellensatz und Identitätssatz für Polynome. *Ein Polynom vom Grad $n \geq 0$ hat höchstens n Nullstellen. Zwei Polynome vom Grad $\leq n$, welche an $n+1$ Stellen übereinstimmen, sind identisch, d.h. sie haben dieselben Koeffizienten.*

Beweis. Der Nullstellensatz ist richtig für $n=0$ und macht auch für $n=1$ keine Mühe. Für den Schluß von n auf $n+1$ betrachten wir ein Polynom P vom Grad $n+1$ und nehmen an, ξ sei eine Nullstelle von P. Nach (c) besteht dann die Darstellung

$$P(x)=(x-\xi)\,Q(x) \quad \text{mit} \quad \operatorname{Grad} Q = n.$$

Nach Induktionsvoraussetzung hat Q höchstens n und damit P höchstens $n+1$ Nullstellen. Damit ist der Nullstellensatz bewiesen.

Der Identitätssatz ergibt sich nun sofort. Sind P und Q Polynome vom Grad $\leq n$, welche an mehr als n Stellen übereinstimmen, so ist ihre Differenz $P-Q$ ein Polynom vom Grad $\leq n$, welches mehr als n Nullstellen hat. Das ist ein Widerspruch zum Nullstellensatz, falls $\operatorname{Grad}(P-Q) \geq 0$ ist. Es muß also $P-Q$ das Nullpolynom sein. □

Bemerkung. Bis ins 19. Jahrhundert verstand man unter Algebra im wesentlichen das Umgehen mit Polynomen und insbesondere die Bestimmung von Polynomwurzeln. Die Entdeckung oder, wenn man so will, die Schaffung der komplexen Zahlen ist aufs engste mit dieser Aufgabe verknüpft. Der sogenannte *Fundamentalsatz der Algebra*, auf den wir in §8 zurückkommen werden, sagt aus, daß ein Polynom vom Grad n genau n komplexe Nullstellen hat. Seine Geschichte ist im Grundwissen-Band *Zahlen* dargestellt.

Durch mehrfache Anwendung von (c) zeigt man ohne Schwierigkeit, daß ein Polynom vom Grad n eine Darstellung von der Form

$$P(x)=(x-\xi_1)(x-\xi_2)\cdots(x-\xi_k)\,Q(x)$$

besitzt, wobei $k \leq n$ und $Q(x)$ ein Polynom vom Grad $n-k$ ist, welches keine reellen Nullstellen hat. Dabei kann es durchaus vorkommen, daß einige der Zahlen ξ_j gleich sind. Bezeichnet man mit $\lambda_1, \ldots, \lambda_l$ die verschiedenen unter den Zahlen $\xi_1, \ldots, \xi_k$, so läßt sich die angegebene Darstellung von P umschreiben zu

$$P(x)=(x-\lambda_1)^{s_1}(x-\lambda_2)^{s_2}\cdots(x-\lambda_l)^{s_l}\,Q(x).$$

Hierin sind die s_i ganze Zahlen ≥ 1, und es ist $s_1+\ldots+s_l=k$. Man nennt s_i die Vielfachheit der Nullstelle λ_i.

Der Identitätssatz ist ungeachtet der Tatsache, daß zu seiner Herleitung nur einfache Schlüsse notwendig waren, ein außerordentlich wichtiges Ergebnis. Auf ihm basiert die *Methode des Koeffizientenvergleichs*, mit der oft komplizierte Identitäten auf einfache Weise bewiesen werden können.

Als ein erstes Beispiel betrachten wir das sogenannte

(d) *Additionstheorem der Binomialkoeffizienten.* Für beliebige reelle Zahlen α, β und natürliche Zahlen n ist

$$\binom{\alpha}{0}\binom{\beta}{n}+\binom{\alpha}{1}\binom{\beta}{n-1}+\binom{\alpha}{2}\binom{\beta}{n-2}+\ldots+\binom{\alpha}{n}\binom{\beta}{0}=\binom{\alpha+\beta}{n}.$$

Wir beweisen diese Formel zunächst für den Fall, daß $\alpha=p$ und $\beta=q$ natürliche Zahlen sind. In der Gleichung

$$(1+x)^p(1+x)^q=(1+x)^{p+q}$$

stehen links und rechts Polynome von x. Der Koeffizient c_n von x^n auf der rechten Seite lautet $c_n=\binom{p+q}{n}$; das gilt übrigens für jedes $n\geq 0$. Für den Koeffizientenvergleich benötigen wir die Aussage, daß für das Polynom $P(x)=(1+x)^p$ der Koeffizient a_i von x^i den Wert $\binom{p}{i}$, für das Polynom $Q(x)=(1+x)^q$ der Koeffizient b_j von x^j den Wert $\binom{q}{j}$ hat. Nach (a) ist $c_n=a_0b_n+a_1b_{n-1}+\ldots+a_nb_0$ oder

$$\binom{p+q}{n}=\binom{p}{0}\binom{q}{n}+\binom{p}{1}\binom{q}{n-1}+\ldots+\binom{p}{n}\binom{q}{0}.$$

Bezeichnet $F(\alpha,\beta)$ die Differenz aus der linken und rechten Seite in der zu beweisenden Gleichung, so wurde bis jetzt nachgewiesen, daß $F(p,q)=0$ für p, $q\in\mathbb{N}$ ist, und es ist zu zeigen, daß F identisch verschwindet. Für festes q ist $F(\alpha,q)$ ein Polynom in α, welches für $\alpha=0, 1, 2, \ldots$ verschwindet. Nach dem Nullstellensatz ist also $F(\alpha,q)=0$ für alle reellen α. Nun halten wir $\alpha=\alpha_0$ fest und betrachten das Polynom $\beta\mapsto F(\alpha_0,\beta)$. Es verschwindet für $\beta=0, 1, 2, \ldots$, also nach demselben Schluß für alle reellen β. Damit ist das Additionstheorem vollständig bewiesen. □

3.3 Das Interpolationspolynom. Der im vorangehenden Abschnitt bewiesene Identitätssatz lehrt, daß ein Polynom vom Grad $\leq n$ durch Angabe seines Wertes an $n+1$ verschiedenen Stellen vollständig bestimmt ist. Die Frage, ob es umgekehrt immer möglich ist, zu $n+1$ „Stützstellen" $x_0,\ldots,x_n$ und zugehörigen Funktionswerten $y_0,\ldots,y_n$ ein passendes Polynom zu finden, wird durch den folgenden Satz positiv beantwortet.

Satz. *Zu $n+1$ verschiedenen Stützstellen $x_0, x_1,\ldots,x_n$ und zugehörigen Funktionswerten $y_0, y_1,\ldots,y_n$ ($n\in\mathbb{N}$) gibt es genau ein Polynom P vom Grad $\leq n$ mit $P(x_0)=y_0$, $P(x_1)=y_1$, $\ldots$, $P(x_n)=y_n$.*

Zum *Beweis* betrachten wir die folgenden *Lagrangeschen Polynome*

$$L_k(x)=\frac{(x-x_0)\cdots(x-x_{k-1})(x-x_{k+1})\cdots(x-x_n)}{(x_k-x_0)\cdots(x_k-x_{k-1})(x_k-x_{k+1})\cdots(x_k-x_n)}$$

($k=0,\ldots,n$). Sie sind alle vom Grad n und haben offenbar die Eigenschaft

$$L_k(x_i)=\delta_{ik}\equiv\begin{cases}0 & \text{für } i\neq k\\ 1 & \text{für } i=k\end{cases}$$

(man bezeichnet δ_{ik} als das *Kronecker-Symbol*). Das Polynom

$$P(x):=y_0L_0(x)+y_1L_1(x)+\ldots+y_nL_n(x)$$

löst die gestellte Aufgabe, während die Eindeutigkeitsfrage schon früher beantwortet wurde. □

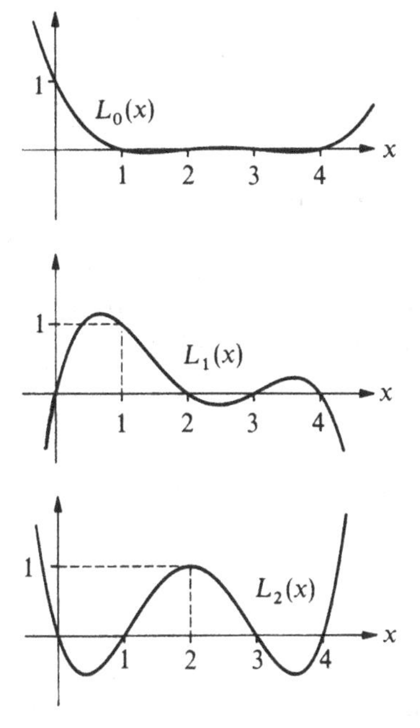

Lagrangesche Polynome im Fall $n=4$ mit $x_i=i$ für $i=0, 1, 2, 3, 4$

Für $n=1$ ist

$$L_0(x)=(x-x_1)/(x_0-x_1), \qquad L_1(x)=(x-x_0)/(x_1-x_0),$$

und $y=P(x)$ stellt die bekannte Gleichung der Geraden durch die Punkte (x_0, y_0), (x_1, y_1) dar.

Der Satz hat große praktische Bedeutung. Funktionen, die schwierig zu berechnen sind, teilt man durch Angabe einer Funktionstafel mit, welche die Werte an gewissen Stützstellen enthält. Dazwischenliegende Werte werden durch *Interpolation* gewonnen. Im einfachsten Fall der *linearen Interpolation* ($n=1$) verbindet man, geometrisch gesprochen, zwei benachbarte Punkte durch eine Gerade. Aufwendiger, aber in vielen Fällen wesentlich genauer ist das Verfahren, durch $n+1$ Funktionswerte das entsprechende Polynom vom Grad $\leq n$ zu legen, das man in diesem Zusammenhang *Interpolationspolynom* nennt. Daß man bei der Interpolation gerade Polynome wählt, hat u.a. den einfachen Grund, daß Polynome besonders einfach zu berechnen sind. Die Frage, wie gut ein solches Polynom eine Funktion approximiert, also das Problem der Fehlerabschätzung, gehört in das Gebiet der numerischen Mathematik.

3.4 Monotone Funktionen. Es sei f eine auf $D \subset \mathbb{R}$ erklärte reellwertige Funktion. Die Funktion f heißt (auf D)

monoton wachsend, wenn aus $x<y$ folgt $f(x) \leq f(y)$,

monoton fallend, wenn aus $x<y$ folgt $f(x) \geq f(y)$.

Dabei ist natürlich x, $y \in D$ vorausgesetzt. Folgt aus $x<y$ sogar die strenge Ungleichung $f(x)<f(y)$ bzw. $f(x)>f(y)$, so wird f *streng monoton wachsend* bzw. *fallend* genannt. Wenn betont werden soll, daß es sich nicht um strenge Monotonie handelt, sprechen wir auch von schwach monoton wachsenden (fallenden) Funktionen; außerdem werden wir das Wort ‚monoton' gelegentlich unterschlagen. Eine in D monoton wachsende und fallende Funktion ist konstant.

(a) Die Summe von zwei (und damit auch von endlich vielen) in D monoton wachsenden Funktionen ist wieder monoton wachsend. Sie ist streng monoton wachsend in D, falls ein Summand diese Eigenschaft hat.

(b) Das Produkt von endlich vielen in D positiven und monoton wachsenden Funktionen ist wieder monoton wachsend. Ist dabei ein Faktor streng monoton wachsend, dann hat auch das Produkt diese Eigenschaft.

(c) Ist f in D positiv und monoton wachsend bzw. streng monoton wachsend, so ist $1/f$ monoton fallend bzw. streng monoton fallend in D.

(d) Für ganzzahliges $n \geq 1$ ist die Funktion x^n streng monoton wachsend auf $\mathbb{R}_+ = [0, \infty)$ und die Funktion x^{-n} streng monoton fallend auf $(0, \infty)$.

Die Beweise sind sehr einfach. So ergibt sich etwa (b) aus der Identität

$$(*) \qquad f(y)g(y)-f(x)g(x)=(f(y)-f(x))g(y)+f(x)(g(y)-g(x)).$$

Ist $x<y$ und sind die beiden Differenzen auf der rechten Seite ≥ 0, so ist auch die linke Seite ≥ 0 bzw. >0, wenn eine Differenz >0 ist, d.h. es gilt (b) für den Fall von zwei Funktionen. Der allgemeine Fall folgt sofort durch vollständige Induktion. Als Anwendung von (b) und (c) ergibt sich (d). □

3.5 Die Lipschitz-Bedingung. Man sagt, die Funktion f: $D \to \mathbb{R}$ (mit $D \subset \mathbb{R}$) genüge auf D einer *Lipschitz-Bedingung*, wenn es eine Konstante L gibt, so daß

$$(\mathrm{L}) \qquad |f(x)-f(y)| \leq L|x-y| \quad \text{für } x, y \in D;$$

man nennt L eine *Lipschitzkonstante* für f. Diese Ungleichung besagt, daß alle Differenzenquotienten $\dfrac{f(x)-f(y)}{x-y}$, geometrisch gesprochen alle Steigungen der Verbindungsgeraden von zwei beliebigen Kurvenpunkten $(x, f(x))$, $(y, f(y))$ dem Betrage nach kleiner-gleich L sind. Wenn f in D einer Lipschitz-Bedingung genügt, so schreibt man dafür $f \in \mathrm{Lip}(D)$; man sagt auch kurz, f sei eine Lipschitz-Funktion.

Die lineare Funktion $f(x)=a+bx$ genügt auf $\mathbb{R}$ einer Lipschitz-Bedingung mit der Konstante $|b|$. Aber bereits das quadratische Polynom $f(x)=x^2$ gehört nicht zu $\mathrm{Lip}(\mathbb{R})$, denn die Ungleichung $|f(x)-f(0)|=x^2 \leq L|x|$ ist in $\mathbb{R}$ unerfüllbar.

Ist D eine beschränkte Menge, etwa $D \subset [-a, a]$ sowie $c \in D$ und $|f(c)|=A$, so folgt aus (L)

$$|f(x)| \leq |f(c)|+|f(x)-f(c)| \leq A+L|c-x| \leq A+2aL,$$

d.h. f ist beschränkt. Nun mögen f und g der Abschätzung (L) und den Ungleichungen $|f(x)|$, $|g(x)| \leq C$ genügen. Dann folgt aus der Zerlegung $(*)$ am

Ende des vorangehenden Abschnitts

$$|f(x)g(x)-f(y)g(y)| \le 2CL|x-y|.$$

Fassen wir zusammen:

Lemma. *Mit f und g gehören auch λf und $f+g$ zu* $\mathrm{Lip}(D)$; *ist D beschränkt, so gilt dasselbe für $f \cdot g$. Kurz: Die Klasse* $\mathrm{Lip}(D)$ *ist ein Funktionenraum, bei beschränktem D sogar eine Funktionenalgebra. Insbesondere genügt jedes Polynom auf einem beschränkten Intervall einer Lipschitz-Bedingung.*

Die Aussage über Polynome ergibt sich aus jener über Summe und Produkt.

Der folgende Satz stellt das Hauptergebnis dieses Abschnitts dar. Er ist ein Vorläufer des Zwischenwertsatzes für stetige Funktionen 6.10 und dient im Augenblick lediglich dazu, die Existenz von n-ten Wurzeln nachzuweisen.

Satz über die Umkehrfunktion. *Wenn die Funktion f im (beliebigen) Intervall J oder wenigstens in jedem kompakten Teilintervall $[a,b] \subset J$ einer Lipschitz-Bedingung genügt und streng monoton wachsend ist, dann ist $J^* = f(J)$ ein Intervall und f eine Bijektion von J auf J^*. Die Umkehrfunktion f^{-1}: $J^* \to J$ ist ebenfalls streng monoton wachsend.*

Zeichnet man die Kurve $y = f(x)$ in der üblichen Weise in einem rechtwinkligen Koordinatensystem, so ergibt sich das Bild der Umkehrfunktion in derselben Darstellung $y = f^{-1}(x)$ aus dem Bild von f durch Spiegelung an der Geraden $y = x$.

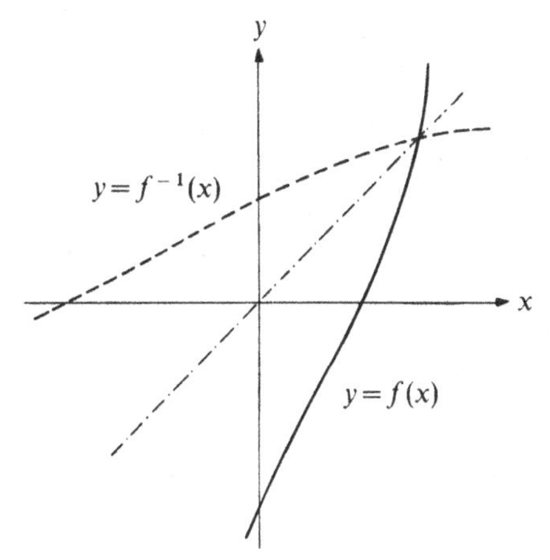

Funktion mit Umkehrfunktion

Natürlich kann man sich, um einen Überblick über den Verlauf der Umkehrfunktion zu erhalten, die Zeichnung der gespiegelten Kurve auch sparen. Man dreht das Bild einfach um 90°. Die unabhängige Variable heißt dann y, und sie ist, wenn man das Bild von hinten anschaut, sogar richtig orientiert.

Beweis. Das Wesentliche ist die Aussage, daß f jeden Wert zwischen $\inf_J f(x)$ und $\sup_J f(x)$ annimmt; die Injektivität ist aufgrund der strengen Monotonie trivial. Offenbar genügt es zu zeigen, daß f ein Intervall $I=[a,b]\subset J$ *auf* das Intervall $I^*=[f(a),f(b)]$ abbildet. Zum Beweis wählen wir ein beliebiges η mit $f(a)<\eta<f(b)$ und zeigen, daß es ein $\xi\in I$ mit $f(\xi)=\eta$ gibt. Es sei M die Menge aller $x\in I$ mit $f(x)<\eta$ und $\xi=\sup M$. Offenbar ist $\xi\in I$. Nehmen wir an, es sei $f(\xi)\neq\eta$. Mit $\alpha>0$ werde die kleinste der drei positiven Zahlen $\eta-f(a)$, $f(b)-\eta$, $|f(\xi)-\eta|$ bezeichnet. Ist L eine Lipschitz-Konstante für f und $\beta=\alpha/2L$, so gilt:

$$\text{Aus } |x-y|\leq\beta \text{ folgt } |f(x)-f(y)|\leq L|x-y|\leq\tfrac{1}{2}\alpha.$$

Mit anderen Worten: In jedem Intervall der Länge β ändert sich f um weniger als α. Die Funktion f ist also nicht nur an der Stelle a, sondern im Intervall $a\leq x\leq a+\beta$ kleiner als η, und ebenso ist f im Intervall $b-\beta\leq x\leq b$ größer als η. Es ist also $a<\xi<b$. Aus der Annahme $f(\xi)<\eta$ folgt mit derselben Schlußweise, daß $f(x)$ auch für $\xi\leq x\leq\xi+\beta$ kleiner als η ist. Also liegen rechts von ξ noch Punkte aus M im Widerspruch zur Definition von ξ. Aus der Annahme $f(\xi)>\eta$ folgt, daß $f(x)$ auch für $\xi-\beta\leq x\leq\xi$ größer als η ist. Also ist sogar $\xi-\beta$ eine obere Schranke für M, was ebenfalls der Definition von ξ widerspricht. Es bleibt also nur die dritte Möglichkeit $f(\xi)=\eta$. Die Monotonie der Umkehrfunktion ist leicht zu bestätigen. □

Bemerkung. Die Lipschitz-Eigenschaft ist ein besonders einfacher und anschaulicher Spezialfall der Stetigkeit (vgl. §6). Der obige Satz zeigt, daß man grundsätzliche Überlegungen, wie sie etwa bei Existenzproblemen für Wurzeln notwendig sind, in ziemlich allgemeinem Rahmen „ohne ε und δ" durchführen kann. Daß der allgemeine Stetigkeitsbegriff dadurch nicht überflüssig wird, zeigt sich bereits am obigen Satz: Mit der Bildung der Umkehrfunktion verläßt man im allgemeinen die Klasse der Lipschitz-Funktionen. Dazu zeige man (nach der Lektüre von 3.6!), daß die Funktion $\sqrt{x}$ im Intervall $[0,1]$ keiner Lipschitz-Bedingung genügt.

Der Name Lipschitz-Bedingung ist nicht glücklich gewählt; man wird eher etwas obskures dahinter vermuten. Versuche, ihn durch „dehnungsbeschränkt" zu ersetzen, waren bisher nicht sonderlich erfolgreich, und wir bleiben deshalb bei der eingeführten Bezeichnung. Die Lipschitz-Bedingung tritt zum ersten Mal bei RUDOLF LIPSCHITZ (1832–1903, ab 1864 Ordinarius in Bonn) auf im Zusammenhang mit dem Anfangswertproblem für nichtlineare Differentialgleichungen $y'=f(x,y)$ (Ann. Mat. Pura Appl. (2) 2 (1868), 288–302). Lipschitz ersetzt dabei die von früheren Autoren geforderte Existenz und Stetigkeit der partiellen Ableitung $\partial f(x,y)/\partial y$ durch eine einfache Ungleichung, eben die Lipschitz-Bedingung (bezüglich y). In ähnlicher Weise wurden in der Folgezeit auf vielen Gebieten der Analysis Differenzierbarkeitsvoraussetzungen durch Lipschitzsche oder verwandte Bedingungen ersetzt.

Wir kommen zu der bereits angekündigten ersten Anwendung.

3.6 Die *n*-te Wurzel. Definition und Satz. Es sei n eine ganze Zahl ≥ 2. Zu gegebenem $a\geq 0$ gibt es genau eine Zahl $\xi\geq 0$ mit $\xi^n=a$. Die Zahl ξ wird *n-te Wurzel* von a genannt und mit $\sqrt[n]{a}$ oder $a^{1/n}$ bezeichnet. Die Funktion $x\mapsto\sqrt[n]{x}$ ist streng monoton wachsend auf $\mathbb{R}_+=[0,\infty)$.

Das ergibt sich sofort, wenn man den vorangehenden Satz auf die Funktion $f(x)=x^n$ anwendet. Sie ist streng monoton wachsend, sie bildet $\mathbb{R}_+$ auf $\mathbb{R}_+$ ab, und sie genügt in beschränkten Intervallen einer Lipschitz-Bedingung nach Lemma 3.5. □

Man beachte, daß die n-te Wurzel *per definitionem* eine nichtnegative Zahl ist. Die Gleichung $\sqrt{4}=-2$ ist also falsch, obwohl $(-2)^2=4$ ist. Diese Konvention hat sich eingebürgert, um dem Zeichen $\sqrt[n]{a}$ eine eindeutige Bedeutung zu unterlegen. Auch die Beschränkung auf $a\geq 0$ stellt eine Konvention dar. Es wäre durchaus möglich und auch sinnvoll, etwa $\sqrt[3]{-27}=-3$ zu setzen, es ist ja $(-3)^3=-27$, doch ist dies nicht üblich (diese Bemerkungen gelten nicht für die komplexe Analysis).

3.7 Arithmetisches und geometrisches Mittel. Man bezeichnet den Ausdruck

$$A(x_1,\ldots,x_n)=\frac{x_1+x_2+\ldots+x_n}{n}$$

als das arithmetische Mittel der n reellen Zahlen $x_1,\ldots,x_n$ und, wenn die Zahlen nichtnegativ sind,

$$G(x_1,\ldots,x_n)=\sqrt[n]{x_1 x_2 \cdots x_n}$$

als ihr geometrisches Mittel. Das Wort *Mittel* soll darauf hinweisen, daß es sich um einen zwischen dem Minimum und dem Maximum der beteiligten Zahlen gelegenen *Mittelwert* handelt,

$$(*)\qquad \min(x_1,\ldots,x_n)\leq A(x_1,\ldots,x_n)\leq \max(x_1,\ldots,x_n),$$

und entsprechend für $G(x_1,\ldots,x_n)$. Bezeichnet man nämlich das Minimum mit a und das Maximum mit b, so ist $a\leq x_i\leq b$, und aus 2.12 folgt $a^n\leq x_1\cdots x_n\leq b^n$ und $na\leq x_1+\ldots+x_n\leq nb$ und damit die Behauptung (im ersten Fall ist $x_i\geq 0$ vorausgesetzt). Ebenso einfach ergibt sich aus 2.12, daß in $(*)$ an beiden Stellen das Zeichen $<$ steht, wenn nicht alle x_i gleich sind.

Ungleichung zwischen dem arithmetischen und dem geometrischen Mittel (AGM-Ungleichung). *Für nichtnegative Zahlen $x_1,\ldots,x_n$ $(n\geq 1)$ gilt*

$$G(x_1,\ldots,x_n)\leq A(x_1,\ldots,x_n),$$

wobei das Gleichheitszeichen nur dann auftritt, wenn alle x_i gleich sind.

Die AGM-Ungleichung werden wir häufig anwenden. Sie ist äquivalent mit der durch Potenzierung erhaltenen Ungleichung

$$x_1 x_2 \cdots x_n\leq A^n \quad \text{mit} \quad A=A(x_1,\ldots,x_n),$$

die in der folgenden Form besonders einprägsam ist.

Corollar. *Das Produkt von n nichtnegativen Zahlen mit konstanter Summe ist dann (und nur dann) am größten, wenn alle Faktoren gleich sind.*

Beweis. Beide Mittel sind homogen, d.h. es ist mit $x=(x_1, \ldots, x_n)$

$$A(\lambda x)=\lambda A(x) \quad \text{und} \quad G(\lambda x)=\lambda G(x) \quad \text{für } \lambda \geq 0.$$

Für den Beweis kann man also annehmen, daß $A(x)=1$ ist (man setze $\lambda=A^{-1}$). Die Behauptung ist trivial, wenn alle x_i gleich sind oder wenn ein x_i verschwindet. Es geht also nur noch um den Beweis der folgenden Aussage für positive x_i:

$$x_1+\ldots+x_n=n, \quad \text{es gibt ein} \quad x_k \neq 1 \quad \Rightarrow \quad x_1 x_2 \cdots x_n < 1.$$

Der Fall $n=1$ tritt nicht auf. Im Fall $n=2$ ist etwa $x_1=1+\varepsilon$, $x_2=1-\varepsilon$ $(\varepsilon>0)$, also $x_1 x_2=1-\varepsilon^2<1$. Für den Schluß von n auf $n+1$ seien $n+1$ positive Zahlen $x_0, x_1, \ldots, x_n$ mit $x_0+x_1+\ldots+x_n=n+1$ vorgelegt. Es sei etwa $x_0<1$ und $x_1>1$, sagen wir, $x_0=1-\alpha$, $x_1=1+\beta$ mit $\alpha, \beta>0$. Für $x_1'=x_0+x_1-1=1-\alpha+\beta$ gilt $x_1'+x_2+\ldots+x_n=n$, also nach Voraussetzung $x_1' x_2 \cdots x_n \leq 1$ (die Zahlen könnten alle gleich sein!). Wegen $x_0 x_1=1-\alpha+\beta-\alpha\beta<x_1'$ ist also

$$x_0 x_1 x_2 \cdots x_n < x_1' x_2 \cdots x_n \leq 1.$$

Damit ist der Induktionsbeweis abgeschlossen. □

Als erste Anwendung betrachten wir die folgende

(a) *Wurzelabschätzung*. Für positives $a \neq 1$, $n \geq 2$ und $1 \leq p < n$ ist

$$\sqrt[n]{a^p} < 1+\frac{p}{n}(a-1), \quad \text{insbesondere} \quad \sqrt[n]{a} < 1+\frac{a-1}{n}.$$

Zum Beweis ergänzt man a^p durch $n-p$ Einsen zu einem Produkt mit n Faktoren und erhält

$$\sqrt[n]{a^p}=\sqrt[n]{a^p \cdot 1 \cdots 1} < \frac{pa+n-p}{n}=1+\frac{p}{n}(a-1). \qquad \square$$

Historische Bemerkung. Für $n=2$ war die Ungleichung oder besser die folgende geometrische Interpretation schon in den ältesten Kulturen bekannt: Der Inhalt eines Rechtecks von gegebenem Umfang wird für das Quadrat am größten. Für beliebige n findet sie sich (möglicherweise zum ersten Mal) bei MACLAURIN (1729) in der Form „If the Line AB is divided into any number of Parts AC, CD, DE, EB, the Product of all those Parts multiplied into one another will be a *Maximum* when the Parts are equal amongst themselves." CAUCHY gibt im *Cours d'analyse* (1821) einen strengen, oft reproduzierten Beweis. Das klassische Werk *Inequalities* von Hardy, Littlewood and Pólya (Cambridge Univ. Press 1978) enthält verschiedene Beweise und historische Hinweise. Nicht weniger als zwölf Beweise sind in dem Buch *Inequalities* von E.F. Beckenbach und R. Bellman (Springer 1983) dargestellt.

3.8 Potenzen mit rationalen Exponenten. Ganzzahlige Potenzen einer reellen Zahl a genügen dem Gesetz $a^{m+n}=a^m a^n$. Hier wird die weitergehende Frage behandelt: Ist es möglich, die Potenz a^x für reelle Exponenten so zu definieren, daß das Potenzgesetz $a^{x+y}=a^x a^y$ für beliebige reelle x, y gültig bleibt? Schreibt man $\phi(x)$ statt a^x, so besteht das Problem darin, eine Funktion ϕ: $\mathbb{R} \to \mathbb{R}$ mit $\phi(1)=a$ zu finden, welche der „Funktionalgleichung" (so nennt man eine Gleichung, in der eine unbekannte Funktion auftritt)

$$\text{(E)} \qquad \phi(x+y)=\phi(x)\,\phi(y)$$

genügt. Wir werden das Problem in zwei Etappen lösen, zuerst für rationale und später in 4.8 für reelle Exponenten.

Definition und Satz. *Es gibt für $a>0$ genau eine Lösung $\phi\colon \mathbb{Q}\to\mathbb{R}$ der Funktionalgleichung*

$$\text{(E)} \qquad \phi(r+s)=\phi(r)\,\phi(s) \quad \textit{für } r,s\in\mathbb{Q}$$

mit $\phi(1)=a$. Sie wird mit a^r bezeichnet und ist für $r=p/q$ (p, q ganz, $q>0$) durch

$$a^r\equiv a^{p/q} := \sqrt[q]{a^p}$$

eindeutig definiert. Es gelten die Potenzgesetze

$$a^{r+s}=a^r a^s, \qquad a^r b^r=(ab)^r, \qquad (a^r)^s=a^{rs} \quad (a,b>0;\, r,s\in\mathbb{Q}).$$

Beweis. Die Potenzgesetze von 2.11 für ganzzahlige Exponenten werden benutzt, und r, s bezeichnen immer rationale Zahlen. Zunächst muß man sich klar machen, daß der Funktionswert a^r nur von r und nicht von der speziellen Darstellung von r als Quotient zweier ganzer Zahlen abhängt, daß also die den beiden Darstellungen $r=p/q$ und $r=np/nq$ entsprechenden Zahlen

$$\xi=\sqrt[q]{a^p} \quad \text{und} \quad \eta=\sqrt[nq]{a^{np}}$$

gleich sind. Nach Definition der Wurzel ist $\xi^q=a^p$ und $\eta^{nq}=a^{np}$, also $\xi^{nq}=\eta^{nq}$ und damit $\xi=\eta$ wegen 3.4 (d).

Beim Nachweis der Regeln $a^{r+s}=a^r a^s, \ldots$ benutzt man zweckmäßigerweise eine Darstellung $r=m/q$, $s=n/q$ mit gleichem Nenner $q>0$. Die Durchführung ist nicht schwierig.

Nun sei ϕ eine Lösung von (E) mit $\phi(1)=a>0$. Aus (E) folgt für $r=1$, $s=0$, daß $\phi(0)=1$, für $s=-r$, daß $\phi(r)\neq 0$ und $\phi(-r)=1/\phi(r)$, und schließlich für $r=s$, daß $\phi(r)>0$ für alle rationalen r ist. Ferner zeigt man ohne Mühe durch vollständige Induktion, daß $\phi(nr)=\phi(r)^n$ für natürliche Zahlen n ist, und wegen $\phi(-r)=1/\phi(r)$ gilt dies sogar für alle ganzzahligen n. Insbesondere hat man für ganze Zahlen p und $q>0$

$$a^p=\phi(1)^p=\phi(p)=\phi\left(q\cdot\frac{p}{q}\right)=\left(\phi\left(\frac{p}{q}\right)\right)^q,$$

woraus ersichtlich ist, daß die Festsetzung $\phi\left(\frac{p}{q}\right)=\sqrt[q]{a^p}$ nicht willkürlich getroffen, sondern durch die Funktionalgleichung zwingend vorgeschrieben ist. □

Bei den folgenden Eigenschaften von Potenzen ist immer $a>0$ vorausgesetzt.

(a) Die Funktion $x\mapsto x^r$ ist für rationales $r>0$ streng monoton wachsend in $[0,\infty)$, für rationales $r<0$ streng monoton fallend in $(0,\infty)$.

(b) Für rationale Zahlen r, s mit $r<s$ gilt

$$a^r<a^s, \quad \text{falls } a>1,$$
$$a^r>a^s, \quad \text{falls } 0<a<1.$$

(c) In jedem beschränkten Intervall J genügt a^r einer Lipschitz-Bedingung

$$|a^r - a^s| \leq L|r-s| \quad \text{für } r,s \in J \cap \mathbb{Q}.$$

Beweis. (a) Für $r=p/q>0$ ist zunächst $x^{1/q}$ nach Satz 3.6 streng wachsend, nach 3.4 also $(x^{1/q})^p = x^r$ streng wachsend und $x^{-r}=1/x^r$ streng fallend.

(b) Es sei etwa $t=s-r>0$. Wegen der strengen Monotonie der Funktion x^t ist $a^t<1=1^t$ für $0<a<1$ und $a^t>1$ für $a>1$. Die Behauptung folgt durch Multiplikation dieser Ungleichungen mit a^r.

(c) Es sei J das Intervall $[-m,m]$ (m ganz) und $a>1$. Ferner sei etwa $r<s$, also $t=s-r>0$. Die Ungleichung

$$a^t - 1 < t \cdot a^{t+1} \quad \text{für } t>0$$

ist für $t \geq 1$ trivial, und für $t=\frac{p}{n}<1$ $(1 \leq p < n)$ folgt sie aus der Wurzelabschätzung 3.7(a). Durch Multiplikation mit a^r erhält man $a^s - a^r < (s-r)a^{s+1} < L(s-r)$ mit $L=a^{m+1}$. Der Fall $a<1$ erledigt sich wegen $a^r = \left(\frac{1}{a}\right)^{-r}$. □

Historisches. JOHN WALLIS (1616–1703, ab 1649 Savilian-Professor der Geometrie in Oxford, einer der Wegbereiter der Infinitesimalrechnung) hat in seiner *Arithmetica infinitorum* von 1655 gebrochene Potenzen in die Mathematik eingeführt. Da das logarithmische Rechnen inzwischen geläufig war und bei der Benutzung einer Logarithmentafel zwischen den ganzzahligen Werten des Exponenten interpoliert werden mußte, lag die Sache in der Luft. Es waren – neben der Funktionalgleichung – Quadraturprobleme und insbesondere die geglückten Quadraturen der Potenzkurven

$$\int_0^1 x^n \, dx = \frac{1}{n+1} \quad (n=1,2,3,\ldots),$$

welche ihn auf die richtige Fährte brachten. Er erkannte nämlich, daß diese Formel für rationale Werte $n=p/q$ richtig bleibt, wenn man die Potenz $x^{p/q}$ als $\sqrt[q]{x^p}$ erklärt. Ohne diese Festlegung wäre es übrigens Newton nicht möglich gewesen, die für die Entwicklung der Analysis so wichtige Binomialreihe, das ist die Potenzreihe für $(1+x)^r$, zu finden; vgl. dazu 5.15.

Irrationale Exponenten. Die Ausdehnung der Potenz a^x auf irrationale Exponenten kann auf verschiedenen Wegen erfolgen. Bereits jetzt durchführbar wäre die Definition (i) $a^x = \sup a^r$, wobei die rationalen $r<x$ zugelassen sind. Die Erklärung als Grenzwert (ii) $a^x = \lim a^{r_n}$, wobei die rationalen r_n gegen x streben, wird in 4.8 besprochen. Die spezielle Funktion e^x läßt sich (iii) als Limes von $(1+x/n)^n$ für $n \to \infty$, (iv) als $\sum x^n/n!$ oder schließlich (v) als Lösung der Differentialgleichung $y'=y$ definieren. Die Möglichkeiten (i) und (ii) sind unmittelbar anschaulich, jedoch hat (i) den Nachteil, daß die Funktionalgleichung (E) und andere Eigenschaften schwer zugänglich sind. In dieser Hinsicht sind (iv) und (v) überlegen. Auch hier bewahrheitet sich eine alte Regel: Mit besserem Werkzeug hat man weniger Mühe!

Aufgaben

1. Man zeige, daß mit f und g auch die Funktionen $\max(f,g)$ und $\min(f,g)$ zu $\mathrm{Lip}(D)$ gehören.

2. Man zeige: Ist f aus $\mathrm{Lip}(D)$ und $|f(x)| \geq \delta > 0$ in D, so ist auch $\frac{1}{f}$ aus $\mathrm{Lip}(D)$.

3. *Hölder-Bedingung.* Die Funktion $f\colon D\to\mathbb{R}$ mit $D\subset\mathbb{R}$ genügt einer Hölder-Bedingung der Ordnung $\alpha>0$, kurz $f\in H^\alpha(D)$, wenn es eine Konstante L gibt mit

$$|f(x)-f(y)|\le L|x-y|^\alpha \quad \text{für } x,y\in D$$

(vorerst ist α rational). Offenbar ist $H^1(D)=\mathrm{Lip}(D)$. Man zeige:

(a) $H^\alpha(D)$ ist ein Funktionenraum. Mit f und g sind auch $\max(f,g)$ und $\min(f,g)$ aus $H^\alpha(D)$. Bei beschränktem D ist $H^\alpha(D)$ eine Funktionenalgebra, und aus $0<\alpha<\beta$ folgt $H^\beta(D)\subset H^\alpha(D)$ (man gebe dazu ein Gegenbeispiel für $D=\mathbb{R}$ an).

(b) Ist J ein Intervall, $\alpha>1$ und $f\in H^\alpha(J)$, so ist f konstant. Aus diesem Grunde setzt man immer $0<\alpha\le 1$ voraus.

(c) $x^\alpha\in H^\alpha([0,\infty))$ für $0<\alpha\le 1$.

Zu (b): Man stelle $f(x+h)-f(x)$ als Summe von Differenzen $f\left(x_i+\frac{h}{n}\right)-f(x_i)$ dar und wähle n groß.

4. Für das Polynom $P(x)=a_0+a_1x+\ldots+a_nx^n$ gelte $|P(x)|\leqq 1$ im Intervall $J=[a,b]$. Man zeige: Es gibt eine nur von a, b und n abhängige Schranke C für die Koeffizienten, $|a_k|\le C$ für $k=0,\ldots,n$. Im Fall $J=[0,1]$ leite man für $n=0$, 1, 2, 3 explizite Schranken $|a_k|\le\alpha_k$ her und zeige, daß für $n=2$ die Schranken $(\alpha_0,\alpha_1,\alpha_2)=(1,8,8)$ optimal sind. Anleitung: Man stelle P als Lagrangesches Interpolationspolynom dar, etwa für die Stützstellen $x_i=a+ih$, $h=\dfrac{b-a}{n}$.

5. Man zeige: Für positive Zahlen a, b, c, d gilt

(a) $\dfrac{a}{\sqrt{b}}+\dfrac{b}{\sqrt{a}}\ge\sqrt{a}+\sqrt{b}$; (b) $\sqrt{(a+b)(c+d)}\ge\sqrt{ac}+\sqrt{bd}$.

6. *Gerade und ungerade Funktionen.* Die im folgenden auftretenden Funktionen sind auf einer Menge $D\subset\mathbb{R}$ mit $D=-D$ erklärt; mit g, g_i werden gerade, mit u, u_i ungerade Funktionen bezeichnet. Man zeige:

(a) Das Produkt zweier gerader oder zweier ungerader Funktionen ist eine gerade Funktion, das Produkt einer geraden und einer ungeraden Funktionen ist eine ungerade Funktion.

(b) Jede Funktion f läßt sich auf genau eine Art als Summe einer geraden und einer ungeraden Funktion darstellen, $f=g+u$. Dabei ist

$$g(x)=\tfrac{1}{2}(f(x)+f(-x)), \qquad u(x)=\tfrac{1}{2}(f(x)-f(-x)).$$

(c) Man führe diese Zerlegung durch für (i) ein Polynom $P(x)=a_0+\ldots+a_nx^n$, (ii) $1/(1+x+x^2)$, (iii) die sogenannte Heaviside-Funktion $H(x)=0$ für $x\le 0$ und $=1$ für $x>0$, (iv) die sogenannte Dirichlet-Funktion $D(x)=0$ für rationale und $=1$ für irrationale x.

7. *Periodische Funktionen.* Man zeige: Die Menge P aller Perioden einer periodischen Funktion $f\colon\mathbb{R}\to\mathbb{R}$ bildet, wenn man noch 0 dazu nimmt, eine additive Untergruppe von $\mathbb{R}$. Man bestimme P für die Dirichlet-Funktion (vgl. die vorangehende Aufgabe).

8. Es sei $D\subset\mathbb{R}$ eine endliche, zum Nullpunkt symmetrische Menge ($D=-D$), und $f\colon D\to\mathbb{R}$ sei gerade bzw. ungerade. Man zeige, daß auch das zugehörige Interpolationspolynom P (also das Polynom kleinsten Grades mit $P|D=f$) gerade bzw. ungerade ist.

9. Man zeige: $\dfrac{1}{2n+1}<\dfrac{1}{4^n}\dbinom{2n}{n}\le\dfrac{1}{\sqrt{3n+1}}$ für $n=1$, 2, 3, ….

B. Grenzwert und Stetigkeit

§ 4. Zahlenfolgen

Zu den wichtigsten und ältesten Themen der Mathematik gehört die Bildung und Untersuchung von Grenzwerten. Bereits bei den Babyloniern gibt es Überlegungen im Vorfeld des Grenzwertbegriffs, und zwar im Zusammenhang mit der Approximation von irrationalen Größen, wie sie bei Aufgaben mit quadratischen Gleichungen vorkommen. Uns sind bewundernswerte Approximationen aus dieser Zeit überliefert, z.B. der Näherungswert

$$1;24;51;10 = 1 + \frac{24}{60} + \frac{51}{60^2} + \frac{10}{60^3} = 1{,}41421296$$

für $\sqrt{2}$ mit einem Fehler $< 6 \cdot 10^{-7}$. Jedoch fehlen, soweit wir wissen, grundsätzliche Untersuchungen über die Unmöglichkeit, den genauen Wert anzugeben.

Erst die Griechen setzten sich mit den Problemen der Grenzwertbildung ausführlich und in logisch strenger Form auseinander. Den ersten Anlaß dazu bot die pythagoräische Entdeckung inkommensurabler Längen, wie etwa Seite und Diagonale eines Quadrats. In § 1 wurde geschildert, wie die Griechen dieser Herausforderung begegneten. Sie behielten den diskreten Zahlbegriff bei und schufen daneben eine Theorie des „Rechnens" mit geometrischen Größen. Damit war für die Griechen sozusagen die irrationale Zahl als geometrische Größe verfügbar. Es war damit möglich, Sätze der Elementargeometrie auch im Fall von inkommensurablen Verhältnissen streng zu beweisen. Aber nun werden auch Aufgaben angegriffen, die für die Analysis typisch sind. Es handelt sich um die Länge von krummlinigen Kurven, und entsprechend um Flächen und Volumina. Die Bestimmung der Länge einer Kurve oder der Fläche eines ebenen, durch Kurven begrenzten Bereiches bedeutet nach griechischem Verständnis, eine gerade Strecke von gleicher Länge bzw. ein Quadrat von gleicher Fläche anzugeben. Noch heute verrät unsere Sprache diese Auffassung, wenn es darum geht, eine Kurve zu „rektifizieren" oder, um das berühmteste der bis ins 19. Jahrhundert ungelösten griechischen Probleme zu nennen, den Kreis zu „quadrieren".

Am Beispiel der Flächenberechnung wird besonders deutlich, wie die Griechen Grenzübergänge – ohne von ihnen zu sprechen – durchführen und begründen. Das betrachtete krummlinige Flächenstück wird „von innen", also durch einbeschriebene Polygone angenähert. Der Terminus *Exhaustionsverfah-*

ren für diese Beweismethode (von lat. exhaurire, ausschöpfen) tritt zum ersten Mal im 17. Jahrhundert auf. Er soll bildlich ausdrücken, daß die zu messende Figur durch Polygone „ausgeschöpft" wird. Der Methode liegt das folgende „Exhaustionslemma" zugrunde:

Nimmt man bei Vorliegen zweier ungleicher (gleichartiger) Größen von der größeren ein Stück größer als die Hälfte weg und vom Rest ein Stück größer als die Hälfte und wiederholt dies immer, dann muß einmal eine Größe übrig bleiben, die kleiner als die kleinere Ausgangsgröße ist. [Euklid, *Elemente* X.1]

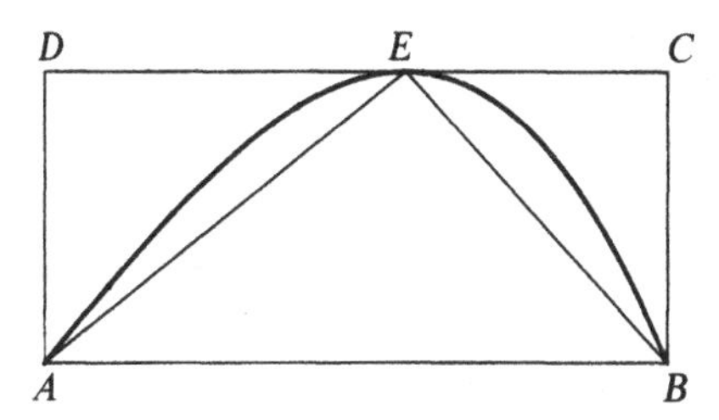

Bei den Exhaustionsbeweisen im XII. Buch der *Elemente* werden aus einem Flächenstück nacheinander Dreiecke herausgeschnitten. Man nimmt an, daß das Flächenstück F durch eine Strecke AB und ein Kurvenstück AEB mit dem höchsten Punkt E begrenzt ist, ganz im Rechteck $ABCD$ gelegen ist und das Dreieck ABE enthält (vgl. Abb.). Für Eudoxos - auf ihn geht das Verfahren zurück - war es intuitiv klar, daß dem Flächenstück F eine Größe (ein Flächeninhalt) $|F|$ zukommt und daß F kleiner als das Rechteck und größer als das Dreieck ist. Da aber das Dreieck halb so groß wie das Rechteck ist, folgt für die nach Herausnahme des Dreiecks verbleibende Restfläche F_1 (sie besteht aus zwei in den Dreiecken AED bzw. BCE gelegenen Stücken) die Beziehung $|F_1|<\frac{1}{2}|F|$. Auf die beiden Stücke läßt sich das Verfahren erneut anwenden. Nach dem Herausschneiden der beiden entsprechenden Dreiecke bleibt eine aus vier Stücken bestehende Restfläche F_2 übrig, und für diese gilt $|F_2|<\frac{1}{2}|F_1|<\frac{1}{4}|F|$.

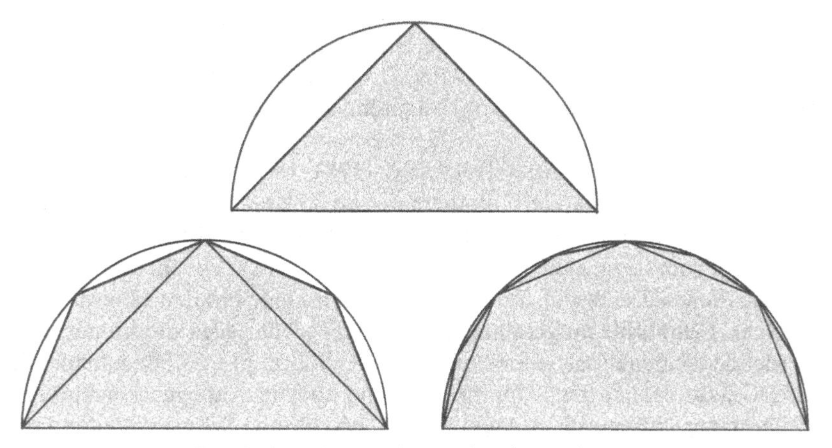

Das Exhaustionsverfahren für den Halbkreis

Die Bilder zeigen die ersten drei Schritte des Exhaustionsverfahrens, angewandt auf die obere Hälfte eines Kreises K. Behandelt man die untere Hälfte des Kreises ebenso, so sieht man, daß die herausgeschnittene Figur nach dem 1. Schritt ein Quadrat, nach dem 2. Schritt ein regelmäßiges Oktagon, ..., nach dem n-ten Schritt ein regelmäßiges einbeschriebenes 2^{n+1}-Eck ist. Für die Restfläche $K \setminus P_n$ gilt

$$|K \setminus P_n| = |K| - |P_n| < \frac{1}{2^n}|K|.$$

Sie wird - das ist der Inhalt des Exhaustionslemmas - für hinreichend großes n kleiner als eine beliebig vorgegebene positive Größe. Eudoxos benutzt diesen Sachverhalt, um den folgenden (schon früher benutzten) Satz streng zu beweisen (*Elemente* XII.2):

Sind K und K_0 zwei Kreise vom Radius r und r_0, so verhalten sich ihre Flächen wie die Quadrate über den Radien, $|K|:|K_0| = r^2 : r_0^2$.

Wir skizzieren die Beweisidee und nehmen dabei $r_0 = 1$ an. Benutzt wird der elementargeometrische Satz, daß für die den Kreisen K bzw. K_0 einbeschriebenen regelmäßigen 2^{n+1}-Ecke P_n bzw. P_{0n} die entsprechende Relation $|P_n|:|P_{0n}| = r^2 : 1$ richtig ist. Der Beweis besteht darin, jede der beiden Ungleichungen $|K| > r^2 |K_0|$ und $|K| < r^2 |K_0|$ zum Widerspruch zu führen. Ist $|K| > r^2 |K_0|$, also $\varepsilon = |K| - r^2 |K_0|$ eine positive Größe, so gibt es ein n derart, daß $|K| - |P_n| < \varepsilon$ ist. Aus

$$|K| - r^2 |K_0| > |K| - |P_n|$$

und $|P_n| = r^2 |P_{0n}|$ folgt aber $|P_{0n}| > |K_0|$ im Widerspruch zu der Tatsache, daß P_{0n} in K_0 enthalten ist. In ähnlicher Weise wird die zweite Ungleichung $|K| < r^2 |K_0|$ zum Widerspruch geführt. Diese doppelte *reductio ad absurdum* (Beweis durch Widerspruch) ist für die Exhaustionsbeweise typisch.

Unser heutiger Grenzwertbegriff ist in der Exhaustionsmethode des Eudoxos in aller Klarheit bereits vorhanden. Die Polygone P_n, welche der krummlinig begrenzten Fläche (etwa dem Kreis) nach dieser Methode einbeschrieben werden, „konvergieren" gegen die Fläche in dem Sinn, daß die Differenz für großes n kleiner gemacht werden kann als ein willkürlich vorgegebenes Flächenstück. Das entspricht vollständig unserer Konvergenzdefinition 4.3 für Zahlenfolgen. Sie findet sich übrigen bereits in der *Arithmetica Infinitorum* [1655] von John Wallis. Dort wird der Grenzwert a einer Folge (a_n) dadurch erklärt, daß $a - a_n$ mit hinlänglich wachsenden Werten von n *beliebig klein* wird.

Als erster hat BERNHARD BOLZANO (1781-1848, böhmischer Theologe, Philosoph und Mathematiker) mathematische Grundbegriffe und Sätze über Grenzwert und Stetigkeit sorgfältig und klar formuliert. Er wurde 1805 kurz nach seiner Promotion zum Priester geweiht und auf den an der Universität Prag geschaffenen Lehrstuhl für Religionswissenschaft berufen (Kaiser Franz I. hatte solche Lehrstühle eingerichtet als Gegengewicht gegen die immer mächtiger werdende freidenkerische Strömung der Aufklärung). Als bedeutender Kanzelredner setzte er sich auch für liberale und soziale Anliegen ein und wurde zum Führer der „böhmischen Aufklärung". Wachsende Schwierigkeiten mit der Obrigkeit führten schließlich 1819 zu seiner Entlassung aus dem Professorenamt. Bolzanos mathematische Werke übten nur geringen Einfluß aus; vieles davon ist erst seit kurzem, einiges noch gar nicht zugänglich. Seine 1817 erschienene Arbeit *Rein analytischer Beweis des Lehrsatzes, dass zwischen je zwei Werthen, die ein entgegengesetztes Resultat gewähren, wenigstens eine reelle Wurzel der Gleichung liege* ist in der präzisen Darstellung der Grundlagen ihrer Zeit voraus. Hier wird zum ersten Mal das „*Cauchysche*" *Konvergenzkriterium* formuliert:

Lehrsatz. Wenn eine Reihe von Größen

$$F_1(x), F_2(x), F_3(x), \ldots, F_n(x), \ldots, F_{n+r}(x),$$

von der Beschaffenheit ist, daß der Unterschied zwischen ihrem n-ten Gliede $F_n(x)$ und jedem späteren $F_{n+r}(x)$, sey dieses von jenem auch noch so weit entfernt, kleiner als jede gegebene Größe verbleibt, wenn man n groß genug angenommen hat: so gibt es jedesmahl eine gewisse beständige Größe, und zwar nur eine, der sich die Glieder dieser Reihe immer mehr nähern, und der sie so nahe kommen können, als man nur will, wenn man die Reihe weit genug fortsetzt. [OK 153, S. 21]

Daß Bolzano Folgen von Funktionen und nicht von Zahlen betrachtet, ist dabei zweitrangig. Bolzanos Lehrsatz erklärt indirekt den Grenzwert als jene Größe, der die Folgenglieder so nahe kommen, als man nur will, wenn man weit genug fortschreitet. Ähnlich drückt sich kurze Zeit später CAUCHY im *Cours d'analyse* [1821] aus (für Reihen). Das (von Bolzano stammende) Cauchy-Kriterium bildet das eigentliche Fundament des modernen Konvergenzbegriffs und das wesentliche Charakteristikum der reellen Zahlen. Bei Cauchy tritt es implizit in seiner Konvergenzdefinition für unendliche Reihen (vgl. §5) und in seinem Existenzbeweis für das Integral stetiger Funktionen (§9) auf. Daß die Bedingung des Kriteriums für die Konvergenz notwendig ist, folgt unmittelbar aus der Definition des Grenzwertes und war wohl jedem, der sich mit Grenzwerten beschäftigt hat, geläufig. Daß sie auch hinreicht, wurde von Cauchy und späteren Mathematikern als selbstverständlich angesehen. Es zeugt von der gedanklichen Schärfe Bolzanos, daß er das Cauchy-Kriterium als einen zu beweisenden Lehrsatz ansah. Einen makellosen Beweis konnte er in Ermangelung eines klaren Begriffs der irrationalen Zahl nicht geben. Erst Cantor, bei dem das Cauchy-Kriterium eine unmittelbare Folge seiner Definition der reellen Zahlen ist, und Dedekind können diese Lücke schließen. Zu den mathematischen Werken Bolzanos, welche zu seinen Lebzeiten völlig unbekannt geblieben sind, gehört die erst 1930 veröffentlichte *Functionenlehre*. In diesem Werk werden zahlreiche Ergebnisse über reelle Funktionen vorweggenommen, welche in der zweiten Hälfte des Jahrhunderts von Weierstraß und anderen neu entdeckt wurden. Beim Beweis des Satzes, daß eine im kompakten Intervall stetige Funktion ihr Maximum annimmt (6.8), benutzt er den „Satz von Bolzano-Weierstraß". Er verweist dabei auf eigene frühere Arbeiten, die jedoch bis heute nicht gefunden wurden.[1])

---

[1]) Der Herausgeber der *Functionenlehre* schreibt dazu (Anmerkung zu §20): „Es ist merkwürdig, daß in vielen Lehrbüchern vielleicht aufgrund des Artikels von Schönflies (Enzyklopädie der math. Wiss. I.A.5, S. 185) dieser Lehrsatz als „Satz von Bolzano-Weierstraß" bezeichnet wird, obwohl er in den gedruckten Schriften von Bolzano ... nicht erwähnt wird."

Es ist vor allem das Verdienst von KARL WEIERSTRASS (1815–1897), die beliebig kleinen Größen, die (von Cauchy benutzten) unendlich kleinen Größen, die Annäherung an einen festen Wert, dem man so nahe kommen kann, wie man will, und was an ähnlichen Redewendungen im Gebrauch war, ersetzt zu haben durch eindeutige, kurze und klare, in Ungleichungen ausgedrückte Formulierungen. Dazu kommt eine standardisierte Buchstabenwahl: ε als eine beliebig vorgegebene, klein gedachte positive Zahl (wohl abgeleitet von error bzw. erreur) und, wenn der Grenzwert für $x \to \xi$ betrachtet wird, δ als die zu ε passende positive Zahl. Weierstraß' Leben hat tragische Züge. In der Beurteilung seiner Examensarbeit durch seinen Lehrer Gudermann findet sich der wohl einmalige Satz: „Der Kandidat tritt damit ebenbürtig mit in die Reihe der ruhmgekrönten Erfinder." Dieser Satz wurde im Zeugnis unterschlagen, und er verbrachte 12 Jahre als Gymnasiallehrer in der Provinz, abgeschnitten vom wissenschaftlichen Leben (1842–54). Eine in Crelles Journal (47 (1854) 289–306 = Werke I, 133–152) veröffentlichte Arbeit erregte höchstes Erstaunen und brachte ihm neben dem Ehrendoktor der Universität Königsberg auch eine Berufung an das Gewerbeinstitut (Vorläufer der TU) in Berlin ein. Doch hatte die Doppelbeanspruchung als Lehrer und Wissenschaftler seine Gesundheit geschwächt. Nach einem körperlichen Zusammenbruch 1861 konnte er Vorlesungen nur noch im Sitzen abhalten, wobei ein fortgeschrittener Student an die Tafel schrieb. Ab 1864 lehrte er als Ordinarius an der Berliner Universität, wo er als Haupt der „Berliner Schule" Studenten aus aller Welt anzog. In seinen Vorlesungen behandelte er die Infinitesimalrechnung in mustergültiger „Weierstraßscher Strenge" und wurde so zum Vater der *Epsilontik*, jener Darstellungsweise, die heute Allgemeingut ist. In ihr wird der Grenzwertbegriff vollständig arithmetisiert und aller geometrischen Anschauung entkleidet. Von seinen Schülern angefertigte Vorlesungsmitschriften und Veröffentlichungen sorgten für die Verbreitung der Weierstraßschen Ideen. Eine eingehende Analyse der Vorlesungen gibt P. Dugac [1973].

Historisches zum Logarithmus

Die Grundidee des logarithmischen Rechnens ist die konsequente Anwendung der Tatsache, daß die Multiplikation und Division von Gliedern einer geometrischen Folge auf die Addition bzw. Subtraktion der entsprechenden „Platzzahlen" hinauslaufen. Sie war natürlich den Griechen bereits bekannt, doch hat erst MICHAEL STIFEL (geb. 1487 (?) in Eßlingen, gest. 1567 in Jena, Augustinermönch, später lutherischer Pfarrer) ihre Bedeutung für das numerische Rechnen klar erkannt. In der *Arithmetica integra* (1544) spricht er von dem Nutzen, den es bringe, wenn man eine arithmetische und eine geometrische Progression (= Folge) einander entsprechen lasse, und er setzt diese Folgen nach links fort,

$$\begin{matrix} -3 & -2 & -1 & 0 & 1 & 2 & 3 & 4 & 5 & 6 & \dots \\ \frac{1}{a^3} & \frac{1}{a^2} & \frac{1}{a} & 1 & a & a^2 & a^3 & a^4 & a^5 & a^6 & \dots) \end{matrix}$$

Multiplikation bzw. Division zweier Glieder der geometrischen Progression läßt sich auf die Addition bzw. Subtraktion der entsprechenden Glieder in der arithmetischen Progression zurückführen. Stifel ahnt wohl die in dieser Bemerkung schlummernden Entwicklungen. Er verläßt jedoch den Gegenstand mit dem Hinweis, es sei möglich, an dieser Stelle ein ganz neues Buch von den wunderbaren Eigenschaften der Zahlen einzuschalten, eine Versuchung, welcher er sich entziehen und mit geschlossenen Augen von dannen gehen müsse [Cantor II, S. 432].

So sind denn die ersten von Bürgi und Napier berechneten Logarithmentafeln nichts anderes als Tabellen ganzzahliger Potenzen einer aus Gründen der Tafeldichte sehr nahe bei 1 gelegenen Zahl a. JOST BÜRGI (1552–1632), Schweizer Uhrmacher, Mathematiker und Astronom, der ab 1592 zeitweise in den Diensten von Kaiser Rudolph II. in Prag weilte und mit Kepler befreundet war, besaß möglicherweise schon vor 1600 eine Logarithmentafel, veröffentlichte jedoch seine *Arithmetische und Geometrische Progreß-Tabulen* erst 1620 in Prag. Seine neunstellige Tafel der ersten 23000 Potenzen von $a=1{,}0001$ ist ganzzahlig. Er tabuliert auf 58 Seiten $x_n=10n$ und $y_n=10^8(1{,}0001)^n$,

0	100000000
10	10000
20	20001
30	30003
...	
43200	154030185
...	
72040	205518112
...	
115240	316559928
...	
230000	997303557,

wo also (von Zehnerpotenzen abgesehen) die Numeri (die er „Schwartze Zahlen" nennt) rechts und die Logarithmen (die er „Rote Zahlen" nennt) äquidistant links stehen. Bürgi berechnet etwa das Produkt von 154030185 mit 205518112, indem er die entsprechenden Roten Zahlen 43200 und 72040 addiert und zur Summe 115240 die zugehörige Schwartze Zahl 316559928 aufsucht. Diese gibt die ersten 9 Ziffern des Produkts an.

JOHN NAPIER (auch Neper, 1550–1617, schottischer Edelmann, Grundherr von Merchiston bei Edinburgh) veröffentlichte seine erste Logarithmentafel 1614 unter dem Titel *Mirifici Logarithmorum Canonis Descriptio*, also vor Bürgi. Diese Tafel war vor allem für astronomische Anwendungen gedacht und enthält die Logarithmen des Sinus von 0° bis 90°. HENRY BRIGGS (1561–1631, Professor in London und Oxford) ist von Napiers Logarithmen begeistert und erkennt die Vorteile, die aus der Wahl der Basis $\frac{1}{10}$ entstehen würden. Nach gemeinsamer Beratung mit Napier wählt er die Zahl 10 als Basis und veröffentlicht 1617 seine erste Tafel von 14-stelligen Logarithmen der Zahlen 1 bis 1000. Bei ihrer Berechnung geht er aus von $\sqrt{10}$, $\sqrt{\sqrt{10}}$, ... und erhält nach 54 solchen Schritten die Zahl $a=10^r$ mit $r=2^{-54}$. Die Logarithmen werden dann durch Potenzieren von a nach der Formel $\log a^n = nr$ berechnet. Diese Briggssche Tafel ist die Grundlage aller späteren dekadischen Logarithmentafeln.

Kepler, dessen astronomisches Werk einen ungeheuren Rechenaufwand erfordert, berechnet eigene Tafeln auf der Grundlage der Napierschen Ideen. Er ist ersichtlich verärgert über Bürgi, der ihm gegenüber seine Erfindung verborgen und sich nur in vagen Andeutungen ergangen hatte, und schreibt u.a. in den *Rudolphinischen Tafeln* 1627:

Allerdings hat der Zauderer und Geheimtuer das neugeborene Kind verkommen lassen, statt es zum allgemeinen Nutzen groß zu ziehen. [Tropfke, S. 309.]

Daß die Quadratur der Hyperbel eine geometrische Folge (Länge eines Flächenstücks unter der Hyperbel) und eine arithmetische Folge (zugehörige Fläche) miteinander in Beziehung setzt, daß man also Logarithmen als Flächen unter der Hyperbel darstellen kann, wurde 1647 von dem belgischen Jesuitenmönch GREGORIUS A SANTO VINCENTIO (1584–1669) entdeckt. Dieser Zusammenhang sollte rund 20 Jahre später eine wichtige Rolle bei der Entwicklung der Infinitesimalrechnung spielen.

4.1 Reelle Zahlenfolgen. In Übereinstimmung mit 2.7 wird eine Funktion $a=(a_n)_p^\infty\colon Z_p\to\mathbb{R}$, wobei Z_p die Menge der ganzen Zahlen $\geq p$ ist, als *reelle Zahlenfolge* bezeichnet. Die in § 3 für reelle Funktionen eingeführten Begriffe gelten selbstverständlich auch für Folgen. So ist etwa die Folge $(a_n)_p^\infty$ beschränkt bzw. streng monoton fallend, wenn $|a_n|\leq C$ bzw. $a_{n+1}<a_n$ für alle $n\geq p$ ist. Z.B. ist die Folge $((-1)^n)$ beschränkt, aber nicht monoton, und ihre Wertemenge ist $\{-1,1\}$, während die Folge $(n^2)_0^\infty$ unbeschränkt, jedoch nach unten beschränkt sowie streng monoton wachsend ist.

Man nennt a_n das *allgemeine Glied* der Folge (a_n). Gelegentlich gibt man die ersten Glieder einer Folge an, etwa

$$1,\frac{1}{4},\frac{1}{9},\frac{1}{16},\ldots \quad \text{oder} \quad \frac{1}{3},-1,\frac{1}{7},-\frac{1}{5},\frac{1}{11},-\frac{1}{9},\ldots,$$

und überläßt es dem Scharfsinn des Lesers, das allgemeine Glied zu finden.

Unser erstes Ziel ist der für die ganze Analysis fundamentale Begriff der Konvergenz einer Folge. Zunächst werden wir Nullfolgen einführen und danach die Konvergenz mit Hilfe von Nullfolgen erklären. Dieses Verfahren in zwei Schritten ist weniger didaktisch als von der Sache her motiviert. Durch diesen Aufbau soll darauf hingewiesen werden, daß es in algebraischen Strukturen (genauer: in topologischen Gruppen) genügt, die Konvergenz gegen das Nullelement zu erklären. Die Konvergenz gegen ein beliebiges Element wird dann in einsichtiger Weise unter Heranziehung der algebraischen Struktur auf diesen Sonderfall zurückgeführt. Schließlich sei jetzt schon bemerkt, daß bei den folgenden Konvergenzdefinitionen es nur auf die Glieder a_n mit großem Index n ankommt. Es spielt also meist keine Rolle, mit welchem Index die Folge beginnt, und wir schreiben deshalb einfach (a_n).

4.2 Nullfolgen. Eine Folge (a_n) heißt *Nullfolge*, in Zeichen

$$\lim_{n\to\infty} a_n=0 \qquad \text{oder} \qquad a_n\to 0 \quad \text{für } n\to\infty,$$

wenn es zu jeder Zahl $\varepsilon>0$ einen Index N derart gibt, daß

$$|a_n|<\varepsilon \quad \text{für alle } n\geq N$$

ist. Man sagt auch, die Folge (a_n) strebt oder konvergiert gegen Null für $n\to\infty$.

Das Wesentliche an dieser Definition ist die Aussage, daß die Beträge $|a_n|$ für alle hinreichend großen n kleiner als ε sind. Der Index N, von dem an dies zutrifft, wird i.a. von ε abhängen, $N=N(\varepsilon)$. Ist z.B. $a_n=1/(n+3)$ und wählt man $\varepsilon=10^{-1}$ bzw. $\varepsilon=10^{-3}$, so kann man $N=8$ bzw. $N=998$ setzen. Es ist jedoch nicht wichtig, das beste (d.h. kleinste) N anzugeben; lediglich die Tatsache zählt, daß es ein solches N gibt. Zur Verdeutlichung dieses Sachverhalts haben sich die folgenden abkürzenden Sprechweisen eingebürgert. Ist $A(n)$ eine Aussage, die für natürliche Zahlen n erklärt ist, und gibt es eine Zahl N derart, daß die Aussage $A(n)$ für alle $n\geq N$ richtig ist, so sagt man auch „$A(n)$ ist richtig *für fast alle n*" oder „$A(n)$ gilt *für alle hinreichend großen n*".

Die Folge (a_n) ist also genau dann Nullfolge, wenn, wie man auch $\varepsilon>0$ vorgibt, $|a_n|<\varepsilon$ für fast alle n ist.

Lemma. (a) *Ist (a_n) eine Nullfolge und (c_n) eine beschränkte Folge, so strebt $a_n c_n\to 0$.*

(b) *Aus $a_n\to 0$ und der Abschätzung $|b_n|\leq C|a_n|$ für fast alle n (C konstant) folgt $b_n\to 0$.*

(c) *Aus $a_n\to 0$ und $b_n\to 0$ folgt $a_n+b_n\to 0$.*

Beweis. (a) Es gelte etwa $|c_n|\leq C$ für alle n. Setzen wir $b_n=a_n c_n$, so ist $|b_n|\leq C|a_n|$, und wir sind beim Teil (b). Zu dessen Beweis werde $\varepsilon>0$ vorgegeben. Zu $\bar\varepsilon=\varepsilon/C$ gibt es, da (a_n) Nullfolge ist, einen Index N derart, daß $|a_n|<\bar\varepsilon$ für alle $n\geq N$ ist. Also ist $|b_n|\leq C|a_n|<C\bar\varepsilon=\varepsilon$ für alle $n\geq N$, d.h. (b_n) ist Nullfolge.

(c) Es sei ein beliebiges $\varepsilon>0$ fixiert. Zu $\bar\varepsilon=\varepsilon/2$ gibt es nach Voraussetzung eine natürliche Zahl M mit $|a_n|<\bar\varepsilon$ für $n\geq M$ und eine natürliche Zahl N mit $|b_n|<\bar\varepsilon$ für $n\geq N$. Hieraus folgt mit der Dreiecksungleichung

$$|a_n+b_n|\leq|a_n|+|b_n|<\bar\varepsilon+\bar\varepsilon=\varepsilon$$

für $n\geq\max\{M,N\}$. Also strebt $a_n+b_n\to 0$. □

Bemerkung. Hier lernen wir zum ersten Mal die „Epsilontik" kennen, jenes für die exakte Behandlung von Grenzwerten typische Beweisverfahren, bei welchem - anstelle unklarer Redeweisen über das Unendlich-Kleine - eine willkürlich vorgegebene positive Zahl als Schranke auftritt, die „von einer Stelle an" unterschritten werden muß.

Der obige Beweis macht deutlich, daß eine Folge (a_n) schon dann Nullfolge ist, wenn man zeigen kann, daß $|a_n|<2\varepsilon$ oder allgemeiner $|a_n|<C\varepsilon$ für fast alle n ist. Wichtig ist nur, daß dies für jedes $\varepsilon>0$ möglich ist und daß dabei C eine von ε unabhängige Konstante ist. Denn man kann allemal von ε zu $\bar\varepsilon=\varepsilon/C$ übergehen, wie das im obigen Beweis geschehen ist. Davon werden wir in späteren Beweisen Gebrauch machen.

Beispiele. Die für positive x, y gültige Äquivalenz $x<y\Leftrightarrow\sqrt[p]{x}<\sqrt[p]{y}$ wird im folgenden mehrfach benutzt.

1. $\lim\limits_{n\to\infty} \frac{1}{n+\alpha} = 0$ (α reelle Zahl; die Glieder sind sicher für $n > |\alpha|$ definiert). Es sei $\varepsilon > 0$ beliebig vorgegeben. Die Ungleichung $0 < \frac{1}{n+\alpha} < \varepsilon$ ist äquivalent mit $n+\alpha > \frac{1}{\varepsilon}$ oder $n > \frac{1}{\varepsilon} - \alpha$. Sie gilt also für alle großen n.

2. $\lim\limits_{n\to\infty} \frac{1}{\sqrt[p]{n}} = 0$ (p ganz und ≥ 1).

Wir beweisen sogleich etwas mehr, nämlich

3. Aus $a_n \to 0$ folgt $\sqrt[p]{|a_n|} \to 0$ $(p \geq 1)$.

Wird $\varepsilon > 0$ vorgegeben, so ist auch $\varepsilon^p > 0$. Für fast alle n ist also $|a_n| < \varepsilon^p$ oder $\sqrt[p]{|a_n|} < \varepsilon$.

4. $\lim\limits_{n\to\infty} q^n = 0$ für $|q| < 1$.

Für $0 < |q| < 1$ ist $\frac{1}{|q|} > 1$, also $\frac{1}{|q|} = 1 + h$ mit $h > 0$. Es sei $\varepsilon > 0$ vorgelegt. Aus der Bernoullischen Ungleichung folgt

$$|q|^{-n} = (1+h)^n > 1 + nh > nh > \frac{1}{\varepsilon} \quad \text{für } n > \frac{1}{\varepsilon h},$$

also $|q|^n < \varepsilon$ für $n > \frac{1}{\varepsilon h}$.

5. $\lim\limits_{n\to\infty} n^p q^n = 0$ für $|q| < 1$ und $p \geq 1$.

Hier sind sozusagen zwei entgegengesetzt wirkende Kräfte am Werk. Der Faktor n^p wächst über alle Grenzen, während q^n gegen Null strebt. Daß der Einfluß von q^n überwiegt, ist nicht ohne weiteres zu sehen. Zunächst zeigen wir:

$$(*) \qquad |n^p q^n| < 1 \quad \text{oder} \quad \sqrt[n]{n^p} < |q|^{-1} = 1 + h \quad \text{für große } n,$$

wobei $h > 0$ wie in Beispiel 4 definiert ist. Dazu schreiben wir den linken Term als Produkt von n Faktoren (mit $2p$ Faktoren $\sqrt{n}$ und $n - 2p$ Einsen) und wenden die *AGM*-Ungleichung 3.7 an:

$$\sqrt[n]{n^p} = ((\sqrt{n})^{2p} \cdot 1 \cdots 1)^{1/n} < \frac{1}{n}(2p\sqrt{n} + n - 2p) < 1 + \frac{2p}{\sqrt{n}}.$$

Nach Beispiel 2 strebt $2p/\sqrt{n} \to 0$, und damit gilt $(*)$ für große n. Diese Schlußweise gilt für beliebiges p, d.h. es ist auch $|n^{p+1} q^n| < 1$ oder $|n^p q^n| < \frac{1}{n}$ für große n, also $\lim n^p q^n = 0$.

4.3 Konvergente Folgen. Eine Folge (a_n) heißt *konvergent* mit dem Limes oder Grenzwert $a \in \mathbb{R}$, in Zeichen

$$\lim_{n\to\infty} a_n = a \quad \text{oder} \quad a_n \to a \quad \text{für } n \to \infty$$

(oder auch nur $a_n \to a$, $\lim a_n = a$), wenn die Folge $(a_n - a)$ eine Nullfolge ist. Man sagt dann auch, die Folge (a_n) konvergiert (oder strebt) gegen a für $n \to \infty$. Nach 4.2 bedeutet das:

Zu jedem $\varepsilon > 0$ existiert eine Zahl N, so daß

$$|a_n - a| < \varepsilon \text{ ist für alle } n \geq N.$$

Oder noch kürzer: Die Ungleichung $|a_n - a| < \varepsilon$ gilt, wie man auch $\varepsilon > 0$ wählt, für fast alle n.

Auch die besonders anschauliche Formulierung mit Hilfe des in 1.9 eingeführten Umgebungsbegriffes werden wir verwenden. Die Ungleichung $|a_n - a| < \varepsilon$ besagt ja nichts anderes, als daß a_n in der ε-Umgebung $B_\varepsilon(a) = (a - \varepsilon, a + \varepsilon)$ von a liegt. Es ist also $\lim a_n = a$ genau dann, wenn jede Umgebung von a fast alle Folgenglieder a_n enthält.

Die Folge (a_n) nennt man *konvergent*, wenn eine reelle Zahl a existiert, so daß $\lim\limits_{n\to\infty} a_n = a$ ist, andernfalls *divergent*. Schließlich bemerken wir, daß die obige Definition für $a = 0$ mit der früheren Definition der Nullfolge übereinstimmt.

Beispiele. 1. Die konstante Folge $(a, a, a, \ldots)$ hat den Limes a.

2. $\lim \dfrac{n+a}{n+b} = 1$ (a, b beliebig).

Denn es ist $\dfrac{n+a}{n+b} - 1 = \dfrac{a-b}{n+b}$, und hier steht rechts eine Nullfolge, vgl. Beispiel 1 von 4.2.

3. $\lim \sqrt[n]{n} = 1$.

Wieder hilft die AGM-Ungleichung. Man schreibt n als Produkt $\sqrt{n} \cdot \sqrt{n} \cdot 1 \cdots 1$ mit $n-2$ Einsen und erhält

$$\sqrt[n]{n} = (\sqrt{n} \cdot \sqrt{n} \cdot 1 \cdots 1)^{1/n} < \frac{2\sqrt{n} + n - 2}{n} < 1 + \frac{2}{\sqrt{n}},$$

woraus $0 < \sqrt[n]{n} - 1 < 2/\sqrt{n}$ und damit die Behauptung folgt. Auch bei dieser Folge wirken der wachsende Radikand n und die verkleinernde Wurzel gegeneinander.

Von einer sinnvollen Limesdefinition wird man verlangen, daß eine Folge nicht zwei verschiedene Grenzwerte haben kann. Untersuchen wir diese Möglichkeit, indem wir annehmen, es strebe $a_n \to a$ und $a_n \to b$. Ist $a \neq b$, so läßt sich eine Umgebung U von a und eine dazu disjunkte Umgebung V von b angeben; man nehme etwa die ε-Umgebungen mit $\varepsilon = \frac{1}{2}|b - a|$. Sowohl in U als auch in V liegen dann fast alle Glieder der Folge. Das aber ist unmöglich.

Weiter wird man vermuten, daß eine konvergente Folge immer beschränkt ist. Denn es liegen fast alle Glieder der Folge in einer ε-Umgebung des Grenzwertes, die wir uns fest vorgeben können. Die übrigen Glieder in endlicher Anzahl bilden nach 2.6 ebenfalls eine beschränkte Menge, und die Vereinigung zweier beschränkter Mengen ist offenbar wieder beschränkt. Halten wir fest:

Satz. *Jede konvergente Folge ist beschränkt, und ihr Limes ist eindeutig bestimmt.*

Wir beweisen nun einige Regeln über das Umgehen mit Grenzwerten. Mit diesen Regeln und einem Fundus von speziellen Grenzwerten, der im weiteren Verlauf angelegt wird, ist es dann möglich, auch bei komplizierteren Folgen den Limes zu finden.

4.4 Rechenregeln. (a) Aus $\lim a_n = a$, $\lim b_n = b$ folgt

$$\lim \lambda a_n = \lambda a \quad \text{für } \lambda \in \mathbb{R}, \qquad \lim(a_n + b_n) = a + b,$$

$$\lim a_n b_n = ab, \qquad \lim \frac{a_n}{b_n} = \frac{a}{b} \quad (\text{falls } b \neq 0).$$

(b) Aus $\lim a_n = a$ folgt

$$\lim |a_n| = |a|, \qquad \lim a_n^p = a^p \quad \text{für } p \in \mathbb{N}.$$

(c) Aus $a_n \to a$ und $b_n \to b$ sowie $a_n \leq b_n$ für fast alle n folgt $a \leq b$. Aus $a_n \geq 0$ folgt also $\lim a_n \geq 0$.

Beweis. Mit $(a_n - a)$ und $(b_n - b)$ ist nach Lemma 4.2 auch $(a_n + b_n - (a+b))$ eine Nullfolge. Damit ist die Summenregel in (a) bewiesen. Zum Beweis von (b) benutzen wir das folgende

Lemma. *Gilt* $\lim a_n = a$ *und genügt die reelle Funktion* f *in einer Umgebung* U *von* a *einer Lipschitz-Bedingung, so ist*

$$\lim f(a_n) = f(a).$$

Der *Beweis* ist sehr einfach. Zunächst sind fast alle a_n in U gelegen, d.h. $f(a_n)$ ist für große n definiert. Aus der Ungleichung $|f(x) - f(x')| \leq L|x - x'|$ folgt insbesondere $|f(a_n) - f(a)| \leq L|a_n - a|$, und hier steht rechts, also auch links eine Nullfolge.

Die Funktionen $f(x) = \lambda x$, $|x|$ und x^p genügen in beschränkten Intervallen einer Lipschitz-Bedingung, vgl. Lemma 3.5. Damit ist (b) bereits erledigt. Die Produktregel läßt sich mit dem folgenden Trick

$$4a_n b_n = (a_n + b_n)^2 - (a_n - b_n)^2 \to (a+b)^2 - (a-b)^2 = 4ab \quad (n \to \infty)$$

auf schon Bewiesenes zurückführen. Ein zweiter Beweis aufgrund der Zerlegung $a_n b_n - ab = (a_n - a) b_n + a(b_n - b)$ sei dem Leser als Übung empfohlen. Beim Quotienten genügt es, den Fall $\lim 1/b_n = 1/b$ zu betrachten; die Aussage für $\lim a_n/b_n$ folgt dann mit der Produktregel. Wegen $b_n \to b$ ist $|b_n - b| < \frac{1}{2}|b|$ für fast alle n, und daraus folgt $|b_n| > \frac{1}{2}|b|$. Es besteht also die Abschätzung

$$\left|\frac{1}{b_n} - \frac{1}{b}\right| = \left|\frac{b_n - b}{b_n b}\right| \leq \frac{2}{b^2}|b_n - b| \quad \text{für fast alle } n,$$

und mit Lemma 4.2(b) folgt $\frac{1}{b_n} \to \frac{1}{b}$. Damit sind auch alle Regeln in (a) nachgewiesen. Zum Beweis von (c) nehmen wir an, es sei $b < a$, also $b < s < a$ mit $s = \frac{1}{2}(a+b)$. Dann sind fast alle b_n links von s, fast alle a_n rechts von s gelegen, im Widerspruch zur Voraussetzung $a_n \leq b_n$. □

Die Regeln über Summe und Produkt lassen sich mit vollständiger Induktion auf mehr als zwei Summanden bzw. Faktoren ausdehnen:

(d) Aus $a_n \to a$, $b_n \to b, \ldots, g_n \to g$ folgt

$$(a_n + b_n + \ldots + g_n) \to a + b + \ldots + g \quad \text{und} \quad a_n b_n \cdots g_n \to ab \cdots g.$$

Wir beschließen die Rechenregeln mit dem nützlichen

Sandwich Theorem. *Es gelte $a_n \to a$ und $b_n \to a$ sowie $a_n \le c_n \le b_n$ für fast alle n. Dann ist auch die Folge (c_n) konvergent mit dem Limes a.*

Beweis. Es sei $\varepsilon > 0$ vorgegeben. Nach Voraussetzung liegen fast alle a_n und fast alle b_n im Intervall $(a-\varepsilon, a+\varepsilon)$, also auch fast alle c_n. Es ist also $\lim c_n = a$. □

Beispiele. 1. Aus $1+2+\ldots+n = n(n+1)/2$ folgt

$$\lim_{n\to\infty} \frac{1+2+\ldots+n}{n^2} = \lim_{n\to\infty} \frac{n+1}{2n} = \frac{1}{2} \lim_{n\to\infty} \left(1+\frac{1}{n}\right) = \frac{1}{2}.$$

2. $$\lim_{n\to\infty} \frac{3n^3-4n^2+7}{2n^3+5n} = \lim_{n\to\infty} \frac{3-\frac{4}{n}+\frac{7}{n^3}}{2+\frac{5}{n^2}} = \frac{\lim\limits_{n\to\infty}\left(3-\frac{4}{n}+\frac{7}{n^3}\right)}{\lim\limits_{n\to\infty}\left(2+\frac{5}{n^2}\right)} = \frac{3}{2}.$$

3. Aus $a_n \to a$ folgt, wenn P ein Polynom ist, $P(a_n) \to P(a)$. Entsprechendes gilt für eine rationale Funktion $R = P/Q$ (P, Q Polynome), falls $Q(a) \neq 0$ ist.

4. Aus $\frac{1}{n^p} < a_n < n^p$ ($p \in \mathbb{N}$) für große n folgt $\sqrt[n]{a_n} \to 1$.

Denn aus Beispiel 3 von 4.3 folgt mit den Rechenregeln $\sqrt[n]{n^p} \to 1$ und $\sqrt[n]{n^{-p}} \to 1$. Die Behauptung ergibt sich dann aus dem Sandwich Theorem.

Historisches. Wir kehren zu den von den Griechen bei der Flächenquadratur durchgeführten Grenzprozessen zurück, wie sie in der Einleitung geschildert worden sind. Das Exhaustionsverfahren zur Bestimmung des Inhalts $|K|$ einer Fläche K liefert eine Folge (P_n) von approximierenden Polygonen, und für die Restflächen $K \setminus P_n$ gilt die Abschätzung

$$(*) \qquad 0 \le |K \setminus P_n| = |K| - |P_n| < \frac{1}{2^n}|K|$$

(es ist gut, sich daran zu erinnern, daß den Griechen die *Existenz* dieser Flächeninhalte selbstverständlich erschien). Da die Größe $2^{-n}|K|$ auf der rechten Seite gegen Null strebt, gilt also

$$\lim |P_n| = |K|.$$

Das Exhaustionsverfahren bzw. die daraus resultierende Größenabschätzung (*) läßt sich als antike Beschreibung dieser Limesbeziehung deuten.

Betrachten wir weiter den griechischen Beweis für die Formel $|K| = r^2|K_0|$, wobei K und K_0 Kreise vom Radius r und 1 sind. Für die entsprechenden Polygonfolgen (P_n) und (P_{0n}) gilt nach elementargeometrischen Sätzen $|P_n| = r^2|P_{0n}|$, und daraus folgt mit der ersten Regel in (a)

$$|K| = \lim |P_n| = \lim r^2 |P_{0n}| = r^2 \lim |P_{0n}| = r^2 |K_0|.$$

Die in der Einleitung beschriebene doppelte *reductio ad absurdum* kann als Beweis der Regel $\lim \lambda a_n = \lambda a$ angesehen werden. Daß unsere Beweise kurz sind, hängt auch damit zusammen, daß wir uns mit dem Absolutbetrag ein Werkzeug geschaffen haben, welches zwei Abschätzungen, eine nach oben und eine nach unten, gleichzeitig verarbeitet.

Sandwich: John Montagu, 4. Earl of Sandwich (1718–1792), Erster Lord der Admiralität (u.a.) und ein Spieler, ließ sich die Nahrung in dieser Form an den Spieltisch bringen, um sein Spiel nicht unterbrechen zu müssen.

4.5 Teilfolge, Umordnung einer Folge. Es sei $(a_n)_p^\infty$ eine beliebige Folge mit dem Indexbereich Z_p (Menge der ganzen Zahlen $\geq p$). Weiter sei ϕ eine Abbildung von Z_p in Z_p, also $(\phi(n))_p^\infty$ eine Folge von Indizes. Wir setzen $b_n := a_{\phi(n)}$ für $n \geq p$. Ist dabei ϕ streng monoton wachsend, also $p \leq \phi(p) < \phi(p+1) < \phi(p+2) < \ldots$, so heißt die Folge (b_n) eine *Teilfolge* der Folge (a_n). Dagegen nennt man die Folge (b_n) eine *Umordnung* der Folge (a_n), wenn ϕ eine Bijektion ist, d.h. wenn jeder Index $k \in Z_p$ genau einmal unter den Indizes $\phi(p)$, $\phi(p+1)$, $\phi(p+2)$, ... vorkommt. Z.B. sind die Folgen $\left(\frac{1}{2n}\right)$, $\left(\frac{1}{n^2}\right)$ Teilfolgen von $\left(\frac{1}{n}\right)$, während $\left(\frac{1}{2}, 1, \frac{1}{4}, \frac{1}{3}, \frac{1}{6}, \frac{1}{5}, \frac{1}{8}, \frac{1}{7}, \ldots\right)$ eine Umordnung ist.

Das Bilden einer Teilfolge, das Umordnen einer Folge und das Abändern einzelner Glieder sind Eingriffe, welche zwar die Folge, nicht jedoch die Konvergenz und den Limes verändern. Das ist der Inhalt des nächsten Satzes.

Satz. *Jede Umordnung und jede Teilfolge einer konvergenten Folge ist ebenfalls konvergent mit demselben Limes. Dasselbe gilt, wenn man endlich viele Glieder einer konvergenten Folge abändert.*

Beweis. Es gelte $\lim a_n = a$, und es sei U eine beliebige Umgebung von a. Die Menge U enthält fast alle Glieder der Folge (a_n). Damit enthält sie auch fast alle Glieder einer jeden Teilfolge und einer beliebigen Umordnung dieser Folge. Wenn nur endlich viele a_n geändert werden, dann sind immer noch fast alle a_n in U gelegen. Damit ist der Satz bereits bewiesen. □

4.6 Divergente Folgen. Jede Folge, die nicht konvergiert, heißt divergent. Eine Folge (a_n) heißt *bestimmt divergent* gegen ∞ bzw. gegen $-\infty$, in Zeichen

$$\lim_{n\to\infty} a_n = \infty \quad \text{bzw.} \quad \lim_{n\to\infty} a_n = -\infty,$$

wenn zu jeder (noch so großen) Zahl K ein $N = N(K)$ existiert, so daß

$$a_n > K \quad \text{bzw.} \quad a_n < -K \quad \text{für alle } n \geq N$$

ist. Man schreibt auch $a_n \to \infty$ bzw. $a_n \to -\infty$ für $n \to \infty$. In diesen beiden Fällen nennt man ∞ bzw. $-\infty$ auch den *uneigentlichen Grenzwert* der Folge und bezeichnet im Unterschied dazu eine reelle Zahl a, welche Limes einer Folge ist, als *eigentlichen Grenzwert* dieser Folge. Ist (a_n) divergent, aber nicht bestimmt divergent, so nennt man (a_n) auch *unbestimmt divergent*. Der Umgang mit bestimmt divergenten Folgen wird erleichtert durch die folgenden

Rechenregeln. Die Regeln von 4.4 gelten auch für uneigentliche Grenzwerte, wenn die rechte Seite der entsprechenden Gleichung definiert ist. Insbesondere gilt:

(a) Aus $a_n \to \infty$ folgt $\lambda a_n \to \infty$ für $\lambda > 0$ und $\lambda a_n \to -\infty$ für $\lambda < 0$.

(b) Aus $a_n \to \infty$ folgt $\frac{1}{a_n} \to 0$, für Folgen mit positiven Gliedern gilt auch die Umkehrung.

(c) Aus $a_n \to \infty$ und $b_n \to b \in \mathbb{R}$ (oder $b_n \to \infty$) folgt $a_n + b_n \to \infty$.

(d) Aus $a_n \to \infty$ und $b_n \to b > 0$ (oder $b_n \to \infty$) folgt $a_n b_n \to \infty$.

Beweis. Die einfachen Beweise von (a) und (c) seien dem Leser überlassen.

(b) folgt aus der Äquivalenz

$$a_n > \frac{1}{\varepsilon} \Leftrightarrow 0 < \frac{1}{a_n} < \varepsilon$$

und der Bemerkung, daß sich jede positive Konstante K in der Form $1/\varepsilon$ schreiben läßt.

(d) Aus $b_n \to b > 0$ folgt in einfacher Weise $b_n > \frac{1}{2} b$ für fast alle n. Ist $K > 0$ vorgegeben, so ist $a_n > 2K/b$, also

$$a_n b_n > a_n \frac{b}{2} > 2\frac{K}{b} \cdot \frac{b}{2} = K \quad \text{für fast alle } n. \qquad \square$$

Beispiele. 1. $\lim\limits_{n\to\infty} n^\alpha = \infty$ für beliebiges (vorerst rationales) $\alpha > 0$. Denn die Ungleichung $n^\alpha > K$ ist äquivalent zu $n > K^{1/\alpha}$; sie gilt also für fast alle n.

2. $a_n = (-1)^n n$. Die Folge (a_n) ist unbestimmt divergent.

3. $a_{2n} = n^2$, $a_{2n+1} = n$. Es ist $\lim\limits_{n\to\infty} a_n = \infty$.

4. $\lim q^n = \infty$ für $q > 1$ (man setze $q = 1 + h$ und benutze die Bernoulli-Ungleichung).

4.7 Konvergenzkriterien für monotone Folgen. Wenn eine Folge (a_n) gegeben ist, so tauchen zwei Fragen auf, nämlich die Frage nach der Konvergenz und die nach dem Limes der Folge. Durch Rückgriff auf die Definition der Konvergenz können wir diese beiden Probleme nur im Zusammenhang behandeln. Ist eine Zahl a „verdächtig", Limes der Folge (a_n) zu sein, so läßt sich nachprüfen, ob $(a_n - a)$ tatsächlich eine Nullfolge ist. Kann man einer Folge, ohne von ihrem möglichen Limes etwas zu wissen, „ansehen", ob sie konvergiert? Diese Frage von größter theoretischer und praktischer Wichtigkeit wird durch die *Konvergenzkriterien* beantwortet. Wir werden hier zwei solche Kriterien kennenlernen, zunächst ein Kriterium für monotone Folgen und in 4.14 das notwendige und hinreichende Cauchy-Kriterium.

Monotoniekriterium. *Eine beschränkte, monotone Folge ist konvergent, und ihr Limes ist gleich dem Supremum ihrer Wertemenge, wenn sie wachsend, und gleich dem Infimum, wenn sie fallend ist. Eine unbeschränkte, monoton wachsende bzw. fallende Folge strebt gegen ∞ bzw. $-\infty$.*

Die Gleichung

$$\lim_{n\to\infty} a_n = \sup_n a_n \quad \text{bzw.} \quad \lim_{n\to\infty} a_n = \inf_n a_n$$

gilt also für jede wachsende bzw. fallende Folge. Für „monotone Konvergenz" hat sich die kurze Schreibweise $a_n \nearrow a$ (wachsend) bzw. $a_n \searrow a$ (fallend) eingebürgert.

Beweis. Es sei etwa (a_n) monoton wachsend, $\eta = \sup a_n$ und K eine Zahl $<\eta$. Da K keine obere Schranke für die a_n ist, existiert $a_N > K$. Für jedes $n \geq N$ gilt wegen der Monotonie $K < a_N \leq a_n \leq \eta$. Wir haben also gezeigt, daß, wie man auch $K < \eta$ wählt, fast alle Glieder a_n im Intervall $(K, \eta]$ liegen. Daraus folgt $\eta = \lim a_n$, und zwar auch im Fall $\eta = \infty$. □

Beispiel: Die Zahl e. Aus dem Corollar 3.7 zur AGM-Ungleichung folgt

$$\left(1+\frac{x}{n}\right)^n < \left(1+\frac{x}{n+1}\right)^{n+1} \quad \text{für } x \geq -n,\ x \neq 0.$$

Fügt man nämlich links noch den Faktor 1 hinzu, so stehen links und rechts $n+1$ nichtnegative Faktoren mit derselben Summe $n+1+x$. Insbesondere bilden also $a_n = \left(1+\frac{1}{n}\right)^n$ und $b_n = \left(1-\frac{1}{n}\right)^n$ monoton wachsende Folgen und $c_n = b_{n+1}^{-1} = \left(1+\frac{1}{n}\right)^{n+1}$ eine monoton fallende Folge. Wegen $a_n < c_n$ existiert also

$$e := \lim_{n\to\infty} \left(1+\frac{1}{n}\right)^n,$$

und es ist $a_n < e < c_n$ für jedes n. Wegen $c_n = a_n(1+1/n)$ ist auch $\lim c_n = e$. Diese wichtige Zahl $e = 2.71828\ldots$ wird uns noch mehrfach beschäftigen, vgl. Aufgabe 4.14 und 7.9. Als Anwendung leiten wir eine erste, grobe

Abschätzung für $n!$ ab. Für $d_n = n^n/e^n n!$ und $e_n = n d_n$ ist $d_{n+1}/d_n = a_n/e < 1$ und $e_{n+1}/e_n = c_n/e > 1$. Also ist (d_n) eine fallende, (e_n) eine wachsende Folge, und aus $d_n < d_1$, $e_n > e_1$ folgt

(a) $$\left(\frac{n}{e}\right)^n \cdot e < n! < \left(\frac{n}{e}\right)^n \cdot en \quad \text{für } n > 1.$$

Als Anwendung des Monotoniekriteriums erweitern wir die in 3.8 nur für rationale x erklärte Potenz a^x auf irrationale Werte.

4.8 Die Exponentialfunktion. Definition und Satz. *Die Funktion a^x $(a>0)$ wird für irrationale x durch Grenzübergang*

$$a^x := \lim_{n\to\infty} a^{r_n} \quad (r_n \text{ rational},\ r_n \to x)$$

in eindeutiger Weise (unabhängig von der Wahl der Folge (r_n)) erklärt. Für x, $y \in \mathbb{R}$ und $a, b > 0$ gelten die Potenzgesetze

$$a^{x+y} = a^x a^y, \quad a^x b^x = (ab)^x, \quad (a^x)^y = a^{xy},$$

$$a^{x-y} = \frac{a^x}{a^y}, \quad \frac{a^x}{b^x} = \left(\frac{a}{b}\right)^x.$$

Die Funktion a^x: $\mathbb{R} \to \mathbb{R}$ wird (allgemeine) Exponentialfunktion genannt. Sie ist für $a>1$ bzw. $0<a<1$ streng monoton wachsend bzw. fallend, und sie gehört zu Lip(J) *für beschränktes J. Die (allgemeine) Potenzfunktion $x \mapsto x^\alpha$ ist für $\alpha > 0$ auf $[0, \infty)$ streng wachsend, für $\alpha < 0$ auf $(0, \infty)$ streng fallend; dabei wird $0^\alpha = 0$ für $\alpha > 0$ definiert.*

Zum Beweis benötigt man ein auch sonst nützliches

Lemma. *Zu jeder irrationalen Zahl x gibt es gegen x konvergierende Folgen von rationalen Zahlen. Darunter sind auch monoton wachsende und fallende Folgen.*

Wählt man etwa ein rationales r_n zwischen $x-\frac{1}{n}$ und $x-\frac{1}{n+1}$, so gilt $r_n\nearrow x$.

Beweis. Es sei etwa $a>1$. Mit r, r_n, s, s_n werden immer rationale Zahlen bezeichnet. Für ein irrationales x wählen wir eine Folge (r_n) mit $r_n\nearrow x$. Dann existiert $a^x:=\lim a^{r_n}$, da die Folge wachsend und nach oben beschränkt ist. Es sei etwa J das Intervall $[-m,m]$. Nach 3.8 (c) genügt a^x einer Lipschitz-Bedingung $|a^r-a^s|<L|r-s|$ für $r, s\in J\cap\mathbb{Q}$. Ist (s_n) eine beliebige, gegen x konvergierende Folge, so folgt $r_n-s_n\to 0$, also $|a^{r_n}-a^{s_n}|\le L|r_n-s_n|\to 0$ und damit $a^{s_n}=a^{r_n}+(a^{s_n}-a^{r_n})\to a^x$ für $n\to\infty$. Die Definition von a^x ist also unabhängig von der speziellen Wahl der Folge. Aufgrund der Rechenregeln 4.4 folgt aus $|a^r-a^s|\le L|r-s|$ durch Grenzübergang $r=r_n\to x$, $s=s_n\to y$ sofort $|a^x-a^y|\le L|x-y|$.

Die Potenzregeln ergeben sich nun durch Grenzübergang aus den entsprechenden Regeln für rationale Exponenten.

Monotonie. Die strenge Monotonie von a^x überträgt sich von $\mathbb{Q}$ auf $\mathbb{R}$. Zunächst sieht man ohne Schwierigkeit, daß auch für irrationale $h>0$ gilt $a^h>1$. Daraus folgt $a^{x+h}=a^x a^h>a^x$. Nun betrachten wir die Potenzfunktion x^α für $\alpha>0$. Für $0<x<y$ ist $\frac{y}{x}>1$, also $\left(\frac{y}{x}\right)^\alpha>1$ oder $x^\alpha<y^\alpha$, d.h. die Potenzfunktion ist streng wachsend. Die Aussagen über a^x für $0<a<1$ und über x^α für $\alpha<0$ folgen nun aufgrund der Formeln $a^{-x}=\left(\frac{1}{a}\right)^x$ und $x^{-\alpha}=\left(\frac{1}{x}\right)^\alpha$. □

Bemerkung. Der Übergang von rationalen zu irrationalen Exponenten aufgrund von Limesbetrachtungen liegt auf der Hand. In der *Introductio* von 1748 erklärt EULER Ausdrücke wie $a^{\sqrt{7}}$ auf diese Weise, ohne viel Aufhebens davon zu machen. CAUCHY hat im *Cours d'analyse* [1821] als erster die Funktionalgleichung (E) $\phi(x+y)=\phi(x)\phi(y)$ untersucht. Die überraschende Tatsache, daß es in $\mathbb{R}$ (nicht in $\mathbb{Q}$!) unendlich viele Lösungen von (E) mit $\phi(1)=a$ gibt, wurde 1905 von G. HAMEL (1877–1954, deutscher Mathematiker und Mechaniker, Privatdozent in Karlsruhe, Professor u.a. in Aachen und Berlin) entdeckt. Unter diesen Lösungen ist die Exponentialfunktion in natürlicher Weise herausgehoben durch die Grenzwerteigenschaft, welche unserer Definition zugrunde liegt. Auch andere Eigenschaften wie Monotonie oder Beschränktheit können zur Charakterisierung dieser Lösung dienen; vgl. die Aufgaben 12 und 13.

4.9 Der Logarithmus. Wir folgen EULER, der zuerst den Logarithmus als Umkehrfunktion der Exponentialfunktion definiert hat. Es sei $a>1$. Die Funktion $f(x)=a^x$ ist nach dem vorangehenden Abschnitt positiv und streng monoton wachsend, und sie genügt in beschränkten Intervallen einer Lipschitz-Bedingung. Ferner strebt $a^{-n}\to 0$ und $a^n\to\infty$ für $n\to\infty$, d.h. es ist $f(\mathbb{R})=(0,\infty)$. Nach Satz 3.5 besitzt a^x eine auf $(0,\infty)$ definierte, streng monoton wachsende Umkehrfunktion mit dem Wertebereich $\mathbb{R}$. Diese wird bezeichnet mit

$${}_a\log x \quad \text{oder einfach} \quad \log x,$$

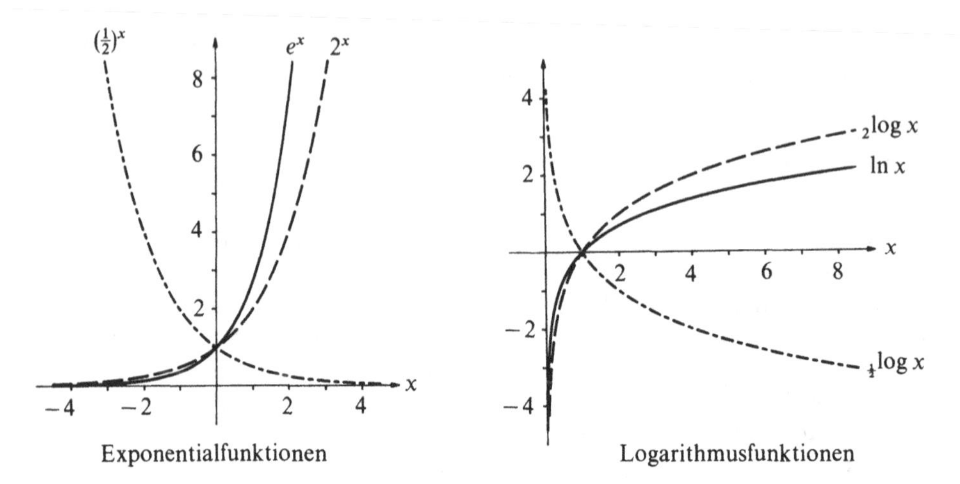

Exponentialfunktionen Logarithmusfunktionen

wenn über die Basis a keine Unklarheit besteht, und *Logarithmus zur Basis (Grundzahl) a* genannt. Die Exponentialfunktion zur Basis e wird auch mit $\exp(x)$ bezeichnet. Ihre Umkehrfunktion, der Logarithmus zur Basis e, wird *natürlicher Logarithmus* oder *logarithmus naturalis* genannt, und für ihn ist neben der Bezeichnung $\log x$ auch die Bezeichnung $\ln x$ in Gebrauch.

Die in 4.8 zusammengestellten Eigenschaften der allgemeinen Exponentialfunktion führen unmittelbar zu entsprechenden Eigenschaften ihrer Umkehrfunktion. In der folgenden Aufstellung verwenden wir der Einfachheit halber die Bezeichnung log für $_a\log$

$$\log 1 = 0, \qquad \log a = 1,$$

$$\log(x\,y) = \log x + \log y \qquad \text{für } x, y > 0,$$

$$\log x^y = y \log x \qquad \text{für } x > 0,\ y \in \mathbb{R}.$$

Durch Kombination bzw. Spezialisierung ergeben sich hieraus weitere Formeln wie

$$\log \frac{x}{y} = \log x - \log y,$$

$$\log \sqrt[p]{x} = \frac{1}{p} \log x.$$

Die Komposition einer Funktion mit ihrer Umkehrfunktion ergibt die identische Abbildung

$$x = a^{_a\log x} \quad \text{für } x > 0.$$

Bildet man auf beiden Seiten den Logarithmus zur Basis b, so erhält man die einfache Umrechnungsformel für Logarithmen zu verschiedenen Basen

$$_b\log x = C\, _a\log x \quad \text{mit} \quad C = {_b\log a}.$$

Die Logarithmen zu verschiedenen Basen unterscheiden sich also nur um eine multiplikative Konstante.

4.10 Iterationsverfahren. Berechnung von Wurzeln. Zur Lösung der Gleichung $x=f(x)$ bilden wir, ausgehend von einem Wert x_0, nacheinander $x_1=f(x_0)$, $x_2=f(x_1)$, $x_3=f(x_2)$, ... Nehmen wir an, es strebe $x_n \to \xi$. Dann wird in vielen Fällen (etwa wenn f eine Lipschitz-Funktion ist) $f(x_n)\to f(\xi)$ folgen, und aus $x_{n+1}=f(x_n)$ ergibt sich durch Grenzübergang $\xi=f(\xi)$. Man nennt ξ einen *Fixpunkt* von f (ein Punkt, der bei der Abbildung $x\mapsto f(x)$ fest bleibt) und spricht von einem *Iterationsverfahren zur Bestimmung eines Fixpunktes.* Das Bildungsgesetz $x_{n+1}=f(x_n)$ läßt sich am Graphen von f veranschaulichen; vgl. die Bilder in 11.26.

Wir wenden nun dieses Verfahren zur Berechnung der p-ten Wurzel $\xi=\sqrt[p]{a}\,(a>0)$ an. Es sei x_0 eine Näherung für ξ mit dem Fehler $\varepsilon=\xi-x_0$, also

$$a=(x_0+\varepsilon)^p=x_0^p+p x_0^{p-1}\varepsilon+\binom{p}{2}x_0^{p-2}\varepsilon^2+\ldots.$$

Ist $|\varepsilon|$ klein, so kann man zweite und höhere Potenzen von ε vernachlässigen und erhält

$$a=(x_0+\varepsilon)^p\approx x_0^p+p x_0^{p-1}\varepsilon \;\Rightarrow\; \varepsilon\approx\frac{a-x_0^p}{p x_0^{p-1}},$$

woraus sich eine neue Näherung $x_1=x_0+\varepsilon$ ergibt. Die Wiederholung dieses Verfahrens führt auf die Iterationsvorschrift

$$\text{(a)}\quad x_{n+1}=f(x_n)\quad\text{mit}\quad f(x)=x+\frac{a-x^p}{p x^{p-1}}=\frac{(p-1)x^p+a}{p x^{p-1}}.$$

(b) Eine nach der Vorschrift (a) gebildete Folge (x_n) konvergiert streng monoton fallend gegen $\sqrt[p]{a}$ (im Fall $0<x_0<\sqrt[p]{a}$ erst ab x_1, im Fall $x_0=\sqrt[p]{a}$ ist sie konstant).

Beweis. Wir zeigen, daß für $x>0$, $\xi=\sqrt[p]{a}$ gilt

$$f(x)<x \quad\text{für } x>\xi \quad\text{und}\quad f(x)>\xi \quad\text{für } x\neq\xi.$$

Die erste Behauptung ist trivial wegen $x>\xi\Leftrightarrow x^p>a$, bei der zweiten betrachten wir den Fall $p=3$: $f(x)>\xi$ bedeutet

$$\frac{2x^3+a}{3}>\xi x^2=\sqrt[3]{x^3\cdot x^3\cdot a},$$

und das ist nichts anderes als die AGM-Ungleichung (der allgemeine Fall folgt demselben Muster). Die Aussagen über die Monotonie der Folge (x_n) sind damit bewiesen. Es gilt also $x_n\searrow\eta$ und $f(x_n)\to f(\eta)$ nach Beispiel 3 von 4.4, und aus $f(\eta)=\eta$ ergibt sich $\eta=\sqrt[p]{a}$.

Beispiel. $\sqrt[5]{30}$ mit $x_0=2$. Auf einem 10-stelligen Taschenrechner ergeben sich die Werte

$$x_1=1{,}975;\qquad x_2=1{,}974350913;\qquad x_3=1{,}974350486=x_4=\ldots.$$

Der zuletzt angegebene Wert erscheint auch als $\sqrt[5]{30}$.

Besonders einfach wird das Verfahren für Quadratwurzeln. Es lautet dann

$$\text{(c)}\quad x_0>0,\qquad x_{n+1}=\frac{1}{2}\left(x_n+\frac{a}{x_n}\right)\quad\text{für } n=0,1,2,\ldots.$$

Da aus $x_n>\sqrt{a}$ folgt $a/x_n<\sqrt{a}$, erhält man bei jedem Rechenschritt eine obere Schranke x_n und gleichzeitig eine untere Schranke a/x_n, und es gilt $x_n\to\sqrt{a}$ und $a/x_n\to\sqrt{a}$ (für den Numeriker ist das der Idealfall eines Verfahrens).

Ähnliches gilt auch im allgemeinen Fall (a), wo x_n eine obere und a/x_n^{p-1} eine untere Schranke für $\sqrt[p]{a}$ ist.

Beispiel. Wir berechnen $\sqrt{2}$ und beginnen mit $x_0=2$. Man erhält

$$x_1=\frac{1}{2}(2+1)=\frac{3}{2} \quad \text{und} \quad \frac{4}{3}<\sqrt{2}<\frac{3}{2}$$

$$x_2=\frac{1}{2}\left(\frac{3}{2}+\frac{4}{3}\right)=\frac{17}{12} \qquad \frac{24}{17}<\sqrt{2}<\frac{17}{12}$$

$$x_3=\frac{1}{2}\left(\frac{17}{12}+\frac{24}{17}\right)=\frac{577}{408} \qquad \frac{816}{577}<\sqrt{2}<\frac{577}{408}$$

$$x_4=\frac{1}{2}\left(\frac{577}{408}+\frac{816}{577}\right).$$

Ein 10-stelliger Taschenrechner errechnet $x_4=1{,}414213562$ und gibt für $\sqrt{2}$ denselben Wert an. Auch an diesem Beispiel wird die rasche Konvergenz des Verfahrens sichtbar.

Bemerkung. Die Überlegungen zu (a) lassen sich so führen, daß die Existenz von $\sqrt[p]{a}$ nicht vorausgesetzt wird. Das Iterationsverfahren erzeugt eine konvergente Folge (x_n), deren Limes x der Gleichung $x^p=a$ genügt. Man hat damit einen *konstruktiven Existenzbeweis* für $\sqrt[p]{a}$ gewonnen. Von einem solchen spricht man immer dann, wenn eine reelle Zahl x mit einer geforderten Eigenschaft - hier handelt es sich um die Eigenschaft $x^p=a$ - durch ein explizit angegebenes Iterationsverfahren gewonnen wird. Im Gegensatz dazu ist der Beweis in 3.6 ein „reiner" Existenzbeweis.

Historisches. Bereits in babylonischer Zeit benutzte man Tabellen von Quadratzahlen, um die dabei auftretenden Quadratwurzeln zu berechnen. Kam eine Zahl a, deren Wurzel zu berechnen war, in der Tabelle nicht als Quadratzahl vor, so ging man von einer benachbarten Quadratzahl x_0^2 aus und berechnete, wenn $a=x_0^2+\delta$ war, die Wurzel nach der Formel

$$\sqrt{a}=\sqrt{x_0^2+\delta}=x_0+\frac{\delta}{2x_0}, \quad \text{d.h. also} \quad \sqrt{a}=x_1 \quad \text{nach (c).}$$

Wir haben guten Grund anzunehmen, daß die Babylonier auch die Wiederholung dieses Verfahrens praktizierten. Die oben bei der Berechnung von $\sqrt{2}$ gewonnenen Näherungen lauten in sexagesimaler Schreibweise $x_2=\frac{17}{12}=1;\ 25$, $x_3=\frac{577}{408}\approx 1;\ 24;\ 51;\ 10$. Beide Näherungen sind uns auf Keilschrifttafeln überliefert.

Den Griechen war die obige Näherungsformel und das darauf gegründete iterative Verfahren (c) wohlbekannt. Es wird gelegentlich nach dem griechischen Mathematiker HERON VON ALEXANDRIA (wirkte um 62 n.Chr. in Alexandria) benannt; vgl. [Tropfke, S. 267].

4.11 Das arithmetisch-geometrische Mittel von Gauß. Es sei $0<a<b$. Durch

$$a_0=a, \quad b_0=b, \quad a_{n+1}=G(a_n,b_n), \quad b_{n+1}=A(a_n,b_n)$$

für $n=0,1,2,\ldots$ werden eine monoton wachsende Folge (a_n) und eine monoton fallende Folge (b_n) definiert (A bezeichnet das arithmetische, G das geometrische Mittel). Beide Folgen haben denselben Grenzwert, der mit $M(a,b)$ bezeichnet und das *arithmetisch-*

geometrische Mittel (von Gauß) genannt wird (Beweis als Übungsaufgabe). Dieses Mittel spielt eine Rolle in der Theorie der sogenannten elliptischen Integrale. Für $a=\sqrt{3}$, $b=2$ bzw. $a=1$, $b=\sqrt{2}$ erhält man

n	a_n	b_n
0	1,732051	2,000000
1	1,861210	1,866025
2	1,863616	1,863618
3	1,863617	1,863617

n	a_n	b_n
0	1,000000	1,414214
1	1,189207	1,207107
2	1,198124	1,198157
3	1,198140	1,198140

Das obige Beispiel hat den folgenden physikalischen Hintergrund. Die Schwingungsdauer eines (mathematischen) Pendels der Länge l beträgt

$$T(\phi)=2\pi\sqrt{l/g}\cdot\frac{b}{M(a,b)},\quad \text{wobei} \quad \sin^2\frac{\phi}{2}=\frac{b^2-a^2}{b^2}$$

ist (g Gravitationskonstante, ϕ maximaler Ausschlag). Für kleine Ausschläge gilt $T(\phi)\approx T(0)=2\pi\sqrt{l/g}$. Die beiden Zahlenbeispiele entsprechen den Fällen $\phi=60°$ und $\phi=90°$. Aus den errechneten Werten folgt

$$T(60°)\approx 1{,}073\,T(0), \qquad T(90°)\approx 1{,}180\,T(0),$$

d.h. die Schwingungsdauer nimmt gegenüber kleinen Ausschlägen um ca. 7,3 % bzw. 18,0 % zu. Wieviel Prozent sind es bei 120°?

Wir führen nun die allgemeine Theorie fort mit dem Ziel, das Cauchy-Kriterium abzuleiten.

4.12 Häufungswerte von Folgen. Man nennt eine reelle Zahl a *Häufungswert*, gelegentlich auch *Häufungspunkt* einer Folge (a_n), wenn jede Umgebung von a unendlich viele Glieder der Folge enthält, wenn also, bei vorgegebenem $\varepsilon>0$, für unendlich viele Indizes n die Ungleichung $|a_n-a|<\varepsilon$ besteht. Z.B. hat die Folge $\left(\frac{1}{n}\right)$ den Häufungswert 0, die Folge $((-1)^n)$ die beiden Häufungswerte 1 und -1.

Das folgende Lemma zeigt, daß die Begriffe Häufungswert einer Folge und Limes einer konvergenten Teilfolge zwei Seiten ein und derselben Sache sind.

Lemma. *Eine reelle Zahl a ist genau dann Häufungswert einer Folge (a_n), wenn die Folge eine gegen a konvergierende Teilfolge besitzt.*

Beweis. Die eine Richtung des Satzes ist trivial: Ist (b_n) eine gegen a konvergierende Teilfolge von (a_n), so liegen in jeder Umgebung von a unendlich viele b_n, also auch unendlich viele a_n, und a ist Häufungswert der Folge (a_n).

Nun sei umgekehrt a ein Häufungswert der Folge (a_n). In jeder ε-Umgebung von a liegen unendlich viele a_n. Es sei etwa a_{n_1} das erste in $B_1(a)$ gelegene Glied, a_{n_2} das erste auf a_{n_1} folgende, in $B_{1/2}(a)$ gelegene Glied, a_{n_3} das erste auf

a_{n_2} folgende, in $B_{1/3}(a)$ gelegene Glied der Folge, usw. Für die Teilfolge (a_{n_k}) gilt $a_{n_k} \in B_{1/k}(a)$, also $a_{n_k} \to a$ für $k \to \infty$. □

Wir kommen nun zu dem außerordentlich wichtigen Satz von Bolzano-Weierstraß, welcher die Existenz eines Häufungswertes für beschränkte Folgen sichert.

4.13 Satz von Bolzano-Weierstraß für Folgen. *Jede beschränkte Folge* (a_n) *hat mindestens einen Häufungswert.*

Genauer: Es gibt einen größten Häufungswert a^* *und einen kleinsten Häufungswert* a_*, *und bei beliebig vorgegebenem* $\varepsilon > 0$ *sind höchstens endlich viele Glieder* $a_n > a^* + \varepsilon$ *und ebenso höchstens endlich viele Glieder* $a_n < a_* - \varepsilon$.

Beweis. Es sei (a_n) eine beschränkte Folge, und es gelte etwa $c \le a_n \le d$ für alle n. Die Menge $G = \{x \in \mathbb{R}: a_n > x$ für höchstens endlich viele Indizes $n\}$ ist nicht leer, und sie ist nach unten beschränkt. Denn es ist $d \in G$ und $x \notin G$ für alle $x < c$. Wir behaupten, daß $a := \inf G$ ein Häufungswert, und zwar der größte Häufungswert der Folge ist. Wird $\varepsilon > 0$ vorgegeben, so ist $a + \varepsilon \in G$ und $a - \varepsilon \notin G$, d.h. es gibt

$$\text{höchstens endlich viele} \quad a_n > a + \varepsilon,$$

$$\text{aber unendlich viele} \quad a_n > a - \varepsilon,$$

also unendliche viele $a_n \in (a - \varepsilon, a + \varepsilon)$. Damit ist gezeigt, daß a ein Häufungspunkt der Folge ist. Eine Zahl $b > a$ kann kein Häufungspunkt sein. Wählt man nämlich c zwischen a und b, $a < c < b$, so ist $c \in G$, also $a_n > c$ nur für endlich viele Glieder a_n. □

4.14 Konvergenzkriterium von Cauchy. *Eine Folge* (a_n) *ist dann und nur dann konvergent, wenn zu jedem* $\varepsilon > 0$ *ein* $N = N(\varepsilon)$ *existiert, so daß*

$$|a_n - a_m| < \varepsilon \quad \textit{ist für alle} \quad n,\ m \ge N.$$

Eine Folge, welche die im Satz angegebene Eigenschaft hat, nennt man *Cauchyfolge* oder (im Anschluß an Cantor) *Fundamentalfolge*.

Beweis. (a) *Notwendig.* Ist die Folge (a_n) konvergent mit dem Limes a und $\varepsilon > 0$ vorgegeben, so ist $|a_n - a| < \varepsilon/2$ für alle $n \ge N$ bei passend gewähltem N und deshalb $|a_n - a_m| \le |a_n - a| + |a - a_m| < \varepsilon$ für $n, m \ge N$. Die Bedingung des Cauchy-Kriteriums ist also erfüllt.

(b) *Hinreichend.* Nun erfülle (a_n) die Bedingung des Konvergenzkriteriums. Wir zeigen zunächst, daß die Folge beschränkt ist. Zu $\varepsilon = 1$ gibt es ein N, so daß $|a_n - a_m| < 1$ ist für alle $m, n \ge N$. Daraus folgt, indem man $m = N$ setzt: Alle Glieder a_n mit $n \ge N$ liegen im Intervall $(a_N - 1, a_N + 1)$. Die restlichen Glieder - es sind nur endlich viele - bilden ebenfalls eine beschränkte Menge, d.h. die Folge ist beschränkt.

Nach dem Satz von Bolzano-Weierstraß 4.13 hat die Folge einen Häufungspunkt, etwa a. Es wird nun gezeigt, daß $\lim a_n = a$ ist. Es sei $\varepsilon > 0$ und $|a_n - a_m| < \varepsilon$ für alle $m, n \ge N$. Da in der ε-Umgebung von a unendlich viele Glieder der Folge liegen, gibt es sicher einen Index $k \ge N$ mit $|a_k - a| < \varepsilon$. Für

$n \geq N$ ist dann

$$|a_n - a| = |(a_n - a_k) + (a_k - a)| \leq |a_n - a_k| + |a_k - a| < 2\varepsilon.$$

Es gilt also in der Tat $a_n \to a$. □

Die grundsätzliche Bedeutung des Cauchy-Kriteriums liegt darin, daß es eine für die Konvergenz *notwendige* und *hinreichende* Eigenschaft einer Folge angibt. Die Folge (a_n) ist also genau dann divergent, wenn es eine positive Zahl ε_0 gibt - ein sog. „Ausnahme-ε" - mit der Eigenschaft, daß bei noch so großem N stets zwei Indizes $n, m > N$ mit $|a_n - a_m| \geq \varepsilon_0$ gefunden werden können.

Als Beispiel betrachten wir die monotone Folge mit dem allgemeinen Glied

$$a_n = 1 + \frac{1}{2} + \frac{1}{3} + \ldots + \frac{1}{n} \qquad (n = 1, 2, 3, \ldots).$$

Für beliebiges n ergibt sich

$$a_{2n} - a_n = \frac{1}{n+1} + \frac{1}{n+2} + \ldots + \frac{1}{2n} > n \cdot \frac{1}{2n} = \frac{1}{2}.$$

Es liegt also keine Cauchyfolge vor, d.h. es strebt $a_n \nearrow \infty$.

Wir untersuchen nun divergente Folgen. Um ihr Verhalten für $n \to \infty$ zu beschreiben, ist es naheliegend, nach konvergenten Teilfolgen und ihren möglichen Grenzwerten zu fragen.

4.15 Oberer und unterer Limes beschränkter Folgen. Nach dem Satz von Bolzano-Weierstraß besitzt eine beschränkte Folge (a_n) einen größten Häufungspunkt a^* und einen kleinsten Häufungspunkt a_*. Man nennt a^* den *oberen Limes* oder *Limes superior*, a_* den *unteren Limes* oder *Limes inferior* der Folge (a_n) und schreibt dafür

$$a^* =: \limsup_{n \to \infty} a_n, \qquad a_* =: \liminf_{n \to \infty} a_n.$$

Satz. *Es sei (a_n) eine beschränkte Folge mit dem Limes superior a^* und dem Limes inferior a_*. Dann gibt es zwei Teilfolgen $(a_{\phi(n)})$, $(a_{\psi(n)})$ mit $\lim a_{\phi(n)} = a^*$, $\lim a_{\psi(n)} = a_*$, und für jede konvergente Teilfolge $(a_{\omega(n)})$ ist*

$$a_* \leq \lim a_{\omega(n)} \leq a^*.$$

Es gilt $\lim a_n = a$ genau dann, wenn $a^* = a_* = a$ ist.

Insbesondere zeigt der Satz, daß jede beschränkte Folge konvergente Teilfolgen besitzt.

Beweis. Der erste Teil des Satzes ergibt sich sofort aus Lemma 4.12 und der Tatsache, daß jeder Häufungswert zwischen a_* und a^* liegt. Ist die Folge konvergent, so folgt aus Satz 4.5, daß sie genau einen Häufungswert hat. Ist umgekehrt $a^* = a_* =: a$ und wird $\varepsilon > 0$ beliebig vorgegeben, so gilt nach Satz 4.13 $a_n > a + \varepsilon$ und $a_n < a - \varepsilon$ jeweils für höchstens endliche viele n, d.h. es ist $|a_n - a| \leq \varepsilon$ für fast alle n. Damit ist $a = \lim a_n$. □

Beispiele. Es bezeichnet a^* den Limes superior, a_* den Limes inferior der Folge (a_n).

1. $a_n = (-1)^n$. Es ist $a_* = -1$ und $a^* = 1$.

2. $a_n = \left(1 + \frac{(-1)^n}{n}\right)^n$. Durch Betrachten der Teilfolgen (a_{2n}) und (a_{2n+1}) erkennt man, daß $a_* = 1/e$ und $a^* = e$ ist.

3. Wir betrachten die Folge

$$1, \frac{1}{2}, \frac{2}{2}, \frac{3}{2}, \frac{1}{3}, \frac{2}{3}, \frac{3}{3}, \frac{4}{3}, \frac{5}{3}, \frac{1}{4}, \ldots, \frac{7}{4}, \frac{1}{5}, \ldots, \frac{9}{5}, \ldots$$

mit dem allgemeinen Glied $(n \geq 1)$

$$a_n = \frac{j}{k+1} \quad \text{für } n = k^2 + j, \quad j = 1, 2, \ldots, 2k+1 \quad (k = 0, 1, 2, \ldots).$$

Jede zwischen 0 und 2 gelegene rationale Zahl kommt in dieser Folge (sogar unendlich oft) vor. Es ist $a_* = 0$ und $a^* = 2$. Jedes $a \in [0, 2]$ ist Häufungspunkt der Folge.

Historisches. Der Begriff des Limes superior erscheint zum ersten Mal bei CAUCHY (*Cours d'analyse* (1821), S. 121) im Zusammenhang mit Konvergenzkriterien für unendliche Reihen. Er erklärt ihn als „la plus grande des limites, ou, d'autres termes, la limite des plus grandes valeurs de l'expression dont il s'agit". Die Bezeichnungsweise lim sup, lim inf geht auf MORITZ PASCH (1843–1930, deutscher Mathematiker, Professor in Gießen) zurück. Daneben benutzt man auch die von ALFRED PRINGSHEIM (1850–1941, Schwiegervater von Thomas Mann, Professor in München, 1939 in die Schweiz emigriert) vorgeschlagene Notation $\overline{\lim_{n\to\infty}}$ bzw. $\underline{\lim_{n\to\infty}}$.

Wir lassen nun die Voraussetzung der Beschränktheit fallen und betrachten beliebige divergente Folgen. Ihre Untersuchung wird dadurch wesentlich vereinfacht, daß in der Menge $\overline{\mathbb{R}}$ Umgebungen der Elemente ∞ und $-\infty$ eingeführt werden. Hiermit und mit den Rechenregeln von 1.8 für $\pm\infty$ können bisherige Begriffe und Sätze ohne Änderung des Wortlautes und vielfach auch ohne wesentliche Änderung des Beweisganges auf unbeschränkte Folgen übertragen werden. Dabei bereitet es keine Schwierigkeiten und dient sogar der Vereinheitlichung der Darstellung, wenn man den bisherigen Folgenbegriff erweitert und zuläßt, daß die Glieder der Folge den Wert ∞ oder $-\infty$ annehmen. Diese erweiterte Auffassung gilt aber nur für den folgenden Abschnitt.

4.16 Folgen in $\overline{\mathbb{R}}$. Es sei daran erinnert, daß $\overline{\mathbb{R}} = \mathbb{R} \cup \{\infty, -\infty\}$ und $-\infty < c < \infty$ für jede reelle Zahl c ist. Umgebungen von ∞ sind alle Mengen $[c, \infty] = \{x \in \overline{\mathbb{R}}: c \leq x \leq \infty\}$ und deren Obermengen, Umgebungen von $-\infty$ alle Mengen $[-\infty, c]$ und deren Obermengen, wobei c eine beliebige reelle Zahl ist; vgl. 1.9.

Wir betrachten Folgen (a_n) mit $a_n \in \overline{\mathbb{R}}$, die (zur Unterscheidung von den reellen Zahlenfolgen) ausdrücklich als Folgen in $\overline{\mathbb{R}}$ bezeichnet werden. In Übereinstimmung mit früheren Definitionen wird das Element $a \in \overline{\mathbb{R}}$ Grenzwert bzw. Häufungswert der Folge (a_n) genannt, wenn jede Umgebung von a fast alle bzw. unendlich viele Folgenglieder enthält. Im ersten Fall schreiben wir wie bisher $a_n \to a$ für $n \to \infty$ oder $\lim a_n = a$. Das Wort Konvergenz reservieren wir aber nach wie vor für den Fall, daß der Grenzwert eine reelle Zahl ist. Ein Vergleich mit 4.6 zeigt, daß die dortige Definition des uneigentlichen Grenzwertes sich der hier gegebenen Definition unterordnet.

Satz von Bolzano-Weierstraß in $\overline{\mathbb{R}}$. *Jede Folge in $\overline{\mathbb{R}}$ besitzt einen größten Häufungswert $a^* \in \overline{\mathbb{R}}$ und einen kleinsten Häufungswert $a_* \in \overline{\mathbb{R}}$.*

Oberer und unterer Limes. Genau wie in 4.15 definieren wir

$$\liminf_{n \to \infty} a_n = a_* \quad \text{und} \quad \limsup_{n \to \infty} a_n = a^*.$$

Satz 4.15 bleibt richtig.

Die Beweise von 4.13 und 4.15 können übertragen werden. Eine andere Möglichkeit sei skizziert. Die Funktion

$$f(x) = \frac{x}{1+|x|} \quad \text{für } x \in \mathbb{R},\ f(\infty) = 1,\ f(-\infty) = -1$$

bildet $\overline{\mathbb{R}}$ monoton und bijektiv auf das Intervall $[-1, 1]$ ab. Durch die Zuordnung $b_n = f(a_n)$ erhält man eine beschränkte Folge (b_n). Dabei gilt $\lim a_n = a \Leftrightarrow \lim b_n = f(a)$, ferner $a^* = f^{-1}(b^*), \ldots$.

Rechenregeln. Es seien (a_n) und (b_n) zwei beliebige Folgen in $\overline{\mathbb{R}}$. Dann gilt

(a) $\limsup a_n = -\liminf(-a_n)$,

(b) $\limsup \lambda a_n = \lambda \limsup a_n$ für $\lambda > 0$,

(c) $\limsup(a_n + b_n) \leq \limsup a_n + \limsup b_n$,

(d) $\limsup(a_n + b_n) \geq \limsup a_n + \liminf b_n$,

(e) $\limsup(a_n + b_n) = \limsup a_n + \lim b_n$, falls (b_n) konvergiert.

Bei (c) und (d) ist die Einschränkung zu machen, daß die rechten Seiten definiert, also nicht vom Typus $\infty + (-\infty)$ sind.

Mit Hilfe von (a) lassen sich aus (b) bis (e) entsprechende Aussagen für den Limes inferior ableiten. Dies soll hier nicht durchgeführt werden.

Beweis. Es werden die Bezeichnungen a^* und b^* für den Limes superior, a_* und b_* für den Limes inferior der beiden Folgen benutzt. Ferner bezeichnet ε eine (kleine) positive Konstante. Der einfache Beweis von (a) sei dem Leser überlassen. Aus

$$a_n < a^* + \varepsilon \quad \text{und} \quad b_n < b^* + \varepsilon \quad \text{für fast alle } n$$

folgt

$$a_n + b_n < a^* + b^* + 2\varepsilon \quad \text{und} \quad \lambda a_n < \lambda a^* + \lambda \varepsilon \quad \text{für fast alle } n.$$

Hieraus ergeben sich (b) und (c), wenn a^* und b^* endlich sind. Im Fall $a^* = \infty$ steht auf der rechten Seite ∞, und es ist nichts zu beweisen. Ist $a^* = -\infty$, so ist $b^* < \infty$ nach Voraussetzung, und man erkennt ohne Mühe, daß aus $a_n \to -\infty$ folgt $a_n + b_n \to -\infty$ und $\lambda a_n \to -\infty$. Damit sind (b) und (c) bewiesen.

Wendet man (c) auf $a_n + b_n$ und $-b_n$ statt a_n und b_n an, so ergibt sich, falls b_* endlich ist,

$$\limsup a_n \leq \limsup(a_n + b_n) - \liminf b_n,$$

also (d). Der Fall $b_* = -\infty$ ist trivial, da die rechte Seite dann den Wert $-\infty$ hat, der Fall $b_* = \infty$ sei dem Leser überlassen. Schließlich ergibt sich (e) durch Kombination von (c) und (d). □

Aufgaben

1. Die Folge (a_n) sei konvergent mit dem Limes a, und es sei

$$\alpha_n = \inf_{k \geq n} a_k, \qquad \beta_n = \sup_{k \geq n} a_k.$$

Man zeige, daß die Folgen (α_n), (β_n) monoton wachsend bzw. fallend gegen a streben.

2. Es sei $(a_n)_1^\infty$ eine reelle Zahlenfolge und $A(a_1, \ldots, a_n) = \frac{1}{n}(a_1 + \ldots + a_n)$ das arithmetische Mittel der Zahlen $a_1, \ldots, a_n$. Man zeige, daß

$$\text{aus } \lim_{n \to \infty} a_n = a \quad \text{folgt} \quad \lim_{n \to \infty} A(a_1, \ldots, a_n) = a.$$

Man gebe eine divergente Folge an, für welche die zugehörige Folge der arithmetischen Mittel konvergiert.

3. In Verallgemeinerung von Aufgabe 1 zeige man, daß für eine beliebige Folge (a_n) gilt

$$\liminf a_n = \lim \alpha_n \quad \text{und} \quad \limsup a_n = \lim \beta_n.$$

4. In Verallgemeinerung von Aufgabe 2 zeige man, daß für eine beliebige Folge (a_n) gilt

$$\liminf a_n \leq \liminf A(a_1, \ldots, a_n) \leq \limsup A(a_1, \ldots, a_n) \leq \limsup a_n.$$

5. Die Folge (a_n) besitze p konvergente Teilfolgen mit den Limites $\alpha_1, \ldots, \alpha_p$, und jedes Glied a_n komme in einer Teilfolge vor. Man zeige, daß $\liminf a_n = \min\{\alpha_1, \ldots, \alpha_p\}$ und $\limsup a_n = \max\{\alpha_1, \ldots, \alpha_p\}$ ist.

6. Man zeige, daß die Rechenregel

$$\lim(\lambda a_n + \mu b_n) = \lambda \lim a_n + \mu \lim b_n$$

auch für bestimmt divergente Folgen gültig bleibt, wenn die rechte Seite definiert ist.

7. *Folgenraum und Folgenalgebra.* Folgen $a = (a_n)$, $b = (b_n)$ sind reelle Funktionen mit dem Definitionsbereich $D = \mathbb{N}$. Damit sind λa, $a + b$ und $a \cdot b = (a_n b_n)$ komponentenweise definiert. Ein Folgenraum ist ein Funktionenraum mit $D = \mathbb{N}$, entsprechend ist eine Folgenalgebra erklärt; vgl. 3.1.

Es bezeichne N, K, B, F die Menge aller Nullfolgen, konvergenten Folgen, beschränkten Folgen, beliebigen Folgen. Offenbar gilt $N \subset K \subset B \subset F$. Man überlege sich, daß jede dieser Mengen eine Folgenalgebra und daß N ein Ideal in K und in B, jedoch nicht in F ist (das sind alles Umformulierungen früherer Sätze). Man zeige: Die Limesabbildung

$$L\colon\ a = (a_n) \mapsto \lim a_n =: L(a)$$

ist ein Algebra-Homomorphismus von K nach $\mathbb{R}$. Die Abbildung $a \mapsto \limsup a_n$ von B nach $\mathbb{R}$ ist jedoch nicht linear [Ideale sind im Grundwissenband *Lineare Algebra*, S. 70–71 erklärt].

8. Mit Hilfe von Aufgabe 2.7(c) beweise man die Limesrelation

$$\lim_{n \to \infty} \frac{1}{n^{p+1}}(1 + 2^p + \ldots + n^p) = \frac{1}{p+1} \quad (p \in \mathbb{N}).$$

9. Man untersuche das Konvergenzverhalten und bestimme gegebenenfalls den Grenzwert der Folge (a_n):

(a) $a_n = \frac{1}{n+8}\left(\sum_{\nu=2}^{n} \nu\right) - \frac{n}{2}$; (b) $a_n = \frac{n^3}{\binom{2n}{n}}$;

(c) $a_n = \prod_{\nu=2}^{n}\left(1 - \frac{1}{\nu^2}\right)$; (d) $a_n = \binom{100n}{n^2}$;

(e) $a_n = \left(1 + \frac{1}{n^2}\right)^n$; (f) $a_n = \sqrt{n}(\sqrt[n]{n} - 1)$;

(g) $a_n = \frac{3^n - 5n^3 + 1}{2 \cdot 3^n + n^5 + n^2}$; (h) $a_n = (-1)^n \frac{n+2}{2n^2 - 1}$;

(i) $a_n = \sqrt[n]{\alpha a^n + \beta b^n}$ $(0 < a < b;\ \alpha, \beta > 0)$.

10. Welche der nachstehenden, bei $n = 1$ beginnenden Folgen sind (streng) monoton?

(a) $(n^2 + (-1)^n)$; (b) $(n^4 - 2n^3)$; (c) (n^{1-n});

(d) $\left(n + \sqrt{a + \frac{1}{n^2}}\right)$ $(a > 0)$; (e) $\left(n\sqrt{1 + \frac{1}{n^2}}\right)$.

11. *Die Kreismessung nach Archimedes.* Neben dem arithmetischen Mittel A und dem geometrischen Mittel G betrachten die Griechen noch das

$$\textit{harmonische Mittel} \quad H(a,b) = \left(A(a^{-1}, b^{-1})\right)^{-1} = \frac{2ab}{a+b}.$$

Es spielt in ihrer Musiktheorie eine wichtige Rolle. - Man zeige: Durch

$$(*) \qquad 0 < a_0 < A_0, \quad A_{n+1} = H(a_n, A_n), \quad a_{n+1} = G(a_n, A_{n+1}) \quad \text{für } n = 0, 1, 2, \ldots$$

sind eine wachsende Folge (a_n) und eine fallende Folge (A_n) mit demselben Limes definiert. - Es bezeichne u_n, U_n den halben Umfang und f_n, F_n den Inhalt des dem Einheitskreis einbeschriebenen bzw. umschriebenen regelmäßigen n-Ecks, etwa $u_6 = 3$, $U_6 = 2\sqrt{3}$. Allgemein ist $u_n = f_{2n}$, $U_n = F_n$ und $U_{2n} = H(u_n, U_n)$, $u_{2n} = G(u_n, U_{2n})$ (der Beweis benötigt nur elementare geometrische Hilfsmittel). Für $a_n := u_m$, $A_n := U_m$ mit $m = 6 \cdot 2^n$ gilt also (*).

Archimedes approximiert Inhalt und Umfang des Einheitskreises von beiden Seiten und beginnt mit dem 6-Eck, also mit $a_0 = u_6$, $A_0 = U_6$ (es gilt dann $a_n \nearrow \pi$, $A_n \searrow \pi$). Er bildet a_i, A_i für $i = 1, 2, 3, 4$ (das entspricht der Eckenzahl 12, 24, 48, 96) und findet so seine berühmte Abschätzung für π: $3\frac{10}{71} < \pi < 3\frac{1}{7}$. Man berechne a_i und A_i auf einem Taschenrechner für $i \leq 16$ und vergleiche das Resultat mit π.

12. Man zeige: Ist ϕ eine in $\mathbb{R}$ (oder auch nur in irgendeinem Intervall) monotone Lösung der Funktionalgleichung (E) $\phi(x+y) = \phi(x)\phi(y)$ mit $\phi(1) = a > 0$, so ist $\phi(x) = a^x$.

13. *Fortsetzungssatz.* Die Funktion $f\colon J \cap \mathbb{Q} \to \mathbb{R}$ genüge einer Lipschitz-Bedingung $|f(r) - f(s)| \leq L|r - s|$ für rationale r, $s \in J$. Dann gibt es genau eine Funktion $F \in \mathrm{Lip}(J)$ mit $F(r) = f(r)$ für $r \in J \cap \mathbb{Q}$. Man beweise diesen Satz, indem man (ähnlich wie in 4.8) durch Grenzübergang fortsetzt (man benötigt das Cauchy-Kriterium und für die Eindeutigkeit Lemma 4.4). Damit hat man einen zweiten Zugang zur allgemeinen Exponentialfunktion.

14. *Die Exponentialfunktion als Limes von* $\left(1+\frac{x}{n}\right)^n$. Man zeige, daß $E(x)=\lim E_n(x)$ mit $E_n(x)=\left(1+\frac{x}{n}\right)^n$ existiert und gleich e^x ist.

Anleitung: Nach dem Beispiel von 4.7 ist die Folge monoton, und aus $\left(1+\frac{p}{n}\right)<\left(1+\frac{1}{n}\right)^p$ folgt $E_n(p)<e^p$, also $E_n(x)\leq E_n(y)<e^p$ für $-n\leq x\leq y\leq p$. Nach der AGM-Ungleichung ist

$$\left(1+\frac{x}{n}\right)^n\left(1+\frac{y}{n}\right)^n\leq\left(1+\frac{x+y}{2n}\right)^{2n}$$

und

$$\left(1+\frac{x+y}{n-1}\right)^{n-1}\left(1+\frac{xy}{n}\right)\leq\left(1+\frac{x}{n}+\frac{y}{n}+\frac{xy}{n^2}\right)^n,$$

woraus $E(x)E(y)\leq$ und $\geq E(x+y)$ folgt.

15. Man zeige: Für die Folge $(n^\alpha q^n)$ $(\alpha>0,\ 0<q<1)$ gibt es einen Index $n_0=n_0(\alpha,q)$ derart, daß die Folge bis zum Index n_0 monoton wachsend und von da an monoton fallend ist. Man bestimme n_0.

Welchen Wert hat n_0 in den Fällen $(\alpha,q)=\left(2,\frac{1}{2}\right)$ und $\left(4,\frac{3}{4}\right)$? Anleitung: Man betrachte a_{n+1}/a_n.

16. Die Folge (a_n) sei definiert durch $a_{n+1}=\lambda(1+a_n^2)$ $(\lambda>0,\ n\in\mathbb{N})$ mit $a_0=\alpha\geq 0$. Man bestimme alle (α,λ), für welche die Folge (a) monoton, (b) konvergent ist und gebe den Grenzwert an.

Anleitung: Man betrachte ein geeignetes Iterationsverfahren zur Bestimmung eines Fixpunktes; vgl. 4.10.

17. Von der Folge (a_n) sei bekannt, daß die Teilfolgen (a_{2n}), (a_{2n+1}) und (a_{3n}) konvergieren. Konvergiert dann (a_n) selbst (Beweis oder Gegenbeispiel)?

18. Gegeben ist eine Folge (a_n) mit $a_0=1$, $a_1=\alpha\in\mathbb{R}$ und

$$a_{n+2}=a_{n+1}^2-a_n \quad \text{für } n\in\mathbb{N}.$$

Für welche α ist die Folge konvergent?

19. Die Folgen (a_n) und (b_n) seien gegeben durch

$$0<a_1<b_1,\qquad a_{n+1}=\frac{2a_nb_n}{a_n+b_n},\qquad b_{n+1}=\frac{1}{2}(a_n+b_n).$$

Man zeige, daß (a_n) und (b_n) gegen denselben Grenzwert streben, und man bestimme diesen.

20. Man zeige: Für $0\leq a\leq b\leq c$ gilt $\lim\limits_{n\to\infty}\sqrt[n]{a^n+b^n+c^n}=c$.

Man formuliere und beweise den entsprechenden Sachverhalt für p Zahlen $a_1,\ldots,a_p\geq 0$.

21. Man zeige: Jede Folge besitzt eine monotone Teilfolge.

§ 5. Unendliche Reihen

Die frühesten Gedanken über das Unendlichgroße und Unendlichkleine haben mit unendlichen Summen, dem Aneinanderfügen in infinitum, also mit dem zu tun, was zum Bereich der unendlichen Reihen gehört. ZENON VON ELEA (ca.

490–430 v.Chr., griechischer Philosoph, Lieblingsschüler des Parmenides) hat in seinen bekannten Paradoxien des Raumes und der Bewegung als erster die logischen Fallstricke aufgezeigt, die im Bereich des Unendlichkleinen ausgespannt sind. Von ihm nimmt der *horror infiniti*, die Angst und Scheu vor dem Unendlichen seinen Ausgang, der die Mathematik bis in die Neuzeit entscheidend beeinflußt hat. Wenn man Endliches und gleich Großes unendlich oft aneinanderfügt, so ergibt sich Unendliches, wenn man aber Dimensionsloses, keine Ausdehnung Besitzendes, unendlich oft aneinanderfügt, ergibt sich nichts. So etwa kann man zwei der Prinzipien ausdrücken, mit denen Zenon arbeitet. Ein Läufer kann eine Strecke nur durchlaufen, wenn er zuvor die Hälfte der Strecke durchlaufen hat, und diese nur, wenn er zuvor die Hälfte der Hälfte durchmißt, usw. So muß er eine unendliche Anzahl von immer kleiner werdenden Strecken durchlaufen, ehe die Bewegung in Gang kommt. Das ist (nach Zenon) unmöglich, und so gibt es keine Bewegung. Heute pflegt man diesen Widerspruch durch den Hinweis aufzuklären, daß eine unendliche Anzahl von endlichen Teilstrecken durchaus eine endliche Gesamtlänge haben kann, was in unserem Fall durch die Gleichung

$$\frac{1}{2}+\frac{1}{4}+\frac{1}{8}+\frac{1}{16}+\ldots=1$$

belegt wird. Ähnlich verhält es sich mit der bekanntesten Aporie Zenons, dem Wettlauf zwischen Achill und der Schildkröte. Achill, der sagenumwobene Held des Trojanischen Krieges, kann die dahinkriechende Schildkröte nicht einholen, denn, wie langsam sie auch kriecht, wenn er an ihrem Ausgangspunkt angekommen ist, ist sie schon ein endliches Stückchen weiter, bis Achill dieses Stück durchlaufen hat, ist sie wieder ein Stück weiter, und so fort.

Die hier angesprochenen Probleme des Raumes und der Zeit beschäftigen Naturwissenschaftler und Naturphilosophen bis auf den heutigen Tag.[1]) Wir beschränken uns hier auf die mathematischen Aspekte. Endliche *arithmetische Folgen* $a, a+d, a+2d, a+3d, \ldots$ und Ausdrücke für Teilsummen

$$a+(a+d)+(a+2d)+\ldots+(a+nd)$$

finden sich auf Texten aus altbabylonischer und altägyptischer Zeit. Für die Entwicklung der Reihenlehre trugen solche Überlegungen nichts bei, weil die Summen über alle Grenzen wachsen. Unendliche Reihen treten zuerst als geometrische Reihen in der Mathematik auf. Wir wissen nicht, ob eine endliche geometrische Reihe bereits in altbabylonischer Zeit betrachtet wurde. Der Keilschrifttext mit dem Beispiel

$$1+2+2^2+\ldots+2^9=2^9+(2^9-1)$$

stammt aus der (spätbabylonischen) Seleukidenzeit, als die Mathematik in Griechenland bereits in Blüte stand. Die Summenformel für die endliche geometrische Reihe

---

[1]) In dem Buch *Philosophie der Mathematik und Naturwissenschaft* von Hermann Weyl (1885–1955, bedeutender Mathematiker, Physiker und Naturphilosoph) wird eine moderne Darstellung dieser Probleme gegeben (insbes. S. 61).

(A) $$a+aq+aq^2+\ldots+aq^n=a\frac{q^{n+1}-1}{q-1}$$

wird in EUKLIDs *Elementen* bewiesen. Sie hat dort den folgenden Wortlaut:

IX, 35. Hat man beliebigviele Zahlen in Geometrischer Reihe und nimmt man sowohl von der zweiten als auch von der letzten der ersten gleiche weg, dann muß sich, wie der Überschuß der zweiten zur ersten, so der Überschuß der letzten zur Summe der ihr vorangehenden verhalten.

Mit anderen Worten: Aus $a_0:a_1=a_1:a_2=\ldots=a_n:a_{n+1}$ folgt $(a_1-a_0):a_0=(a_{n+1}-a_0):(a_0+\ldots+a_n)$. Setzt man $a_0=a$ und $a_1:a_0=q$, so ergibt sich $a_i=aq^i$ und (A).

ARCHIMEDES benutzt in einem seiner Beweise für die Parabelquadratur die Formel

$$1+\frac{1}{4}+\frac{1}{4^2}+\ldots+\frac{1}{4^n}+\frac{1}{3\cdot 4^n}=\frac{4}{3},$$

die einen Sonderfall von (A) darstellt. Durch Betrachtung des „Restgliedes" $\frac{1}{3\cdot 4^n}$, das so klein gemacht werden kann, wie man will, führt er einen strengen Konvergenzbeweis durch doppelte reductio ad absurdum, wie er für seine Quadraturen typisch ist (vgl. §4). Man wird wohl sagen können, daß er die erste unendliche Reihe summiert hat:

$$1+\frac{1}{4}+\frac{1}{4^2}+\frac{1}{4^3}+\ldots=\frac{4}{3}.$$

Die folgenden anderthalb Jahrtausende bringen kaum neue Einsichten über unendliche Reihen. In der Mitte des 14. Jahrhunderts werden an der Universität Oxford Bewegungen unter verschiedenen Gesetzmäßigkeiten studiert und die dabei zurückgelegten Wegstrecken berechnet (vgl. dazu §10). Eines dieser Beispiele (von RICHARD SWINESHEAD, Lehrer am Merton College in Oxford, um 1350) führt auf die unendliche Reihe

(B) $$\frac{1}{2}+\frac{2}{4}+\frac{3}{8}+\ldots+\frac{n}{2^n}+\ldots=2.$$

Dies ist möglicherweise die erste Summenbestimmung einer nicht-geometrischen unendlichen Reihe. In Frankreich betrachtet NIKOLAUS VON ORESME (ca. 1320–1382, zeitweise in Paris lehrender Universalgelehrter, ab 1377 Bischof von Lisieux) in einem um 1350 geschriebenen Traktat die

$$\textit{geometrische Reihe}\quad 1+q+q^2+q^3+\ldots=\frac{1}{1-q}$$

für $q=\frac{1}{2}, \frac{2}{3}, \frac{3}{4}, \ldots$ und, was noch wichtiger ist, die

$$\textit{harmonische Reihe}\quad 1+\tfrac{1}{2}+\tfrac{1}{3}+\tfrac{1}{4}+\ldots.$$

Er weist ihre Divergenz nach und benutzt dabei den heute noch üblichen Gedankengang, daß $\frac{1}{3}+\frac{1}{4}>\frac{1}{2}$, $\frac{1}{5}+\frac{1}{6}+\frac{1}{7}+\frac{1}{8}>\frac{1}{2}$, $\frac{1}{9}+\ldots+\frac{1}{16}>\frac{1}{2}$, ... ist. Dieses Beispiel ist von außerordentlicher Bedeutung. Ist es doch ein Gegenbeispiel zu dem naheliegenden „Satz“, daß die Reihe

$$a_1+a_2+a_3+a_4+\ldots$$

gegen einen endlichen Grenzwert strebt, wenn nur die a_n gegen Null streben. Es mag erstaunen, daß diese irrige Meinung sich noch jahrhundertelang gehalten hat und immer wieder in Veröffentlichungen und Lehrbüchern (und Prüfungen) erscheint.

Oresme berechnet die Reihe (B) auf geometrische Art, indem er eine Fläche auf zwei verschiedene Arten in Rechtecke zerlegt, wie dies in den beiden Bildern angedeutet ist (der Originaltext findet sich bei Becker, S. 132–133).

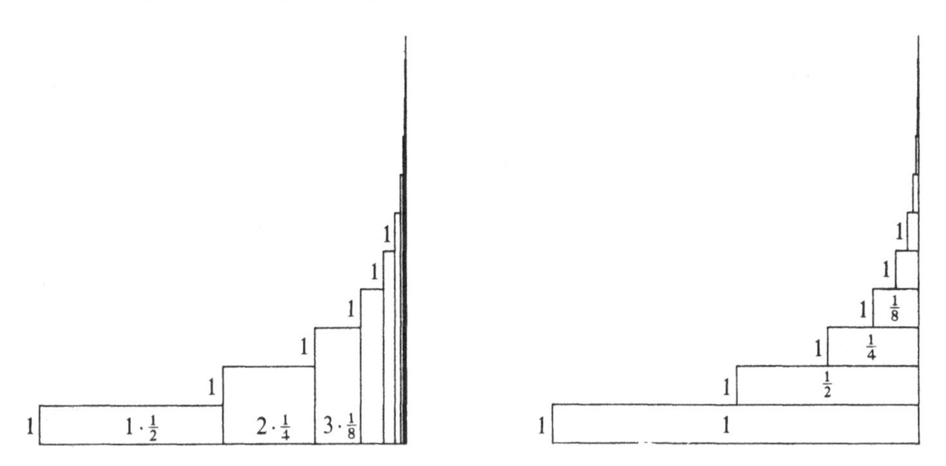

Geometrische Deutung einer Reihe nach ORESME

Er erhält so die Gleichung

$$1\cdot\tfrac{1}{2}+2\cdot\tfrac{1}{4}+3\cdot\tfrac{1}{8}+4\cdot\tfrac{1}{16}+\ldots=1+\tfrac{1}{2}+\tfrac{1}{4}+\tfrac{1}{8}+\ldots=2.$$

Diese Umformung läuft auf eine Anwendung des Großen Umordnungssatzes 5.13 hinaus, ist also durchaus korrekt. Als kleine Aufgabe sei empfohlen, in derselben Weise die Gleichung

$$\frac{1}{2}+4\cdot\frac{1}{4}+9\cdot\frac{1}{8}+\ldots+\frac{n^2}{2^n}+\ldots=6$$

zu verifizieren, indem man die Höhen der einzelnen Treppenstufen in der Figur wie die ungeraden Zahlen 1, 3, 5, ... wachsen läßt.

Noch um die Mitte des 17. Jahrhunderts waren die unendlichen Reihen weitgehend terra incognita. Man kannte die geometrische Reihe und, eher als Kuriosum, ein paar weitere Reihen, deren Summation geglückt war. Die prinzipielle Einführung der unendlichen Reihen in die Mathematik ist mit dem Namen ISAAC NEWTON (1642–1727) verknüpft. Die erste große schöpferische Leistung des 22jährigen ist die Entdeckung der allgemeinen binomischen Reihe (vgl. 5.15). Er schreibt darüber:

In the beginning of the year 1665 I found the Method of approximating series & the Rule for reducing any dignity of any Binomial into such a series ... (series = Reihe, dignity of binomial = Potenz eines Binoms). [DSB, Newton]

Seine „Methode der Reihen" steht in engstem Zusammenhang mit seiner Entdeckung des Calculus (engl. für Differential- und Integralrechnung). Er entwickelt das Rechnen mit Potenzreihen und findet die Reihen für die elementaren transzendenten Funktionen. Dies wird in § 7 ausführlich dargelegt.

LEIBNIZ betritt erst später die mathematische Bühne. In einem Brief an Conti vom 9.4.1716 schreibt er:

Es ist gut zu wissen, daß ich bei meiner ersten Reise nach England im Jahre 1673 nicht die mindeste Kenntnis von den unendlichen Reihen hatte, wie Herr Mercator sie soeben gegeben hatte, ebensowenig von den andern Materien der Geometrie nach ihrem Fortschreiten infolge der jüngsten Methoden. Ich war nicht einmal in der Analysis des Descartes hinlänglich bewandert. Ich behandelte die Mathematik bloss wie ein Parergon; ich kannte nur die Geometrie des Unteilbaren von Cavallieri und ein Buch von Pater Leotaud, wo er die Quadraturen der Möndchen und ähnlicher Figuren gab, was meine Neugierde einigermaßen erregt hatte. Aber noch mehr fand ich meine Lust an den Eigenschaften der Zahlen, wozu der kleine Traktat, den ich, fast noch ein Knabe, über die Kunst der Kombination (de arte Combinatoria) im Jahre 1666 heraus gab, die Gelegenheit gegeben hatte. Und da ich seitdem den Nutzen der Differenzen für die Summen beobachtet hatte, so wandte ich sie auf die Reihen ganzer Zahlen an. Man sieht wohl aus meinen ersten mit Oldenburg gewechselten Briefen, dass ich nicht weiter gegangen war [Reiff, S. 41–42].

Der „Nutzen der Differenzen für die Summen" ist sein Ausgangspunkt für die Behandlung unendlicher Reihen. Mit „Teleskopsummen"

$$(a_0 - a_1) + (a_1 - a_2) + \ldots + (a_{n-1} - a_n) = a_0 - a_n$$

gelingt es ihm, eine Anzahl von Reihen zu summieren. Tiefer liegen seine Quadratur von Kreis und Hyperbel, die ihn zur Entdeckung seiner Version der Infinitesimalrechnung führen (vgl. § 10). Dabei fällt als Nebenprodukt das erste allgemeine Konvergenzkriterium für unendliche Reihen ab. Seine berühmte Reihe für $\pi/4$

$$\frac{\pi}{4} = 1 - \frac{1}{3} + \frac{1}{5} - \frac{1}{7} + \frac{1}{9} - + \ldots,$$

von Huygens gelobt, aber von Gregory schon gut fünf Jahre früher gefunden, ist alternierend. Leibnizens Arbeit, aus der wir in 5.4 einige Beispiele bringen, war vor 1676 fertig, wurde aber erst 1682 (in der neu gegründeten, ersten deutschen wissenschaftlichen Zeitschrift *Acta Eruditorum*) auszugsweise gedruckt. Darin schreibt er ausführlich, daß die Teilsumme

$$1 = s_1 > \frac{\pi}{4} \quad \text{mit einem Fehler} \quad < \frac{1}{3}$$

$$1 - \frac{1}{3} = s_2 < \frac{\pi}{4} \quad \text{mit einem Fehler} \quad < \frac{1}{5}$$

$$1 - \frac{1}{3} + \frac{1}{5} = s_3 > \frac{\pi}{4} \quad \text{mit einem Fehler} \quad < \frac{1}{7}$$

ist. Die vollständige Formulierung seines Kriteriums für alternierende Reihen (mit der Voraussetzung, daß die Glieder abnehmen müssen – continuo decrescentes –, und mit Beweis) findet sich erst in einem Brief an Johann Bernoulli vom 10.1.1714.

JAKOB BERNOULLI (1654–1705), der ältere Bruder Johanns, schreibt zwischen 1689 und 1704 fünf Abhandlungen über unendliche Reihen, die zusammen das erste gedruckt vorliegende Kompendium des neuen Gebietes bilden. Die Abschnitte 5.4 und 5.14 enthalten einige Auszüge aus Bernoullis Werk. Damit beginnt auch bei den unendlichen Reihen die stürmische Entwicklung des 18. Jahrhunderts. Man hat diesen Zeitabschnitt wegen des formalen Umgangs mit dem Unendlichgroßen und Unendlichkleinen, mit Differentialen und unendlichen Reihen, so als wären es algebraische Ausdrücke, die *formale Periode der Analysis* genannt. Das Unendliche verlor seine Schrecken, und ein unbekümmerter Umgang mit Grenzprozessen setzte sich durch. Die Analysis feierte im Bunde mit Physik und Mechanik Triumphe, wobei es oft schwer auszumachen ist, wer die Führung hatte. Sie nahm dabei selbst Züge einer Erfahrungswissenschaft an. Resultate galten dann als besonders sicher, wenn sie auf mehreren, voneinander unabhängigen Wegen erzielt wurden.

Die Erfahrungen im Umgang mit unendlichen Reihen sind dabei von besonderem Interesse, weil sie die kritische Periode des 19. Jahrhunderts vorbereiteten. Wenn Funktionen durch Potenzreihen dargestellt waren, so war man geneigt anzunehmen, daß die Potenzreihe auch außerhalb des Konvergenzgebietes die Funktion darstellt, wenn auch auf eine noch nicht ganz durchschaubare Weise. So führt schon die geometrische Reihe

$$1-x+x^2-x^3+x^4-+\ldots=\frac{1}{1+x}$$

für $x=1$ auf die damals viel diskutierte Reihe

$$1-1+1-1+1-1+-\ldots=\tfrac{1}{2}.$$

Das Ergebnis steht für Leibniz außer Zweifel, hier findet sein Stetigkeitsgesetz Anwendung, daß bei stetigen Größen (hier x) das ausgeschlossene Letzte (hier $+1$) als eingeschlossen betrachtet werden könne [Reiff, S. 66]. Für Jakob Bernoulli ist es „ein nicht unelegantes Paradoxon“ [OK 171, S. 30]. Guido Grandi schließlich, Mönch und Professor der Philosophie in Pisa, faßt je zwei aufeinanderfolgende Glieder der Reihe zusammen, erhält so die Reihe

$$0+0+0+\ldots=\tfrac{1}{2}$$

und bringt dies mit der Schöpfung der Welt aus dem Nichts in Verbindung. EULER vertritt und verteidigt den formalen Standpunkt, daß die Entwicklung (etwa der geometrischen Reihe) unter allen Umständen gelte. Er rechnet mit konvergenten so wie mit divergenten Reihen und erhält fast immer richtige, gelegentlich aber auch falsche Resultate. In einem Brief an Goldbach vom 7.8.1745 schreibt er:

... so habe ich diese neue Definition von der Summe einer jeglichen seriei gegeben:

Summa cujusque seriei est valor expressionis illius finitae, ex cujus evolutione illa series oritur. (Summe einer Reihe ist der Wert desjenigen endlichen Ausdrucks, aus dessen Entwicklung jene Reihe entspringt.)

... ich glaube aber gewiss zu sein, dass nimmer eben dieselbe series aus der Evolution zweier wirklich verschiedener expressionum finitarum entstehen könne. Und hieraus folgt dann unstreitig, dass eine jegliche series, sowohl divergens als konvergens einen determinierten Wert oder summam haben müsse [Reiff, S. 123–124].

In der Abhandlung *De seriebus divergentibus* von 1755 diskutiert und verteidigt Euler die geometrische Reihe für $x=2$

$$1+2+4+8+\ldots=\frac{1}{1-2}=-1$$

(was sicher nicht leicht ist!) und behandelt in scharfsinniger Weise die Reihe

$$1-1!+2!-3!+4!-+\ldots$$

auf vier verschiedene Arten (wobei sich in allen vier Fällen etwa der Wert 0,59 ergibt; vgl. Barbeau, Amer. Math. Monthly 86 (1979), 356–372). Ungereimtheiten und auch eklatante Widersprüche, die im Umgang mit divergenten Reihen immer wieder auftraten (insbesondere bei der sich entwickelnden Theorie der Fourierschen Reihen) wiesen auf die Notwendigkeit einer grundsätzlichen Klärung des Konvergenzbegriffes hin.

Am Anfang der *exakten* oder *kritischen Periode* der Analysis steht CARL FRIEDRICH GAUSS (1777–1855, Professor der Astronomie und Direktor der Sternwarte in Göttingen, einer der größten Mathematiker, der alle Gebiete der reinen und angewandten Mathematik bereichert hat). In seiner berühmten Abhandlung *Disquisitiones generales circa seriem infinitam*

$$1+\frac{\alpha\cdot\beta}{1\cdot\gamma}x+\frac{\alpha(\alpha+1)\beta(\beta+1)}{1\cdot 2\cdot\gamma\cdot(\gamma+1)}x^2+\ldots$$

von 1812 wird zum ersten Mal eine unendliche Reihe vollständig und streng auf Konvergenz und Divergenz untersucht. Gauß wendet das Majoranten- und Minorantenkriterium an, er vergleicht mittels des Quotientenkriteriums mit der geometrischen Reihe und erkennt, daß seine Reihe für $|x|<1$ konvergent und für $|x|>1$ divergent ist. Zur Untersuchung der Fälle $|x|=1$ benutzt er ein schärferes Kriterium, das heute seinen Namen trägt. In der Art der Behandlung des Konvergenzproblems stellt diese Arbeit einen Bruch mit der Vergangenheit und das erste Beispiel für die uns heute zur Gewohnheit gewordene analytische Strenge dar.

Die erste unmißverständliche Konvergenzdefinition und das Cauchy-Kriterium für unendliche Reihen werden von BOLZANO 1817 in seiner Arbeit *Rein analytischer Beweis* ... angegeben. Dort führt er als besonders merkwürdig die Klasse derjenigen Reihen ein, für welche die Summe der Reihenglieder mit Index n, $n+1$, ..., $n+r$ dem Betrage nach beliebig klein gemacht werden kann, wenn nur n hinreichend groß ist, und fährt dann fort:

§.6. Wenn man den Werth, welchen die Summe der ersten n, $n+1$, $n+2$, ..., $n+r$ Glieder einer wie §.5 beschaffenen Reihe hat, der Ordnung nach durch $F_n(x)$, $F_{n+1}(x)$,

$F_{n+2}(x), \ldots, F_{n+r}(x)$ bezeichnet (§.1): so stellen die Größen

$$F_1(x), F_2(x), F_3(x), \ldots, F_n(x), \ldots, F_{n+r}(x), \ldots$$

nun eine neue Reihe vor (die summatorische der vorigen genannt). Diese hat der gemachten Voraussetzung nach die besondre Eigenschaft, daß der Unterschied, der zwischen ihrem n-ten Gliede $F_n(x)$ und jedem späteren $F_{n+r}(x)$, es sey auch noch so weit von jedem n-ten entfernt, kleiner als jede gegebene Größe bleibt, wenn man erst n groß genug angenommen hat. Dieser Unterschied ist nähmlich der Zuwachs, den die ursprüngliche Reihe durch eine Fortsetzung über ihr n-tes Glied hinaus erfährt; und dieser Zuwachs soll der Voraussetzung nach so klein verbleiben können, als man nur immer will, wenn man erst n groß genug angenommen hat.

Hier wird also der Übergang von der Reihe zur Teilsummenfolge vollzogen. In Bolzanos Text schließt sich der bereits in §4 zitierte „Lehrsatz" an, der das Cauchy-Kriterium für Folgen zum Inhalt hat.

Die grundlegenden Sätze über unendliche Reihen verdanken wir Augustin-Louis Cauchy, dem bedeutendsten französischen Mathematiker seiner Zeit. Er wurde in Paris im Jahr der großen französischen Revolution 1789 geboren. Schon als Schüler fiel er durch außergewöhnliche mathematische Begabung auf. Lagrange sagte über den Zwölfjährigen „Vous voyez ce petit jeune homme, eh bien! il nous remplacera tous tant que nous sommes de géomètres", und er riet seinem Vater: „Lassen Sie dieses Kind vor dem siebzehnten Lebensjahr kein mathematisches Buch anrühren. Wenn Sie sich nicht beeilen, ihm eine gründliche literarische Erziehung zu geben, so wird seine Neigung ihn fortreißen. Er wird ein großer Mathematiker werden, aber kaum seine Muttersprache schreiben können." [Kowalewski, S. 274]. 1816 wurde G. Monge aus politischen Gründen aus der Akademie ausgestoßen, Cauchy nahm den frei gewordenen Platz ein und wurde gleichzeitig Professor an der École Polytechnique. Mit seinen berühmten, auch von Gelehrten aus dem In- und Ausland besuchten Vorlesungen und den als Frucht seiner Lehrtätigkeit entstandenen drei großen Lehrbüchern *Cours d'analyse* (1821), *Résumé des leçons sur le calcul infinitésimal* (1823), *Leçons sur le calcul différentiel* (1829) ist er der wichtigste Wegbereiter der modernen Strenge in der Analysis. Im Vorwort zum *Cours d'analyse* schreibt er: „Was die Methoden betrifft, so war ich bestrebt, ihnen die ganze Strenge zu geben, die man in der Geometrie fordert, so daß ich niemals auf die Schlüsse zurückgreife, die aus der Allgemeinheit der Algebra gezogen werden." Wenn Cauchy hier die Allgemeinheit der Algebra (généralité de l'algèbre) kritisiert, so meint er damit das seit Newton übliche formale Rechnen mit unendlichen Reihen, so als wären es endliche Ausdrücke.

Im Jahre 1830 wurde Cauchy, der als überzeugter Katholik und treuer Anhänger der Bourbonen den Eid auf die neue Regierung verweigerte, aller seiner Ämter beraubt. Er erhielt eine Professur in Turin, ging dann als Prinzenerzieher nach Prag und kehrte 1838 nach Paris zurück. Als 1852 das zweite Kaiserreich begann, erklärte er ausdrücklich, daß er den Eid auf die neue Regierung nicht leisten könne. Doch nahm Napoleon III. Rücksicht auf die Gewissensentscheidung des großen Gelehrten und erließ ihm den Eid. So konnte er seine Professur bis zu seinem Tod 1857 beibehalten.

Cauchy stellt in Kapitel VI des *Cours d'analyse* (1821) die Lehre von den unendlichen Reihen in einer Systematik dar, die heute noch als vorbildlich gelten kann. In der Konvergenzdefinition drückt er sich jedoch weniger klar aus als Bolzano. In §1 werden die n-te Teilsumme $s_n = u_0 + u_1 + \ldots + u_{n-1}$, der n-te Rest r_n, Konvergenz und Divergenz besprochen. §2 ist den Reihen mit positiven Gliedern gewidmet. Wurzelkriterium, Quotientenkriterium, der Verdichtungssatz 5.10 und die Multiplikation in Form des Cauchy-Produkts 5.15 werden abgeleitet. §3 über Reihen mit beliebigen Gliedern beginnt mit dem grundlegenden Begriff der absoluten Konvergenz und enthält u.a. das Leibniz-Kriterium (ohne Namensnennung). Schließlich werden in §4 Potenzreihen abgehandelt, und eine Note VII über Doppelreihen am Schluß des Buches bringt u.a. den Doppelreihensatz.

Wir beenden diesen kleinen Streifzug durch die Geschichte der unendlichen Reihen dort, wo sie im eigentlichen Sinn begonnen hat, bei der binomischen Reihe. 160 Jahre nach ihrer Entdeckung durch Newton schreibt NIELS HENRIK ABEL (1802–1829, norwegischer Mathematiker, bereits mit 26 Jahren an Tuberkulose verstorben) eine Arbeit [1826] mit dem Ziel, die Summe der binomischen Reihe $1 + \frac{m}{1}x + \frac{m(m-1)}{1 \cdot 2}x^2 + \ldots$ „für alle diejenigen reellen oder imaginären Werte von x und m zu finden, für welche die Reihe konvergiert" [OK 71, S. 5]. In mustergültiger Klarheit und Strenge gibt er zunächst grundlegende Definitionen und Lehrsätze über die Reihenkonvergenz und löst dann sein Problem vollständig. Über die Frage, ob und wann die Summe von stetigen Funktionen wieder stetig ist, publizieren sowohl Cauchy als auch Abel falsche Sätze. Das Problem führt auf die gleichmäßige Konvergenz und wird in §7 besprochen.

In neuerer Zeit wurden *Limitierungsverfahren* entwickelt, die es erlauben, auch gewissen divergenten Reihen „in vernünftiger Weise" eine Summe zuzuordnen. Im Rahmen dieser *Limitierungstheorie* finden auch viele der Eulerschen Schlüsse ihre Rechtfertigung; vgl. K. Zeller und W. Beekmann, *Theorie der Limitierungsverfahren*, 2. Auflage, Springer Verlag 1970.

5.1 Definitionen und einfache Eigenschaften. Es sei eine reelle Zahlenfolge $(a_n)_{n=p}^{\infty}$ (mit $p \in \mathbb{Z}$) gegeben. Wir nennen das Symbol

$$\sum_{n=p}^{\infty} a_n \quad \text{oder} \quad a_p + a_{p+1} + a_{p+2} + \ldots$$

eine *unendliche Reihe*, a_n das *n-te Glied*,

$$s_n := a_p + \ldots + a_n$$

die *n-te Teilsumme* und die unendliche Reihe

$$r_n := \sum_{k=n+1}^{\infty} a_k = a_{n+1} + a_{n+2} + a_{n+3} + \ldots$$

den *n-ten Rest* der Reihe. In den meisten Fällen ist $p=0$ oder $p=1$.

Die Reihe $\sum_{n=p}^{\infty} a_n$ heißt *konvergent*, wenn die Folge ihrer Teilsummen $(s_n)_p^{\infty}$ konvergent ist. Die Zahl

$$S = \lim_{n\to\infty} s_n = \lim_{n\to\infty} \sum_{i=p}^{n} a_i$$

nennt man in diesem Fall die *Summe* der Reihe, und man schreibt

$$S = \sum_{n=p}^{\infty} a_n = a_p + a_{p+1} + a_{p+2} + \dots .$$

Eine unendliche Reihe heißt *divergent*, wenn sie nicht konvergent ist.

Ist insbesondere die Folge (s_n) bestimmt divergent mit dem Limes ∞ oder $-\infty$, so schreibt man dafür

$$\sum_{n=p}^{\infty} a_n = \infty \quad \text{bzw.} \quad \sum_{n=p}^{\infty} a_n = -\infty .$$

In jedem dieser Fälle nennt man die Reihe *bestimmt divergent*, und analog überträgt man die Bezeichnung *unbestimmt divergent* von der Folge (s_n) auf die Reihe $\sum a_n$. Ebenso wie bei Folgen läßt man auch bei unendlichen Reihen die Angabe des Anfangsgliedes weg, wenn dies im betrachteten Zusammenhang unnötig oder sowieso klar ist, und schreibt einfach $\sum a_n$. Der Summationsindex n kann natürlich durch jeden anderen Buchstaben ersetzt werden, wobei $\sum a_k$ oder $\sum a_\nu$ eine übliche, $\sum_{x=x_0}^{\infty} a_x$ jedoch eine unübliche Bezeichnung ist.

Das Symbol $\sum_{n=p}^{\infty} a_n$ hat also eine zweifache Bedeutung. Es bezeichnet sowohl die Folge der Teilsummen (s_n), etwa in der Aussage „die Reihe $\sum a_n$ divergiert", als auch den Limes dieser Folge, etwa $\sum_{n=1}^{\infty} 2^{-n} = 1$.

Es sei noch auf den folgenden Tatbestand hingewiesen. Eine Folge (a_n) „erzeugt" die unendliche Reihe $\sum a_n$, d.h. die Folge (s_n) ihrer Teilsummen. Umgekehrt kann man, wenn eine beliebige Folge $(s_n)_0^{\infty}$ gegeben ist, eine zugehörige unendliche Reihe $\sum a_n$ angeben. Man setzt zu diesem Ziel $a_0 = s_0$, $a_1 = s_1 - s_0$, $a_2 = s_2 - s_1, \dots$ und erkennt sofort, daß die n-te Teilsumme der Reihe $\sum a_n$ gerade gleich s_n ist. Es besteht also mathematisch kein prinzipieller Unterschied, ob man mit Folgen oder mit unendlichen Reihen arbeitet. Das Ganze ist mehr eine Frage der Zweckmäßigkeit. Insbesondere gibt es für unendliche Reihen eine große Anzahl handlicher Konvergenzkriterien.

Satz. (a) *Es sei* $(a_n)_p^{\infty}$ *eine Zahlenfolge und* $b_i = a_{p+i}$ $(i \in \mathbb{N})$. *Die Reihen* $\sum_{n=p}^{\infty} a_n$, $\sum_{i=0}^{\infty} b_i \equiv \sum_{i=0}^{\infty} a_{p+i}$ *und* $\sum_{n=q}^{\infty} a_n$ $(p<q)$ *haben dasselbe Konvergenzverhalten* (d.h. sie sind gleichzeitig konvergent bzw. bestimmt divergent bzw. unbestimmt divergent), *und im Falle der Konvergenz ist*

$$\sum_{i=0}^{\infty} a_{p+i} = \sum_{n=p}^{\infty} a_n = a_p + a_{p+1} + \dots + a_{q-1} + \sum_{n=q}^{\infty} a_n .$$

Insbesondere gilt mit den oben eingeführten Bezeichnungen

$$S = s_n + r_n \quad \textit{für jedes } n \geq p.$$

(b) *Das Konvergenzverhalten einer Reihe ändert sich nicht, wenn man endlich viele Glieder ändert oder wegläßt oder hinzufügt.*

(c) *Es sei* $(g(k))_1^q$ $(q \leq \infty)$ *eine endliche oder unendliche Indexfolge mit* $p \leq g(1) < g(2) < g(3) \ldots$ *und* $a_i = 0$, *wenn* $i \neq g(k)$ *für alle* k *ist. Dann haben die beiden Reihen* $\sum_{i=p}^{\infty} a_i$ *und* $\sum_{k=1}^{q} a_{g(k)}$ *dasselbe Konvergenzverhalten und im Falle der Konvergenz dieselbe Summe* (für endliches q ist also $\sum a_n$ konvergent). Kurz: In einer unendlichen Reihe darf man Nullen weglassen oder hinzufügen.

Aufgrund von (a) kann man sich bei den folgenden Sätzen auf Reihen der Form $\sum_{n=0}^{\infty} a_n$ beschränken.

Beweis. (a) Setzt man $s_n = a_p + \ldots + a_n$, $t_n = a_q + \ldots + a_n$, $u_n = b_0 + \ldots + b_n$ und $A = a_p + \ldots + a_{q-1}$, so ist $s_n = A + t_n = u_{n-p}$. Nach 4.4 haben die drei Folgen dasselbe Konvergenzverhalten, und für $n \to \infty$ ergibt sich die behauptete Gleichung $\lim s_n = A + \lim t_n = \lim u_n$.

(b) folgt unmittelbar aus (a). Für den Beweis von (c) seien die Teilsummen von $\sum a_i$ mit s_n, jene von $\sum a_{g(j)}$ mit t_k bezeichnet. Im Fall $q < \infty$ ist $s_n = t_q$ für $n \geq g(q)$, woraus die Behauptung folgt. Im Fall $q = \infty$ ist $s_n = t_k$ für $g(k) \leq n < g(k+1)$. Also sind die beiden Aussagen, daß fast alle s_n bzw. fast alle t_k in einer Umgebung $B_\varepsilon(S)$ liegen, gleichzeitig richtig oder falsch. Daraus folgt (c). □

Beispiele. 1. *Die geometrische Reihe*

$$\sum_{n=0}^{\infty} q^n = 1 + q + q^2 + \ldots = \frac{1}{1-q} \quad \text{für } |q| < 1.$$

Denn nach 2.12 (b) gilt

$$s_n = 1 + q + q^2 + \ldots + q^n = \frac{1 - q^{n+1}}{1-q} \to \frac{1}{1-q} \quad (n \to \infty)$$

wegen $q^n \to 0$ (vgl. Beispiel 4 in 4.2). Die geometrische Reihe ist divergent für $q \leq -1$. Für $q \geq 1$ gilt offensichtlich $\lim_{n \to \infty} s_n = \sum q^n = \infty$.

2. *Die harmonische Reihe* ist divergent (vgl. 4.14, Beispiel),

$$\sum_{n=1}^{\infty} \frac{1}{n} = 1 + \frac{1}{2} + \frac{1}{3} + \ldots = \infty.$$

5.2 Satz. *Die Reihen* $\sum_{n=0}^{\infty} a_n$ *und* $\sum_{n=0}^{\infty} b_n$ *seien konvergent. Dann konvergiert auch* $\sum_{n=0}^{\infty} (\lambda a_n + \mu b_n)$ $(\lambda, \mu \in \mathbb{R}$ *beliebig), und es ist*

$$\sum_{n=0}^{\infty} (\lambda a_n + \mu b_n) = \lambda \sum_{n=0}^{\infty} a_n + \mu \sum_{n=0}^{\infty} b_n.$$

Ist $a_n \leq b_n$ *für alle* $n \in \mathbb{N}$, *so gilt*

$$\sum_{n=0}^{\infty} a_n \leq \sum_{n=0}^{\infty} b_n.$$

Beweis. Bezeichnet man die n-ten Teilsummen der Reihen $\sum a_n$, $\sum b_n$ und $\sum(\lambda a_n + \mu b_n)$ mit s_n, t_n und u_n, so ist $u_n = \lambda s_n + \mu t_n$, woraus sich für $n \to \infty$ die erste Behauptung $\lim u_n = \lambda \lim s_n + \mu \lim t_n$ ergibt. Aus $a_n \leq b_n$ folgt $s_n \leq t_n$ und hieraus die zweite Behauptung $\lim s_n \leq \lim t_n$. Beide Male werden die Rechenregeln 4.4 herangezogen. □

Corollar. *Aus der Konvergenz von $\sum a_{2n}$ und $\sum a_{2n+1}$ folgt die Konvergenz von $\sum a_n$ und die Gleichung*

$$\sum_{n=0}^{\infty} a_n = \sum_{n=0}^{\infty} a_{2n} + \sum_{n=0}^{\infty} a_{2n+1}.$$

Entsprechendes gilt für $\sum a_{g(n)}$ und $\sum a_{h(n)}$, wenn die Folgen $(g(n))$, $(h(n))$ monoton sind und jeder Index genau einmal vorkommt.

Zum Beweis füllt man die rechts stehenden Teilreihen mit Nullen auf – vgl. dazu 5.1 (c) – und wendet die Additionsregel an. Die Umkehrung des Corollars ist jedoch falsch: Aus der Konvergenz von $\sum a_n$ folgt nicht die Konvergenz von $\sum a_{2n}$. Die alternierende harmonische Reihe $1 - \frac{1}{2} + \frac{1}{3} - \frac{1}{4} + \ldots$ stellt ein Gegenbeispiel dar; vgl. dazu 5.6.

5.3 Satz. *Wenn $\sum\limits_{n=0}^{\infty} a_n$ konvergiert, dann bilden sowohl die Reihenglieder a_n als auch die Reste $r_n = \sum\limits_{i=n+1}^{\infty} a_i$ eine Nullfolge.*

Beweis. Aus $\lim u_n = \lim v_n = S$ folgt nach 4.4, daß $(u_n - v_n)$ eine Nullfolge ist. Setzt man hierin $u_n = s_n$, $v_n = s_{n-1}$, so ergibt sich $u_n - v_n = a_n$, setzt man $u_n = S$, $v_n = s_n$ für alle n, so ergibt sich $u_n - v_n = r_n$ nach 5.1 (a). Also sind die beiden in Rede stehenden Folgen Nullfolgen. □

5.4 Einige Reihensummen. Leibniz hat in seiner ersten großen Arbeit *De quadratura arithmetica circuli, ellipseos et hyperbolae* (Math. Schriften V, S. 107–108) u.a. die folgenden Reihensummen ohne Beweis angegeben.

Prop. 36. Summa seriei infinitae $\frac{1}{3} + \frac{1}{15} + \frac{1}{35} + \frac{1}{63}$ etc. $= \frac{1}{2}$.

Prop. 40.

Triangulum Arithmeticum

1	1	1	1	1	1	1	etc.
1	2	3	4	5	6	etc.	trigono-trigono-trigonales
1	3	6	10	15	etc.	pyramido-pyramidales	
1	4	10	20	etc.	trigono-pyramidales		
1	5	15	etc.	trigono-trigonales			
1	6	etc.	pyramidales				
1	numeri naturales	trigonales					

Triangulum Harmonicum

$\frac{1}{1}$	$\frac{1}{1}$	$\frac{1}{1}$	$\frac{1}{1}$	$\frac{1}{1}$	$\frac{1}{1}$	etc.
$\frac{1}{2}$	$\frac{1}{3}$	$\frac{1}{4}$	$\frac{1}{5}$	$\frac{1}{6}$	etc.	Reciproci
$\frac{1}{3}$	$\frac{1}{6}$	$\frac{1}{10}$	$\frac{1}{15}$	etc.	pyramido-pyramidalium	
$\frac{1}{4}$	$\frac{1}{10}$	$\frac{1}{20}$	etc.	trigono-pyramidalium		
$\frac{1}{5}$	$\frac{1}{15}$	etc.	trigono-trigonalium			
$\frac{1}{6}$	etc.	pyramidalium				
naturalium	trigonalium					
summae $\frac{1}{0}$	$\frac{2}{1}$	$\frac{3}{2}$	$\frac{4}{3}$	$\frac{5}{4}$	$\frac{6}{5}$	etc.

Prop. 41.

Summa	$\frac{1}{3}+\frac{1}{8}+\frac{1}{15}+\frac{1}{24}+\frac{1}{35}+\frac{1}{48}+\frac{1}{63}$ etc. $=\frac{3}{4}$
serierum infinitarum	$\frac{1}{8}+\frac{1}{24}+\frac{1}{48}$ etc. $=\frac{1}{4}$

Die Übersetzung (Die Summe der unendlichen Reihe, Arithmetisches Dreieck, ...) dürfte keine Schwierigkeiten machen. Das arithmetische Dreieck ist das Pascalsche Dreieck in anderer Anordnung. In der p-ten Spalte steht die Folge der Binomialkoeffizienten $\binom{p+n}{p}_{n=0}^{\infty}$. Die Bezeichnungsweise der sogenannten *figurierten Zahlen*

Dreieckszahlen (numeri trigonales)	1, 3, 6, 10, 15, ...
Pyramidenzahlen (numeri pyramidales)	1, 4, 10, 20, ...
...	

geht auf die Anfänge der griechischen Mathematik im 6. vorchristlichen Jahrhundert zurück. Es handelt sich bei diesen Zahlen um die Anzahl von Spielsteinen, die man in der Form von Dreiecken oder (durch Aufeinanderstapeln der Dreiecke) von Pyramiden auslegt.

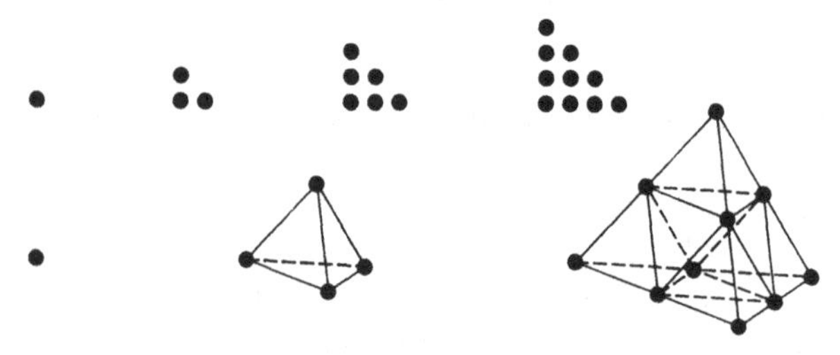

Dreieckszahlen und Pyramidenzahlen

Jakob Bernoulli nimmt den Gegenstand in der ersten seiner fünf Abhandlungen über unendliche Reihen 1689 wieder auf. Wir zitieren zunächst aus dem Vorwort [OK 171]:

„Wie notwendig übrigens und zugleich nützlich diese Betrachtung der Reihen ist, das kann dem nicht unbekannt sein, der es erkannt hat, daß eine solche Reihe bei ganz schwierigen Problemen, an deren Lösung man verzweifeln muß, gewissermaßen ein Rettungsanker ist, zu dem man als zu dem letzten Mittel seine Zuflucht nehmen darf, wenn alle andern Kräfte des menschlichen Geistes Schiffbruch gelitten haben" [S. 4].

Der folgende Auszug, in dem die erste Reihe von Prop. 41 behandelt wird, gibt einen Einblick in die Methode Bernoullis [S. 20].

„Der berühmte Leibniz erwähnt bei Gelegenheit seiner wunderbaren Quadratur des Kreises, die er am Anfang der „Acta Lipsiensia" veröffentlicht hat, die Summen gewisser unendlicher Reihen, deren Nenner eine Reihe um 1 verminderter Quadratzahlen bilden, verheimlicht aber den Kunstgriff, durch den er sie gefunden hat. Hier ist in Kürze das ganze Geheimnis:

Von der Reihe

$$A=\tfrac{1}{1}+\tfrac{1}{2}+\tfrac{1}{3}+\tfrac{1}{4}+\tfrac{1}{5}+\dots$$

subtrahiere man sie selbst, der beiden ersten Glieder beraubt, also

$$B=\tfrac{1}{3}+\tfrac{1}{4}+\tfrac{1}{5}+\tfrac{1}{6}+\tfrac{1}{7}+\dots=A-\tfrac{1}{1}-\tfrac{1}{2}.$$

Dann bleibt übrig

$$C=\tfrac{2}{3}+\tfrac{2}{8}+\tfrac{2}{15}+\tfrac{2}{24}+\tfrac{2}{35}+\ldots=A-B=\tfrac{1}{1}+\tfrac{1}{2}=\tfrac{3}{2},$$

und daher ist

$$D=\tfrac{1}{3}+\tfrac{1}{8}+\tfrac{1}{15}+\tfrac{1}{24}+\tfrac{1}{35}+\ldots=\tfrac{1}{2}C=\tfrac{3}{4}.\text{“}$$

Die Unbekümmertheit, mit der Bernoulli divergente Reihen benutzt, ist für die Zeit bezeichnend. Euler geht später mit divergenten Reihen in geradezu virtuoser Weise um. Bewundern wird man dabei das Gespür der alten Meister, wann solche Schlüsse erlaubt sind und wann nicht. Im vorliegenden Fall ist die Sache einfach zu durchschauen, und wir werden nicht fehlgehen in der Annahme, daß Bernoulli (ebenso wie Leibniz) den folgenden Sachverhalt im Auge hatte.

(a) Ist $(a_n)_p^\infty$ eine Nullfolge, so sind die folgenden Reihen konvergent, und es ist

$$\sum_{n=p}^{\infty}(a_n-a_{n+1})=a_p, \qquad \sum_{n=p}^{\infty}(a_n-a_{n+2})=a_p+a_{p+1}, \quad \text{usw.}$$

Im ersten Fall ist nämlich s_n eine „Teleskopsumme“,

$$s_n=(a_p-a_{p+1})+(a_{p+1}-a_{p+2})+\ldots+(a_n-a_{n+1})=a_p-a_{n+1},$$

woraus sich die Behauptung für $n\to\infty$ ergibt. Der zweite Fall reduziert sich wegen $\sum(a_n-a_{n+2})=\sum(a_n-a_{n+1})+\sum(a_{n+1}-a_{n+2})$ auf den ersten.

Setzt man speziell $a_n=1/(n-1)$ und $p=2$, so wird

$$a_n-a_{n+2}=\frac{1}{n-1}-\frac{1}{n+1}=\frac{2}{n^2-1}$$

und $a_2+a_3=\tfrac{3}{2}$, und man erhält die erste Reihe von Prop. 41. Ähnlich ergibt sich die zweite dieser Reihen, indem man $b_n=1/2n$, $p=1$ setzt und b_n-b_{n+1} ausrechnet.

(b) Für beliebiges reelles $\alpha \neq -1, -2, -3, \ldots$ ist

$$\sum_{n=1}^{\infty}\frac{1}{(n+\alpha)(n+1+\alpha)}=\frac{1}{1+\alpha},$$

insbesondere

$$\frac{1}{1\cdot 2}+\frac{1}{2\cdot 3}+\frac{1}{3\cdot 4}+\frac{1}{4\cdot 5}+\ldots=1.$$

(c) Für beliebiges reelles $\alpha \neq -1, -2, -3, \ldots$ und $p=1, 2, 3, \ldots$ ist

$$\sum_{n=1}^{\infty}\frac{1}{(n+\alpha)(n+1+\alpha)(n+2+\alpha)\cdots(n+p+\alpha)}=\frac{1}{p(1+\alpha)(2+\alpha)\cdots(p+\alpha)},$$

beispielsweise ($p=2$, $\alpha=0$)

$$\frac{1}{1\cdot 2\cdot 3}+\frac{1}{2\cdot 3\cdot 4}+\frac{1}{3\cdot 4\cdot 5}+\ldots=\frac{1}{4}.$$

Wir geben den Beweis von (c). Setzt man

$$a_n=\frac{1}{(n+\alpha)(n+1+\alpha)\cdots(n+p-1+\alpha)},$$

so wird

$$a_n-a_{n+1}=\frac{(n+p+\alpha)-(n+\alpha)}{(n+\alpha)(n+1+\alpha)\cdots(n+p+\alpha)}=\frac{p}{(n+\alpha)\cdots(n+p+\alpha)}.$$

Nach (a) ist die Summe also gleich a_1/p. □

Es sei als Übungsaufgabe empfohlen, die von Leibniz in Prop. 40 angegebenen Reihensummen

$$\sum_{n=0}^{\infty} \binom{p+n}{p}^{-1} = \frac{p}{p-1} \quad \text{für } p=2,3,4,\ldots$$

aus (c) abzuleiten.

Zitieren wir zum Schluß noch einmal Jakob Bernoulli (S. 24):

Bemerkenswert ist es aber, daß die Auffindung der Summe, wenn die Nenner reine Quadratzahlen sind, wie bei der Reihe

$$\tfrac{1}{1}+\tfrac{1}{4}+\tfrac{1}{9}+\tfrac{1}{16}+\tfrac{1}{25}+\ldots,$$

schwieriger ist, als man erwarten sollte. Daß die Summe endlich ist, sieht man an der andern [gemeint ist $1+\frac{1}{3}+\frac{1}{6}+\ldots$, die Summe der reziproken Dreieckszahlen], die offenbar größer ist. Wenn jemand es findet und uns mitteilt, was bisher unserer Bemühung gespottet hat, so werden wir ihm sehr dankbar sein.

Der Übersetzer und Herausgeber (Kowalewski) bemerkt dazu:

Jakob Bernoulli hat die Lösung dieses Problems nicht mehr erlebt. Sein Bruder Johann konnte sie zunächst auch nicht finden, obwohl er sich eifrig damit beschäftigte .... Da man die genaue Summe der Reihe nicht bestimmen konnte, so berechnete man wenigstens Näherungswerte davon. So gab z.B. Stirling in seiner *Methodus differentialis* (1730) einen Näherungswert mit 8 richtigen Dezimalen. ... Euler war es, der dann im Jahre 1736 die Formel

$$\frac{1}{1^2}+\frac{1}{2^2}+\frac{1}{3^2}+\ldots=\frac{\pi^2}{6}$$

fand. Er teilte sie Daniel Bernoulli ohne Beweis mit, und durch ihn erhielt Johann Bernoulli Kenntnis davon, der sich selbst einen Beweis dazu machte. ...

„Auf diese Weise ist" – so sagt Johann Bernoulli aus Anlaß der obigen Lösung (Joh. Bernoullis Werke, Bd. 4, S. 22) – „dem brennenden Wunsche meines Bruders Genüge geleistet. ... Wenn doch der Bruder noch am Leben wäre!" [OK 171, S. 119]

Eines der Ziele einer Theorie der unendlichen Reihen ist es, handliche Konvergenzkriterien zu finden. Unter diesem Gesichtspunkt behandeln wir zunächst positive, sodann alternierende und schließlich beliebige Reihen.

5.5 Reihen mit positiven Gliedern. Bei diesen Reihen wachsen die Teilsummen offenbar mit wachsendem n, und aus dem Konvergenzkriterium 4.7 für monotone Folgen erhält man unmittelbar den

Satz. *Eine unendliche Reihe $\sum a_n$ mit nichtnegativen Gliedern ist konvergent, wenn die Folge ihrer Teilsummen beschränkt ist, andernfalls bestimmt divergent. In beiden Fällen gilt die Gleichung*

$$\sum_{n=p}^{\infty} a_n = \sup_n s_n.$$

Hieraus ergeben sich sofort die folgenden beiden wichtigen *Vergleichskriterien* für Konvergenz bzw. Divergenz.

Majorantenkriterium für Konvergenz. *Ist $0 \le a_n \le c_n$ für fast alle n und $\sum c_n$ konvergent, so ist auch $\sum a_n$ konvergent.*

Minorantenkriterium für Divergenz. *Ist $0 \le d_n \le a_n$ für fast alle n und $\sum d_n$ divergent, so ist auch $\sum a_n$ divergent.*

Beweis. Nach dem Ergebnis von 5.1 dürfen wir annehmen, daß alle Reihen mit dem Index 0 beginnen und daß die Ungleichungen für alle $n \in \mathbb{N}$ gültig sind. Werden die Teilsummen von $\sum a_n$, $\sum c_n$, $\sum d_n$ mit A_n, C_n, D_n bezeichnet, so ist im ersten Fall $0 \le A_n \le C_n$, im zweiten Fall $0 \le D_n \le A_n$, und die Behauptung folgt sofort aus dem obigen Satz. □

Durch Vergleich mit bekannten konvergenten oder divergenten Reihen kann man auf diese Weise häufig die Konvergenzfrage entscheiden. Darauf werden wir noch mehrfach zurückkommen.

Beispiele. 1. $1 + \frac{1}{4} + \frac{1}{7} + \frac{1}{10} + \frac{1}{13} + \ldots = \infty$. Denn $a_n = \dfrac{1}{3n+1}$ ist größer als $\dfrac{1}{4n}$, und $\dfrac{1}{4} \sum \dfrac{1}{n} = \infty$.

2. Die Reihe der reziproken Quadratzahlen $1 + \frac{1}{4} + \frac{1}{9} + \frac{1}{16} + \ldots$ ist konvergent. Es ist nämlich $a_n = \dfrac{1}{n^2} < \dfrac{1}{n(n-1)}$ und $\sum \dfrac{1}{(n-1)n} = 1$ nach 5.4 (b).

Bemerkung. Um auszudrücken, daß eine Reihe $\sum a_n$ mit nichtnegativen Gliedern konvergiert, wird in der Literatur häufig die Ungleichung $\sum a_n < \infty$ benutzt.

5.6 Alternierende Reihen. Eine Reihe $\sum\limits_{n=p}^{\infty} a_n$ heißt alternierend, wenn die Glieder a_n abwechselnd positiv und negativ sind. Zum Beispiel ist die Leibnizsche Reihe für $\pi/4$

$$1 - \tfrac{1}{3} + \tfrac{1}{5} - \tfrac{1}{7} + \ldots$$

eine alternierende Reihe. Sie war übrigens für Leibniz der Anlaß, sich mit alternierenden Reihen zu beschäftigen.

Konvergenzkriterium von Leibniz. *Ist die Reihe $\sum\limits_{n=p}^{\infty} a_n$ alternierend und konvergiert die Folge der Absolutbeträge der Glieder streng monoton gegen Null, dann ist die Reihe konvergent, und für jeden Reihenrest gilt*

$$r_n = \sum_{k=n+1}^{\infty} a_k = \theta a_{n+1} \quad \text{mit} \quad 0 < \theta = \theta_n < 1.$$

Der Fehler beim Abbrechen nach dem n-ten Glied hat also das Vorzeichen des ersten vernachlässigten Gliedes und ist dem Betrag nach kleiner als dieses Glied. Die Monotonievoraussetzung ist wesentlich für die Gültigkeit des Satzes.

Beweis. Wir können annehmen, daß die Reihe bei $n=0$ beginnt und daß $a_n = (-1)^n b_n$ mit $b_n > 0$ für $n \in \mathbb{N}$ ist, indem wir eventuell umnumerieren und die Reihe mit -1 multiplizieren. Die Teilsummen mit ungeradem Index

$$s_{2n+1} = (b_0 - b_1) + (b_2 - b_3) + (b_4 - b_5) + \ldots + (b_{2n} - b_{2n+1})$$

sind wegen $b_k - b_{k+1} > 0$ wachsend für wachsendes n, während die Teilsummen mit geradem Index

$$s_{2n} = b_0 - (b_1 - b_2) - (b_3 - b_4) - \ldots - (b_{2n-1} - b_{2n})$$

aus demselben Grund abnehmen. Außerdem sind die Teilsummen beschränkt, denn wegen $a_{2n+1} < 0$ ist $0 < s_{2n+1} < s_{2n} < b_0$ für alle $n \in \mathbb{N}$. Nach 4.7 existieren $S = \lim s_{2n+1}$ und $S' = \lim s_{2n}$. Da aber $\lim(s_{2n+1} - s_{2n}) = \lim a_{2n+1}$ einerseits gleich 0, andererseits gleich $S - S'$ ist, gilt $S = S'$. Die Reihe $\sum a_n$ ist also konvergent, und für ihre Summe S gilt $0 < S < b_0 = a_0$ oder $S = \theta a_0$ mit $0 < \theta < 1$. Nun ist ein Reihenrest r_n nichts anderes als eine beim Index $n+1$ beginnende alternierende Reihe, und man kann auch diese durch Umnumerierung, $a'_k = a_{n+1+k}$ $(k \geq 0)$ auf die oben behandelte Form bringen. Man erkennt so, daß $r_n = \theta a'_0 = \theta a_{n+1}$ mit $0 < \theta < 1$ ist. □

Beispiele. Die Reihen $\sum a_n$ mit dem allgemeinen Glied

$$\frac{(-1)^n}{\sqrt{n}}, \qquad \frac{(-1)^n}{\alpha n + \beta} \quad (\alpha > 0), \qquad \frac{(-1)^n}{\sqrt[3]{n(n+3)}}, \qquad \frac{(-1)^n}{\log n}$$

sind nach dem Leibniz-Kriterium konvergent. Die Reihe

$$1 - \frac{1}{2^2} + \frac{1}{3} - \frac{1}{4^2} + \frac{1}{5} - \frac{1}{6^2} + - \ldots$$

ist alternierend, jedoch ist das Leibniz-Kriterium nicht anwendbar (warum?). Man zeige, daß die Reihe bestimmt divergent mit der Summe $S = \infty$ ist.

Wir betrachten nun Reihen mit beliebigen Gliedern. Das folgende Cauchy-Kriterium ist für ihre Konvergenztheorie unentbehrlich.

5.7 Das Konvergenzkriterium von Cauchy. *Die Reihe* $\sum_{n=0}^{\infty} a_n$ *ist dann und nur dann konvergent, wenn zu jedem* $\varepsilon > 0$ *ein* $N = N(\varepsilon)$ *existiert, so daß für alle* $n > m \geq N$ *gilt*

$$|s_n - s_m| = |a_{m+1} + a_{m+2} + \ldots + a_n| < \varepsilon.$$

Der *Beweis* ergibt sich sofort aus dem entsprechenden Cauchy-Kriterium 4.14 für Folgen, da $a_{m+1} + \ldots + a_n = s_n - s_m$ ist. □

5.8 Absolute Konvergenz. Eine unendliche Reihe $\sum a_n$ heißt *absolut konvergent*, wenn die Reihe $\sum |a_n|$ konvergiert. Es gilt der wichtige

Satz. *Eine absolut konvergente Reihe* $\sum a_n$ *ist auch konvergent, und es gilt die Dreiecksungleichung für unendliche Reihen*

$$\left|\sum_{n=p}^{\infty} a_n\right| \leq \sum_{n=p}^{\infty} |a_n|.$$

Beweis. Die Reihe $\sum |a_n|$ sei konvergent. Nach dem Cauchy-Kriterium 5.7 existiert zu $\varepsilon > 0$ ein Index N mit

$$|a_{m+1}| + \ldots + |a_n| < \varepsilon \quad \text{für } n > m \geq N.$$

Aus der Dreiecksungleichung für endliche Summen 2.12 (f) folgt

$$|a_{m+1} + \ldots + a_n| \leq |a_{m+1}| + \ldots + |a_n| < \varepsilon$$

für $n > m \geq N$. Die Reihe $\sum a_n$ genügt also ebenfalls dem Cauchy-Kriterium und ist damit konvergent. Die Dreiecksungleichung folgt unmittelbar aus der entsprechenden Ungleichung für die n-ten Teilsummen durch Grenzübergang $n \to \infty$. □

Ein einfaches Beispiel einer konvergenten, aber nicht absolut konvergenten Reihe ist die alternierende harmonische Reihe

$$1 - \tfrac{1}{2} + \tfrac{1}{3} - \tfrac{1}{4} + - \ldots.$$

Sie ist aufgrund des Leibniz-Kriteriums konvergent, während die zugehörige Reihe der Absolutbeträge die divergente harmonische Reihe $1 + \frac{1}{2} + \frac{1}{3} + \frac{1}{4} + \ldots$ ist. Die Umkehrung des obigen Satzes ist also falsch: Es gibt unendliche Reihen, die konvergent, aber nicht absolut konvergent sind. Später in 5.17 bei der Behandlung der Umordnung von Reihen werden wir wesentliche Unterschiede im Verhalten von absolut konvergenten und nur konvergenten unendlichen Reihen feststellen. Eine konvergente Reihe mit nichtnegativen Gliedern ist trivialerweise absolut konvergent.

5.9 Kriterium für absolute Konvergenz. Das Majorantenkriterium 5.5 für Reihen mit nichtnegativen Gliedern läßt sich natürlich als Kriterium für absolute Konvergenz bei beliebigen Reihen heranziehen:

(a) Ist $|a_n| \leq c_n$ und $\sum c_n < \infty$, so ist $\sum a_n$ absolut konvergent.

Speziell ergeben sich, wenn man mit der geometrischen Reihe vergleicht, die folgenden beiden Kriterien.

Wurzelkriterium. *Existiert eine Zahl q mit $0 < q < 1$ derart, daß*

$$\sqrt[n]{|a_n|} \leq q < 1 \quad \textit{für fast alle } n$$

ist, so ist $\sum a_n$ absolut konvergent. Ist dagegen

$$\sqrt[n]{|a_n|} \geq 1 \quad \textit{für unendlich viele } n,$$

so ist $\sum a_n$ divergent.

Quotientenkriterium. *Ist $a_n \neq 0$ und existiert ein $q \in (0, 1)$ mit*

$$\left|\frac{a_{n+1}}{a_n}\right| \leq q < 1 \quad \textit{für fast alle } n,$$

so ist $\sum a_n$ *absolut konvergent. Ist dagegen*

$$\left|\frac{a_{n+1}}{a_n}\right| \geq 1 \quad \textit{für fast alle } n,$$

so ist $\sum a_n$ *divergent.*

Warnung. Es genügt für die Konvergenz nicht, daß $\sqrt[n]{|a_n|}<1$ oder $\left|\frac{a_{n+1}}{a_n}\right|<1$ ist; die harmonische Reihe ist ein Gegenbeispiel.

Beweis. Aus $\sqrt[n]{|a_n|}\leq q$ folgt $|a_n|\leq q^n$. Entsprechend ergeben sich, wenn $\left|\frac{a_{n+1}}{a_n}\right|\leq q$ für $n\geq p$ ist, mit $C:=|a_p|$ nacheinander die Ungleichungen $|a_{p+1}|\leq q\,|a_p|\leq Cq$, $|a_{p+2}|\leq q\,|a_{p+1}|\leq Cq^2$, ..., allgemein $|a_{p+n}|\leq Cq^n$. Die Divergenzaussage ist richtig, weil unter den angegebenen Bedingungen a_n nicht gegen Null strebt. Im ersten Fall ist $|a_n|\geq 1$ für unendlich viele Indizes, im zweiten Fall ist $|a_p|\leq|a_{p+1}|\leq|a_{p+2}|\leq\ldots$. □

Gelegentlich werden Wurzel- und Quotientenkriterium unter Verwendung des Limes superior bzw. inferior folgendermaßen formuliert:

(b) Die Reihe $\sum a_n$ ist absolut konvergent bzw. divergent, wenn

$$\limsup_{n\to\infty} \sqrt[n]{|a_n|}<1 \quad \text{bzw.} \quad >1 \text{ ist.}$$

(c) Die Reihe $\sum a_n$ ist absolut konvergent bzw. divergent, wenn

$$\limsup_{n\to\infty}\left|\frac{a_{n+1}}{a_n}\right|<1 \quad \text{bzw.} \quad \liminf_{n\to\infty}\left|\frac{a_{n+1}}{a_n}\right|>1 \text{ ist.}$$

Bezeichnet man nämlich den in (b) auftretenden Limes superior mit A und ist $A<1$, so wähle man ein q mit $A<q<1$. Es ist dann nach der Definition des Limes superior $\sqrt[n]{a_n}\leq q$ für fast alle n. Entsprechend ist im Fall $A>1$ auch $\sqrt[n]{a_n}\geq 1$ für unendlich viele n. Bei (c) schließt man ähnlich. Übrigens sind die Divergenzaussagen in (b), (c) weniger allgemein als in der ursprünglichen Formulierung (man betrachte etwa das Beispiel $a_n=1$).

Beispiele. 1. $\sum_{n=1}^{\infty} n^p x^n$ ist absolut konvergent für $|x|<1$ und $p\in\mathbf{N}$. Das Wurzelkriterium ist anwendbar: Aus $\sqrt[n]{n^p}\to 1$ (vgl. Beispiel 4 von 4.4) folgt $\lim\sqrt[n]{n^p|x|^n}=|x|\lim\sqrt[n]{n^p}=|x|<1$.

2. Die Reihe $\sum\frac{n!}{n^n}$ ist konvergent. Allgemeiner ist $\sum\frac{x^n\cdot n!}{n^n}$ absolut konvergent für $|x|<e$ und divergent für $|x|\geq e$.

Für den Beweis ziehen wir das Quotientenkriterium heran. Aus

$$\frac{a_{n+1}}{a_n}=\frac{x(n+1)!\,n^n}{(n+1)^{n+1}\,n!}=\frac{x}{\left(1+\frac{1}{n}\right)^n}\to\frac{x}{e} \quad (n\to\infty)$$

folgt mit (c) die absolute Konvergenz für $|x|<e$ und die Divergenz für $|x|>e$. Auch im Fall $|x|=e$ ist die Reihe divergent. Denn nach 4.7 ist $\left(1+\frac{1}{n}\right)^n<e$ und damit $\left|\frac{a_{n+1}}{a_n}\right|>1$.

3. Wir wissen aus 5.1 und 5.4, daß $\sum\frac{1}{n}$ divergiert, $\sum\frac{1}{n^2}$ dagegen konvergiert. Wegen $n^\alpha\leq n$ für $\alpha\leq 1$ und $n^\alpha\geq n^2$ für $\alpha\geq 2$ ist nach den Vergleichskriterien von 5.5 $\sum\frac{1}{n^\alpha}$ konvergent für $\alpha\geq 2$ und divergent für $\alpha\leq 1$. Wie steht es mit den Exponenten α zwischen 1 und 2? Das Wurzelkriterium gibt darüber ebensowenig Auskunft wie das Quotientenkriterium. Es versagt ja auch bei der harmonischen Reihe ($\alpha=1$) und ebenso bei $\alpha=2$. Man kann eben aus einem noch so schönen Kriterium nicht mehr herausholen, als man hineingesteckt hat. Wurzel- und Quotientenkriterium sind durch Vergleich mit der geometrischen Reihe entstanden und für feinere Untersuchungen nicht tauglich. Ein einfaches, aber wirkungsvolles Hilfsmittel, welches das aufgeworfene Problem zu lösen gestattet, ist der

5.10 Verdichtungssatz von Cauchy. *Eine Reihe* $\sum_{n=1}^{\infty} a_n$, *deren Glieder positiv sind und eine monoton fallende Folge* (a_n) *bilden, hat dasselbe Konvergenzverhalten wie die Reihe*

$$\sum_{n=0}^{\infty} 2^n a_{2^n}=a_1+2a_2+4a_4+8a_8+\ldots$$

Nach diesem Satz läßt sich also das Konvergenzverhalten der ursprünglichen Reihe vollständig aus der „verdichteten" Reihe ablesen, die nur die Glieder mit den Indizes 2^n, also nur einen verschwindenden Bruchteil der ursprünglichen Reihenglieder, enthält.

Beweis. Bezeichnen wir die Teilsummen der ursprünglichen Reihe mit s_n, die der verdichteten Reihe mit t_n, so ist für $n<2^{k+1}$

$$\begin{aligned} s_n &\leq a_1+(a_2+a_3)+(a_4+\ldots+a_7)+\ldots+(a_{2^k}+\ldots+a_{2^{k+1}-1}) \\ &\leq a_1+2a_2+4a_4+\ldots+2^k a_{2^k}=t_k. \end{aligned}$$

Ist also die verdichtete Reihe konvergent, $\lim t_k=A$, so ist $s_n\leq A$ und damit $\sum a_n$ konvergent. Ist dagegen die verdichtete Reihe divergent, so folgt aus der für $n\geq 2^{k+1}$ gültigen Abschätzung

$$\begin{aligned} s_n &\geq a_1+a_2+(a_3+a_4)+(a_5+\ldots+a_8)+\ldots+(a_{2^k+1}+\ldots+a_{2^{k+1}}) \\ &\geq a_1+a_2+2a_4+4a_8+\ldots+2^k a_{2^{k+1}}\geq \tfrac{1}{2}t_{k+1}, \end{aligned}$$

daß mit t_k auch s_n gegen unendlich strebt und die Reihe $\sum a_n$ divergiert. □

Wenden wir den Verdichtungssatz auf $\sum n^{-\alpha}$ an! Es ergibt sich

$$2^n a_{2^n}=2^n(2^n)^{-\alpha}=q^n \quad \text{mit} \quad q=2^{1-\alpha}.$$

Die verdichtete Reihe ist also eine geometrische Reihe! Wir erhalten als wichtiges Ergebnis

(a) Die Reihe

$$\sum_{n=1}^{\infty}\frac{1}{n^\alpha}=1+\frac{1}{2^\alpha}+\frac{1}{3^\alpha}+\frac{1}{4^\alpha}+\ldots$$

ist für $\alpha>1$ konvergent, für $\alpha\leq 1$ divergent.

(b) $\sum_{n=2}^{\infty}\frac{1}{n(\log n)^\alpha}$ ist konvergent für $\alpha>1$ und divergent für $\alpha\leq 1$ (Beweis als Aufgabe).

Diese Beispiele sind im Zusammenwirken mit den Vergleichskriterien oft nützlich bei der Bestimmung des Konvergenzverhaltens von Reihen. So ist etwa die Reihe mit dem allgemeinen Glied $a_n = n\sqrt{n}/(3+n^2+2n^3)$ konvergent, weil $n^{3/2}a_n$ für $n\to\infty$ den Grenzwert 1/2 hat, also $a_n < n^{-3/2}$ für große n ist. Dagegen ist die unendliche Reihe $\sum n^2/(3+n^2+2n^3)$ divergent (Begründung?).

Bemerkung. Die Vergleichskriterien und der Verdichtungssatz finden sich zum ersten Mal in Cauchys *Cours d'analyse* (1821). Das Majorantenkriterium wurde jedoch schon von früheren Autoren benutzt und als keines Beweises bedürftig angesehen, etwa von Jakob Bernoulli; vgl. das Zitat am Ende von 5.4 (c).

5.11 Umordnung von unendlichen Reihen. In endlichen Summen kann man die Summanden in beliebiger Weise umordnen, ohne daß sich die Summe ändert; vgl. 2.11. Bei unendlichen Reihen liegen die Dinge komplizierter. Es wird sich zeigen, daß ein allgemeines Kommutativgesetz genau für die absolut konvergenten unendlichen Reihen gültig ist. Man sagt, die Reihe $\sum_{n=0}^{\infty} b_n$ sei eine Umordnung der Reihe $\sum_{n=0}^{\infty} a_n$, wenn die Folge (b_n) aus (a_n) durch Umordnung entstanden ist. Das bedeutet nach 4.5, daß eine Bijektion ϕ: $\mathbb{N}\to\mathbb{N}$ mit $b_n = a_{\phi(n)}$ existiert.

Umordnungssatz. *Eine absolut konvergente Reihe darf man umordnen. Genauer: Ist* $\sum_{n=0}^{\infty} a_n$ *absolut konvergent und* (b_n) *eine Umordnung von* (a_n), *so gilt* $\sum_{n=0}^{\infty} a_n = \sum_{n=0}^{\infty} b_n$, *wobei auch die zweite Reihe absolut konvergent ist.*

Beweis. Wir bezeichnen die Teilsummen von $\sum a_n$ und $\sum b_n$ mit s_n und t_n. Zu vorgegebenem $\varepsilon > 0$ gibt es einen Index N derart, daß $|a_{N+1}| + \ldots + |a_{N+p}| < \varepsilon$ ist für beliebiges p. Also ist $\sum^N |a_n| < \varepsilon$, wenn mit $\sum^N$ irgendeine endliche Summe bezeichnet wird, bei welcher nur Indizes $n > N$ auftreten. Es sei etwa $b_n = a_{\phi(n)}$. Wir wählen $M > N$ so groß, daß unter den Zahlen $\phi(0)$, $\phi(1)$, ..., $\phi(M)$ alle Zahlen 0, 1, ..., N vorkommen.

Für $n > M$ heben sich dann in der Differenz $s_n - t_n$ alle Glieder a_i mit einem Index $i \leq N$ weg, weil diese sowohl in s_n als auch in t_n erscheinen, d.h. $s_n - t_n$ ist eine Summe von der Form $\sum^N \pm a_i$ (+ für Glieder aus s_n, − für solche aus t_n, soweit sie sich nicht wegheben). Es ist also

$$|s_n - t_n| \leq \sum^N |a_i| < \varepsilon \quad \text{für } n > M.$$

Damit ist gezeigt, daß $(s_n - t_n)$ eine Nullfolge und $\lim s_n = \lim t_n$ oder $\sum a_n = \sum b_n$ ist. Diese Schlußweise läßt sich auch auf die Reihe $\sum |a_n|$ anwenden. Man erkennt so, daß die umgeordnete Reihe absolut konvergent ist. □

Am Beispiel der alternierenden harmonischen Reihe

$$1 - \tfrac{1}{2} + \tfrac{1}{3} - \tfrac{1}{4} + \tfrac{1}{5} - \tfrac{1}{6} + - \ldots$$

wollen wir nun zeigen, daß der Satz über die Umordnung nicht für alle konvergenten unendlichen Reihen gilt. Nach dem Leibniz-Kriterium ist die Reihe konvergent, und für ihre Summe S gilt $s_2 < S < s_3$ oder

$$\tfrac{1}{2} < S < \tfrac{5}{6}.$$

Nun betrachten wir die folgende Umordnung, wobei jeweils drei Glieder durch Klammern zusammengefaßt sind,

$$(1+\tfrac{1}{3}-\tfrac{1}{2})+(\tfrac{1}{5}+\tfrac{1}{7}-\tfrac{1}{4})+(\tfrac{1}{9}+\tfrac{1}{11}-\tfrac{1}{6})+\dots.$$

Hier ist jede Klammer positiv, und die erste Klammer hat den Wert 5/6. Die Summe der umgeordneten Reihe ist also $>5/6$ (als Übungsaufgabe sei empfohlen, die Konvergenz der umgeordneten Reihe nachzuweisen). Durch diese Umordnung wurde also die Summe der Reihe verändert. Später in 5.16 werden wir auf die hier angeschnittenen Probleme zurückkommen.

5.12 Reihen mit beliebigen Indexmengen. In 2.11 wurden endliche Summen $\sum_{\alpha\in E} a_\alpha$ durch eine Bijektion zwischen der Indexmenge E und einem Abschnitt von $\mathbb{N}$ erklärt. Analog dazu definieren wir, wenn M eine abzählbare Indexmenge und a_α für $\alpha\in M$ erklärt ist,

$$\sum_{\alpha\in M} a_\alpha := \sum_{n=0}^{\infty} a_{\phi(n)}, \quad \text{wobei } \phi\colon \mathbb{N}\to M \text{ bijektiv ist.}$$

Hier wird also erst im Nachhinein der Indexmenge eine Ordnung aufgeprägt, welche die Reihenfolge der Summation angibt. Jede solche durch eine Bijektion ϕ erzeugte Reihe $\sum a_{\phi(n)}$ wird als eine „Realisierung" der Reihe $\sum a_\alpha$ bezeichnet. Von zwei Realisierungen ist jede eine Umordnung der anderen, wie man leicht sieht. Um die obige Definition eindeutig zu machen, setzen wir deshalb voraus, daß die Reihe $\sum_{\alpha\in M} a_\alpha$ absolut konvergent ist, was natürlich heißen soll, daß dies für eine (und nach Satz 5.11 dann für jede) Realisierung zutrifft.

Wir leiten nun einige Eigenschaften von Summen ab und benutzen dabei die Bezeichnung

$$S(I) := \sum_{\alpha\in I} a_\alpha \quad \text{für } I\subset M.$$

Es wird vorausgesetzt, daß $S(M)$ absolut konvergiert.

(a) Für $I\subset M$ gilt $S(I)+S(M\setminus I)=S(M)$; alle Summen sind absolut konvergent.

Beweis. Ist eine der Summen endlich, etwa $\operatorname{card} I = p+1$, so bestimmt man eine Bijektion ϕ, welche $\{0,1,\dots,p\}$ auf I und $Z_p=\{n: n>p\}$ auf $M\setminus I$ abbildet. Es ist dann $S(M)=\sum b_n$ mit $b_n=a_{\phi(n)}$, ferner $S(I)$ die p-te Teilsumme und $S(M\setminus I)$ der p-te Rest dieser Summe. Die obige Gleichung folgt also aus Satz 5.1. Sind I und $M\setminus I$ abzählbar, so benutzt man eine Bijektion φ, welche die geraden Zahlen auf I und die ungeraden Zahlen auf $M\setminus I$ abbildet. Für $b_n=a_{\varphi(n)}$ folgt aus $\sum |b_n|<\infty$ offenbar $\sum |b_{2n}|<\infty$ und $\sum |b_{2n+1}|<\infty$. Aus Corollar 5.2. folgt nun die Behauptung $\sum b_{2n} + \sum b_{2n+1} = \sum b_n$. Insbesondere gilt

(b) $\sum_{\alpha \in I} |a_\alpha| \leq \sum_{\alpha \in M} |a_\alpha|$ für $I \subset M$.

Jetzt kann man (a) auch auf Teilmengen von M anwenden und erhält $S(I) + S(J) = S(I \cup J)$ für disjunkte Teilmengen I, J von M. Natürlich gilt dann auch $S(I_1 \cup I_2 \cup I_3) = S(I_1 \cup I_2) + S(I_3) = S(I_1) + S(I_2) + S(I_3)$ und allgemein

(c) $S(I_1) + \ldots + S(I_p) = S(I_1 \cup \ldots \cup I_p)$, falls die $I_i \subset M$ paarweise disjunkt sind.

Eine entsprechende Gleichung gilt sogar für abzählbar viele Teilmengen I_i:

(d) $S(M) = \sum_{i=1}^{\infty} S(I_i)$, falls die I_i paarweise disjunkt sind und $M = \bigcup_{i=1}^{\infty} I_i$ ist.

Denn nach (c) ist für jedes p

$$S(M) = S(I_1) + \ldots + S(I_p) + S(M_p) \quad \text{mit} \quad M_p = M \setminus \bigcup_{i=1}^{p} I_i.$$

Nun streben nach Satz 5.3, wenn $\sum a_{\phi(n)}$ eine Realisierung von $S(M)$ ist, die Reste der Reihe $\sum |a_{\phi(n)}|$ gegen Null. Zu vorgegebenem $\varepsilon > 0$ existiert demnach ein Index N mit

$$(*) \qquad \sum_{n=N+1}^{\infty} |a_{\phi(n)}| < \varepsilon, \qquad \text{also auch } \sum\nolimits^N |a_{\phi(n)}| < \varepsilon,$$

wenn $\sum^N$ irgendeine endliche oder unendliche Summe bezeichnet, bei welcher alle Indizes $n > N$ sind; vgl. (b). Es sei $r > N$ derart gewählt, daß $I_1 \cup \ldots \cup I_r$ alle Indizes $\phi(0)$, $\phi(1)$, ..., $\phi(N)$ enthält. Für $p > r$ kommen diese Indizes nicht in M_p vor, anders gesagt, $S(M_p)$ ist eine Summe vom Typ $\sum^N$. Aus (*) folgt dann $|S(M_p)| < \varepsilon$ für $p > r$, d.h. die p-te Teilsumme $S(I_1) + \ldots + S(I_p)$ liegt für fast alle p in der ε-Umgebung von $S(M)$. Damit ist die Gleichung $S(M) = \sum S(I_i)$ bewiesen.

Man darf also, so läßt sich (d) interpretieren, den Indexbereich in beliebiger Weise aufspalten und jeden Teilbereich I_i beliebig anordnen. Dieses Ergebnis, das wir wegen seiner Wichtigkeit noch einmal ausführlich formulieren, trägt den Namen

5.13 Großer Umordnungssatz. *Es sei M eine abzählbare Menge, I_1, I_2, I_3, ... eine Zerlegung von M in paarweise disjunkte Teilmengen I_i und $\sum_{\alpha \in M} a_\alpha$ absolut konvergent. Dann ist*

$$\sum_{\alpha \in M} a_\alpha = \sum_{i=1}^{\infty} \sum_{\alpha \in I_i} a_\alpha.$$

Zusatz. Für die entscheidende Voraussetzung der Absolutkonvergenz geben wir drei äquivalente Formulierungen:

(a) Es gibt eine Bijektion $\phi: \mathbb{N} \to M$ mit $\sum_{0}^{\infty} |a_{\phi(n)}| < \infty$;

(b) Es gibt eine Konstante K, so daß $\sum_{\alpha \in E} |a_\alpha| \leq K < \infty$ ist für jede endliche Indexmenge $E \subset M$.

(c) $\sum_{i=1}^{\infty} \sum_{\alpha \in I_i} |a_\alpha| < \infty$ (bei irgendeiner Realisierung der Summen).

Hier ist (a) die Definition der Absolutkonvergenz. Daraus folgen (b) (mit 5.12 (b)) und (c), wenn man den Satz auf die Reihe mit den Gliedern $|a_\alpha|$ anwendet. Umgekehrt folgt (a) aus (b), wie man leicht sieht. Nun gelte (c), und die in (c) auftretende Summe habe den Wert K. Behält man von den „inneren" Reihen in (c) nur jene über $I_1, \ldots, I_p$ bei, so wird die Summe verkleinert. Sie wird nochmals verkleinert, wenn man in jeder dieser p Summen nur endlich viele Summanden beibehält. Da man jede endliche Summe auf diese Weise erhalten kann, gilt (b). Damit ist die Gleichwertigkeit der drei Voraussetzungen (a) bis (c) nachgewiesen.

5.14 Doppelreihen. Häufig treten Reihen mit der Indexmenge $M = \mathbb{N} \times \mathbb{N}$ auf; sie ist nach 2.9 abzählbar. Man spricht in diesem Fall von einer Doppelreihe und verwendet eine der Bezeichnungen

$$\sum_{i=0}^{\infty} \sum_{j=0}^{\infty} a_{ij}, \qquad \sum_{i,j=0}^{\infty} a_{ij} \quad \text{oder kurz} \quad \sum a_{ij}.$$

Für die Anwendung des großen Umordnungssatzes benötigt man die Absolutkonvergenz, welche wir in der Form

$$\text{(A)} \qquad \sum_{i,j=0}^{m} |a_{ij}| \le K < \infty \quad \text{für } m = 0, 1, 2, 3, \ldots$$

oder einer dazu äquivalenten Form, etwa $\sum_i (\sum_j |a_{ij}|) < \infty$, voraussetzen. Naheliegend sind die folgenden Zerlegungen des Indexbereichs (siehe Schema).

$$\begin{array}{ccccccccc}
 & & D_0 & D_1 & D_2 & D_3 & D_4 & & \\
 & 00 & 01 & 02 & 03 & 04 & \text{—} & Z_0 \\
D_0 & 10 & 11 & 12 & 13 & 14 & \text{—} & Z_1 \\
D_1 & 20 & 21 & 22 & 23 & 24 & \text{—} & Z_2 \\
D_2 & 30 & 31 & 32 & 33 & 34 & \text{—} & Z_3 \\
D_3 & 40 & 41 & 42 & 43 & 44 & \text{—} & Z_4 \\
D_4 & | & | & | & | & | & & \\
 & S_0 & S_1 & S_2 & S_3 & S_4 & &
\end{array}$$

nach Zeilen: $Z_i = \{i\} \times \mathbb{N}$,
nach Spalten: $S_j = \mathbb{N} \times \{j\}$,
nach Diagonalen: $D_k = \{(i,j) \colon i + j = k\}$.

Sie führen auf die folgenden Gleichungen

$$\sum_{i,j=0}^{\infty} a_{ij} = \sum_{i=0}^{\infty} \left(\sum_{j=0}^{\infty} a_{ij} \right) = \sum_{j=0}^{\infty} \left(\sum_{i=0}^{\infty} a_{ij} \right)$$

$$= \sum_{k=0}^{\infty} \Big(\sum_{i+j=k} a_{ij} \Big) \equiv \sum_{k=0}^{\infty} \sum_{i=0}^{k} a_{i,k-i}.$$

Diese Ergebnisse werden als *Doppelreihensatz* bezeichnet; der letzte Ausdruck stellt lediglich eine andere Bezeichnungsweise für die Diagonalzerlegung dar.

Historisches. Das Umordnen von Reihen mit dem Ziel, deren Summe zu finden, wurde schon im 14. Jahrhundert praktiziert; vgl. das in der Einleitung genannte Beispiel von ORESME. JAKOB BERNOULLI leitet in der ersten Abhandlung [OK 171, S. 12] die folgende Formel

$$1+2q+3q^2+4q^3+\ldots=\sum_{n=0}^{\infty}(n+1)q^n=\frac{1}{(1-q)^2} \quad (|q|<1)$$

ab. Sein Beweis ergibt sich aus dem folgenden Schema:

$$\begin{array}{rl}
1+\ q+\ q^2+\ q^3+\ q^4+\ldots &= \dfrac{1}{1-q}\\[2mm]
q+\ q^2+\ q^3+\ q^4+\ldots &= \dfrac{q}{1-q}\\[2mm]
q^2+\ q^3+\ q^4+\ldots &= \dfrac{q^2}{1-q}\\[2mm]
q^3+\ q^4+\ldots &= \dfrac{q^3}{1-q}\\
\hline
1+2q+3q^2+4q^3+5q^4+\ldots &= \dfrac{1}{1-q}+\dfrac{q}{1-q}+\dfrac{q^2}{1-q}+\dfrac{q^3}{1-q}+\ldots\\[2mm]
&= \dfrac{1}{(1-q)^2}.
\end{array}$$

Hier wird offenbar der Doppelreihensatz für die durch

$$a_{ij}=q^j \quad \text{für } j\ge i \qquad \text{und} \qquad a_{ij}=0 \quad \text{für } j<i$$

definierte Doppelfolge angewandt. Für die Zeilensummen $\zeta_i=S(Z_i)$ und Spaltensummen $\sigma_j=S(S_j)$ ergibt sich $\sigma_j=(j+1)q^j$ und $\zeta_i=\dfrac{q^i}{1-q}$. Es ist $\sum\sigma_j$ die vorgelegte Reihe und $\sum\zeta_i$ eine geometrische Reihe mit der gesuchten Summe $(1-q)^{-2}$; vgl. auch Aufgabe 1.

5.15 Multiplikation von Reihen. Das Produkt zweier endlicher Summen wird gebildet, indem man jeden Summand der ersten Summe mit jedem Summand der zweiten Summe multipliziert und alle diese Produkte addiert,

$$(a_0+\ldots+a_m)(b_0+\ldots+b_n)=\sum_{i=0}^{m}a_i\left(\sum_{j=0}^{n}b_j\right)=\sum_{i=0}^{m}\sum_{j=0}^{n}a_ib_j.$$

Diese Schlußweise läßt sich aufgrund des Doppelreihensatzes auf unendliche Doppelreihen übertragen.

Satz. *Sind die unendlichen Reihen $\sum a_n$ und $\sum b_n$ absolut konvergent, so kann ihr Produkt durch gliedweise Multiplikation berechnet werden,*

$$\left(\sum_{n=0}^{\infty}a_n\right)\left(\sum_{n=0}^{\infty}b_n\right)=\sum_{i,j=0}^{\infty}a_ib_j,$$

und die entstehende Doppelreihe ist absolut konvergent.

Beweis. Es sei $\sum |a_i| = A$ und $\sum |b_i| = B$. Dann ist $\sum_i (\sum_j |a_i b_j|) = \sum_i |a_i| B = AB < \infty$, d.h. die Doppelreihe ist absolut konvergent. Mit der Bezeichnung $a := \sum a_n$, $b := \sum b_n$ ergibt sich dann aus dem Doppelreihensatz

$$\sum_{i,j} a_i b_j = \sum_i (\sum_j a_i b_j) = \sum_i (a_i b) = ab. \qquad \square$$

Das Cauchy-Produkt. Wählt man bei der Umordnung der Doppelreihe $\sum a_i b_j$ in eine einfache Reihe die Anordnung nach Diagonalen, so erhält man nach den Formeln von 5.14

$$\left(\sum_0^\infty a_n\right)\left(\sum_0^\infty b_n\right) = \sum_{n=0}^\infty \left(\sum_{i=0}^n a_i b_{n-i}\right) = \sum_{n=0}^\infty d_n$$

mit

$$d_n = \sum_{i=0}^n a_i b_{n-i} = a_0 b_n + a_1 b_{n-1} + \ldots + a_n b_0.$$

Diese Art der Summation wird *Cauchy-Produkt* genannt. Sie wird vor allem bei der Multiplikation von Potenzreihen benutzt, vgl. §7. Als ein erstes, wichtiges Beispiel betrachten wir

Die Binomialreihe

$$B(x,\alpha) = \sum_{n=0}^\infty \binom{\alpha}{n} x^n = 1 + \alpha x + \frac{\alpha(\alpha-1)}{1\cdot 2} x^2 + \frac{\alpha(\alpha-1)(\alpha-2)}{1\cdot 2\cdot 3} x^3 + \ldots.$$

Ist α eine natürliche Zahl, so bricht die Reihe nach dem Glied mit $n=\alpha$ ab, und aus dem Binomialsatz 2.14 ergibt sich $B(x,\alpha) = (1+x)^\alpha$. Zur Untersuchung der Konvergenz für $\alpha \notin \mathbb{N}$ benutzen wir das Quotientenkriterium aus 5.9. Für $a_n = \binom{\alpha}{n} x^n$ gilt

$$\frac{a_{n+1}}{a_n} = \frac{x\binom{\alpha}{n+1}}{\binom{\alpha}{n}} = \frac{x(\alpha-n)}{n+1} \to -x \quad \text{für } n \to \infty.$$

Die Reihe ist also für $|x|<1$ absolut konvergent und für $|x|>1$ divergent. Bilden wir das Cauchy-Produkt zweier solcher Reihen

$$B(x,\alpha)\,B(x,\beta) = \sum_{n=0}^\infty d_n x^n \quad \text{mit} \quad d_n = \sum_{j=0}^n \binom{\alpha}{j}\binom{\beta}{n-j}.$$

Nach dem Additionstheorem für Binomialkoeffizienten 3.2 (d) ist $d_n = \binom{\alpha+\beta}{n}$, also

$$B(x,\alpha)\,B(x,\beta) = B(x,\alpha+\beta) \quad \text{für } \alpha,\beta \in \mathbb{R} \text{ und } |x|<1.$$

$B(x,\alpha)$, aufgefaßt als Funktion von α bei festem x, ist also eine Lösung der Funktionalgleichung der Exponentialfunktion $\phi(\alpha+\beta) = \phi(\alpha)\,\phi(\beta)$ mit $\phi(1) =$

$1+x$. Aus Satz 3.8 folgt nun $B(x,\alpha)=(1+x)^\alpha$ oder

$$(1+x)^\alpha = \sum_{n=0}^{\infty} \binom{\alpha}{n} x^n \quad \text{für } |x|<1 \text{ und } \alpha \in \mathbb{Q}.$$

Die Übertragung auf irrationale Exponenten α wäre im Augenblick mühsam und soll deshalb unterbleiben. Später in 10.17 werden wir dieses Ergebnis als Taylorreihe geschenkt bekommen.

Bemerkung. Die vom 24-jährigen NEWTON entdeckte Formel widerstand ein gutes Jahrhundert lang allen Beweisversuchen (von einigen Spezialfällen abgesehen). Erst EULER, dessen Beweis in den *Institutiones calculi differentialis* von 1755 wie mancher andere auch einen circulus vitiosus enthält, fand 1774 einen gültigen Beweis. Er benutzte dabei die obige originelle Beweisidee. CAUCHY beschritt im *Cours d'analyse* (S. 146) denselben Weg. Er war sich, anders als Euler, der Notwendigkeit einer Stetigkeitsbetrachtung für irrationale α bewußt, ist aber bei der Durchführung über die gleichmäßige Konvergenz gestolpert. Die grundlegende Bedeutung der Binomialreihe für die Reihenentwicklungen der elementaren Funktionen wurde von Anfang an erkannt.

Wir kommen jetzt auf das im Anschluß an den Umordnungssatz 5.11 und das dortige Gegenbeispiel aufgeworfene Problem der Umordnung von nicht absolut konvergenten Reihen zurück.

5.16 Bedingte und unbedingte Konvergenz. In bezug auf das Verhalten bei Umordnungen kann man die unendlichen Reihen in zwei Klassen einteilen. Man nennt eine konvergente Reihe *unbedingt konvergent*, wenn man sie umordnen darf, genauer, wenn sie bei einer beliebigen Umordnung konvergent bleibt und ihre Summe sich nicht ändert. Alle anderen konvergenten Reihen, bei denen also das Konvergenzverhalten durch Umordnung verändert werden kann, werden *bedingt konvergent* genannt.

Im Augenblick wissen wir nur, daß die absolut konvergenten Reihen unbedingt konvergent sind, und wir kennen ein Beispiel einer bedingt konvergenten Reihe, $1-\frac{1}{2}+\frac{1}{3}-\frac{1}{4}+-\ldots$. Zwei Fragen drängen sich auf. (1) Welche Reihen sind unbedingt konvergent? (2) Welche Summenwerte kann man bei bedingter Konvergenz durch Umordnung erhalten, und kann man auch so umordnen, daß die Reihe sogar divergiert? Die Antwort auf die erste Frage wird nicht weiter überraschen: Genau die absolut konvergenten Reihen sind unbedingt konvergent. Daß sich aber bei einer bedingt konvergenten Reihe durch Umordnung jeder beliebig vorgegebene Summenwert einschließlich ∞ und $-\infty$ und auch unbestimmte Divergenz erreichen läßt, ist ein ebenso erstaunliches wie schönes Ergebnis, das wir B. RIEMANN [1866, Gesammelte Werke, S. 235] verdanken. Der „Riemannsche Umordnungssatz" wird im nächsten Abschnitt behandelt. Sein Beweis stützt sich auf den folgenden einfachen

Satz. *Es sei (a_n) eine Zahlenfolge und $a_n^+=\max\{a_n,0\}$, $a_n^-=\max\{-a_n,0\}$. Die Reihe $\sum a_n$ ist genau dann absolut konvergent, wenn die Reihen $\sum a_n^+$ und $\sum a_n^-$ konvergent sind. Ist die Reihe $\sum a_n$ konvergent, aber nicht absolut konvergent, so gilt $\sum a_n^+=\sum a_n^-=\infty$.*

Beweis. Aus den Formeln

$$0 \le a_n^+, a_n^- \le |a| \quad \text{und} \quad a_n^+ + a_n^- = |a|,$$

dem Majorantenkriterium 5.5 und Satz 5.2 folgt, daß mit $\sum |a_n|$ auch $\sum a_n^+$, $\sum a_n^-$ konvergent sind und umgekehrt.

Sind $\sum a_n$ und $\sum a_n^+$ konvergent, so ist wegen $a_n^- = a_n^+ - a_n$ auch $\sum a_n^-$ konvergent, und in ähnlicher Weise folgt aus der Konvergenz von $\sum a_n$ und $\sum a_n^-$ die Konvergenz von $\sum a_n^+$. In jedem dieser beiden Fälle ist die Reihe also absolut konvergent. Trifft letzteres nicht zu, so müssen beide Reihen $\sum a_n^+$, $\sum a_n^-$ divergieren. □

5.17 Riemannscher Umordnungssatz. *Ist $\sum a_n$ eine konvergente, aber nicht absolut konvergente unendliche Reihe und wird $S \in \overline{\mathbb{R}} = \mathbb{R} \cup \{\pm\infty\}$ beliebig vorgegeben, so gibt es eine Umordnung $\sum b_n$ der Reihe mit $\sum b_n = S$. Noch mehr: Ist $[A, B] \subset \overline{\mathbb{R}}$ ein beliebiges abgeschlossenes Intervall, so läßt sich die Reihe derart umordnen, daß die Teilsummenfolge der umgeordneten Reihe genau die Punkte des Intervalls $[A, B]$ als Häufungspunkte hat.*

Beweis. Die in der Reihe $\sum a_n$ auftretenden positiven Glieder werden mit b_0, b_1, b_2, ..., die negativen mit $-c_0$, $-c_1$, $-c_2$, ... bezeichnet. Nach dem vorangehenden Satz ist $\sum b_n = \sum c_n = \infty$. Wir geben im folgenden den originalen Beweis, der typisch ist für Riemanns knappe, aber die Beweisidee klar erfassende Darstellung, wörtlich wieder. „Offenbar kann nun die Reihe durch geeignete Anordnung der Glieder einen beliebig gegebenen Werth S erhalten. Denn nimmt man abwechselnd so lange positive Glieder der Reihe, bis ihr Werth grösser als S wird, und so lange negative, bis ihr Werth kleiner als S wird, so wird die Abweichung von S nie mehr betragen, als der Werth des dem letzten Zeichenwechsel voraufgehenden Gliedes. Da nun sowohl die Grössen b, als die Grössen c mit wachsendem Index zuletzt unendlich klein werden, so werden auch die Abweichungen von S, wenn man in der Reihe nur hinreichend weit fortgeht, beliebig klein werden, d.h. die Reihe wird gegen S convergiren." (Riemann benutzt statt b, c, S die Buchstaben a, b, C.)

Die erweiterte Behauptung wird von Riemann nicht behandelt. Sind A, B reelle Zahlen mit $A \le B$, so nimmt man eben abwechselnd so lange positive Glieder der Reihe, bis ihr Wert größer als B wird, und so lange negative, bis ihr Wert kleiner als A wird. Mit dieser Beweismodifikation ergibt sich die Behauptung im Fall eines kompakten Intervalls $[A, B]$. Der Beweis im Fall eines unbeschränkten Intervalls sei dem Scharfsinn des Lesers anvertraut. □

5.18 Dezimalbrüche und g-adische Entwicklung. Die Dezimalschreibweise für reelle Zahlen, wonach etwa

$$0{,}10727272\ldots \text{ die Zahl } \frac{1}{10} + \frac{7}{10^3} + \frac{2}{10^4} + \frac{7}{10^5} + \frac{2}{10^6} + \ldots$$

bedeutet, ist wohlbekannt. Allgemein nennt man, wenn Z eine natürliche Zahl und $(z_n)_{n=1}^{\infty}$ eine Folge von Ziffern $z_n \in \{0, 1, \ldots, 9\}$ ist, die unendliche Reihe

$$Z, z_1 z_2 z_3 z_4 \ldots := Z + \sum_{n=1}^{\infty} \frac{z_n}{10^n}$$

einen unendlichen Dezimalbruch oder eine Dezimalbruchentwicklung der dargestellten reellen Zahl. Die Reihe ist wegen $0 \le \frac{z_n}{10^n} \le 9 \cdot \frac{1}{10^n}$ konvergent aufgrund des Majorantenkriteriums. Es kann verschiedene Darstellungen einer reellen Zahl als Dezimalbruch geben. Beispielsweise ist $1 = 1{,}0000\ldots = 0{,}9999\ldots$, da $\sum_{n=1}^{\infty} \frac{9}{10^n} = \frac{9}{10} \sum_{n=0}^{\infty} \left(\frac{1}{10}\right)^n = 1$ ist.

Diese Mehrdeutigkeit läßt sich dadurch beseitigen, daß man entweder „$z_n = 9$ für fast alle n" oder „$z_n = 0$ für fast alle n" verbietet.

Die Dezimalbruchentwicklung ist ein Sonderfall der g-adischen Entwicklung, der wir uns nun zuwenden.

Es sei g eine natürliche Zahl ≥ 2 und $0 \le a \in \mathbb{R}$. Wenn

$$a = Z + \sum_{n=1}^{\infty} \frac{z_n}{g^n}$$

mit $Z \in \mathbb{N}$ und $z_n \in \{0, 1, \ldots, g-1\}$ ist, so schreibt man $a = Z, z_1 z_2 z_3 \ldots$ und nennt $Z, z_1 z_2 z_3 \ldots$ eine *g-adische Entwicklung* von a. Ist $a < 0$ und hat $-a$ die angegebene Entwicklung, so schreibt man $a = -Z, z_1 z_2 z_3 \ldots$. Wegen $0 \le z_n g^{-n} < g \cdot 2^{-n}$ ist die Reihe konvergent.

Satz. *Es sei g eine ganze Zahl ≥ 2. Jede nichtnegative reelle Zahl besitzt eine g-adische Entwicklung. Die Entwicklung ist eindeutig, wenn man entweder „$z_n = g-1$ für fast alle n" oder „$z_n = 0$ für fast alle n" verbietet.*

Beweis. Zu vorgelegtem $a \ge 0$ werden die „Ziffern" z_i rekursiv nach der Vorschrift

$$Z = [a], \qquad a_0 = a - Z$$

$$z_1 = [g a_0], \qquad a_1 = a - Z, z_1 = a_0 - z_1 g^{-1}$$

$$z_2 = [g^2 a_1], \qquad a_2 = a - Z, z_1 z_2 = a_1 - z_2 g^{-2},$$

allgemein

$$z_n = [g^n a_{n-1}], \qquad a_n = a - Z, z_1 \ldots z_n = a_{n-1} - z_n g^{-n}$$

definiert. Die Aussagen

$$(*) \qquad 0 \le a_n < g^{-n}, \qquad a_n \ge a_{n+1}, \qquad z_n \in \{0, 1, \ldots, g-1\}$$

für $n = 0, 1, 2, \ldots$ beweist man durch vollständige Induktion unter Benutzung der Tatsache, daß $0 \le x - [x] < 1$ ist; vgl. 2.15. Sie sind richtig für $n = 0$. Der Schluß von n auf $n+1$ geht aus von der Ungleichung $0 \le a_n < g^{-n}$, woraus $0 \le g^{n+1} a_n < g$, also

$$0 \le [g^{n+1} a_n] = z_{n+1} < g$$

sowie

$$0 \le g^{n+1} a_n - z_{n+1} < 1$$

folgt. Wegen $a_{n+1} = a_n - z_{n+1} g^{-n-1}$ ist damit $(*)$ auch für den Index $n+1$ richtig.

Aus (*) folgt nun unmittelbar $a_n \to 0$ oder $a = \lim Z, z_1 \dots z_n = Z, z_1 z_2 z_3 \dots$.

Zum Beweis der Eindeutigkeit der Darstellung betrachten wir zwei Zahlen $a = Z, z_1 z_2 z_3 \dots$, $b = Y, y_1 y_2 y_3 \dots$. Ist $Y \neq Z$, etwa $Y > Z$, so wird

$$a - b = Z - Y + \sum_1^\infty \frac{z_n - y_n}{g^n} \le -1 + \frac{g-1}{g} \sum_0^\infty \frac{1}{g^n} = 0,$$

wobei in der Ungleichung das Gleichheitszeichen nur dann gilt, wenn $Z - Y = -1$ und $z_n - y_n = g - 1$ für alle $n \ge 1$, also $Y = Z + 1$ und $y_n = 0$, $z_n = g - 1$ für $n \ge 1$ ist. Dies ist also im Fall $Y > Z$ die einzige Möglichkeit, um $a = b$ zu erzielen. Nun werde $Y = Z$, $y_n = z_n$ für $n \le p - 1$ und $y_p \neq z_p$, etwa $y_p > z_p$, vorausgesetzt. Für die Zahlen $a' = g^p a = Z', z'_1 z'_2 \dots$ und $b' = g^p b = Y', y'_1 y'_2 \dots$ mit $z'_i = z_{i+p}$, $y'_i = y_{i+p}$ ist dann $Y' > Z'$. Aus $a' = b'$ folgt, wie wir bereits gesehen haben, $Y' = Z' + 1$ und $y'_i = 0$, $z'_i = g - 1$ oder $y_p = z_p + 1$ und $y_{p+i} = 0$, $z_{p+i} = g - 1$ für $i = 1, 2, 3, \dots$.

Damit ist die Eindeutigkeit der Entwicklung im behaupteten Umfang bewiesen. □

Aufgaben

1. Man beweise die Formeln (Jakob Bernoulli 1689)

(a) $\displaystyle\sum_{n=p+1}^\infty \frac{1}{n^2 - p^2} = \frac{1}{2p}\left(1 + \frac{1}{2} + \dots + \frac{1}{2p}\right)$ für $p = 1, 2, 3, \dots$;

(b) $\displaystyle 1 + 4x + 9x^2 + 16x^3 + \dots = \sum_{n=0}^\infty (n+1)^2 x^n = \frac{1+x}{(1-x)^3}$ für $|x| < 1$;

(c) $\displaystyle 1 + 8x + 27x^2 + 64x^3 + \dots = \sum_{n=0}^\infty (n+1)^3 x^n = \frac{1 + 4x + x^2}{(1-x)^4}$ für $|x| < 1$.

Bei (a) kann man 5.4 (a) anwenden, bei (b) und (c) die Binomialformel mit Exponenten -2, -3, -4 heranziehen.

2. Man bestimme mit Hilfe von 5.4 (c) die Summen

$$\frac{1}{1\cdot4\cdot7} + \frac{1}{4\cdot7\cdot10} + \dots, \qquad \frac{1}{2\cdot5\cdot8} + \frac{1}{5\cdot8\cdot11} + \frac{1}{8\cdot11\cdot14} + \dots,$$

$$\frac{1}{1\cdot2\cdot3\cdot4} + \frac{1}{2\cdot3\cdot4\cdot5} + \frac{1}{3\cdot4\cdot5\cdot6} + \dots, \qquad \frac{1}{1\cdot3\cdot5\cdot7} + \frac{1}{3\cdot5\cdot7\cdot9} + \frac{1}{5\cdot7\cdot9\cdot11} + \dots.$$

3. Man gebe eine konvergente Reihe $\sum a_n$ mit positiven Gliedern an, für welche $\limsup \frac{a_{n+1}}{a_n} = \infty$ ist. Ein solches Beispiel zeigt, daß man im Divergenzteil des Quotientenkriteriums den Zusatz „für fast alle n" nicht durch „für unendliche viele n" bzw. lim inf nicht durch lim sup ersetzen darf.

4. *Vergleichskriterium.* Für die Reihen mit positiven Gliedern $\sum a_n$, $\sum b_n$ gelte

$$\frac{a_{n+1}}{a_n} \le \frac{b_{n+1}}{b_n} \quad \text{für } n \ge N.$$

Dann folgt aus der Konvergenz von $\sum b_n$ die Konvergenz von $\sum a_n$ und aus der Divergenz von $\sum a_n$ die Divergenz von $\sum b_n$. (Anleitung: Die Folge (a_n/b_n) ist fallend, also $a_n \le \alpha b_n$ mit $\alpha > 0$).

5. *Verdichtungssatz.* Die beiden Reihen $\sum a_n$ und $\sum p^n a_{p^n}$ ($p \geq 2$ und ganz) haben dasselbe Konvergenzverhalten, wenn $a_n \searrow 0$ strebt. (Der Beweis von 5.10 ist übertragbar.)

6. Es sei $(a_n)_1^\infty$ eine Nullfolge und $b_n = \lambda_1 a_{n+1} + \lambda_2 a_{n+2} + \ldots + \lambda_p a_{n+p}$ ($n \in \mathbb{N}$), wobei die λ_i gegebene Zahlen mit $\lambda_1 + \lambda_2 + \ldots + \lambda_p = 0$ sind. Man zeige, daß die Reihe $\sum b_n$ konvergiert und die folgende Summe hat

$$\sum_{n=0}^{\infty} b_n = \lambda_1 a_1 + (\lambda_1 + \lambda_2) a_2 + \ldots + (\lambda_1 + \ldots + \lambda_{p-1}) a_{p-1}.$$

(Man kann es direkt zeigen oder auf Teleskopsummen zurückführen; man beginne mit $p=3$.)

7. Es seien P und Q Polynome vom Grad m bzw. n. Weiter sei $Q(k) \neq 0$ für $k \geq p$ und $c_k = \dfrac{P(k)}{Q(k)}$. Man zeige:

(a) Die (bei $k=p$ beginnende) Reihe $\sum c_k$ ist für $n \geq m+2$ absolut konvergent, für $n \leq m+1$ divergent.

(b) Die Reihe $\sum (-1)^k c_k$ ist für $n = m+1$ konvergent.

8. (a) Es sei (a_n) eine positive, monoton fallende Nullfolge, deren Reihe $\sum a_n$ konvergiert. Man zeige: $\lim\limits_{n\to\infty} n a_n = 0$.

(b) Es sei $a_1 = 1$ und $a_n = \dfrac{1}{nm}$, falls $2^m \leq n < 2^{m+1}$ ($m = 1, 2, \ldots$). Man zeige, daß $\sum a_n$ divergiert, obwohl (a_n) und $(n a_n)$ monoton gegen Null konvergieren.

Anleitung zu (a): Man betrachte die Summe $a_{n+1} + \ldots + a_{2n}$.

9. Man untersuche die folgenden Reihen $\sum a_n$ auf Konvergenz:

(a) $a_n = \dfrac{(-1)^n n^2 + n}{n^3 + 1}$;

(b) $a_n = (-1)^n \left| \dfrac{3\sqrt{n} - 1}{\sqrt{n} + 1} + \alpha \right|$ ($\alpha \in \mathbb{R}$ vorgegeben).

(c) $a_n = \dfrac{n^5 - 4n^2}{n^6 + n}$; (d) $a_n = \dfrac{n^2 + n \cdot 2^n}{3^n}$;

(e) $a_n = \left(1 - \dfrac{1}{n+1}\right)^{-n}$; (f) $a_n = (n^7 + 7n + 2) \dfrac{3^n}{4^{n+1}}$;

(g) $a_n = \dbinom{5n}{4n}^{-1}$; (h) $a_n = \dbinom{1/2}{n}$;

(i) $a_n = \dfrac{n^n}{e^n n!}$ (vgl. 4.7(a));

(j) $a_n = \dfrac{\log\left(1 + \frac{2}{n}\right)}{(\log n) \log(n+1)}$;

(k) $a_n = (n+2)^3 \left(\dfrac{e+1}{\pi}\right)^{1-n}$; (l) $a_n = \dfrac{1}{n \cdot \sqrt[n]{n+1}}$;

(m) $a_n = \left(\alpha + \dfrac{1}{n}\right)^n$ ($\alpha \in \mathbb{R}$).

10. Man untersuche die Doppelreihen $\sum\limits_{m,n=1}^{\infty} \dfrac{1}{m^3 + n^3}$, $\sum\limits_{m,n=1}^{\infty} \dfrac{1}{m^2 + n^2}$ und $\sum\limits_{m,n=0}^{\infty} \dbinom{m}{n} 2^{n-2m}$ auf Konvergenz.

11. Es sei (n_k) die Folge aller natürlichen Zahlen (in der natürlichen Anordnung), welche sich (a) im Dualsystem, (b) im Dezimalsystem ohne die Ziffer 0 darstellen lassen. Man zeige, daß $\sum_k \frac{1}{n_k}$ konvergiert.

12. Man berechne die Summe der folgenden unendlichen Reihen:

(a) $\sum_{n=0}^{\infty} \frac{x^{2^n}}{1-x^{2^{n+1}}}$ mit $|x| \neq 1$;

(b) $\sum_{n=1}^{\infty} \frac{a_n}{(1+a_1)(1+a_2)\dots(1+a_n)}$, wo (a_n) eine gegebene Folge mit $a_n \geq \delta > 0$ ist. (Man betrachte $s_n - 1$.)

13. Die Reihe $\sum_{k=0}^{\infty} a_k$ sei absolut konvergent, und es sei $b_n := \frac{1}{2^n} \sum_{k=0}^{n} 2^k a_k$ ($n \in \mathbb{N}$). Man zeige, daß $\sum_{n=0}^{\infty} b_n$ konvergiert und daß $\sum_{n=0}^{\infty} b_n = 2 \sum_{k=0}^{\infty} a_k$ gilt. Wie lautet der entsprechende Sachverhalt für $c_n = \alpha^{-n} \sum_{k=0}^{n} \alpha^k a_k$? (Der Sachverhalt gilt auch, wenn man das Wort „absolut" streicht, aber der Beweis ist schwieriger.)

14. Man zeige: (a) Sind die Reihen $\sum a_n^2$ und $\sum b_n^2$ konvergent, so konvergiert $\sum a_n b_n$ absolut.

(b) Mit $\sum a_n^2$ konvergiert auch $\sum \frac{1}{n^\alpha} a_n$, falls $\alpha > \frac{1}{2}$ ist.

(c) Konvergiert $\sum a_n$ absolut, so konvergieren auch $\sum \sqrt{|a_n \cdot a_{n+1}|}$ und $\sum \frac{|a_n a_{n+1}|}{|a_n| + |a_{n+1}|}$.

(d) Man gebe ein Gegenbeispiel zu (b) mit $\alpha = \frac{1}{2}$ an.

15. Die Folge (a_n) sei definiert durch $a_0 = 1$, $a_{n+1} = (a_0 + a_1 + \dots + a_n)^{-1}$ für $n \in \mathbb{N}$. Man berechne $\lim_{n \to \infty} a_n$. Konvergiert $\sum a_n$?

16. Ein Ball fällt aus der Höhe H auf einen ebenen Untergrund. Bei jedem Sprung erreicht der Ball das r-fache der zuletzt erreichten Höhe $(0 < r < 1)$. Zeigen Sie, daß der bis zum Stillstand zurückgelegte Weg

$$\frac{1+r}{1-r} \cdot H$$

beträgt.

17. Man zeige: $S_p = \sum_{n=0}^{\infty} \frac{p^n}{n!} |p-n| = 2 \frac{p^p}{(p-1)!}$ für $p = 1, 2, \dots$.

Anleitung (nach R. Redheffer): Man beweise zunächst $\sum \frac{p^n}{n!}(p-n) = 0$ und leite daraus $S_p = 2 s_p$ ab; dabei ist s_p die p-te Teilsumme der Reihe.

§ 6. Grenzwerte von Funktionen und Stetigkeit

In der historischen Entwicklung treten zwei Gesichtspunkte auf, ein statischer und ein dynamischer. Beim ersten handelt es sich um Stetigkeit als etwas (möglicherweise) Seiendes, um das Kontinuum, beim zweiten um die stetige Veränderung einer Größe. Den ersten Problemkreis haben wir in § 1 bei den reellen Zahlen diskutiert. Es sei nochmals daran erinnert, daß die „statische"

Stetigkeit heutzutage als Vollständigkeit bezeichnet wird. Unser Gegenstand ist die „dynamische“ Stetigkeit. Die Klärung dieses Begriffs vollzog sich Hand in Hand mit der Entwicklung des allgemeinen Funktionsbegriffes. Deshalb wird unser Gang durch die Geschichte auch wesentliche Stationen auf dem Weg zum heutigen Funktionsbegriff berühren.

Die Mathematik war bis zum Beginn der Neuzeit in allen Kulturen vorwiegend statischer Natur. Sie handelte von konstanten Größen und unveränderlichen geometrischen Figuren. Äußere Anregungen erhielt sie von der Landmessung, von Aufgaben beim Bau von Bewässerungsanlagen, Dämmen, Straßen, Befestigungen, von Tempel- und Palastbauten, aus den Notwendigkeiten des Handels und Münzwesens, der Steuer- und Zinslast. Selbst die Astronomie, die von ihrem Wesen her dazu berufen wäre, dynamisches Denken in die Mathematik einzuführen, stand unter dem Diktat starrer Regeln. PLATON hat die beiden Prinzipien aufgestellt, daß die Bewegung der Himmelskörper auf Kreisen erfolgt und daß ihre Geschwindigkeit konstant ist. Seine philosophische Argumentation, die ihn zu dieser „vollkommensten“ aller Bewegungsarten geführt hat, braucht hier nicht erörtert zu werden.[1]) Durch zwei Jahrtausende wurde die Astronomie von diesem platonischen Axiom der gleichförmigen Kreisbewegung beherrscht.

Die Astronomen erfanden, um das Unmögliche möglich zu machen und die verwirrende Vielfalt der Planetenbewegungen am Himmel im Einklang mit Platons Prinzipien zu erklären, den Exzenter (exzentrischer Kreis), den Epizykel (auf einem Kreis abrollender Kreis) und den Ausgleichspunkt (punctum aequans, einen vom Mittelpunkt verschiedenen Punkt, von dem aus gesehen die Bewegung konstante Winkelgeschwindigkeit hat). Noch KOPERNIKUS stand ganz unter dem platonischen Zwang, dachte in Kreisbahnen und lehnte jede Ungleichförmigkeit der Bewegung ab.

Erst JOHANNES KEPLER, eine der faszinierendsten Gestalten des Übergangs zur Neuzeit, befreite die Astronomie von diesen Fesseln. Kepler, 1571 in Weil der Stadt geboren, wo sein Großvater Bürgermeister war, studierte in Tübingen und wurde dort durch seinen Lehrer Mästlin in die Mathematik und Astronomie eingeführt. Sein Leben war geprägt und überschattet von den politischen Wirren, der Intoleranz und den religiösen Verfolgungen seiner Zeit. Der noch nicht 23-jährige nahm eine Professur an der evangelischen Stiftsschule in Graz an. Zu seinen Aufgaben gehörte es auch, den jährlichen Kalender mit Voraussagen über das Wetter und bevorstehende wichtige Begebenheiten zu schreiben. Im ersten Kalender prophezeite er einen strengen Winter und einen Türkeneinfall – das Eintreffen beider Ereignisse machte ihn berühmt. Im Zuge der steiermärkischen Gegenreformation wurde seine Familie aus Graz vertrieben. Einer Einladung TYCHO DE BRAHES folgend, ging er 1600 nach Prag. Nach dessen Tod übernahm er seine Stelle als kaiserlicher Mathematiker und Hofastronom Kaiser Rudolf II. Hier schrieb er, gestützt auf Tychos unvergleichliches Beobachtungsmaterial, sein Hauptwerk, die *Astronomia nova* von 1609, welches die beiden ersten Keplerschen Gesetze der Planetenbewegung enthält.

---

[1]) Vgl. dazu Dijksterhuis [1956, S. 320f.] oder Arthur Koestler, *Die Nachtwandler*, Suhrkamp Taschenbuch 579, S. 55f.

Sein Eintreten für Kopernikus, den Luther einen Narren nannte[1]), und seine religiöse Toleranz gegenüber Andersgläubigen brachten ihn auch mit seiner eigenen Kirche in Konflikt. Seine verschiedenen Bemühungen um eine Professur an seiner alma mater tubingensis, einer Hochburg der protestantischen Orthodoxie, blieben erfolglos.[2]) In Regensburg, wohin er gereist war, um auf dem Reichstag wenigstens einen Teil der 12000 Gulden zu erlangen, die ihm der Kaiser schuldete, starb Kepler am 15. November 1630.

Mit Keplers *Astronomia nova* beginnt eine neue Epoche der Astronomie. Dieses Werk, dessen vollständiger Titel *Neue Astronomie, nach Ursachen behandelt, oder Physik des Himmels* ein Programm ankündigt, bedeutet einen Wendepunkt im mechanischen Weltbild und die Geburtsstunde einer neuen Wissenschaft, der Himmelsmechanik. Eine Neuorientierung des naturwissenschaftlichen Denkens vollzieht sich auch auf anderen Gebieten der Physik, wobei GALILEI in Italien eine führende Rolle einnimmt. Im Zuge dieser Entwicklung nimmt im 17. Jahrhundert auch die Mathematik eine neue Gestalt an. Sie wird dynamisch, sie studiert Bewegungen, Veränderungen von Größen in Abhängigkeit voneinander; der Funktionsbegriff, latent natürlich auch schon früher vorhanden, bildet sich aus und drängt in den Vordergrund. Motor dieser Entwicklung ist die neuerwachte Naturwissenschaft. Sie beschreibt und „erklärt" Naturvorgänge durch mathematische Gesetze, welche einfache funktionale Beziehungen zwischen verschiedenen meßbaren physikalischen Größen aufstellen. Die klassische Mechanik NEWTONs, welche Keplers Gesetze der Planetenbewegung und Galileis Untersuchungen über Wurf und Fall als Ausfluß ein und derselben universellen Gesetzmäßigkeit erscheinen läßt, bildet einen ersten Höhepunkt und wird zum Prototyp einer exakten Naturwissenschaft.

Ein Meilenstein in der Entwicklung des Funktionsbegriffs ist die analytische Geometrie von FERMAT [1636] und DESCARTES [1637]. Nicht nur, daß nun geometrische Sätze etwa über Kegelschnitte algebraisch ableitbar werden. Viel wichtiger ist die von Descartes klar ausgesprochene Erkenntnis, daß durch eine Gleichung $f(x,y)=0$ eine Kurve, eine funktionale Abhängigkeit der variablen Größen x und y definiert ist und damit eine unübersehbare Fülle neuer Funktionen geschaffen werden kann. Descartes weist der Mathematik eine neue Richtung. „Denn während die Alten den Begriff der Bewegung, des räumlichen Ausdruckes der Veränderlichkeit ... in ihrem strengen Systeme niemals ... verwenden", schreibt H. Hankel 1870 (OK 153, S. 44), „so datiert die neuere Mathematik von dem Augenblicke, als Descartes von der rein algebraischen Behandlung der Gleichungen dazu fortschritt, die Größenveränderungen zu untersuchen, welche ein algebraischer Ausdruck erleidet, indem eine in ihm allgemein bezeichnete Größe eine stetige Folge von Werten durchläuft."

In NEWTONs Arbeiten zur Infinitesimalrechnung, von denen zu seinen Lebzeiten kaum etwas veröffentlicht wurde, ist die Zeit die universelle unabhängige

[1]) „... der Narr will die ganze Kunst Astronomiae umkehren! Aber wie die ‚Heilige Schrift' anzeigt, so hieß Josua die Sonne stillstehen und nicht das Erdreich!" Zit. nach H. Kesten, *Copernikus und seine Welt*, dtv 879, S. 7.

[2]) vgl. dazu W. Jens, *Eine deutsche Universität*, München 1977, insbesondere S. 125–126.

Variable. Für ihn sind die Variablen x, y *stetig* dahinfließende Quantitäten (Fluenten), die sich mit einer bestimmten Änderungsgeschwindigkeit, Fluxion genannt, bewegen. LEIBNIZ benutzt als erster das Wort functio für die Beschreibung geometrischer Größen (Abszisse, Ordinate, Krümmungsradius ... von Kurven). Im Verlauf einer Korrespondenz über die Infinitesimalrechnung einigen sich LEIBNIZ und JOHANN BERNOULLI in den Jahren 1694–98 darauf, einen allgemeinen, aus Konstanten und Variablen zusammengesetzten *analytischen Ausdruck* mit dem Namen *Funktion* (functio) zu belegen. EULER stellt in seiner *Introductio in analysin infinitorum* [1748], der ersten zusammenfassenden Darstellung einer Funktionenlehre, diese Definition an die Spitze:

§4. Eine Funktion einer veränderlichen Größe ist ein analytischer Ausdruck, der auf irgendeine Weise aus der veränderlichen Größe und aus Zahlen oder konstanten Größen zusammengesetzt ist.

Euler unterscheidet zwischen „expliziten" und „impliziten", „algebraischen" und „transzendenten" Funktionen, und auch die Bezeichnungsweise $f(x)$ geht auf ihn zurück. Stetig ist eine Funktion oder eine Kurve, wenn sie im ganzen Definitionsgebiet durch ein und dasselbe analytische Gesetz bestimmt wird, unstetig (oder gemischt oder auch irregulär), wenn sie in verschiedenen Bereichen durch verschiedene Formeln definiert ist (Band 2 der *Introductio*). Diese Begriffsbestimmung von stetig und unstetig entspricht etwa dem, was man heute analytisch und stückweise analytisch nennt.

Die weitere Entwicklung des Funktionsbegriffes wurde ganz wesentlich von der Physik angeregt. Das Problem der schwingenden Saite – es besteht darin, aus der gegebenen Anfangslage der Saite ihre Bewegung zu berechnen – spielt dabei eine Schlüsselrolle. Die Einsicht, daß man nicht nur analytisch gegebene, sondern ganz willkürliche, auch geknickte und aus Stücken zusammengesetzte Anfangslagen zulassen muß, führt dazu, den engen Funktionsbegriff des analytischen Ausdrucks zugunsten einer allgemeinen, „irgendwie" gegebenen Zuordnung aufzugeben. Schon 1755 formuliert EULER in den *Institutiones calculi differentialis*, seinem zweiten Lehrbuch:

Wenn gewisse Größen von anderen Größen so abhängen, daß eine Änderung der letzteren eine Änderung der ersteren nach sich zieht, so werden diese Größen Funktionen der letzteren genannt. Diese Begriffbestimmung ist von weitester Art und umfaßt alle Möglichkeiten, eine Größe durch andere zu bestimmen. Wenn also x eine variable Größe bezeichnet, so werden alle Größen, die von x abhängen oder durch x festgelegt sind, Funktionen von x genannt.

Darüber hinaus regt das Saitenproblem die Darstellung von Funktionen durch Superposition sinusförmiger Wellen in der Form einer trigonometrischen Reihe

$$\sum(a_n \sin nx + b_n \cos nx)$$

an (DANIEL BERNOULLI 1755). JOSEPH FOURIER (1768–1830) erkannte, daß zusammengesetzte, auch im Eulerschen Sinn unstetige Funktionen in ihrem ganzen Verlauf durch eine einzige trigonometrische Reihe dargestellt werden können. Damit waren die Eulersche Unterscheidung zwischen stetig und unstetig fraglich und die Grenzen der analytischen Darstellbarkeit von Funktionen schwankend geworden. Die Zeit war reif für eine Neufestlegung der Stetigkeit. BOLZANO hat als erster unseren heutigen Stetigkeitsbegriff formuliert. In seiner Schrift *Rein analytischer Beweis* ... [1817] heißt es:

Nach einer richtigen Erklärung nähmlich versteht man unter der Redensart, daß eine Function $f(x)$ für alle Werthe von x, die inner- oder außerhalb gewisser Grenzen liegen, nach dem Gesetze der Stetigkeit sich ändre, nur so viel, daß, wenn x irgend ein solcher Werth ist, der Unterschied $f(x+\omega)-f(x)$ kleiner als jede gegebene Größe gemacht werden könne, wenn man ω so klein, als man nur immer will, annehmen kann.

Ähnlich liest man es kurze Zeit später in CAUCHYs *Cours d'Analyse* von 1821, wobei nicht klar ist, ob Cauchy von Bolzanos Schrift Kenntnis hatte:

En d'autres termes, la fonction $f(x)$ restera continue par rapport à x entre les limites données, si, entre ces limites, un accroissement infiniment petit de la variable produit toujours un accroissement infiniment petit de la fonction elle-même.

Cauchy verwendet noch die alte Bezeichnung der unendlich kleinen Größe (quantité infiniment petite), jedoch nicht mehr in dem früheren Sinn einer festen Zahl (die es nach dem Axiom des Eudoxos 2.4 nicht gibt). Vielmehr definiert er unendlich kleine Größen als Variablen mit dem Limes Null:

On dit qu'une quantité variable devient infiniment petite, lorsque sa valeur numérique décroit indéfiniment de manière à converger vers la limite zéro.

Diese Formulierung wurde schon bald als unglücklich und seinem Anliegen, die in der Geometrie übliche Strenge in die Analysis einzuführen, abträglich empfunden. Das Unendlich-Kleine wurde aus dem Unterricht verbannt, und es hat sich im Laufe der Zeit eine standardisierte ε-δ-Sprache herausgebildet, die wesentlich von den Weierstraßschen Vorlesungen beeinflußt wurde, aber auch schon bei Cauchy auftritt (etwa beim Beweis des Mittelwertsatzes, vgl. 10.10). Den Satz, daß eine stetige Funktion ein Maximum und ein Minimum besitzt, hat zuerst Bolzano bewiesen; er benutzt dabei das nach ihm und Weierstraß benannte Prinzip 4.13 über Häufungswerte (vgl. die Einleitung zu § 4). Weierstraß hat diesen Satz in seinen Vorlesungen besonders betont. Der Zwischenwertsatz war der Anlaß zu Bolzanos oben zitierter Schrift [1817]. Doch leidet sein Beweis ebenso wie der von Cauchy an dem noch nicht streng entwickelten Begriff der reellen Zahl. Einen gewissen Abschluß erreichte die Theorie der stetigen Funktionen 1872 durch EDUARD HEINE (1821–1881, Professor in Halle) mit der genauen Unterscheidung zwischen der Stetigkeit in jedem Punkt eines Intervalls und der *gleichmäßigen Stetigkeit* in einem Intervall und dem wichtigen Satz, daß auf kompakten Intervallen beide Begriffe übereinstimmen.

Häufig wird der alte analytische Funktionsbegriff mit dem Namen Eulers, der moderne mit dem Dirichlets belegt. Wie so oft in der Mathematik, läßt sich auch hier von der Namengebung nicht auf die Urheberschaft schließen: Der „Eulersche" Funktionsbegriff stammt von Leibniz und Johann Bernoulli, der „Dirichletsche" von Euler![1])

---

[1]) Eine ausführliche Darstellung der historischen Entwicklung gibt A.P. Youschkevitch in seinem Artikel *The concept of Function up to the Middle of the 19th Century*, Arch. Hist. Exact Sci. 16 (1976/77) 37–85.

6.1 Grenzwert und Stetigkeit. Der Grenzwert einer Funktion $x \mapsto f(x)$, wenn x sich der Stelle ξ nähert, und die Stetigkeit der Funktion an dieser Stelle sind zwei Seiten ein und derselben Sache. In beiden Fällen kommt zum Ausdruck, daß sich die Funktionswerte $f(x)$ von einem festen Wert beliebig wenig unterscheiden, wenn sich x nur nahe genug bei ξ befindet. Im ersten Fall ist dieser feste Wert eben der Grenzwert; der Funktionswert $f(\xi)$ spielt überhaupt keine Rolle, noch mehr, die Funktion braucht an der Stelle ξ gar nicht definiert zu sein. Im Fall der Stetigkeit dagegen ist es der Funktionswert $f(\xi)$, der die Rolle des festen Wertes einnimmt. Wir geben nun die genauen, seit Weierstraß üblichen ε-δ-Formulierungen und benutzen dabei den Begriff der *punktierten Umgebung* $\dot{U}(\xi) := U(\xi) \setminus \{\xi\}$, wobei $U(\xi)$ eine Umgebung von ξ ist. Insbesondere ist die punktierte ε-Umgebung $\dot{B}_\varepsilon(\xi)$ gleich der Menge aller x mit $0 < |x-\xi| < \varepsilon$.

Grenzwert. Die reellwertige Funktion f sei in einer punktierten Umgebung $\dot{U}(\xi)$ von $\xi \in \mathbb{R}$ erklärt. Man sagt, f strebt (oder konvergiert) gegen $a \in \mathbb{R}$ für $x \to \xi$ und schreibt dafür

$$\lim_{x \to \xi} f(x) = a \qquad \text{oder} \qquad f(x) \to a \quad \text{für } x \to \xi,$$

wenn folgendes gilt: Zu jeder Zahl $\varepsilon > 0$ gibt es eine Zahl $\delta > 0$, so daß

$$|f(x) - a| < \varepsilon \quad \text{für alle } x \neq \xi \text{ mit } |x - \xi| < \delta,$$

also für $x \in \dot{B}_\delta(\xi)$ ist (für hinreichend kleines δ ist $\dot{B}_\delta(\xi) \subset \dot{U}(\xi)$).

Stetigkeit. Die in einer vollen Umgebung $U(\xi)$ von ξ definierte Funktion heißt stetig an der Stelle ξ (oder kurz: in ξ), wenn zu jedem $\varepsilon > 0$ ein $\delta > 0$ existiert, so daß

$$|f(x) - f(\xi)| < \varepsilon \quad \text{für alle } x \text{ mit } |x - \xi| < \delta$$

ist, andernfalls unstetig in ξ.

Diese Erklärungen gelten auch in dem Fall, daß f auf einer beliebigen Menge $D \subset \mathbb{R}$ definiert ist; natürlich werden dann nur Werte $x \in D$ betrachtet. Die Funktion $f \colon D \to \mathbb{R}$ ist also stetig in $\xi \in D$, wenn es zu jedem $\varepsilon > 0$ ein $\delta > 0$ gibt, so daß für alle $x \in D \cap B_\delta(\xi)$ gilt $|f(x) - f(\xi)| < \varepsilon$. Entsprechend strebt

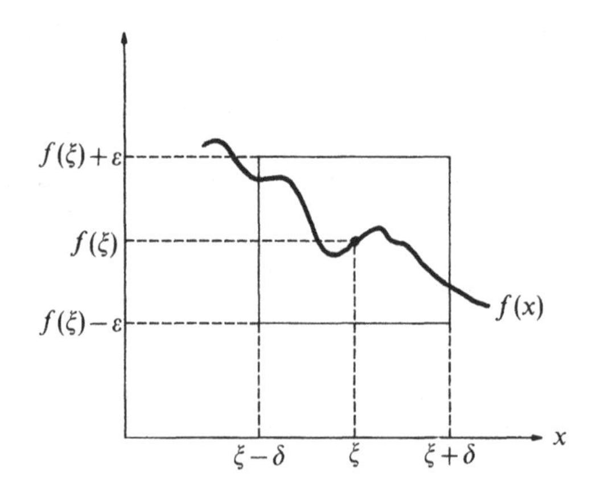

$f(x) \to a$ für $x \to \xi$, wenn es zu jedem $\varepsilon > 0$ ein $\delta > 0$ gibt mit der Eigenschaft, daß $|f(x) - a| < \varepsilon$ ist für $x \in D \cap \dot{B}_\delta(\xi)$. Gelegentlich und besonders dann, wenn über die Menge D Zweifel bestehen, gibt man dabei D an und schreibt

$$\lim_{x \to \xi,\, x \in D} f(x) = a \quad \text{oder} \quad f(x) \to a \ \text{ für } x \to \xi \text{ in } D.$$

Häufungspunkt und isolierter Punkt. Ein Punkt ξ (er muß nicht zu D gehören) heißt Häufungspunkt der Menge D, wenn in jeder Umgebung von D unendlich viele Punkte aus D liegen. Es gibt dann Folgen in D, die gegen ξ streben. Ist $\xi \in D$ kein Häufungspunkt von D, so gibt es, wie man leicht sieht, ein $\delta > 0$ derart, daß $\dot{B}_\delta(\xi)$ keine Punkte aus D enthält. Man nennt dann ξ einen *isolierten Punkt* von D. *In diesem Fall ist f in ξ immer stetig*, denn die Ungleichung $|f(x) - f(\xi)| < \varepsilon$ gilt für $x = \xi$, also für alle $x \in D$ mit $|x - \xi| < \delta$. Ähnlich sind die Konsequenzen beim Limes für $x \to \xi$: Wie man a auch wählt, es strebt immer $f(x) \to a$ für $x \to \xi$ in D. Da sich hieraus unliebsame Folgerungen ergeben (u.a. geht die Eindeutigkeit des Limes verloren), wird dieser Fall verboten:

Beim Grenzwert für $x \to \xi$ in D ist vorausgesetzt, daß ξ ein Häufungspunkt von D ist. Der Limes ist dann eindeutig bestimmt (Beweis wie bei Folgen in 4.3).

Aus den Definitionen läßt sich der folgende Zusammenhang zwischen Grenzwert und Stetigkeit unmittelbar ablesen:

(a) Die Funktion $f\colon D \to \mathbb{R}$ ist genau dann stetig in $\xi \in D$ (ξ Häufungspunkt von D), wenn $f(x) \to f(\xi)$ strebt für $x \to \xi$ in D.

Man sagt, die Funktion $f\colon D \to \mathbb{R}$ sei stetig in D und schreibt dafür $f \in C^0(D)$ oder $C(D)$, wenn f in jedem Punkt $\xi \in D$ stetig ist. Wir kennen bereits eine große Klasse von stetigen Funktionen:

Lemma. *Wenn $f\colon D \to \mathbb{R}$ einer Lipschitz-Bedingung $|f(x) - f(y)| \le L|x - y|$ für $x, y \in D$ genügt, dann ist f stetig in D, kurz:* $\mathrm{Lip}(D) \subset C(D)$.

Man sagt deshalb auch, wenn $f \in \mathrm{Lip}(D)$ ist, f sei *lipschitzstetig*. Lipschitz-Stetigkeit ist also eine schärfere Aussage als Stetigkeit.

Beweis. Es sei $\xi \in D$ und $\varepsilon > 0$ vorgelegt. Für $|x - \xi| \le \delta$ mit $\delta := \varepsilon / L$ ist $|f(x) - f(\xi)| \le L|x - \xi| \le \varepsilon$, d.h. f ist stetig in ξ. □

Damit sind u.a. alle Polynome, die Exponentialfunktion a^x und die Funktionen $|x|$, $x^+ = \max(0, x)$, $x^- = \max(0, -x)$ stetig in $\mathbb{R}$.

Weitere Beispiele. 1. $f(x) = x^2$ für $x \neq 2$, $f(2) = 2$. Es ist $\lim\limits_{x \to 2} f(x) = 4$, da der Funktionswert an der Stelle $x = 2$ keine Rolle spielt. Diese Funktion ist stetig für $x \neq 2$ und unstetig an der Stelle $x = 2$.

2. Allgemein: Ist f im Intervall J stetig, $\xi \in J$ und $g(x) = f(x)$ für $x \neq \xi$, aber $g(\xi) \neq f(\xi)$, so ist g unstetig in ξ. Das folgt aus (a).

3. $f(x) = x^2$ für rationale x, $f(x) = 0$ für irrationale x. Die Funktion ist nur im Nullpunkt stetig (zu ε mit $0 < \varepsilon < 1$ wähle man $\delta = \varepsilon$; aus $|x| < \delta$ folgt dann $|f(x) - f(0)| \le x^2 < \delta^2 < \varepsilon$).

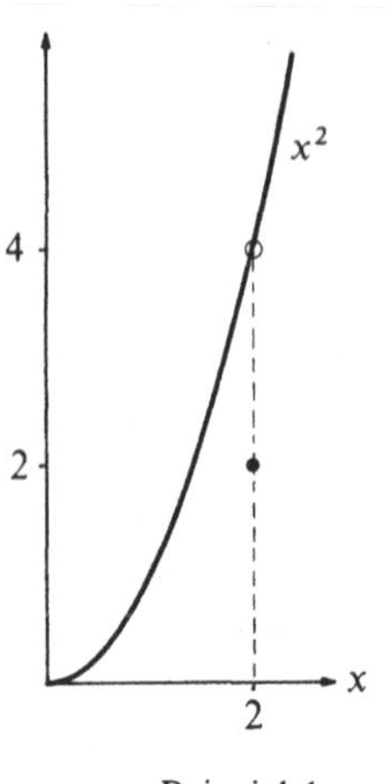

Beispiel 1

Beispiel 5

4. Die nach dem englischen Physiker OLIVER HEAVISIDE (1850–1925) benannte Funktion $H(x)$ ist $=1$ für $x>0$ und $=0$ für $x\leq 0$. Die Heaviside-Funktion ist unstetig bei 0, sonst stetig.

5.
$$f(x)=\begin{cases} 1 & \text{für } x\geq 1 \\ \dfrac{1}{n} & \text{für } \dfrac{1}{n}\leq x<\dfrac{1}{n-1} \quad (n=2,3,4,\ldots) \\ 0 & \text{für } x\leq 0. \end{cases}$$

Diese Funktion ist im Nullpunkt stetig (wegen $|f(x)-f(0)|=|f(x)|\leq|x|$ kann man $\delta=\varepsilon$ wählen).

6. Für die von LEJEUNE DIRICHLET (1805–1859, Nachfolger von Gauß in Göttingen) 1829 eingeführte Funktion

$$D(x)=\begin{cases} 0 & \text{für } x\in\mathbb{Q} \\ 1 & \text{für } x\notin\mathbb{Q} \end{cases}$$

existiert $\lim D(x)$ an keiner Stelle ξ. Die „Dirichletsche Funktion" ist überall unstetig.

Bemerkung. Die Funktion f ist stetig in $\xi\in D$, wenn zu jeder Umgebung U von $f(\xi)$ eine Umgebung V von ξ mit $f(V\cap D)\subset U$ existiert. Diese „zahlenfreie" Definition ist auf beliebige topologische Räume übertragbar.

6.2 Einseitiger Limes, einseitige Stetigkeit. Häufig treten Grenzwerte auf, bei denen x von rechts oder von links gegen ξ strebt, bei denen also D ein Intervall $(\xi,\xi+\alpha)$ bzw. $(\xi-\alpha,\xi)$ mit $\alpha>0$ ist. Man spricht dann von einem *rechtsseitigen* bzw. *linksseitigen Grenzwert* und verwendet zu seiner Kennzeichnung das Symbol $x\to\xi+$ bzw. $x\to\xi-$ (gelegentlich auch $x\to\xi+0,\ldots$). Für diese beiden einseitigen Grenzwerte hat sich eine einprägsame Bezeichnung $f(\xi+)$ bzw. $f(\xi-)$ eingebürgert (auch $f(\xi+0),\ldots$). Es existiert also zum Beispiel

$$f(\xi+)\equiv f(\xi+0):=\lim_{x\to\xi+} f(x),$$

wenn es zu jedem $\varepsilon>0$ ein $\delta>0$ gibt, so daß für $\xi<x<\xi+\delta$ stets die Ungleichung $|f(x)-f(\xi+0)|<\varepsilon$ besteht.

Diese Begriffe werden auch dann benutzt, wenn f in einer vollen Umgebung U von ξ definiert ist, aber der Grenzwert bezüglich U nicht existiert. Man überzeugt sich leicht, daß genau dann $\lim\limits_{x\to\xi} f(x)=a$ existiert, wenn $f(\xi+)=f(\xi-)=a$ ist. In Beispiel 4 von 6.1 mit den einseitigen Grenzwerten $H(0+)=1$ und $H(0-)=0$ trifft dies nicht zu.

Einseitige Stetigkeit. Man sagt, die (mindestens) in einer rechtsseitigen Umgebung $[\xi, \xi+\alpha)$ von ξ definierte Funktion f sei in ξ rechtsseitig stetig, wenn $f(\xi)=f(\xi+)$ ist. Entsprechend ist die linksseitige Stetigkeit durch $f(\xi-0)=f(\xi)$ definiert. Wenn f in einer vollen Umgebung von ξ erklärt ist, so besteht ein ähnlicher Zusammenhang wie beim Grenzwert, kurz „rechtsseitig stetig und linksseitig stetig = stetig."

Beispiele. 1. Für die Funktion $f(x)=[x]$ (größte ganze Zahl $\le x$) ist $\lim\limits_{x\to\xi} f(x)=[\xi]$ für $\xi\notin\mathbb{Z}$, aber $f(p+)=p$, $f(p-)=p-1$ für $p\in\mathbb{Z}$. Die Funktion $x\to[x]$ ist also stetig an allen Stellen $\xi\notin\mathbb{Z}$ und unstetig, jedoch rechtsseitig stetig für ganzzahliges ξ.

2. $\lim\limits_{x\to 0+} x^\alpha=0$ für $\alpha>0$. Man wählt, wenn $\varepsilon>0$ gegeben ist, $\delta=\varepsilon^{1/\alpha}$. Für $0<x<\delta$ ist dann $0<x^\alpha<\delta^\alpha=\varepsilon$.

Wir beginnen nun mit der allgemeinen Theorie. Bei der ersten Lektüre kann man sich auf den Fall beschränken, daß D ein Intervall ist, ohne etwas wesentliches zu versäumen. Der nächste Satz ist von großer theoretischer und praktischer Bedeutung. Er drückt aus, daß man Grenzwert und Stetigkeit auf die Konvergenz von Zahlenfolgen zurückführen kann.

6.3 Folgenkriterium. *Grenzwert. Die Funktion f sei auf der Menge D mit dem Häufungspunkt ξ erklärt. Es ist*

$$\lim_{x\to\xi} f(x)=a \quad (\textit{in } D)$$

genau dann, wenn für jede gegen ξ konvergierende Folge (x_n) aus D mit $x_n\neq\xi$ gilt

$$\lim_{n\to\infty} f(x_n)=a.$$

Stetigkeit. Die auf der Menge D erklärte Funktion f ist genau dann stetig in $\xi\in D$, wenn $\lim\limits_{n\to\infty} f(x_n)=f(\xi)$ ist für jede gegen ξ konvergierende Folge (x_n) aus D.

Beweis. Grenzwert. Es existiere $\lim\limits_{x\to\xi} f(x)=a$, und es sei (x_n) eine gegen ξ konvergierende Folge. Zu vorgegebenem $\varepsilon>0$ gibt es ein $\delta>0$, so daß für $|x-\xi|<\delta$ stets $|f(x)-a|<\varepsilon$ ist. Wegen $x_n\to\xi$ ist $|x_n-\xi|<\delta$ und damit auch $|f(x_n)-a|<\varepsilon$ für fast alle n. Hieraus folgt $\lim\limits_{n\to\infty} f(x_n)=a$.

Die Umkehrung wird durch Widerspruch bewiesen: Man nimmt an, daß $\lim\limits_{x\to\xi} f(x)=a$ falsch ist und muß dann eine gegen ξ strebende Folge (x_n) finden, deren Bildfolge $f(x_n)$ nicht gegen a konvergiert. Weil $\lim\limits_{x\to\xi} f(x)=a$ falsch ist, gibt es ein „Ausnahme-ε" $\varepsilon_0>0$, so daß für jedes $\delta>0$ die Aussage „$|f(x)-a|<\varepsilon_0$

für alle $x \in \dot{B}_\delta(\xi) \cap D =: V_\delta$" falsch und damit die Aussage „es gibt ein $x_\delta \in V_\delta$ mit $|f(x_\delta) - a| \geq \varepsilon_0$" richtig ist. Setzt man der Reihe nach $\delta = 1$, $\delta = \frac{1}{2}$, $\delta = \frac{1}{3}, \ldots$, dann gilt für die zugehörigen Ausnahmepunkte, die wir der Einfachheit halber mit $x_1, x_2, x_3, \ldots$ bezeichnen, $0 < |x_n - \xi| < \frac{1}{n}$ und $|f(x_n) - a)| \geq \varepsilon_0 > 0$. Diese Folge hat offenbar die gewünschte Eigenschaft, daß x_n gegen ξ, aber $f(x_n)$ nicht gegen a strebt.

Stetigkeit. Die Übertragung des obigen Beweises liegt auf der Hand, wenn ξ Häufungspunkt von D ist. Ist jedoch ξ isolierter Punkt von D, so ist f stetig in ξ, und für jede gegen ξ strebende Folge (x_n) aus D gilt fast immer $x_n = \xi$. Die Behauptung ist also auch in diesem Fall richtig. □

In diesem Zusammenhang weisen wir auf einen auch später nützlichen Tatbestand hin. Wenn man nur weiß, daß jede der betrachteten Folgen konvergiert, so läßt sich zeigen, daß alle diese Folgen denselben Limes haben. Denn wenn etwa $f(x_n) \to a$ und $f(y_n) \to b$ strebt, so betrachtet man die Folge $f(x_1)$, $f(y_1)$, $f(x_2)$, $f(y_2)$, ..., welche nach Voraussetzung ebenfalls konvergiert, etwa gegen c. Da aber die beiden ursprünglichen Folgen Teilfolgen dieser neuen Folge sind, ist $a = c$ und $b = c$ nach 4.5. Dieses *Mischverfahren* führt also zu dem

Corollar. *Für $x \to \xi$ (in D) konvergiert $f(x)$ genau dann, wenn für jede gegen ξ strebende Folge (x_n) aus $D \setminus \{\xi\}$ die Zahlenfolge $(f(x_n))$ konvergiert.*

Das Folgenkriterium stellt das Bindeglied dar zwischen der Konvergenz von Folgen und von Funktionen. Es gestattet uns, eine Reihe wichtiger Aussagen über Folgen auf Funktionen zu übertragen. Beginnen wir mit dem fundamentalen Konvergenzkriterium, das wegen seiner Analogie zum Cauchy-Kriterium für Zahlenfolgen nach CAUCHY benannt wird. DEDEKIND hat es zuerst explizit formuliert und bewiesen [1872, §7].

6.4 Das Konvergenzkriterium von Cauchy. *Es sei f auf der Menge D mit dem Häufungspunkt ξ definiert. Der Grenzwert $\lim\limits_{x \to \xi} f(x)$ (in D) existiert genau dann, wenn es zu jedem $\varepsilon > 0$ ein $\delta > 0$ gibt, so daß*

$$|f(x) - f(y)| < \varepsilon \quad \text{ist für alle } x, y \in \dot{B}_\delta(\xi) \cap D.$$

Beweis. Wir bezeichnen mit V_δ die Menge $\dot{B}_\delta(\xi) \cap D$. Es existiere $\lim\limits_{x \to \xi} f(x) = a$, und $\varepsilon > 0$ sei fixiert. Zu $\varepsilon/2$ gibt es dann ein $\delta > 0$ derart, daß $|f(x) - a| < \frac{\varepsilon}{2}$ ist für alle $x \in V_\delta$. Dann wird für x, $y \in V_\delta$

$$|f(x) - f(y)| \leq |f(x) - a| + |a - f(y)| < \varepsilon,$$

d.h. die ε-δ-Bedingung des Cauchy-Kriteriums ist erfüllt.

Nun möge umgekehrt diese ε-δ-Bedingung gelten. Es sei (x_n) eine gegen ξ konvergierende Folge und $\varepsilon > 0$ vorgegeben. Zunächst gibt es ein $\delta > 0$, so daß für $x, y \in V_\delta$ stets $|f(x)-f(y)|<\varepsilon$ ist. Wegen $x_n \to \xi$ ist $x_n \in V_\delta$ für fast alle n, etwa für $n \geq N$. Damit ist

$$|f(x_n)-f(x_m)|<\varepsilon \quad \text{für alle } n, m \geq N,$$

d.h. $(f(x_n))$ ist eine Cauchyfolge. Nach dem Cauchy-Kriterium 4.14 für Folgen ist die Folge $(f(x_n))$ konvergent, und das Corollar 6.3 liefert dann die Aussage, daß $\lim\limits_{x\to\xi} f(x)$ existiert. □

Als nächstes werden die Rechenregeln 4.4 auf Grenzwerte von Funktionen übertragen.

6.5 Rechenregeln. Es existiere $\lim f(x)$ und $\lim g(x)$, wobei mit lim der Grenzwert für $x \to \xi$ in D bezeichnet wird. Dann existieren auch die nachfolgend auftretenden Limites, und es gilt:

(a) $\lim(\lambda f(x)) = \lambda \lim f(x)$ für $\lambda \in \mathbb{R}$,
$\lim(f(x)+g(x)) = \lim f(x) + \lim g(x)$,
$\lim(f(x) \cdot g(x)) = \lim f(x) \cdot \lim g(x)$,
$\lim \dfrac{f(x)}{g(x)} = \dfrac{\lim f(x)}{\lim g(x)}$, insbesondere $\lim \dfrac{1}{g(x)} = \dfrac{1}{\lim g(x)}$,

letzteres, falls $\lim g(x) \neq 0$ ist (es ist dann $g(x) \neq 0$ in $\dot{U}_\delta(\xi) \cap D$).

(b) Aus $f(x) \leq g(x)$ in D folgt $\lim f(x) \leq \lim g(x)$.

(c) *Sandwich Theorem.* Gilt $f(x) \leq h(x) \leq g(x)$ in D sowie $\lim f(x) = \lim g(x)$, so existiert auch $\lim h(x)$, und alle drei Limites sind gleich.

Beweis. Man muß sich lediglich bei der Division davon überzeugen, daß $g(x)$ in der Nähe von ξ nicht verschwindet. Dazu sei $\lim g(x) = a$ und $\varepsilon = |a| > 0$. Dann existiert ein $\delta > 0$ derart, daß für $x \in \dot{U}_\delta(\xi) \cap D$

$$|g(x)-a| < \varepsilon = |a|, \quad \text{also} \quad g(x) \neq 0$$

ist. Alles andere ergibt sich mit dem Folgenkriterium aus 4.4. □

Als unmittelbare Anwendung der Rechenregeln auf stetige Funktionen erhält man den

6.6 Satz. *Sind die Funktionen f, g auf D erklärt und in $\xi \in D$ stetig, so sind auch λf, $f+g$ und $f \cdot g$ in ξ stetig. Ist außerdem $g(\xi) \neq 0$, so existiert eine Umgebung $U(\xi)$ derart, daß $g(x) \neq 0$ für $x \in U(\xi) \cap D$ ist, und f/g ist in ξ stetig.*

Aus dem Satz folgt, daß $C(D)$ eine Funktionenalgebra ist.

Beispiele. 1. Die Rechenregeln 6.5 führen zu einem neuen Stetigkeitsbeweis für Polynome.

2. Eine rationale Funktion $R(x) = \dfrac{P(x)}{Q(x)}$ ($P(x)$, $Q(x)$ Polynome) ist an allen Stellen, welche nicht Nullstellen des Nenners sind, stetig.

3. $\lim\limits_{x\to 1} x^\alpha = 1$ für $\alpha\in\mathbb{R}$. Es sei $0<\alpha<n$. Es ist $1<x^\alpha<x^n$ für $x>1$ und $1>x^\alpha>x^n$ für $0<x<1$. Nach dem Sandwich Theorem haben die beiden einseitigen Limites also den Wert 1. Die Quotientenregel in 6.5(a) erledigt den Fall $\alpha<0$.

4. $\lim\limits_{x\to 1} \dfrac{x^n-1}{x-1} = n$ für $n\in\mathbb{N}$. Hier ist die Quotientenregel nicht anwendbar (warum?). Das Ergebnis folgt aus Beispiel 1, da der Quotient für $x\neq 1$ gleich $1+x+\ldots+x^{n-1}$ ist.

6.7 Zusammengesetzte Funktionen (Komposition). Die Funktionen f, g seien auf D_f, D_g mit $f(D_f)\subset D_g$ definiert. Dann ist $h=g\circ f$ auf D_f erklärt.

Satz. *Ist f stetig an der Stelle $\xi\in D_f$, g stetig an der Stelle $\eta:=f(\xi)$, so ist $h=g\circ f$ stetig an der Stelle ξ.*

Beweis. Wieder hilft das Folgenkriterium. Aus $x_n\to\xi$ folgt $f(x_n)\to f(\xi)=\eta$ und daraus $g(f(x_n))\to g(\eta)$. □

Ebenso beweist man das für die Berechnung von Grenzwerten nützliche und häufig benutzte

Corollar. *Aus*

$$\lim_{x\to\xi} f(x)=\eta \quad \textit{folgt} \quad \lim_{x\to\xi} g(f(x)) = \lim_{y\to\eta} g(y),$$

falls der zuletzt genannte Limes existiert. Natürlich ist vorausgesetzt, daß ξ bzw. η Häufungspunkte von D_f *bzw.* D_g sind.

Beispiele. 1. Mit f und g sind auch die Funktionen $|f|$, f^+, f^-, $\max(f,g)$ und $\min(f,g)$ stetig in ξ (man vgl. die Beispiele von 6.1 und benutze $\max(f,g)=f+(g-f)^+,\ldots$).

2. $\lim\limits_{x\to\xi} x^\alpha = \lim\limits_{y\to 1}(\xi y)^\alpha = \xi^\alpha \lim\limits_{y\to 1} y^\alpha = \xi^\alpha$ für $\xi>0$ (im Corollar ist $g(y)=(\xi y)^\alpha$, $f(x)=x/\xi$, $\eta=1$, und es wurde Beispiel 3 von 6.6 benutzt). Also ist die Funktion $x\mapsto x^\alpha$ stetig in $(0,\infty)$, für $\alpha>0$ wegen Beispiel 2 von 6.2 auch noch im Nullpunkt.

3. Die Funktionen $\exp(1+x^2)^\alpha$, $\dfrac{1}{e^{\alpha x}+1}$, $\dfrac{x^3}{(1+|x|)^\alpha}$ sind für beliebige $\alpha\in\mathbb{R}$ stetig in $\mathbb{R}$.

4. $\lim\limits_{x\to 1}\sqrt[3]{1+x^\alpha} = \sqrt[3]{2}$ ($\alpha\in\mathbb{R}$ beliebig).

6.8 Stetigkeit auf einem kompakten Intervall. Maximum und Minimum einer Funktion. In dieser und der folgenden Nummer werden wichtige Eigenschaften einer auf einem kompakten Intervall $J=[a,b]$ stetigen Funktion hergeleitet.

Satz. *Eine auf dem kompakten Intervall J stetige Funktion f ist beschränkt, und sie nimmt ihr Maximum und Minimum an. Es gibt also zwei Punkte x_*, $x^*\in J$ mit*

$$f(x_*)\le f(x)\le f(x^*) \quad \textit{für } x\in J.$$

Beweis. Der Beweis benutzt die folgende, für kompakte Intervalle typische Schlußweise. Eine Zahlenfolge (x_n) aus J ist beschränkt. Sie besitzt also nach dem Satz 4.13 von Bolzano-Weierstraß eine konvergente Teilfolge. Deren Limes gehört zu J, da sich die Ungleichungen $a \leq x_n \leq b$ auf den Limes übertragen. Nun zum Beweis:

Es sei $\eta = \sup f(J)$ und $\alpha_n = \eta - \frac{1}{n}$ bzw. $\alpha_n = n$, falls $\eta = \infty$ ist. Für jedes n gibt es ein $x_n \in J$ mit $f(x_n) > \alpha_n$. Es strebt dann $f(x_n) \to \eta$. Die Folge (x_n) besitzt eine konvergente Teilfolge; ihr Limes sei x^*. Die zugehörige Teilfolge von $(f(x_n))$ konvergiert aufgrund der Stetigkeit von f gegen $f(x^*)$, andererseits gegen η. Also ist $\eta = f(x^*) < \infty$. Beim Infimum wird entsprechend verfahren. □

Wir ziehen hieraus eine wichtige

Folgerung. *Ist $f(x) > 0$ und stetig auf dem kompakten Intervall J, dann ist $\inf f(J) > 0$, d.h. es existiert ein $\alpha > 0$ mit*

$$f(x) \geq \alpha > 0 \quad \text{für alle } x \in J.$$

Bemerkung. Die Abgeschlossenheit von J ist wesentlich. Beispielsweise ist im halboffenen Intervall $(0,1]$ die Funktion $1/x$ stetig, aber nicht beschränkt; und die Funktion x^2 nimmt in diesem Intervall ihr Infimum nicht an.

6.9 Gleichmäßige Stetigkeit. Ist die Funktion f in einem Intervall J stetig, so sichert die Stetigkeitsdefinition, daß zu jeder Stelle ξ aus J und zu jedem $\varepsilon > 0$ ein positives δ derart angegeben werden kann, daß

$$(*) \qquad |f(x) - f(\xi)| < \varepsilon \quad \text{für } |x - \xi| < \delta$$

ist. Dieses δ wird im allgemeinen nicht nur von ε, sondern auch von der Stelle ξ abhängen. Ändert sich die Funktion f in der Nähe von ξ langsam, so wird man keine Mühe haben, ein δ zu finden, ändert sie sich rasch, so wird man δ entsprechend klein wählen müssen.

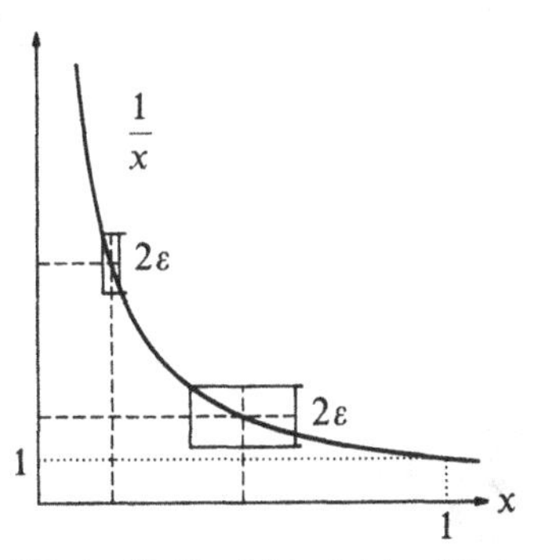

Die in $(0, 1]$ nicht gleichmäßig stetige Funktion $\frac{1}{x}$

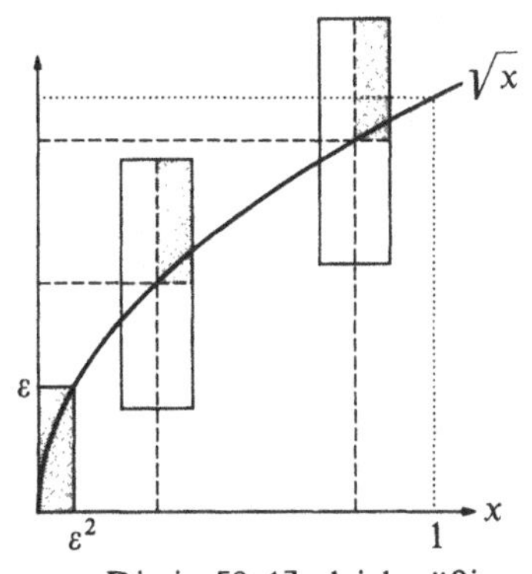

Die in $[0, 1]$ gleichmäßig stetige Funktion $\sqrt{x}$ $(\delta(\varepsilon) = \varepsilon^2)$

Betrachten wir dazu die beiden Beispiele $f(x)=\frac{1}{x}$ und $f(x)=\sqrt{x}$ im Intervall $J=(0,1)$. Im ersten Fall ist z.B., wenn $\varepsilon\in(0,1)$ vorgegeben wird, $\delta=\varepsilon\xi$ eine unzulässige Wahl, denn

$$|f(\xi-\delta)-f(\xi)|=\frac{\delta}{\xi(\xi-\delta)}>\frac{\varepsilon\xi}{\xi^2}>\varepsilon,$$

d.h. $|f(x)-f(\xi)|$ ist größer als ε, wenn man x nahe bei $\xi-\delta$ wählt. Dagegen ist $\delta=\frac{1}{2}\varepsilon\xi^2$ zulässig, wie man ohne Mühe nachrechnet. Ein zu ε und ξ passendes $\delta=\delta(\varepsilon,\xi)$ muß also kleiner sein als $\varepsilon\xi$, es strebt notwendigerweise gegen 0 für $\xi\to 0+$. In diesem Beispiel ist es nicht möglich, zu ε ein positives δ zu finden, so daß die Stetigkeitsbedingung $(*)$ mit diesem δ für alle $\xi\in J$ erfüllt ist.

Anders das zweite Beispiel. Auch hier wird die Kurve immer steiler, die Stetigkeit immer „schlechter", wenn ξ sich dem Nullpunkt nähert. Jedoch ist hier, wenn $\varepsilon>0$ vorgegeben wird, $\delta:=\varepsilon^2$ eine für alle $\xi\in J$ zulässige Wahl. Denn aus der Ungleichung $\sqrt{|x-\xi|}<\sqrt{x}+\sqrt{\xi}$ folgt

$$|\sqrt{x}-\sqrt{\xi}|=\frac{|x-\xi|}{\sqrt{x}+\sqrt{\xi}}<\sqrt{|x-\xi|}<\sqrt{\delta}=\varepsilon \qquad \text{für } |x-\xi|<\delta.$$

Dem zweiten, nicht jedoch dem ersten Beispiel kommt also die Eigenschaft zu, daß die Differenz zweier Funktionswerte $|f(x)-f(y)|$ „gleichmäßig" klein wird, wenn nur $|x-y|$ hinreichend klein ist, unabhängig davon, wo die Punkte x, y in J liegen. Diese Eigenschaft einer Funktion wird *gleichmäßige Stetigkeit* genannt. Die genaue Definition lautet:

Die auf der Menge $D\subset\mathbb{R}$ erklärte Funktion $f(x)$ heißt *gleichmäßig stetig* auf D, wenn zu jedem $\varepsilon>0$ ein $\delta=\delta(\varepsilon)>0$ derart existiert, daß

$$|f(x)-f(y)|<\varepsilon \quad \text{für alle } x,y\in D \text{ mit } |x-y|<\delta$$

gilt.

Wenn f auf D gleichmäßig stetig ist, dann ist f auch stetig in jedem Punkt $\xi\in D$, also $f\in C(D)$. Ist $f\in \mathrm{Lip}(D)$, so ist f gleichmäßig stetig in D, wie man leicht beweist.

Beispiele. 1. Die Funktionen x^2 und e^x sind nicht gleichmäßig stetig in $\mathbb{R}$ (für beliebig kleines, festes $h>0$ ist $|e^{x+h}-e^x|=e^x(e^h-1)$ unbeschränkt in $\mathbb{R}$).

2. Die beiden Beispiele $1/x$ und $\sqrt{x}$ könnten zu der irrigen Vermutung verleiten, daß beschränkte, stetige Funktionen in beschränkten Intervallen gleichmäßig stetig sind. Sie wird durch das folgende Beispiel widerlegt. Es sei $s(x)$ die Sägezahnfunktion

$$s(x):=|x-[x]-\tfrac{1}{2}| \quad \text{für } x\in\mathbb{R}$$

$$\text{und } f(x)=s\left(\frac{1}{x}\right) \quad \text{in } J=(0,1).$$

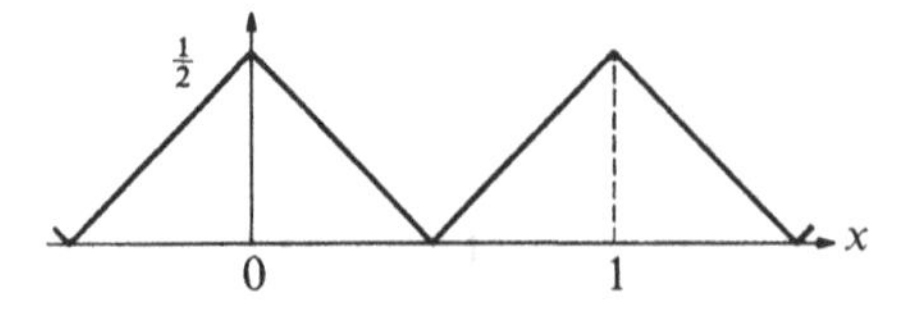

Die Sägezahnfunktion $s(x)=|x-[x]-\frac{1}{2}|$

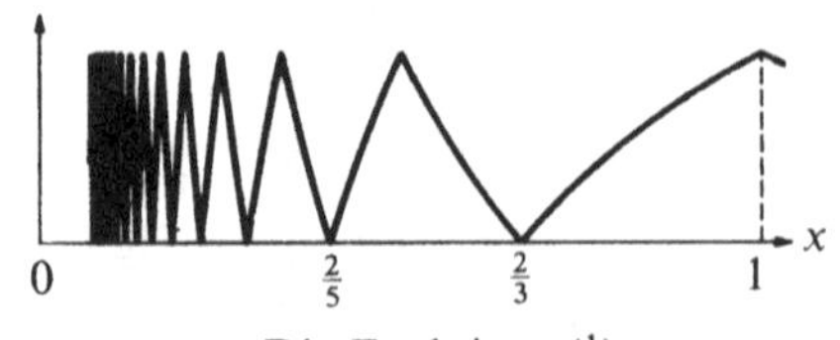

Die Funktion $s(\frac{1}{x})$

Die Funktion f ist nach 6.7 in J stetig, aber nicht gleichmäßig stetig. Es ist nämlich für $n=1,2,3,\ldots$

$$f\left(\frac{1}{n}\right)-f\left(\frac{1}{n+\frac{1}{2}}\right)=s(n)-s(n+\tfrac{1}{2})=\tfrac{1}{2}.$$

In diesem Beispiel, und ebenso im Beispiel $f(x)=\frac{1}{x}$, existiert der Limes von $f(x)$ für $x \to 0+$ nicht, d.h. die Funktion läßt sich nicht als stetige Funktion auf das abgeschlossene Intervall $[0,1]$ fortsetzen. Es liegt nahe, hierin die Ursache für die nicht gleichmäßige Stetigkeit zu sehen und zu vermuten, daß stetige Funktionen auf kompakten Intervallen gleichmäßig stetig sind. Der folgende auf E. HEINE (1872) zurückgehende Satz bestätigt dies.

Satz. *Jede in einem kompakten Intervall stetige Funktion ist dort gleichmäßig stetig.*

Beweis (indirekt). Angenommen, $f(x)$ sei stetig, aber nicht gleichmäßig stetig auf $J=[a,b]$. Dann existiert mindestens ein ε_0, so daß für alle $\delta>0$ die Aussage

$$\text{aus } |x-y|<\delta \text{ folgt } |f(x)-f(y)|<\varepsilon_0$$

falsch, also die Aussage

$$\text{es gibt } x_\delta,\ y_\delta \text{ mit } |x_\delta-y_\delta|<\delta \text{ und } |f(x_\delta)-f(y_\delta)|\geq\varepsilon_0$$

richtig ist. Setzen wir der Reihe nach $\delta=1$, $\delta=\frac{1}{2}$, $\delta=\frac{1}{3}$, ..., so erhalten wir zwei Folgen (x_n), (y_n) in J mit

$$(*) \qquad |x_n-y_n|<\frac{1}{n} \quad \text{und} \quad |f(x_n)-f(y_n)|\geq\varepsilon_0.$$

Da (x_n) beschränkt ist, gibt es eine Teilfolge $(x_{n(k)})$, die etwa gegen $\xi\in J$ konvergiert. Wegen $(*)$ konvergiert auch $y_{n(k)}$ gegen ξ, und aus

$$\lim_{k\to\infty} f(x_{n(k)})=\lim_{k\to\infty} f(y_{n(k)})=f(\xi)$$

erhalten wir einen Widerspruch zu $(*)$. Damit ist der Satz bewiesen. □

Der nun folgende Zwischenwertsatz, einer der wichtigsten Sätze über stetige Funktionen, wurde von den Mathematikern vor BOLZANO als selbstverständlich angenommen. Unser Beweis lehnt sich an den ersten Beweisversuch durch Bolzano [1817] an.

6.10 Zwischenwertsatz. *Ist $f(x)$ in $J=[a,b]$ stetig, so nimmt $f(x)$ jeden Wert zwischen $f(a)$ und $f(b)$ an.*

Wir betrachten zunächst den folgenden Sonderfall, wobei die Behauptung verschärft wird.

Nullstellensatz. *Ist $f(x)$ in $J=[a,b]$ stetig, $f(a)>0$ und $f(b)<0$, dann hat f mindestens eine Nullstelle in J. Genauer: Es gibt eine erste Nullstelle c_1 und eine* *letzte Nullstelle* c_2 *mit* $a<c_1\le c_2<b$, *und* f *ist positiv in* $[a,c_1)$ *und negativ in* $(c_2,b]$.

Beweis. Nullstellensatz. Es sei N die Menge aller $x\in J$ mit $f(x)\le 0$ und $c_1=\inf N$. Nach Satz 6.6 ist $f>0$ in einer rechtsseitigen Umgebung von a und $f<0$ in einer linksseitigen Umgebung von b, also $a<c_1<b$ sowie $f>0$ in $[a,c_1)$. Die Gleichung $f(c_1)=0$ wird durch eine doppelte reductio ad absurdum bewiesen. Wäre $f(c_1)<0$, so wäre $f<0$ in einer linksseitigen Umgebung von c_1, also c_1 nicht das Infimum von N. Wäre $f(c_1)>0$, so wäre $f>0$ in einer rechtsseitigen Umgebung von c_1 und, da f links von c_1 positiv ist, wieder c_1 nicht das Infimum von N. Es muß also $f(c_1)=0$ sein. Die Existenz einer Nullstelle mit den Eigenschaften von c_2 wird ähnlich bewiesen.

Zwischenwertsatz. Der Fall $f(a)=f(b)$ ist trivial. Es sei etwa $f(a)<f(b)$, und η liege zwischen diesen beiden Werten. Für $g(x):=\eta-f(x)$ wird $g(a)>0$ und $g(b)<0$. Nach dem Nullstellensatz gibt es ein c mit $g(c)=0$, d.h. $\eta=f(c)$. Für $f(a)>f(b)$ schließt man entsprechend. □

Die Funktion f nimmt im Intervall $J=[a,b]$ ihr Maximum M und ihr Minimum m an, etwa in den Punkten c und d. Man kann nun den Zwischenwertsatz auf $[c,d]$ anwenden und erkennt so, daß $f(J)$ das kompakte Intervall $[m,M]$ ist. Eine leichte zusätzliche Überlegung führt auf das

Corollar. *Es sei* J *ein beliebiges Intervall und* $f\in C(J)$. *Dann ist* $f(J)$ *ein Intervall, und zwar das Intervall* $(\inf f(J), \sup f(J))$, *eventuell mit Einschluß von Randpunkten.*

Mit dem Zwischenwertsatz können wir nun den Satz 3.5 über die Umkehrfunktion in zwei Richtungen verschärfen. Erstens sind beliebige stetige Funktionen zugelassen, und zweitens ist die Umkehrfunktion wieder stetig.

6.11 Satz über die Umkehrfunktion. *Die Funktion* f *sei auf einem (beliebigen) Intervall* J *stetig und streng monoton. Dann ist die Umkehrfunktion auf dem Intervall* $J^*=f(J)$ *stetig und im gleichen Sinne wie* f *streng monoton.*

Beweis. Es sei f streng monoton wachsend. Die strenge Monotonie von $g=f^{-1}$ ergibt sich aus der leicht zu beweisenden Äquivalenz $x_1<x_2 \Leftrightarrow f(x_1)<f(x_2)$.

Zum Beweis der Stetigkeit von g wählen wir einen inneren Punkt $\eta=f(\xi)$ aus J^*. Für hinreichend kleines $\varepsilon>0$ sind $x_1=\xi-\varepsilon$, $x_2=\xi+\varepsilon\in J$, also $y_1=f(x_1)$, $y_2=f(x_2)\in J^*$. Es ist $y_1<\eta<y_2$, d.h. $U=(y_1,y_2)$ ist eine Umgebung von η. Wir erhalten $|g(y)-g(\eta)|<\varepsilon$ für $y\in U$. Also ist g stetig an der Stelle η. Wenn η ein Randpunkt von J^* ist, dann schließt man genauso mit einseitigen Umgebungen.

Ist f streng monoton fallend, so gehe man zur Funktion $f^*=-f$ über. □

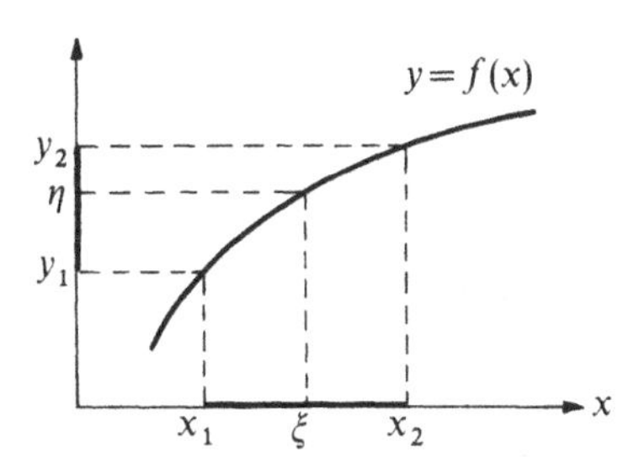

Beispiele. 1. $f(x)=x^3$, $J=\mathbb{R}$. Es ist $J^*=\mathbb{R}$ und $g(y)=(\operatorname{sgn} y)\sqrt[3]{|y|}$.

2. Mit $f(x)=a^x$ erhält man das wichtige Ergebnis: Der Logarithmus (zur Basis $a>0$) ist eine in $(0,\infty)$ stetige Funktion. Daraus ergibt sich mit 6.7 ein neuer Beweis für die Stetigkeit der Funktion $x^\alpha=e^{\alpha \log x}$.

3. Die Funktion $f(x)=x^3+e^x$ besitzt eine auf $\mathbb{R}$ erklärte, stetige Umkehrfunktion (sie läßt sich nicht mit elementaren Funktionen in geschlossener Form angeben).

6.12 Limes für $x\to\pm\infty$. Analog zum Limes für $n\to\infty$ definieren wir nun den Limes für $x\to\infty$, wobei x alle hinreichend großen reellen Zahlen durchläuft.

Die reellwertige Funktion $f(x)$ sei für alle hinreichend großen reellen x, etwa für $\alpha<x<\infty$, erklärt. Man sagt, f strebt gegen $a\in\mathbb{R}$ für $x\to\infty$, in Symbolen

$$\lim_{x\to\infty} f(x)=a \quad \text{oder} \quad f(x)\to a \quad \text{für } x\to\infty,$$

wenn es zu jedem $\varepsilon>0$ eine Zahl C $(>\alpha)$ gibt mit der Eigenschaft, daß

$$\text{für } x>C \text{ stets } |f(x)-a|<\varepsilon \text{ ist.}$$

Ganz entsprechend (oder auch durch die Gleichung $\lim\limits_{x\to-\infty} f(x):=\lim\limits_{x\to\infty} f(-x)$) ist der Limes für $x\to-\infty$ erklärt.

Auch in diesen beiden Fällen gelten ein entsprechendes Folgenkriterium und ein entsprechendes Cauchy-Kriterium. Um Weitläufigkeiten zu vermeiden, beschränken wir uns auf den Grenzübergang für $x\to\infty$.

(a) *Folgenkriterium.* Es existiert $\lim\limits_{x\to\infty} f(x)$ genau dann, wenn für jede Folge (x_n) mit $x_n\to\infty$ die entsprechende Folge $(f(x_n))$ konvergiert.

(b) *Cauchy-Kriterium.* Es existiert $\lim\limits_{x\to\infty} f(x)$ genau dann, wenn es zu jedem $\varepsilon>0$ eine Konstante C gibt, so daß

$$\text{für } x, y>C \text{ stets } |f(x)-f(y)|<\varepsilon \text{ ist.}$$

(c) Ist f im Intervall (α,∞) bzw. $(-\infty,\beta)$ definiert, so gilt

$$\lim_{x\to\infty} f(x)=\lim_{t\to 0+} f\left(\frac{1}{t}\right) \quad \text{bzw.} \quad \lim_{x\to-\infty} f(x)=\lim_{t\to 0-} f\left(\frac{1}{t}\right),$$

wobei aus der Existenz eines dieser Grenzwerte die Existenz des anderen folgt.

(d) Alle Rechenregeln von 6.5 bleiben gültig, wenn man Grenzwerte für $x\to\infty$ oder für $x\to-\infty$ betrachtet.

Es folgt z.B. die erste Behauptung in (c) aus der Äquivalenz

$$|f(x)-a|<\varepsilon \quad \text{für } C<x<\infty \Leftrightarrow \left|f\left(\frac{1}{t}\right)-a\right|<\varepsilon \quad \text{für } 0<t<\frac{1}{C}.$$

Nun lassen sich (a), (b) und (d) mit Hilfe von (c) aus den früheren Eigenschaften des einseitigen Limes ableiten. □

Beispiele. 1. $\lim_{x\to\infty} x^{-\alpha}=0$ für $\alpha>0$. Das ergibt sich aus (c) und dem Beispiel 2 von 6.2.

2. $$\lim_{x\to\infty}\frac{2x^2-7}{x^2+3x-1}=\lim_{x\to\infty}\frac{2-7x^{-2}}{1+3x^{-1}-x^{-2}}=\frac{\lim_{x\to\infty}(2-7x^{-2})}{\lim_{x\to\infty}(1+3x^{-1}-x^{-2})}=2.$$

6.13 Uneigentliche Grenzwerte. Es sei D eine Menge reeller Zahlen mit dem Häufungspunkt ξ. Für die Funktion $f\colon D\to\mathbb{R}$ bedeutet

$$\lim_{x\to\xi} f(x)=\infty \quad (\text{in } D),$$

daß zu jeder (noch so großen) reellen Zahl C ein $\delta>0$ existiert, so daß die Beziehung

$$f(x)>C \quad \text{für alle } x\in \dot{U}_\delta(\xi)\cap D \text{ gilt.}$$

Ganz analog bedeutet

$$\lim_{x\to\infty} f(x)=\infty,$$

wenn f auf (α,∞) erklärt ist, daß es zu jedem $C>0$ ein $\beta=\beta(C)>\alpha$ gibt, so daß

$$f(x)>C \quad \text{für } \beta<x<\infty \text{ ist.}$$

Wie die entsprechenden Definitionen für die Fälle $x\to\xi+0$, $x\to\xi-0$, $x\to-\infty$ sowie für den uneigentlichen Grenzwert $a=-\infty$ lauten, wird nun hinreichend klar sein. In all diesen Fällen spricht man von *bestimmter Divergenz* oder von einem *uneigentlichen Grenzwert.* Der Terminus *Konvergenz* (ohne Zusatz) wird also für den Fall der Konvergenz gegen eine reelle Zahl vorbehalten.

Wir betrachten noch einen weiteren Fall. Man schreibt

$$\lim_{|x|\to\infty} f(x)=a \quad (a=\pm\infty \text{ zugelassen}),$$

wenn $f(x)$ für $x\to\infty$ und für $x\to-\infty$ gegen a strebt.

Satz. *Das Folgenkriterium gilt auch für uneigentliche Grenzwerte. Insbesondere strebt genau dann $f(x)\to\infty$ für $x\to\xi$, $x\in D$, wenn $f(x_n)\to\infty$ strebt für jede Folge (x_n) mit $x_n\to\xi$, $x_n\in D\setminus\{\xi\}$ ($\xi=\pm\infty$ zugelassen).*

Ferner gelten die Rechenregeln 6.5 auch für uneigentliche Limites, bei den algebraischen Regeln jedoch nur in den Fällen, in denen die auf der rechten Seite der Gleichungen auftretenden Operationen definiert sind.

Der Beweis des ersten Teils verläuft fast wörtlich wie der entsprechende Beweis mit endlichem Limes. Die Rechenregeln lassen sich dann auf die entsprechenden Rechenregeln für Folgen zurückführen, die in dem behaupteten Umfang gültig sind; vgl. 4.4.

Schließlich weisen wir noch auf den folgenden Zusammenhang zwischen uneigentlichen und eigentlichen Grenzwerten hin.

(d) Ist f von Null verschieden, so gilt (für alle betrachteten Grenzübergänge)

$$\lim |f(x)| = \infty \Leftrightarrow \lim \frac{1}{f(x)} = 0.$$

Beweis als Übungsaufgabe.

Ebenso wie für monotone Folgen gilt auch für monotone Funktionen ein Konvergenzkriterium, mit dem wir unsere Betrachtungen über den Grenzwert abschließen.

6.14 Konvergenzkriterium für monotone Funktionen. *Es sei $J=(a,\xi)$ ein links an den Punkt ξ anschließendes offenes Intervall ($\xi=\infty$ zugelassen) und $f\colon J \to \mathbb{R}$ eine monoton wachsende bzw. fallende Funktion. Dann existiert der folgende einseitige Limes, und er hat den Wert*

$$\lim_{x \to \xi-} f(x) = \sup f(J) \quad \textit{bzw.} \quad \inf f(J).$$

Ist die rechte Seite gleich ∞ bzw. $-\infty$, so handelt es sich natürlich um einen uneigentlichen Grenzwert.

Es sei dem Leser überlassen, das entsprechende Kriterium für rechtsseitige Grenzwerte zu formulieren.

Beweis. Wir behandeln den Fall einer monoton wachsenden Funktion. Es sei $\eta = \sup f(J)$ und α eine beliebige Zahl $<\eta$. Nach der Definition des Supremums gibt es ein $c \in J$ mit $\alpha \le f(c) \le \eta$, und wegen der Monotonie von f ist dann $\alpha \le f(x) \le \eta$ für $c \le x < \xi$. Damit ist bereits alles bewiesen, und zwar auch im Fall $\eta = \infty$. □

Im Rest dieses Paragraphen werden wir einige Begriffe einführen, welche das Verständnis der Stetigkeit vertiefen und den Umgang mit stetigen Funktionen erleichtern sollen.

6.15 Sprungstelle und Schwankung. Die Funktion f sei in einer Umgebung der Stelle ξ definiert. Die Stelle ξ heißt *Sprungstelle*, wenn die beiden einseitigen Grenzwerte $f(\xi+)$ und $f(\xi-)$ existieren, aber verschieden sind, oder wenn sie untereinander gleich, aber $\neq f(\xi)$ sind. Man spricht auch dann von einer Sprungstelle, wenn f nur in einer rechtsseitigen Umgebung $[\xi, \xi+\alpha)$ $(\alpha>0)$ definiert und $f(\xi) \neq f(\xi+)$ ist; entsprechendes gilt für eine linksseitige Umgebung. Aus 6.14 folgt ohne Schwierigkeit, daß eine monotone Funktion nur Sprungstellen als Unstetigkeitsstellen haben kann.

Die reellwertige Funktion f sei auf D beschränkt. Die Größe

$$\omega(D; f) \equiv \omega(D) := \sup f(D) - \inf f(D)$$

wird *Schwankung von f auf D*, die Größe

$$\omega(\xi) \equiv \omega(\xi; f) := \lim_{\varepsilon \to 0+} \omega(B_\varepsilon(\xi) \cap D) \qquad (\xi \in D)$$

Schwankung von f im Punkt ξ genannt (der Limes existiert nach 6.14, da der Ausdruck auf der rechten Seite eine monoton wachsende Funktion von ε ist).

Diese Begriffe spielen später in der Integralrechnung eine Rolle. Der Ausdruck $\omega(\xi)$ gibt ein Maß für den Grad der Unstetigkeit an der Stelle ξ an. Dazu einige

Beispiele. 1. Für die Funktion $x \mapsto [x]$ sind alle ganzen Zahlen Sprungstellen, und die Schwankung an der Stelle $p \in \mathbb{Z}$ hat den Wert 1.

2. Für die Dirichletsche Funktion (Beispiel 6 von 6.1) ist $\omega(\xi) = 1$ für alle ξ.

3. Für eine monoton wachsende Funktion f ist $\omega(\xi) = f(\xi+) - f(\xi-)$.

Ohne Schwierigkeit beweist man das folgende

Lemma. *Die Funktion f ist genau dann im Punkt ξ stetig, wenn $\omega(\xi) = 0$ ist.*

6.16 Stetigkeitsmodul. Eine für $s \geq 0$ erklärte und monoton wachsende Funktion $\delta(s)$ mit $\lim_{s \to 0+} \delta(s) = \delta(0) = 0$ wird Stetigkeitsmodul genannt. Der Name weist auf die folgenden Zusammenhänge hin.

Aus einer Abschätzung $|f(x) - f(\xi)| \leq \delta(|x - \xi|)$ folgt, daß f in ξ stetig, aus der Abschätzung

$$(*) \qquad |f(x) - f(y)| \leq \delta(|x - y|) \quad \text{für } x, y \in D,$$

daß f in D gleichmäßig stetig ist.

Der Beweis ist nicht schwierig. Der Spezialfall $\delta(s) = Ls$ führt auf die bekannte Lipschitz-Bedingung, im Fall $\delta(s) = Ls^\alpha$ mit $0 < \alpha < 1$, also

$$|f(x) - f(y)| \leq L|x - y|^\alpha \quad \text{für } x, y \in D,$$

spricht man von einer *Hölder-Bedingung* oder *Hölderstetigkeit*; vgl. Aufgabe 3.3. Es gilt auch die Umkehrung zur obigen Aussage:

Ist f im Intervall I gleichmäßig stetig, so gibt es einen Stetigkeitsmodul (und sogar einen kleinsten) derart, daß $(*)$ gilt. Man setzt dazu

$$\delta(s) := \sup\{|f(x) - f(y)| : x, y \in I, \ |y - x| \leq s\}.$$

Offenbar ist δ monoton wachsend in s. Wählt man zu $\varepsilon > 0$ ein $\alpha > 0$ derart, daß $|f(x) - f(y)| < \varepsilon$ ist für alle x, $y \in I$ mit $|x - y| \leq \alpha$, so folgt $\delta(s) \leq \varepsilon$ für $0 \leq s < \alpha$. Also strebt $\delta(s) \to 0$ für $s \to 0+$.

6.17 Stetige Fortsetzung. Die Funktion f sei stetig auf D. Man nennt jede auf einer Menge $E \supset D$ stetige Funktion g, welche auf D mit f übereinstimmt, eine *stetige Fortsetzung* von f (auf E). Eine auf einem (beliebigen) Intervall J stetige Funktion f ist durch ihre Werte in den rationalen Punkten von J bereits vollständig bestimmt. Denn zu einem irrationalen $x \in J$ gibt es eine rationale

Folge (r_n), die gegen x strebt, und nach dem Folgenkriterium ist dann $f(x) = \lim_{n\to\infty} f(r_n)$. Allgemeiner ist f durch die Werte in einer dichten Teilmenge von J bereits eindeutig festgelegt. Dabei heißt eine Menge $Q \subset J$ *dicht* in J, wenn jedes Teilintervall von J Punkte aus Q enthält. Insbesondere zeigt diese Überlegung:

Es gibt nur eine einzige stetige Lösung der Funktionalgleichung (E) $\phi(x+y) = \phi(x)\phi(y)$ mit $\phi(1) = a > 0$, nämlich die in 4.8 definierte Exponentialfunktion a^x.

Es gibt jedoch auf $\mathbb{Q}$ definierte und stetige Funktionen, die sich nicht stetig auf $\mathbb{R}$ fortsetzen lassen. Man zeige dazu, daß die durch $f(r) = 0$ für rationale $r < \sqrt{2}$, $f(r) = 1$ für rationale $r > \sqrt{2}$ definierte Funktion auf $\mathbb{Q}$ stetig ist. Anders sieht die Sache bei gleichmäßiger Stetigkeit aus; vgl. Aufgabe 6.6. Weitergehende Fortsetzungssätze werden im zweiten Band behandelt.

Wir beschließen diesen Paragraphen mit einem interessanten

Beispiel. Es sei

$$f(x) = \begin{cases} 0 & \text{für irrationale } x \\ \dfrac{1}{q} & \text{für rationale } x = \dfrac{p}{q}, \end{cases}$$

wobei in der zweiten Zeile $p, q \in \mathbb{Z}$, $q \geq 1$ und q minimal (also p, q teilerfremd) vorausgesetzt ist. Man zeige, daß diese Funktion an allen rationalen Stellen unstetig und an allen irrationalen Stellen stetig ist. Ist die Funktion periodisch?

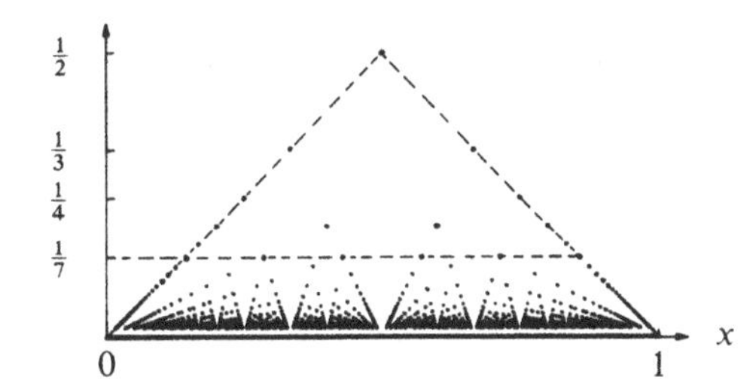

Eine für irrationale x stetige, für rationale x unstetige Funktion $f(x)$

Anleitung: Ist $\xi \notin \mathbb{Q}$ und $\varepsilon = \frac{1}{n}$ gegeben, so liegen nur endlich viele Zahlen $\frac{p}{q}$ mit $q < n$ im Intervall $(\xi - 1, \xi + 1)$, und es gibt ein Intervall $(\xi - \delta, \xi + \delta)$, das frei von solchen Zahlen ist.

Es gibt also Funktionen, deren Stetigkeitsstellen und deren Unstetigkeitsstellen dicht liegen. Dies mag als ein Beispiel dafür dienen, daß auch eine plausible exakte Formulierung eines anschaulichen Begriffs (wie der Stetigkeit) bisweilen unerwartete, nicht anschauliche Konsequenzen hat.

Aufgaben

1. *Kriterium für gleichmäßige Stetigkeit.* Die Funktion $f\colon D \to \mathbb{R}$ ist genau dann gleichmäßig stetig auf D, wenn für irgend zwei Folgen (x_n), (y_n) aus D mit $\lim(x_n - y_n) = 0$ stets auch $\lim(f(x_n) - f(y_n)) = 0$ gilt.

Beim Beweis verfahre man ähnlich wie in Satz 6.9.

2. Die Funktion f sei auf $\mathbb{R}$ gleichmäßig stetig. Man zeige, daß f höchstens wie eine lineare Funktion wächst, d.h. daß eine Konstante $L>0$ existiert, so daß $|f(x)| \leq L(1+|x|)$ in $\mathbb{R}$ ist.

3. Man zeige: Sind die Funktionen $f\colon D \to \mathbb{R}$ und $g\colon f(D) \to \mathbb{R}$ gleichmäßig stetig, so ist $g \circ f$ gleichmäßig stetig in D. (Man kann es direkt oder mit Stetigkeitsmoduln beweisen.)

4. Man zeige: Ist die Funktion f auf $\mathbb{R}$ stetig und existieren die Limites von f für $x \to \infty$ und $x \to -\infty$, so ist f gleichmäßig stetig auf $\mathbb{R}$. Folgt umgekehrt aus der gleichmäßigen Stetigkeit die Existenz der beiden Limites?

5. Man zeige, daß die Menge der auf D gleichmäßig stetigen Funktionen einen Funktionenraum, für beschränktes D sogar eine Funktionenalgebra bildet.

6. Die Menge $D \subset J = [a,b]$ sei dicht in J, d.h. jedes Teilintervall von J enthalte Elemente aus D. Man zeige, daß eine auf D gleichmäßig stetige Funktion auf eindeutige Weise stetig auf J fortgesetzt werden kann.
Anleitung: Fortsetzung durch Grenzübergang wie in 4.8.

7. Man berechne

(a) $\lim\limits_{x\to\infty} x^{3/2}(\sqrt{x+1}+\sqrt{x-1}-2\sqrt{x})$; (b) $\lim\limits_{x\to 2}\left(\dfrac{1}{2-x}-\dfrac{12}{8-x^3}\right)$;

(c) $\lim\limits_{x\to 1}\dfrac{x^r-1}{x-1}$ für $r\in\mathbb{Q}$; (d) $\lim\limits_{x\to\infty}\sqrt{x}(\sqrt{x+3}-\sqrt{x})$; (e) $\lim\limits_{x\to 0} x\left[\dfrac{1}{x}\right]$.

Man führe (c) auf den Fall $r\in\mathbb{N}$ zurück; vgl. Beispiel 4 in 6.6.

8. Man bestimme alle Stetigkeitspunkte der Funktion $f\colon \mathbb{R}\to\mathbb{R}$, gegeben durch

(a) $f(x)=[x]+\sqrt{x-[x]}$; (b) $f(x)=x^2\left[\dfrac{1}{x}\right]$ $(x\neq 0)$, $f(0)=0$.

9. Für die Funktion $f\colon \mathbb{R}\to\mathbb{R}$ gelte $f(0)=1$ sowie

$$f(x+y)\leq f(x)f(y) \quad \text{für alle } x, y\in\mathbb{R}.$$

Man zeige: Ist f im Nullpunkt stetig, so ist f auf ganz $\mathbb{R}$ stetig.

10. Die Funktion $f\colon [0,1]\to\mathbb{R}$ sei stetig, und es gelte $f(0)=f(1)$. Man zeige: Zu jedem $n\geq 1$ gibt es ein $x\in[0,1]$ mit

$$f(x)=f\left(x+\frac{1}{n}\right).$$

11. Man beweise den folgenden Satz:

Eine in einem Intervall stetige und injektive Funktion ist streng monoton.

Anleitung: Man führe die Annahme $a<b<c$, $f(a)<f(b)$, $f(b)>f(c)$ zum Widerspruch.

12. Es sei J ein kompaktes Intervall und $f\colon J\to J$ stetig. Man zeige: Es gibt einen Fixpunkt $\xi\in J$ mit $f(\xi)=\xi$. Man zeige durch Beispiele, daß der Satz für nicht kompakte Intervalle falsch ist.

13. Die Funktion $f\colon J\to\mathbb{R}$ mit $J=[a,b]$ sei monoton wachsend. Man zeige:

(a) Für $\xi \in J$ existieren die einseitigen Grenzwerte $f(\xi+)$ und $f(\xi-)$, es ist $f(\xi-) \leq f(\xi+)$, und $\omega(\xi) = f(\xi+) - f(\xi-)$ ist die Schwankung von f an der Stelle ξ (dabei wird $f(a-) := f(a)$ und $f(b+) := f(b)$ gesetzt).

(b) Die Funktion $g(x) = f(x) - \omega(\xi) H(x-\xi)$ ist, bei geeigneter Definition an der Stelle ξ, monoton in J und stetig an der Stelle ξ. Dabei ist H die Heaviside-Funktion, $H(x) = 0$ für $x \leq 0$, $H(x) = 1$ für $x > 0$.

(c) f hat in J höchstens abzählbar viele Unstetigkeitsstellen $\xi_1, \xi_2, \ldots$, und es ist $\sum \omega(\xi_k) \leq f(b) - f(a)$. (Man betrachte die Stellen ξ mit $\omega(\xi) > 1/n$.)

(d) Die Funktion $h(x) = f(x) - \sum \omega(\xi_k) H(x - \xi_k)$ ist, eventuell nach Abänderung an den Stellen ξ_k, monoton wachsend und stetig in J.

Die Summen erstrecken sich über alle Unstetigkeitsstellen.

14. *Regelfunktionen* (regulated function, fonction réglée). Eine Funktion f: $J = [a, b] \to \mathbb{R}$ heißt Regelfunktion, $f \in RF(J)$, wenn alle einseitigen Grenzwerte $f(\xi-)$, $f(\xi+)$ $(\xi \in J)$ existieren. Man zeige:

(a) Jede Regelfunktion ist beschränkt; (b) $RF(J)$ ist eine Funktionenalgebra; (c) eine Regelfunktion hat höchstens abzählbar viele Unstetigkeitsstellen ξ_i.

15. (a) Es sei $a_0 > 0$, $a_1 > 0$ und $a_n = \sqrt{a_{n-1}} + \sqrt{a_{n-2}}$ für $n \geq 2$. Man zeige, daß die Folge (a_n) konvergent ist und berechne ihren Limes.

(b) Die Funktion f: $(0, \infty) \to (0, \infty)$ sei stetig und monoton wachsend, und es sei $x < 2f(x)$ für $0 < x < \xi$ und $x > 2f(x)$ für $x > \xi$. Man zeige: Für die durch $a_0 > 0$, $a_1 > 0$, $a_n = f(a_{n-1}) + f(a_{n-2})$ $(n \geq 2)$ definierte Folge ist $\lim a_n = \xi$.

Anleitung: Man setze $\alpha = \min(a_0, a_1, \xi)$, $\beta = \max(a_0, a_1, \xi)$ und zeige durch Induktion, daß $\alpha \leq a_n \leq \beta$ ist. Für $a = \liminf a_n$ leite man die Ungleichung $a \geq 2f(a)$ ab, entsprechend für $A = \limsup a_n$. (a) ist ein Sonderfall von (b), kann aber auch direkt mittels einer Abschätzung $|a_n - 4| \leq M q^n$ mit $q < 1$ berechnet werden. Vgl. *Amer. Math. Monthly* 86 (1979) p. 865.

16. Die P_k seien Polynome vom Grad $\leq n$, und die Folge $(P_k(x))$ konvergiere für $n+1$ Werte $x = x_i$. Man zeige: Die Folge (P_k) konvergiert auf $\mathbb{R}$, die Grenzfunktion $Q(x) = \lim P_k(x)$ ist ein Polynom vom Grad $\leq n$ und die Koeffizienten von P_k konvergieren gegen die entsprechenden Koeffizienten von Q.

17. Die Funktion f sei stetig in $J = [a, b]$. Man zeige: (a) Die gemäß

$$g(x) = \max f([a, x]) \quad (x \in J)$$

definierte Funktion g ist in J stetig, monoton wachsend und $\geq f$; (b) g ist die kleinste Funktion mit diesen drei Eigenschaften. Man mache sich den Verlauf von g an Beispielen klar.

§ 7. Potenzreihen. Elementar-transzendente Funktionen

Werfen wir zunächst einen Blick auf die Art und Weise, wie im 17. Jahrhundert wissenschaftliche Entdeckungen und neue Ideen Verbreitung fanden. Die hergebrachten Formen der Wissensvermehrung, Bücher und Reisen zu den Lehrstätten der berühmten Gelehrten, erwiesen sich mit dem immer schnelleren Fortschritt der Wissenschaft als zunehmend unzulänglich. Neue Wege wurden beschritten durch die Gründung von wissenschaftlichen Akademien und wissenschaftlichen Zeitschriften. So wurde 1603 in Rom die Academia Nazionale dei Lincei, 1652 in Schweinfurt die Deutsche Akademie der Naturforscher „Leopoldina“ (seit 1878 in Halle), 1660 die Royal Society of London und 1666 die Académie des Sciences in Paris gegründet. Neben den Publikationsorganen der Akademien entstanden selbständige wissenschaftliche Journale. Den Anfang machte das erstmals 1665 in Paris erschienene *Journal des Sçavans*. In Deutschland wurden von 1682–1774 die *Acta Eruditorum* herausgegeben, in der zahlreiche für die Entwicklung der Infinitesimalrechnung wichtige Arbeiten erschienen sind. Daneben spielte im 17. Jahrhundert die vom einzelnen Autor verfaßte, in Abschriften zirkulierende, gelegentlich bei einer wissenschaftlichen Akademie zur Wahrung von Prioritätsansprüchen hinterlegte und oft gar nicht oder erst Jahre, manchmal Jahrhunderte später gedruckte Abhandlung eine wichtige Rolle. Und schließlich führten die Gelehrten untereinander eine ausgedehnte Korrespondenz, die teilweise über die Sekretäre der Akademien geleitet wurde, in der sie ihre neuen Erkenntnisse mit oder ohne Beweis ankündigten.

Die Geschichte der Potenzreihen beginnt damit, daß die (inzwischen allgemein bekannten) Regeln für das Rechnen mit Dezimalzahlen auf einfache Funktionen übertragen werden. So bestimmt NICOLAUS MERCATOR (1620–1687, eigentlich Kaufmann, im Holsteinischen geboren, Mitglied der Royal Society) die Reihe für $\frac{1}{1+a}$ durch fortlaufende Division (long division) nach dem folgenden, für Zahlen üblichen Schema

$$\begin{array}{lllll}
1 & & & & :(1+a)=1-a+a^2-a^3+-\dots \\
\underline{1+a} & & & & \\
-a & & & & \\
\underline{-a-a^2} & & & & \\
\quad a^2 & & & & \\
\quad \underline{a^2+a^3} & & & & \\
\qquad -a^3\dots & & & &
\end{array}$$

Für Mercator ist dieser kühne und von seinen Zeitgenossen bewunderte Schritt, um neue Reihen zu erhalten, lediglich ein Mittel zum Zweck. GREGORIUS A SANTO VINCENTIO hatte schon 1647 entdeckt, daß man Logarithmen als Flächen zwischen einer Hyperbel und ihrer Asymptote ansehen kann. Mercator schreibt die Hyperbelgleichung in der Form $y=\frac{1}{1+x}$ und erhält seine berühmte in der *Logarithmotechnia* von 1668 veröffentlichte logarithmische Reihe durch Quadratur (= gliedweise Integration) der Reihe für $\frac{1}{1+x}$

$$\log(1+a)=\int_0^a \frac{dx}{1+x}=a-\frac{a^2}{2}+\frac{a^3}{3}-\frac{a^4}{4}+-\dots$$

Damit war, ein halbes Jahrhundert nach den ersten Logarithmentafeln von Napier und Briggs, eine rationelle Methode zur Berechnung von Logarithmen gefunden worden; vgl. 7.11.

NEWTON, der als 21-jähriger Student in Cambridge zum ersten Mal ernsthaft mit Mathematik in Berührung kam, machte 1665–1666 dieselbe Entdeckung. Aber mit dem Blick des Genies gab er der Methode die größte Allgemeinheit und erkannte ihre weit über das spezielle Beispiel hinausreichende Bedeutung. Er faßte seine Einsichten zusammen in der Abhandlung *De analysi per aequationes numero terminorum infinitas* (Über die Analysis der Gleichungen mit unendlich vielen Gliedern), die er 1669 ISAAC BARROW, seinem Lehrer am Trinity College in Cambridge, übergab; sie wurde erst 1704 gedruckt. Der Inhalt dieser grundlegenden Arbeit sei in Kürze beschrieben.

Für Newton sind Reihen zunächst nur Mittel zum Zweck der Integration, und er meint offenbar, mit ihnen alle Quadraturen lösen zu können. Im III. Kapitel mit der Überschrift *Aliarum omnium quadratura* (etwa: Quadratur aller (!) anderen [Flächen]) entwickelt er durch Division (long division)

$$\frac{1}{1+x^2}=1-x^2+x^4-x^6+-\ldots,$$

aber auch, indem er den Divisor umkehrt,

$$\frac{1}{x^2+1}=\frac{1}{x^2}-\frac{1}{x^4}+\frac{1}{x^6}-+\ldots$$

und fügt hinzu: Nach der ersten Regel verfahre, wenn x hinreichend klein, nach der zweiten, wenn x hinreichend groß ist. Hier wie auch in späteren Beispielen bestimmt er die Flächen unter der Kurve durch gliedweise Integration. Sodann überträgt er auch das (aus dem heutigen Schulunterricht durch die „Neue Mathematik" und die Taschenrechner verdrängte) Verfahren der Wurzelausziehung auf Funktionen und erhält

$$\sqrt{a^2+x^2}=a+\frac{x^2}{2a}-\frac{x^4}{8a^3}+\frac{x^6}{16a^5}-+\ldots$$

und ähnliche Reihen für $\sqrt{a^2-x^2}$, $\sqrt{\frac{1+ax}{1-bx^2}}, \ldots$

Im nächsten Kapitel beschreibt Newton sein berühmtes Verfahren zur Nullstellenbestimmung am Beispiel

$$y^3-2y-5=0.$$

Das Newton-Verfahren gehört heute zum Grundbestand der numerischen Mathematik. Newton überträgt es sogleich auf Funktionen und zeigt am Beispiel

$$y^3+ay-2a^3+axy-x^3=0,$$

wie man sukzessive die Potenzreihenentwicklung $y=a-\frac{x}{4}+\frac{x^2}{64a}-+\ldots$ erhält.

Auf ähnliche Weise führt er später die Umkehrung von Reihen, also die Bestimmung der Umkehrfunktion einer durch eine Potenzreihe gegebenen Funktion durch. So gewinnt er durch Umkehrung der logarithmischen Reihe

$$z=x-\frac{x^2}{2}+\frac{x^3}{3}-\frac{x^4}{4}+\frac{x^5}{5}-+\ldots,$$

die er nach dem 5. Glied abbricht, die Exponentialreihe

$$x = z + \frac{1}{2}z^2 + \frac{1}{6}z^3 + \frac{1}{24}z^4 + \frac{1}{120}z^5 + \ldots$$

und durch Umkehrung der Arcussinusreihe die Reihen für den Sinus und Cosinus. Newtons Bemerkungen zur Reihenkonvergenz sind kurz, treffen aber ins Schwarze. Er beruft sich auf Euklid (*Elemente* X.1, das in §4 zitierte „Exhaustionslemma"), wonach eine Größe, wenn man von ihr mehr als die Hälfte, vom Rest wieder mehr als die Hälfte, ... wegnimmt, schließlich verschwindet, und fährt fort:

Sei nämlich $x = 1/2$, so ist x die Hälfte der Summe $x + x^2 + x^3 + \ldots$, x^2 die Hälfte der Summe $x^2 + x^3 + x^4 \ldots$. Wenn man daher hieran $x < 1/2$ macht, so ist x grösser als die halbe Summe $x + x^2 + x^3 + \ldots$, x^2 grösser als die halbe Summe $x^2 + x^3$ u.s.w. So ist, wenn $x/b < 1/2$, x grösser als die halbe Summe $x + \frac{x^2}{b} + \frac{x^3}{b^2} + \ldots$ und so verhält es sich mit den übrigen. Und was nun die Koeffizienten anbelangt, so nehmen sie meistens fortwährend ab, oder wenn sie wachsen, so ist nur notwendig, dass man x entsprechend kleiner annimmt [Reiff, S. 31].

Er vergleicht also eine Potenzreihe mit der geometrischen Reihe, und das tut man auch heute noch bei der Bestimmung des Konvergenzradius.

Die allgemeine binomische Reihe

$$(1+x)^\alpha = 1 + \alpha x + \frac{\alpha(\alpha-1)}{1 \cdot 2}x^2 + \frac{\alpha(\alpha-1)(\alpha-2)}{1 \cdot 2 \cdot 3}x^3 + \ldots$$

fand Newton um dieselbe Zeit, ohne sie in seine Schrift *De analysi* aufzunehmen. Im ersten von zwei berühmten Briefen, die Newton 1676 an den Sekretär der Royal Society, H. Oldenburg, zur Weitergabe an Leibniz schrieb (epistola prior vom 3.6.1676), gibt er die Entwicklung an und stellt fest, daß damit das Wurzelausziehen wesentlich abgekürzt werden kann. Den zweiten Brief (epistola posterior vom 24.10.1676) schrieb er auf Leibnizens Bitte um Information über die Herkunft seiner Resultate. In ihm hat Newton „den Vorhang weggezogen, hat einen vollen Einblick in seine geistige Werkstatt eröffnet, wie er nicht lehrreicher, nicht fesselnder geboten werden kann" [Cantor III, S. 71]. Newton schildert, wie er zunächst versuchte, die Funktionen

$$f_n(x) = \int_0^x (1-t^2)^{n/2}\,dt$$

für ungerades n aus den bekannten Werten für gerades n durch „Interpolation", d.h. durch Erraten zu finden ($n=1$ ist die Quadratur des Kreises, an der er besonders interessiert war). Als er sie gefunden hatte, bemerkte er, daß daraus Entwicklungen für die Integranden $(1-x^2)^{n/2}$ sich ergeben, und, das ist das Entscheidende, daß die Koeffizienten dieser Entwicklung aus dem Exponenten $\frac{n}{2} = m$ in derselben Weise wie bei ganzzahligem positivem m „durch fortwährende Multiplikation dieser Reihe

$$m \times \frac{m-1}{2} \times \frac{m-2}{3} \times \frac{m-3}{4} \quad \text{etc.}$$

hervorgehen". Was lag näher, als das Ergebnis auf beliebiges rationales m auszudehnen? Aber noch fehlte der Beweis. Newton prüfte seine Reihen, indem er etwa die Reihe für $(1-x^2)^{1/2}$ mit sich selbst multiplizierte, die Reihe für $(1-x^2)^{1/3}$ zweimal mit sich selbst multiplizierte und in beiden Fällen (im Rahmen der betrachteten Potenzen) das erwartete Resultat $1-x^2$ erhielt. Nach zahlreichen Versuchen ähnlicher Art mit positivem und negativem m war er von der Gültigkeit seiner Entdeckung überzeugt.

Newton hat die Potenzreihen als neues analytisches Hilfsmittel erschaffen und ihre Theorie zu einem ersten Höhepunkt und Abschluß gebracht. Er rechnet mit ihnen so, wie man mit Zahlen und Polynomen gerechnet hat, multipliziert, dividiert, radiziert, er erfindet das Newton-Verfahren zur iterativen Gleichungsauflösung und wendet es zur Umkehrung der Potenzreihen an. Mit diesen Methoden, für welche sich später die Bezeichnung „Algebraische Analysis" eingebürgert und bis in unser Jahrhundert erhalten hat, lassen sich die wichtigsten Berechnungen von Funktionen und Flächeninhalten seiner Zeit bewältigen.

Neue Einsichten über Potenzreihen bringt das 18. Jahrhundert. Dieses Jahrhundert wird, man darf es ohne Übertreibung sagen, beherrscht von LEONHARD EULER, einer der erstaunlichsten Gestalten der Geschichte der Wissenschaft. 1707 in Basel geboren, sollte er auf Wunsch seines Vaters, der (kalvinistischer) Pfarrer war, Theologie studieren. Den jungen Leonhard, der sich mit 13 Jahren an der Baseler Universität immatrikulierte, zog es unwiderstehlich zur Mathematik. Er hatte das Glück, in JOHANN BERNOULLI einen der größten lebenden Mathematiker als Lehrer und in dessen Söhnen Niklaus und Daniel zwei gleichgesinnte Freunde zu finden. Die beiden Bernoulli-Brüder erhielten 1725 Professuren an der im selben Jahr von Katharina I., der Witwe Peters des Großen, auf Leibnizens Anregung neugegründeten Akademie in St. Petersburg. Euler folgte ihnen und kam am 17. Mai 1727 in Rußland an. Am selben Tag starb Katharina I., die großzügige Förderin der Wissenschaft, und in der Folgezeit wurde seine Situation, ebenso wie die der Akademie, prekär. Doch 1730, als die den Wissenschaften gegenüber aufgeschlossene Zarin Anna an die Macht kam, erhielt er die Physikprofessur und drei Jahre später als Nachfolger des nach Basel zurückgekehrten Daniel Bernoulli die Mathematikprofessur an der St. Petersburger Akademie. Er hatte nun eine für einen 26-jährigen glänzende Stellung. Die Akademien und nicht die Universitäten waren damals die Hauptstätten wissenschaftlicher Forschung. Euler verbrachte sein ganzes Leben an den Akademien zu St. Petersburg und, von 1741–1766, zu Berlin. Er starb 1783 in St. Petersburg an einem Schlaganfall.

Eulers Werk hat schon seinem Umfang nach keine Parallele. Das (1910 von Eneström verfaßte) Schriftenverzeichnis umfaßt 886 Nummern. Die 1909 begonnene Gesamtausgabe seiner Werke nähert sich mit über 70 vorliegenden Quartbänden dem Abschluß. Von einem genauen Kenner[1]) stammt die Bemerkung,

---

[1]) C. Truesdell, *Leonhard Euler, supreme geometer*. In: H.E. Pagliaro (ed.), *Irrationalism in the 18th century*, Case Western 1972

daß „about one-third of the entire corpus of research on mathematics, theoretical physics and engineering mechanics published from 1726–1800" von Euler stammt! Dabei war Euler während der letzten 17 Lebensjahre beinahe, und nach einer erfolglosen Staroperation ab 1771 vollständig blind, was seiner Produktivität jedoch keinen Abbruch tat. Sein Werk umfaßt alle Zweige der Mathematik, Akustik und Musiktheorie, Ballistik, Schiffsbau, Planeten- und Kometenbewegung, die Mondtheorie, Optik und anderes. Er schuf, um nur einiges herauszugreifen, die Grundlagen der Turbinentheorie ebenso wie die erste Theorie achromatischer Linsen.

Den größten Einfluß übte Euler durch seine Lehrbücher aus. Seine drei großen mathematischen Lehrwerke, die zweibändige *Introductio in analysin infinitorum* von 1748, die *Institutiones calculi differentialis* von 1755 und die dreibändigen *Institutiones calculi integralis* von 1768–1770 begründen die Analysis als einen neuen, gleichberechtigt neben Geometrie und Algebra tretenden Zweig der Mathematik. Eulers Werke können von einem heutigen Studenten ohne Mühe gelesen werden. Er verhalf dem Leibnizschen Kalkül zum Durchbruch, und unsere heutige mathematische Bezeichnungsweise geht wesentlich auf ihn zurück.

In der *Introductio* führt er die elementaren Funktionen analytisch und ohne Benützung der Differentialrechnung ein. Er definiert im 6. Kapitel den Logarithmus als Umkehrfunktion der Exponentialfunktion, leitet im 7. Kapitel aus dem Binomialsatz die Potenzreihen beider Funktionen ab, gibt im 8. Kapitel die normierten, auf Einheitskreis und Bogenmaß bezogenen Winkelfunktionen, findet den berühmten Zusammenhang zwischen Exponentialfunktion, Sinus und Cosinus, die „Eulersche Gleichung"

$$e^{ix} = \cos x + i \sin x$$

und die Potenzreihen für eben diese Funktionen.

Eulers persönliches Leben war geprägt von den Maximen und Tugenden, die er im Elternhaus erfahren hat. Er bewahrte zeitlebens seine Religiosität und hielt regelmäßig Hausandachten mit seiner großen Familie. Der gefeiertste Wissenschaftler seiner Zeit hatte einen einfachen und bescheidenen Lebensstil, und seine Selbstlosigkeit wird von vielen gerühmt. Mit seiner vom christlichen Glauben geprägten Philosophie und Weltanschauung steht er in merkwürdigem Gegensatz zu seinen französischen Kollegen und paßt so gar nicht ins aufgeklärte 18. Jahrhundert. Auch seine Schwierigkeiten im Umgang mit Friedrich dem Großen, der ihn zwar nach Berlin berufen, aber nie zum Präsidenten der Akademie ernannt hat, erklären sich aus dieser Verschiedenheit der Anschauungen. Sie haben schließlich zu seiner Rückkehr nach St. Petersburg geführt.

Euler schreibt mit überlegener Klarheit, er läßt den Leser an der Evolution der Ideen teilhaben und schildert die Wege, auf denen er zu seinen Ergebnissen gekommen ist, und gelegentlich auch Irrwege, die nicht zum Ziel führen. Das Zitat von Gauß, daß „das Studium der Eulerschen Arbeiten die beste, durch nichts anderes zu ersetzende Schule für die verschiedenen mathematischen Gebiete bleiben wird", mag für andere prominente Urteile stehen (*Opera omnia*, Vorwort S. VIII zu Band I, 9). Für Generationen von Mathematikern war

Euler „unser aller Meister" (Laplace), und er zieht den Leser auch heute noch in seinen Bann.

Die erste systematische Theorie der Potenzreihen gibt CAUCHY in Kap. VI des *Cours d'analyse.* Es finden sich dort der Begriff des Konvergenzradius (ohne daß der Name auftaucht) und die beiden auf dem Wurzel- und Quotientenkriterium beruhenden Formeln zu seiner Bestimmung (S. 136), der Identitätssatz und das Cauchy-Produkt (S. 140). Die Binomialreihe wird mit der Eulerschen Methode summiert (vgl. 5.15), und aus ihr werden ähnlich wie in Eulers *Introductio* – und das heißt in diesem Fall, ähnlich unsauber durch gliedweisen Grenzübergang – die Reihen für e^x und $\log(1+x)$ abgeleitet (S. 149–150). Das Rechnen mit komplexen Zahlen, bei Cauchy heißen sie expressions imaginaires, und komplexen Funktionen und Potenzreihen ist den nächsten Kapiteln vorbehalten; wir kommen darauf in §8 zurück. Die Reihen für Sinus und Cosinus ergeben sich aus der komplexen Exponentialreihe. Im Aufbau des Werkes und in vielen Einzelheiten spürt man den Einfluß von Eulers *Introductio.* Und doch atmet es einen völlig neuen Geist. Und auch das wird hier zum ersten Mal deutlich: Strenge Mathematik ist mühsamer, braucht mehr Platz zur Darstellung und schreitet langsamer voran. Daß das Ziel, den Methoden „toute la rigueur qu'on exige en géométrie" zu geben, im ersten Anlauf nicht vollständig erreicht wurde, tut unserer Bewunderung für das Werk keinen Abbruch.

Mit der Untersuchung der Vertauschung von Grenzprozessen der Form

$$\lim_{x\to\xi}\sum_n f_n(x)=\sum_n \lim_{x\to\xi} f_n(x)$$

und dem sich daraus entwickelnden Begriff der gleichmäßigen Konvergenz kommt die Theorie der unendlichen Reihen zu einem gewissen Abschluß. Wir haben oben bereits erwähnt, daß Cauchy diese Vertauschung unbekümmert durchführt. Sein diesbezüglicher „Satz" über die Stetigkeit der Summe einer konvergenten Reihe von stetigen Funktionen ist berühmt geworden:

Théorème I. Lorsque les différents termes de la série (1) sont des fonctions d'une même variable x, continues par rapport à cette variable dans le voisinage d'une valeur particulière pour laquelle la série est convergente, la somme s de la série est aussi, dans le voisinage de cette valeur particulière, fonction continue de x. [Cauchy, *Cours d'analyse*, S. 120.]

ABEL hat in seiner Arbeit [1826] über die Binomialreihe als erster darauf aufmerksam gemacht und durch das an der Stelle $x=\pi$ unstetige Gegenbeispiel $\sum(-1)^n\dfrac{\sin nx}{n}$ belegt, daß dieses Theorem unrichtig ist. Wichtiger ist, daß Abel bei Potenzreihen die Stetigkeit der dargestellten Funktion beweist, und zwar auch auf dem Rand des Konvergenzintervalls, falls die Reihe dort konvergiert (Abelscher Grenzwertsatz 7.12). Daß auch seine Abhandlung nicht frei von Irrtümern ist, zeigt sein

Lehrsatz V. Es sei

$$v_0+v_1\delta+v_2\delta^2+\dots$$

eine convergente Reihe, in welcher v_0, v_1, v_2, ... continuirliche Functionen einer und derselben veränderlichen Größe x sind zwischen den Grenzen $x=a$ und $x=b$, so ist die Reihe

$$f(x)=v_0+v_1\alpha+v_2\alpha^2+\ldots,$$

wo $\alpha<\delta$, convergent und eine stetige Function von x zwischen denselben Grenzen [OK 71, S. 8].

Die folgende Aufgabe enthält dazu ein Gegenbeispiel mit $\alpha=\frac{1}{2}$ und $\delta=1$.

Aufgabe. Man gebe eine Folge (v_n) von in $\mathbb{R}$ stetigen Funktionen an, für die $\sum v_n(x)$ für alle reellen x absolut konvergent und $\sum v_n(x)2^{-n}$ im Nullpunkt unstetig ist.

Anleitung: Man wähle $v_n\left(\frac{1}{n}\right)$ groß und $v_n=0$ außerhalb $\left(\frac{1}{n+1}, \frac{1}{n-1}\right)$.

Der Begriff der gleichmäßigen Konvergenz formte sich um die Mitte des vorigen Jahrhunderts in dem Bestreben, Licht in die Vorgänge bei der Konvergenz einer unendlichen Reihe von stetigen Funktionen mit unstetiger Summe zu bringen. Andeutungen davon befinden sich bereits in Abels Beweisen. Explizit erscheint der Begriff gut zehn Jahre später bei CHRISTOPH GUDERMANN (1798–1852), dem Lehrer von Weierstraß.

Es ist ein bemerkenswerter Umstand, daß sowohl die unendlichen Produkte ... als auch die so eben gefundenen Reihen einen im Ganzen gleichmäßigen Grad der Convergenz haben. (J. Reine Angew. Math. 18 (1838), 251–2.)

WEIERSTRASS spricht 1842 in einer Arbeit *Zur Theorie der Potenzreihen* (Werke I, S. 67–74), die aber erst 1894 im Druck erscheint, davon, daß eine Potenzreihe „gleichmäßig convergirt", und er war der erste, der die grundsätzliche Bedeutung dieses Begriffes erkannt und in seinen Vorlesungen verbreitet hat; vgl. P. Dugac [1973, p. 92].

Unabhängig davon haben etwa gleichzeitig G.G. STOKES, der berühmte englische Mathematiker und Physiker, 1847 und Ph.L. SEIDEL, ein Schüler von Dirichlet, 1848 das Verhalten einer Reihe von stetigen Funktionen an einer Unstetigkeitsstelle ihrer Summe untersucht. Beide zeigen, daß in der Nähe einer solchen Stelle Werte des Arguments sind, für welche die Reihe „beliebig langsam" (Seidel) bzw. „infinitively slow" (Stokes) konvergiert. CAUCHY, dem die Kritik an seinem oben zitierten Satz aus dem *Cours d'analyse* nicht verborgen geblieben ist, kommt 1853 in einer *Note sur les séries convergentes dont les divers termes sont des fonctions continues* ... (Œuvres I.12, p. 30–36) auf das Problem zurück und zeigt, daß bei gleichmäßiger Konvergenz einer Reihe (seine darauf bezogenen Formulierungen lassen an Klarheit zu wünschen übrig) die Summe stetig ist.

Die Theorie der Potenzreihen kommt erst dann zur vollen Geltung, wenn komplexe Zahlen zugelassen werden. Die dazu notwendigen Überlegungen werden im nächsten Paragraphen dargelegt. Es wird sich dabei erweisen, daß die wesentlichen Sätze dieses Paragraphen ohne Änderung des Wortlautes auch in diesem größeren Rahmen gültig bleiben und sozusagen „komplex gelesen" werden können. Im vorliegenden Paragraphen sind alle Größen reell.

7.1 Gleichmäßige Konvergenz. Wir betrachten eine Folge von reellwertigen Funktionen $f_1, f_2, f_3, \ldots$, die alle auf einer Menge $D \subset \mathbb{R}$ erklärt sind. Ist $\xi \in D$ und die Zahlenfolge $(f_n(\xi))$ konvergent, so heißt die Folge (f_n) konvergent im Punkt ξ. Wenn die Folge $(f_n(x))$ für jedes (feste) $x \in D$ konvergiert, dann ist durch

$$f(x) := \lim_{n \to \infty} f_n(x)$$

auf D eine Funktion $f(x)$ definiert, und man sagt, die Folge der Funktionen $f_n(x)$ konvergiert auf D *punktweise* gegen die Funktion $f(x)$. Bei fest gewähltem $x \in D$ gibt es alsdann zu jedem $\varepsilon > 0$ einen Index N, der i.a. von ε und von der Stelle x abhängt, so daß

$$|f_n(x) - f(x)| < \varepsilon \qquad \text{für alle } n \geq N = N(x, \varepsilon)$$

gilt. Im Unterschied dazu sagt man, die Folge (f_n) konvergiert *gleichmäßig* auf D gegen die Funktion f, und schreibt dafür

$$\lim_{n \to \infty} f_n(x) = f(x) \quad \text{gleichmäßig auf } D$$

oder $f_n \to f$ gleichmäßig auf D (gelegentlich auch $f_n \underset{D}{\Rightarrow} f$), wenn zu jedem $\varepsilon > 0$ ein Index $N = N(\varepsilon)$ derart existiert, daß

$$|f_n(x) - f(x)| < \varepsilon \qquad \text{für alle } n \geq N \text{ und alle } x \in D$$

gilt. Das wesentlich Neue an dieser Definition besteht darin, daß hier die Differenz $f_n - f$ „für alle x" oder „gleichmäßig in x" klein wird, wenn nur n groß ist, d.h. daß $N(\varepsilon)$ nicht von x abhängt. Eine Folge nennt man gleichmäßig konvergent (auf D), wenn eine Limesfunktion f existiert, gegen die sie gleichmäßig konvergiert.

Zwei Beispiele mögen den Unterschied zwischen punktweiser und gleichmäßiger Konvergenz aufzeigen.

1. $f_n(x) = x^n$, $D = [0, 1]$. Es ist

$$f(x) = \lim_{n \to \infty} f_n(x) = \begin{cases} 1 & \text{für } x = 1 \\ 0 & \text{für } 0 \leq x < 1, \end{cases}$$

d.h. (f_n) konvergiert auf $[0, 1]$ punktweise gegen f. Die Konvergenz ist jedoch nicht gleichmäßig. Denn nach dem Zwischenwertsatz gibt es, wenn man etwa $\varepsilon = \frac{1}{2}$ vorschreibt, zu *jedem* n eine Stelle $\xi_n \in (0, 1)$ mit

$$|f_n(\xi_n) - f(\xi_n)| = (\xi_n)^n = \tfrac{1}{2}.$$

2. Es sei

$$\phi(x) = \begin{cases} x & \text{für } 0 \leq x \leq \frac{1}{2} \\ 1 - x & \text{für } \frac{1}{2} < x \leq 1 \\ 0 & \text{sonst} \end{cases}$$

und

$$f_n(x) = \phi(nx) \qquad (x \in \mathbb{R};\ n = 1, 2, 3, \ldots).$$

Es ist

$$\lim_{n \to \infty} f_n(x) = 0 \qquad \text{für alle } x \in \mathbb{R},$$

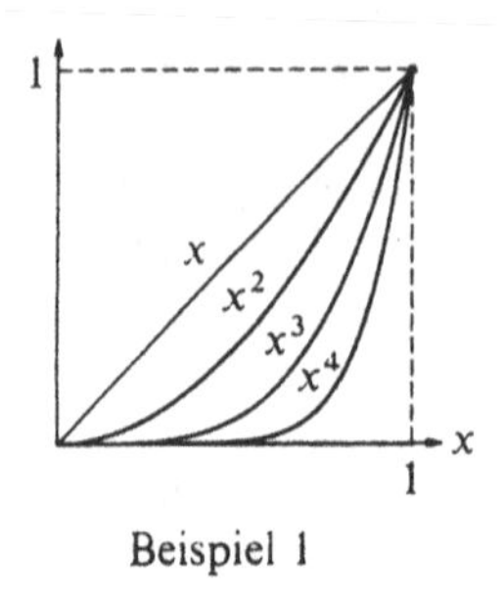

Beispiel 1

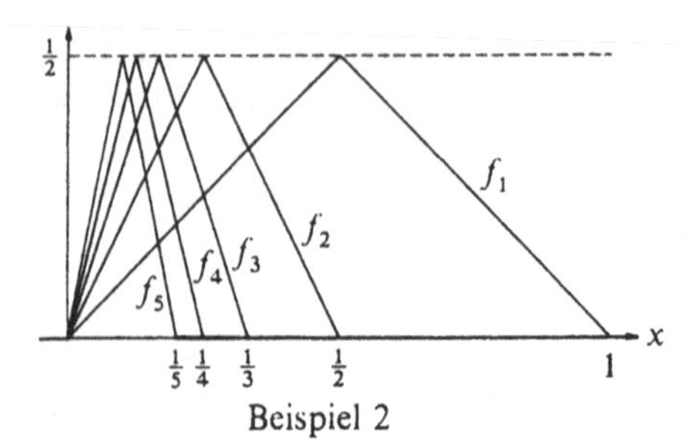

Beispiel 2

denn für jedes feste $x>0$ ist $f_n(x)=0$, sobald $nx \geq 1$ ist. Die Konvergenz ist nicht gleichmäßig im Intervall $[0,1]$, da $f_n\left(\frac{1}{2n}\right)=\frac{1}{2}$ ist.

Dieses zweite Beispiel zeigt, daß eine Folge stetiger Funktionen auch bei stetigem Grenzwert nicht notwendigerweise gleichmäßig konvergiert. Übrigens strebt sogar $n \cdot \phi(nx) \to 0$ punktweise in $\mathbb{R}$, jedoch $\frac{1}{n}\phi(nx) \to 0$ gleichmäßig in $\mathbb{R}$ $(n \to \infty)$. Man kann also auch nicht erwarten, daß eine in einem kompakten Intervall punktweise konvergente Folge mit stetigem Limes beschränkt ist.

7.2 Cauchy-Kriterium für gleichmäßige Konvergenz. *Eine Folge von Funktionen $(f_n(x))$ konvergiert genau dann gleichmäßig auf D, wenn es zu jedem $\varepsilon>0$ ein $N=N(\varepsilon)$ derart gibt, daß*

(∗) $\quad |f_n(x)-f_m(x)|<\varepsilon$ *ist für $m, n \geq N$ und alle $x \in D$.*

Beweis. Aus der gleichmäßigen Konvergenz von $f_n \to f$ ergibt sich die Bedingung (∗) wie früher in 4.14 bei Zahlenfolgen: Aus $|f_n(x)-f(x)|<\varepsilon/2$ für $n \geq N$ und alle x folgt $|f_n(x)-f_m(x)|<\varepsilon$ für $n, m \geq N$ und alle x.

Nun gelte umgekehrt die Bedingung (∗). Für jedes $\xi \in D$ ist dann $(f_n(\xi))$ eine Cauchyfolge, und nach dem Cauchy-Kriterium 4.14 existiert $f(\xi) := \lim_{n\to\infty} f_n(\xi)$ „punktweise" für jedes $\xi \in D$. Aus (∗) erhalten wir, wenn $m \geq N$ fest gewählt wird,

$$\varepsilon \geq \lim_{n\to\infty} |f_m(\xi)-f_n(\xi)| = |f_m(\xi)-f(\xi)|.$$

Da dies für jedes $\xi \in D$ und jedes $m \geq N$ richtig ist, konvergiert die Folge (f_n) gleichmäßig auf D gegen f. □

Der Begriff der gleichmäßigen Konvergenz findet seine Rechtfertigung und seine wichtigste Anwendung in dem folgenden

7.3 Satz. *Die Funktionen $f_1, f_2, f_3, \ldots$ seien auf der Menge $D \subset \mathbb{R}$ erklärt, und es konvergiere $f_n \to f$ gleichmäßig in D. Sind die f_n an der Stelle $\xi \in D$ bzw. in ganz D stetig, so gilt dasselbe für f. Kurz: Der Limes einer gleichmäßig konvergenten Folge von stetigen Funktionen ist stetig.*

Beweis. Es sei ein beliebiges $\varepsilon > 0$ fixiert. Aufgrund der gleichmäßigen Konvergenz existiert ein Index m mit

$$|f_m(x) - f(x)| < \varepsilon \quad \text{für alle } x \in D.$$

Da die Funktion $f_m(x)$ in ξ stetig ist, gibt es zu dem gewählten ε ein $\delta = \delta(\varepsilon) > 0$, so daß

$$|f_m(x) - f_m(\xi)| < \varepsilon \quad \text{für alle } x \in D \text{ mit } |x - \xi| < \delta$$

gilt. Für $|x - \xi| < \delta$ ist also

$$|f(x) - f(\xi)| \le |f(x) - f_m(x)| + |f_m(x) - f_m(\xi)| + |f_m(\xi) - f(\xi)| < 3\varepsilon,$$

womit die Stetigkeit von f an der Stelle ξ bewiesen ist. □

Der vorliegende Satz gehört zu jener Gruppe von Sätzen der Analysis, welche die Vertauschung von Grenzprozessen zum Inhalt haben. Das wird in der folgenden Fassung deutlich. Die gleichmäßige Konvergenz erscheint dabei, ebenso wie später an mehreren Stellen, als hinreichende Bedingung für ein solches Vorgehen.

Corollar. *Die Folge* (f_n) *konvergiere gleichmäßig auf* D. *Wenn die Limites* $\lim\limits_{x \to \xi} f_n(x)$ *existieren* ($\xi = \pm\infty$ *zugelassen*), *dann existieren auch die folgenden Limites, und es ist*

$$\lim_{n \to \infty} [\lim_{x \to \xi} f_n(x)] = \lim_{x \to \xi} [\lim_{n \to \infty} f_n(x)].$$

Zum *Beweis* setzt man zunächst f_n gemäß $f_n(\xi) = \lim\limits_{x \to \xi} f_n(x)$ stetig auf $D_1 = D \cup \{\xi\}$ fort, überzeugt sich dann, daß eine in D bestehende Ungleichung $|f_m(x) - f_n(x)| \le \varepsilon$ auch für $x = \xi$ gilt, schließt daraus auf die gleichmäßige Konvergenz in D_1 und wendet den Satz an. Der Fall $x \to \pm\infty$ wird auf $t = \frac{1}{x} \to 0\pm$ zurückgeführt, vgl. 6.12. □

7.4 Gleichmäßige Konvergenz von Reihen. Die Reihe $\sum_0^\infty f_k(x)$ heißt gleichmäßig konvergent auf D, wenn die Folge der Teilsummen $s_n(x) = f_0(x) + \ldots + f_n(x)$ auf D gleichmäßig konvergiert. Für die Reihensumme $F(x) = \sum_{k=0}^\infty f_k(x)$ bedeutet das: Zu jedem $\varepsilon > 0$ gibt es einen Index $N = N(\varepsilon)$, so daß für $n \ge N$ und $x \in D$ stets $|F(x) - s_n(x)| = |r_n(x)| < \varepsilon$ ist.

Bei gleichmäßiger Konvergenz streben also die Reste $r_n(x) = \sum_{k=n+1}^\infty f_k(x)$ gleichmäßig gegen Null. Die nächsten beiden Sätze sind eine unmittelbare Folge dieser Definition.

Cauchy-Kriterium für Reihen. *Die Reihe* $\sum f_k(x)$ *konvergiert genau dann gleichmäßig auf* D, *wenn es zu jedem* $\varepsilon > 0$ *einen Index* N *derart gibt, daß*

$$|s_n - s_m| = |f_{m+1}(x) + \ldots + f_n(x)| < \varepsilon \text{ ist für } n > m \ge N \text{ und } x \in D.$$

Satz. *Die Reihe*

$$F(x) = \sum_{n=0}^{\infty} f_n(x) \quad \textit{für } x \in D$$

sei gleichmäßig konvergent. Sind dabei die Glieder der Reihe $f_n(x)$ an der Stelle $\xi \in D$ bzw. in D stetig, so hat auch die Summe $F(x)$ diese Eigenschaft.

Beim vorangehenden Satz und in späteren Sätzen aus der Differential- und Integralrechnung geht die gleichmäßige Konvergenz einer Reihe als wesentliche Voraussetzung ein. Es ist deshalb zu fragen, wie in konkreten Fällen die gleichmäßige Konvergenz einer Reihe möglichst einfach festgestellt werden kann. Das folgende, auf Weierstraß zurückgehende Majorantenkriterium ist wegen seiner Einfachheit und seines weiten Anwendungsbereiches besonders wichtig.

7.5 Das Weierstraßsche Majorantenkriterium für gleichmäßige Konvergenz. *Es sei $|f_k(x)| \le a_k$ für $x \in D$ und $k \in \mathbb{N}$. Ist die Reihe $\sum a_k$ konvergent, so ist die Reihe $\sum f_k(x)$ (absolut und) gleichmäßig konvergent auf D.*

Man nennt, wenn der beschriebene Sachverhalt vorliegt, die Reihe $\sum a_k$ eine *konvergente Majorante* für die zu untersuchende Reihe.

Beweis. Es ist, wenn r_n bzw. ρ_n den n-ten Rest der Reihe $\sum f_k$ bzw. $\sum a_k$ bezeichnet,

$$|r_n(x)| = \left| \sum_{k=n+1}^{\infty} f_k(x) \right| \le \sum_{n+1}^{\infty} |f_k(x)| \le \sum_{n+1}^{\infty} a_k = \rho_n .$$

Wegen $\rho_n \to 0$ konvergieren die Reihenreste gleichmäßig gegen Null. □

7.6 Potenzreihen. Eine Reihe der Form

$$\sum_{n=0}^{\infty} a_n x^n \quad \text{oder allgemeiner} \quad \sum_{n=0}^{\infty} a_n (x-\xi)^n$$

heißt *Potenzreihe*, die Zahlen a_n nennt man ihre Koeffizienten. Wenn eine Funktion f in der Form $f(x) = \sum a_n (x-\xi)^n$ dargestellt ist, dann spricht man von der Entwicklung von f in eine Potenzreihe um den Punkt ξ. Führt man in dieser Entwicklung $t = x - \xi$ als neue Variable ein, so geht die Reihe in eine Potenzreihe $\sum a_n t^n$ um den Nullpunkt über. Aus diesem Grund kann man sich bei Konvergenzuntersuchungen von Potenzreihen auf die spezielle Form $\sum a_n x^n$ beschränken. Potenzreihen haben - neben anderen angenehmen Eigenschaften - eine einfache Konvergenztheorie. Ihr Konvergenzverhalten wird im wesentlichen durch eine einzige nichtnegative Zahl r, die auch unendlich sein kann und *Konvergenzradius* der Reihe genannt wird, beschrieben: Die Reihe konvergiert für $|x| < r$ und divergiert für $|x| > r$. Die volle Bedeutung der Potenzreihen als Werkzeug der Analysis kommt erst zum Vorschein, wenn für a_n und x auch komplexe Zahlen zugelassen werden; vgl. dazu § 8. Die nun folgenden Betrachtungen, in denen a_n und x reell sind, sind so angelegt, daß die Ausdehnung auf den komplexen Fall keine Mühe macht.

Satz. *Jede Potenzreihe* $\sum_{n=0}^{\infty} a_n x^n$ *besitzt einen Konvergenzradius* r $(0 \leq r \leq \infty)$ *mit der Eigenschaft, daß die Reihe*

$$\text{für } |x| < r \quad \text{absolut konvergent,}$$

$$\text{für } |x| > r \quad \text{divergent}$$

und, wenn s *eine positive reelle Zahl* $< r$ *ist, im Bereich*

$$|x| \leq s < r \quad \text{gleichmäßig konvergent}$$

ist. Der Konvergenzradius hängt nur von $|a_n|$ *ab und berechnet sich nach der Formel von Cauchy-Hadamard*

$$r = \frac{1}{L} \quad \text{mit} \quad L := \limsup_{n \to \infty} \sqrt[n]{|a_n|},$$

wobei hier $\frac{1}{0} = \infty$ *und* $\frac{1}{\infty} = 0$ *festgelegt wird.*

Für viele Anwendungen günstiger, aber nicht universell gültig ist die Formel

$$r = \lim_{n \to \infty} \left| \frac{a_n}{a_{n+1}} \right|,$$

bei der vorausgesetzt werden muß, daß die a_n von Null verschieden sind und der Limes (in $\overline{\mathbb{R}}$) existiert.

Über das Konvergenzverhalten der Potenzreihe für $|x| = r$ sind allgemeine Aussagen nicht möglich. Es muß von Fall zu Fall untersucht werden.

Beweis. Es wird die Regel 4.16 (b) $\limsup \lambda b_n = \lambda \limsup b_n$ $(\lambda > 0)$ benutzt. Nach dem Wurzelkriterium 5.9 ist $\sum a_n x^n$ absolut konvergent bzw. divergent, je nachdem, ob

$$\limsup \sqrt[n]{|a_n x^n|} = |x| \limsup \sqrt[n]{|a_n|} = |x| L$$

kleiner oder größer als 1 ist. Damit sind die Cauchy-Hadamardsche Formel und die Aussagen über absolute Konvergenz und Divergenz bewiesen (auch für $L=0$ und $L=\infty$; der Fall $x=0$ ist trivial). Die gleichmäßige Konvergenz für $|x| \leq s < r$ ergibt sich sofort aus der Abschätzung $|a_n x^n| \leq |a_n| s^n$ und dem Majorantenkriterium 7.5, da nach dem bereits bewiesenen Teil $\sum |a_n| s^n < \infty$ ist.

Die letzte Behauptung folgt in ähnlicher Weise aus dem Quotientenkriterium 5.9. Die Potenzreihe ist absolut konvergent bzw. divergent, je nachdem, ob

$$\lim \left| \frac{a_{n+1} x^{n+1}}{a_n x^n} \right| = |x| \lim \left| \frac{a_{n+1}}{a_n} \right| = |x| \Big/ \lim \left| \frac{a_n}{a_{n+1}} \right|$$

< 1 oder > 1 ist. Für die beiden Extremfälle benötigt man:

$$\lim b_n = 0 \Leftrightarrow \lim \frac{1}{b_n} = \infty \quad (b_n > 0). \qquad \square$$

Bemerkung. Wenn $r=0$ ist, dann konvergiert die Reihe nur für $x=0$; man sagt, die Reihe ist *nirgends konvergent.* Im Fall $r=\infty$ nennt man die Reihe *beständig konvergent;* sie konvergiert dann für alle $x\in\mathbb{R}$, und zwar gleichmäßig auf jeder beschränkten Menge.

Beispiele. 1. Für reelle α ist $\lim \sqrt[n]{n^\alpha}=1$ (Beispiel 4 von 4.4). Also haben die Reihen $\sum n^\alpha x^n$ alle den Konvergenzradius 1. Die geometrische Reihe $\sum x^n$ ist für $x=1$ und $x=-1$ divergent, die Reihe $\sum \frac{1}{n} x^n$ ist für $x=1$ divergent, für $x=-1$ konvergent, aber nicht absolut konvergent, die Reihe $\sum \frac{1}{n^2} x^n$ ist im abgeschlossenen Intervall $[-1,1]$ gleichmäßig konvergent, wie ein Vergleich mit der Reihe $\sum \frac{1}{n^2}$ zeigt.

2. Die Potenzreihen $\sum a_n x^n$, $\sum n^\alpha a_n x^n$ ($\alpha\in\mathbb{R}$ beliebig) und $\sum R(n) a_n x^n$ (R rationale Funktion) haben alle denselben Konvergenzradius. Auch das folgt aus $\sqrt[n]{n^\alpha}\to 1$.

3. Für die Reihen $\sum\limits_0^\infty \frac{x^n}{n!}$ und $\sum\limits_1^\infty \frac{x^n}{n^n}$ ist $r=\infty$. Es ist nämlich $\frac{a_n}{a_{n+1}}=n+1$ bzw. $\sqrt[n]{a_n}=\frac{1}{n}$.

4. Für $\sum\limits_0^\infty n!\,x^n$ ist $r=0$.

7.7 Satz. *Eine durch eine Potenzreihe mit dem Konvergenzradius $r>0$ dargestellte Funktion*

$$f(x)=\sum_0^\infty a_n x^n$$

ist für $|x|<r$ stetig. Insbesondere ist $\lim\limits_{x\to 0} f(x)=f(0)=a_0$.

Das folgt sofort aus Satz 7.4 wegen der gleichmäßigen Konvergenz für $|x|\le s$ bei beliebigem $s<r$.

7.8 Multiplikation von Potenzreihen. Es seien die beiden Potenzreihen

$$f(x)=\sum_{n=0}^\infty a_n x^n \quad \text{und} \quad g(x)=\sum_{n=0}^\infty b_n x^n$$

mit den positiven Konvergenzradien r_a und r_b gegeben. Nach Satz 5.15 dürfen beide Reihen wegen ihrer absoluten Konvergenz gliedweise multipliziert werden, und man erhält für das Cauchy-Produkt wieder eine Potenzreihe

$$f(x)\,g(x)=\sum_{n=0}^\infty p_n x^n \qquad \text{für } |x|<\min\{r_a, r_b\},$$

mit

$$p_n=\sum_{i=0}^n a_i b_{n-i}=a_0 b_n+a_1 b_{n-1}+\ldots+a_n b_0.$$

Die neue Potenzreihe hat einen Konvergenzradius $r\ge\min\{r_a, r_b\}$. Das Beispiel $f(x)=\sum\limits_0^\infty x^n$, $g(x)=1-x$ zeigt, daß hier auch das Größer-Zeichen stehen kann.

Das nächste Beispiel behandelt eine der wichtigsten Reihen der Analysis.

7.9 Die Exponentialreihe. Es ist

$$e^x \equiv \exp x = \sum_{n=0}^{\infty} \frac{x^n}{n!} = 1 + x + \frac{1}{2!}x^2 + \frac{1}{3!}x^3 + \ldots$$

für alle x. Die Reihe ist nach Beispiel 3 von 7.6 beständig konvergent. Für den Beweis werde ihre Summe mit $E(x)$ bezeichnet. Für das Cauchy-Produkt $E(x)E(y) = \sum d_n$ erhält man

$$d_n = \sum_{i=0}^{n} \frac{x^i}{i!} \frac{y^{n-i}}{(n-i)!} = \frac{1}{n!} \sum_{i=0}^{n} \binom{n}{i} x^i y^{n-i} = \frac{1}{n!}(x+y)^n$$

aufgrund der Binomialformel. Die Funktion E genügt also der Funktionalgleichung der Exponentialfunktion $E(x)E(y) = E(x+y)$. Wegen der Stetigkeit von $E(x)$ ist, etwa nach 6.17, $E(x) = e^x$ mit $e = E(1)$ oder

$$(*) \qquad e = \sum_{n=0}^{\infty} \frac{1}{n!} = 1 + 1 + \frac{1}{2!} + \frac{1}{3!} + \ldots.$$

Für den Augenblick soll e diese Zahl und log den Logarithmus zu dieser Basis bezeichnen. Die Übereinstimmung mit der Definition $e = \lim \left(1 + \frac{1}{n}\right)^n$ von 4.7 wird sich sofort ergeben.

$$\text{(a)} \qquad \lim_{x \to 0} \frac{e^x - 1}{x} = 1 \quad \text{und} \quad \lim_{y \to 0} \frac{\log(1+y)}{y} = 1.$$

Ersteres ergibt sich aus

$$\frac{e^x - 1}{x} = 1 + \frac{x}{2!} + \frac{x^2}{3!} + \ldots$$

für $x \to 0$. Setzt man $y = e^x - 1$, so folgt mit dem Corollar aus 6.7, daß der Limes von $\log(1+y)/y$ für $y \to 0$ gleich dem Limes von $x/(e^x - 1)$ für $x \to 0$, also gleich 1 ist. Speziell ist für festes ξ (mit $z = \xi y$)

$$\lim_{y \to 0} \log(1 + \xi y)^{1/y} = \lim_{y \to 0} \frac{\log(1 + \xi y)}{y} = \xi \lim_{z \to 0} \frac{\log(1+z)}{z} = \xi,$$

woraus wieder mit 6.7 folgt

$$\lim_{y \to 0} (1 + y\xi)^{1/y} = e^{\xi} \qquad \text{für } \xi \in \mathbb{R}.$$

Wählt man für y speziell die Nullfolge $(1/n)$, so erhält man eine weitere wichtige Formel

$$\text{(b)} \qquad \lim_{n \to \infty} \left(1 + \frac{x}{n}\right)^n = e^x \qquad \text{für } x \in \mathbb{R},$$

insbesondere $e = \lim \left(1 + \frac{1}{n}\right)^n$.

(c) Aufgrund der Beziehung $a^x = e^{x \log a}$ besteht für die allgemeine Exponentialfunktion die Entwicklung

$$a^x = \sum_{n=0}^{\infty} \frac{(\log a)^n}{n!} x^n \qquad (a > 0, x \in \mathbb{R}).$$

Aus dieser Reihe folgt ähnlich wie oben

$$\lim_{x\to 0} \frac{a^x - 1}{x} = \log a, \quad \text{insbesondere} \quad \lim_{n\to\infty} n(\sqrt[n]{a} - 1) = \log a.$$

(d) *Verhalten für* $x \to \infty$. Es gilt

$$\lim_{x\to\infty} \frac{e^x}{x^\alpha} = \infty \quad \text{und} \quad \lim_{x\to\infty} \frac{\log x}{x^\alpha} = 0 \qquad \text{für } \alpha > 0.$$

Denn für $\alpha < p$ folgt aus der Reihendarstellung

$$\frac{e^x}{x^\alpha} > \frac{e^x}{x^p} > \frac{x^{p+1}}{(p+1)!\,x^p} = \frac{x}{(p+1)!} \to \infty \qquad \text{für } x \to \infty,$$

also mit $x = e^{t/\alpha}$

$$\lim_{x\to\infty} \frac{\log x}{x^\alpha} = \lim_{t\to\infty} \frac{t}{\alpha e^t} = 0.$$

Durch einfache Umrechnung ergibt sich

$$\lim_{x\to\infty} x^\alpha e^{-x} = 0 \quad \text{und} \quad \lim_{x\to 0+} x^\alpha \log x = 0 \qquad \text{für } \alpha > 0.$$

Diese wichtigen Beziehungen fassen wir zusammen zu einer

Merkregel. *Für großes* x *wächst* e^x *schneller als jede (noch so große) Potenz von* x *und* $\log x$ *langsamer als jede (noch so kleine) positive Potenz von* x. *Für* $x \to 0+$ *wächst* $|\log x|$ *langsamer als jede (noch so kleine) negative Potenz von* x.

Bemerkung. Ausdrücke, wie sie in (b) auftreten, hängen mit der Zinsrechnung zusammen. Schon die Babylonier behandelten Zinseszinsaufgaben (vgl. O. Neugebauer, *Mathematische Keilschrifttexte*, Springer 1935, insbesondere S. 365–367). Im Mittelalter wurden solche Fragen genauer untersucht. Ein Kapital K wächst bei einem Jahreszinsfuß p in n Jahren auf $K\left(1 + \frac{p}{100}\right)^n$ an. Wie aber hat man den Zins für den Bruchteil eines Jahres zu berechnen? TARTAGLIA (1500–1557) behandelt in seinem mathematischen Hauptwerk *General Trattato di numeri et misure* von 1556 die Aufgabe: Was wird aus 100 in $2^1/_2$ Jahren zu 20% mit Zinseszins? Er ist sich mit CARDANO und anderen einig, daß das Kapital in $^1/_2$ Jahr auf 110, in 1 Jahr auf 120, in 2 Jahren auf 144, in 3 Jahren auf $172^4/_5$ anwächst. Tartaglia berechnet das Kapital x nach $2^1/_2$ Jahren nach der Formel $100:110 = 144:x$ und kommt auf $x = 158^2/_5$, während Cardano gemäß der Formel $110:100 = 172^4/_5:x$ zu $x = 157^1/_{11}$ gelangt. Die Ursache der Diskrepanz ist leicht zu entdecken. Wenn aus 100 in $^1/_2$ Jahr 110 wird, so wird aus 110 in $^1/_2$ Jahr 121, und nicht 120. Entsprechendes gilt bei weiterer Unterteilung. Ist p der Jahreszinsfuß und setzt man als Zinsfuß für die Zeit von $1/n$ Jahren p/n an, so wird aus K nach 1 Jahr $K\left(1 + \frac{p}{100n}\right)^n > K\left(1 + \frac{p}{100}\right)$. JAKOB BERNOULLI (*Acta Eruditorum*, Mai 1690) stellt in Fortsetzung dieses Gedankenganges die Frage nach dem Anwachsen des Kapitals in 1 Jahr bei *augenblicklicher Verzinsung* und betrachtet den Ausdruck $K\left(1 + \frac{p}{100n}\right)^n$ für $n = \infty$ (worunter man den Grenzwert für $n \to \infty$ zu verstehen hat).

EULER schreibt 1743 (*Miscellanea Berolinensia* VII, S. 177) ohne nähere Begründung $e^z = \left(1 + \frac{z}{n}\right)^n_{(n=\infty)}$. Erstmals 1731 (in einem Brief an Goldbach) bezeichnet er die Zahl

$\lim\limits_{n\to\infty}\left(1+\frac{1}{n}\right)^n$ mit e, während er noch kurz zuvor, ebenso wie JOH. BERNOULLI, dafür den Buchstaben c verwendet. In einem Aufsatz Eulers aus dem Jahre 1739 (*Commentarii Academicae Petropolitanae*, Band IX) kommt zum ersten Mal e (und ebenso π für den Inhalt des Einheitskreises) gedruckt vor, und beide Bezeichnungen haben sich dann, getragen von der Autorität Eulers, durchgesetzt.

Ein Polynom n-ten Grades hat höchstens n Nullstellen und ist bereits eindeutig bestimmt, wenn man seinen Wert an $n+1$ Stellen kennt. Potenzreihen verhalten sich, wie man seit Newton weiß, in vieler Hinsicht wie Polynome. Ist eine Potenzreihe durch ihre Werte an abzählbar vielen Stellen eindeutig festgelegt? Die Reihe für den Sinus, die wir in 7.16 kennenlernen werden, widerlegt eine solche Vermutung. Der Sinus verschwindet an abzählbar vielen Stellen und ist doch nicht identisch Null. Die Vermutung wird jedoch richtig, wenn man zusätzlich annimmt, daß die Stellen, an denen der Wert der Reihe bekannt ist, sich im Entwicklungspunkt häufen.

7.10 Identitätssatz für Potenzreihen. *Es seien zwei Potenzreihen* $f(x)=\sum\limits_0^\infty a_n x^n$ *und* $g(x)=\sum\limits_0^\infty b_n x^n$ *mit jeweils positivem Konvergenzradius gegeben. Gilt dabei* $f(x)=g(x)$ *für* $|x|<\alpha$ $(\alpha>0)$ *oder auch nur* $f(x_i)=g(x_i)$ *für* $i=1,2,3,\ldots$, *wobei* $x_i \neq 0$ *und* (x_i) *eine Nullfolge ist, so sind beide Reihen identisch, d.h. es ist* $a_n=b_n$ *für* $n=0,1,2,\ldots$

Beweis. Wegen der Stetigkeit im Nullpunkt ist $f(0)=a_0=\lim\limits_{i\to\infty} f(x_i)$ und ebenso $b_0=\lim\limits_{i\to\infty} g(x_i)$, also $a_0=b_0$. Nach Subtraktion von a_0 und Division durch x erhalten wir $f_1(x_i)=g_1(x_i)$ $(i=1,2,\ldots)$, wobei

$$f_1(x)=a_1+a_2x+a_3x^2+\ldots \quad \text{und} \quad g_1(x)=b_1+b_2x+b_3x^2+\ldots$$

ist. Man beachte, daß diese neuen Potenzreihen ebenfalls einen positiven Konvergenzradius haben. Auf dieselbe Weise wie oben ergibt sich, indem man $x=x_i\to 0$ streben läßt, $a_1=b_1$, usw. □

Beispiele. 1. Ist etwa $\sum a_n x^n=3+x^2$ für $|x|<\alpha$ $(\alpha>0)$, so ist $a_0=3$, $a_2=1$, und die übrigen Koeffizienten verschwinden.

2. Ist $f(x)=\sum a_n x^n$ (für $|x|<r$) eine gerade bzw. ungerade Funktion, so ist $a_{2n+1}=0$ bzw. $a_{2n}=0$ für alle n. Das folgt durch Koeffizientenvergleich der Reihen für $f(x)$ und $f(-x)$.

7.11 Die logarithmische Reihe. Die von NICOLAUS MERCATOR 1668 angegebene logarithmische Reihe

$$\log(1+x)=x-\frac{x^2}{2}+\frac{x^3}{3}-\frac{x^4}{4}+-\ldots=\sum_{k=1}^\infty \frac{(-1)^{k-1}x^k}{k} \qquad (|x|<1)$$

läßt sich aus der Binomialreihe ableiten. Der Weg dazu, von EDMUND HALLEY (1656–1742, englischer Mathematiker und Astronom, besonders durch die Bahnbestimmung des nach ihm benannten Kometen bekannt) gefunden und später von EULER, CAUCHY und anderen benutzt, führt über die Darstellung von 7.9(c)

$$\log(1+x)=\lim_{t\to 0}\frac{(1+x)^t-1}{t} \quad \text{für } x>-1.$$

Mit der Binomialreihe erhält man

$$\frac{(1+x)^t-1}{t}=\sum_{k=1}^{\infty}\binom{t}{k}\frac{x^k}{t}=\sum_{k=1}^{\infty}\frac{x^k}{k}\binom{t-1}{k-1} \quad \text{für } |x|<1.$$

Für $|t|\leq 1$ ist $\frac{1}{k}\left|\binom{t-1}{k-1}\right|\leq 1$, wie man leicht sieht. Die Reihe ist also, wenn x mit $|x|<1$ fest gewählt ist, gleichmäßig konvergent in t. Der gliedweise Grenzübergang für $t=\frac{1}{n}\to 0$ liefert die logarithmische Reihe. Zwei weitere Möglichkeiten zur Herleitung dieser Reihe werden in 9.14 und 10.17 besprochen.

Zur Berechnung von Logarithmen mit Hilfe der Mercatorschen Reihe sind verschiedene Kunstgriffe ersonnen worden. Der einfachste kommt bereits bei GREGORY (1668) und HALLEY (1695) vor. Er besteht darin, die Reihen für $\log(1+x)$ und $\log(1-x)$ voneinander zu subtrahieren, wodurch die Reihe

$$\log\frac{1+x}{1-x}=2\left[x+\frac{x^3}{3}+\frac{x^5}{5}+\frac{x^7}{7}+\dots\right]=2\sum_{k=0}^{\infty}\frac{x^{2k+1}}{2k+1} \quad (|x|<1)$$

entsteht. Diese Reihe hat gegenüber der ursprünglichen logarithmischen Reihe den Vorteil der rascheren Konvergenz. Der Fehler beim Abbrechen nach dem n-ten Glied läßt sich mit Hilfe der geometrischen Reihe leicht abschätzen. Für $0<x<1$ ist

$$\frac{1}{2}\log\frac{1+x}{1-x}=\sum_{k=0}^{n}\frac{x^{2k+1}}{2k+1}+r_n$$

mit

$$0<r_n<\frac{x^{2n+3}}{2n+3}\sum_{k=0}^{\infty}x^{2k}=\frac{x^{2n+3}}{2n+3}\cdot\frac{1}{1-x^2}<\frac{x^{2n+1}}{2n+1}\cdot\frac{x^2}{1-x^2}.$$

Der Fehler - man nennt ihn auch Abbrech- oder Formelfehler im Unterschied zu dem bei der numerischen Rechnung außerdem entstehenden Rundungsfehler - ist also kleiner als das letzte mitgenommene Glied, multipliziert mit dem Faktor $\frac{x^2}{1-x^2}$.

So ergibt sich z.B. für $\log 2$ mit $x=\frac{1}{3}$ (und $R_n=2r_n$) die Abschätzung

$$\log 2=\sum_{k=0}^{n}\frac{2}{2k+1}\left(\frac{1}{3}\right)^{2k+1}+R_n \quad \text{mit} \quad 0<R_n<\frac{(1/3)^{2n+1}}{4(2n+1)}.$$

Nimmt man die ersten 10 Glieder ($n=9$), so wird

$$0<R_9<\frac{1}{4\cdot 19}\cdot 3^{-19}<2\cdot 10^{-11}.$$

Aufgabe. Man überlege sich, daß und wie man log2 und log3 mit einem Fehler $<3\cdot 10^{-11}$ aus den Reihen für $\log\frac{9}{8}$ und $\log\frac{256}{243}$ mit $n=3$ gewinnen kann.

Die logarithmische Reihe hat den Konvergenzradius 1 und ist für $x=-1$ divergent, für $x=1$ jedoch konvergent. Man wird sich fragen, ob die Funktion auch noch für $x=1$ durch die Reihe dargestellt wird, ob also

$$\log 2 = 1-\tfrac{1}{2}+\tfrac{1}{3}-\tfrac{1}{4}+-\dots$$

ist? Der folgende, auf ABEL [1826, Lehrsatz IV] zurückgehende Satz beantwortet diese und ebenso andere entsprechende Fragen positiv.

7.12 Der Grenzwertsatz von Abel. *Die Potenzreihe* $\sum_0^\infty a_k x^k$ *habe den Konvergenzradius* $r>0$ *und sei auch für* $x=r$ *konvergent. Dann ist die Reihe im abgeschlossenen Intervall* $[0,r]$ *gleichmäßig konvergent. Die Funktion* $f(x) := \sum_0^\infty a_k x^k$ *ist dann wegen 7.4 im Punkt* $x=r$ *linksseitig stetig,*

$$\lim_{x\to r-0} f(x)=f(r)=\sum_0^\infty a_k r^k.$$

Entsprechendes gilt, wenn die Reihe für $x=-r$ *konvergiert (man betrachte dazu die Reihe für* $f(-x)$*).*

Beweis. Man darf annehmen, daß $r=1$ ist, da man andernfalls die Reihe für $g(x)=f(rx)=\sum a_n r^n x^n$ mit dem Radius 1 betrachten kann. Es sei also $r=1$ und die Reihe $\sum a_n$ konvergent. Da die Teilsummen $s_n=a_0+\dots+a_n$ beschränkt sind, konvergiert die Reihe $\sum s_n x^n$ für $|x|<1$, und man erhält

$$(1-x)\sum_0^\infty s_n x^n=\sum_0^\infty (s_n-s_{n-1})x^n=\sum_0^\infty a_n x^n \quad (|x|<1).$$

Diese Formel gilt natürlich auch, wenn man $a_0=a_1=\dots=a_m=0$ setzt. Sie nimmt dann die Form

$$r_m(x)=\sum_{n=m+1}^\infty a_n x^n=(1-x)\sum_{n=m+1}^\infty s_n^m x^n$$

mit

$$s_n^m=a_{m+1}+\dots+a_n$$

an. Nun gibt es, wenn $\varepsilon>0$ vorgegeben ist, einen Index N derart, daß $|s_n^m|<\varepsilon$ für $N\le m<n$ ist. Daraus folgt

$$|r_m(x)|\le(1-x)\varepsilon\sum x^n\le\varepsilon \qquad \text{für } 0\le x<1,$$

und natürlich auch für $x=1$. Es strebt also $r_m(x)$ gleichmäßig in $[0,1]$ gegen 0, womit alles bewiesen ist. □

Bemerkung. Man beachte, daß ohne Benutzung von 7.6 direkt bewiesen wurde: Wenn die Potenzreihe für $x=r>0$ konvergiert, dann konvergiert sie gleichmäßig auf $[0,r]$.

7.13 Einsetzen von Potenzreihen. Die Reihen $f(x)=\sum_0^\infty a_n x^n$ und $g(y)=\sum_0^\infty b_k y^k$ mögen die Konvergenzradien $r>0$ und $R>0$ besitzen. Außerdem sei $|a_0|<R$. Da die Funktion $F(x)=\sum_0^\infty |a_n| x^n$ nach Satz 7.7 in $(-r,r)$ stetig ist, gibt es ein $\rho>0$, so daß

$$F(\rho)=\sum_0^\infty |a_n|\,\rho^n<R$$

ist. Somit ist die Funktion $h(x)=g(f(x))$ mindestens für $|x|\le\rho$ erklärt, und es ist

$$h(x)=\sum_{k=0}^\infty b_k\left(\sum_{n=0}^\infty a_n x^n\right)^k.$$

Wir wollen nun $h(x)$ als einfache Potenzreihe schreiben. Nach dem Multiplikationssatz für Reihen ist

$$(f(x))^k=\left(\sum_0^\infty a_n x^n\right)^k=\sum_{n=0}^\infty c_n^k x^n \qquad \text{für } |x|<r$$

mit $c_0^0=1$, $c_n^0=0$ für $n>0$; $c_n^1=a_n$, $c_n^2=\sum_{i+j=n} a_i a_j$, usw.; vgl. 7.8. Entsprechend ist

$$(F(x))^k=\sum_{n=0}^\infty \gamma_n^k x^n \quad (\text{für } |x|<r).$$

Dabei gilt $|c_n^k|\le\gamma_n^k$ für k, $n\ge 0$, da die γ_n^k sich aus den $|a_i|$ genauso berechnen wie die c_n^k aus den a_i. Die formale Umordnung

$$h(x)=\sum_{k=0}^\infty b_k\left(\sum_{n=0}^\infty c_n^k x^n\right)=\sum_{n=0}^\infty\left(\sum_{k=0}^\infty b_k c_n^k\right)x^n=\sum_{n=0}^\infty d_n x^n$$

mit

$$d_n=\sum_{k=0}^\infty b_k c_n^k$$

ist erlaubt, denn der Doppelreihensatz 5.14 ist wegen

$$\sum_k |b_k|\sum_n |c_n^k x^n|\le\sum_k |b_k|\sum_n \gamma_n^k\rho^n=\sum |b_k|\,F(\rho)^k<\infty$$

anwendbar (man beachte, daß $F(\rho)<R$ ist). Es besteht also der

Satz. *Die Reihe $g(y)=\sum b_k y^k$ habe den Konvergenzradius $R>0$, und zur Reihe $f(x)=\sum a_n x^n$ existiere ein positives ρ mit*

$$\sum_{n=0}^\infty |a_n|\,\rho^n<R.$$

Dann besitzt die Funktion $h=g\circ f$ eine mindestens für $|x|\le\rho$ gültige Potenzreihenentwicklung

$$h(x)=g(f(x))=\sum_{n=0}^\infty d_n x^n.$$

Wir ziehen sogleich eine Folgerung.

7.14 Division von Potenzreihen. Die Funktion f sei durch eine Potenzreihe

$$f(x)=a_0+a_1x+a_2x^2+\ldots \quad \text{mit} \quad a_0\neq 0$$

dargestellt. Dann läßt sich auch $1/f$ in eine Potenzreihe

$$\frac{1}{f(x)}=\frac{1}{a_0+a_1x+a_2x^2+\ldots}=b_0+b_1x+b_2x^2+\ldots$$

entwickeln, wie der folgende Satz zeigt.

Satz. *Es sei* $f(x)=\sum_0^\infty a_nx^n$ *für* $|x|<r$ *und* $a_0\neq 0$. *Bestimmt man ein positives* ρ *derart, daß*

$$|a_1|\rho+|a_2|\rho^2+|a_3|\rho^3+\ldots<|a_0|$$

ist, so hat die Funktion $\frac{1}{f}$ *eine mindestens für* $|x|\leq\rho$ *gültige Potenzreihenentwicklung*

$$\frac{1}{f(x)}=\sum_0^\infty b_nx^n.$$

Der *Beweis* ergibt sich, wenn man den vorangehenden Satz auf die Funktionen

$$g(y)=\frac{1}{a_0+y}=\frac{1}{a_0}\sum_0^\infty\left(-\frac{y}{a_0}\right)^n$$

und $f^*(x)=a_1x+a_2x^2+\ldots$ anwendet. Man beachte, daß die Reihe für g den Konvergenzradius $|a_0|$ hat. □

7.15 Berechnung von Potenzreihen, Koeffizientenvergleich. In Satz 7.13 wird nicht nur gezeigt, daß bei gewissen Annahmen eine Potenzreihenentwicklung existiert, sondern es werden im Beweis die Koeffizienten der gesuchten Potenzreihe explizit angegeben. Die praktische Berechnung nach dieser Vorschrift wäre jedoch sehr mühsam. Es ist, nachdem die Möglichkeit der Entwicklung feststeht, viel bequemer, einen Ansatz mit unbekannten Koeffizienten zu machen und diese dann durch Koeffizientenvergleich zu bestimmen. Die Grundlage für dieses Vorgehen bildet der Identitätssatz 7.10.

Betrachten wir dazu das Beispiel der Division. Aus $f(x)=\sum a_nx^n$, $\frac{1}{f(x)}=\sum b_nx^n$ folgt

$$(a_0+a_1x+a_2x^2+\ldots)(b_0+b_1x+b_2x^2+\ldots)=1.$$

Links erhält man durch Bildung des Cauchy-Produkts eine Potenzreihe, und die Zahl 1 auf der rechten Seite ist ebenfalls eine (wenn auch triviale) Potenzreihe. Durch Koeffizientenvergleich findet man

$$\begin{aligned}
1&=a_0b_0\\
0&=a_0b_1+a_1b_0\\
0&=a_0b_2+a_1b_1+a_2b_0\\
0&=a_0b_3+a_1b_2+a_2b_1+a_3b_0\\
&\ldots\ldots\ldots\ldots\ldots\ldots\ldots
\end{aligned}$$

Da $a_0 \neq 0$ vorausgesetzt ist, lassen sich die b_n aus diesem unendlichen linearen Gleichungssystem in Diagonalform sukzessive berechnen.

Beispiel. Die Fibonaccischen Zahlen. Für $f(x) = a_0 + a_1 x + a_2 x^2 = 1 - x - x^2$ lautet das obige Gleichungssystem

$$b_0 = 1, \quad b_1 = b_0, \quad b_{n+1} = b_n + b_{n-1} \quad \text{für } n = 1, 2, \ldots.$$

Ein Vergleich mit 2.17 zeigt, daß die b_n die Fibonaccischen Zahlen sind, $b_n = F_{n+1}$. Es ist also

$$\frac{1}{1 - x - x^2} = \sum_{n=0}^{\infty} F_{n+1} x^n.$$

Für $0 < p < q$ strebt $\sqrt[n]{q^n - p^n} = q\sqrt[n]{1 - (p/q)^n} \to q \ (n \to \infty)$. Aus der Darstellung 2.17 der F_n folgt also für den Konvergenzradius $r = \frac{1}{2}(\sqrt{5} - 1)$; das ist zugleich die am nächsten bei 0 gelegene Nullstelle des Nennerpolynoms $1 - x - x^2$.

Man nennt allgemein, wenn $g(x) = \sum a_n x^n$ ist, g die *erzeugende Funktion* der Folge (a_n). Die Fibonacci-Zahlen werden also durch die Funktion $1/(1 - x - x^2)$ erzeugt.

Ein wichtiges Beispiel zur Division von Potenzreihen wird in 7.20 behandelt.

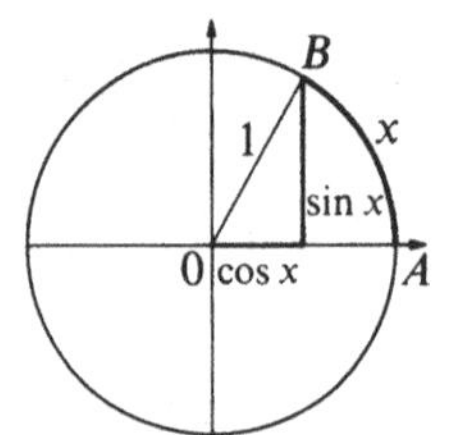

Sinus und Cosinus am Einheitskreis

7.16 Sinus und Cosinus. Die wohlbekannte Definition von Sinus und Cosinus am Einheitskreis ist in der Figur dargestellt. Der Winkel AOB wird dabei im Bogenmaß gemessen, d.h. x ist die Länge des Kreisbogens AB. Diese Erklärung hat den Vorzug der Anschaulichkeit, und aus ihr ergeben sich die wichtigsten Eigenschaften ohne Mühe:

(a) $$\sin 0 = 0, \quad \cos 0 = 1.$$

(b) $$\sin^2 x + \cos^2 x = 1.$$

Bezeichnet man den halben Umfang des Einheitskreises mit π, so ist

(c) $$\cos \tfrac{\pi}{2} = 0, \quad \sin \tfrac{\pi}{2} = 1, \quad \cos x > 0 \quad \text{in } (0, \tfrac{\pi}{2}).$$

Einfache Sätze der ebenen Geometrie führen auf die Additionstheoreme

(d) $$\sin(x + y) = \sin x \cos y + \cos x \sin y,$$
$$\cos(x + y) = \cos x \cos y - \sin x \sin y,$$

und daraus läßt sich eine Fülle weiterer Formeln ableiten. Man führt in der üblichen Weise negative und über 2π hinausgehende Winkel ein und erhält

(e) $$\sin x = -\sin(-x), \quad \cos x = \cos(-x),$$

d.h. der Sinus ist eine ungerade, der Cosinus eine gerade Funktion;

(f) $$\sin(x + 2\pi) = \sin x, \quad \cos(x + 2\pi) = \cos x,$$

d.h. Sinus und Cosinus sind periodische Funktionen mit der Periode 2π.

Die Sache hat jedoch einen Haken. Wie berechnet man etwa sin 1? Hier kommt ans Licht, daß die Erklärung sich wesentlich auf die geometrische Anschauung, im besonderen auf den zwar anschaulichen, aber nicht elementaren Begriff der Länge einer krummlinigen Kurve stützt. Die Definition entspricht nicht der Eulerschen Forderung nach der Arithmetisierung des Funktionsbegriffs (seine *Introductio* enthält nicht ein einziges Bild!), noch weniger den heutigen rigorosen Ansprüchen.

Wir geben nun eine rein analytische Definition und benutzen dazu die Newtonschen Reihenentwicklungen

$$\sin x := \sum_{n=0}^{\infty} \frac{(-1)^n x^{2n+1}}{(2n+1)!}, \qquad \cos x := \sum_{n=0}^{\infty} \frac{(-1)^n x^{2n}}{(2n)!}.$$

Beginnen wir mit dem Nachweis, daß es sich wirklich um die uns vertrauten Winkelfunktionen handelt. Beide Reihen sind offenbar beständig konvergent, die Funktionen sind auf $\mathbb{R}$ stetig. Unmittelbar an der Reihe ablesbar sind (a) und (e). Die Additionstheoreme (d) ergeben sich durch Reihenmultiplikation, ähnlich wie in 7.9 bei der Exponentialfunktion (zwei weitere Beweise sind in 8.11 und 12.10 angegeben). Aus ihnen folgt (b) mit $y=-x$. Wir benützen (c) zur *Definition* von π, indem wir die erste positive Nullstelle des Cosinus mit $\frac{\pi}{2}$ bezeichnen. Die beiden Reihen sind alternierend, und es ist $\frac{x^k}{k!} > \frac{x^{k+1}}{(k+1)!}$ für $k \geq 2$ und $0 < x \leq 3$. Die Absolutbeträge der Glieder nehmen also (vom 2. Glied an) monoton ab, und nach dem Satz von Leibniz 5.6 ist

$$\text{(g)} \quad \begin{aligned} S_3 = x - \frac{x^3}{6} < \sin x < x - \frac{x^3}{6} + \frac{x^5}{120} = S_5 \\ C_2 = 1 - \frac{x^2}{2} < \cos x < 1 - \frac{x^2}{2} + \frac{x^4}{24} = C_4 \end{aligned} \quad \text{für } 0 < x < 3.$$

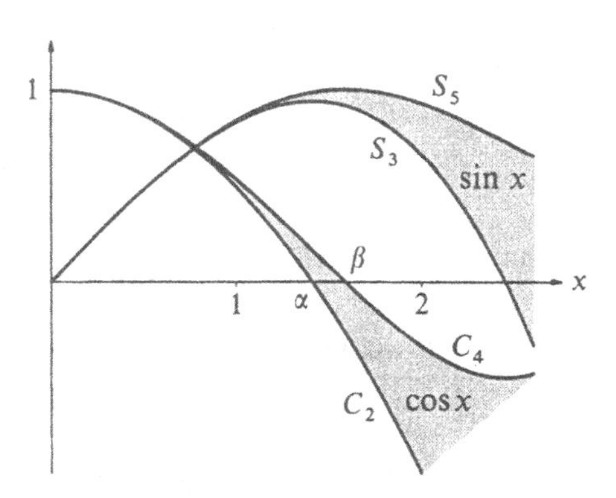

Wie man leicht sieht, ist $\alpha = \sqrt{2}$ bzw. $\beta = \sqrt{6 - 2\sqrt{3}}$ die erste positive Nullstelle von C_2 bzw. C_4 (vgl. Abb.). Für die nach dem Nullstellensatz 6.10 existierende erste positive Nullstelle des Cosinus gilt also

$$1{,}4 < \alpha < \tfrac{\pi}{2} < \beta < 1{,}6.$$

(h) Aus den Additionstheoremen (d) folgt

$$\begin{aligned} \sin(x+\tfrac{\pi}{2}) &= \cos x, & \cos(x+\tfrac{\pi}{2}) &= -\sin x, \\ \sin(x+\pi) &= -\sin x, & \cos(x+\pi) &= -\cos x, \\ \sin(x+2\pi) &= \sin x, & \cos(x+2\pi) &= \cos x \end{aligned}$$

für alle $x \in \mathbb{R}$. Insbesondere ist damit (f) bewiesen.

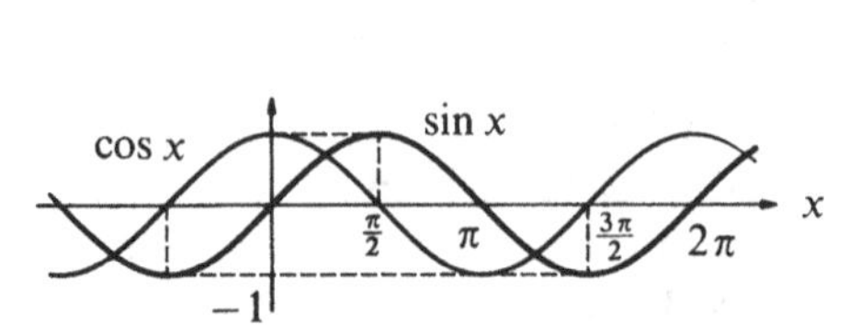

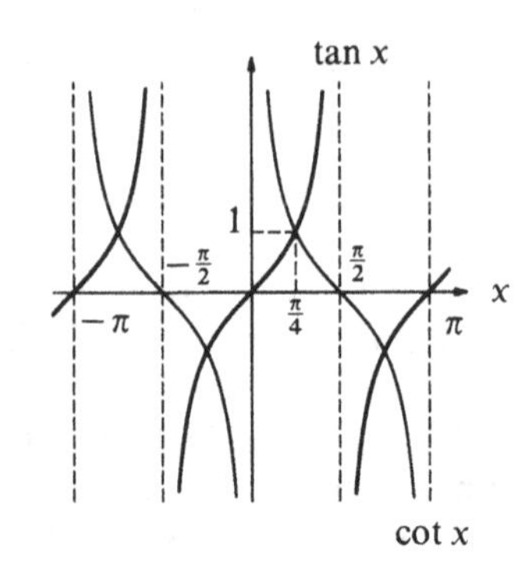

Die trigonometrischen Funktionen
sin x, cos x, tan x und cot x

(i) Man definiert den *Tangens* und *Cotangens* durch

$$\tan x := \frac{\sin x}{\cos x} \quad \text{für } x \neq (2k+1)\tfrac{\pi}{2}, \quad k \in \mathbb{Z},$$

$$\cot x := \frac{\cos x}{\sin x} \quad \text{für } x \neq k\pi, \quad k \in \mathbb{Z}.$$

Beide Funktionen sind π-periodisch, und es gilt zum Beispiel

$$\tan x = \cot(\tfrac{\pi}{2} - x),$$

wie man leicht nachrechnet. Statt $\tan x$ und $\cot x$ sind auch die Bezeichnungen $\operatorname{tg} x$ und $\operatorname{ctg} x$ im Gebrauch.

(j) Es ist

$$\lim_{x \to 0} \frac{\sin x}{x} = 1 \quad \text{und} \quad \lim_{x \to 0} \frac{\cos x - 1}{x^2} = -\frac{1}{2}.$$

Beweis. Für $x \neq 0$ ist $\dfrac{\sin x}{x} = 1 - \dfrac{x^2}{3!} + \dfrac{x^4}{5!} - + \dots$, und aus der Stetigkeit dieser Potenzreihe im Nullpunkt folgt die erste Behauptung. Entsprechend berechnet man den anderen Grenzwert. □

(k) *Zusammenstellung einiger trigonometrischer Formeln:*

$$\sin(x+y) = \sin x \cos y + \cos x \sin y,$$

$$\cos(x+y) = \cos x \cos y - \sin x \sin y,$$

$$\tan(x+y) = \frac{\tan x + \tan y}{1 - \tan x \tan y},$$

$$\cot(x+y)=\frac{\cot x \cot y-1}{\cot x+\cot y},$$

$$\sin x+\sin y=2\sin\frac{x+y}{2}\cos\frac{x-y}{2},$$

$$\cos x+\cos y=2\cos\frac{x+y}{2}\cos\frac{x-y}{2},$$

$$\sin 2x=2\sin x\cos x,$$

$$\sin 3x=3\sin x-4\sin^3 x,$$

$$\cos 2x=\cos^2 x-\sin^2 x=1-2\sin^2 x=2\cos^2 x-1,$$

$$\cos 3x=4\cos^3 x-3\cos x,$$

$$\sin nx=\binom{n}{1}\sin x\cos^{n-1}x-\binom{n}{3}\sin^3 x\cos^{n-3}x$$

$$+\binom{n}{5}\sin^5 x\cos^{n-5}x-+\ldots,$$

$$\cos nx=\binom{n}{0}\cos^n x-\binom{n}{2}\cos^{n-2}x\sin^2 x$$

$$+\binom{n}{4}\cos^{n-4}x\sin^4 x-+\ldots.$$

Die beiden letzten Formeln gelten für natürliche Zahlen n und brechen von selbst ab, da $\binom{n}{k}=0$ für $k>n$ ist.

Aus dem Additionstheorem und den Ungleichungen in (g) folgt für $0\le x<x+y\le\pi/2$

$$\cos(x+y)=\cos x\cos y-\sin x\sin y\le\cos x\cos y<\cos x.$$

Der Cosinus ist also im Intervall $[0,\frac{\pi}{2}]$ streng monoton fallend und der Sinus wegen (b) streng monoton wachsend. Setzt man $x=\cos t$, $y=\sin t$, so ist nach (b) $x^2+y^2=1$, d.h. die Punkte (x,y) liegen auf dem Einheitskreis. Aufgrund der strengen Monotonie und des Zwischenwertsatzes überzeugt man sich leicht davon, daß zu jedem Wertepaar (x,y) mit $x^2+y^2=1$ und x, $y\ge 0$ genau eine reelle Zahl $t\in[0,\frac{\pi}{2}]$ existiert, so daß $(x,y)=(\cos t,\sin t)$ ist. Mit den Formeln in (h) überträgt sich dies auf den vollen Einheitskreis:

Satz. *Zu* (x,y) *mit* $x^2+y^2=1$ *gibt es genau ein* $t\in[0,2\pi)$ *mit* $(x,y)=(\cos t,\sin t)$. *Geometrisch gesprochen durchläuft der Punkt* $(\cos t,\sin t)$, *wenn* t *von* 0 *nach* 2π *wandert, genau einmal den Einheitskreis im positiven Sinn.*

(1) Unser Programm, aus den Potenzreihen die Eigenschaften der Winkelfunktionen abzuleiten, ist damit abgeschlossen, bis auf einen Punkt: In der Definition von $\sin x$ und $\cos x$ am Einheitskreis mißt x den zugehörigen Winkel $\sphericalangle AOB$ im Bogenmaß (vgl. die frühere Abb.). Ein Beweis dafür kann erst in

Band 2 gegeben werden, wenn der Begriff der Länge eines Kurvenbogens verfügbar ist. Jedoch läßt sich das Bogenmaß auch durch den Inhalt des Kreissektors OAB erklären: er ist halb so groß wie die Länge des zugehörigen Kreisbogens AB. Der Kreissektor besteht aus einem Dreieck und einem krummlinigen Dreieck. Unter Zuhilfenahme der Integralrechnung ergibt sich für den doppelten Inhalt des Kreissektors OAB mit Beispiel 3 von 11.4

$$\sin x \cdot \cos x + 2\int_{\cos x}^{1} \sqrt{1-s^2}\,ds = \sin x \cdot \cos x + [s\sqrt{1-s^2} - \arccos s]_{\cos x}^{1}$$
$$= x.$$

Der Winkel $\sphericalangle AOB$ hat demnach das Bogenmaß x.

Bemerkung. Es ist vielfach untersucht worden, welche Abhängigkeiten zwischen den zahlreichen Formeln über trigonometrische Funktionen bestehen und durch welche (möglichst einfachen) Eigenschaften sie eindeutig bestimmt sind. Wir beschreiben im folgenden zwei Resultate in dieser Richtung. In dem Buch über Funktionalgleichungen von J. Aczél [1961] findet man Beweise sowie andere Charakterisierungen und historische Bemerkungen.

Die *d'Alembertsche Funktionalgleichung*

$$f(x+y)+f(x-y)=2f(x)f(y)$$

(nach (d) ist der Cosinus eine Lösung) hat genau die folgenden in $\mathbb{R}$ stetigen Lösungen: $f(x)\equiv 0$, $f(x)\equiv 1$, $f(x)=\cos ax$, $f(x)=\cosh ax$ $(a>0)$. Die Funktion $\cos x$ ist also als stetige Lösung der d'Alembertschen Funktionalgleichung mit $f(\frac{\pi}{2})=0$ und $f(x)>0$ in $(0,\frac{\pi}{2})$ eindeutig charakterisiert.

Die Funktionalgleichung für zwei unbekannte Funktionen f und g

$$f(x-y)=f(x)f(y)+g(x)g(y)$$

(zweites Additionstheorem (d) mit $-y$ statt y) hat die konstanten Lösungen $(f(x),g(x))\equiv(c,\pm\sqrt{c(1-c)})$ $(0\le c\le 1)$, die Lösungen $(f(x),g(x))=(\cos ax,\sin ax)$ (a reell) und sonst keine weiteren stetigen reellen Lösungen. Cosinus und Sinus sind also die einzigen stetigen Lösungen dieser Funktionalgleichung mit der Eigenschaft (c).

7.17 Die Arcusfunktionen (zyklometrische Funktionen). Die Funktion $\sin x$ ist im Intervall $J_0=[-\frac{\pi}{2},\frac{\pi}{2}]$ streng monoton wachsend und stetig. Nach Satz 6.11 besitzt sie eine auf der Wertemenge $W=[-1,1]$ erklärte und dort ebenfalls stetige und streng monoton wachsende Umkehrfunktion, welche *Arcussinus* genannt und mit $\arcsin x$ bezeichnet wird.

Allgemeiner ist $f(x)=\sin x$ in jedem Intervall $J_k=[(k-\frac{1}{2})\pi,\ (k+\frac{1}{2})\pi]$ $(k\in\mathbb{Z})$ streng monoton mit dem Wertebereich $[-1,1]$. Für jedes dieser Intervalle existiert also eine Umkehrfunktion. Es ist üblich und bequem, aber gelegentlich auch mißverständlich, alle diese Umkehrfunktionen durch dasselbe Symbol $\arcsin x$ zu kennzeichnen. Bei dieser erweiterten Auffassung wird also, wenn $x\in[-1,1]$ vorgegeben ist, jede reelle Zahl y, für die $\sin y=x$ ist, mit $y=\arcsin x$ bezeichnet. Zur eindeutigen Kennzeichnung sind zusätzliche Angaben notwendig. So wird etwa durch

$$y=\arcsin x, \quad y\in J_k,$$

in völlig unmißverständlicher Weise eine im Intervall $[-1,1]$ stetige, für gerade bzw. ungerade k monoton wachsende bzw. monoton fallende Funktion definiert. Die dem Intervall J_0 entsprechende, zu Anfang dieses Abschnitts betrachtete Funktion wird *Hauptwert* des Arcussinus genannt und in der Literatur auch durch $\overline{\arcsin} x$ bezeichnet. Alle *Nebenwerte* sind dann durch

$$y = \arcsin x = \begin{cases} \overline{\arcsin} x + 2k\pi \\ -\overline{\arcsin} x + (2k+1)\pi \end{cases} \quad (k \in \mathbb{Z})$$

gegeben. Wir werden jedoch in Zukunft das Symbol $\overline{\arcsin} x$ nicht verwenden, sondern verabreden, daß immer dann, wenn keine zusätzlichen Angaben gemacht werden, unter $\arcsin x$ der Hauptwert zu verstehen ist.

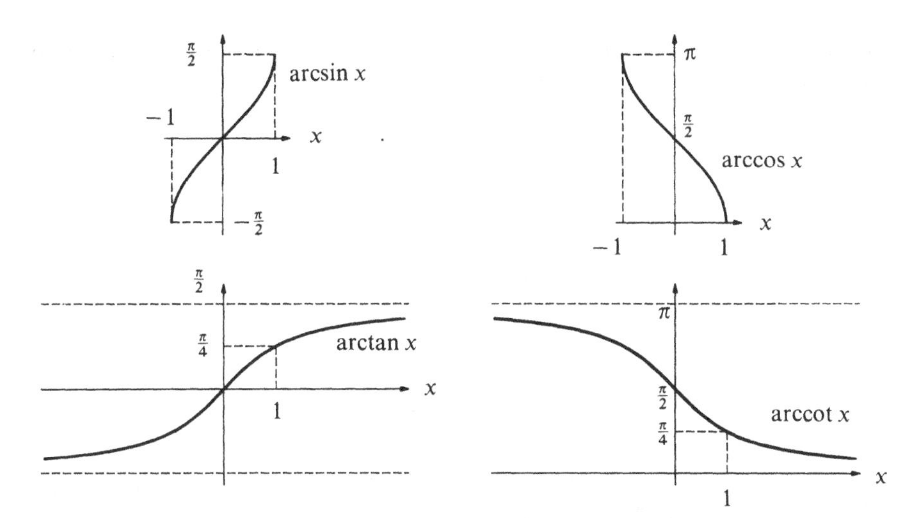

Entsprechend wird bei den anderen Winkelfunktionen vorgegangen. Der Cosinus ist in jedem Intervall $J_k = [k\pi, (k+1)\pi]$, der Tangens in jedem Intervall $J_k = ((k-\frac{1}{2})\pi, (k+\frac{1}{2})\pi)$, der Cotangens in jedem Intervall $J_k = (k\pi, (k+1)\pi)$ streng monoton. Ihre Umkehrfunktionen werden mit $\arccos x$ (Arcuscosinus), $\arctan x$ (Arcustangens) und $\operatorname{arccot} x$ (Arcuscotangens) bezeichnet. Die Funktion $\arccos x$ ist in $[-1, 1]$, die Funktionen $\arctan x$ und $\operatorname{arccot} x$ sind auf $\mathbb{R}$ erklärt. Die dem Intervall J_0 entsprechende Umkehrfunktion wird in allen drei Fällen als *Hauptwert* bezeichnet. Die Hauptwerte sind also durch

$$y = \arcsin x, \quad |y| < \tfrac{\pi}{2}, \quad (|x| \le 1),$$

$$y = \arccos x, \quad 0 < y < \pi, \quad (|x| \le 1),$$

$$y = \arctan x, \quad |y| < \tfrac{\pi}{2}, \quad (x \in \mathbb{R}),$$

$$y = \operatorname{arccot} x, \quad 0 < y < \pi, \quad (x \in \mathbb{R}),$$

charakterisiert. Für sie gelten die Formeln

(a) $$\arcsin x + \arccos x = \tfrac{\pi}{2},$$

$$\arctan x + \operatorname{arccot} x = \tfrac{\pi}{2}.$$

Die folgenden Formeln sind in dem Sinne zu verstehen, daß zu jedem Wert auf der linken Seite ein Wert auf der rechten Seite existiert:

(b)
$$\arctan x \pm \arctan y = \arctan \frac{x \pm y}{1 \mp xy},$$

$$\operatorname{arccot} x \pm \operatorname{arccot} y = \operatorname{arccot} \frac{xy \mp 1}{x \pm y},$$

(c)
$$\arcsin x \pm \arcsin y = \arcsin\left(x\sqrt{1-y^2} \pm y\sqrt{1-x^2}\right),$$

$$\arccos x \pm \arccos y = \arccos\left(xy \mp \sqrt{1-x^2}\sqrt{1-y^2}\right).$$

Die Formeln (b), (c) gelten im allgemeinen nicht für die Hauptwerte, wie man sich an Beispielen leicht klarmachen kann.

7.18 Die Hyperbelfunktionen. Die Funktionen Sinus hyperbolicus (hyperbolischer Sinus), Cosinus hyperbolicus, ... sind durch

$$\sinh x := \frac{e^x - e^{-x}}{2} = \sum_{n=0}^{\infty} \frac{x^{2n+1}}{(2n+1)!},$$

$$\cosh x := \frac{e^x + e^{-x}}{2} = \sum_{n=0}^{\infty} \frac{x^{2n}}{(2n)!},$$

$$\tanh x := \frac{\sinh x}{\cosh x} = \frac{e^{2x} - 1}{e^{2x} + 1},$$

$$\coth x := \frac{\cosh x}{\sinh x} = \frac{e^{2x} + 1}{e^{2x} - 1}$$

definiert.

(a) Aus der Definition ergibt sich sofort, daß $\cosh x$ eine gerade und $\sinh x$, $\tanh x$, $\coth x$ ungerade Funktionen sind.

(b) Es gelten die Additionstheoreme

$$\sinh(x+y) = \sinh x \cosh y + \cosh x \sinh y,$$

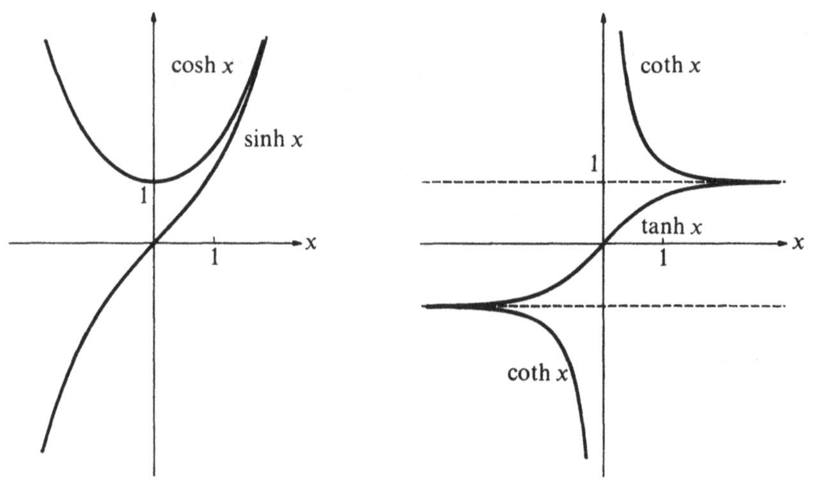

Die Hyperbelfunktionen $\sinh x$ und $\cosh x$ Die Hyperbelfunktionen $\tanh x$ und $\coth x$

$$\cosh(x+y)=\cosh x\cosh y+\sinh x\,\sinh y,$$
$$\tanh(x+y)=\frac{\tanh x+\tanh y}{1+\tanh x\tanh y}.$$

Zum Beispiel ist (Beweis der 2. Gleichung)

$$\begin{aligned}4\cosh(x+y)&=2(e^{x+y}+e^{-x-y})\\&=(e^x+e^{-x})(e^y+e^{-y})+(e^x-e^{-x})(e^y-e^{-y})\\&=4(\cosh x\cosh y+\sinh x\sinh y).\end{aligned}$$

(c) Es ist

$$\cosh x+\sinh x=e^x,\qquad \cosh x-\sinh x=e^{-x},$$
$$\cosh^2 x-\sinh^2 x=1.$$

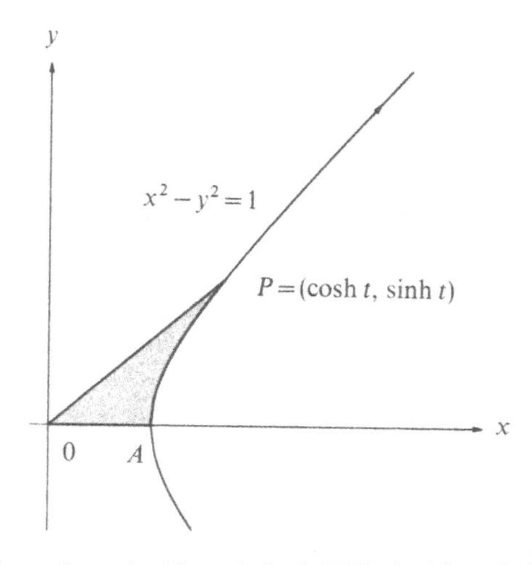

Parameterdarstellung der Hyperbel mit Hilfe der Hyperbelfunktionen

(d) Setzt man $x=\cosh t$, $y=\sinh t$, $-\infty<t<\infty$, dann ist $x^2-y^2=1$. Der Punkt $(x,y)=(\cosh t,\ \sinh t)$ durchläuft also, wenn sich t von $-\infty$ nach $+\infty$ bewegt, den rechten Ast der Hyperbel $x^2-y^2=1$ in der angegebenen Richtung (vgl. Bild). Der Name Hyperbelfunktion weist auf diesen Zusammenhang hin. Der Parameter t gibt den doppelten Flächeninhalt des krummlinigen Dreiecks OAP, $P=(\cosh t,\ \sinh t)$, an, wie im Beispiel 2 von II.8.1 bewiesen wird. Das entspricht völlig dem am Ende von 7.16 hergeleiteten Ergebnis bei den Kreisfunktionen.

7.19 Die Areafunktionen. Die Umkehrfunktionen der Hyperbelfunktionen werden Areafunktionen (Areasinus hyperbolicus, ...) genannt und können durch den natürlichen Logarithmus ausgedrückt werden. Es ist

$$\operatorname{Arsinh} x=\log\left(x+\sqrt{x^2+1}\right)\qquad \text{für } |x|<\infty,$$
$$\operatorname{Arcosh} x=\pm\log\left(x+\sqrt{x^2-1}\right)\qquad \text{für } x\geq 1,$$

$$\operatorname{Artanh} x = \frac{1}{2} \log \frac{1+x}{1-x} \qquad \text{für } |x| < 1,$$

$$\operatorname{Arcoth} x = \frac{1}{2} \log \frac{x+1}{x-1} \qquad \text{für } |x| > 1.$$

Zum Beweis der ersten Formel sei $y = \operatorname{Arsinh} x$, also

$$x = \sinh y = \tfrac{1}{2}(e^y - e^{-y})$$

oder mit $u = e^y$

$$u^2 - 2xu - 1 = 0.$$

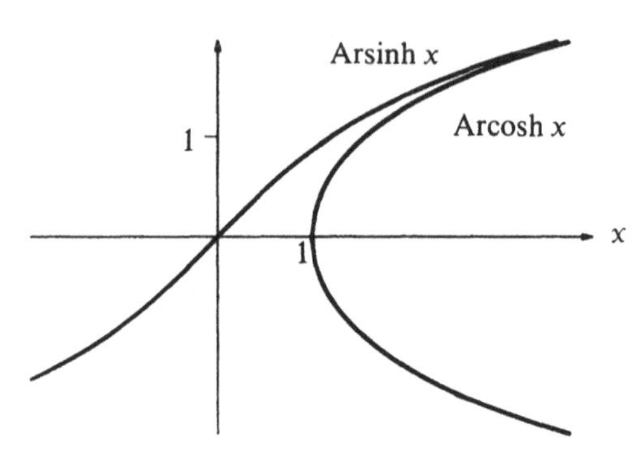

Die Areafunktionen Arsinh x und Arcosh x

Also ist

$$u = x + \sqrt{x^2 + 1}$$

(das Minuszeichen entfällt, da $u > 0$ ist) und

$$\log u = y = \log\left(x + \sqrt{x^2 + 1}\right).$$

Für Arcosh x kann man auch $\log\left(x \pm \sqrt{x^2 - 1}\right)$ schreiben, denn es ist

$$-\log\left(x + \sqrt{x^2 - 1}\right) = \log\left(\frac{1}{x + \sqrt{x^2 - 1}}\right) = \log\left(x - \sqrt{x^2 - 1}\right).$$

Bemerkung. Der Name Areafunktionen weist auf den in 7.18 (d) beschriebenen geometrischen Zusammenhang hin: $t = \operatorname{Arcosh} x = \operatorname{Arsinh} y$ ist die doppelte Fläche (lat. area) des krummlinigen Dreiecks OAP mit $P = (x, y)$.

7.20 Potenzreihen für Tangens und Cotangens. Wir entwickeln zunächst die Funktion

$$f(x) = \frac{1}{1 + \frac{x}{2!} + \frac{x^2}{3!} + \dots} = \frac{x}{e^x - 1}$$

in eine Potenzreihe um $x = 0$. Für diese Potenzreihe, deren Existenz nach 7.14 gesichert ist, hat sich die Bezeichnung

$$f(x) = \sum_{n=0}^{\infty} \frac{B_n}{n!} x^n$$

eingebürgert; die B_n werden *Bernoullische Zahlen* genannt. Multiplikation der Reihen für f und $\frac{1}{f}=\frac{1}{x}(e^x-1)$ und Koeffizientenvergleich führt auf

$$1=\sum_{n=0}^{\infty}\frac{B_n}{n!}x^n\cdot\sum_{n=0}^{\infty}\frac{x^n}{(n+1)!}=\sum_{0}^{\infty}c_n x^n$$

mit $c_0=1$ und $c_1=c_2=\ldots=0$. Es ist

$$c_n=\sum_{i=0}^{n}\frac{B_i}{i!(n+1-i)!}=\frac{1}{(n+1)!}\sum_{i=0}^{n}\binom{n+1}{i}B_i,$$

woraus sich der Reihe nach die Bestimmungsgleichungen

$$\begin{aligned} B_0&=1\\ B_0+2B_1&=0\\ B_0+3B_1+3B_2&=0\\ &\ldots\ldots\ldots\ldots \end{aligned}$$

und allgemein

$$\sum_{i=0}^{n}\binom{n+1}{i}B_i=0 \qquad \text{für } n=1,2,3,\ldots$$

ergeben. Man erhält

n	0	1	2	3	4	5	6	7	8	9	10	11	12
B_n	1	$-\frac{1}{2}$	$\frac{1}{6}$	0	$-\frac{1}{30}$	0	$\frac{1}{42}$	0	$-\frac{1}{30}$	0	$\frac{5}{66}$	0	$-\frac{691}{2730}$

Daß alle Bernoulli-Zahlen mit ungeradem Index >1 verschwinden, erkennt man an der Umformung

$$f(x)-B_1x=\frac{x}{e^x-1}+\frac{x}{2}=\frac{x}{2}\,\frac{e^x+1}{e^x-1}=\frac{x}{2}\coth\frac{x}{2}.$$

Da die Funktion $g(x)=\frac{x}{2}\coth\frac{x}{2}$ als Produkt von ungeraden Funktionen gerade ist, treten in der Potenzreihenentwicklung von g nur die geraden Potenzen auf; vgl. Beispiel 2 von 7.10. Es ist also $B_{2n+1}=0$ für $n=1,2,\ldots$. Gleichzeitig haben wir damit die letzte der folgenden Potenzreihenentwicklungen

(a) $\tan x=\sum_{n=1}^{\infty}(-1)^{n-1}\frac{B_{2n}}{(2n)!}4^n(4^n-1)x^{2n-1},$

(b) $\cot x=\frac{1}{x}\sum_{n=0}^{\infty}(-1)^n\frac{B_{2n}}{(2n)!}4^n x^{2n},$

(c) $\tanh x=\sum_{n=1}^{\infty}\frac{B_{2n}}{(2n)!}4^n(4^n-1)x^{2n-1},$

(d) $\coth x=\frac{1}{x}\sum_{n=0}^{\infty}\frac{B_{2n}}{(2n)!}4^n x^{2n}$

bewiesen. Aus den Additionstheoremen 7.18 (b) folgt

$$\tanh x=2\coth 2x-\coth x$$

und damit auch die Reihe (c). Wie man daraus die Reihen (a) und (b) (im Reellen) ableitet, ist in Aufgabe 1 erläutert. Ein noch einfacherer Zugang führt übers Komplexe; siehe 8.11 (e).

Aus dem Satz von 7.14 geht hervor, daß die Reihe für f im Intervall $|x| \leq t$ konvergiert, falls

$$\frac{t}{2!}+\frac{t^2}{3!}+\frac{t^3}{4!}\ldots<1$$

oder $e^t<2t+1$ ist. Der Konvergenzradius r ist also sicher >1. Wir werden in 8.13 (c) sehen, daß $r=2\pi$ ist. Die Reihen (b) und (d) haben also den Konvergenzradius π, die Reihen (a) und (c) den Radius $\pi/2$.

7.21 Nochmals Potenzsummen. Die Bernoullischen Zahlen erscheinen zum ersten Mal in der *Ars conjectandi* von JAKOB BERNOULLI bei der Lösung der Aufgabe, geschlossene Ausdrücke für die in Aufgabe 2.7 betrachteten Potenzsummen

$$S_n^p=1^p+2^p+\ldots+n^p$$

zu finden. Bernoulli hinterließ dieses grundlegende Werk der Wahrscheinlichkeitsrechnung bei seinem Tod (1705) unvollendet, und es wurde nach einigen Verzögerungen 1713 gedruckt. Im zweiten, der Permutations- und Kombinationslehre gewidmeten Teil findet man die folgende Tabelle [OK 107, S. 99]:

$$\begin{aligned}
S_n^1 &= \tfrac{1}{2}n^2+\tfrac{1}{2}n,\\
S_n^2 &= \tfrac{1}{3}n^3+\tfrac{1}{2}n^2+\tfrac{1}{6}n,\\
S_n^3 &= \tfrac{1}{4}n^4+\tfrac{1}{2}n^3+\tfrac{1}{4}n^2,\\
S_n^4 &= \tfrac{1}{5}n^5+\tfrac{1}{2}n^4+\tfrac{1}{3}n^3-\tfrac{1}{30}n,\\
S_n^5 &= \tfrac{1}{6}n^6+\tfrac{1}{2}n^5+\tfrac{5}{12}n^4-\tfrac{1}{12}n^2,\\
S_n^6 &= \tfrac{1}{7}n^7+\tfrac{1}{2}n^6+\tfrac{1}{2}n^5-\tfrac{1}{6}n^3+\tfrac{1}{42}n,\\
S_n^7 &= \tfrac{1}{8}n^8+\tfrac{1}{2}n^7+\tfrac{7}{12}n^6-\tfrac{7}{24}n^4+\tfrac{1}{12}n^2,\\
S_n^8 &= \tfrac{1}{9}n^9+\tfrac{1}{2}n^8+\tfrac{2}{3}n^7-\tfrac{7}{15}n^5+\tfrac{2}{9}n^3-\tfrac{1}{30}n,\\
S_n^9 &= \tfrac{1}{10}n^{10}+\tfrac{1}{2}n^9+\tfrac{3}{4}n^8-\tfrac{7}{10}n^6+\tfrac{1}{2}n^4-\tfrac{1}{12}n^2{}^{\star}),\\
S_n^{10} &= \tfrac{1}{11}n^{11}+\tfrac{1}{2}n^{10}+\tfrac{5}{6}n^9-1n^7+1n^5-\tfrac{1}{2}n^3+\tfrac{5}{66}n.
\end{aligned}$$

Nun kommt die entscheidende, keineswegs evidente Einsicht:

Wer aber diese Reihen in bezug auf ihre Gesetzmässigkeit genauer betrachtet, kann auch ohne umständliche Rechnung die Tafel fortsetzen. Bezeichnet c den ganzzahligen Exponenten irgend einer Potenz, so ist

$$S_n^c=\frac{1}{c+1}n^{c+1}+\frac{1}{2}n^c+\frac{1}{2}\binom{c}{1}An^{c-1}+\frac{1}{4}\binom{c}{3}Bn^{c-3}+\frac{1}{6}\binom{c}{5}Cn^{c-5}+\frac{1}{8}\binom{c}{7}Dn^{c-7}+\ldots,$$

wobei die Exponenten der Potenzen von n regelmässig fort um 2 abnehmen bis herab zu n oder n^2. Die Buchstaben A, B, C, D, ... bezeichnen der Reihe nach die Coefficienten von n in den Ausdrücken S_n^2, S_n^4, S_n^6, S_n^8, ..., nämlich

$$A=\tfrac{1}{6},\quad B=-\tfrac{1}{30},\quad C=\tfrac{1}{42},\quad D=-\tfrac{1}{30},\quad\ldots.$$

---

*) Es muß $-\frac{3}{20}n^2$ heißen. Dieser Fehler findet sich bereits in der Erstausgabe von 1713 (Mitteilung von Herrn Prof. H. Kalf)

Diese Coefficienten aber haben die Eigenschaft, dass sie die übrigen Coefficienten, welche in dem Ausdrucke der betreffenden Potenzsumme auftreten, zur Einheit ergänzen; so haben wir z.B. den Werth von D gleich $-1/30$ angegeben, weil $\frac{1}{9}+\frac{1}{2}+\frac{2}{3}-\frac{7}{15}+\frac{2}{9}+D=1$ oder $\frac{31}{30}+D=1$ sein muss. Mit Hülfe der obigen Tafel habe ich innerhalb einer halben Viertelstunde gefunden, dass die 10ten Potenzen der ersten tausend Zahlen die Summe liefern:

91409924241424243424241924242500.

Bernoulli hat die allgemeine Formel erraten und auch die Rekursionsformel zur Berechnung der Zahlen A, B, C, ..., die wir heute Bernoullische Zahlen nennen, angegeben. Er läßt es aber bei dieser „unvollständigen Induktion" bewenden und gibt keinen Beweis der allgemeinen Formel.

Der nachstehende Beweis geht davon aus, daß für $n \geq 1$ einerseits

$$\sigma_n := 1+e^x+e^{2x}+\ldots+e^{nx} = 1+\sum_{p=0}^{\infty} \frac{x^p}{p!}(1^p+\ldots+n^p) = \sum_{p=0}^{\infty} \frac{S_n^p}{p!} x^p,$$

andererseits nach 2.12 (b)

$$\sigma_n = \frac{e^{(n+1)x}-1}{e^x-1} = \frac{x}{e^x-1} \cdot \frac{e^{(n+1)x}-1}{x} = \sum_{k=0}^{\infty} \frac{B_k}{k!} x^k \cdot \sum_{k=0}^{\infty} \frac{(n+1)^{k+1} x^k}{(k+1)!}$$

ist. Multiplikation der beiden Reihen und Gleichsetzen der Koeffizienten von x^p ergibt bereits das gesuchte Resultat

$$\frac{S_n^p}{p!} = \frac{B_0(n+1)^{p+1}}{0!\,(p+1)!} + \frac{B_1(n+1)^p}{1!\,p!} + \ldots + \frac{B_p(n+1)}{p!\,1!}.$$

Schreibt man das Ergebnis um, indem man n durch $n-1$ ersetzt, auf beiden Seiten n^p addiert und beachtet, daß $B_1 = -\frac{1}{2}$ und $\frac{p!}{k!\,(p+1-k)!} = \frac{1}{k}\binom{p}{k-1}$ ist für $k>0$, so erscheint es in der von Bernoulli angegebenen Weise

$$\begin{aligned} S_n^p &= 1^p+2^p+\ldots+n^p \\ &= \frac{n^{p+1}}{p+1} + \frac{1}{2}n^p + \sum_{k=2}^{p} \frac{B_k}{k}\binom{p}{k-1} n^{p+1-k} \qquad \text{für } p=1,2,3,\ldots \end{aligned}$$

Aufgaben

1. Man zeige, daß aus (alle Summen beginnen bei $n=0$, $b_0 \neq 0$)

$$\frac{\sum a_n x^n}{\sum b_n x^n} = \sum c_n x^n \quad \text{folgt} \quad \frac{\sum(-1)^n a_n x^n}{\sum(-1)^n b_n x^n} = \sum(-1)^n c_n x^n,$$

und benutze dieses Ergebnis, um in 7.20 die Reihen für den Tangens und Cotangens aus jenen für die entsprechenden hyperbolischen Funktionen abzuleiten.

2. *Rekurrente Reihen.* Eine Folge $(a_n)_0^\infty$, welche einer Rekursionsformel

$$a_n = \gamma_1 a_{n-1} + \gamma_2 a_{n-2} + \ldots + \gamma_k a_{n-k} \qquad \text{für } n \geq k \quad (\gamma_k \neq 0)$$

genügt, wird rekurrente Reihe (besser wäre: Folge) der Ordnung k genannt; vgl. Aufgabe 2.5.

Jede echt gebrochene rationale Funktion $R(x)=P(x)/Q(x)$ mit $Q(x)=1+c_1x+\ldots+c_kx^k$ ($\operatorname{Grad}P<\operatorname{Grad}Q=k$) läßt sich in eine Potenzreihe um den Nullpunkt $a_0+a_1x+a_2x^2+\ldots$ entwickeln (warum?). Man zeige, daß die a_n eine rekurrente Reihe der Ordnung k bilden, bestimme die γ_i und stelle den Zusammenhang zwischen Q und dem charakteristischen Polynom (Aufgabe 2.5) her.

3. Man zeige umgekehrt, daß jede rekurrente Reihe (a_n) der Ordnung k eine echt gebrochene rationale Funktion $R=P/Q$ mit $\operatorname{Grad}Q=k$ als erzeugende Funktion besitzt und bestimme P und Q in Abhängigkeit von den γ_i und den Anfangswerten $a_0,\ldots,a_{k-1}$.

4. [Euler, *Introductio*, §216]. Man bestimme die Potenzreihe (in x) für die Funktion $\frac{1-x}{1-x-2x^2}$ (a) durch Aufstellung und Lösung der Rekursionsformel für die Koeffizienten oder (b) durch Partialbruchzerlegung (8.5) mit Hilfe der geometrischen Reihe.

5. Man berechne die Grenzwerte

(a) $\lim\limits_{x\to 0+} x^x$; (b) $\lim\limits_{x\to\frac{\pi}{2}-} (\tan x)^{\cos x}$;

(c) $\lim\limits_{t\to 1}(1-t)\log(1-t^3)$; (d) $\lim\limits_{x\to 0}\dfrac{x^2(\log(1+x))^2}{1-\cosh(x^2)}$;

(e) $\lim\limits_{x\to 0}\dfrac{1}{x}\left(\dfrac{1}{\sin x}-\dfrac{1}{x}\right)$; (f) $\lim\limits_{x\to 0}(1-\cos x)\cot(x^2)$;

(g) $\lim\limits_{x\to 0}\dfrac{e^{-x^2}+x\sin x-1}{\cos x+ax^2-1}$; (h) $\lim\limits_{x\to 0}\left(\dfrac{1}{e^x-1}-\dfrac{1}{\sin x}\right)$;

(i) $\lim\limits_{x\to 0}\dfrac{\sinh(\sin x)-\sin(\sinh x)}{x^7}$.

6. Es sei $f_n(x)=\dfrac{x}{n(1+nx^2)}$ für $x\in\mathbb{R}$ und $n\geq 1$. Man zeige: Die Funktion $f(x)=\sum\limits_1^\infty f_n(x)$ ist auf $\mathbb{R}$ wohldefiniert und stetig, und es ist

$$\lim_{x\to\infty} xf(x)=\lim_{x\to-\infty} xf(x)=\sum_1^\infty\frac{1}{n^2}.$$

7. Man berechne die Konvergenzradien der folgenden Potenzreihen

(a) $\sum\limits_{n=0}^\infty \dfrac{n^n}{n!}x^n$; (b) $\sum\limits_{n=0}^\infty \binom{2n}{n}x^{2n}$;

(c) $\sum\limits_{n=0}^\infty (\sin n)x^n$; (d) $\sum\limits_{n=0}^\infty \exp\left(\dfrac{1}{\sin\frac{2}{n}}\right)x^n$;

(e) $\sum\limits_{n=0}^\infty \log(1+n)x^n$; (f) $\sum\limits_{n=0}^\infty (\cosh\sqrt{n})x^n$;

(g) $\sum\limits_{n=0}^\infty (4n^3-3n^4)x^n$; (h) $\sum\limits_{n=1}^\infty n!\left(\dfrac{x}{n}\right)^n$;

(i) $\sum\limits_{n=1}^\infty \left(1+\dfrac{1}{2}+\ldots+\dfrac{1}{n}\right)x^n$; (j) $\sum\limits_{n=0}^\infty \dfrac{x^{2n}}{(4+(-1)^n)^{3n}}$;

(k) $\sum\limits_{n=0}^\infty (1+3(-1)^n)^{-n}x^n$.

8. Für welche x sind die folgenden Reihen konvergent?

(a) $\sum_{n=1}^{\infty} \sin\left(\frac{x}{n}\right)$; (b) $\sum_{n=1}^{\infty} \sin\left(\frac{x^2}{n^2}\right)$;

(c) $\sum_{n=1}^{\infty} \left(1-\cos\left(\frac{x}{n}\right)\right)$; (d) $\sum_{n=1}^{\infty} e^{-e^{nx}}$;

(e) $\sum_{n=1}^{\infty} 2^n \sin\frac{x}{3^n}$; (f) $\sum_{n=0}^{\infty} (\sin nx)^n (\cos x)^n$.

Man gebe Intervalle gleichmäßiger Konvergenz an.

9. Man bestimme den Konvergenzbereich und die Reihensumme von:

(a) $\sum_{n=1}^{\infty} n e^{-nx^2}$; (b) $\sum_{n=0}^{\infty} x^3 e^{-nx^2}$;

(c) $\sum_{n=0}^{\infty} \frac{e^{nx}}{n!}$; (d) $\sum_{n=0}^{\infty} \frac{(-x)^n}{(2n)!}$;

(e) $\sum_{n=1}^{\infty} e^{-n(2+\cos x)}$; (f) $\sum_{n=0}^{\infty} \binom{1/2}{n} e^{-n(1+x+x^2)}$.

10. Man bestimme die Koeffizienten $a_0, a_1, \ldots, a_5$ in der Potenzreihenentwicklung $\sum_{n=0}^{\infty} a_n x^n$ von

(a) $\sin(xe^x)$; (b) $e^{\cos x}$; (c) $\frac{x^2}{\sin x}$; (d) $\sqrt{2+x^2-2x}$; (e) $\log(3+x^3)$.

11. Für welche $x \in \mathbb{R}$ konvergiert die „Lambertsche Reihe" $\sum_{n=1}^{\infty} \frac{x^n}{1-x^n}$? Man stelle die Reihensumme als Potenzreihe $\sum_{n=1}^{\infty} a_n x^n$ dar und gebe $a_1, \ldots, a_6$ sowie die Formel für die Koeffizienten a_n an.

12. Man untersuche die Funktionenfolge (f_n) auf Konvergenz und gleichmäßige Konvergenz:

(a) $f_n(x) = x(x-2)(1-x)^n$; (b) $f_n(x) = n^2 x(x-2)(1-x)^n$;

(c) $f_n(x) = x e^{-nx^2}$; (d) $f_n(x) = n^\alpha x e^{-nx^2}$ $(\alpha > 0)$;

(e) $f_n(x) = \min\left(n, \frac{1}{x}\right)$ $(x > 0)$.

13. Es sei $f_0(x) = \frac{1}{4}(x+x^2)$ und $f_{n+1}(x) = f_0(f_n(x))$ für $n \in \mathbb{N}$ und $x \in \mathbb{R}$. Man zeige: Die Reihe $\sum_{n=0}^{\infty} f_n(x)$ konvergiert im Intervall $J = (-3, 3)$, gleichmäßig in jedem kompakten Teilintervall von J.

Anleitung: Man zeige, daß für $|x| \leq a < 3$ eine Abschätzung $|f_n(x)| \leq C q^{n+1}$ mit $q = \frac{a+1}{4}$ und $C > 0$ gilt. Man veranschauliche das Iterationsverfahren (und die Abschätzung) anhand einer Skizze.

§ 8. Komplexe Zahlen und Funktionen

Die komplexen Zahlen haben in ihrer historischen Entwicklung mit den negativen und den irrationalen Zahlen vieles gemeinsam. Die Mathematiker begannen nicht damit, diese neue Art von Zahlen zu definieren, sie rechneten mit ihnen! Ihre exakte Fundierung steht nicht am Anfang, sondern am Ende einer Entwicklung. Bei den irrationalen Zahlen liegen zwischen dem ersten Auftreten in der pythagoräischen Schule und den Theorien von Cantor und Dedekind mehr als zwei Jahrtausende, bei den komplexen Zahlen sind Entdeckung und Begründung durch drei Jahrhunderte getrennt. Und noch etwas wird an den komplexen Zahlen deutlich: Neue Begriffe fallen nicht vom Himmel, sie ergeben sich bei der Lösung anstehender Probleme mit einer gewissen Zwangsläufigkeit, und sie setzen sich durch, wenn sie zu etwas nütze sind (ob letzteres auch heute noch gilt, mag unentschieden bleiben).

In den Kapiteln 3 bis 5 des Bandes *Zahlen* wird der Körper $\mathbb{C}$ und seine Historie eingehend behandelt. Wir beschränken uns deshalb darauf, die wichtigsten Definitionen ohne Kommentar zu geben. Höhepunkte der Entwicklung im 18. Jahrhundert sind die *Eulersche Gleichung* $e^{ix} = \cos x + i \sin x$ und das Sinusprodukt, aus welchem Euler die Summe der Zeta-Reihen $\zeta(2p) = \sum_1^\infty n^{-2p}$ ableitet. Diese Dinge sind in 8.11–8.13 und 12.18 dargestellt. Die weitere Entwicklung der komplexen Analysis (im deutschen Sprachraum etwas mißverständlich als „Funktionentheorie“ bezeichnet) wird im Band *Funktionentheorie I* geschildert. Unsere Darlegungen beschränken sich im wesentlichen auf komplexe Potenzreihen und die sog. „elementar-transzendenten Funktionen“, welche von der komplexen Exponentialfunktion erzeugt werden.

8.1 Der Körper $\mathbb{C}$ der komplexen Zahlen. Werden in der Menge $\mathbb{R}^2$ der geordneten Paare $\alpha = (a, b)$, $\beta = (c, d)$ Summe und Produkt durch

$$\alpha + \beta \equiv (a, b) + (c, d) := (a + c, b + d),$$

$$\alpha \cdot \beta \equiv (a, b) \cdot (c, d) := (ac - bd, ad + bc)$$

erklärt, so entsteht ein Körper, der mit $\mathbb{C}$ bezeichnet und *Körper der komplexen Zahlen* genannt wird. Durch die Abbildung $a \mapsto (a, 0)$ wird $\mathbb{R}$ bijektiv auf eine Teilmenge $\mathbb{R}^*$ von $\mathbb{C}$ abgebildet, und aus den Gleichungen

$$(a, 0) + (b, 0) = (a + b, 0) \quad \text{und} \quad (a, 0)(b, 0) = (ab, 0)$$

ist zu ersehen, daß $\mathbb{R}$ und $\mathbb{R}^*$ isomorphe Körper sind. Man identifiziert $\mathbb{R}$ mit $\mathbb{R}^*$ und schreibt $a = (a, 0)$ für reelle a, ohne daß dadurch Mißverständnisse entstehen können. Damit bildet $\mathbb{R}$ einen Teilkörper von $\mathbb{C}$, die reellen Zahlen sind in die komplexen Zahlen „eingebettet“. Es ist $0 = (0, 0)$ das *Nullelement* und $1 = (1, 0)$ das *Einselement* von $\mathbb{C}$. Man nennt die Zahl $i := (0, 1)$ die *imaginäre Einheit* und rechnet leicht nach, daß $i^2 = -1$ und

$$\alpha \equiv (a, b) = (a, 0) + (0, 1)(b, 0), \qquad \text{also } \alpha = a + ib$$

ist. Jede komplexe Zahl läßt sich also in der Form $a + ib$ darstellen. Das Rechnen mit komplexen Zahlen ist damit zurückgeführt auf das Rechnen mit reellen Zahlen und i nach den üblichen Regeln unter Beachtung von $i^2 = -1$. Genauso sind die Mathematiker seit der Renaissance verfahren!

Bei den folgenden Bezeichnungen ist $\alpha = (a, b) = a + ib$ eine komplexe Zahl. Man nennt

$\operatorname{Re}\alpha := a$	den *Realteil* von α,
$\operatorname{Im}\alpha := b$	den *Imaginärteil* von α,
$\bar{\alpha} := a - ib$	die zu α *konjugiert-komplexe Zahl*,
$\lvert\alpha\rvert := \sqrt{a^2 + b^2}$	den *(absoluten) Betrag* von α.

Es ist

$$\alpha^{-1} \equiv \frac{1}{\alpha} = \frac{a - ib}{a^2 + b^2} = \frac{\bar{\alpha}}{|\alpha|^2} \qquad \text{für } \alpha \neq 0.$$

Rechenregeln. Für $\alpha, \beta \in \mathbb{C}$ ist

(a) $\operatorname{Re}\alpha = \frac{1}{2}(\alpha + \bar{\alpha})$, $\operatorname{Im}\alpha = \dfrac{1}{2i}(\alpha - \bar{\alpha})$, $\operatorname{Re} i\alpha = -\operatorname{Im}\alpha$;

(b) $|\alpha| = |\bar{\alpha}| = \sqrt{\alpha\bar{\alpha}}$, $\bar{\bar{\alpha}} = \alpha$;

(c) $\overline{(\alpha \pm \beta)} = \bar{\alpha} \pm \bar{\beta}$, $\overline{(\alpha\beta)} = \bar{\alpha} \cdot \bar{\beta}$, $\overline{\left(\dfrac{\alpha}{\beta}\right)} = \dfrac{\bar{\alpha}}{\bar{\beta}}$ $(\beta \neq 0)$;

(d) $|\alpha\beta| = |\alpha| \cdot |\beta|$, $\left|\dfrac{\alpha}{\beta}\right| = \dfrac{|\alpha|}{|\beta|}$ $(\beta \neq 0)$;

(e) $|\alpha + \beta| \leq |\alpha| + |\beta|$ *Dreiecksungleichung.*

Beweise. Die Körperaxiome und die Formeln (a) bis (d) sind einfach nachzuweisen. So ist etwa

$$\overline{\alpha\beta} = (ac - bd) - i(ad + bc) = (a - ib)(c - id) = \bar{\alpha} \cdot \bar{\beta}$$

und $|\alpha\beta|^2 = \alpha\beta\bar{\alpha}\bar{\beta} = |\alpha|^2\,|\beta|^2$. Aus der Ungleichung

$$\alpha\bar{\beta} + \bar{\alpha}\beta = 2\operatorname{Re}(\alpha\bar{\beta}) \leq 2|\alpha\bar{\beta}| = 2|\alpha|\,|\beta|$$

leitet man die (quadrierte) Dreiecksungleichung ab,

$$|\alpha + \beta|^2 = (\alpha + \beta)(\bar{\alpha} + \bar{\beta}) = \alpha\bar{\alpha} + \beta\bar{\beta} + \alpha\bar{\beta} + \bar{\alpha}\beta \leq |\alpha|^2 + |\beta|^2 + 2|\alpha\beta|. \qquad \square$$

Die Regeln (c) drücken aus, daß die Abbildung $\alpha \mapsto \bar{\alpha}$ ein Automorphismus in $\mathbb{C}$ ist. Nützlich ist die

Merkregel. *Ein algebraischer Ausdruck geht in den konjugiert-komplexen Wert über, wenn man darin jede einzelne Zahl durch ihre konjugiert-komplexe ersetzt.*

Es ist $\alpha = \bar{\alpha}$ genau dann, wenn α reell ist, und in diesem Fall stimmt $|\alpha|$ mit dem früher in 1.7 definierten reellen Betrag überein. Wie im Reellen folgt aus der Dreiecksungleichung

(f) $\big||\alpha| - |\beta|\big| \leq |\alpha - \beta|$;

(g) $|\alpha + \beta + \ldots + \varepsilon| \leq |\alpha| + |\beta| + \ldots + |\varepsilon|$.

Real- und Imaginärteil einer komplexen Zahl sind die Koordinaten eines Punktes in der Ebene, die man in diesem Zusammenhang *Gaußsche Zahlenebene* oder *komplexe Ebene* nennt. Sie wird von zwei Geraden, der *reellen Achse* und der auf ihr senkrecht stehenden *imaginären Achse* aufgespannt. Für die auf der imaginären Achse gelegenen Zahlen mit verschwindendem Realteil hat sich die Bezeichnung *imaginäre Zahlen* (oder auch *rein imaginäre Zahlen*) erhalten.

Die *Addition* komplexer Zahlen entspricht geometrisch dem Aneinanderfügen der entsprechenden „Vektoren". Den Zahlen α und $-\alpha$ entsprechen entgegengerichtete Vektoren, und $\bar{\alpha}$ erhält man aus α durch Spiegelung an der reellen Achse. Der Betrag einer komplexen Zahl gibt den Abstand zum Nullpunkt an. Die Dreiecksungleichung $|\alpha+\beta|\leq|\alpha|+|\beta|$ sagt aus, daß in einem Dreieck eine Seite kleiner ist als die beiden anderen Seiten zusammen.

Beispiel. $\alpha=(-2,1)$, $\beta=(3,2)$, $\alpha+\beta=(1,3)$, $\bar{\alpha}=(-2,-1)$, $-\alpha=(2,-1)$.

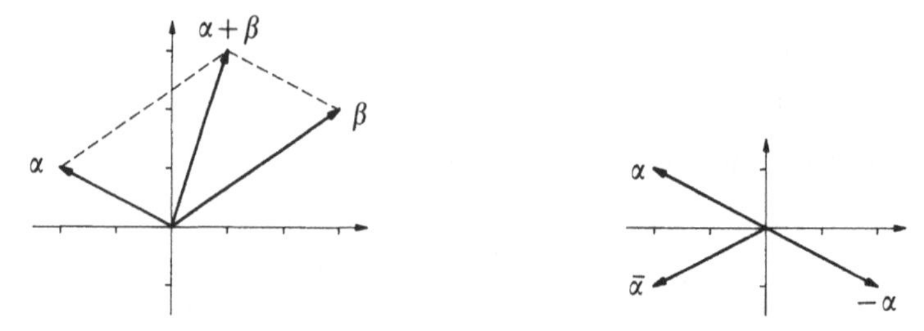

Konstruktion von $\alpha+\beta$, $-\alpha$ und $\bar{\alpha}$ in der Gaußschen Zahlenebene

8.2 Polarkoordinaten. Nach dem Satz 7.16 gibt es zu zwei reellen Zahlen x, y mit $x^2+y^2=1$ genau ein $\phi\in[0,2\pi)$ mit $x=\cos\phi$, $y=\sin\phi$. Dabei ist ϕ der im Bogenmaß gemessene Winkel zwischen der positiven reellen Achse und dem Strahl vom Nullpunkt zum Punkt (x,y). Für eine komplexe Zahl $\alpha=a+ib\neq 0$ gibt es also, da $\alpha/|\alpha|$ den Betrag 1 hat, eine eindeutig bestimmte *Darstellung in Polarkoordinaten*

$$\alpha=r(\cos\phi+i\sin\phi) \quad \text{mit } 0\leq\phi<2\pi, \qquad r=|\alpha|>0.$$

ϕ wird das *Argument* von α genannt (nicht zu verwechseln mit dem Argument einer Funktion!), $\phi=\arg\alpha$. Es läßt sich aus jeder der Formeln

$$\phi=\arccos\frac{a}{|\alpha|}=\arcsin\frac{b}{|\alpha|}=\arctan\frac{b}{a}$$

berechnen (Vorsicht wegen der Vieldeutigkeit der Arcusfunktionen!). Üblicherweise setzt man $\arg 0=0$, und gelegentlich wird das Argument auch durch $-\pi<\arg\alpha\leq\pi$ normiert.

Aufgrund der Additionstheoreme 7.16 (d) für Sinus und Cosinus ergibt sich für das Produkt der Zahlen $\alpha=r(\cos\phi+i\sin\phi)$ und $\beta=s(\cos\psi+i\sin\psi)$

$$\alpha\cdot\beta=rs(\cos(\phi+\psi)+i\sin(\phi+\psi)).$$

Man erhält also das Produkt (den Quotienten) zweier komplexer Zahlen durch Addition (Subtraktion) der Argumente und Multiplikation (Division) der Beträge. Für die Punkte des Einheitskreises ($|\alpha|=1$) reduziert sich das Multiplizieren und Dividieren auf das Abtragen von Winkeln.

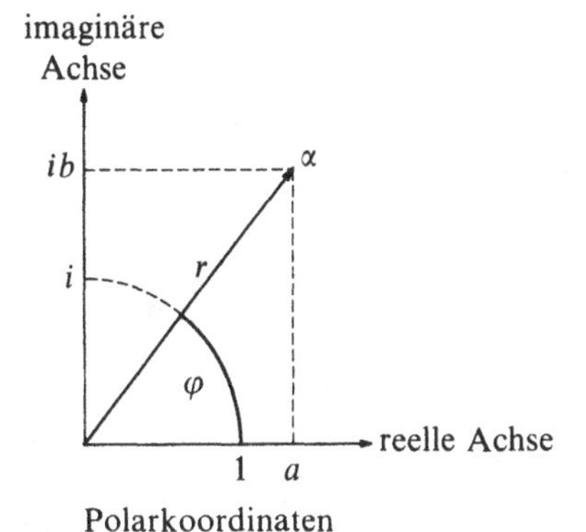

Polarkoordinaten

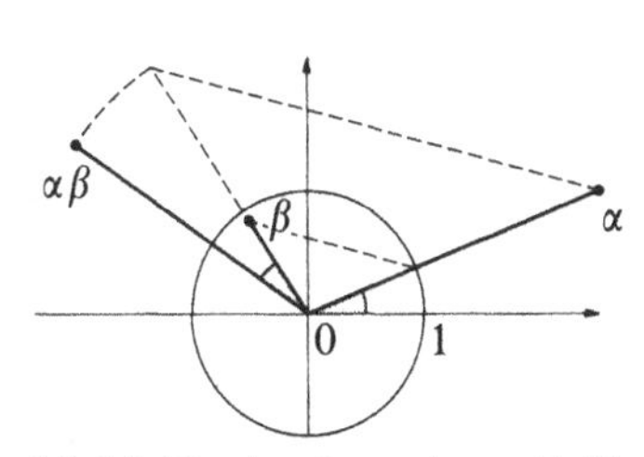

Multiplikation komplexer Zahlen

8.3 Wurzeln und Einheitswurzeln. Jede komplexe Lösung z der Gleichung $z^n = \alpha$ ($n \geq 1$, $\alpha \in \mathbb{C}$) nennt man eine *n-te Wurzel* aus α. Aufgrund der obigen Regel für die Multiplikation hat die Gleichung, wenn $|\alpha| = r > 0$ und $\arg \alpha = \phi$ ist, genau n Lösungen. Sie haben alle den Betrag $\sqrt[n]{r}$ und die Argumente $\frac{\phi + 2k\pi}{n}$ ($k = 0, 1, \ldots, n-1$). In der komplexen Ebene liegen sie auf dem Kreis mit dem Radius $\sqrt[n]{r}$ um den Ursprung im Winkelabstand $\frac{2\pi}{n}$.

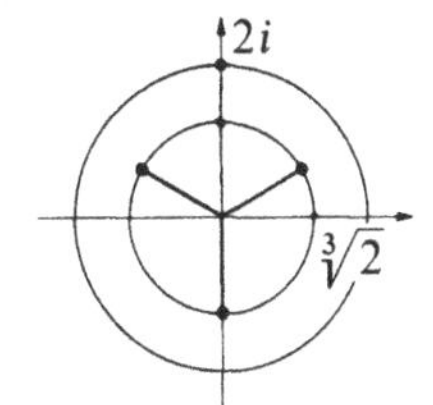

Die dritten Wurzeln aus $2i$

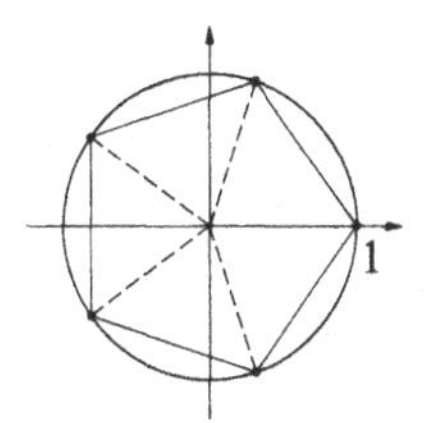

Die fünften Einheitswurzeln

Die n Lösungen der Gleichung $z^n = 1$ werden *n-te Einheitswurzeln* genannt. In der komplexen Ebene bilden sie die Eckpunkte eines dem Einheitskreis einbeschriebenen regelmäßigen n-Ecks.

In der komplexen Analysis ist es üblich, jede n-te Wurzel aus α mit $\alpha^{1/n}$ oder $\sqrt[n]{\alpha}$ zu bezeichnen. Dieses Symbol steht also für n verschiedene Zahlen, wenn $\alpha \neq 0$ ist. Ist α reell und positiv, so kommt unter diesen auch die reelle n-te Wurzel vor. In 8.11 werden wir eine kurze Schreibweise für komplexe Zahlen und insbesondere für Wurzeln in Polarkoordinaten mit Hilfe der Exponentialfunktion kennenlernen.

Damit sind unsere Betrachtungen über das Rechnen mit komplexen Zahlen abgeschlossen. Von nun an sind Zahlen, wenn nichts anderes gesagt wird, komplexe Zahlen, und sie werden meist mit lateinischen, gelegentlich auch mit griechischen Buchstaben bezeichnet. *Alle früher aus den Körperaxiomen abgeleiteten Rechenregeln gelten auch im Körper* $\mathbb{C}$ (Regeln des Bruchrechnens, Binomialformel, ...). Ein wesentlicher Unterschied zum Körper $\mathbb{R}$ besteht darin, daß in $\mathbb{C}$ sich keine mit den Körperaxiomen verträgliche Ordnung einführen läßt. Aus dem Axiom, daß das Produkt positiver Zahlen positiv ist, würde nämlich $i^2>0$ folgen (vgl. 1.4(e)), während $i^2=-1<0$ ist.

Bei dem anschließenden Studium komplexer Funktionen werden wir, allgemeinem Brauch folgend, die unabhängige Variable mit $z=x+iy$ bezeichnen (x, y reell).

8.4 Polynome. Komplexe Polynome sind Funktionen $P\colon \mathbb{C}\to\mathbb{C}$ von der Form

$$P(z)=a_0+a_1z+\ldots+a_nz^n \quad \text{mit } a_i\in\mathbb{C}, \quad n\in\mathbb{N}.$$

Sind alle Koeffizienten a_i reell, so nennt man P ein *reelles Polynom*. Wir übernehmen die früheren Erklärungen über Grad, Nullstelle mit Vielfachheit, ... Die in 3.2 bewiesenen Eigenschaften, insbesondere der Identitätssatz, bleiben für komplexe Polynome gültig.

(a) Für ein *reelles* Polynom P ist $\overline{P(z)}=P(\bar{z})$ nach 8.1 (c). Ist ζ eine nichtreelle Nullstelle, so ist $\bar{\zeta}$ eine weitere Nullstelle von P, und nach 3.2 (c) ist

$$P(z)=Q(z)(z-\zeta)(z-\bar{\zeta})\equiv Q(z)\,S(z).$$

Dabei ist $S(z)=(z-\zeta)(z-\bar{\zeta})=z^2-(2\operatorname{Re}\zeta)\,z+|\zeta|^2$ ein reelles quadratisches Polynom ohne reelle Nullstellen und $Q=P/S$ ein reelles Polynom (ein Polynom hat nach Satz 3.3 reelle Koeffizienten, wenn es für reelle Argumente reellwertig ist).

Im Reellen besitzen Gleichungen wie $x^{2n}+1=0$ keine Lösung. Daß es jedoch komplexe Lösungen gibt, haben wir in 8.3 gesehen. Der nun folgende weitergehende Satz war in der historischen Entwicklung das große Ziel, um dessentwillen komplexe Zahlen eingeführt wurden. Für seine Geschichte und verschiedene Beweise wird auf das Kapitel 4 im Band *Zahlen* verwiesen.

Fundamentalsatz der Algebra. *Jedes nichtkonstante komplexe Polynom hat mindestens eine komplexe Nullstelle.*

Wir ziehen sogleich eine Reihe bemerkenswerter Folgerungen. Dabei ist P ein Polynom vom Grad $n\geq 1$ mit dem höchsten Koeffizienten $a_n=1$.

Produktdarstellung. Durch wiederholte Anwendung von 3.2 (c) ergibt sich aus dem Fundamentalsatz die Darstellung

$$(*) \qquad P(z)=z^n+a_{n-1}z^{n-1}+\ldots+a_0=(z-\zeta_1)(z-\zeta_2)\cdots(z-\zeta_n).$$

Die Zahlen $\zeta_1,\ldots,\zeta_n$ sind die Nullstellen von P; jede von ihnen tritt so oft auf, wie es ihre Vielfachheit angibt.

Ist insbesondere P ein *reelles* Polynom, so hat diese Darstellung nach (a) die Form

$$P(z)=(z-\xi_1)\cdots(z-\xi_k)(z^2+\alpha_1z+\beta_1)\cdots(z^2+\alpha_lz+\beta_l)$$

mit $k+2l=n$. Dabei sind $\xi_1,\ldots,\xi_k$ die reellen Nullstellen von P und $z^2+\alpha_iz+\beta_i$ die (den nicht-reellen Nullstellen entsprechenden) reellen quadratischen Faktoren ohne reelle Nullstellen. Natürlich können einige dieser Faktoren gleich sein.

Wurzelsatz von Vieta. *Darunter versteht man die durch Ausmultiplizieren des Produkts in (∗) und Koeffizientenvergleich erhaltenen Beziehungen zwischen den Koeffizienten und den Nullstellen von P,*

$$(-1)^k a_{n-k} = \sum \zeta_{j_1} \zeta_{j_2} \cdots \zeta_{j_k} \quad \textit{mit} \quad 1 \le j_1 < j_2 < j_3 < \ldots < j_k \le n,$$

insbesondere

$$\begin{aligned} -a_{n-1} &= \zeta_1 + \zeta_2 + \ldots + \zeta_n, \\ +a_{n-2} &= \zeta_1\zeta_2 + \zeta_1\zeta_3 + \ldots + \zeta_1\zeta_n + \zeta_2\zeta_3 + \ldots + \zeta_{n-1}\zeta_n, \\ (-1)^n a_0 &= \zeta_1\zeta_2 \cdots \zeta_n. \end{aligned}$$

Beispiel. $P(z) = z^5 + 3z^4 + 4z^2 - 4z - 4$
$= (z-1)(z^2+2z+2)^2 = (z-1)(z+1+i)^2(z+1-i)^2.$

Die Nullstellen sind $\zeta_1 = 1$, $\zeta_2 = \zeta_3 = -1-i$, $\zeta_4 = \zeta_5 = -1+i$.

Eine besonders wichtige Folgerung betrifft die

8.5 Partialbruchzerlegung rationaler Funktionen. Gegeben sei eine echt gebrochene rationale Funktion $R(z) = Q(z)/P(z)$ (P, Q komplexe Polynome, $\operatorname{Grad} Q < \operatorname{Grad} P$). Die Produktdarstellung des Nenners wird in der folgenden normierten Form geschrieben, welche die Vielfachheit der Nullstellen sichtbar werden läßt,

$$P(z) = (z-\zeta_1)^{p_1}(z-\zeta_2)^{p_2} \cdots (z-\zeta_k)^{p_k}.$$

Hierin sind $\zeta_1, \ldots, \zeta_k$ die *verschiedenen* Nullstellen, $p_i \ge 1$ gibt die Vielfachheit der Nullstelle ζ_i an, und es ist $p_1 + \ldots + p_k = n = \operatorname{Grad} P$. Dann erlaubt R, wie im nächsten Satz präzisiert wird, eine Darstellung als Linearkombination der „Partialbrüche"

$$\frac{1}{z-\zeta_i}, \frac{1}{(z-\zeta_i)^2}, \ldots, \frac{1}{(z-\zeta_i)^{p_i}} \qquad (i = 1, \ldots, k).$$

Satz. *Jede echt gebrochene rationale Funktion $R = Q/P$ läßt sich genau auf eine Weise als Summe von Partialbrüchen schreiben:*

$$\frac{Q(z)}{P(z)} = \sum_{i=1}^{k} \left(\frac{a_{i1}}{z-\zeta_i} + \frac{a_{i2}}{(z-\zeta_i)^2} + \ldots + \frac{a_{ip_i}}{(z-\zeta_i)^{p_i}} \right).$$

Beispiel. $$\frac{z^4 - 2z^3 - 6z + 3}{(z^2+1)^2 \cdot (z-1)} = \frac{a}{z+i} + \frac{b}{(z+i)^2} + \frac{c}{z-i} + \frac{d}{(z-i)^2} + \frac{e}{z-1}.$$

Beweis durch Induktion über den Grad n des Nennerpolynoms. Für $n = 1$ ist Q konstant und die Behauptung trivial. Es sei nun eine Zerlegung der angegebenen Art möglich für jede echt gebrochene rationale Funktion, deren Nennerpolynom höchstens den Grad $n - 1 \ge 1$ besitzt (Induktionsvoraussetzung). Ferner sei $R = Q/P$ mit $\operatorname{Grad} P = n$ vorgelegt, und ζ sei eine Nullstelle des Nenners von der Ordnung p,

$$P(z) = (z-\zeta)^p S(z) \quad \text{mit} \quad S(\zeta) \neq 0 \quad \text{und} \quad p \ge 1.$$

Nun ist

$$\frac{Q(z)}{S(z)}-\frac{Q(\zeta)}{S(\zeta)}=\frac{Q(z)S(\zeta)-S(z)Q(\zeta)}{S(z)S(\zeta)}=\frac{(z-\zeta)\,T(z)}{S(z)} \quad \text{mit} \quad \operatorname{Grad} T \leq n-2,$$

und zwar deshalb, weil der Zähler im mittleren Bruch ζ zur Nullstelle hat. Damit wird

$$\frac{Q(z)}{(z-\zeta)^p S(z)}-\frac{Q(\zeta)}{(z-\zeta)^p S(\zeta)}=\frac{T(z)}{(z-\zeta)^{p-1} S(z)}.$$

Die rechts stehende rationale Funktion hat einen Zählergrad $\leq n-2$ und den Nennergrad $n-1$. Sie besitzt laut Induktionsvoraussetzung eine Zerlegung der gewünschten Art und folglich auch R.

Um die *Eindeutigkeit* der Zerlegung nachzuweisen, nehmen wir an, $R(z)$ erlaube eine weitere Zerlegung mit den Koeffizienten b_{ij}. Multipliziert man beide Zerlegungen mit $(z-\zeta_1)^{p_1}$ und läßt dann $z \to \zeta_1$ streben, so folgt $a_{1p_1}=b_{1p_1}$. Berücksichtigt man das und multipliziert die Zerlegung mit $(z-\zeta_1)^{p_1-1}$, so ergibt sich $a_{1,p_1-1}=b_{1,p_1-1}$, usf. □

Für eine *reelle* rationale Funktion R werden in der obigen Darstellung im allgemeinen komplexe Nullstellen und Koeffizienten erscheinen, und man wird nach einer entsprechenden reellen Partialbruchzerlegung Ausschau halten. Zunächst muß man, wenn P reell ist, die reelle Produktdarstellung von 8.4 normieren:

$$(+) \qquad P(z)=(z-\xi_1)^{p_1}\cdots(z-\xi_k)^{p_k}(z^2+\alpha_1 z+\beta_1)^{q_1}\cdots(z^2+\alpha_l z+\beta_l)^{q_l}.$$

Dabei sind die Faktoren $z-\xi_j$ und $z^2+\alpha_j z+\beta_j$ reelle lineare bzw. quadratische Polynome, die alle voneinander verschieden sind, und es ist $p_1+\ldots+p_k+2(q_1+\ldots+q_l)=n$. Ist auch Q ein reelles Polynom, so läßt sich aus der oben angegebenen Zerlegung von $R=Q/P$ durch passende Zusammenfassung einzelner Glieder eine reelle Darstellung gewinnen, deren Gestalt aber nicht mehr so einfach ist.

Partialbruchzerlegung im Reellen. Eine echt gebrochene reelle rationale Funktion $R=Q/P$ (P, Q reell) besitzt, wenn P durch die reelle Produktdarstellung $(+)$ gegeben ist, eine reelle Partialbruchdarstellung der Form

$$\frac{Q(z)}{P(z)}=\sum_{i=1}^{k}\sum_{j=1}^{p_i}\frac{a_{ij}}{(z-\xi_i)^j}+\sum_{i=1}^{l}\sum_{j=1}^{q_i}\frac{b_{ij}z+c_{ij}}{(z^2+\alpha_i z+\beta_i)^j}$$

mit reellen Koeffizienten a_{ij}, b_{ij}, c_{ij}.

Hinweise zum Beweis sind in Aufgabe 1 gegeben. Die reelle Zerlegung der im letzten Beispiel behandelten Funktion ist von der Form

$$\frac{z^4-2z^3-6z+3}{(z^2+1)^2(z-1)}=\frac{a}{z-1}+\frac{bz+c}{z^2+1}+\frac{dz+e}{(z^2+1)^2}.$$

Die konkrete Herstellung einer Partialbruchzerlegung beginnt damit, die Nullstellen des Nenners aufzusuchen. Diese legen die auftretenden Partialbrüche fest. Die unbekannten Konstanten a_{ij}, ... können nach einem der folgenden Verfahren berechnet werden.

(a) Koeffizientenvergleich. Man multipliziert die Gleichung mit P und hat dann auf beiden Seiten ein Polynom. Die Unbekannten ergeben sich durch Koeffizientenvergleich.

(b) Einsetzen. Man setzt, wenn etwa p Konstanten zu bestimmen sind, p verschiedene Werte von z ein und erhält daraus p lineare Gleichungen für die p Konstanten.

(c) Man multipliziert mit $(z-\zeta_j)^{p_j}$ und setzt $z=\zeta_j$. Daraus ergibt sich der Koeffizient von $\frac{1}{(z-\zeta_j)^{p_j}}$.

Im allgemeinen wird man mit Vorteil ein gemischtes Verfahren anwenden. Zunächst bestimmt man möglichst viele Konstanten nach (c) und fährt dann nach (a) oder (b) fort. Im folgenden Beispiel wird die reelle Zerlegung bestimmt.

Beispiel.
$$R(x)=\frac{x^4+1}{x^6+3x^5-7x^4+11x^3-18x^2+10x}=\frac{Q}{P}.$$

Es ist $P=x(x+5)(x-1)^2(x^2+2)$, also

$$R(x)=\frac{x^4+1}{x(x+5)(x-1)^2(x^2+2)}=\frac{a}{x}+\frac{b}{x+5}+\frac{c}{x-1}+\frac{d}{(x-1)^2}+\frac{ex+f}{x^2+2}.$$

Zunächst werden a, b und d mit (c) bestimmt:

$$\text{Multiplikation mit } x, \quad x=0: \quad \frac{1}{10}=a,$$

$$\text{Multiplikation mit } x+5, \quad x=-5: \quad -\frac{626}{5\cdot 36\cdot 27}=b,$$

$$\text{Multiplikation mit } (x-1)^2, \quad x=1: \quad \frac{2}{18}=d.$$

Für die restlichen drei Konstanten kann man (a) oder (b) heranziehen. Die Methode (a) führt auf die Gleichung

$$\begin{aligned} x^4+1=&\,a(x+5)(x-1)^2(x^2+2)+bx(x-1)^2(x^2+2)\\ &+cx(x+5)(x-1)(x^2+2)+dx(x+5)(x^2+2)\\ &+(ex+f)\,x(x+5)(x-1)^2. \end{aligned}$$

Besonders einfach ist der Vergleich der nullten und fünften Potenz. Die erstere liefert das schon bekannte a, die letztere die Gleichung

$$0=a+b+c+e.$$

Mit der Methode (b) erhält man z.B.

$$\text{für } x=-1: \quad \frac{2}{-48}=-a+\frac{b}{4}-\frac{c}{2}+\frac{d}{4}+\frac{f-e}{3},$$

$$\text{für } x=\ \ 2: \quad \frac{17}{84}=\frac{a}{2}+\frac{b}{7}+c+d+\frac{2e+f}{6}.$$

Damit hat man drei Gleichungen für die drei noch unbekannten Konstanten c, e, f

$$c+e=-(a+b),$$
$$24c+16e-16f=-48a+12b+12d+2,$$
$$84c+28e+14f=-42a-12b-84d+17,$$

aus denen sich c, e und f leicht bestimmen lassen. Man erhält

$$a=\frac{1}{10},\quad b=-\frac{313}{2430},\quad c=\frac{1}{54},\quad d=\frac{1}{9},\quad e=\frac{5}{486},\quad f=\frac{55}{243}.$$

Komplexe Analysis

Wir beginnen nun damit, die komplexe Analysis zu entwickeln. Dabei erweist sich der in $\mathbb{C}$ eingeführte absolute Betrag $|z|=\sqrt{x^2+y^2}$ für $z=x+iy$ als das Fundament, auf dem alle weiteren Begriffe ruhen. Pauschal gesagt besteht das Verfahren darin, *die früheren, mit Hilfe des reellen Absolutbetrages gegebenen reellen Definitionen wörtlich zu übernehmen.* Einfache Eigenschaften des komplexen Betrages, insbesondere die Dreiecksungleichung, sorgen dafür, daß auch Sätze und Beweise sich übertragen.

8.6 Umgebungen. Die ε-Umgebung $B_\varepsilon(a)$ eines Punktes $a\in\mathbb{C}$ ist die Menge aller der Ungleichung $|z-a|<\varepsilon$ genügenden komplexen Zahlen z. In der komplexen Ebene entspricht ihr eine Kreisscheibe vom Radius ε und Mittelpunkt a ohne die Randpunkte. Wie im Reellen schließt sich eine Reihe von Begriffen an, die wir kurz ins Gedächtnis rufen. Dazu gehören die *Umgebung* von a (Obermenge einer ε-Umgebung), der *innere Punkt* einer Menge $M\subset\mathbb{C}$ (M ist Umgebung des Punktes), der *Häufungspunkt* einer Folge bzw. Menge (in jeder Umgebung liegen unendlich viele Glieder der Folge bzw. Punkte der Menge), die *offene Menge* (sie besteht nur aus inneren Punkten) und die *abgeschlossene Menge* (Komplement einer offenen Menge).

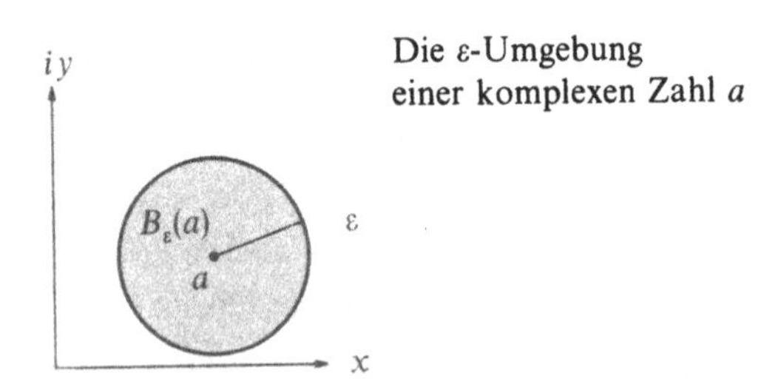

Die ε-Umgebung einer komplexen Zahl a

Aufgrund der Dreiecksungleichung ist $B_\varepsilon(a)$ offen und $\overline{B_\varepsilon(a)}:=\{z\in\mathbb{C}: |z-a|\le\varepsilon\}$ abgeschlossen.

8.7 Konvergenz von Folgen und Reihen. Die doppelte Betragsungleichung

(B) $$|x|,|y|\le|z|\le|x|+|y| \quad \text{für } z=x+iy$$

bildet den Schlüssel für alle folgenden Konvergenzbetrachtungen. Nach (B) ist eine komplexe Größe „betragsmäßig klein" genau dann, wenn dasselbe für ihren Real- und Imaginärteil gilt. Da Konvergenz immer darauf hinausläuft, daß bei einer bestimmten Bewegung die Differenz zwischen einer variablen Größe und ihrem Grenzwert „schließlich" betragsmäßig klein wird, läßt sich die in der folgenden Merkregel zusammengefaßte Quintessenz unserer Betrachtungen bereits jetzt in groben Zügen einsehen.

Merkregel. *Konvergenz mit dem Grenzwert* $\zeta\in\mathbb{C}$ *liegt genau dann vor, wenn der Realteil gegen* $\operatorname{Re}\zeta$ *und der Imaginärteil gegen* $\operatorname{Im}\zeta$ *konvergiert.*

Betrachten wir zunächst komplexe

Folgen. Konvergenz einer komplexen Zahlenfolge (z_n) gegen ζ ist wie im Reellen definiert: Es gilt $\lim\limits_{n\to\infty} z_n=\zeta$, wenn zu jedem $\varepsilon>0$ ein N gefunden werden kann, so daß für $n>N$ stets $|z_n-\zeta|<\varepsilon$ ist, oder kürzer, wenn $|z_n-\zeta|\to 0$ strebt für $n\to\infty$. Mit den Bezeichnungen $z_n=x_n+iy_n$, $\zeta=\xi+i\eta$ gilt (für $n\to\infty$)

(a) $z_n\to\zeta \Leftrightarrow x_n\to\xi$ und $y_n\to\eta$.

(b) $z_n\to\zeta,\ w_n\to\omega \Rightarrow z_n\pm w_n\to\zeta\pm\omega,\ z_nw_n\to\zeta\omega,\ z_n/w_n\to\zeta/\omega$ (letzteres, falls $\omega\neq 0$ ist).

(a) ist ein erstes Beispiel für die obige Merkregel, der Beweis läßt sich aus den Ungleichungen (B) ablesen:

$$|x_n-\xi|,|y_n-\eta|\le|z_n-\zeta|\le|x_n-\xi|+|y_n-\eta|.$$

Bei Formeln wie (b) hat man nun zwei Beweismethoden zur Verfügung, (i) die Zurückführung auf den reellen Fall durch Zerlegung in Real- und Imaginärteil gemäß (a), und (ii) die Übertragung des reellen Beweises.

Das Cauchy-Kriterium bleibt wörtlich gültig, die Übertragung weiterer Definitionen (etwa: Beschränktheit einer Folge) und Sätze (etwa: konvergente Folgen sind beschränkt) bietet sich unmittelbar an.

Unendliche Reihen. Wie im Reellen bedeutet $\sum\limits_{n=0}^{\infty} z_n=\zeta$, daß $s_n:=z_0+\ldots+z_n$ für $n\to\infty$ gegen ζ konvergiert. Aus (a) folgt (mit den obigen Bezeichnungen)

(c) $\sum z_n=\zeta \Leftrightarrow \sum x_n=\xi$ und $\sum y_n=\eta$.

Reihen können gliedweise addiert und mit einer Konstante multipliziert werden. Die Reihe $\sum z_n$ heißt *absolut konvergent*, wenn die reelle Reihe $\sum|z_n|$ konvergiert. Dieser Fall tritt genau dann ein, wenn die reellen Reihen $\sum x_n$, $\sum y_n$ absolut konvergent sind. Das folgt wieder aus den Ungleichungen (B). Eine absolut konvergente Reihe ist also konvergent, und man darf sie beliebig umordnen. Eine wichtige Folgerung sei festgehalten:

(d) Die *Vergleichskriterien* für absolute Konvergenz, insbesondere das Majoranten-, Quotienten- und Wurzelkriterium, gelten auch für komplexe Reihen.

(e) Der *große Umordnungssatz*, bei dem ja Absolutkonvergenz vorausgesetzt ist, bleibt wörtlich gültig, und das schließt natürlich seine Spezialfälle, den Doppelreihensatz und den Satz über die Multiplikation von Reihen, ein.

Für den Beweis stehen wieder die zwei oben genannten Methoden (i), (ii) zur Verfügung.

8.8 Grenzwert und Stetigkeit von Funktionen. Wir betrachten Abbildungen vom Typ $\mathbb{C} \to \mathbb{C}$, genauer Funktionen f, g, ..., die auf einer Menge $D \subset \mathbb{C}$ erklärt sind und komplexe Werte annehmen. Die aus dem Reellen bekannten Definitionen über Grenzwert und Stetigkeit werden ohne Änderung übernommen. Es strebt $f(z) \to a$ für $z \to \zeta$ in D genau dann, wenn $|f(z)-a| \to 0$ strebt, oder auch genau dann, wenn aus $z_n \to \zeta$ folgt $f(z_n) \to a$ (Folgenkriterium). Die Stetigkeit von f in $\zeta \in D$ ist äquivalent damit, daß $\lim_{z \to \zeta} f(z) = f(\zeta)$ ist (falls ζ Häufungspunkt von D ist). Die Rechenregeln 8.7 (a), (b) für konvergente Folgen übertragen sich auf Grenzwerte bei Funktionen.

Mit f und g sind auch die Funktionen $f \pm g$ und fg stetig an der Stelle ζ. Ist außerdem $g(\zeta) \neq 0$, so gibt es eine Umgebung U von ζ derart, daß g in $U \cap D$ von Null verschieden ist, und f/g ist ebenfalls stetig an der Stelle ζ.

Schließlich erinnern wir an den zentralen Satz, daß der Limes einer Folge von stetigen Funktionen bei gleichmäßiger Konvergenz wieder stetig ist. Er bleibt, ebenso wie der in 7.3 gegebene Beweis, auch im Komplexen gültig und führt im Zusammenwirken mit dem Weierstraßschen Majorantenkriterium 7.5 zu dem folgenden Ergebnis, welches für die Behandlung der Potenzreihen ausreicht.

Satz. *Die komplexwertigen Funktionen f_0, f_1, f_2, ... seien stetig auf der Menge $D \subset \mathbb{C}$. Ist $|f_n(z)| \leq a_n$ in D und $\sum a_n < \infty$, so konvergiert die Reihe $\sum f_n(z)$ gleichmäßig in D, und ihre Summe ist in D stetig.*

8.9 Potenzreihen sind eine Domäne der komplexen Analysis. Erst im Komplexen entfalten sie ihre Kraft und Vielseitigkeit und werden zu einem der wichtigsten Werkzeuge der Analysis. Die Entdeckung Eulers über die Verwandtschaft der Exponentialfunktion mit den trigonometrischen Funktionen erweist sich als eine fast triviale Beziehung zwischen Potenzreihen. Zahlreiche im Reellen nur aufwendig zu beweisende Resultate ergeben sich im Komplexen auf kürzestem Weg.

Die zentrale Frage nach der Konvergenz einer Potenzreihe

$$\sum_{n=0}^{\infty} a_n z^n \quad \text{mit } a_n,\ z \in \mathbb{C}$$

wird durch den Satz 7.6, der mit Einschluß seines Beweises „komplex gelesen" werden kann, beantwortet. Die Bezeichnung *Konvergenzradius* wird jetzt verständlich: Es ist der Radius des *Konvergenzkreises* $|z| < r$, jenes Kreises in der komplexen Ebene, innerhalb dessen die Reihe absolut konvergent, außerhalb dessen sie divergent ist. Die Frage nach dem Konvergenzverhalten auf dem Rande des Konvergenzkreises, also für $|z| = r$, wird durch diesen Satz nicht beantwortet und läßt sich auch allgemein gar nicht beantworten. Hier muß der konkrete Fall untersucht werden.

Die in § 7 gezogenen Folgerungen bleiben im Komplexen gültig. Die Funktion $f(z) := \sum a_n z^n$ ist in ihrem Konvergenzkreis $B_r(0)$ stetig (7.7). Potenzreihen können multipliziert werden (7.8). Aufgabe 5 enthält eine Übertragung des Abelschen Grenzwertsatzes 7.12. Der Identitätssatz 7.10 und damit das wichtige Hilfsmittel des Koeffizientenvergleichs bleiben erhalten. Dasselbe gilt für den

Satz 7.13 über das Einsetzen und den Sonderfall 7.14 der Division von Potenzreihen. Selbstverständlich übertragen sich alle diese Resultate auf Potenzreihen der Form $\sum a_n(z-\zeta)^n$ mit dem Entwicklungspunkt ζ.

8.10 Entwicklung um einen neuen Mittelpunkt. *Es sei* $f(z)=\sum_{n=0}^{\infty} a_n(z-\zeta)^n$ *eine für* $|z-\zeta|<r$ *konvergente Potenzreihe und* ω *eine feste Stelle im Konvergenzkreis* $B_r(\zeta)$. *Dann existiert eine mindestens im Kreis* $|z-\omega|<\rho:=r-|\zeta-\omega|$ *(vgl. Abbildung) konvergente Entwicklung*

$$f(z)=\sum_{n=0}^{\infty} b_n(z-\omega)^n \quad mit \quad b_n=\sum_{k=n}^{\infty} a_k \binom{k}{n}(\omega-\zeta)^{k-n}.$$

Beweis. Durch formales Rechnen erhält man die behauptete Formel

$$\begin{aligned} f(z)&=\sum_k a_k\{(z-\omega)+(\omega-\zeta)\}^k=\sum_k a_k \sum_n \binom{k}{n}(z-\omega)^n(\omega-\zeta)^{k-n}\\ &=\sum_n (z-\omega)^n \sum_k \binom{k}{n} a_k(\omega-\zeta)^{k-n}. \end{aligned}$$

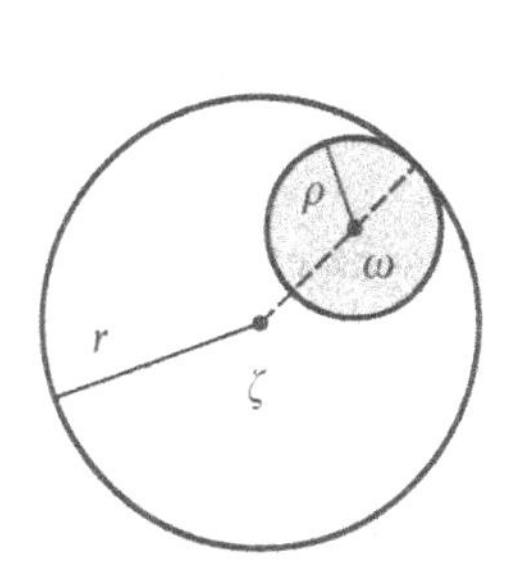

Entwicklung um neuen Mittelpunkt

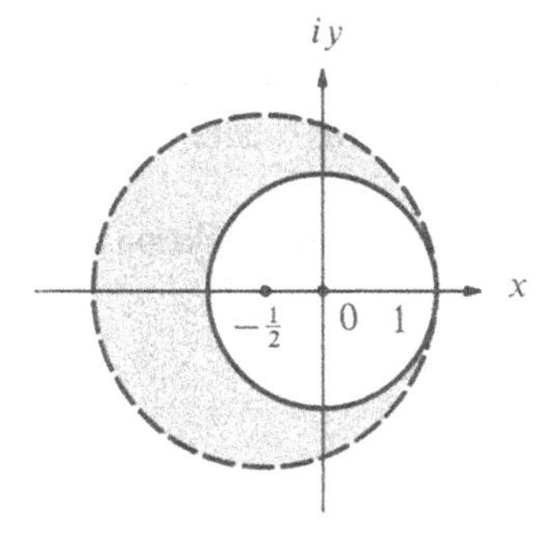

Beispiel einer analytischen Fortsetzung

Die Berechtigung dafür liefert der Große Umordnungssatz (in der ersten Doppelsumme kann man ohne Schaden über alle $n\geq 0$ summieren, da $\binom{k}{n}$ für $n>k$ verschwindet). Ersetzt man nämlich die Größen a_k, $z-\omega$ und $\omega-\zeta$ durch ihre Beträge, so hat die erste Summe einen endlichen Wert wegen $|z-\omega|+|\omega-\zeta|<r$. □

Es sei erwähnt, daß man den Satz auch als Sonderfall von 7.13 auffassen kann.

Beispiel. Die Entwicklung von $\frac{1}{1-z}=\sum_{n=0}^{\infty} z^n$ um die Stelle $\omega=-\frac{1}{2}$ führt auf

$$\frac{1}{1-z}=\sum_{k=0}^{\infty}\left(\tfrac{2}{3}\right)^{k+1}\left(z+\tfrac{1}{2}\right)^k \quad \text{(Konvergenzradius } \tfrac{3}{2}).$$

Das folgt entweder aus der oben angegebenen Koeffizientenformel oder schneller aus der Identität

$$\frac{1}{1-z}=\frac{1}{\frac{3}{2}-(z+\frac{1}{2})}=\frac{2}{3}\cdot\frac{1}{1-\frac{2}{3}(z+\frac{1}{2})},$$

wenn man den letzten Bruch als geometrische Reihe nach Potenzen von $\frac{2}{3}(z+\frac{1}{2})$ entwickelt.

Bemerkung. Der obige Entwicklungssatz garantiert, daß die neue Reihe sicher in dem größten in $B_r(\zeta)$ enthaltenen Kreis $B_\rho(\omega)$ konvergiert. Das Beispiel zeigt, daß der neue Konvergenzkreis sehr wohl über den alten hinausragen kann. In diesem Fall sagt man, $f(z)$ sei „analytisch fortgesetzt" worden.

Im vorliegenden Beispiel steckt dahinter kaum eine neue Erkenntnis; man weiß auch so, wie die Funktion $1/(1-z)$ über den Einheitskreis hinaus fortzusetzen ist. Das Verfahren ist jedoch von prinzipieller Bedeutung für die Funktionentheorie. In vielen Fällen ist eine Funktion nur durch eine Potenzreihe erklärt, und man sieht dieser nicht an, wie eine analytische Fortsetzung beschaffen ist.

Jede reelle Potenzreihe $f(x)=\sum a_n x^n$ ($a_n\in\mathbb{R}$) mit dem Konvergenzradius $r>0$ läßt sich auf ganz natürliche Weise ins Komplexe fortsetzen. Die Fortsetzung $f(z):=\sum a_n z^n$ ist in $B_r(0)$ definiert, und es ist üblich, das alte Funktionssymbol f beizubehalten. Dies ist nicht nur die einzig plausible, sondern auch die einzig mögliche Art der Fortsetzung als Potenzreihe. Denn nach dem Identitätssatz sind zwei Potenzreihen, welche für reelle Argumente übereinstimmen, identisch. Betrachten wir unter diesem Gesichtspunkt

8.11 Die Exponentialfunktion im Komplexen. Die Potenzreihen

$$\exp z\equiv e^z=\sum_{n=0}^{\infty}\frac{z^n}{n!},$$

$$\cos z=\sum_{n=0}^{\infty}\frac{(-1)^n z^{2n}}{(2n)!},\qquad \sin z=\sum_{n=0}^{\infty}\frac{(-1)^n z^{2n+1}}{(2n+1)!}$$

definieren drei in $\mathbb{C}$ stetige Funktionen. Durch einfachen Vergleich der Koeffizienten ergibt sich die berühmte *Eulersche Gleichung*

$$e^{iz}=\cos z+i\sin z,$$

und daraus folgen zwei weitere Eulersche Gleichungen

$$\cos z=\tfrac{1}{2}(e^{iz}+e^{-iz}),\qquad \sin z=\frac{1}{2i}(e^{iz}-e^{-iz}),$$

gültig für alle z. Die Funktionalgleichung der Exponentialfunktion überträgt sich mit Beweis auf komplexe Werte,

$$e^{z+w}=e^z e^w \qquad \text{für } z,w\in\mathbb{C}.$$

Daraus folgt u.a. $e^z e^{-z}=1$, also $e^z\neq 0$ sowie $e^{nz}=(e^z)^n$ für $z\in\mathbb{C}$ und $n\in\mathbb{Z}$ (Formeln wie $e^{z/2}=\sqrt{e^z}$ sollte man wegen der Vieldeutigkeit der komplexen Wurzel mit Vorsicht behandeln). Für $z=ix$ ergibt sich die bekannte

Moivresche Formel $(\cos x+i\sin x)^n=\cos nx+i\sin nx$,

aus welcher sich durch Aufspaltung in Real- und Imaginärteil die in 7.16 (k) bewiesenen Formeln für $\sin nx$ und $\cos nx$ ergeben. Die Formel wurde in etwas anderer Form gefunden von ABRAHAM DE MOIVRE (1667–1754, französischer Mathematiker, der nach Aufhebung des Edikts von Nantes als Protestant eingekerkert wurde und später nach England emigrierte). Die historische Entwicklung verlief also umgekehrt: die Moivresche Formel war zuerst da, und sie gab EULER einen wertvollen Fingerzeig zur Entdeckung seiner Formel.

Die Additionstheoreme der trigonometrischen Funktionen

$$\cos(z+w)=\cos z\cos w-\sin z\,\sin w,$$

$$\sin(z+w)=\sin z\,\cos w+\cos z\sin w$$

lassen sich nun auf höchst einfachem Wege beweisen, und zwar ohne Benutzung der reellen Formeln. Man hat lediglich die auftretenden Größen anhand der Eulerschen Gleichungen durch die Exponentialfunktion zu ersetzen und bestätigt ohne Mühe, daß die behaupteten Gleichungen bestehen (die Rechnung ist fast identisch mit jener, welche in 7.18 bei den Additionstheoremen der Hyperbelfunktionen durchgeführt wurde).

Darstellung komplexer Zahlen in Polarkoordinaten. Mit der Eulerschen Gleichung $e^{i\varphi}=\cos\varphi+i\sin\varphi$ geht die Darstellung 8.2 über in

$$z=x+iy=re^{i\phi} \quad \text{mit } r=|z| \quad \text{und} \quad \phi=\arg z.$$

Die geometrische Konstruktion für das Produkt und den Quotienten von $z=re^{i\phi}$ und $w=se^{i\psi}$ (s. 8.2) ist an den Formeln

$$zw=rse^{i(\phi+\psi)} \quad \text{und} \quad \frac{z}{w}=\frac{r}{s}e^{i(\phi-\psi)} \quad (w\neq 0)$$

direkt ablesbar. Weiter ist für reelles ϕ

$$|e^{i\phi}|=1, \qquad \overline{e^{i\phi}}=e^{-i\phi}=(e^{i\phi})^{-1}$$

sowie $e^{i\phi}=e^{i\psi}$ genau dann, wenn $\psi=\phi+2k\pi$ ist mit $k\in\mathbb{Z}$. Einige Beispiele:

$$e^{2\pi i}=1, \quad e^{\pi i}=-1, \quad e^{i\pi/2}=i,$$

$$1+i=\sqrt{2}e^{i\pi/4}, \quad 1-i=\sqrt{2}e^{-i\pi/4}.$$

Die Gleichung $e^{i(\phi+\psi)}=e^{i\phi}e^{i\psi}$ führt, wenn man sie in Real- und Imaginärteil aufspaltet, auf die Additionstheoreme der Winkelfunktionen; dies sei als *Merkregel* für die Additionstheoreme empfohlen.

Folgerungen aus den Additionstheoremen wie $\sin(z+\frac{\pi}{2})=\cos z$, $\sin(z+\pi)=-\sin z$ werden ins Komplexe mitgenommen, Sinus und Cosinus bleiben 2π-periodisch, und es gilt

(a) $e^{z+2\pi i}=e^z$, *die Funktion* e^z *ist periodisch mit der Periode* $2\pi i$.

Auch für die hyperbolischen Funktionen $\sinh z$, $\cosh z$, ... übernehmen wir die reellen Definitionen von 7.18 im Komplexen. An den Potenzreihen liest man die Beziehungen

(b) $$\cos z=\cosh iz, \quad \sin z=\frac{1}{i}\sinh iz$$

ab. Aus den für $z=x+iy$ gültigen Gleichungen

(c) $$e^z=e^x(\cos y+i\sin y), \qquad |e^z|=e^x>0,$$
$$\cos z=\cos x\cosh y-i\sin x\ \sinh y,$$
$$\sin z=\sin x\ \cosh y+i\cos x\sinh y$$

läßt sich die Zerlegung in Real- und Imaginärteil ablesen. Aus der Stetigkeit der Potenzreihen folgt wie in $\mathbb{R}$

(d) $$\lim_{z\to 0}\frac{e^z-1}{z}=\lim_{z\to 0}\frac{\sin z}{z}=1.$$

Die Funktionen $\tan z$, $\cot z$, $\tanh z$, $\coth z$ werden in der üblichen Weise als Quotienten der Sinus- und Cosinusfunktionen erklärt. In 7.20 wurden Potenzreihenentwicklungen für diese Funktionen angegeben, aber nur für die hyperbolischen Funktionen bewiesen. Sie gelten natürlich auch im Komplexen. Die Reihen für $\tan z$ und $\cot z$ lassen sich jetzt aufgrund der Formeln

(e) $$\tan z=-i\tanh iz, \qquad \cot z=i\coth iz$$

auf jene bekannten Reihen zurückführen.

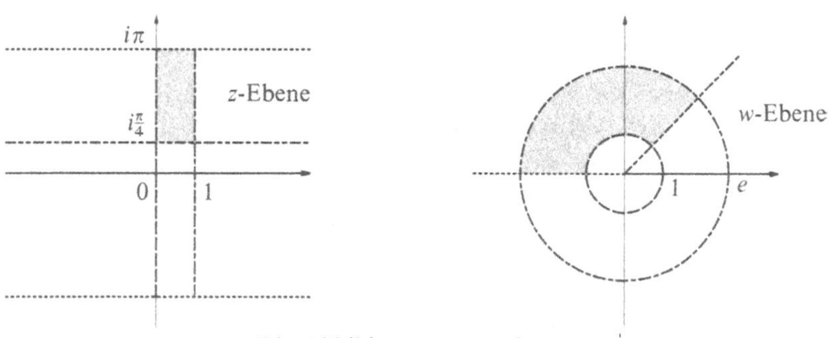

Die Abbildung $z\mapsto w=e^z$

Die *graphische Darstellung einer komplexen Funktion* $w=f(z)$ würde einen vierdimensionalen (x,y,u,v)-Raum $(z=x+iy,\ w=u+iv)$ erfordern. Man behilft sich daher mit Darstellungen zugehöriger reellwertiger Funktionen, etwa $|f(z)|$ („Betragsfläche von f"), $\arg f$, $\operatorname{Re} f$ u.ä., oder man veranschaulicht die Funktion als Abbildung der z-Ebene auf die w-Ebene anhand der Bilder geeignet gewählter Punkte und Kurvenscharen der z-Ebene. Bei $w=e^z$ z.B. gehen über (i) die Geraden $y=\text{const.}$ in Halbgeraden, die mit der positiven x-Achse den Winkel y einschließen, (ii) die Strecken $x=\text{const.}$, $-\pi<y\le\pi$, in Kreise um $w=0$ mit dem Radius e^x. Das Bild des Streifens $-\pi<y\le\pi$ ist bereits die gesamte w-Ebene, ausgenommen $w=0$. Wegen der $2\pi i$-Periode der e-Funktion wiederholen sich die Verhältnisse in jedem horizontalen Streifen der Breite 2π.

Drei der ältesten und wichtigsten nicht-rationalen Funktionen, $\sin z$, $\cos z$ und e^z, werden durch die Eulerschen Gleichungen miteinander in Verbindung gebracht. Die Exponentialfunktion erscheint so als Stammvater einer großen Familie. Zu seinen Abkömmlingen zählen die trigonometrischen Funktionen, die Arcusfunktionen, der Logarithmus, die hyperbolischen Funktionen und die Areafunktionen. Das charakteristische Merkmal der Exponentialfunktion, die Funktionalgleichung, vererbt sich und erfährt dabei Mutationen.

8.12 Die Partialbruchzerlegung des Cotangens. Newton hat mit Potenzreihen gerechnet, als wären es Polynome. Euler ging einen kühnen Schritt weiter und dehnte die Produktdarstellung und Partialbruchzerlegung auf transzendente Funktionen aus. Wir wollen dieses Vorgehen am Beispiel des Cotangens zunächst heuristisch beschreiben und die erhaltene Formel dann interpretieren und streng beweisen. Die Historie ist in Walter [1982] beschrieben.

Die Form der Partialbruchzerlegung von $\cot z = \cos z/\sin z$ wird durch die Nullstellen des Nenners bestimmt. Man sieht aus 8.11 (c), daß der Sinus nur die reellen Nullstellen $k\pi$ (k ganz) hat. Aus $(\sin z)/z \to 1$ für $z \to 0$ und $\sin z = \pm\sin(z-k\pi)$ folgt, daß alle Nullstellen einfach sind. Die Partialbruchzerlegung hat dann nach 8.5 die Gestalt

(1) $$\cot z = \frac{\cos z}{\sin z} = \sum_{k=-\infty}^{\infty} \frac{a_k}{z-k\pi}.$$

Wir bestimmen a_p nach der Methode (c) von 8.5. Multipliziert man die Gleichung mit $z-p\pi$ und läßt $z \to p\pi$ streben, so ergibt sich rechts a_p und links 1, da $(z-p\pi)\cot z = (z-p\pi)\cot(z-p\pi)$ ist und $\zeta\cot\zeta \to 1$ strebt für $\zeta \to 0$. Wir erhalten also formal die Entwicklung (1) mit $a_k = 1$ oder, indem wir z durch πz ersetzen

(2) $$\pi\cot\pi z = \sum_{k=-\infty}^{\infty} \frac{1}{z-k}.$$

Kann man dieser Gleichung einen Sinn zulegen? Die über die positiven oder negativen Indizes erstreckte unendliche Reihe ist divergent (für $z=0$ ist es die harmonische Reihe). Man erhält jedoch, wie wir sogleich sehen werden, einen konvergenten Ausdruck, wenn man die den Indizes $+k$ und $-k$ entsprechenden Glieder zusammenfaßt:

(3) $$\pi\cot\pi z = \frac{1}{z} + \sum_{k=1}^{\infty} \frac{2z}{z^2-k^2}.$$

Das ist die gesuchte *Partialbruchzerlegung des Cotangens.*

Zu ihrem Beweis schlagen wir die folgende Marschroute ein. Die linke Seite $f(z) = \pi\cot\pi z$ ist (i) stetig in $\mathbb{C}\setminus\mathbb{Z}$, (ii) periodisch mit der Periode 1, sie genügt (iii) der Funktionalgleichung

(4) $$f(z) = \frac{1}{2}\left\{f\left(\frac{z}{2}\right) + f\left(\frac{z+1}{2}\right)\right\} \quad \text{für } z \notin \mathbb{Z}$$

und (iv) der Beziehung $f(z) - \frac{1}{z} \to 0$ für $z \to 0$. Dabei folgt (iii) aus der Doppelwinkelformel

$$2\cot 2a = \cot a - \tan a = \cot a + \cot\left(a + \frac{\pi}{2}\right)$$

und (iv) z.B. aus der Reihenentwicklung 7.20 (b).

Wir werden zuerst zeigen, daß die rechte Seite, sie sei mit $F(z)$ bezeichnet, dieselben vier Eigenschaften hat. In einem letzten Beweisschritt ergibt sich dann $f=F$.

Zunächst ist für $|z|\le R$ und $k\ge 2R$ ($R>0$ beliebig, aber fest)

$$\left|\frac{2z}{k^2-z^2}\right|\le\frac{2|z|}{k^2-\dfrac{k^2}{4}}\le\frac{3|z|}{k^2}\le\frac{3R}{k^2}.$$

Daraus folgt erstens die gleichmäßige Konvergenz der Reihe in (3) für $|z|\le R$ und zweitens, wenn man etwa $R=1/2$ wählt,

$$\left|F(z)-\frac{1}{z}\right|\le 3|z|\sum_{1}^{\infty}\frac{1}{k^2}=C|z|.$$

Damit sind (i) und (iv) schon bewiesen. Nun ist offenbar, wenn mit $S_n(z)$ die n-te Teilsumme $\frac{1}{z}+\sum_{k=1}^{n}2z/(z^2-k^2)$ bezeichnet wird,

$$S_n(z+1)=S_n(z)+\frac{1}{z+1+n}-\frac{1}{z-n}.$$

Für $n\to\infty$ folgt $F(z+1)=F(z)$, also (ii). Ähnlich führt die Gleichung

$$\frac{1}{\dfrac{z}{2}+k}+\frac{1}{\dfrac{z+1}{2}+k}=\frac{2}{z+2k}+\frac{2}{z+2k+1}$$

auf

$$S_n\left(\frac{z}{2}\right)+S_n\left(\frac{z+1}{2}\right)=2S_{2n}(z)+\frac{2}{z+2n+1},$$

woraus für $n\to\infty$ die Funktionalgleichung (iii) $F\left(\frac{z}{2}\right)+F\left(\frac{z+1}{2}\right)=2F(z)$ folgt.

Überblicken wir das bisher Geleistete. Sowohl die Funktion f als auch die Funktion F hat die Eigenschaften (i) bis (iv). Davon übertragen sich (i) bis (iii) auf die Differenz $\phi(z):=F(z)-f(z)$, während aus (iv) folgt $\phi(z)\to 0$ für $z\to 0$. Setzen wir $\phi(k)=0$ für ganzzahliges k, so wird ϕ zu einer in ganz $\mathbb{C}$ stetigen Lösung der Funktionalgleichung (iii). Es bleibt zu zeigen, daß $\phi\equiv 0$ ist.

Lemma. *Jede in ($\mathbb{R}$ oder) $\mathbb{C}$ stetige Lösung der Funktionalgleichung* (4) *ist eine konstante Funktion.*

Beweis. Es sei f eine stetige Lösung von (4). Dann gilt dasselbe für $g(z):=f(z)-f(0)$. Wenn g nicht identisch verschwindet, dann gibt es einen abgeschlossenen Kreis K: $|z|\le R$ mit $R>1$, in welchem $|g|$ ein positives Maximum M annimmt[1]), etwa an der Stelle $\zeta\in K$:

[1]) Dies wurde in 6.8 nur für ein reelles kompaktes Intervall bewiesen, doch überträgt sich der Beweis auf eine Kreisscheibe $|z|\le R$. Später wird die Partialbruchzerlegung (3) nur im Reellen benötigt.

$$|g(\zeta)| = \max_K |g(z)| = M > 0.$$

Da die Punkte $\zeta/2$ und $(\zeta+1)/2$ ebenfalls aus K sind, ist $|g(\zeta/2)| \le M$ und $|g((\zeta+1)/2)| \le M$. Es muß aber $|g(\zeta/2)| = M$ sein, denn sonst würde aus der Funktionalgleichung

$$M = |g(\zeta)| \le \frac{1}{2}\left\{\left|g\left(\frac{\zeta}{2}\right)\right| + \left|g\left(\frac{\zeta+1}{2}\right)\right|\right\} < \frac{1}{2}(M+M) = M,$$

also ein Widerspruch folgen. Derselbe Schluß, angewandt auf die Stelle $\zeta/2$, ergibt $|g(\zeta/4)| = M$ und, wenn man entsprechend fortfährt, $|g(\zeta/8)| = |g(\zeta/16)| = \ldots = M$ im Widerspruch zu $g(z) \to 0$ für $z \to 0$. Es ist also $g(z) = 0$ oder $f(z) = f(0)$ für alle z. □

Damit ist die Entwicklung (3) vollständig bewiesen. Sie ist der Ausgangspunkt für zahlreiche weitere Entwicklungen und Identitäten. Insbesondere läßt sich daraus das in der Einleitung zu diesem Paragraphen genannte Sinusprodukt gewinnen. Doch müssen wir dieses Thema verschieben, bis die Differentialrechnung zur Verfügung steht. Eine andere Anwendung betrifft

8.13 Die Riemannsche Zetafunktion. EULER hat 1736 als erster die Reihensummen

$$\sum_{n=1}^{\infty} \frac{1}{n^2} = \frac{\pi^2}{6}, \quad \sum_{n=1}^{\infty} \frac{1}{n^4} = \frac{\pi^4}{90}, \ldots$$

bestimmt; vgl. die Bemerkungen in 5.4. Er war auch der erste, der das Problem verallgemeinert und die heute so genannte Riemannsche Zetafunktion

$$\zeta(s) := \sum_{n=1}^{\infty} \frac{1}{n^s}$$

sowie verwandte Funktionen wie $\sum(-1)^n n^{-s}$, $\sum(2n+1)^{-s}$ für beliebige Werte des Exponenten s untersucht und ihre wesentlichen Eigenschaften entdeckt hat (vgl. R. AYOUB, *Euler and the Zeta function*, Amer. Math. Monthly 81 (1974) 1067–1085). Die Beiträge Riemanns, nicht zu vergessen die berühmte, bis heute ungelöste Riemannsche Vermutung, daß alle nichttrivialen Nullstellen der Zetafunktion den Realteil $\frac{1}{2}$ haben, liegen außerhalb unseres Themenkreises.

Wir beschränken uns im folgenden auf reelle Werte von s. Aus 5.10 ist bekannt, daß die Zeta-Reihe für reelle $s > 1$ konvergiert und für $s = 1$ divergiert (harmonische Reihe). Die Reihe ist, wenn $\alpha > 1$ fest vorgegeben wird, im Intervall $[\alpha, \infty)$ gleichmäßig konvergent, da $|n^{-s}| \le n^{-\alpha}$ und $\sum n^{-\alpha} < \infty$ ist. Die Funktion $\zeta(s)$ ist also für $s > 1$ stetig.

Die eingangs erwähnten Werte $\zeta(2n)$ für $n = 1, 2, \ldots$ erhält man auf einfachste Weise aus der Partialbruchzerlegung des Cotangens. Einerseits ist nach 7.20 (b)

$$\pi \cot \pi x - \frac{1}{x} = \sum_{n=1}^{\infty} (-1)^n \frac{B_{2n}}{(2n)!} (2\pi)^{2n} x^{2n-1},$$

andererseits folgt aus Formel (3) von 8.12 durch Entwicklung der Partialbrüche in eine geometrische Reihe

$$\pi \cot \pi x - \frac{1}{x} = -\sum_{k=1}^{\infty} \frac{2x}{k^2\left(1-\frac{x^2}{k^2}\right)} = -2x \sum_{k=1}^{\infty} \sum_{n=0}^{\infty} \frac{1}{k^2}\left(\frac{x^2}{k^2}\right)^n$$

$$= -2x \sum_{n=0}^{\infty} x^{2n} \sum_{k=1}^{\infty} \frac{1}{k^{2n+2}}$$

$$= -2 \sum_{n=0}^{\infty} \zeta(2n+2) x^{2n+1}.$$

Die Umordnung der Reihe ist erlaubt, da die Doppelreihe für $|x|<1$ absolut konvergent ist. Durch Koeffizientenvergleich ergibt sich die gesuchte Formel

(a) $$\zeta(2n) \equiv \sum_{k=1}^{\infty} \frac{1}{k^{2n}} = \frac{(-1)^{n+1} B_{2n} (2\pi)^{2n}}{2(2n)!} \quad \text{für } n=1,2,3,\ldots$$

Wir ziehen zwei wichtige Folgerungen aus (a):

(b) Die (rationalen) Bernoullischen Zahlen B_2, B_4, B_6, ... haben alternierendes Vorzeichen.

(c) Der Konvergenzradius der Potenzreihe $z/(e^z-1) = \sum_{n=0}^{\infty} \frac{B_n}{n!} z^n$ beträgt 2π.

Letzteres folgt aus der Cauchy-Hadamardschen Formel 7.6 für den Konvergenzradius. Nach (a) gilt nämlich

$$\left(\frac{|B_{2n}|}{(2n)!}\right)^{1/2n} = \frac{1}{2\pi} (2\zeta(2n))^{1/2n} \to \frac{1}{2\pi} \quad \text{für } n \to \infty$$

wegen $1 < \zeta(2n) \leq \zeta(2)$. Aus (c) folgt

(d) Die in 7.20 aufgestellten Potenzreihen für den Tangens bzw. Cotangens haben den Konvergenzradius $\pi/2$ bzw. π.

Aufgaben

1. Man leite aus der komplexen Partialbruchzerlegung in 8.5 die entsprechende reelle Zerlegung ab.

Anleitung: Ist ξ eine reelle und ζ eine echt komplexe Nullstelle von P, so zeige man unter Benutzung der Identität $\overline{R(\bar{z})} = R(z)$ und der Eindeutigkeit der Zerlegung, daß in den typischen Gliedern $\frac{a}{(z-\xi)^p}$, $\frac{b}{(z-\zeta)^q}$, $\frac{c}{(z-\bar{\zeta})^q}$ a reell und $\bar{b}=c$ ist. Die Addition der beiden letzten Terme ergibt S/Q^q, wobei $Q = z^2 + \alpha z + \beta = (z-\zeta)(z-\bar{\zeta})$ und S ein reelles Polynom ist. Ausführung der Division ergibt Summanden der Form $(b_j z + c_j)/Q^j$, wie sie in der reellen Zerlegung auftreten.

2. Die Partialbruchzerlegungen

$$\frac{\pi}{2} \tan \frac{\pi z}{2} = \sum_{k=0}^{\infty} \frac{2z}{(2k+1)^2 - z^2} = -\sum_{k=0}^{\infty} \left(\frac{1}{z+(2k+1)} + \frac{1}{z-(2k+1)}\right),$$

$$\frac{\pi}{\sin \pi z} = \frac{1}{z} + \sum_{k=1}^{\infty} \frac{(-1)^k 2z}{z^2 - k^2},$$

$$\frac{\pi}{\cos \pi z} = \sum_{k=1}^{\infty} \frac{(-1)^k (2k-1)}{z^2 - \left(\frac{2k-1}{2}\right)^2}$$

lassen sich aus der entsprechenden Zerlegung des Cotangens mit Hilfe der Formeln

$$\tan z = \cot z - 2\cot 2z, \qquad \frac{1}{\sin 2z} = \tan z + \cot 2z$$

ableiten (die dritte Formel folgt aus der zweiten z.B. mit $z+\frac{1}{2}$ statt z).

3. Man betrachte die (zuerst von Euler untersuchten) Funktionen

$$\theta(s) := \sum_{n=1}^{\infty} \frac{1}{(2n-1)^s}, \qquad \phi(s) := \sum_{n=1}^{\infty} \frac{(-1)^{n+1}}{n^s}$$

für reelle Argumente s und zeige, daß ϕ für $s>0$ und θ für $s>1$ stetig ist. Man beweise die Relationen

$$\theta(s) = (1-2^{-s})\zeta(s), \qquad \phi(s) = (1-2^{1-s})\zeta(s),$$

$$\theta(2n) = |B_{2n}|\pi^{2n}\frac{4^n-1}{2(2n)!}, \qquad \phi(2n) = \frac{2^{2n-1}-1}{(2n)!}|B_{2n}|\pi^{2n},$$

insbesondere

$$1+\frac{1}{3^2}+\frac{1}{5^2}+\frac{1}{7^2}+\ldots = \frac{\pi^2}{8}, \qquad 1-\frac{1}{2^2}+\frac{1}{3^2}-\frac{1}{4^2}+-\ldots = \frac{\pi^2}{12},$$

$$1+\frac{1}{3^4}+\frac{1}{5^4}+\frac{1}{7^4}+\ldots = \frac{\pi^4}{96}, \qquad 1-\frac{1}{2^4}+\frac{1}{3^4}-\frac{1}{4^4}+-\ldots = \frac{7\pi^4}{720}.$$

4. Man beweise die Ungleichungen

$$1+2^{-s}+3^{-s} < \zeta(s) < 1+\frac{2^{-s}+3^{-s}}{1-2^{1-s}} \qquad \text{für reelle } s>1,$$

aus welcher insbesondere $\lim_{s\to\infty}\zeta(s)=1$ folgt.

Hinweis: Man benutze ϕ von Aufgabe 3.

5. Man beweise die folgende Verallgemeinerung des Abelschen Grenzwertsatzes 7.12. Die Potenzreihe $f(z)=\sum a_n z^n$ mit dem Konvergenzradius r $(0<r<\infty)$ sei im Punkte ζ mit $|\zeta|=r$ konvergent. Dann konvergiert sie gleichmäßig in jedem Dreieck mit den Ecken α, β, ζ, wobei $\alpha, \beta \in B_r(0)$ ist.

Hinweis: Man reduziere das Problem zunächst auf den Fall, daß $r=1$ und $\zeta=1$ ist. Man zeige, daß die Funktion $|1-z|/(1-|z|)$ in dem entsprechenden Dreieck mit den Ecken α', β', 1 $(|\alpha'|, |\beta'|<1)$ beschränkt ist und benutze den Beweis von 7.12.

6. Es seien $a, z\in\mathbb{C}$ mit $|a|<1$. Man zeige:

$$\left|\frac{z-a}{1-\bar{a}z}\right| < 1 \iff |z|<1.$$

7. Für die drei komplexen Zahlen z_1, z_2, z_3 gelte

$$z_1+z_2+z_3=0 \quad \text{sowie} \quad |z_1|=|z_2|=|z_3|=1.$$

Man zeige, daß die Punkte z_1, z_2, z_3 in der Gaußschen Zahlenebene die Ecken eines gleichseitigen Dreiecks bilden.

8. Man charakterisiere geometrisch (Skizze) diejenigen $z\in\mathbb{C}$, für die gilt:

(a) $0<\operatorname{Re}(iz)<1$; (b) $|z-2|+|z+2|=5$;

(c) $|z|=\operatorname{Re} z+1$; (d) $\operatorname{Im}\dfrac{z-i}{z-1}=0$;

(e) $\left|\dfrac{z}{z+1}\right|=2$; (f) $\left|\dfrac{z-i}{z-1}\right|=1$.

9. Gegeben sei eine Folge (a_n) komplexer Zahlen mit $|\arg(a_n)| \leq \alpha < \frac{\pi}{2}$. Man zeige: Ist $\sum \operatorname{Re}(a_n)$ konvergent, so ist $\sum a_n$ absolut konvergent.

10. Es seien $z = -1 + i$ und $\zeta = -\frac{1}{2} - \frac{i}{2}\sqrt{3}$. Man berechne

$$z+\zeta, \quad z\zeta, \quad z^{-1}, \quad \zeta^{-1}, \quad \frac{z}{\zeta} \text{ und } \frac{\zeta}{z},$$

stelle die Ergebnisse in der Form $x+iy$ und $re^{i\phi}$ dar und skizziere ihre Lage in der komplexen Ebene.

11. Man bestimme alle Lösungen der folgenden Gleichungen:

(a) $z^5 = 16(1-\sqrt{3}i)$; (b) $iz^2 + (1-i)z - 3 = 0$;

(c) $z^4 + (1+i)z^2 + i = 0$; (d) $(1+z)^5 = (1-z)^5$.

12. Man beweise, daß für $x, y \in \mathbb{R}$, $y \neq 2k\pi$, $k \in \mathbb{Z}$ und $n \geq 1$

$$\sum_{m=0}^{n-1} \sin(x+my) = \frac{\sin\frac{n}{2}y \cdot \sin\left(x + \frac{n-1}{2}y\right)}{\sin\frac{y}{2}}$$

und

$$\sum_{m=0}^{n-1} \cos(x+my) = \frac{\sin\frac{n}{2}y \cdot \cos\left(x + \frac{n-1}{2}y\right)}{\sin\frac{y}{2}}$$

gilt.

Anleitung: Man betrachte $\sum_{m=0}^{n-1} e^{i(x+my)}$.

13. [Euler, *Introductio*, §216]. Man gebe die Partialbruchzerlegung der Funktion

$$\frac{1}{1-z-z^2+z^3}$$

und die Potenzreihenentwicklung dieser Funktion um den Nullpunkt an.

C. Differential- und Integralrechnung

§ 9. Das Riemannsche Integral

Länge, Fläche und Volumen, die klassischen Aufgaben der Integrationstheorie, gehören zu den ältesten und fruchtbarsten mathematischen Themen. Sie waren für die Babylonier der Anlaß, sich mit quadratischen Gleichungen zu beschäftigen und Quadratwurzeln zu berechnen. Beim Längenvergleich entdeckten die Griechen irrationale (inkommensurable) Größen. Fragen der Rektifikation, Quadratur und Kubatur (Längen-, Flächen- und Volumenbestimmung) führten mit Notwendigkeit zu infinitesimalen Betrachtungen. Daraus entwickelten die Griechen den Limesbegriff im geometrischen Gewand, wie ihn Eudoxos in aller Strenge formuliert hat. Schließlich hat im 17. Jahrhundert vor allem anderen das Quadraturproblem die Entwicklung der Differential- und Integralrechnung angeregt.

Zunächst haben wir es mit Flächenberechnungen in der Ebene zu tun. Die Fläche des Rechtecks ist das Produkt der Seitenlängen. Das war für die Antike selbstverständlich und keines Beweises bedürftig. Noch mehr, der Ausdruck Fläche wurde vielfach synonym für Produkt benutzt, und die Doppelbedeutung des Wortes Quadrat hat sich bis in die neuen Sprachen erhalten. Ausgehend vom Rechteck ist es nicht schwierig, die Formel für die Dreiecksfläche $\frac{1}{2} \times$ Grundseite $\times$ Höhe zu finden. Damit gehören auch Polygone (Vielecke), die man in Dreiecke zerlegen kann, zu jenen Figuren, deren Fläche auf elementare Weise berechnet werden kann. Dieser Sachverhalt war schon in früher babylonischer und ägyptischer Zeit bekannt. Die solcherart einem Polygon P zugeordnete positive Größe $|P|$, Fläche oder Flächeninhalt genannt, hat die folgenden drei Eigenschaften:

(E) *Eindeutigkeit:* Die Fläche ist unabhängig von der bei ihrer Bestimmung gewählten Zerlegung in Dreiecke bzw. Rechtecke.

(M) *Monotonie:* Ist P in Q enthalten, so gilt $|P| \leq |Q|$.

(A) *Additivität:* Wenn sich P und Q nicht überdecken, also höchstens Randpunkte gemeinsam haben, dann gilt $|P \cup Q| = |P| + |Q|$.

Die vorhandenen Quellen lassen den Schluß zu, daß diese drei Eigenschaften in der Antike (auch in der griechischen Mathematik) als wahr und unmittelbar einsichtig angenommen wurden. Weder gibt es ernsthafte Zweifel noch ernsthafte Beweisversuche. Die Hauptschwierigkeit liegt übrigens bei der Eindeutigkeit. Hat man sie erst einmal bewiesen, so sind (M) und (A) einfach zu gewinnen. Eine mathematisch befriedigende Klärung dieser Fragen wurde erst im 19. Jahrhundert im Zusammenhang mit den Inhaltstheorien von PEANO und JORDAN erreicht.

Für die Griechen war es evident, daß auch einer krummlinig begrenzten Figur F eine Fläche $|F|$ zukommt. Um diese zu bestimmen, taten sie das nächstliegende: sie approximierten das Unbekannte durch Bekanntes. Dabei entwickelten sie mathematisch saubere Schlußweisen, die zum Vorbild moderner Grenzwert- und Inhaltstheorien wurden. Man kann diese Methoden in zwei Grundtypen einteilen. Bei den in §4 beschriebenen Exhaustionsbeweisen wird die betrachtete Figur „von innen", also durch einbeschriebene Polygone angenähert. Beim zweiten, erst später von Archimedes entwickelten Beweistyp wird die zu messende Figur „von innen und außen" approximiert. Diese Methode, welche die Figur zwischen zwei Polygone einzwängt, wird in neuerer Zeit als (archimedisches) *Kompressionsverfahren* bezeichnet. Das zweite Verfahren ist von ungleich größerer Bedeutung. In der gleichzeitigen Approximation von innen und außen, arithmetisch gesprochen von oben und unten, haben wir das Urbild unserer heutigen Integrations- und Inhaltstheorien zu sehen (das betrifft auch die Lebesguesche Theorie; vgl. Band 2).

Zu den größten Leistungen der griechischen Mathematik gehören die Flächen- und Volumenbestimmungen von ARCHIMEDES. Er wurde 287 v.Chr. in Syrakus, einer griechischen Siedlung auf Sizilien, als Sohn eines Astronomen geboren. Zum Studium weilte er in Alexandria. Seine Werke sind teilweise verloren, andere nur in Fragmenten erhalten. Archimedes war der bedeutendste Mathematiker und Physiker des Altertums, und schon zu Lebzeiten genoß er legendären Ruhm. Seine Entdeckungen über geometrische Größen sind enthalten in den Werken *Über Kugel und Zylinder*, *Über Kreismessung*, *Über Konoide und Sphäroide*, *Über Spiralen*, *Über die Quadratur der Parabel*. Seine mechanischen Werke enthalten grundlegende Gesetze der Statik und Hydrostatik (Hebelgesetz, Schwerpunkt, Gleichgewicht, Auftriebsgesetz = Archimedisches Prinzip). Zu seinen zahlreichen praktischen Erfindungen (Schraube, Wasserheber, Flaschenzug) gehören nicht zuletzt die Kriegsmaschinen, welche die römischen Belagerer von Syrakus im 2. Punischen Krieg in Angst und Schrecken versetzt haben. Archimedes wurde 212 bei der Eroberung von Syrakus von einem römischen Soldaten erschlagen. Ob die ihm zugeschriebene Geringschätzung seiner praktischen Erfindungen gegenüber seinen theoretischen Einsichten auf Wahrheit beruht, wird heute mit guten Gründen angezweifelt. Die wesentliche Quelle dafür ist Plutarchs Lobeshymne (Marcellus, Kap. XVII):

> Obschon diese Erfindungen ihm den Ruhm überirdischer Weisheit eingebracht hatten, wollte er doch keine Schriften über diese Gegenstände hinterlassen; er fand das Konstruieren von Instrumenten und im allgemeinen jede Tätigkeit, die wegen praktischem Nutzen ausgeübt wird, niedrig und unedel, und er richtete sein Streben nur auf Dinge, die in ihrer Schönheit und Vortrefflichkeit außerhalb von jeglichem Kontakt mit der Nützlichkeit bleiben. [Van der Waerden, S. 348.]

Als Beispiel für die Kompressionsmethode betrachten wir die berühmte *Archimedische Spirale*, die in Polarkoordinaten durch

$$r = c\phi \quad (c > 0)$$

gegeben ist. Um die von dieser Kurve und dem Strahl $\phi=\alpha$ begrenzte Figur F zu quadrieren, teilt Archimedes den Winkel α in n gleiche Teile der Größe $\delta=\alpha/n$. Ein Kreissektor mit dem Öffnungswinkel δ und dem Radius r hat die Fläche $\frac{1}{2}\delta r^2$. Setzt man $\phi_k=k\delta$ $(k=0,\ldots,n)$ und bezeichnet man den von den Strahlen ϕ_{k-1}, ϕ_k und der Spirale begrenzten Sektor mit F_k, den entsprechenden in F_k gelegenen Kreissektor mit dem Radius $c\phi_{k-1}$ mit Q_k, den F_k enthaltenen Sektor mit dem Radius $c\phi_k$ mit R_k, so ist

$$|R_k|=\frac{1}{2}\delta c^2\phi_k^2=\frac{c^2\alpha^3}{2n^3}k^2=|Q_{k+1}|$$

Für die Vereinigung V_n aller Q_k und die Vereinigung W_n aller R_k gilt $V_n\subset F\subset W_n$ und

$$|V_n|=\frac{c^2\alpha^3}{2n^3}(1^2+2^2+\ldots+(n-1)^2),$$

$$|W_n|=\frac{c^2\alpha^3}{2n^3}(1^2+2^2+\ldots+n^2).$$

Mit Hilfe der Ungleichung $3S_{n-1}^2<n^3<3S_n^2$, $S_n^2:=1^2+2^2+\ldots+n^2$, wird dann durch umständliche doppelte *reductio ad absurdum* die Fläche von F bestimmt, was auf die Beziehung

$$|F|=\lim|V_n|=\lim|W_n|=\frac{c^2\alpha^3}{6}$$

hinausläuft (vgl. die Aufgaben 2.7 und 4.8). Für $\alpha=2\pi$ folgt das schöne, vielfach bewunderte Ergebnis

$$|F|=\tfrac{4}{3}c^2\pi^3=\tfrac{1}{3}\pi(2c\pi)^2,$$

d.h. der Kreis vom Radius $2c\pi$ wird durch die Archimedische Spirale und den Strahl $\phi=0$ im Verhältnis 1:2 geteilt.

Das Beispiel ist auch deshalb interessant, weil es – wenn man von den Polarkoordinaten einmal absieht – die Definition des Integrals durch Ober- und Untersummen vorwegnimmt.

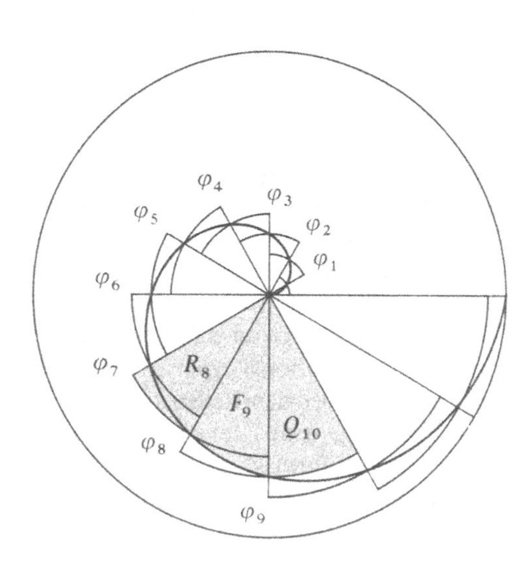

Quadratur der Archimedischen Spirale ($\alpha=2\pi$, $n=12$)

Die Beiträge Archimedes' zur Integralrechnung standen auf einsamer Höhe, und in den folgenden 1800 Jahren kam nur wenig Neues hinzu. Ab etwa 1600 trug die durch die Renaissance eingeleitete Neubelebung der Wissenschaft auch in der Analysis erste Früchte. Es entsprach dem schöpferischen Geist der Renaissance, das Augenmerk mehr auf neue Entdeckungen und Einsichten und weniger auf deren präzise Begründung zu lenken. Wenn ein Sachverhalt heuristisch begründbar und für den Experten einsichtig war, so gab man sich damit zufrieden und fügte vielleicht beruhigend hinzu, daß ein exakter Beweis nach Art der griechischen Geometer gefunden werden könne. Im Vordergrund standen die Ergebnisse und die Methoden, welche die verborgenen Zusammenhänge ans Licht zu bringen imstande waren. HUYGENS schreibt darüber 1657:

> Um das Vertrauen der Experten zu gewinnen, ist es nicht von großem Interesse, ob wir einen absoluten Beweis geben oder eine solche Begründung, daß sie an der Möglichkeit eines vollkommenen Beweises keinen Zweifel haben. Ich will zugeben, daß die Form der Darstellung klar, elegant und geistreich sein soll, wie in allen Werken von Archimedes. Aber das erste und wichtigste ist die Art und Weise der Entdeckung selbst, an deren Kenntnis die Gelehrten sich erfreuen. Es ergibt sich also, daß wir vor allem jener Methode folgen müssen, durch welche dies am einprägsamsten und deutlichsten verstanden und dargestellt werden kann. Wir ersparen uns dann die Arbeit des Schreibens und anderen jene des Lesens – jenen anderen, die keine Zeit haben, die enorme Fülle geometrischer Entdeckungen, welche sich von Tag zu Tag mehren und in diesem gelehrten Jahrhundert über alle Grenzen zu wachsen scheinen, in sich aufzunehmen, wenn sie die weitschweifigen und vollkommenen Methoden der Alten benutzen müssen. [Übersetzung aus Edwards, S. 98–99.]

Hier beginnt also jene Abkehr von dem logischen Rigorismus der Griechen und jener unbekümmerte Umgang mit dem Unendlichkleinen und Unendlichgroßen, welcher die Mathematik bis ins 19. Jahrhundert beherrscht und ihre gewaltigen Erfolge überhaupt erst ermöglicht hat. Eine Begleiterscheinung dieser neuen Auffassung ist die subjektive Beurteilung des mathematischen Beweises. Ein allgemeiner consensus ging verloren, und jeder Mathematiker entwickelte seine eigenen Vorstellungen von mathematischer Strenge. Neue Resultate galten dann als besonders sicher und vertrauenswürdig, wenn sie von verschiedenen Mathematikern mit verschiedenen Methoden gefunden oder begründet wurden. Das erste gewichtige Zeugnis dieser neuen, infinitesimalen Mathematik ist KEPLERs 1615 veröffentlichte *Nova stereometria doliorum vinariorum* (Neue Volumenmessung der Weinfässer, auch kurz *Faßmessung* genannt), in welcher zahlreiche Volumina, meist von Rotationskörpern, bestimmt werden. Seine Methode besteht darin, den Körper in infinitesimale (unendlich kleine) Stücke zu zerlegen, deren Größe leicht angebbar ist. Solche Betrachtungen sind an sich nicht neu. Auch die Griechen zerlegen den Kreis in schmale Dreiecke mit der Grundseite auf der Peripherie und der Spitze im Mittelpunkt oder einen Rotationskörper in dünne Kreisscheiben. Während aber das Mißtrauen gegenüber den Fallstricken des Unendlichen die Griechen davon abhielt, den Übergang vom Kleinen zum Unendlichkleinen zu vollziehen und solchen Überlegungen Beweiskraft zuzuschreiben, war Kepler nicht von derartigen Skrupeln geplagt. So findet er ohne Mühe aus der Tatsache, daß der Kegel ein Drittel mal Grundfläche mal Höhe mißt, indem er die Kugel in infinitesimale

Kegel mit der Spitze im Mittelpunkt zerlegt, daß das Kugelvolumen durch ein Drittel mal Radius mal Oberfläche gegeben ist. Keplers *Faßmessung* eröffnet das Zeitalter der infinitesimalen Mathematik, mit ihr findet das Unendlich-Kleine Eingang in die Geometrie. Alle späteren Autoren des 17. Jahrhunderts sind ihm in verschiedenem Grade verpflichtet.

In mehr systematischer Weise wurden infinitesimale Methoden entwickelt von BONAVENTURA CAVALIERI. Er wurde in Mailand um 1598 geboren, war Schüler Galileis und erhielt 1629 den ersten mathematischen Lehrstuhl an der Universität Bologna, den er bis zu seinem Tod 1647 innehatte. Die Methode der Indivisiblen, wie sie von Cavalieri vor allem in seinen beiden Büchern *Geometria indivisibilibus* von 1635 und *Exercitationes geometricae sex* von 1647 (Geometrie der Indivisiblen, Sechs geometrische Aufgaben) entwickelt wurde, hatte großen Einfluß auf die folgenden Entwicklungen. Cavalieri denkt sich ein geometrisches Gebilde aus unendlich vielen *Indivisiblen* niedrigerer Dimension zusammengesetzt, eine ebene Fläche aus parallelen Strecken oder Fäden in (offenbar unendlich kleinem) gleichem Abstand, einen Körper aus parallelen ebenen Flächenstücken in gleichem Abstand, ähnlich wie die einzelnen Seiten das Volumen eines Buches ausfüllen. Solche Vorstellungen, man könnte sie noch durch die Linie, welche aus Punkten zusammengesetzt ist, ergänzen, sind wohl so alt wie die Wissenschaft. Sie finden sich bei Demokrit und Archimedes, bei den Naturphilosophen des Mittelalters, bei Kepler und anderswo. Cavalieri blieb nicht an philosophischen Spekulationen über das Wesen und die Natur der Indivisiblen und den damit verbundenen Paradoxien hängen. Strenge ist, wie er meint, Sache der Philosophie und nicht der Geometrie. Seine Leistung liegt vielmehr darin, daß er in systematischer Weise Regeln über den Umgang mit Indivisiblen schuf. Seine Methode der Indivisiblen ist nicht nur zum Auffinden neuer Ergebnisse brauchbar, er sah in ihr auch eine Beweismethode. Der letztere Punkt war schon zu seiner Zeit kontrovers. GULDIN (bekannt durch die Guldinschen Regeln; vgl. 11.11) und andere widersprachen ihm, PASCAL dagegen schreibt zustimmend in seinen *Lettres de Dettonville* (1658): „Alles, was durch die wahren Regeln der Indivisiblen bewiesen wird, wird ebenso und mit Notwendigkeit in der Art der Alten bewiesen werden. Aus diesem Grunde werde ich im folgenden nicht zögern, die Ausdrucksweise der Indivisiblen zu benutzen".

Die Essenz der Methode der Indivisiblen ist enthalten in den beiden folgenden, nach Cavalieri benannten Prinzipien:

Wenn zwei ebene Figuren von einer Schar paralleler Geraden so geschnitten werden, daß eine jede Gerade der Schar an beiden Figuren gleichlange Schnitte erzeugt, so sind die beiden Figuren flächengleich.

Desgleichen für Volumina: *Wenn die Schnitte, welche die Ebenen einer parallelen Ebenenschar an zwei Körpern erzeugen, immer gleich groß sind, so haben beide Körper dasselbe Volumen.*

Etwas allgemeiner lauten die Regeln: *Wenn die einander entsprechenden Schnitte immer in ein und demselben Verhältnis stehen, so stehen die beiden Flächen bzw. Volumina in demselben Verhältnis.*

Mit diesen intuitiv einsichtigen Regeln lassen sich mühelos eine Fülle von Flächen bestimmen. Es folgt zum Beispiel, daß in der x, y-Ebene das (zwischen

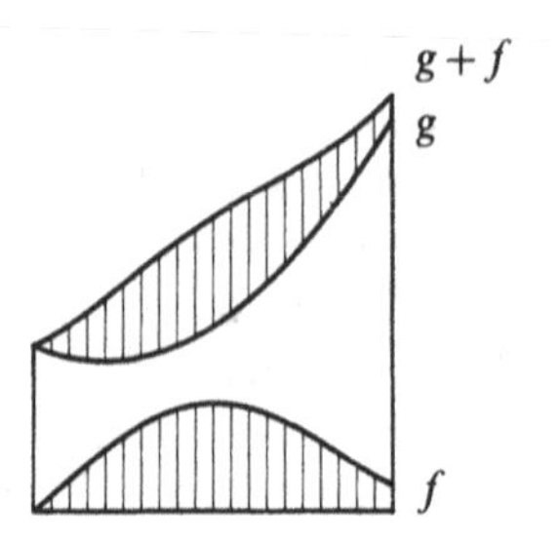

Beweis der Flächengleichheit nach CAVALIERI

$x=a$ und $x=b$ gelegene) von der x-Achse und der durch $y=f(x)$ definierten Kurve begrenzte Flächenstück dieselbe Fläche hat wie das zwischen den Kurven $y=g(x)$ und $y=g(x)+f(x)$ liegende Flächenstück und daß die Fläche zwischen der x-Achse und der Kurve $y=\lambda f(x)$ λ-mal so groß ist. Mit anderen Worten: Das Cavalieri-Prinzip nimmt die Linearität des Integrals

$$\int_a^b (\lambda f+\mu g)\,dx=\lambda\int_a^b f\,dx+\mu\int_a^b g\,dx$$

vorweg. So wird etwa der Zusammenhang zwischen der Kreis- und Ellipsenfläche trivial. Ebenso ergibt sich für räumliche Gebilde sofort, daß ein senkrechter und ein schiefer Zylinder mit gleicher Grundfläche dasselbe Volumen haben.

Cavalieris *Geometria* von 1635 gab wesentliche Anstöße zu jener stürmischen Entwicklung der Mathematik, die in der Geschichte der Mathematik keine Parallele hat und schon 30 Jahre später in Newtons Fluxionsrechnung ihren ersten Höhepunkt erreichte. Die neue Methode der Indivisiblen hatte gegenüber der strengen geometrischen Schlußweise der Griechen alle Vorteile – unmittelbare Einsichtigkeit und Anschaulichkeit, gepaart mit einer Leichtigkeit der Anwendung. TORRICELLI, ein Schüler von Cavalieri, sprach von einem Königsweg im Dickicht der Mathematik. Von hier führt ein direkter Weg zu der uns vertrauten Integralrechnung. Die Methode zeichnet eine Richtung aus. Nicht mehr eine beliebige Figur, sondern die Fläche unter einer Kurve, sozusagen ein normiertes Quadraturproblem, wird Gegenstand der Untersuchung. Gestützt wird diese Entwicklung durch die etwa gleichzeitig entstehende Koordinatengeometrie von Fermat und Descartes, die eine Fülle neuer Kurven und damit neuer Quadraturprobleme hervorbrachte (zu den schlimmen Folgen des griechischen Rigorismus, der den Rückzug aus der Algebra in die Geometrie bewirkte, gehörte der Mangel an mathematischen Gegenständen und Problemen und die fast ausschließliche Beschäftigung mit Kegelschnitten und entsprechenden Rotationskörpern). Die vielfältigen Auseinandersetzungen mit Cavalieris Ideen, die Kritik an dem dunklen Begriff der Indivisiblen, ebenso wie Versuche der Rechtfertigung, lassen einen roten Faden erkennen. Ob man eine Fläche als Gesamtheit aller Linien (*o.l.*, *omnes lineae* schreibt Cavalieri) sich denkt, ob man schmale Trapeze einbeschreibt und feststellt, daß diese bei kleiner werdender Breite die Fläche schließlich ausschöpfen (in diesem Zusammenhang benutzt Gregorius a Santo Vincentio 1647 zum ersten Mal den

Ausdruck Exhaustion), oder ob man ganz in der strengen Manier der archimedischen Kompressionsmethode einbeschriebene und umfassende Rechtecksummen betrachtet, deren Differenz beliebig klein gemacht werden kann: Der gemeinsame Kern dieser und anderer Variationen ist die Summendefinition des Integrals, wie sie dann von den Mathematikern des 19. Jahrhunderts in aller Strenge nachgeliefert worden ist.

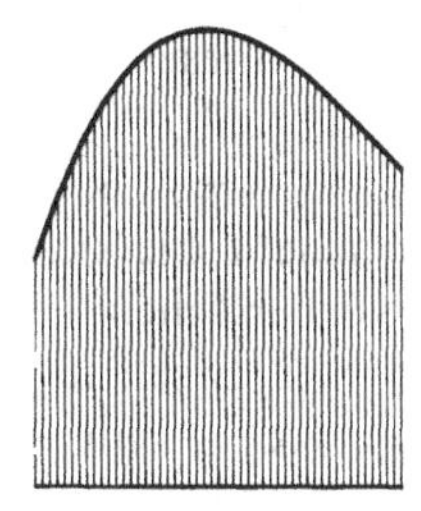

CAVALIERIS Indivisiblenmethode

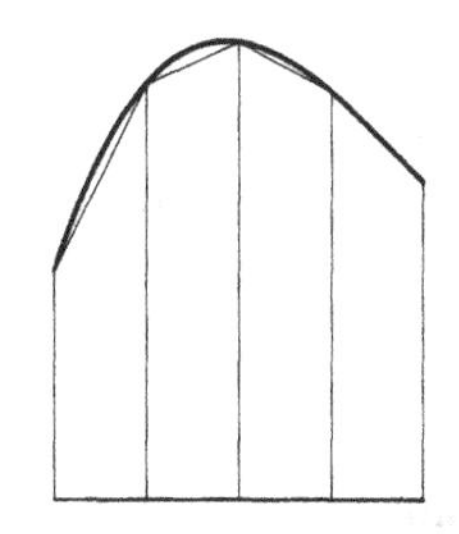

Exhaustionsmethode

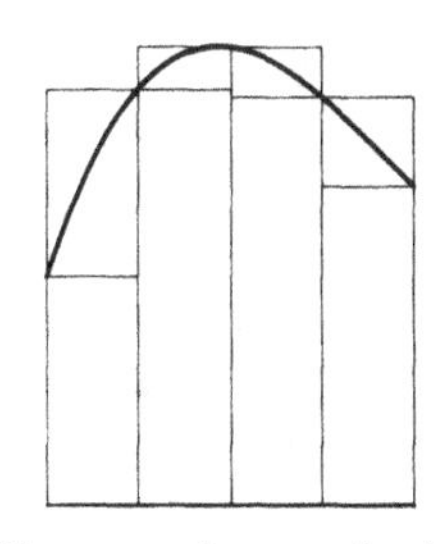

Kompressionsmethode

Drei Auffassungen über die Flächenberechnung

Zu den wesentlichen Leistungen in der Zeit von 1630 bis 1660 gehört die Bestimmung des Integrals

$$(*) \qquad \int_0^a x^n\,dx = \frac{a^{n+1}}{n+1}$$

für rationale Werte von n. Cavalieri berechnet die Fälle $n=1, 2, \ldots, 9$ und vermutet die allgemeine Formel ($n=2$ schon bei Archimedes), Torricelli, Pascal, Roberval und Fermat finden dasselbe mit verschiedenen Methoden. Aufgrund einer einfachen geometrischen Betrachtung sind dann auch die Fälle $n=1/2, 1/3, 1/4, \ldots$ bekannt.

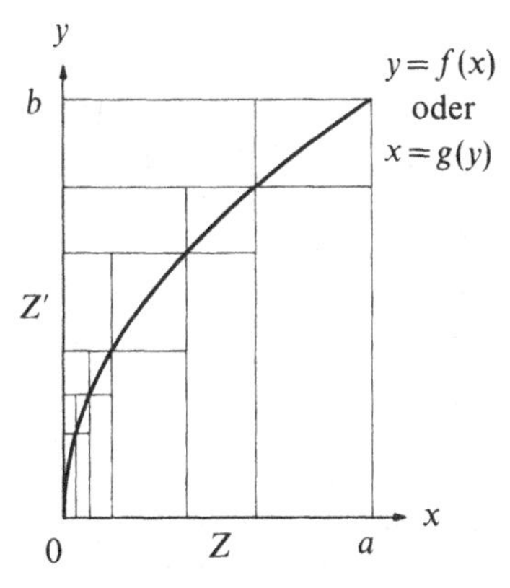

Aufgabe. Die Funktion f sei in $[0,a]$ stetig und streng monoton wachsend, und es sei $f(0)=0$, $f(a)=b$. Bezeichnet g die Umkehrfunktion zu f, so ist

$$\int_0^a f(x)\,dx + \int_0^b g(y)\,dy = ab.$$

Anleitung: Ordnet man der Zerlegung $Z=(x_i)$ von $[0,a]$ die Zerlegung $Z' = (f(x_i))$ von $[0,b]$ zu, so ist $s(Z;f)+S(Z';g)=\ldots=ab$.

PIERRE DE FERMAT (1601–1655, Jurist, der Mathematik aus Neigung betrieb, Parlamentsrat in Toulouse) hatte eine glänzende neue Idee. Indem er die Teilpunkte der Zerlegung nicht in arithmetischer, sondern in geometrischer Progression wählte, erhielt er (im Fall $f(x)=x^n$) eine geschlossen summierbare geometrische Reihe. Auf diese Weise lassen sich die Potenzen x^α für beliebige reelle α integrieren; vgl. 9.7 (b). Das vielleicht einflußreichste Werk dieser Zeit ist die 1655 erschienene *Arithmetica infinitorum* von JOHN WALLIS (1616–1703, zunächst Geistlicher, Kaplan König Karls II., ab 1649 Professor für Geometrie in Oxford, Mitbegründer der Royal Society). Schon der Titel macht die sich vollziehende Abwendung von der auch bei Cavalieri noch vorherrschenden geometrischen Betrachtungsweise griechischen Ursprungs und ihre Ersetzung durch die Algebra und Arithmetik deutlich, die sich im Zuge der Koordinatengeometrie durchsetzt. Bei Wallis finden wir erste Ansätze über unendliche Reihen, die Benutzung negativer und gebrochener Exponenten, das Zeichen $\infty = \frac{1}{0}$ und sein berühmtes *Wallissches Produkt* (vgl. 12.19)

$$\frac{\pi}{2} = \lim_{n\to\infty} \frac{2\cdot 2}{1\cdot 3}\cdot\frac{4\cdot 4}{3\cdot 5}\cdots\frac{2n\cdot 2n}{(2n-1)(2n+1)}.$$

Mit der Entwicklung von Funktionen in Potenzreihen und deren gliedweiser Integration aufgrund der nunmehr bekannten Formel (*) fand der junge Newton um 1665 ein allgemeines Quadraturverfahren; vgl. § 7. Damit kommt die erste Periode der infinitesimalen Mathematik, die mehr den Charakter eines Präludiums hat, zum Abschluß. Ihr großes Thema ist die Integralrechnung, eingekleidet in Aufgaben über Quadratur, Kubatur, Schwerpunktbestimmung, ... Fragen der Geometrie der Kurven (Tangente, Normale, Krümmung, ...) wurden ebenfalls behandelt, waren aber sekundär. Das änderte sich schlagartig mit der Entdeckung des Zusammenhanges zwischen dem Tangenten- und dem Quadraturproblem, also zwischen Ableitung und Integral, die für alle Zeiten mit den Namen NEWTON und LEIBNIZ verknüpft ist. Die Integration erwies sich als Umkehrung der Differentiation. Als Folge davon ergab sich eine wesentlich einfachere Methode der Flächenbestimmung, Integration wurde für die nächsten 150 Jahre synonym mit „Antidifferentiation". Mehr dazu in § 10.

NEWTONs Integral ist das unbestimmte Integral, die aus der Fluxion (Fließgeschwindigkeit) zu bestimmende Fluente (Fluß). Er interpretiert auch die Quadratur in diesem dynamischen Modell, bei dem die Zeit t als unabhängige Veränderliche erscheint; vgl. § 10. Bemerkenswert ist jedoch, daß Newton in seinem monumentalen Hauptwerk *Principia* seine Fluxionsrechnung weitgehend vermeidet. Er ist bemüht, wohl um der Kritik an seinen die Wissenschaft revolutionierenden Ideen möglichst wenig Raum zu geben, seine Beweise auf die strenge, geometrische Art der Griechen zu führen. So findet sich ganz zu Anfang (Buch 1, Sect. 1, Lemma 2–4) eine Erklärung des Integrals durch einbeschriebene und umschriebene Rechtecksummen (Unter- und Obersummen) und eine dazugehörige Abbildung ähnlich jener von 9.1. Er beweist sodann, daß der Quotient der beiden Rechtecksummen bei feiner werdender (äquidistanter oder auch nicht äquidistanter) Zerlegung gegen 1 strebt.

Bei LEIBNIZ bildet die Darstellung einer Größe als Summe von Differenzen, also die Gleichung $y_n=(y_1-y_0)+(y_2-y_1)+\ldots+(y_n-y_{n-1})$ (mit $y_0=0$) den Ausgangspunkt. Wenn y von einem kontinuierlichen „Index" x abhängt, so werden die Differenzen $y_{k+1}-y_k$ zu Differenzen oder Differentialen dy von unendlich benachbarten Funktionswerten, und y erscheint als Summe dieser Differentiale. In einem vom 29. Oktober 1675 datierten Manuskript ersetzt er seine bisherige Bezeichnung *omn.* (lat. *omnia*, alle) für die Summe von Infinitesimalen durch ein langgezogenes $\int$. „Es wird nützlich sein, $\int$ für omn. zu schreiben, so daß $\int l=\text{omn.}\,l$ oder die Summe der l", schreibt er. Für ihn war die Übereinstimmung von Inhalt und Form, die der Sache angemessene Symbolik, ein philosophisches Grundanliegen. Die weiter entwickelte Bezeichnung $\int\ldots dx$, welche er ab Juli 1676 konsequent benutzt, spiegelt seine Auffassung vom Integral als einer unendlichen Summe von Differentialen wider (man kann es als die Arithmetisierung von Cavalieris Fläche als der Gesamtheit aller Linien ansehen). Er schlug dafür zunächst den Namen *calculus summatorius* vor und einigte sich 1696 mit Johann Bernoulli auf den Namen *calculus integralis*, der ebenso wie seine Bezeichnungsweise die Zeiten überdauert hat.

Bis ins frühe 19. Jahrhundert wurden Fläche und Integral als augenscheinliche, keiner weiteren Erklärung bedürftige Begriffe angesehen. Diese intuitive Auffassung geriet ins Wanken, als immer kompliziertere, auch unstetige Funktionen betrachtet wurden. CAUCHY erkannte als erster die Notwendigkeit einer Definition des Integrals und einer sich nur darauf stützenden Theorie.

In seinem *Calcul infinitésimal* [1823] schreibt er im Vorwort: „Beim Integralkalkül erscheint es mir notwendig, allgemein die Existenz der Integrale oder primitiven Funktionen zu beweisen, bevor man ihre verschiedenen Eigenschaften bekannt macht. Um dahin zu gelangen, muß zuvor der Begriff des *Integrals zwischen zwei Grenzen* oder *bestimmten Integrals* aufgestellt werden." In der 21. Lektion werden dann für eine zwischen den Grenzen x_0 und X stetige Funktion f die Summen

$$S=(x_1-x_0)f(x_0)+(x_2-x_1)f(x_1)+\ldots+(X-x_{n-1})f(x_{n-1})$$

betrachtet, wobei $x_1, \ldots, x_{n-1}$ Zwischenpunkte sind. Die nächste Lektion behandelt allgemeinere „Riemannsche" Summen, wobei $f(x_k)$ durch einen Funktionswert zwischen x_k und x_{k+1} ersetzt wird. Cauchy versucht dann zu zeigen, daß bei feiner werdender Zerlegung, unabhängig von der Wahl der Zwischenpunkte, diese Summen gegen ein und denselben wohlbestimmten Grenzwert streben, das bestimmte Integral $\int_{x_0}^{X} f(x)\,dx$. Seine Beweisführung krankt an der fehlenden gleichmäßigen Stetigkeit.

BERNHARD RIEMANN (1826–1866, Ordinarius in Göttingen als Nachfolger Dirichlets) schließt sich in seiner Habilitationsschrift[1]) über trigonometrische Reihen (1854) an Cauchy an:

Also zuerst: Was hat man unter $\int_a^b f(x)\,dx$ zu verstehen?

---

[1]) In seinem Habilitationsvortrag *Über die Hypothesen, welche der Geometrie zugrunde liegen*, hat er das mathematische Fundament für die Relativitätstheorie gelegt.

Um dieses festzusetzen, nehmen wir zwischen a und b der Größe nach auf einander folgend, eine Reihe von Werten $x_1, x_2, \ldots, x_{n-1}$ an und bezeichnen der Kürze wegen $x_1 - a$ durch δ_1, $x_2 - x_1$ durch $\delta_2, \ldots, b - x_{n-1}$ durch δ_n und durch ε einen positiven ächten Bruch. Es wird alsdann der Werth der Summe

$$(+) \qquad S = \delta_1 f(a + \varepsilon_1 \delta_1) + \delta_2 f(x_1 + \varepsilon_2 \delta_2) + \delta_3 f(x_2 + \varepsilon_3 \delta_3) + \ldots + \delta_n f(x_{n-1} + \varepsilon_n \delta_n)$$

von der Wahl der Intervalle δ und der Größen ε abhängen. Hat sie nun die Eigenschaft, wie auch δ und ε gewählt werden mögen, sich einer festen Grenze A unendlich zu nähern, sobald sämmtliche δ unendlich klein werden, so heißt dieser Wert $\int_a^b f(x)\,dx$.

Hat sie diese Eigenschaft nicht, so hat $\int_a^b f(x)\,dx$ keine Bedeutung. [*Mathematische Werke*, S. 239.]

Riemann erhebt damit die Cauchysche Erklärung zur Definition der Integrierbarkeit. Er betrachtet auch Funktionen, „welche zwischen je zwei noch so engen Grenzen unendlich oft unstetig sind" und leitet Kriterien für die Existenz des Integrals ab.

Eine Variante der Riemannschen Definition, die noch unmittelbarer an die geometrischen Vorstellungen der Griechen anknüpft, wurde in den siebziger Jahren des vorigen Jahrhunderts von mehreren Seiten eingeführt. Sie besteht darin, in der Riemannschen Summe (+) anstelle des zwischen x_{k-1} und x_k genommenen Funktionswertes $f(x_{k-1} + \varepsilon_k \delta_k)$ das Supremum M_k bzw. das Infimum m_k der Funktion in diesem Intervall zu setzen. Die so entstehenden Riemannschen oder Darbouxschen Unter- und Obersummen

$$s = \sum_{k=1}^{n} (x_k - x_{k-1}) m_k, \qquad S = \sum_{k=1}^{n} (x_k - x_{k-1}) M_k$$

entsprechen den früher betrachteten einbeschriebenen und umschriebenen Rechtecken. VITO VOLTERRA (1860–1940, Professor in Turin und Rom) führte die Bezeichnungen

$$\textit{unteres Integral} \ \underline{\int_a^b} f(x)\,dx \quad \text{und} \quad \textit{oberes Integral} \ \overline{\int_a^b} f(x)\,dx$$

für das Supremum aller Untersummen bzw. das Infimum aller Obersummen ein. PEANO hat in seinem 1887 erschienenen Buch *Applicazione Geometriche del Calcolo Infinitesimale* wohl als erster dem hinter der ganzen Entwicklung stehenden Flächenbegriff eine präzise Bedeutung unterlegt. Er betrachtet, ganz im archimedischen Sinne, wenn eine ebene Punktmenge M vorliegt, Polygone P und Q mit $P \subset M \subset Q$ und definiert den *inneren Inhalt* $J_*(M)$ von M als das Supremum aller Flächeninhalte $|P|$, den *äußeren Inhalt* $J^*(M)$ als Infimum aller Inhalte $|Q|$. Es ist $|P| \leq |Q|$, also $J_*(M) \leq J^*(M)$. Sind der innere und der äußere Inhalt gleich, so wird der gemeinsame Wert der *Flächeninhalt* (die Fläche) von M genannt. CAMILLE JORDAN (1838–1922, Professor am Collège de France) gibt der Sache noch eine Wendung zum einfacheren, indem er nur Polygone mit achsenparalleler Begrenzung zuläßt. Ist f eine im Intervall $[a, b]$ erklärte nichtnegative Funktion und M die durch die Ungleichung $a \leq x \leq b$, $0 \leq y \leq f(x)$ definierte zugehörige *Ordinatenmenge*, so folgt

$$J_*(M) = \underline{\int_a^b} f(x)\,dx \quad \text{und} \quad J^*(M) = \overline{\int_a^b} f(x)\,dx.$$

Das Integral von f existiert genau dann, wenn M einen Inhalt hat, und die Werte beider sind gleich. Damit ist die Entwicklung der Integralrechnung zu ihrem Ausgangspunkt, der Quadratur von Flächen zurückgekehrt!

Die Unzulänglichkeit dieser Integrations- und Inhaltstheorie wurde um so deutlicher, je mehr auch unstetige Funktionen und beliebige Mengen betrachtet wurden. Hieraus entwickelte sich die Lebesguesche Maß- und Integrationstheorie, auf die wir im 2. Band zurückkommen.

9.1 Zerlegung, Ober- und Untersumme. Unseren Betrachtungen liegen ein kompaktes Grundintervall $I=[a,b]$ mit $a<b$ und eine auf I erklärte, beschränkte, reellwertige Funktion f zugrunde. Durch endlich viele Punkte $x_0, x_1, \ldots, x_n$ mit $a=x_0<x_1<x_2<\ldots<x_n=b$ wird das Intervall I in n Teilintervalle $I_k=[x_{k-1}, x_k]$ zerlegt. Wir nennen das Tupel $Z=(x_0, x_1, \ldots, x_n)$ eine *Zerlegung* von I und $|Z|:=\max\{|I_k|: k=1, \ldots, n\}$ das *Feinheitsmaß* der Zerlegung Z; dabei ist $|I_k|=x_k-x_{k-1}$ die Länge von I_k. Die Zerlegung Z heißt *äquidistant*, wenn alle Teilintervalle I_k dieselbe Länge $(b-a)/n$ haben. Mit den (wegen der Beschränktheit von f endlichen) Zahlen

$$m_k = \inf f(I_k), \qquad M_k = \sup f(I_k)$$

bilden wir die *Untersumme* $s(Z)$ und die *Obersumme* $S(Z)$ bezüglich der Zerlegung Z,

$$s(Z) \equiv s(Z; f) := \sum_{k=1}^{n} |I_k|\, m_k,$$

$$S(Z) \equiv S(Z; f) := \sum_{k=1}^{n} |I_k|\, M_k.$$

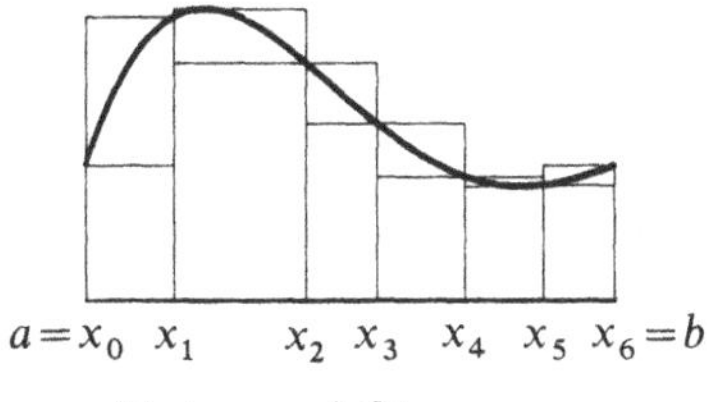

Unter- und Obersummen

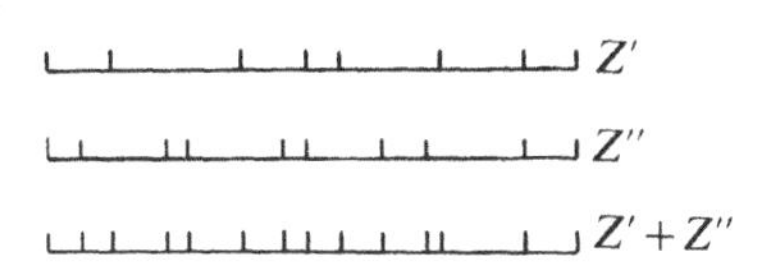

Überlagerung zweier Zerlegungen

Die Abbildung macht den Zusammenhang mit dem Problem des Flächeninhalts deutlich. Ist $f \geq 0$ und bezeichnet $M=M(f)$ die in der (x,y)-Ebene zwischen der x-Achse und der Kurve $y=f(x)$ gelegene, also durch die Ungleichungen $a \leq x \leq b$, $0 \leq y \leq f(x)$ definierte *Ordinatenmenge* von f, so ist $s(Z)$ bzw. $S(Z)$ gerade der elementargeometrische Inhalt eines ganz in M gelegenen bzw. M überdeckenden, aus Rechtecken zusammengesetzten Polygons.

Es mögen Z, Z', Z'' Zerlegungen von I bezeichnen. Die Zerlegung Z' wird *Verfeinerung* von Z genannt, wenn Z' alle Teilpunkte von Z enthält. Wir schreiben dafür kurz $Z<Z'$. Die Zerlegung Z, welche genau die Teilpunkte von

Z' und Z'' enthält, nennen wir *Überlagerung* von Z' und Z'' und bezeichnen sie mit $Z = Z' + Z''$. Diese Zerlegung ist also eine gemeinsame Verfeinerung von Z' und Z''. Ferner sieht man leicht, daß jede Verfeinerung von Z' sich in der Form $Z' + Z''$ schreiben läßt.

Der folgende Hilfssatz, der die Veränderungen von Ober- und Untersummen bei einer Verfeinerung der Zerlegung beschreibt, bildet den Ausgangspunkt für grundlegende spätere Betrachtungen.

9.2 Hilfssatz. *Es sei $|f(x)| \leq K$ auf I, und die Zerlegung Z' besitze p im Innern von I gelegene Teilpunkte. Dann gilt für jede Zerlegung Z*

$$s(Z) \leq s(Z+Z') \leq s(Z) + 2pK|Z|,$$

$$S(Z) \geq S(Z+Z') \geq S(Z) - 2pK|Z|.$$

Die jeweils erste dieser Ungleichungen zeigt, daß bei einer Verfeinerung der Zerlegung die Untersummen zunehmen und die Obersummen abnehmen. Man sagt dafür auch, $s(Z)$ sei bezüglich der Relation $Z < Z'$ monoton wachsend, $S(Z)$ sei monoton fallend.

Beweis. Wir beschränken uns auf die Untersummen, da man die Obersummen ganz entsprechend behandeln kann.

Es sei $Z = (x_0, \ldots, x_n)$, und Z' habe zunächst nur einen inneren Teilpunkt ξ. Ist $\xi = x_k$ für ein k, so ist $Z = Z + Z'$ und die Behauptung trivial. Ist $x_{k-1} < \xi < x_k$, so setzen wir $I' = [x_{k-1}, \xi]$, $I'' = [\xi, x_k]$ und bezeichnen die Länge von I' bzw. I'' mit α' bzw. α'' und das Infimum von f bezüglich dieser Intervalle mit m' bzw. m''. Es ist dann $|I_k| = \alpha' + \alpha''$ und

$$\begin{aligned} s(Z+Z') - s(Z) &= \alpha' m' + \alpha'' m'' - m_k |I_k| \\ &= \alpha'(m' - m_k) + \alpha''(m'' - m_k). \end{aligned}$$

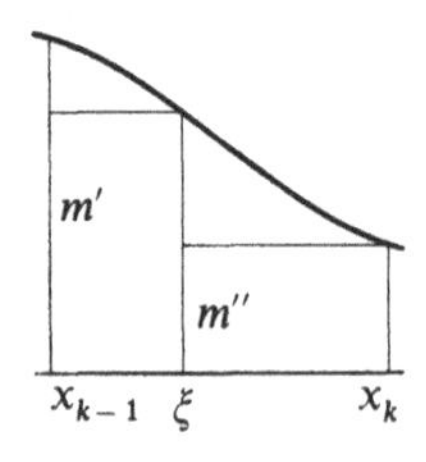

Wegen $m', m'' \geq m_k$ ist die Differenz $s(Z+Z') - s(Z) \geq 0$, wegen $|m' - m_k|$, $|m'' - m_k| \leq 2K$ ist sie $\leq 2K(\alpha' + \alpha'') \leq 2K|Z|$. Damit ist die Behauptung im Fall $p = 1$ bewiesen. Durch mehrmalige Anwendung erhält man daraus den allgemeinen Fall. □

Offenbar ist $s(Z) \leq S(Z)$ für jede Zerlegung Z, aufgrund des Hilfssatzes also $s(Z) \leq s(Z+Z') \leq S(Z+Z') \leq S(Z')$. Dies ist eine wichtige

Folgerung. *Jede Obersumme ist größer oder gleich jeder Untersumme.*

9.3 Oberes und unteres Integral. Das Riemann-Integral. Wegen der Beschränktheit von f bilden die Unter- und Obersummen beschränkte Zahlenmengen. Die beiden Zahlen

$$J_* := \sup s(Z), \qquad J^* := \inf S(Z),$$

wobei das Infimum bzw. Supremum über sämtliche Zerlegungen von $I=[a,b]$ zu erstrecken ist, werden *unteres* und *oberes* (Riemann- oder Darboux-) *Integral* genannt und mit

$$J_* \equiv J_*(f) \equiv \underline{\int_a^b} f(x)\,dx, \qquad J^* \equiv J^*(f) \equiv \overline{\int_a^b} f(x)\,dx$$

bezeichnet. Nach der Folgerung 9.2 ist eine beliebige Obersumme $S(Z)$ eine obere Schranke für alle Untersummen, und es gilt $J_* \le S(Z)$. Damit ist J_* eine untere Schranke für die Obersummen, und es folgt der

Satz. *Es ist* $J_* \le J^*$.

Wenn $J_* = J^*$ ist, dann heißt $f(x)$ über I *integrierbar* oder genauer *im Riemannschen Sinn integrierbar.* Der gemeinsame Wert $J_* = J^*$ wird mit einem der Symbole

$$J \equiv J(f) \equiv \int_a^b f(x)\,dx \equiv \int_I f(x)\,dx$$

bezeichnet und das *Riemann-Integral* oder einfach *Integral* von f über I genannt.

Man nennt a und b die untere und obere Integrationsgrenze, f den Integranden, I das Integrationsintervall und x die Integrationsveränderliche, für die auch ein anderer Buchstabe gewählt werden kann, etwa $J = \int_a^b f(t)\,dt$. Die Menge aller über I integrierbaren (also insbesondere beschränkten) Funktionen wird mit $R(I) \equiv R[a,b]$ bezeichnet.

Aufgrund dieser Definitionen muß man für die Existenz und für den Wert des Integrals sämtliche Ober- und Untersummen in Betracht ziehen. Diese mühsame Aufgabe wird dadurch wesentlich erleichtert, daß man sich auf eine einzige, ansonsten ganz beliebige Folge von immer feiner werdenden Zerlegungen beschränken kann. Zur kurzen Formulierung des Sachverhaltes benutzen wir den Ausdruck *Zerlegungsnullfolge* für eine Folge von Zerlegungen (Z_n) mit $\lim |Z_n| = 0$.

9.4 Satz. *Ist f auf $[a,b]$ beschränkt, so gilt für jede Zerlegungsnullfolge (Z_n)*

$$\lim_{n\to\infty} s(Z_n) = J_* \quad \text{und} \quad \lim_{n\to\infty} S(Z_n) = J^*.$$

Für $f \in R[a,b]$ strebt also jede der Folgen $(s(Z_n))$, $(S(Z_n))$ gegen $J = \int_a^b f(x)\,dx$.

Beweis. Es sei Z eine beliebige Zerlegung, sie habe etwa p innere Teilpunkte. Aufgrund des Hilfssatzes 9.2 gilt dann

$$s(Z_n) \le s(Z_n + Z) \le s(Z_n) + 2pK|Z_n|.$$

Wenn $\lim s(Z_n)=\alpha$ existiert, dann ist nach dem Sandwich Theorem auch $\lim s(Z_n+Z)=\alpha$. Weil aber $s(Z)\leq s(Z_n+Z)\leq J_*$ ist, folgt $s(Z)\leq\alpha\leq J_*$, und weil hierin Z beliebig und $\sup s(Z)=J_*$ ist, muß $\alpha=J_*$ sein. Diese Überlegung zeigt also, daß jede konvergente Teilfolge von $(s(Z_n))$ den Limes J_* hat. Dann hat aber die Folge selbst den Limes J_* (das folgt z.B. aus Satz 4.15).

Die Behauptung über die Obersummen wird ganz analog bewiesen. □

Beispiele. 1. Für $f(x)\equiv c$ ist $\int_a^b c\,dx=c(b-a)$. Offenbar haben aller Ober- und Untersummen diesen Wert.

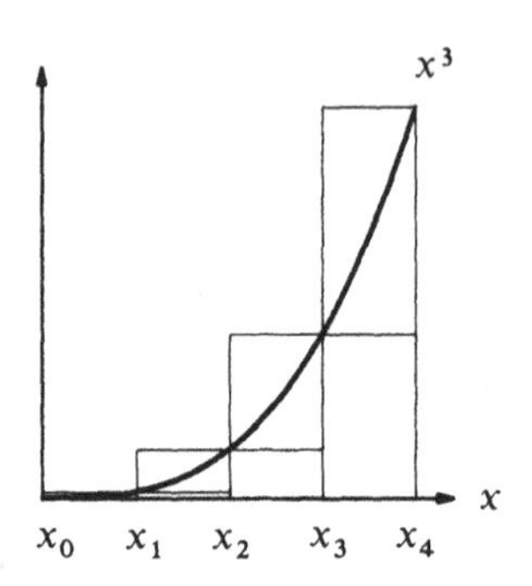

Quadratur der kubischen Parabel

2. $f(x)=x^3$ in $[0,a]$. Wir wählen äquidistante Zerlegungen Z_n: $x_k=kh$ $(k=0,\ldots,n)$ mit $h=a/n$ und erhalten

$$s(Z_n)=h\sum_{k=0}^{n-1}(kh)^3,$$

$$S(Z_n)=h\sum_{k=1}^{n}(kh)^3.$$

Nach 7.21 (oder Aufgabe 4.8) strebt

$$S(Z_n)=\frac{a^4}{n^4}(1^3+\ldots+n^3)\to\frac{a^4}{4}\quad\text{für } n\to\infty.$$

Wegen $S(Z_n)-s(Z_n)=h^4n^3=a^4/n\to 0$ hat $s(Z_n)$ denselben Limes, und es ist

$$\int_0^a x^3\,dx=\frac{a^4}{4}.$$

3. $\displaystyle\int_0^a x^p\,dx=\frac{a^{p+1}}{p+1}\quad(p=0,1,2,\ldots;\ a>0).$

Man beweise die Formel unter Benutzung von Aufgabe 4.8.

4. Die Dirichlet-Funktion

$$D(x)=\begin{cases}0 & \text{für irrationale } x\\ 1 & \text{für rationale } x\end{cases}$$

ist nicht im Riemannschen Sinn integrierbar. Für eine beliebige Zerlegung $Z=(x_0,\ldots,x_n)$ des Intervalls $[a,b]$ ist $m_k=0$ und $M_k=1$, also $s(Z)=0$ und $S(Z)=b-a$

und damit

$$\underline{\int_a^b} D(x)\,dx = 0, \qquad \overline{\int_a^b} D(x)\,dx = b-a.$$

Integrierbarkeit der Funktion f zum Wert J bedeutet also, daß man Untersummen und Obersummen finden kann, deren Werte beliebig nahe bei J liegen. Zur Untersuchung dieser Frage wird man die Differenz

$$O(Z) = S(Z) - s(Z) = \sum_{k=1}^{n} |I_k|(M_k - m_k)$$

betrachten müssen. Die Größe $\omega_k := M_k - m_k$ ist nichts anderes als die Schwankung von f im Intervall I_k (s. 6.15), und aus diesem Grunde nennt man $O(Z) = \sum |I_k| \omega_k$ auch *Schwankungssumme* oder *Oszillationssumme*. Man erhält mühelos das folgende

9.5 Integrabilitätskriterium von Riemann. *Eine auf $I = [a, b]$ erklärte und beschränkte Funktion f ist genau dann über I integrierbar, wenn zu jedem $\varepsilon > 0$ eine Zerlegung Z mit*

$$O(Z) \equiv S(Z) - s(Z) < \varepsilon$$

existiert.

Die einfache *Beweis*idee fußt auf der Ungleichung $s(Z) \le J_* \le J^* \le S(Z)$. Wenn es eine Zerlegung mit $S(Z) - s(Z) < \varepsilon$ gibt, dann ist $J^* - J_* < \varepsilon$, und daraus folgt $J_* = J^*$. Wenn umgekehrt $J_* = J^* = J$ ist, dann gilt für eine beliebige Zerlegungsnullfolge $O(Z_n) \to 0$ nach Satz 9.4, d.h. es ist $O(Z_n) < \varepsilon$ für hinreichend großes n. □

Um im Einzelfall den langatmigen Nachweis der Integrierbarkeit zu umgehen, ist es wünschenswert, dafür einfache hinreichende Kriterien zur Hand zu haben. In dieser Richtung gilt der folgende

9.6 Satz über Integrierbarkeit. *Jede im Intervall $I = [a, b]$ monotone und ebenso jede in I stetige Funktion ist integrierbar über I. Dasselbe gilt auch noch für jede Funktion, die in I beschränkt und bis auf endlich viele Stellen stetig ist.*

Beweis. Eine in I stetige Funktion ist nach 6.9 gleichmäßig stetig. Zu $\varepsilon > 0$ gibt es daher ein $\delta > 0$ mit

$$|f(x) - f(x')| < \varepsilon \qquad \text{für alle } x, x' \in I \text{ mit } |x - x'| < \delta.$$

Für eine beliebige Zerlegung $Z = (x_0, \ldots, x_n)$ mit $|Z| < \delta$ ist dann $\omega_k = M_k - m_k \le \varepsilon$ und

$$O(Z) = \sum |I_k|\,\omega_k \le \varepsilon \sum_{k=1}^{n} |I_k| \le \varepsilon(b-a).$$

Nach Satz 9.5 ist also f integrierbar.

Nun sei f monoton, etwa monoton wachsend. Zunächst folgt aus $f(a) \le f(x) \le f(b)$ für $a < x < b$, daß f beschränkt ist. Ferner ist $M_k = f(x_k)$ und

$m_k = f(x_{k-1})$. Die Summe $\sum \omega_k$ ist also eine „Teleskopsumme“,

$$\sum_{k=1}^{n} \omega_k = \sum_{k=1}^{n} (f(x_k) - f(x_{k-1})) = f(b) - f(a).$$

Es folgt

$$O(Z) = \sum |I_k| \, \omega_k \leq |Z| \sum \omega_k \leq |Z| (f(b) - f(a)) < \varepsilon,$$

wenn man die Zerlegung genügend fein wählt. Wieder ist f integrierbar.

Im letzten Fall schließt man zunächst die Unstetigkeitsstellen in endlich viele Intervalle I'_k mit einer Gesamtlänge $\sum |I'_k| < \varepsilon$ ein. Ist $|f| \leq K$, so ist die zu I'_k gehörige Schwankung $\omega'_k \leq 2K$. Auf dem Rest des Intervalls I ist f gleichmäßig stetig, und durch genügend feine Unterteilung in Intervalle I''_k kann man erreichen, daß die entsprechenden Schwankungen $\omega''_k < \varepsilon$ sind. Außerdem ist natürlich $\sum |I''_k| < b - a$, so daß man die Abschätzung

$$\begin{aligned} O(Z) &= \sum |I'_k| \, \omega'_k + \sum |I''_k| \, \omega''_k \leq 2K \sum |I'_k| + \varepsilon \sum |I''_k| \\ &\leq \varepsilon (2K + b - a) \end{aligned}$$

erhält. Auch hieraus folgt $f \in R(I)$. □

Dieser Satz hat einen weiten Anwendungsbereich und wird für die meisten konkret auftretenden Beispiele ausreichen.

Wir kommen nun zu der ursprünglich von Cauchy und Riemann gegebenen Definition des Integrals.

9.7 Die Riemannsche Definition des Integrals. Es sei, wie immer, f eine auf $I = [a, b]$ beschränkte Funktion und $Z = (x_0, \ldots, x_n)$ eine Zerlegung von I. Aus jedem Teilintervall $I_k = [x_{k-1}, x_k]$ wählen wir einen Punkt ξ_k aus. Die *Riemannsche Zwischensumme* oder kurz Zwischensumme oder auch Riemannsche Summe bezüglich der Auswahl $\xi = (\xi_1, \ldots, \xi_n)$ von Zwischenpunkten wird durch

$$\sigma(Z, \xi; f) \equiv \sigma(Z, \xi) := \sum_{k=1}^{n} |I_k| \, f(\xi_k)$$

erklärt. Die Bezeichnung (Z, ξ) soll stets besagen, daß der Satz von Zwischenpunkten ξ „zu Z passend“ ist, d.h. daß $\xi_k \in I_k$ ist für $k = 1, \ldots, n$. Auch die Zwischensummen haben eine naheliegende geometrische Bedeutung. Sie stellen im Fall $f \geq 0$ eine Approximation der Ordinatenmenge $M(f)$ durch Rechtecke dar. Aus $m_k \leq f(\xi_k) \leq M_k$ folgt sofort

$$s(Z) \leq \sigma(Z, \xi) \leq S(Z)$$

für jede zulässige Wahl von Zwischenpunkten.

Das folgende Lemma zeigt, daß die Riemann-Summe $\sigma(Z, \xi)$ bei geeigneter Wahl der Zwischenpunkte der entsprechenden Ober- bzw. Untersumme beliebig nahe kommt (es gibt jedoch im allgemeinen kein ξ mit $\sigma(Z, \xi) = s(Z)$ oder $S(Z)$).

Lemma. *Für jede Zerlegung Z und beliebiges $\varepsilon > 0$ gibt es Zwischenpunkte ξ und η mit*

$$s(Z) \leq \sigma(Z, \xi) < s(Z) + \varepsilon \quad \textit{und} \quad S(Z) - \varepsilon < \sigma(Z, \eta) \leq S(Z).$$

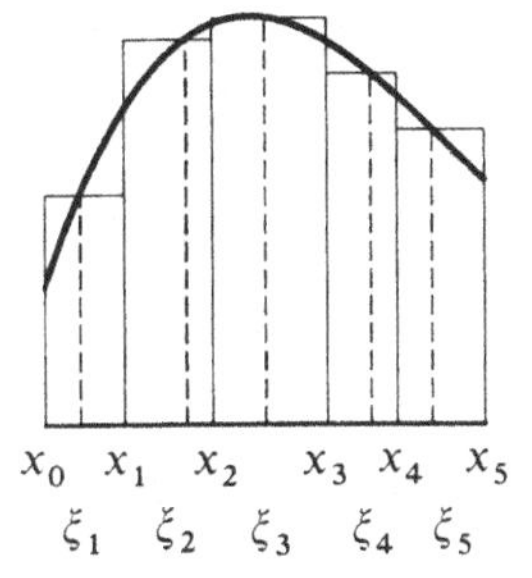

Riemannsche Zwischensumme

Beweis. Wie bisher bezeichne I_k eines der p Teilintervalle von Z und m_k das Infimum von f auf I_k. Es gibt ein $\xi_k \in I_k$ mit

$$m_k \leq f(\xi_k) < m_k + \frac{\varepsilon}{b-a} \qquad (k=1,2,\ldots,p).$$

Mit diesem Satz von Zwischenpunkten $\xi = (\xi_1, \ldots, \xi_p)$ ist dann

$$s(Z) \leq \sigma(Z, \xi) < s(Z) + \sum |I_k| \frac{\varepsilon}{b-a} = s(Z) + \varepsilon.$$

Entsprechend wird der zweite Teil des Lemmas bewiesen. □

Nun sei $\sigma(Z_n, \xi^n)$ eine beliebige Folge von Zwischensummen mit $\lim |Z_n| = 0$. Dabei bezeichnet $\xi^n = (\xi_1^n, \ldots, \xi_p^n)$ einen zur Zerlegung $Z_n = (x_0, \ldots, x_p)$ passenden Satz von Zwischenpunkten. Eine solche Folge nennen wir kurz *Riemannsche Summenfolge*. Ist f integrierbar, so streben $s(Z_n)$ und $S(Z_n)$ gegen J, und aus der Ungleichung $s(Z_n) \leq \sigma(Z_n, \xi^n) \leq S(Z_n)$ folgt sofort, daß auch $\lim \sigma(Z_n, \xi^n) = J$ ist. Daß auch die Umkehrung dieses Sachverhalts richtig ist, zeigt der nächste, für das Verständnis des Riemannschen Zugangs entscheidende

Satz. *Die auf $I = [a, b]$ beschränkte Funktion f ist genau dann Riemann-integrierbar über I, wenn jede Riemannsche Summenfolge konvergiert. Ist dies der Fall, so haben alle Summenfolgen ein und denselben Grenzwert*

$$\lim_{n \to \infty} \sigma(Z_n, \xi^n) = \int_a^b f(x)\,dx.$$

Beweis. Wir haben bereits gesehen, daß für $f \in R(I)$ jede Summenfolge gegen das Integral strebt. Nun nehmen wir umgekehrt an, es sei (Z_n) eine Zerlegungsnullfolge, und jede zugehörige Summenfolge sei konvergent. Nach dem vorangehenden Lemma gibt es zu jedem Z_n Zwischenpunkte ξ^n und η^n mit

$$s(Z_n) \leq \sigma(Z_n, \xi^n) < s(Z_n) + \frac{1}{n} \quad \text{und} \quad S(Z_n) - \frac{1}{n} < \sigma(Z_n, \eta^n) \leq S(Z_n).$$

Aus Satz 9.4 und dem Sandwich Theorem folgt dann $\lim \sigma(Z_n, \xi^n) = J_*$ und $\lim \sigma(Z_n, \eta^n) = J^*$. Wir bilden nun die „Mischfolge“

$$\sigma(Z_1, \xi^1),\ \sigma(Z_2, \eta^2),\ \sigma(Z_3, \xi^3),\ \sigma(Z_4, \eta^4), \ldots .$$

Sie ist nach Voraussetzung konvergent, und sie besitzt gegen J_* und gegen J^* konvergierende Teilfolgen. Also ist $J_* = J^*$ und $f \in R(I)$.

Dieser Satz zeigt, daß die in 9.3 mit Hilfe des unteren und oberen Integrals gegebene (Darbouxsche) Erklärung des Integrals gleichwertig ist mit der ursprünglichen, 1854 von Riemann gegebenen Erklärung, welche hier noch einmal formuliert wird.

Riemannsche Summendefinition des Integrals. *Die in I beschränkte Funktion f heißt über I im Riemannschen Sinne integrierbar zum Wert $J(f)$, wenn jede Riemannsche Summenfolge $\sigma(Z_n, \xi^n)$ gegen $J(f)$ konvergiert.*

Die Bedeutung dieser neuen Definition des Integrals liegt in zwei Richtungen. Zum einen ist das Integral unabhängig von der Ordnungsrelation in $\mathbb{R}$ definiert. Damit bietet sich unmittelbar eine Übertragung des Integrals auf Funktionen mit Werten in einem allgemeinen normierten Raum E an. Der Fall $E = \mathbb{C}$ wird in 9.8 diskutiert. Zum anderen wird durch diese Definition die Berechnung eines Integrals wesentlich erleichtert. Man kann, wenn die Integrierbarkeit des Integranden bereits feststeht, sich eine auf den speziellen Fall zugeschnittene Wahl von Zerlegungen und Zwischenpunkten aussuchen. Dazu zwei Beispiele.

(a) *Äquidistante Zerlegung.* Für $f \in R(I)$ ist

$$\int_a^b f(x)\,dx = \lim_{n\to\infty} h \sum_{k=0}^{n-1} f(a+kh) \quad \text{mit} \quad h = \frac{b-a}{n}.$$

Beispiel. Für $f(x) = e^{\alpha x} (\alpha \neq 0)$ ist

$$h \sum_{k=0}^{n-1} f(a+kh) = h e^{\alpha a} \sum_{k=0}^{n-1} e^{\alpha h k}$$

$$= h e^{\alpha a} \frac{e^{\alpha h n} - 1}{e^{\alpha h} - 1} = \frac{h}{e^{\alpha h} - 1} (e^{\alpha b} - e^{\alpha a}).$$

Da $(e^{\alpha h} - 1)/\alpha h \to 1$ strebt für $h \to 0$, erhält man die Formel

$$\int_a^b e^{\alpha x}\,dx = \frac{1}{\alpha}(e^{\alpha b} - e^{\alpha a}) \qquad (\alpha \neq 0).$$

(b) *Geometrische Progression.* Diese zuerst von Fermat benutzte Unterteilung

$$Z_n^g\colon\quad x_0 = a,\ x_1 = aq,\ x_2 = aq^2, \ldots, x_n = aq^n = b \quad \text{mit} \quad q = \sqrt[n]{b/a}$$

führt wegen $x_{k+1} - x_k = (q-1)\,aq^k$ ganz entsprechend auf die für $0 < a < b$, $f \in R(I)$ gültige Formel

$$\text{(b)} \qquad \int_a^b f(x)\,dx = \lim_{n\to\infty} (q-1)\,a \sum_{k=0}^{n-1} q^k f(aq^k) \quad \text{mit} \quad q = \sqrt[n]{b/a}.$$

Man beachte, daß aus $x_{k+1} - x_k = (q-1)\,aq^k \leq (q-1)\,b$ und $q = \sqrt[n]{b/a} \to 1$ folgt $|Z_n^g| \to 0$.

Beispiel. Für $f(x)=x^\alpha$ $(\alpha \neq -1)$ hat die Riemann-Summe den Wert (mit $\beta = \alpha+1$)

$$(q-1)\,a^\beta \sum_{k=0}^{n-1} q^{\beta k} = (q-1)\,a^\beta \frac{q^{\beta n}-1}{q^\beta - 1} = (b^\beta - a^\beta)\frac{q-1}{q^\beta - 1}$$

wegen $q^n = \frac{b}{a}$. Für $n \to \infty$ strebt $q \to 1$, und die Substitution $q = e^t$ führt mit 7.9 (a) auf

$$\lim_{q\to 1} \frac{q^\beta - 1}{q-1} = \lim_{t\to 0} \frac{e^{\beta t}-1}{e^t - 1} = \lim_{t\to 0} \beta \cdot \frac{e^{\beta t}-1}{\beta t} \cdot \frac{t}{e^t-1} = \beta.$$

Also ist

$$\int_a^b x^\alpha\,dx = \frac{1}{\alpha+1}(b^{\alpha+1} - a^{\alpha+1}) \qquad (0<a<b;\ \alpha \neq -1).$$

9.8 Komplexwertige Funktionen. Ist f eine in $I=[a,b]$ erklärte komplexwertige Funktion und sind $g = \operatorname{Re} f$ und $h = \operatorname{Im} f$ über I integrierbar, so erklärt man f für integrierbar, $f \in R(I)$, und setzt

$$\begin{aligned}\int_a^b f(x)\,dx &\equiv \int_a^b (g(x) + i h(x))\,dx \\ &:= \int_a^b g(x)\,dx + i \int_a^b h(x)\,dx.\end{aligned}$$

Es sei darauf hingewiesen, daß die Variable x nach wie vor reell ist.

Man kann jedoch einen anderen, am Ende von 9.7 bereits angedeuteten Standpunkt einnehmen und die Integrierbarkeit von f sowie das Integral mit Hilfe der Riemannschen Summendefinition *erklären*. Dann ergibt sich aus $\sigma(Z,\xi;f) = \sigma(Z,\xi;g) + i\sigma(Z,\xi;h)$ und aus Satz 8.7(a), wonach eine komplexe Zahlenfolge genau dann konvergiert, wenn die aus dem Real- und Imaginärteil gebildeten Folgen konvergieren: Es ist f (komplex) integrierbar genau dann, wenn g und h (reell) integrierbar sind, und die entsprechenden Integrale stehen in der oben angegebenen Relation. Beide Wege führen also zum selben Ziel.

Beispiel. Die Rechnung in 9.7 (a) ist auch für komplexe α gültig. Es ist also

$$\int_a^b e^{\alpha x}\,dx = \frac{1}{\alpha}(e^{\alpha b} - e^{\alpha a}) \qquad \text{für komplexe } \alpha \neq 0.$$

Setzt man insbesondere $\alpha = i$, so folgen durch Zerlegung beider Seiten in Real- und Imaginärteil die Formeln

$$\int_a^b \cos x\,dx = \sin b - \sin a,$$

$$\int_a^b \sin x\,dx = \cos a - \cos b.$$

9.9 Satz über die Linearität des Integrals. *Sind f und g über $I=[a,b]$ integrierbar, so ist für beliebige Konstanten α, β auch die Funktion $\alpha f + \beta g$ über I integrierbar, und es ist*

$$\int_a^b (\alpha f(x) + \beta g(x))\, dx = \alpha \int_a^b f(x)\, dx + \beta \int_a^b g(x)\, dx.$$

Mit anderen Worten: Die Menge $R(I)$ ist ein Funktionenraum, und das Integral ist eine Linearform auf $R(I)$. Dieser Satz ist sowohl im reellen Fall (f, g reellwertig und α, β reell) als auch im komplexen Fall gültig.

Beweis. Offenbar ist, wenn eine Folge (Z_n, ξ^n) mit $|Z_n| \to 0$ vorliegt,

$$\sigma(Z_n, \xi^n; \alpha f + \beta g) = \alpha \sigma(Z_n, \xi^n; f) + \beta \sigma(Z_n, \xi^n; g).$$

Da die Limites für $n \to \infty$ auf der rechten Seite nach Voraussetzung existieren, gilt das auch für den Limes auf der linken Seite. Die Behauptung folgt also aufgrund der Riemannschen Definition 9.7. □

Nach diesem kurzen Ausflug ins Komplexe wollen wir wieder annehmen, daß die auftretenden Funktionen reellwertig sind. Es läßt sich meist mit einem Blick erkennen, ob sich die folgenden Aussagen auf komplexwertige Funktionen übertragen lassen. Für die auf der Ordnungsrelation in $\mathbb{R}$ basierenden Aussagen (Ungleichungen, oberes und unteres Integral) ist das sicher nicht der Fall.

9.10 Einige Eigenschaften des Integrals. Die Funktionen $f, g\colon I = [a, b] \to \mathbb{R}$ seien beschränkt.

(a) Änderungen des Funktionswertes $f(x)$ an endlich vielen Stellen sind ohne Einfluß auf die Integrierbarkeit und auf den Wert des oberen und unteren Integrals.

(b) Ist $f, g \in R(I)$ und $f(x) = g(x)$ auf einer in I dichten Menge, so ist

$$\int_a^b f(x)\, dx = \int_a^b g(x)\, dx.$$

(c) Ist $f \in R(I)$ und ϕ auf $W = f(I)$ lipschitzstetig,

$$|\phi(y) - \phi(z)| \leq L|y - z| \quad \text{für } y, z \in W,$$

so ist auch $\phi \circ f$ aus $R(I)$ (der Satz gilt auch für gleichmäßig stetiges ϕ, doch wird der Beweis schwieriger).

(d) Mit f sind auch die Funktionen $|f|$, $f^+ = \max(f, 0)$, $f^- = \max(-f, 0)$ und f^2 über I integrierbar. Dasselbe gilt für $1/f$, falls $|f(x)| \geq \delta > 0$ auf I ist.

(e) Mit f und g sind auch die Funktionen fg, $\max(f, g)$, $\min(f, g)$ über I integrierbar.

Man beachte den Unterschied zwischen (a) und (b). Wenn man weiß, daß f und g integrierbar sind, führt bereits die Übereinstimmung z.B. auf $\mathbb{Q}$ zur Gleichheit der Integrale. Ist jedoch f integrierbar und $g(x) = f(x)$ bis auf abzählbar viele Ausnahmen, so braucht g keineswegs integrierbar zu sein. Ein Gegenbeispiel dazu ist die Dirichlet-Funktion in 9.4, Beispiel 4.

Beweis. Im folgenden bezeichnet (Z_n) eine Zerlegungsnullfolge.

(a) Wird f an einer einzigen Stelle aus I abgeändert, etwa um die Größe a, so ändern sich dadurch $s(Z_n)$ oder $S(Z_n)$ höchstens um $\pm a|Z_n|$, und die Behauptung folgt aus 9.4. Bei mehreren Punkten wiederholt man diesen Schluß.

(b) Man kann für jede Zerlegung Z_n die Zwischenpunkte ξ_k so wählen, daß $f(\xi_k)=g(\xi_k)$, also $\sigma(Z_n, \xi; f)=\sigma(Z_n, \xi; g)$ ist.

(c) Aus der Ungleichung

$$|\phi(f(x))-\phi(f(x'))|\leq L|f(x)-f(x')|$$

liest man ab, daß die Schwankung von $\phi\circ f$ in irgendeinem Teilintervall von I höchstens L-mal so groß wie die entsprechende Schwankung von f ist. Für die Oszillationssummen gilt also

$$O(Z_n; \phi\circ f)\leq L\cdot O(Z_n; f),$$

und die Behauptung folgt aus dem Riemannschen Kriterium 9.5.

(d) enthält die folgenden Spezialfälle von (c): $\phi(y)=|y|$, y^+, y^-, y^2, $1/y$. Man beachte, daß y^2 auf beschränkten Intervallen und $1/y$ für $|y|\geq\delta>0$ lipschitzstetig sind; vgl. 3.5. Schließlich ergibt sich (e) aus Satz 9.9 und (d) mit Hilfe der schon früher bei ähnlicher Gelegenheit benutzten Darstellungen

$$4fg=(f+g)^2-(f-g)^2, \quad \max(f,g)=f+(g-f)^+, \ldots \qquad \square$$

Die folgende Gruppe von Sätzen behandelt *Ungleichungen und Abschätzungen* für Integrale. Die Resultate sind, wenn man sich die geometrische Deutung des Integrals als Fläche vergegenwärtigt, unmittelbar anschaulich, die Beweise äußerst einfach.

Eine Ungleichung $f(x)\leq g(x)$ für $x\in I=[a,b]$ pflanzt sich auf die Infima und Suprema in Teilintervallen von I und damit auf Ober- und Untersummen fort. Aus dieser einfachen Tatsache ergibt sich der

9.11 Satz. *Sind $f, g\colon I\to\mathbb{R}$ beschränkt und ist $f\leq g$ in I, so gilt die Ungleichung*

$$\int_a^b f(x)\,dx\leq\int_a^b g(x)\,dx$$

für das untere und das obere Integral, also im Falle der Integrierbarkeit beider Funktionen für das Integral.

Kurz gesagt: Man darf Ungleichungen zwischen Funktionen integrieren. So erhält man z.B. durch Integration der beiden Ungleichungen $-f\leq|f|$ und $f\leq|f|$ die folgende wichtige

9.12 Dreiecksungleichung für Integrale. *Für $f\in R(I)$ ist*

$$\left|\int_a^b f(x)\,dx\right|\leq\int_a^b |f(x)|\,dx.$$

Ein zweiter *Beweis* geht aus von der Ungleichung

$$|\sigma(Z, \xi; f)|\leq\sigma(Z, \xi; |f|).$$

Das ist nichts anderes als die Dreiecksungleichung für eine Riemannsche Summe (daraus erklärt sich auch der Name für die obige Integralungleichung). Wählt man hier $(Z, \xi)=(Z_n, \xi^n)$ mit $|Z_n| \to 0$, so folgt die Behauptung für $n \to \infty$ aufgrund der Summendefinition des Integrals. □

Als Folge dieser Abschätzung ergibt sich, indem man die Ungleichung $|f(x)| \leq K$ integriert, eine bequem zu handhabende

Merkregel. *Das Integral wird durch das Produkt aus der Intervallänge und dem Supremum von $|f|$ abgeschätzt,*

$$\left|\int_a^b f(x)\,dx\right| \leq (b-a)\,K, \qquad \textit{falls } |f(x)| \leq K \textit{ ist.}$$

Der obige zweite Beweis zeigt, daß diese Abschätzungen auch für komplexwertiges f gültig bleiben. Eine noch genauere Integralschätzung erhält man durch Betrachtung von Mittelwerten. Man nennt die Zahl

$$\mu \equiv \mu(f) := \frac{1}{b-a} \int_a^b f(x)\,dx \quad \textit{(Integral-)Mittelwert} \text{ von } f \text{ auf } I.$$

Genügt die (reellwertige) Funktion $f \in R(I)$ der Ungleichung $m \leq f(x) \leq M$ (M, m konstant), so folgt durch Integration

$$m(b-a) \leq \int_a^b f(x)\,dx \leq M(b-a).$$

Dies ist der wichtige *Mittelwertsatz der Integralrechnung*, den wir in etwas anderer Fassung nochmals formulieren.

9.13 Mittelwertsatz der Integralrechnung. *Der Mittelwert einer Funktion $f \in R(I)$ genügt, wie es der Name andeutet, den Ungleichungen* $\inf f(I) \leq \mu(f) \leq \sup f(I)$. *Ist insbesondere f in I stetig, so gibt es ein $\xi \in I$ mit $\mu = f(\xi)$, d.h.*

$$\int_a^b f(x)\,dx = (b-a)\,f(\xi).$$

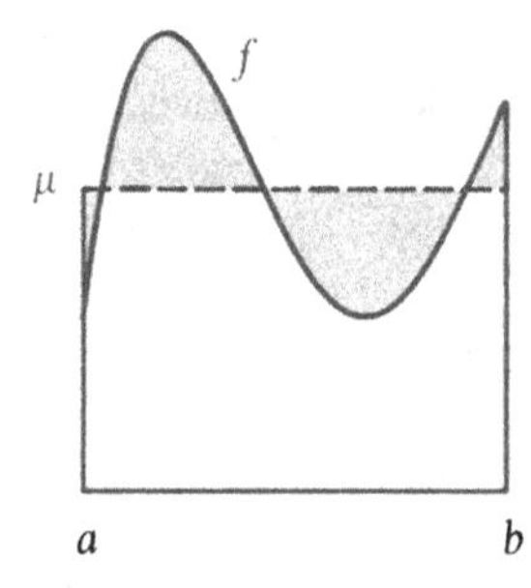

Geometrische Deutung des Integralmittelwertes als Höhe eines flächengleichen Rechtecks

Im geometrischen Bild wird die Bedeutung von μ als eines gemittelten Funktionswertes sichtbar; μ ist die Höhe eines mit der Ordinatenmenge flächengleichen Rechtecks. So ist z.B. der Mittelwert der Potenz x^p $(p \geq 0)$ im Intervall $[0,1]$ gleich $\frac{1}{p+1}$, der Mittelwert des Sinus in $[0,\pi]$ gleich $2/\pi$.

Erweiterter Mittelwertsatz. *Die Funktion $p \in R(I)$ sei nichtnegativ, für die Funktion $f \in R(I)$ gelte $m \leq f(x) \leq M$ in I. Dann ist*

$$m \int_a^b p(x)\,dx \leq \int_a^b f(x)\,p(x)\,dx \leq M \int_a^b p(x)\,dx.$$

Bei stetigem f gibt es also ein $\xi \in I$ mit $\int_a^b f p\,dx = f(\xi) \int_a^b p\,dx$.

Der Beweis ergibt sich sofort aus der Integration der Ungleichungen

$$m p(x) \leq f(x)\,p(x) \leq M p(x).$$

Damit ist der Abschnitt über den Größenvergleich von Integralen abgeschlossen. Der nächste Satz gibt Antwort auf eine fundamentale Frage: Unter welchen Bedingungen darf man Limes und Integral vertauschen? Wann ist die gliedweise Integration einer unendlichen Reihe erlaubt, wie sie von Mercator und Newton und ihren Nachfolgern ohne Bedenken gehandhabt wurde?

9.14 Satz über gliedweise Integration. *Es sei (f_n) eine Folge von Funktionen aus $R(I)$, und es gelte $f(x) = \lim_{n\to\infty} f_n(x)$ gleichmäßig auf I. Dann ist $f \in R(I)$ und*

$$\int_a^b f(x)\,dx \equiv \int_a^b (\lim_{n\to\infty} f_n(x))\,dx = \lim_{n\to\infty} \int_a^b f_n(x)\,dx.$$

Beweis. Zu $\varepsilon > 0$ gibt es wegen der gleichmäßigen Konvergenz ein N mit

$$f_n(x) - \varepsilon \leq f(x) \leq f_n(x) + \varepsilon \quad \text{für } n \geq N \text{ und } x \in I.$$

Nach Satz 9.11 setzt sich diese Ungleichung auf die unteren Integrale fort (wir wissen noch nicht, ob f integrierbar ist!). Mit den Bezeichnungen

$$J_n = \int_a^b f_n(x)\,dx \quad \text{und} \quad J_* = \underline{\int_a^b} f(x)\,dx$$

erhält man

$$J_n - \varepsilon(b-a) \leq J_* \leq J_n + \varepsilon(b-a),$$

d.h. $|J_n - J_*| \leq \varepsilon(b-a)$ für $n \geq N$. Diese Ungleichung besagt nichts anderes als $J_* = \lim J_n$. Auf genau dieselbe Weise erhält man $J^* = \lim J_n$ und damit $J_* = J^* = \lim J_n$. □

Die Übertragung auf unendliche Reihen ergibt sich unmittelbar, da endliche Summen nach 9.9 gliedweise integriert werden dürfen.

Corollar. *Es sei $f_n \in R(I)$ und $S(x) = \sum_0^\infty f_n(x)$ gleichmäßig konvergent auf I. Dann ist $S \in R(I)$ und*

$$\int_a^b S(x)\,dx \equiv \int_a^b \sum_0^\infty f_n(x)\,dx = \sum_0^\infty \int_a^b f_n(x)\,dx.$$

Beispiele. 1. $\int_a^b e^x\,dx = \sum_0^\infty \int_a^b \frac{x^n}{n!}\,dx = \sum_0^\infty \frac{b^{n+1} - a^{n+1}}{(n+1)!} = (e^b - 1) - (e^a - 1) = e^b - e^a$ (neuer Beweis einer bekannten Formel!).

2. *Potenzreihen.* Es sei $S(x) = \sum_0^\infty a_n x^n$ eine Potenzreihe mit dem Konvergenzradius $r > 0$. Ist die Reihe für $x = a$ und $x = b$ konvergent, so ist sie in $[a, b]$ gleichmäßig konvergent (das gilt nach dem Abelschen Grenzwertsatz 7.12 auch, wenn a oder b gleich $\pm r$ ist). Durch gliedweise Integration erhält man

$$\int_a^b S(x)\,dx = \sum_0^\infty a_n \int_a^b x^n\,dx = \sum_0^\infty \frac{a_n}{n+1}(b^{n+1} - a^{n+1}).$$

3. *Logarithmische Reihe.* Nach den Aufgaben 1 und 11 ist

$$\int_0^a \frac{dx}{1+x} = \int_1^{a+1} \frac{dx}{x} = \log(a+1),$$

andererseits

$$\int_0^a \frac{dx}{1+x} = \int_0^a \sum_{n=0}^\infty (-1)^n x^n = \sum_{n=0}^\infty (-1)^n \frac{a^{n+1}}{n+1} \qquad \text{für } |a| < 1.$$

Damit haben wir einen neuen Beweis für die Reihe

$$\log(1+x) = x - \frac{x^2}{2} + \frac{x^3}{3} - + \dots \qquad (|x| < 1).$$

4. Weitere Reihenentwicklungen für elementar-transzendente Funktionen lassen sich durch gliedweise Integration gewinnen. Als Beispiel betrachten wir ein mit Hilfe der geometrischen Reihe auswertbares Integral

$$\int_0^x \frac{dt}{1+t^2} = \sum_{n=0}^\infty (-1)^n \int_0^x t^{2n}\,dt = \sum_{n=0}^\infty (-1)^n \frac{x^{2n+1}}{2n+1} \qquad \text{für } |x| < 1.$$

Wenn man weiß, daß

$$\int_0^x \frac{dt}{1+t^2} = \arctan x \qquad \text{für } x \in \mathbb{R}$$

ist (ein Beweis ist in Aufgabe 8 angedeutet, ein einfacher Beweis ergibt sich im nächsten Paragraphen), so hat man damit die *Arcustangensreihe*

$$\arctan x = \sum_{n=0}^\infty (-1)^n \frac{x^{2n+1}}{2n+1} \qquad \text{für } |x| \le 1$$

abgeleitet. In ähnlicher Weise läßt sich auch die Arcussinusreihe gewinnen.

5. Für $f \in R(I)$ ist $e^f \in R(I)$ (vgl. 9.10 (c) und

$$\int_a^b e^{f(x)}\,dx = \int_a^b \sum_0^\infty \frac{f^n(x)}{n!} = \sum_0^\infty \frac{1}{n!} \int_a^b f^n(x)\,dx,$$

also z.B.

$$\int_0^1 e^{e^x}\,dx = 1 + \sum_1^\infty \frac{1}{n!\,n}(e^n - 1).$$

9.15 Integrale über Teilintervalle. Satz. *Es sei $f(x)$ auf $[a,b]$ erklärt und beschränkt und $a<c<b$. Die Funktion f ist genau dann auf $[a,b]$ integrierbar, wenn sie auf $[a,c]$ und auf $[c,b]$ integrierbar ist, und in diesem Fall ist*

$$\int_a^b f(x)\,dx = \int_a^c f(x)\,dx + \int_c^b f(x)\,dx.$$

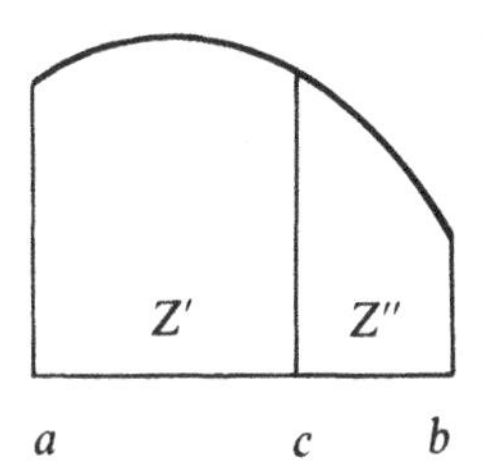

Beweis. Es sei (Z_n) eine Zerlegungsnullfolge von I, wobei jedes Z_n den Teilpunkt c enthält, und es bezeichne Z'_n bzw. Z''_n die durch Z_n induzierte Zerlegung von $[a,c]$ bzw. $[c,b]$. Dann gilt offenbar

$$s(Z_n) = s(Z'_n) + s(Z''_n).$$

Für $n \to \infty$ folgt daraus mit 9.4 die behauptete Gleichung für die unteren und natürlich ebenso für die oberen Integrale. Bezeichnet man mit D, D' und D'' die Differenzen zwischen oberem und unterem Integral, so ist $D = D' + D''$. Da die Differenzen nichtnegativ sind, gilt $D = 0 \Leftrightarrow D' = D'' = 0$ und damit die Behauptung. □

Aufgrund des vorangehenden Satzes ist für eine beliebige obere Integrationsgrenze x das Integral

$$F(x) := \int_a^x f(t)\,dt \qquad \text{für } a < x \leq b$$

definiert. Ferner erkennt man, eventuell durch zweimalige Anwendung des Satzes, daß f über jedes abgeschlossene Teilintervall $[c,d] \subset [a,b]$ integrierbar ist und daß

$$(*) \qquad \int_c^d f(t)\,dt = F(d) - F(c)$$

ist. Diese Darstellung eines Integrals als Differenz einer anderen Funktion haben wir bereits in verschiedenen Beispielen kennengelernt.

Zur Vermeidung von Fallunterscheidungen ist es bequem, beim Integral $\int_a^b f(x)\,dx$ auf die Forderung $a<b$ zu verzichten.

Definition. Für $a<b$ und $f\in R[a,b]$ wird

$$\int_b^a f(x)\,dx = -\int_a^b f(x)\,dx$$

sowie

$$\int_c^c f(x)dx = 0 \qquad \text{für } a\le c\le b.$$

festgesetzt. Damit gilt, wovon man sich leicht überzeugt, (*) für beliebige c, $d\in[a,b]$. Noch mehr, die im obigen Satz auftretende Gleichung zwischen Integralen nimmt jetzt eine vollständig symmetrische Gestalt an.

Corollar. *Für $f\in R[a,b]$ und beliebige α, β, $\gamma\in[a,b]$ gilt*

$$\int_\alpha^\beta f(x)\,dx + \int_\beta^\gamma f(x)\,dx + \int_\gamma^\alpha f(x)\,dx = 0.$$

Der *Beweis* reduziert sich auf die Identität

$$(F(\beta)-F(\alpha))+(F(\gamma)-F(\beta))+(F(\alpha)-F(\gamma))=0.$$ □

Dazu ein Beispiel. Es ist

$$\int_a^b x^p\,dx = \frac{1}{p+1}(b^{p+1}-a^{p+1}) \qquad \text{für beliebige } a,b\in\mathbb{R} \text{ und } p\in\mathbb{N}.$$

Dies ergibt sich aus 9.4, Beispiel 3, und dem Hinweis, daß für eine gerade bzw. ungerade Funktion f die Gleichung $\int_{-a}^0 f(x)\,dx = \pm\int_0^a f(x)\,dx$ besteht.

9.16 Das Integral als Funktion der oberen Grenze. Es sei f über $I=[a,b]$ integrierbar, $a\le c\le b$ und

$$F(x) := \int_c^x f(t)\,dt.$$

Über das hierdurch definierte Integral mit variabler oberer Grenze besteht der folgende

Satz. *Die Funktion F ist in I stetig und sogar lipschitzstetig: Aus $|f(x)|\le K$ in I folgt*

$$|F(x)-F(x')|\le K|x-x'| \qquad \text{für } x,x'\in I.$$

Ist f nichtnegativ in I, so ist F (schwach) monoton wachsend, also $F(x)\le 0$ für $a\le x\le c$ und $F(x)\ge 0$ für $c\le x\le b$.

Der *Beweis* ist fast trivial. Aus 9.15 folgt sowohl die Monotonie als auch die behauptete Ungleichung

$$|F(x)-F(x')| = \left|\int_{x'}^x f(t)\,dt\right| \le K|x-x'|.$$

Hier haben wir von der Merkregel in 9.12 Gebrauch gemacht. □

Durch Integration lassen sich demnach aus gegebenen Funktionen neue Funktionen gewinnen. Wir geben dazu einige Beispiele, die wegen ihrer Wichtigkeit eigene Namen erhalten haben.

Der *Integralsinus* $Si(x)$ ist definiert durch

$$Si(x) := \int_0^x \frac{\sin t}{t}\, dt = \sum_{n=0}^{\infty} (-1)^n \frac{x^{2n+1}}{(2n+1)(2n+1)!} \qquad \text{für } x \in \mathbb{R}.$$

Die *Fehlerfunktion* (oder das *Fehlerintegral*)

$$\Phi(x) := \frac{2}{\sqrt{\pi}} \int_0^x e^{-t^2}\, dt = \frac{2}{\sqrt{\pi}} \sum_{n=0}^{\infty} (-1)^n \frac{x^{2n+1}}{(2n+1)\, n!}$$

ist von grundlegender Bedeutung in der Statistik. Verwandt damit sind die in der Theorie der optischen Beugungserscheinungen auftretenden *Fresnelschen Integrale*

$$C(x) := \int_0^x \cos \frac{\pi}{2} t^2\, dt = x \sum_{n=0}^{\infty} \frac{(-1)^n (\frac{\pi}{2} x^2)^{2n}}{(2n)!(4n+1)},$$

$$S(x) := \int_0^x \sin \frac{\pi}{2} t^2\, dt = x \sum_{n=0}^{\infty} \frac{(-1)^n (\frac{\pi}{2} x^2)^{2n+1}}{(2n+1)!(4n+3)}.$$

Näheres über diese und andere *spezielle Funktionen* findet man in den Büchern von Magnus-Oberhettinger-Soni [1966] und Jahnke-Emde-Lösch [1960]. Der Nachweis, daß es sich hier um „neue" Funktionen handelt, welche nicht durch elementare Funktionen darstellbar sind, ist keineswegs trivial. Der erste Beweis in dieser Richtung wurde 1835 von J. LIOUVILLE gegeben (Crelles Journal 13, 93–118); s. auch R.H. Risch, *The problem of integration in finite terms*, Transac. Amer. Math. Soc. 139 (1969) 167–189.

9.17 Die Bestimmung von Summen durch Integrale. Die Riemannsche Summendefinition des Integrals kann in gewissen Fällen – in Umkehrung der ursprünglichen Zweckbestimmung – dazu dienen, mit Hilfe von bekannten Integralen Summen und unendliche Reihen zu bestimmen. Dieses Verfahren soll an einigen auch historisch interessanten Beispielen erläutert werden.

(a) Zunächst betrachten wir für ganze Zahlen p, q mit $0 < p < q$ die Summen

$$S_p^q(n) := \frac{1}{pn+1} + \frac{1}{pn+2} + \ldots + \frac{1}{qn} \equiv \sum_{k=pn+1}^{qn} \frac{1}{k}$$

und zeigen, daß

$$\lim_{n \to \infty} S_p^q(n) = \int_p^q \frac{dx}{x} = \log \frac{q}{p}$$

ist.

Der Beweis ergibt sich aus der Beobachtung, daß die Summe $S_p^q(n)$ als Riemannsche Summe für das Integral $\int_p^q \frac{1}{x}\, dx$ betrachtet werden kann. In der Tat lautet die Riemann-Summe bei äquidistanter Zerlegung Z_n in $(q-p)n$ Teilintervalle der Länge $\frac{1}{n}$, wenn man in jedem Teilintervall den rechten Endpunkt wählt,

$$\sigma(Z_n) = \frac{1}{n} \left\{ \frac{1}{p+\frac{1}{n}} + \frac{1}{p+\frac{2}{n}} + \ldots + \frac{1}{q} \right\} = S_p^q(n).$$

(b) Im Jahre 1873 hat O. Schlömilch (Zeitschrift für Mathematik 18, S. 520) den folgenden Satz bewiesen:

Wenn in der konvergenten alternierenden Reihe

$$s=\sum_{n=0}^{\infty}(-1)^n u_{n+1} \qquad (u_n>0)$$

die Glieder so umgestellt werden, daß immer p positive und q negative Glieder aufeinander folgen, so ist die Summe der neuen Reihe

$$S=s+\frac{1}{2}\alpha\log\frac{p}{q} \quad \text{mit} \quad \alpha=\lim_{n\to\infty}(nu_n).$$

Die Existenz des Limes ist vorausgesetzt.

Wir deuten den Beweis an und beschränken uns auf den Fall $p=2$, $q=3$. Es sei s_n die n-te Teilsumme der vorgelegten Reihe und

$$\begin{aligned}\sigma_n=(u_1+u_3)-(u_2+u_4+u_6)+(u_5+u_7)-(u_8+u_{10}+u_{12})+-\dots\\ +(u_{4n-3}+u_{4n-1})-(u_{6n-4}+u_{6n-2}+u_{6n}),\end{aligned}$$

also

$$\sigma_n=s_{4n}-\sum_{k=1}^{n}u_{4n+2k}.$$

Für $\alpha_n=\inf\{ku_k\colon k\geq n\}$ und $\beta_n=\sup\{ku_k\colon k\geq n\}$ gilt $\alpha_n\nearrow\alpha$, $\beta_n\searrow\alpha$; vgl. Aufgabe 4.1. Nun ist

$$\frac{\alpha_{4n}}{4n+2k}\leq u_{4n+2k}\leq\frac{\beta_{4n}}{4n+2k} \quad\Rightarrow$$

$$\frac{\alpha_{4n}}{2}S_2^3(n)\leq\sum_{k=1}^{n}u_{4n+2k}\leq\frac{\beta_{4n}}{2}S_2^3(n),$$

woraus mit dem Sandwich Theorem und (a) die Behauptung folgt. □

Damit lassen sich zahlreiche Reihensummen exakt bestimmen. So folgt etwa durch Umstellung der Leibnizschen Reihe $\frac{\pi}{4}=1-\frac{1}{3}+\frac{1}{5}-+\dots$ (vgl. 9.18(a)) die Gleichung

$$(1+\tfrac{1}{5})-(\tfrac{1}{3}+\tfrac{1}{7}+\tfrac{1}{11})+(\tfrac{1}{9}+\tfrac{1}{13})-(\tfrac{1}{15}+\tfrac{1}{19}+\tfrac{1}{23})+-\dots=\tfrac{\pi}{4}-\tfrac{1}{4}\log\tfrac{3}{2}$$

und in ähnlicher Weise aus der alternierenden harmonischen Reihe $\log 2=1-\frac{1}{2}+\frac{1}{3}-\frac{1}{4}+-\dots$ die Gleichung

$$\begin{aligned}(1+\tfrac{1}{3})-(\tfrac{1}{2}+\tfrac{1}{4}+\tfrac{1}{6})+(\tfrac{1}{5}+\tfrac{1}{7})-(\tfrac{1}{8}+\tfrac{1}{10}+\tfrac{1}{12})+-\dots&=\log 2+\tfrac{1}{2}\log\tfrac{3}{2}\\ &=\tfrac{1}{2}\log 6.\end{aligned}$$

(c) Eine weitere Anwendung der Riemannschen Summendefinition betrifft das bei der Partialbruchzerlegung des Cotangens benutzte Lemma 8.12. Es besagt, daß eine stetige, im Nullpunkt verschwindende Lösung der Funktionalgleichung

$$f(x)=\frac{1}{2}\left\{f\left(\frac{x}{2}\right)+f\left(\frac{x+1}{2}\right)\right\}$$

identisch verschwindet. Wir beweisen eine Verallgemeinerung dieses Lemmas:

Eine Funktion f, welche im Intervall $[0,1]$ integrierbar ist und für $0<x<1$ dieser Funktionalgleichung genügt, ist im offenen Intervall $(0,1)$ konstant.

Zum Beweis wenden wir auf $f\left(\frac{x}{2}\right)$ und $f\left(\frac{x+1}{2}\right)$ die Funktionalgleichung an und erhalten

$$f(x)=\frac{1}{4}\left\{f\left(\frac{x}{4}\right)+f\left(\frac{x+1}{4}\right)+f\left(\frac{x+2}{4}\right)+f\left(\frac{x+3}{4}\right)\right\}$$

und bei Wiederholung dieses Verfahrens nach n Schritten

$$(+)\qquad f(x)=\frac{1}{2^n}\left\{f\left(\frac{x}{2^n}\right)+f\left(\frac{x+1}{2^n}\right)+f\left(\frac{x+2}{2^n}\right)+\ldots+f\left(\frac{x+2^n-1}{2^n}\right)\right\}.$$

Der Beweis dieser Formel durch Schluß von n auf $n+1$ bereitet keine Schwierigkeit. Der rechts stehende Ausdruck kann aufgefaßt werden als Riemann-Summe für das Integral

$$J=\int_0^1 f(t)\,dt$$

bezüglich einer äquidistanten Zerlegung von $[0,1]$ in 2^n Teilintervalle, und zwar für jedes (feste) $x\in(0,1)$. Z.B. entspricht die Wahl $x=\frac{1}{2}$ dem Mittelpunkt in jedem Teilintervall, die Wahl $x=1$ dem rechten Intervallende in jedem Teilintervall. Also strebt die rechte Seite der Gleichung (+) gegen J, d.h. es ist $f(x)=J$ für $0<x<1$.

9.18 Die Berechnung von π. Von der Quadratur des Kreises und ihrem arithmetischen Analogon, der Zahl π, ging zu allen Zeiten eine Faszination aus. Um 1600 approximierte LUDOLF VAN CEULEN (1540–1610) π nach der Archimedischen Methode der einbeschriebenen und umschriebenen Polygone auf 20 und später auf 36 Stellen. Lange Zeit wurde π ihm zu Ehren als Ludolfsche Zahl bezeichnet. Im Zeitalter der Infinitesimalrechnung wurde die Berechnung von π zu einem intellektuellen Spiel, dem sich Euler und Gauß ebenso widmeten wie zahlreiche Mathematiker aus der zweiten Reihe. Grundlage aller dieser Berechnungen ist die in 9.14, Beispiel 4 abgeleitete Arcustangensreihe

$$\arctan x = x-\frac{x^3}{3}+\frac{x^5}{5}-\frac{x^7}{7}+\frac{x^9}{9}-+\ldots \qquad \text{für } |x|\le 1.$$

Sie ist aufgrund des Abelschen Grenzwertsatzes im Intervall $[-1,1]$ gleichmäßig konvergent. NEWTON entdeckte um 1665 die Potenzreihen für den Sinus, den Cosinus und den Arcussinus. John Collins, der als Mitglied der Royal Society die Funktion eines Nachrichtenübermittlers wahrnahm, machte in einem Brief vom 24. Dezember 1670 JAMES GREGORY mit den Reihen Newtons bekannt. Im Antwortbrief vom 15. Februar 1671 schreibt Gregory, Newtons Methoden einigermaßen zu kennen, und weil Collins ihm einige Reihen gegeben habe, für welche er ihm dankbar sei, so wolle er ihm Ähnliches zurückgeben [Cantor III, S. 75]. Unter den von Gregory ohne Beweis mitgeteilten Reihen findet man die Arcustangensreihe, welche ihn für alle Zeiten berühmt machen sollte. Für $x=1$ geht sie über in die später (1674) von LEIBNIZ unabhängig entdeckte sogenannte Leibnizsche Reihe für $\pi/4$,

$$\text{(a)}\qquad \tfrac{\pi}{4}=1-\tfrac{1}{3}+\tfrac{1}{5}-\tfrac{1}{7}+\tfrac{1}{9}-+\ldots$$

Daß diese Reihe sehr langsam konvergiert und für die numerische Berechnung von π nicht zu empfehlen ist, sieht man auf den ersten Blick. Der englische Astronom ABRAHAM SHARP berechnete um 1700 bereits 72 Dezimalen von π. Er ging aus von der Formel $\tan\pi/6=1/\sqrt{3}$, die sich am gleichseitigen Dreieck leicht bestätigen läßt, und gewann die Darstellung

$$\text{(b)}\qquad \frac{\pi}{6}=\arctan\frac{1}{\sqrt{3}}=\frac{1}{\sqrt{3}}\left(1-\frac{1}{3\cdot 3}+\frac{1}{5\cdot 3^2}-\frac{1}{7\cdot 3^3}+\frac{1}{9\cdot 3^4}-+\ldots\right).$$

Wesentlich schneller konvergente Reihen erhält man unter Verwendung des Additionstheorems für den Tangens

$$\tan(x+y)=\frac{\tan x+\tan y}{1-\tan x\cdot\tan y}$$

bzw. des äquivalenten Additionstheorems für den Arcustangens (man setze $\tan x=\xi$, $\tan y=\eta$)

$$\text{(c)}\qquad \arctan\xi+\arctan\eta=\arctan\frac{\xi+\eta}{1-\xi\eta}.$$

Die Formel gilt für geeignete Funktionszweige des Arcustangens, für den (durch $|\arctan x|<\pi/2$ definierten) Hauptwert an allen drei Stellen sicher dann, wenn $0\leq\xi\leq 1$ und $\eta<1$ ist. Nur solche Argumente treten im folgenden auf.

JOHN MACHIN (1680–1751, Professor der Astronomie am Gresham College in London, Mitglied jener Untersuchungskommission der Royal Society, die den Prioritätsstreit zwischen Newton und Leibniz zu entscheiden hatte; vgl. §10) fand vor 1706 die Formel

$$\text{(d)}\qquad \frac{\pi}{4}=4\arctan\frac{1}{5}-\arctan\frac{1}{239}$$

und berechne mit ihrer Hilfe die ersten 100 Dezimalen von π. Diese Formel ist numerisch außerordentlich günstig und wurde noch in jüngster Zeit für Computerberechnungen von π benutzt. Ihre Verifikation ist einfacher als ihre Entdeckung. Zunächst folgt aus dem Additionstheorem (c) für $\xi=\eta=1/5$ bzw. $5/12$

$$2\arctan\frac{1}{5}=\arctan\frac{5}{12}\quad\text{und}\quad 4\arctan\frac{1}{5}=\arctan\frac{120}{119}.$$

Schließlich ist $\pi/4=\arctan 1$ und

$$\arctan 1+\arctan\frac{1}{239}=\arctan\frac{1+1/239}{1-1/239}=\arctan\frac{120}{119},$$

woraus in der Tat (d) folgt.

Der folgende Satz gibt ein Rezept an die Hand, mit dem man zahlreiche aus der Literatur bekannte und auch neue eigene Formeln zur günstigen Berechnung von π gewinnen kann. Er geht im wesentlichen auf CHARLES LUTWIDGE DODGSON (1832–1898, Mathematiker am Christ Church College in Oxford von 1855–1881) zurück, welcher weniger durch seine Arbeiten über mathematische Logik, Determinantentheorie und Geometrie, sondern vielmehr als Schriftsteller unter dem Pseudonym Lewis Carroll durch seine Bücher *Alices Abenteuer im Wunderland* und *Alice im Spiegelreich* zu Weltruhm gelangt ist.

Satz. *Für ganze Zahlen p, m, $n\geq 1$ gilt*

$$\arctan\frac{1}{p}=\arctan\frac{1}{p+m}+\arctan\frac{1}{p+n},\quad \textit{falls}\ mn=p^2+1.$$

Beweis. Nach dem Additionstheorem (c) gilt diese Gleichung, wenn

$$\frac{1}{p}=\frac{1/(p+m)+1/(p+n)}{1-1/(p+m)(p+n)}=\frac{2p+m+n}{(p+m)(p+n)-1}$$

oder $p(2p+m+n)=(p+m)(p+n)-1$, d.h. $mn=p^2+1$ ist. □

Setzt man zur Abkürzung $p^* = \arctan \frac{1}{p}$, so erhält man nacheinander die Formeln

$$1^* = 2^* + 3^*, \quad 3^* = 5^* + 8^*, \quad 8^* = 13^* + 21^*,$$
$$2^* = 3^* + 7^*, \quad 5^* = 7^* + 18^*, \quad \text{usw.}$$

Wegen $1^* = \arctan 1 = \frac{\pi}{4}$ ist also

(e) $\frac{\pi}{4} = \arctan \frac{1}{2} + \arctan \frac{1}{3}$ (Euler, *Introductio* §142);

(f) $\frac{\pi}{4} = 2\arctan \frac{1}{3} + \arctan \frac{1}{7}$ (Euler 1737);

(g) $\frac{\pi}{4} = 2 \arctan \frac{1}{5} + \arctan \frac{1}{7} + 2 \arctan \frac{1}{8}$;

usw.

Euler schreibt in der *Introductio* im §126, „daß man den Umfang des Kreises [vom Radius 1] in rationalen Zahlen nicht genau ausdrücken kann, daß man aber näherungsweise für den halben Umfang des Kreises die Zahl

3, 14159 26535 89793 23846 26433 83279 50288 41971 69399 37510
58209 74944 59230 78164 06286 20899 86280 34825 34211 70679
82148 08651 32823 06647 09384 46 ...

gefunden hat. Für diese Zahl wollen wir der Kürze wegen π schreiben." Diese Näherung hat TH.F. DE LAGNY 1717 aus der Reihe (b) berechnet. Mit seiner Reihe (e) „hätte man die Länge des halben Kreisumfanges π um vieles leichter finden können", schreibt Euler in §142.

Von den zahlreichen weitergehenden Berechnungen sei jene des Engländers WILLIAM SHANKS (1812–1882) aus dem Jahre 1873 erwähnt. Erst 1946 stellte sich heraus, daß von den 707 von Shanks berechneten Dezimalen nur 527 richtig waren (eine ältere Berechnung von Shanks enthält 528 (!) richtige Dezimalen). Damit ist auch das Problem der Rechenfehler angeschnitten. Eine mögliche und auch benutzte Rechenkontrolle besteht in der Verwendung von zwei verschiedenen Formeln mit anschließendem Vergleich. Im Jahre 1949 wurden auf der ENIAC, dem ersten elektronischen Rechenautomaten, 2035 Dezimalen von π berechnet, und zwar nach der Machinschen Formel (d). Schon 1957 waren 10000 Stellen erreicht, und seit 1962 kann man in der Zeitschrift *Mathematics of Computation* (Band 16, 76–99) 100000 Stellen nachlesen. Die von D. Shanks und J.W. Wrench Jr. durchgeführte Rechnung auf einer IBM 7090 dauerte $8^h 43^m$, die Kontrollrechnung nochmals halb so lang. Zur Berechnung wurde die Formel

(h) $\frac{\pi}{4} = 6 \arctan \frac{1}{8} + 2 \arctan \frac{1}{57} + \arctan \frac{1}{239}$ (Carl Störmer 1896),

zur Kontrolle die Formel

(i) $\frac{\pi}{4} = 12 \arctan \frac{1}{18} + 8 \arctan \frac{1}{57} - 5 \arctan \frac{1}{239}$ (C.F. Gauß) benutzt.

Vor kurzem wurden sehr rasch konvergierende Iterationsverfahren zur Berechnung von elementaren Funktionen und insbesondere von π entdeckt, welche auf der Theorie der elliptischen Funktionen bzw. Integrale (vgl. Aufgabe 11 von §12) beruhen und mit dem arithmetisch-geometrischen Mittel 4.11 zusammenhängen. Im Falle von π handelt es sich um die folgende dreigliedrige Iterationsvorschrift für $(\alpha_n, \beta_n, \pi_n)$:

$$\alpha_{n+1} = \frac{1}{2}(\sqrt{\alpha_n} + \sqrt{1/\alpha_n}), \quad \beta_{n+1} = \sqrt{\alpha_n}\, \frac{1+\beta_n}{\alpha_n + \beta_n}, \quad \pi_{n+1} = \pi_n \beta_{n+1} \frac{1+\alpha_{n+1}}{1+\beta_{n+1}}$$

mit $(\alpha_0, \beta_0, \pi_0) = (\sqrt{2}, 0, 2+\sqrt{2})$.

Die π_n konvergieren gegen π, und das n-te Glied π_n enthält mindestens 2^n richtige Ziffern. Auf diese Weise wurden über 4 Millionen Stellen von π berechnet. Näheres über diese Methode enthält der Artikel *The arithmetic-geometric mean and fast computation of elementary functions* von I.M. und P.B. Borwein, SIAM Review 26, 1984, 351–366.

Inzwischen nähert man sich mit noch rascher konvergierenden Reihen dem Ziel, eine Milliarde Ziffern von π zu berechnen. Die Methoden sind beschrieben in dem Artikel *Ramanujan, Modular Equations, and Approximations to Pi or How to Compute One Billion Digits of Pi* von I.M. und P.B. Borwein und D.H. Bailey, Amer. Math. Monthly 96, 1989, 201–219.

Ob π möglicherweise eine rationale oder algebraische Zahl ist, läßt sich auf numerischem Wege nicht entscheiden. Im Jahre 1761 wies JOHANN HEINRICH LAMBERT (1728–1777, Autodidakt, Mitglied der Preußischen Akademie der Wissenschaften) die Irrationalität von π nach. Die Frage nach der Quadratur des Kreises (d.h. der Verwandlung in ein flächengleiches Quadrat mit Zirkel und Lineal in endlich vielen Schritten), eines der ältesten und berühmtesten mathematischen Probleme, wurde 1882 von FERDINAND VON LINDEMANN (1852–1939, Professor in Freiburg, Königsberg und München) entschieden. Er wies nach, daß π eine transzendente Zahl und damit die Quadratur des Kreises unmöglich ist. Die Koordinaten jedes Punktes in einem ebenen rechtwinkligen Koordinatensystem, welcher mit Zirkel und Lineal – ausgehend von den rationalen Punkten – konstruierbar ist, sind nämlich algebraische Zahlen.

Aufgaben

1. Man zeige, daß

$$\int_a^b f(\lambda+t)\,dt=\int_{a+\lambda}^{b+\lambda} f(x)\,dx \quad \text{und} \quad \mu\int_a^b f(\mu t)\,dt=\int_{\mu a}^{\mu b} f(x)\,dx \quad (\mu>0)$$

ist, wobei die Existenz des einen Integrals die des anderen Integrals nach sich zieht. (Man setze, wenn (t_k) eine Zerlegung von $[a,b]$ ist, $x_k=\lambda+t_k$ bzw. $x_k=\mu t_k$.)

2. Die Funktion $f\colon \mathbb{R}\to\mathbb{R}$ sei periodisch mit der Periode $p>0$ und über $[0,p]$ integrierbar, und es sei $J=\int_0^p f(x)\,dx$. Man zeige:

(a) $f\in R[\lambda,\lambda+p]$ und $\int_\lambda^{\lambda+p} f(x)\,dx=J$ für beliebiges $\lambda\in\mathbb{R}$.

(b) Ist außerdem f gerade, so ist $\int_0^{p/2} f(x)\,dx=\frac{1}{2}J$.

(c) Anwendung:

$$\int_0^{\pi/2} \sin^2 x\,dx=\int_0^{\pi/2} \cos^2 x\,dx=\int_{\pi/2}^{\pi} \sin^2 x\,dx=\int_{\pi/2}^{\pi} \cos^2 x\,dx=\tfrac{\pi}{4}$$

(man benutze $\sin^2 x+\cos^2 x=1$).

3. Es sei $x_0=a<x_1<\ldots<x_n=b$ die äquidistante Unterteilung von $I=[a,b]$ in n Teilintervalle, $f\in R(I)$ und A_n das arithmetische Mittel der n Funktionswerte $f(x_1)$, $f(x_2),\ldots,f(x_n)$. Man zeige, daß die A_n gegen den Integralmittelwert $\mu(f)$ streben und leite daraus einen neuen Beweis für den Mittelwertsatz 9.13 ab.

4. *Charakterisierung des Integrals als Mittelwert.* Für jedes $f\in C(\mathbb{R})$ und jedes kompakte Intervall I sei eine Zahl $J(f,I)$ erklärt, und es gelte

(a) $|I|\inf f(I)\le J(f,I)\le |I|\sup f(I)$ (Mittelwerteigenschaft).

(b) $J(f,I_1\cup I_2)=J(f,I_1)+J(f,I_2)$, falls die kompakten Intervalle I_1, I_2 nebeneinander liegen, d.h. genau einen Punkt gemeinsam haben (Additivität).

Man zeige, daß

$$J(f,I)=\int_I f(x)\,dx$$

ist.

5. *Integral als positives lineares Funktional.* Mit den Bezeichnungen von Aufgabe 4 gelte für $f\in C(\mathbb{R})$ neben der Additivität

(a) $J(\lambda f+\mu g, I)=\lambda J(f,I)+\mu J(g,I)$ (Linearität).

(b) Aus $f(x)\geq 0$ in I folgt $J(f,I)\geq 0$ (Positivität).

(c) $J(f(x),[a,b])=J(f(x-\lambda),[a+\lambda,b+\lambda])$ (Translationsinvarianz).

(d) $J(f(x)\equiv 1,[0,1])=1$ (Normierung).

Man zeige, daß

$$J(f,I)=\int_I f(x)\,dx$$

ist.

6. Man beweise den Satz von G.A. Bliss (1914): Für $f,g\in R(I)$, $I=[a,b]$, seien (Riemann-ähnliche) Summen

$$\sigma(Z,\xi,\eta)=\sum_{k=1}^{p} f(\xi_k)\,g(\eta_k)|I_k| \quad \text{mit } \xi_k,\eta_k\in I_k$$

definiert, wobei Z wie üblich durch $a=x_0<x_1<\ldots<x_p=b$ und $I_k=[x_{k-1},x_k]$ gegeben ist. Dann gibt es zu $\varepsilon>0$ ein $\delta>0$ derart, daß

$$\left|\sigma(Z,\xi,\eta)-\int_a^b fg\,dx\right|<\varepsilon \quad \text{für } |Z|<\delta$$

ist.

7. Man berechne die Integrale ($\alpha\in\mathbb{R}$, $k\in\mathbb{Z}$)

$$a_k=\int_{(k-1)\pi}^{k\pi} e^{\alpha x}\sin x\,dx \quad \text{und} \quad b_k=\int_{(k-1)\pi}^{k\pi} e^{\alpha x}\cos x\,dx.$$

Der Weg durchs Komplexe ist empfehlenswert.

8. Man beweise (ohne Differentialrechnung) die Gleichung

$$\int_0^x \frac{dt}{1+t^2}=\arctan x \quad \text{für } x\in\mathbb{R}.$$

Anleitung: Man setze $x=\tan y$ und betrachte die Zerlegung Z_n: $t_k=\tan\,(ky/n)$, $k=0,\ldots,n$. Man überlege sich, daß $\sum (t_k-t_{k-1})/(1+t_{k-1}t_k)$ eine Zwischensumme ist, und zeige mit dem Additionstheorem, daß $(t_k-t_{k-1})/(1+t_{k-1}t_k)=\tan y/n$ ist (unabhängig von k). Vgl. dazu 9.14, Beispiel 4.

9. Man zeige, daß die durch $f(x)=\dfrac{1}{x}-\left[\dfrac{1}{x}\right]$ für $x>0$, $f(0)=0$ definierte Funktion über [0,1] integrierbar ist und gebe den Wert des Integrals an.

10. Die Funktion f sei in $I=[a,b]$ stetig und nicht-negativ, und es sei $M=\max f(I)$. Man zeige:

$$\lim_{n\to\infty}\left(\int_a^b (f(x))^n\,dx\right)^{1/n}=M.$$

11. Man beweise $\int_a^b \frac{dx}{x} = \log \frac{b}{a}$ für $a, b > 0$ nach der Fermatschen Methode von 9.7 (b).

12. Man zeige: Wenn auch nur für eine Zerlegungsnullfolge (Z_n) alle zugehörigen Summenfolgen $(\sigma(Z_n, \xi^n, f))$ konvergieren, so ist bereits $f \in R(I)$.

13. Man berechne

$$\lim_{n \to \infty} \sum_{k=1}^{n} \frac{1}{nx + ky} \qquad \text{für } x > 0,\ y > 0.$$

14. Die Funktion f sei monoton wachsend, die Funktion g sei monoton fallend im Intervall $[a, b]$ $(a < b)$. Man zeige

$$\int_a^b f(x)\, g(x)\, dx \leq \frac{1}{b-a} \int_a^b f(x)\, dx \int_a^b g(x)\, dx.$$

Anleitung: Zunächst sei $\int_a^b g\, dx = 0$. Dann ist $g(x) \geq 0$ in $[a, c]$ und ≤ 0 in $[c, b]$ mit $a < c < b$. Man beweise die Ungleichung $f(x)\, g(x) \leq f(c)\, g(x)$ und integriere. Im allgemeinen Fall betrachte man $g(x) + \alpha$ mit geeignetem α.

15. Es sei f über $[0, a]$ ($a < 0$ zugelassen) integrierbar. Man zeige, daß für $x \in (0, a]$ gilt

$$\frac{1}{x} \int_0^x f(t)\, dt = \lim_{n \to \infty} \frac{1}{n} \left[f\left(\frac{x}{n}\right) + f\left(\frac{2x}{n}\right) + f\left(\frac{3x}{n}\right) + \ldots + f(x) \right],$$

und bestimme den Limes für $n \to \infty$ von

$$\frac{1}{n} \left[\tan \frac{1}{n} + \tan \frac{2}{n} + \ldots + \tan 1 \right].$$

16. Es sei $a < c < b$, und die Funktion f sei auf $[a, b]$ beschränkt. Man zeige, daß die Relation $\int_a^c f\, dx + \int_c^b f\, dx = \int_a^b f\, dx$ für das obere und für das untere Integral gültig ist.

17. Unter den Voraussetzungen von Aufgabe 16 zeige man, daß die Relationen

$$\int_a^b f\, dx = \lim_{c \to a+} \int_c^b f\, dx = \lim_{c \to b-} \int_a^c f\, dx$$

für das obere und für das untere Integral gültig sind.

18. Es sei $a = c_0 < c_1 < c_2 < c_3 < \ldots$ und $\lim c_n = b < \infty$. Man zeige: Ist f in $I = [a, b]$ beschränkt und über jedes Intervall $[c_i, c_{i+1}]$ integrierbar, so ist $f \in R(I)$ und

$$\int_a^b f(x)\, dx = \sum_{i=0}^{\infty} \int_{c_i}^{c_{i+1}} f(x)\, dx.$$

Diese Gleichung gilt also insbesondere dann, wenn $f \in R(I)$ ist. [Dies läßt sich mit Aufgabe 17 oder auch direkt beweisen.]

§ 10. Differentiation

Die Analysis des 17. Jahrhunderts wird beherrscht von zwei großen, zunächst getrennten Themen. Das eine, die Integralrechnung in ihren verschiedenen geometrischen Einkleidungen, wurzelt in der Antike. Es ist Mathematik der Renaissance in des Wortes ursprünglicher Bedeutung, Wiederbelebung und Fortentwicklung der großen griechischen Tradition. Die Ideen des zweiten Themas, der Differentialrechnung, haben kaum klassische Vorbilder, sie wurden in diesem Jahrhundert geboren. Die Zusammenführung dieser beiden Gedankenströme durch NEWTON und LEIBNIZ gehört zu den bedeutendsten Leistungen des menschlichen Geistes und ist aufs engste verbunden mit dem Aufstieg der modernen Naturwissenschaft.

Von den Griechen wurde die grandiose pythagoräische Vision, daß das Universum nach Zahlen geordnet sei, daß also die Mathematik den Schlüssel zum Verstehen der Natur bereithält, vorwiegend statisch verstanden. Nur selten finden wir eine quantitative Beschreibung eines Bewegungsvorganges. Das Bewegte, der Veränderung Unterworfene war das Unvollkommene, in Unordnung Befindliche. Nun wendet sich das wissenschaftliche Interesse der Bewegung zu. Allen voran GALILEO GALILEI (1564–1642), den man den Vater der Dynamik und den ersten modernen Naturwissenschaftler genannt hat, bemüht sich um ein Verständnis von momentaner Geschwindigkeit und Beschleunigung und um die Klärung der Begriffe Kraft und Trägheit. Es entsteht eine neue Art von Naturwissenschaft. Die Natur wird durch das Experiment befragt, ihre Abläufe werden durch Messung quantifiziert. Die Gesetze der Natur aber sind, davon ist Galilei zutiefst überzeugt, von mathematischer Art. Einmal vergleicht er die Natur mit einem großen Buch, in welchem wir aber nicht lesen können, wenn wir nicht „zuvor die Sprache lernen und die Symbole begreifen, in denen es geschrieben ist. Das Buch ist geschrieben in der Sprache der Mathematik, und die Symbole sind Dreiecke, Kreise und andere geometrische Figuren, ohne deren Hilfe es unmöglich ist, auch nur ein einziges Wort darin zu verstehen" [Opere 4, S. 171 oder Kline S. 329].

In der Folgezeit rückt die Mechanik immer näher an die Mathematik heran. Mechanische Überlegungen haben wesentlichen Einfluß auf die mathematische Entwicklung, und mechanische Probleme fordern die Mathematiker immer aufs neue heraus. Die ebene Kurve wird gedacht als der Ort eines sich bewegenden Punktes (etwa in der Schule Galileis), und Newton entwickelt seine Differentialrechnung auf der Grundlage dieses Denkmodells. Man muß dabei im Auge behalten, daß hinter dieser Entwicklung auch praktische Notwendigkeiten standen. Die Navigation auf den eben eroberten Weltmeeren, der Bau von Maschinen aller Art, die Konstruktion von immer besseren Uhren (die man auch zur Navigation benötigte!), dies alles erforderte die genaue Beschreibung zeitlicher Abläufe und die Kenntnis der mechanischen Gesetze.

Am Anfang der Differentialrechnung stehen die neuen analytischen Methoden in der Geometrie. Gegen Ende des 16. Jahrhunderts hat Viète die Grundlagen des algebraischen Kalküls geschaffen. Fermat und Descartes teilen sich in den Ruhm, dieses neue, äußerst handliche Werkzeug auf geometrische Probleme angewandt und so die analytische Geometrie begründet zu haben.

Zwei Probleme führen von der analytischen Geometrie geradewegs zur Differentialrechnung, die Bestimmung von Extremwerten und von Tangenten. Am Extremwert ist die Tangente waagrecht, und die Funktion ändert sich in der Nähe einer solchen Stelle nur unmerklich. Bereits KEPLER war damit vertraut. Im zweiten Teil der *Faßmessung* behandelt er die Frage nach der günstigsten Faßform und beweist eine Reihe von Maximalsätzen. So lautet etwa Lehrsatz V, daß unter allen Kreiszylindern mit gleicher Diagonale derjenige der größte ist, dessen Basisdurchmesser sich zur Höhe verhält wie $\sqrt{2}$ zu 1. Bei der Anwendung auf den Faßbau stellt er fest, daß „ein gewisser Sinn in der Regel liegt, nach der die österreichischen Böttcher die Fässer bauen". Diese Handwerkerregel stimmt angenähert, jedoch nicht genau mit dem Ergebnis von Lehrsatz V überein. Kepler bemerkt dazu, daß dieser Umstand nicht sehr ins Gewicht falle, denn „das einem größten Wert auf beiden Seiten benachbarte zeigt nämlich am Anfang nur unmerkliche Abnahme" [Faßmessung, S. 60].

FERMAT setzt seine Methode der Extremwertbestimmung ausführlich auseinander in einem Brief an den Seigneur de St. Martin (wir stützen uns im folgenden auf H. Wieleitner, Jahresbericht DMV 38 (1929) 24–25 und P. Strømholm, Arch. Hist. Exact Sci. 5 (1968) 47–69). Er behandelt unter anderem die Aufgabe, eine Strecke (etwa a) so in zwei Strecken zu unterteilen, daß der aus dem Quadrat der einen Strecke (etwa x) und der anderen Strecke (also $a-x$) gebildete Kubus maximal wird. Es soll also das Maximum der Funktion $f(x)=x^2(a-x)$ gefunden werden. Fermat ordnet für positive h die beiden Ausdrücke $f(x \pm h)=(x \pm h)^2(a-x \mp h)$ nach Potenzen von h und findet

$$f(x \pm h)=f(x) \pm h(2ax-3x^2)+h^2(a-3x) \mp h^3.$$

Er stellt fest, daß, wenn x_0 Maximalstelle sein soll, die beiden Ungleichungen $f(x_0)>f(x_0 \pm h)$ gelten müssen, und bestimmt dann x_0 durch Nullsetzen des Koeffizienten von $\pm h$: $2ax-3x^2=0$, woraus $x_0=2a/3$ folgt. Der Koeffizient von h^2 hat einen negativen Wert, $a-3x_0<2a-3x_0=0$, und folglich wird $f(x_0)>f(x_0 \pm h)$; „denn man sehe auf den ersten Blick, daß das Glied mit h^3 diese Ungleichung nicht mehr beeinflußt. Vielmehr werde alles entschieden durch den Koeffizienten von h^2; sei er negativ wie in dem Beispiel, so ergebe sich ein Maximum; sei er positiv, so habe man ein Minimum" (Wieleitner, S. 26).

Der beim Ausmultiplizieren von $f(x+h)$ entstehende Koeffizient von h^n ist (bis auf den Faktor $n!$) gerade die n-te Ableitung von f. Fermat bestimmt also, ohne den Begriff der Ableitung zu kennen, die Taylor-Entwicklung (für Polynome)

$$f(x \pm h)=f(x) \pm hf'(x)+\tfrac{1}{2}h^2 f''(x)+\ldots.$$

Er berechnet den Extremwert durch Nullsetzen von $f'(x)$ und stellt anhand des Vorzeichens von f'' fest, ob es sich um ein Maximum oder ein Minimum handelt. Das Schwierige bei Fermat ist, daß er seine Schlüsse nicht oder nur unzureichend begründet. Manche widersprechenden Deutungen der Historiker haben darin ihre Ursache.

Fermats Tangentenmethode schließt direkt an seine Methode der Maxima und Minima an. Er hat die antike Auffassung von der Tangente, wie sie Euklid

(*Elemente* III, Def. 2) formuliert: „Daß sie den Kreis berühre, sagt man von einer geraden Linie, die einen Kreis trifft, ihn aber bei Verlängerung nicht schneidet." Dies ist übrigens die einzige aus der Antike bekannte Tangentendefinition, und sie wurde bis ins 17. Jahrhundert sinngemäß für alle Kurven benützt. Fermat sucht nicht etwa die Tangentengleichung - sie tritt erst viel später auf -, sondern die Subtangente s oder die Subnormale n, das ist die Strecke zwischen der betrachteten Abszisse x und dem Schnittpunkt von Tangente bzw. Normale mit der x-Achse (vgl. Abbildung). Er benutzt hier und auch an anderer Stelle den (auf Diophant zurückgehenden) Begriff *adaequalitas*, was durch Pseudogleichung, approximative Gleichung, Methode der Approximation zum Grenzwert u.ä. übersetzt worden ist. Es ist eine angenäherte, erst in der Grenze richtige Gleichung. Fermat rechnet mit der adaequalitas, die wir mit $\sim$ bezeichnen, als ob es eine Gleichung wäre, man kann es als eine frühe Form des Rechnens mit Grenzwerten ansehen. In der Nähe des Extremwertes

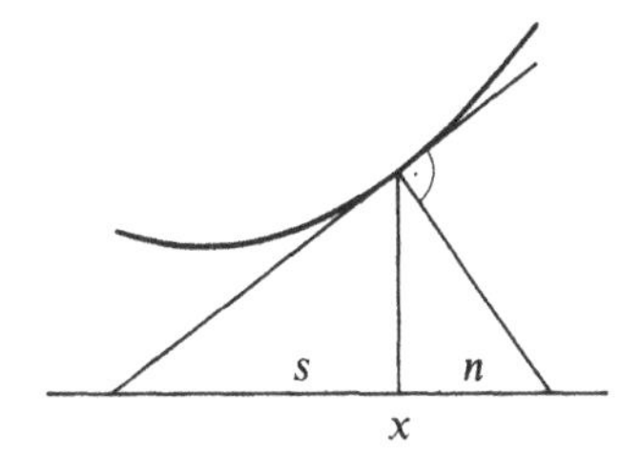

Subtangente s und Subnormale n

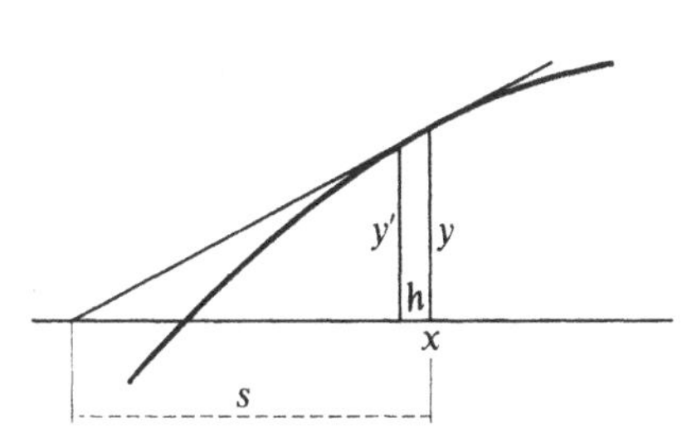

Zu FERMATS Tangentenmethode

x ist $f(x \pm h) \sim f(x)$. Mit den Bezeichnungen des Bildes schließt Fermat folgendermaßen: Aufgrund der Ähnlichkeitssätze am Dreieck ist

$$s : y = (s-h) : y',$$

wegen $y = f(x)$, $y' \sim f(x-h)$ also $s f(x-h) \sim f(x)(s-h)$ oder

$$s \sim \frac{h f(x)}{f(x) - f(x-h)} = \frac{h f(x)}{h f'(x) - \frac{h^2}{2} f''(x) + \ldots} = \frac{f(x)}{f'(x) - \frac{h}{2} f''(x) + \ldots}.$$

Hieraus erhält Fermat

$$s = \frac{f(x)}{f'(x)}$$

und überläßt uns das Rätselraten, ob er $h = 0$ gesetzt hat oder h gegen 0 hat streben lassen (wieder ist f ein Polynom, und f', f'', ... ergeben sich durch Ausrechnen der expliziten Ausdrücke).

RENÉ DESCARTES (1596-1650), der große französische Philosoph und Mathematiker, veröffentlichte 1637 sein erkenntnistheoretisches Hauptwerk, den *Discours de la méthode pour bien conduire sa raison et chercher la vérité dans les sciences*. Es enthält als einen von drei Anhängen seine analytische Geometrie, *La Géométrie*. Er geht dort das Tangentenproblem in mehr algebraischer Weise an. Er sucht die Normale, jene Gerade, welche die Kurve im rechten Winkel schneidet. Dazu schlägt er, wenn die Normale im Kurvenpunkt $A=(a,f(a))$ gesucht ist, um den Punkt $B=(b,0)$ einen Kreis mit Radius $r=AB$, welcher die Kurve in A und in einem weiteren Punkt C schneidet. Algebraisch gesprochen, die Gleichung $(x-b)^2+f(x)^2=r^2$ hat neben $x=a$ eine weitere Lösung $x=c$. Die Gerade AB ist Normale, wenn die beiden Schnittpunkte A und C „zusammenfallen", wenn also die Funktion $F(x)\equiv(x-b)^2+f(x)^2-r^2$ eine Doppelwurzel besitzt. Nun liegt aber für ein Polynom an der Stelle $x=a$ eine Doppelwurzel genau dann vor, wenn es die Form $(x-a)^2 P$ mit einem Polynom P hat. So kommt Descartes auf die rein algebraische Bedingung für eine Normale

$$F(x)\equiv(x-b)^2+f(x)^2-r^2=(x-a)^2 P(x), \quad P \text{ Polynom.}$$

Dazu ein Beispiel. Für die Parabel $y^2=x$ wird

$$F(x)=(x-b)^2+x-r^2=(x-a)^2 P.$$

Offenbar muß $P=1$ sein, und der Koeffizientenvergleich ergibt

$$-2b+1=-2a \quad \text{und} \quad b^2-r^2=a^2.$$

Die Subnormale $n=b-a$ hat also den Wert $\frac{1}{2}$ unabhängig von der Stelle a. Die Steigung der Tangente an dieser Stelle $x=a$ ist dann

$$\frac{n}{f(a)}=\frac{1}{2\sqrt{a}}$$

(in Übereinstimmung mit der Formel $(\sqrt{x})'=1/2\sqrt{x}$).

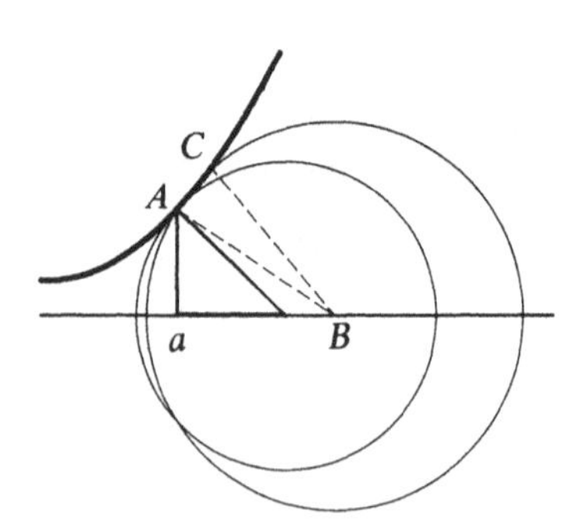

Normalenkonstruktion nach DESCARTES

Die Rechnung wird schon bei einfachen Funktionen kompliziert (als Aufgabe sei empfohlen, den Fall $f(x)=x^3$ durchzurechnen; es ergibt sich $n=3a^5$). Zwei holländischen Mathematikern, JAN HUDDE (1628–1704, ab 1672 Bürgermeister von Amsterdam) und RENÉ FRANÇOIS DE SLUSE (1622–1685, Domherr zu Lüttich) gelang es, diese Schwierigkeiten durch einen Kunstgriff zu überwinden. Die *Regel von Hudde* zum Auffinden einer doppelten Nullstelle des Polynoms $F(x)=\sum_{k=0}^{n} a_k x^k$ lautet: Man geht von F zu einem neuen Polynom $G(x)$

$= \sum_{k=0}^{n} (c+dk)a_k x^k$ über; dabei sind c, d irgendwelche Konstanten. Eine doppelte Nullstelle von F ist auch Nullstelle von G. Hudde gab eine algebraische Begründung. Für uns ist der Nachweis sehr einfach. Es ist $G(x)=cF(x) + dxF'(x)$, und man sieht mit einem Blick, daß aus $F=F'=0$ folgt $G=0$. Auch hier steht also der Ableitungsbegriff im Hintergrund.

Wenden wir die Regel an, um die Normale zur Kurve $f(x)=x^m$ à la Descartes zu bestimmen! Man erhält

$$F(x)=x^{2m}+(x-b)^2-r^2=0,$$

woraus mit der Wahl $c=0$, $d=1$

$$G(x)=2mx^{2m}+2x^2-2bx=0$$

oder $b-x=mx^{2m-1}$ entsteht. Hier ist $b-x$ die Subnormale, und man bekommt für die Steigung der Tangente im Punkt x den Wert

$$\frac{b-x}{f(x)}=mx^{m-1}.$$

So erzeugt die Regel von Hudde ohne Mühe die wichtige Formel $(x^m)'=mx^{m-1}$.

Hudde entdeckte seine Regel in den 50er Jahren des 17. Jahrhunderts. Später wurde sie von Sluse auf algebraische Kurven in impliziter Form $f(x,y)=0$ ausgedehnt (vgl. Band 2). Eine auf mechanische Analogie gegründete Methode zur Tangentenkonstruktion wurde in den 30er und 40er Jahren des Jahrhunderts von Torricelli und Roberval entwickelt. EVANGELISTA TORRICELLI (1608–1647) war Schüler und Mitarbeiter Galileis und nach dessen Tod 1642 sein Nachfolger als Hofmathematiker und Professor an der Akademie in Florenz. GILLES PERSONE DE ROBERVAL (1602–1675) war Professor für Mathematik am Collège Royal in Paris (dem heutigen Collège de France). Es war zu der Zeit wohlbekannt, daß sich konstante Geschwindigkeiten wie Vektoren verhalten, daß man sie also aus ihren Komponenten in zwei gegebenen Richtungen nach den Regeln der Vektoraddition zusammensetzen kann. Durchläuft ein Punkt eine ebene Kurve, so gibt die momentane Geschwindigkeit die Richtung der Tangente an, und diese momentane Geschwindigkeit wird nach denselben Regeln aus ihren Komponenten zusammengesetzt. Hier wird also der im Begriff der Tangente steckende Grenzprozeß im intuitiv zugänglichen Begriff der momentanen Geschwindigkeit versteckt. Ein paar Beispiele werden die Einfachheit und überraschende Fruchtbarkeit dieser Idee aufzeigen.

Die *archimedische Spirale* $r=c\phi$ wird als Bewegung in der Form $r=ct$ (gleichförmige Bewegung mit der Geschwindigkeit c längs eines Strahls) und $\phi=t$ (gleichförmige Rotation des Strahls) beschrieben. Die momentane Geschwindigkeit im Kurvenpunkt $A=(r\cos\phi, r\sin\phi)$ hat eine radiale Komponente der Größe c und eine tangentiale Komponente der Größe r (Winkelgeschwindigkeit $=1$).

Auf der *Ellipse* mit den Brennpunkten E und F sei A ein beliebiger Punkt. Zerlegt man die momentane Geschwindigkeit im Punkt A in zwei Komponenten in den Richtungen EA und FA und ist v die Geschwindigkeit in Richtung EA, so ist $-v$ die Geschwindigkeit in Richtung FA. Das folgt aus der für die Ellipse charakteristischen Eigenschaft, daß $|EA|+|FA|$ konstant ist: Mit derselben Geschwindigkeit, mit der $|EA|$ zunimmt, muß $|FA|$ abnehmen.

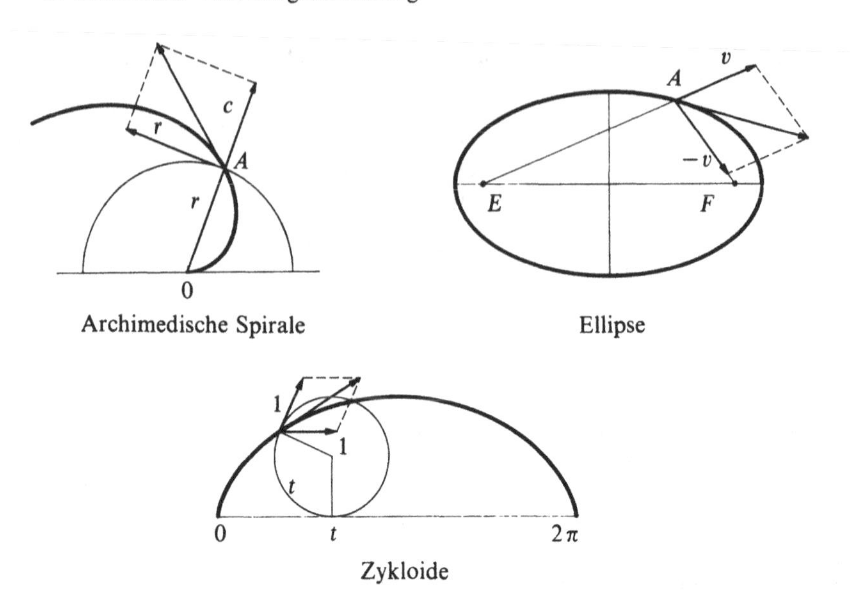

Archimedische Spirale

Ellipse

Zykloide

Rollt ein Kreis vom Radius 1 auf der x-Achse mit konstanter Winkelgeschwindigkeit 1 ab, so beschreibt der Punkt des Kreises, der zu Beginn im Nullpunkt gelegen war, eine *Zykloide* $x = t - \sin t$, $y = 1 - \cos t$. Die Bewegung des Punktes entsteht aus der Überlagerung einer Translation des Kreises parallel zur x-Achse mit der konstanten Geschwindigkeit 1 und einer Drehung des Kreises mit der Winkelgeschwindigkeit 1. Dementsprechend setzt sich die momentane Geschwindigkeit im Punkt A aus der Komponente parallel zur x-Achse und der Komponente in Richtung der Kreistangente, die beide den Betrag 1 haben, additiv zusammen. Man beachte, daß diese physikalische Überlegung völlig der Zerlegung $(x(t), y(t)) = (t, 1) - (\sin t, \cos t)$ mit der Ableitung $(x, y)' = (1, 0) - (\cos t, -\sin t)$ entspricht.

Aufgabe. Man leite aus der Parabeleigenschaft, daß die Abstände eines Parabelpunktes vom Brennpunkt und von einer Geraden, der „Direktrix", gleich sind, eine Konstruktion der Tangente ab.

Dieser erste Abschnitt der Differentialrechnung, er entspricht etwa dem Zeitraum von 1630 bis 1660, ist gekennzeichnet durch die Wiederbegegnung von Geometrie und Analysis. Die Deutung einer algebraischen Gleichung $f(x, y) = 0$ als Kurve in der Ebene brachte zunächst einmal eine Fülle neuer Kurven mit interessanten geometrischen und physikalischen Eigenschaften ins Bewußtsein und schaffte allein dadurch ein fruchtbares, entdeckungsfreudiges Klima. Die Fermatsche Lösung des Tangentenproblems trifft, ungeachtet mancher Dunkelheit, den infinitesimalen Nerv des Problems. Descartes' Normalenkonstruktion liegt demgegenüber eher im Abseits. Die mechanische Deutung, bei welcher die Kurve als Ort eines sich bewegenden Punktes erscheint, brachte den Begriff der momentanen Geschwindigkeit und deren Beziehung zur Tangente ans Licht. Nun ist, wenn $s(t)$ den zur Zeit t zurückgelegten Weg angibt, die mittlere Geschwindigkeit zwischen t_1 und t_2 durch $\bar{v} = [s(t_2) - s(t_1)]/(t_2 - t_1)$ gegeben. Die Vorstellung von der momentanen Geschwindigkeit $v(t)$ zur Zeit t enthält zwangsläufig eine intuitiv richtige Auffassung von der Ableitung als

Grenzwert eines Differenzenquotienten. Aber noch mehr. Variable Geschwindigkeiten $v(t)$ wurden über der Zeit aufgezeichnet (übrigens schon im Mittelalter). Adaptiert man die Formel „Weg gleich Geschwindigkeit mal Zeit" auf variable Geschwindigkeiten, so kommt man ganz natürlich auf kleine oder unendlich kleine Zeitzuwächse, auf den Zusammenhang mit dem Quadraturproblem und schließlich zur Einsicht, daß der zurückgelegte Weg gleich der Fläche unter der Geschwindigkeitskurve ist. So erscheint im mechanischen Bild, wenn auch noch verschwommen, der Hauptsatz der Differential- und Integralrechnung! Doch bis zur vollen Klärung der Zusammenhänge war noch ein weiter Weg.

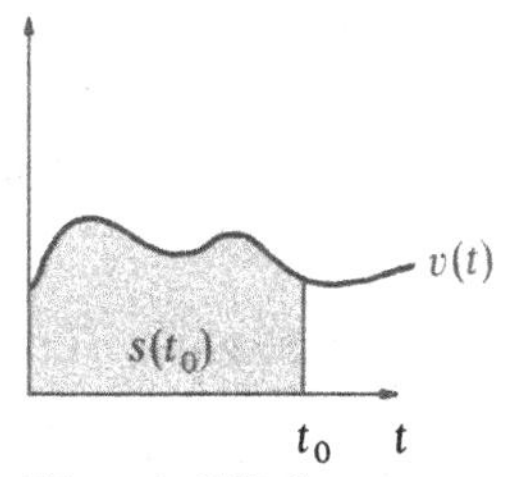

Weg als Fläche
unter der Geschwindigkeitskurve

Zu den unmittelbaren, an der Entdeckung des Hauptsatzes beteiligten Vorläufern Newtons gehören Barrow und Gregory. ISAAC BARROW, 1630 in London geboren, wurde 1663 zum ersten Lucasian Professor für Mathematik in Cambridge bestellt. 1669 trat er seinen Lehrstuhl freiwillig an Newton ab, wurde königlicher Kaplan in London, kam aber nach wenigen Jahren zurück nach Cambridge, wo er dann Vizekanzler der Universität wurde. Er starb 1677. Seine *Lectiones geometricae* (1670) enthalten, aufgeteilt in 13 Lektionen, eine bunte Zusammenstellung von Sätzen über Tangenten, Flächen und Kurvenlängen. In der 10. Lektion, Art. 11, findet sich, durch die geometrische Sprache nicht leicht erkennbar, der erste (und später in der 11. Lektion, Art. 19, der zweite) Hauptsatz.

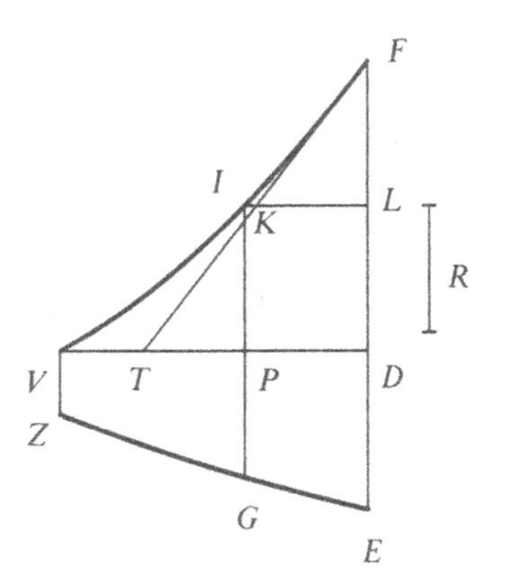

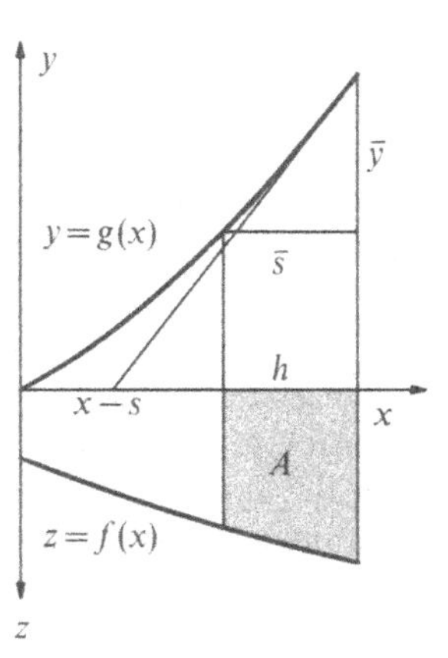

Beweis des Hauptsatzes nach BARROW

In der (mit dem Original weitgehend übereinstimmenden) ersten Figur ist ZGE eine Kurve. Die zweite Kurve VIF soll die Eigenschaft haben, daß die Fläche $VDEZ$ gleich groß ist wie das Rechteck, welches aus der Seite DF und einer zweiten, fest vorgegebenen Seite der Länge R gebildet wird (und zwar für jedes rechts von V gelegene D). Bestimmt man dann den Punkt T auf der Achse VD so, daß

$$DE:DF=R:DT$$

ist, dann wird die gerade Linie TF die Kurve VIF berühren.

In einer uns vertrauteren Bezeichnung werden senkrecht zur x-Achse zwei Kurven $z=f(x)$ und $y=g(x)$ in entgegengesetzter Richtung abgetragen. Dabei habe die Kurve $y=g(x)$ die Eigenschaft, daß

$$\int_0^x f(t)\,dt=R\,g(x)$$

ist, wobei R eine vorgegebene Konstante ist. Dann genügt die Subtangente s im Punkt $F=(x,g(x))$, so wird behauptet, der Beziehung

$$\frac{y}{s}=\frac{z}{R} \quad [\text{d.h. } g'(x)=f(x)/R].$$

Zum *Beweis* geht man vom Punkt x eine Strecke h nach links und hat (mit der Bezeichnung $A=\text{Inhalt}\,PDEG$, $\bar{y}=LF$, $\bar{s}=KL$ und unter der stillschweigenden Voraussetzung, daß f monoton wachsend ist)

$$A=R\bar{y}<hz \quad \text{und} \quad \frac{y}{s}=\frac{\bar{y}}{\bar{s}},$$

woraus

$$\bar{s}=\frac{s\bar{y}}{y}=\frac{R\bar{y}}{z}<\frac{hz}{z}=h$$

folgt. Es ist also $\bar{s}<h$, d.h. die gerade Linie TF bleibt unterhalb der Kurve $y=g(x)$. Auf genau dieselbe Weise zeigt man, daß TF auch rechts vom Punkt D unterhalb der Kurve bleibt. Diese Gerade ist also Tangente an die Kurve $y=g(x)$. □

Der schottische Mathematiker JAMES GREGORY wurde 1638 nahe bei Aberdeen geboren. Auf Reisen, die ihn nach London, Paris und Padua führten, vervollständigte er seine Kenntnisse und erhielt 1668 den neuen mathematischen Lehrstuhl in St. Andrews (Schottland). 1674 wurde er nach Edinburgh berufen, „where my salary is double, and my encouragements much greater". Schon im folgenden Jahr (1675) erlitt er, während er seinen Studenten durch ein Teleskop die Jupitermonde zeigt, einen Schlag und starb innerhalb weniger Tage. Wegen seiner Publikationsscheu, verbunden mit seinem plötzlichen Tod, ist es schwer, den vollen Umfang seiner Entdeckungen in Geometrie und Analysis und deren Einfluß auf Newton zu erfassen. In der wenig beachteten *Geometria* von 1668 zeigte Gregory, daß das Tangentenproblem und das Flächenproblem zwei zueinander inverse Aufgaben sind. Daneben werden ihm die Taylor-Entwicklung einer Funktion und das elliptische Integral für die Schwingungsdauer des mathematischen Pendels zugeschrieben, ganz zu schweigen von seinen bekannten Reihenentwicklungen [vgl. DSB, Gregory].

ISAAC NEWTON wurde am Weihnachtstag 1642 (im Todesjahr Galileis) in Woolsthorpe (Grafschaft Lincolnshire, England) geboren. Im Sommer 1661 bezog er das Trinity College in Cambridge. Newton hatte, anders als Leibniz, das Glück, dort mit den neuen philosophischen Strömungen (Descartes, Boyle, Hobbes) bekannt zu werden. Er befaßte sich ab 1663 ernsthaft mit höherer Mathematik, las Descartes' *Geometrie* und Wallis' *Arithmetica infinitorum* und war bereits ein Jahr später so auf der Höhe der Zeit, daß er wesentliche Entdeckungen (Potenzreihen, vgl. §§5 und 7) machen konnte. Im Sommer 1665 brach in Cambridge die Pest aus, und die Universität mußte geschlossen werden. Newton begab sich in seinen Geburtsort Woolsthorpe. Dort, in ländlicher Abgeschiedenheit, legte Newton in den beiden folgenden Jahren den Grundstein für sein ganzes monumentales Werk in Mathematik, Mechanik und Optik. „I was in the prime of my age for invention & minded Mathematicks & Philosophy more then at any time since", schreibt er selbst später über diese Zeit. 1669 wurde Newton in Cambridge Lucasian Professor als Nachfolger seines Lehrers Isaac Barrow, der seinen Lehrstuhl zugunsten des genialen Schülers aufgegeben hatte. Der Einfluß Barrows auf Newton wurde viel diskutiert und wird heute als gering eingeschätzt (vgl. MP I, S. 10, Fußnote 26). Newton lehrte in Cambridge fast 30 Jahre lang. In den Jahren 1692–93 durchlebte Newton eine Periode schwerer seelischer und geistiger Störungen. Er selbst beschreibt seinen Zustand in einem Brief an den Marineminister Pepys vom 13.9.1693: „... Ich bin außerordentlich beunruhigt durch die Verwirrung, in der ich mich befinde, und ich habe in den vergangenen 12 Monaten weder genügend gegessen noch geschlafen, und besitze ich nicht mehr meine frühere Geisteskraft." Die Diskussion über Art und Ursachen dieser Erkrankung ist 1979 neu belebt worden durch die These, es handle sich um eine bei seinen chemischen Experimenten erlittene Vergiftung durch Metalle, insbesondere Quecksilber (mehrere Arbeiten in den *Notes and Records of the Royal Society*, Vol. 34 (1979) und 35 (1980), enthalten umfangreiches Material, u.a. chemische Analysen von verschiedenen Haarproben Newtons). Newton erhielt 1696 eine Anstellung an der königlichen Münze und wurde 1699 deren Direktor (Master of the Mint) mit einem Gehalt von 1500 Pfund jährlich. 1703 wurde er Präsident der Royal Society, eine mit großem wissenschaftlichen Einfluß ausgestattete Stellung, die er bis zu seinem Tod innehatte. Er starb 1727 im Alter von 85 Jahren und ist in der Westminster Abbey begraben.

Newton hatte eine fast pathologische Scheu, seine Ergebnisse zu publizieren. Unerquickliche Kontroversen, in die er nach den ersten Veröffentlichungen über seine Theorie des Lichtes und der Farben 1672–76 verwickelt wurde, können diese Abneigung nur unzureichend erklären. Sein wissenschaftliches Hauptwerk, die *Philisophiae naturalis principia mathematica* (Mathematische Prinzipien der Naturphilosophie, kurz *Principia* genannt), erschien schließlich 1687, nach langem Drängen seiner Freunde. Halley, der mit der Herausgabe betraut war, trug selbst die Druckkosten. Sein zweites großes Werk, die *Opticks*, wurde 1704 veröffentlicht. Bei seinem Tode hinterließ Newton eine ungeheure Fülle wissenschaftlicher Manuskripte. Erst in unseren Tagen wurde damit begonnen, diesen Schatz zu heben. Die Publikation der *Mathematical Papers of Isaac Newton* (abgekürzt MP) wurde 1967 begonnen und ist inzwischen abgeschlossen. Newton faßte seine frühen Überlegungen zur Fluxionsrechnung (um seine Terminologie zu benutzen) in einem seit kurzem zugänglichen, als „October 1666 Tract on Fluxions" bezeichneten Manuskript zusammen (MP I, 400–448). Eine umfassende Darstellung entstand 1671 unter dem Titel *De Methodis Serierum et Fluxiorum* (Über die Methode der Reihen und Fluxionen, MP III, S. 32–353). Newtons Bemühungen, dieses Werk zu publizieren, waren nicht erfolgreich (nach dem großen Brand von London 1666, der 80% der Stadt zerstörte, herrschte große wirtschaftliche Not), es erschien erst 1736. Sieht man von einigen Bemerkungen in den *Principia* ab, so stellt der 1691–93 geschriebene und 1704 als Anhang zu seinem Buch *Opticks* erschienene *Tractatus de Quadratura Curvarum* (Abhandlung über die Quadratur der Kurven, OK 164) die erste Veröffentlichung über die Fluxionsrechnung, überhaupt die erste mathematische Veröffentlichung Newtons dar.

Newton betrachtet „die mathematischen Größen nicht als aus äußerst kleinen Teilen bestehend [Ablehnung der Indivisiblentheorie], sondern als durch stetige Bewegung beschrieben. Linien werden beschrieben ... durch stetige Bewegung von Punkten; Flächen durch Bewegung von Linien ... Diese Erzeugung findet in der Natur tatsächlich statt, und man kann sie täglich bei der Bewegung der Körper beobachten“ [OK 164, S. 3]. Newton nennt die durch Bewegung erzeugten Größen *Fluenten* (fließende Größen) und ihre Bewegungsgeschwindigkeiten *Fluxionen*. Die Fluenten werden mit x, y, ..., ihre Fluxionen mit $\dot{x}$, $\dot{y}$, ... bezeichnet. In heutiger Terminologie sind Fluenten nichts anderes als Funktionen $x(t)$, $y(t)$, ... und ihre Fluxionen deren Ableitungen $\dot{x}=dx/dt$, $\dot{y}=dy/dt$, ... Eine Kurve $y=f(x)$ oder allgemeiner $F(x,y)=0$ denkt sich Newton so entstanden, daß eine senkrechte Gerade sich nach rechts und eine waagrechte Gerade sich nach oben bewegt. Dies sind die beiden Fluenten $x(t)$ und $y(t)$. Sie müssen der betrachteten Gleichung genügen, und die Kurve ist der Ort des Schnittpunktes. Sind die beiden Fluxionen (Geschwindigkeiten) $\dot{x}$ und $\dot{y}$ im Kurvenpunkt A bekannt, so setzt sich die momentane Geschwindigkeit aus diesen beiden Komponenten nach der Additionsregel für Geschwindigkeiten (Vektoraddition) zusammen. Die Momentangeschwindigkeit gibt die Richtung der Tangente an, deren Steigung durch

$$\frac{\dot{y}}{\dot{x}} \left[=\frac{dy}{dx}\right]$$

gegeben ist. Newton begründet dies noch etwas näher, und dabei tritt die Tangentensteigung [der Differentialquotient] als Grenzwert der Sekantensteigung [Differenzenquotient] auf. Er hat natürlich Schwierigkeiten mit dem

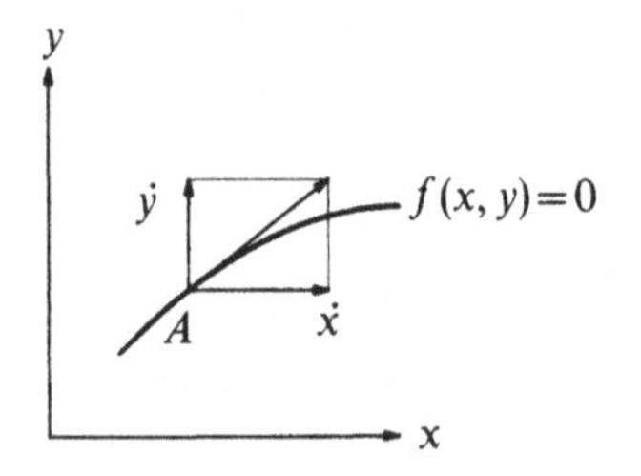

Newtonsche Beschreibung
einer Kurve und ihrer Tangente

Grenzwert und entwickelt dazu den Begriff der *ersten Verhältnisse* bzw. *letzten Verhältnisse*.

Die Fluxionen verhalten sich äußerst genau wie die in äußerst kleinen gleichen Zeitteilchen erzeugten Zunahmen der Fluenten, und sie stehen, um genau zu reden, im ersten Verhältnis der eben beginnenden Zunahmen [OK 164, S. 3].

Bezeichnet man die äußerst kleinen Zeitteilchen mit o, wie Newton es tut, so läßt sich der erste Teil des Satzes in der Beziehung

$$\dot{y}:\dot{x}\approx[y(t+o)-y(t)]:[x(t+o)-x(t)]$$

wiedergeben. Das „erste Verhältnis" der Zunahmen (Differenzen) ist das Verhältnis, wenn der Punkt eben beginnt, aus A herauszuwandern. An anderer Stelle spricht Newton auch von „letzten Verhältnis". Dann liegt die Vorstellung zugrunde, daß ein Kurvenpunkt sich etwa von rechts auf den Punkt A zu bewegt. Das letzte Verhältnis der Differenzen liegt vor, wenn der wandernde Punkt schließlich bei A angekommen ist. Es handelt sich beidemale um dasselbe, nämlich um eine intuitive, kinematische Erklärung des Grenzwertes für $o=\Delta t\to 0$. Wie schwer sich Newton tut, die „letzten Verhältnisse" einwandfrei darzulegen, wird an den folgenden Zitaten aus den *Principia* deutlich.

Man kann den Einwand machen, daß es kein letztes Verhältnis verschwindender Größe gebe, indem dasselbe vor dem Verschwinden nicht das letzte sei, nach dem Verschwinden aber überhaupt kein Verhältnis mehr stattfinde. Aus demselben Grunde könnte man aber behaupten, daß ein nach einem bestimmten Orte strebender Körper keine letzte Geschwindigkeit habe; diese sei, bevor er den bestimmten Ort erreicht hat, nicht die letzte, nachdem er ihn erreicht hat, existiere sie garnicht mehr. Die Antwort ist leicht. Unter der letzten Geschwindigkeit versteht man weder diejenige, mit welcher der Körper sich bewegt, ehe er den letzten Ort erreicht und die Bewegung aufhört, noch die nachher stattfindende, sondern in dem Augenblick, wo er den Ort erreicht, ist es die letzte Geschwindigkeit selbst, mit der der Körper den Punkt berührt, und mit der die Bewegung endigt. Auf gleiche Weise hat man unter dem letzten Verhältnis verschwindender Größen das zu verstehen, mit dem sie verschwinden, nicht aber das vor oder nach dem Verschwinden stattfindende.

In ähnlicher Weise wird das erste Verhältnis verbal umschrieben. Etwas später findet sich ein Abschnitt, der unserer Grenzwertdefinition schon ganz nahe steht.

Jene letzten Verhältnisse, mit denen die Größen verschwinden, sind in Wahrheit nicht die Verhältnisse der letzten Größen, sondern die Grenzen (limites), denen sich die Verhältnisse der unbegrenzt abnehmenden Größen jedesmal nähern, und an die sie näher heran können, als irgend eine gegebene Differenz es ausdrückt. ...

Wenn die Größe x gleichförmig fließt mit der Geschwindigkeit 1, so wird $\dot{y}/\dot{x}=\dot{y}$, d.h. die Fluxion $\dot{y}$ ist dann nichts anderes als die Ableitung dy/dx. Das folgende Zitat aus der *Abhandlung über die Quadratur der Kurven* macht die enge Beziehung zwischen der Fluxionsrechnung und unserer heutigen Differentialrechnung am Beispiel der Ableitung von x^n deutlich.

Die Größe x möge gleichförmig fließen, und es sei die Fluxion der Größe x^n zu finden.

In der Zeit, in der x beim Fließen zu $x+o$ wird, wird x^n zu $(x+o)^n$, d.h. nach der Methode der unendlichen Reihen zu

$$x^n + nox^{n-1} + \frac{n^2-n}{2} o^2 x^{n-2} + \quad \text{usw.}$$

Die Zunahmen

$$o \quad \text{und} \quad nox^{n-1} + \frac{n^2-n}{2} o^2 x^{n-2} + \quad \text{usw.}$$

verhalten sich zueinander wie:

$$1 \quad \text{zu} \quad nx^{n-1} + \frac{n^2-n}{2} ox^{n-2} + \quad \text{usw.}$$

Nun mögen jene Zunahmen verschwinden. Dann wird ihr letztes Verhältnis 1 zu nx^{n-1} sein. Es verhält sich daher die Fluxion der Größe x zu der Fluxion der Größe x^n wie 1 zu nx^{n-1}.

Wir werfen noch einen kurzen Blick auf den *October 1666 Tract.* Dieses Werk des noch nicht 24jährigen enthält bereits alle wesentlichen Ideen des Calculus. Aus einer langen Liste von Integralen seien zwei Beispiele zitiert [MP I, S. 403, 405]:

$$\frac{cx^3}{a+bx^4} = \frac{p}{q}. \text{ Make } bx^4 = z, \text{ Then is } \square \frac{c}{4ba+4bz} = y.$$

$$\text{If } \frac{3ax^n + 6bx^{2n}}{x} \sqrt{ax^n + bx^{2n}} = \frac{p}{q}. \text{ Then is } \frac{2ax^n + 2bx^{2n}}{n} \sqrt{ax^n + bx^{2n}} = y.$$

Zur Erklärung: Newton verwendet hier für die Fluxionen $\dot{x}$ und $\dot{y}$ noch die Bezeichnungen p und q. Das Quadrat $\square$ hat die Bedeutung „Fläche von", ist also ein Integralzeichen. Aus $p/q = y' = cx^3/(a+bx^4)$ folgt mit der Substitution $z = bx^4$ also $y = \int \frac{c}{4ba+4bz} dz$. Er weiß, daß $\square \frac{1}{a+z}$ der Logarithmus ist, doch ist unsere Bezeichnungsweise $\frac{c}{4b} \log(a+z)$ für das Integral noch unbekannt.

Der Hauptsatz, dieser Eckstein der ganzen Theorie, findet sich als „Problem 5. Die Gestalt einer gekrümmten Linie zu finden, deren Fläche durch irgendeine Gleichung ausgedrückt ist" (S. 427).

Die Kurve $q = f(x)$ wird senkrecht über der x-Achse und $p \equiv 1$ unter der x-Achse aufgezeichnet. Es bezeichnet y die Fläche abc unter der Kurve, und die Rechteckfläche $abde$ hat den Wert x (vgl. Abb.). Diese Flächen werden erzeugt, indem die senkrechte Gerade ebc mit gleichförmiger Geschwindigkeit

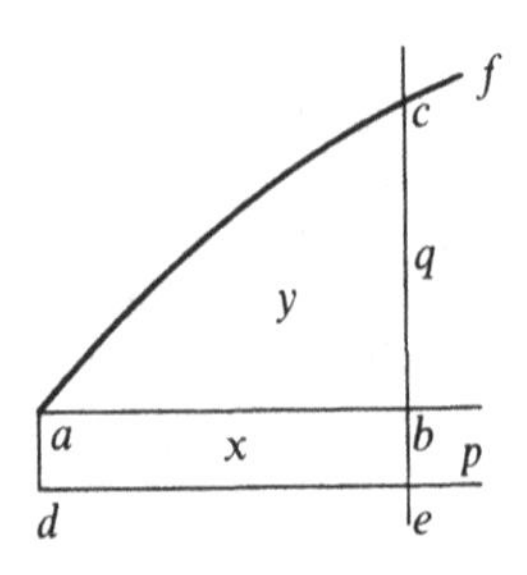

$(\dot{x}=)\,p=1$ sich nach rechts bewegt. Daß sich bei dieser Bewegung die Fläche y mit der Geschwindigkeit $(\dot{y}=)\,q=f(x)$ ändert, ist ihm unmittelbar einsichtig. „Nehmen wir an, die Linie cbe beschreibe durch parallele Bewegung die beiden [Flächen] x und y. Die Geschwindigkeit, mit der sie wachsen, wird sein wie be zu bc: Da jedoch die Bewegung [Geschwindigkeit], mit der x wächst, $be=p=1$ ist, wird die Bewegung, mit der y wächst, $bc=q$ sein" (S. 427).

Newton beweist also die Gleichung $\frac{d}{dx}(\int f(x)\,dx)=f(x)$ und führt damit die Flächenberechnung auf einen einfachen Kalkül zurück. Quadratur ist nichts anderes als Antidifferentiation. Er ist sich über die Bedeutung dieses Satzes vollständig klar, wie die Bemerkung zeigt: „Beachte, daß durch dieses Problem ein Katalog all jener Kurven, die quadriert werden können, zusammengestellt werden kann" (S. 428).

Von GOTTFRIED WILHELM LEIBNIZ sagt man, er sei der letzte Universalgelehrte gewesen. Am 21. Juni 1646 in Leipzig geboren, las er schon als Zwölfjähriger lateinische Texte mit Leichtigkeit, schrieb sich Ostern 1661 an der Leipziger Universität als Student ein, erwarb dort die philosophische Magisterwürde und das juristische Baccalaureat und wurde 1667 in Altdorf zum Dr. jur. promoviert (in Leipzig hatte er damit Schwierigkeiten, weil er noch nicht volljährig war). Während seines Studiums lernte er, der sich auch für Logik und Mathematik interessierte, nur die Elementarmathematik kennen. Die Mathematik stand damals an den deutschen Universitäten auf einer sehr tiefen Stufe. Leibniz kam im Frühjahr 1672 im diplomatischen Auftrag des Kurfürsten von Mainz nach Paris. Am Hofe Ludwig XIV., jenem glanzvollen Sammelpunkt erlauchter Geister aus Kunst und Wissenschaft, begegnete er auch dem berühmten holländischen Physiker und Mathematiker CHRISTIAN HUYGENS (1629–95). Von Huygens freundlich beraten, begann er, ernsthaft Mathematik und Mechanik zu studieren und kam bald zu eigenen Erfolgen. Schon 1673 entdeckte er bei der Lektüre einer Arbeit Pascals, daß das von diesem am Kreis betrachtete *charakteristische Dreieck*, das aus einem unendlich kleinen Bogenstück und den zugehörigen Abszissen- und Ordinatenstücken besteht, den Schlüssel zum Verständnis der Differentialrechnung birgt. Er schreibt darüber später (1703, im Entwurf eines für Jakob Bernoulli bestimmten Briefes):

... Hierbei war ich, als ich zufällig auf einen Pascalschen Beweis von ganz leichter Art stoße, wo er die archimedische Ausmessung der Kugelfläche darlegt und aus der Ähnlichkeit der Dreiecke EDC und CBK (vgl. Abb.) zeigt, daß CK mal DE gleich BC mal EC sein wird und daher, wenn man $BF=CK$ setzt, das Rechteck AF gleich dem Moment der Kurve AEC in bezug auf die Achse AB. Die Neuheit dieser Schlußweise erschütterte mich; denn ich hatte sie bei den Cavalerianern nicht bemerkt. Aber nichts setzte mich mehr in Staunen, als daß dem Pascal durch irgend ein Verhängnis die Augen verbunden zu sein schienen. Ich sah nämlich sofort, daß hier ein ganz allgemeines, für eine beliebige Kurve gültiges Theorem vorlag .... Kurz darauf fiel in meine Hände die *Geometria universalis* des Schotten Jakob Gregory. Da sah ich, daß ihm dieselbe Kunst bekannt war (obwohl durch Beweise nach antiker Manier verdunkelt), wie auch schließlich dem Barrow, wo ich, als dessen Vorlesungen herauskamen, einen großen Teil meiner Sätze vorweggenommen fand. [Kowalewski, S. 111]

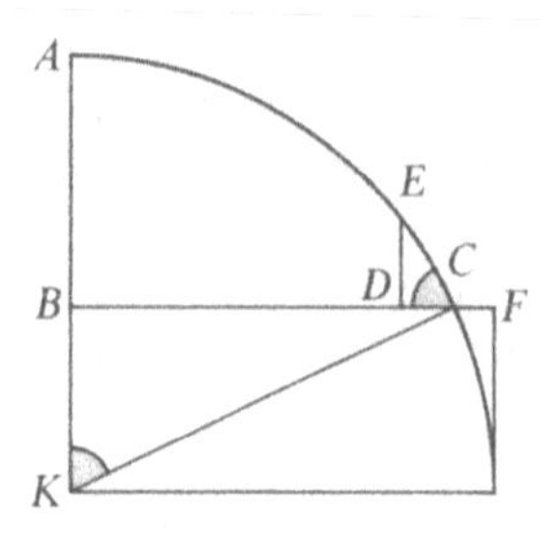

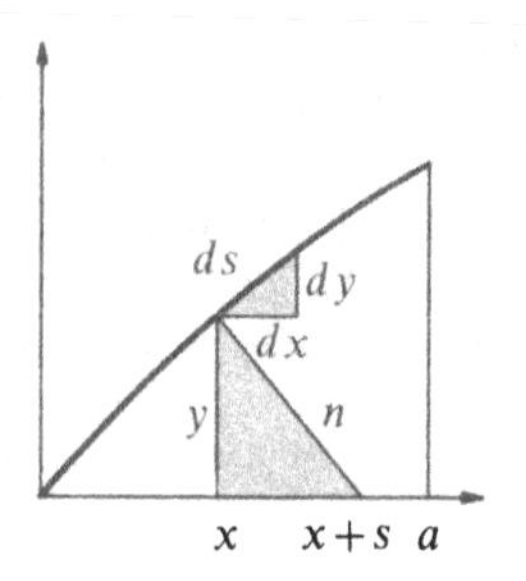

Das charakteristische Dreieck bei LEIBNIZ

1676 nahm Leibniz die Stelle eines Bibliothekars und Rechtsberaters des Kurfürsten zu Hannover an und blieb bis zu seinem Lebensende im Dienst des Hauses Hannover. Obwohl er durch das seinen Fähigkeiten nicht adäquate Amt stark in Anspruch genommen wurde, reichte sein wissenschaftliches Tätigkeitsfeld von Theologie und Philosophie über Geschichte und Sprachwissenschaft, Naturwissenschaft und Mathematik bis zur Formalisierung der Logik. Er war an der Gründung von Akademien und Zeitschriften beteiligt und galt auch seinen Zeitgenossen als einer der großen Gelehrten Europas. Er starb am 14. November 1716 in Hannover, nachdem er zuvor bei seinem Dienstherrn aus politischen Gründen in Ungnade gefallen war.

Die Jahre 1672–76 waren, ähnlich wie bei Newton die Jahre 1664–66, Leibnizens „goldene Jahre“ in denen er die wesentlichen Teile seines infinitesimalen Kalküls erfand. Die beiden Grundpfeiler seiner Überlegungen sind (i) das Integral $\int y\,dx$, welches die Fläche unter der Kurve darstellt und als Summe von infinitesimalen Rechtecken aufgefaßt wird (§ 9), und (ii) das charakteristische Dreieck, dessen infinitesimale Hypotenuse die Tangentenrichtung bestimmt. Aus der Ähnlichkeit des charakteristischen Dreiecks mit dem aus der Ordinate y, der Normale n und der Subnormale s gebildeten Dreieck, in Zeichen

$$dy:dx:ds=s:y:n,$$

schließt er

$$\int y\,ds=\int n\,dx \quad \text{und} \quad \int s\,dx=\int y\,dy=\tfrac{1}{2}y^2.$$

Hier stellt $y\,ds$ das Moment des Kurvenstückes bezüglich der x-Achse und $A=\int 2\pi y\,ds$ die Oberfläche des von der Kurve durch Drehung um diese Achse entstehenden Rotationskörpers dar (vgl. Band 2), es wird also die Oberfläche auf das Integral $\int n\,dx$ zurückgeführt. Die zweite Gleichung gestattet es, Integrale zu berechnen. Es sei etwa $y=x^\alpha$, also $dy/dx=\alpha x^{\alpha-1}$ und $s=y\,dy/dx=\alpha x^{2\alpha-1}$. Damit ist

$$\int_0^a \alpha x^{2\alpha-1}\,dx=\tfrac{1}{2}y(a)^2=\tfrac{1}{2}a^{2\alpha}.$$

Das ist offenbar die Formel für die Integration von Potenzen.

Auch der Hauptsatz ergibt sich unmittelbar. Ist eine Kurve mit der Ordinate z gegeben und gelingt es, eine zweite Kurve mit der Ordinate y zu finden, so daß $\dfrac{dy}{dx}=z$ ist, so folgt

$$dy = z\,dx \quad \text{und} \quad \int_0^a z\,dx = \int_0^a dy = y(a)$$

(bei Leibniz gehen die Kurven meist durch den Nullpunkt, d.h. es ist $y(0)=0$).

Die Kettenregel und die Substitutionsregel für Integrale ergeben sich zwangsläufig. Um etwa $d\sqrt{a+bz+cz^2}$ zu berechnen, setzt er $x=a+bz+cz^2$ und gewinnt aus $d\sqrt{x}=\frac{1}{2}dx/\sqrt{x}$ und $dx=(b+2cz)dz$ die Formel

$$d\sqrt{a+bz+cz^2} = \frac{(b+2cz)dz}{2\sqrt{a+bz+cz^2}}$$

[Edwards, S. 255]. Hier zeigt sich wohl am deutlichsten die Überlegenheit des Leibnizschen Kalküls, die schließlich zu seinem universellen Gebrauch geführt hat. Die Frage, ob Leibniz seinen *Differentialen* (er sagt übrigens *differentia*, Differenz), diesen infinitesimalen, unendlich kleinen Größen, aktuelle Existenz zugeschrieben hat, wird heute im Hinblick auf die Non-standard Analysis wieder diskutiert. Seine eigenen Aussagen zu den Grundlagen des Kalküls sind wenig präzise. Er betrachtete seinen Kalkül als eine abgekürzte Form der strengen griechischen Exhaustionsmethode, erfunden zu dem Zweck, die Schwierigkeiten des Entdeckens zu erleichtern.

Auch Leibniz publizierte nur zögernd. Seine erste Veröffentlichung *Neue Methode der Maxima, Minima sowie der Tangenten, die sich weder an gebrochenen, noch an irrationalen Größen stößt, und eine eigentümliche darauf bezügliche Rechenart* erschien 1684 in den Acta Eruditorum (Übersetzung in OK 162), nachdem zuvor Tschirnhaus, der mit Leibniz Kontakt hatte, Halbverstandenes und Fehlerhaftes als eigene Erfindung ausgegeben hatte. Hier führt Leibniz die Differentiale formal anhand der Tangente ein, ohne sich über deren Definition auszulassen, und gibt ohne Beweis Rechenregeln wie $dx^a = ax^{a-1}dx$, $d(xy) = xdy + ydx$ an. Zwei Jahre später wird zum ersten Mal sein Integralzeichen der Öffentlichkeit vorgestellt (Acta Eruditorum 1686). Durch diese Veröffentlichung kam Leibniz in Verbindung mit Jakob Bernoulli, die später auch dessen Bruder Johann mit einbezog und in einen jahrzehntelangen wissenschaftlichen Gedankenaustausch mündete. Die Familie BERNOULLI mit ihrer Häufung herausragender mathematischer Begabungen (8 Mathematiker in 3 Generationen) stellt eine in der Mathematikgeschichte einzigartige Erscheinung dar. JAKOB I. (1654–1705, ab 1687 Professor in Basel) und dessen jüngerer Bruder JOHANN I. (1667–1748, 1695 Professor in Groningen, dann ab 1705 in Basel als Nachfolger seines Bruders) haben die Infinitesimalrechnung durch wesentliche Arbeiten über unendliche Reihen, Kurventheorie, Variationsrechnung und Differentialgleichungen bereichert und sind so zu Wegbereitern der Leibnizschen Ideen geworden. Johann I. war es auch, der den jungen MARQUIS DE L'HOSPITAL (1661–1704) in regelmäßigem Unterricht und gegen Bezahlung in die Geheimnisse der neuen Lehre einweihte. Daraus entstand „das erste, lange Zeit das einzige, fast noch längere Zeit das am einfachsten lesbare Lehrbuch der Differentialrechnung“ [Cantor III, 245], welches l'Hospital 1696 unter dem Titel *Analyse des infiniment petits pour l'intelligence des lignes courbes* (Analysis des Unendlich-Kleinen zum Verständnis der Kurven) publizierte. In ihm findet sich die sog. l'Hospitalsche Regel (vgl. 10.11). Auf dem Kontinent verbreitete sich so die Leibnizsche Lehre und machte durch Erfolge von sich reden, während sich Newton nach wie vor in Schweigen hüllte. Gegen Ende des Jahrhunderts kamen aus England die ersten Anwürfe, Leibniz habe wesentliche Anregungen von Newton (aus den zwei Briefen sowie anläßlich seiner kurzen Besuche 1673 und 1676 in London) erhalten, ohne dies anzuerkennen. Diese verschärften sich zum offenen Vorwurf des Plagiats und gipfelten 1712 im Schuldspruch der von der Royal Society eingesetzten Untersuchungskommission. In diesem unglücklichen Prioritätsstreit mit nationalistischen Untertönen macht weder Newton noch Leibniz eine gute Figur, ganz zu schweigen von anderen Beteiligten. Schlimmer waren die Folgen dieses englischen Pyrrhussieges: Die starr an Newton und seiner dynamischen Methode festhaltenden englischen Mathematiker wurden von der auf dem Kontinent immer mächtiger werdenden analytischen Entwicklung abgeschnitten und kamen ins Hintertreffen. Gegen Ende des 18. Jahrhunderts hatte sich der Leibnizsche analytische Formalismus, vor allem unter dem Eindruck von Eulers gewaltigem Werk, endgültig durchgesetzt.

Mit der Ausbreitung der neuen Mathematik und Naturwissenschaft begann sich auch die Kritik zu regen. Bekannt ist JONATHAN SWIFTs satirischer Roman *Gullivers Reisen*, weniger bekannt der Umstand, daß in der Reise nach Laputa mit beißendem Spott die Tätigkeiten der Royal Society (deren Präsident Newton war!) aufs Korn genommen und in zahlreichen Begebenheiten dem Gelächter preisgegeben werden (vgl. M. Nicolson und N.M. Mohler, Annals of Science 2 (1937), 405–430). Ein anderer Ire, GEORGE BERKELEY (1685–1753, Theologe und Philosoph, ab 1734 anglikanischer Bischof von Cloyne/Irland; nach ihm ist der Berkeley Campus der University of California benannt) greift vor allem die neuen mathematischen Begriffe Fluxion und Differential an. In *The analyst, or a discourse addressed to an infidel mathematician* (Der Analytiker oder Rede an einen ungläubigen Mathematiker, 1734) legt er die mangelhaften Grundlagen bloß, ohne jedoch die Ergebnisse der neuen Mathematik anzuzweifeln. Er wollte darlegen, daß, wer die Mysterien des Calculus anzunehmen bereit ist, nicht zögern sollte, auch die Mysterien der Religion gelten zu lassen. „Und was sind diese Fluxionen? Die Geschwindigkeiten von verschwindenden Zunahmen? Und was sind diese verschwindenden Zunahmen selbst? Sie sind weder endliche Größen noch unendlich kleine Größen noch gar nichts. Sollten wir sie nicht die Geister verschwundener (departed) Größen nennen?" [Struik S. 338].

Das 18. Jahrhundert trägt zu unserem Thema zunächst die Taylorsche Reihe

$$f(x+h)=f(x)+\frac{h}{1!}f'(x)+\frac{h^2}{2!}f''(x)+\dots$$

bei. BROOK TAYLOR (1685–1731, Mitglied der ‚Prioritätskommission' und zeitweise Sekretär der Royal Society) hat sie 1715 in seinem *Methodus incrementorum* aus einer entsprechenden Formel von Newton und Gregory über endliche Differenzen abgeleitet. Der Sachverhalt war in der einen oder anderen Form bereits Gregory, Newton, Leibniz und Johann Bernoulli bekannt. Im *Treatise of Fluxions* (1742) von COLIN MACLAURIN (1698–1746, mit 19 Jahren Professor der Mathematik in Aberdeen, später in Edinburgh) nimmt die Taylorsche Reihe einen bedeutenden Platz ein. Er leitet daraus die bekannten, vom Vorzeichen höherer Ableitungen abhängigen hinreichenden Kriterien für Maxima und Minima ab. Der Fall $x=0$ der Taylorschen Reihe, den er primär betrachtet, hat heute noch den Namen *Maclaurinsche Reihe*. EULER verdanken wir den allgemeinen Funktionsbegriff und die umfassende Darstellung und Stabilisierung des ganzen Gebietes durch seine heute noch gültigen Bezeichnungen. In den *Institutiones calculi differentialis* von 1755 erklärt er, daß die unendlich kleinen Größen tatsächlich gleich Null sind und daß die Kunst darin besteht, in der richtigen Weise Null durch Null zu dividieren.

§ 84. Da wir also gezeigt haben, daß eine unendlich kleine Größe wirklich Null ist, so müssen wir vor allen Dingen dem Einwurf begegnen, warum wir die unendlich kleine Größe nicht beständig mit dem Zeichen 0 bezeichnen, sondern dazu besondere Zeichen gebrauchen. ... Allein obgleich jede zwei Nullen einander gleich sind, so daß sich zwischen ihnen gar keine Differenz findet, so gibt es doch zwei Arten der Vergleichung von Größen, wovon die eine die arithmetische und die andere die geometrische ist. Bei jener sehen wir auf die Differenz, bei dieser auf den Quotienten, der aus der Vergleichung der Größen entspringt; und obgleich das arithmetische Verhältnis zwischen jeden zweien Nullen gleich ist, so ist es deswegen doch das geometrische nicht. Man sieht dies sehr deutlich an der geometrischen Proportion $2:1=0:0$. ... Wegen der Natur der Proportion muß, da das erste Glied doppelt so groß ist als das zweite, das dritte Glied auch doppelt so groß sein als das vierte. [Übersetzung von Michelsen, leicht abgeändert]

In der *Introductio* (1748) leitet Euler jedoch seine Potenzreihen nicht aus der Taylorschen Reihe, sondern durch rein „algebraische" Betrachtungen ab. JOSEPH LOUIS LAGRANGE (1736–1813, einer der führenden Mathematiker seiner Zeit, bereits mit 19 Jahren Professor der Mathematik an der Königlichen Artillerieschule zu Turin, ab 1766 an der Preußischen Akademie in Berlin als Nachfolger des nach St. Petersburg zurückgekehrten Euler, später an der neugegründeten Ecole Polytechnique in Paris) treibt diese Bemühungen sozusagen auf die Spitze, indem er den Versuch unternimmt, die ganze Analysis auf der Grundlage der Potenzreihen neu zu fundieren und damit alle Grundlagenschwierigkeiten zu beseitigen. Der Untertitel seiner 1797 erschienenen *Théorie des fonctions analytiques* läßt sein Ziel genau erkennen: „enthaltend die wesentlichen Sätze der Differentialrechnung ohne Benutzung des unendlich Kleinen, der verschwindenden Größen, Limites oder Fluxionen, und reduziert auf die Kunst der algebraischen Analysis endlicher Größen". Er geht davon aus, daß jede Funktion $f(x)$ an jeder Stelle x, abgesehen eventuell von einigen isolierten Ausnahmepunkten, in eine nach positiven Potenzen von h fortschreitende Reihe

$$f(x+h)=f(x)+ph+qh^2+rh^3+sh^4+\dots$$

entwickelt werden kann und nennt die Funktionen p, q, r, s, ... die von f *abgeleiteten Funktionen*. Die erste dieser Ableitungen bezeichnet er mit $p=f'$ und zeigt sodann durch rein formales Rechnen mit Potenzreihen, daß $2q=p'$, $3r=q'$, $4s=r'$, ... ist. Wenn man „zum Zweck größerer Einfachheit und Einheitlichkeit" die erste abgeleitete Funktion von f' mit f'', die erste abgeleitete

Funktion von f'' mit f''' bezeichnet und so fortfährt, so erhält man

$$p=f', \quad q=\frac{1}{2}f'', \quad r=\frac{1}{2\cdot 3}f''', \quad s=\frac{1}{2\cdot 3\cdot 4}f^{(4)}, \ \ldots$$

Schließlich ist nur ein wenig Kenntnis der Differentialrechnung notwendig, um zu erkennen, daß die abgeleiteten Funktionen y', y'', y''', ... von x mit den Ausdrücken dy/dx, d^2y/dx^2, d^3y/dx^3, ... übereinstimmen [Struik, S. 390/1].

Lagranges Versuch, die Differentialrechnung solcherart ohne infinitesimale Überlegungen zu entwickeln, war natürlich zum Scheitern verurteilt. Aber er bildet den Ausgangspunkt der dann im 19. Jahrhundert zu voller Blüte sich entwickelnden Theorie der durch Potenzreihen darstellbaren „analytischen" oder, wie man heute sagt, holomorphen Funktionen.

In Lagranges Buch treten das Fachwort Ableitung und die entsprechenden Bezeichnungen zuerst auf. Wichtiger ist, daß sich hier auch die als *Taylorscher Satz* bezeichnete Darstellung einer Funktion als Summe aus dem Taylorpolynom und dem Lagrangeschen Restglied zum ersten Mal findet. Auch für den einfachsten Sonderfall, den wichtigen *Mittelwertsatz der Differentialrechnung*

$$f(x+h)=f(x)+hf'(x+\theta h) \quad \text{mit } 0<\theta<1,$$

gebührt ihm der Entdeckerruhm.

Unsere heutige Auffassung von der Differentialrechnung geht auf CAUCHY zurück. Während in früheren Darstellungen (wenn wir von Lagranges algebraischem Zugang einmal absehen) das Differential der primäre Begriff ist, aus dem sich die Ableitung als Tangentensteigung oder Differentialquotient ableitet, stellt Cauchy die Ableitung an die Spitze. Die dritte Lektion aus dem *Calcul infinitésimal* [1823] beginnt so:

Wenn die Funktion $y=f(x)$ zwischen zwei gegebenen Grenzen der Variablen x stetig bleibt, und wenn man dieser Variablen einen Wert zwischen den beiden Grenzen zuweist, so produziert ein unendlich kleiner Zuwachs, den man dieser Variablen zumißt, einen unendlich kleinen Zuwachs der Funktion selbst. Folglich werden, wenn man $\Delta x=i$ setzt, die beiden Terme des Verhältnisses der Differenzen

$$\frac{\Delta y}{\Delta x}=\frac{f(x+i)-f(x)}{i}$$

unendlich kleine Größen sein. Aber obwohl diese beiden Terme dem Grenzwert Null sich unbegrenzt und gleichzeitig nähern, kann ihr Verhältnis gegen einen anderen Grenzwert, sei er positiv oder negativ, konvergieren. Dieser Grenzwert hat, wenn er existiert, für jeden einzelnen Wert von x einen bestimmten Wert; aber er ändert sich mit x. ... [Nach Behandlung des Beispiels $f(x)=x^m$ fährt der Text fort:] So wird es generell sein; nur wird die Form der neuen Funktion, die als Limes des Quotienten $[f(x+i)-f(x)]/i$ dient, von der Form der vorgelegten Funktion $y=f(x)$ abhängen. Um auf diese Abhängigkeit hinzuweisen, gibt man der neuen Funktion den Namen *abgeleitete Funktion* (fonction derivée), und man kennzeichnet sie mit Hilfe eines Akzents durch die Bezeichnung

$$y' \quad \text{oder} \quad f'(x).$$

Cauchy macht sich nun daran, das ganze Gebäude der Infinitesimalrechnung auf der Grundlage der beiden von ihm zum ersten Mal klar definierten

Begriffe *Ableitung* und *bestimmtes Integral* neu aufzubauen. Dabei wird der *Mittelwertsatz* zur zentralen Stütze.

Er erscheint in der 7. Lektion (a.a.O., S. 44–45) zunächst in der Form, daß der Differenzenquotient

$$\frac{f(X)-f(x_0)}{X-x_0}$$

zwischen dem kleinsten Wert A und dem größten Wert B der Ableitung $f'(x)$ in dem betrachteten Intervall liegt. Zum Beweis nimmt Cauchy zwei „sehr kleine" Zahlen δ, ε, wobei die erste so gewählt ist, daß

$$(*) \qquad f'(x)-\varepsilon<\frac{f(x+i)-f(x)}{i}<f'(x)+\varepsilon$$

für $|i|<\delta$ und einen beliebigen Wert x aus $[x_0, X]$ ist. Man wählt nun eine genügend feine Zerlegung $x_0<x_1<\ldots<x_n=X$ und stellt fest, daß der fragliche Differenzenquotient bezüglich x_0, X ein Mittelwert aus den n Differenzenquotienten bezüglich x_{k-1}, x_k ist, also zwischen $A-\varepsilon$ und $B+\varepsilon$ liegt.

Dieser Beweis ist in mehrfacher Hinsicht interessant. Zum einen macht er deutlich, daß Cauchy trotz der häufig benutzten „unendlich kleinen Größen" (man vergleiche etwa die obige Definition der Ableitung) mit unserem heutigen strengen Limesbegriff arbeitet. Sogar die Wahl der Buchstaben stimmt! Zum anderen begeht Cauchy auch hier einen Fehler, dem wir schon früher begegnet sind: Er unterscheidet nicht zwischen der Konvergenz der Differenzenquotienten in jedem Punkt x aus $[x_0, X]$ und ihrer gleichmäßigen Konvergenz in $[x_0, X]$. Tatsächlich wird in $(*)$ letzteres angenommen. Er sieht auch nicht, daß aus der gleichmäßigen Konvergenz der Differenzenquotienten die Stetigkeit der Ableitung folgt. Im Corollar heißt es nämlich, „wenn die Ableitung selbst stetig ist", dann wird der Wert des Differenzenquotienten von der Ableitung angenommen, und der Mittelwertsatz erhält die uns vertraute Form

$$\frac{f(x)-f(x_0)}{X-x_0}=f'[x_0+\theta(X-x_0)] \quad \text{mit } 0<\theta<1.$$

1829 erscheinen Cauchys *Leçons sur le calcul différentiel*, in gewissem Sinn eine überarbeitete Neuauflage des *Calcul infinitésimal*. In der vierten Lektion erscheint der (von Cauchy gefundene und bereits im Anhang zum *Calcul infinitésimal* genannte) erweiterte Mittelwertsatz

$$\frac{f(x_0+h)}{F(x_0+h)}=\frac{f'(x_0+\theta h)}{F'(x_0+\theta h)} \quad (0<\theta<1)$$

unter der Voraussetzung, daß $f(x_0)=F(x_0)=0$ und F wachsend ist. Darauf stützt sich sein Beweis der l'Hospitalschen Regel und des Taylorschen Satzes. Während diese Beweise ihren festen Platz in der Lehrbuchliteratur haben, steht sein Beweis des (jetzt erweiterten) Mittelwertsatzes auf ebenso wackeligen Füßen wie der frühere.

Man darf bei dieser Kritik nicht übersehen, daß die *Leçons* einen Meilenstein in der Entwicklung der Analysis darstellen. Hier liegt ein Klassiker der Differentialrechnung vor, dem alle Lehrbücher bis zum heutigen Tage in mannigfacher Weise verpflichtet sind. Der heute übliche Beweis des Mittelwertsatzes durch Zurückführen auf den Satz von Rolle ist in der zweiten Hälfte des 19. Jahrhunderts aufgekommen; vgl. dazu 10.10. Eine ebenso einfache, aber ungleich ergiebigere Schlußweise geht auf SCHEEFFER (1884) zurück und ist auch heute noch viel zu wenig bekannt; vgl. 12.21.

10.1 Differenzenquotient und Ableitung. Wir entwickeln den Begriff der Ableitung zunächst am geometrischen Bild von Kurve und Tangente. In einem kartesischen x-y-Koordinatensystem ist eine Gerade durch eine Gleichung der Form $y=a+mx$ gegeben. Für zwei beliebige Geradenpunkte $A=(x_0, y_0)$ und $B=(x_1, y_1)$ (vgl. Abb.) wird der Quotient

$$m=\frac{y_1-y_0}{x_1-x_0}=\tan\alpha$$

die *Steigung* der Geraden genannt. Sie ist unabhängig von den gewählten Kurvenpunkten und gibt den Tangens des Winkels zwischen der x-Achse und der Geraden an.

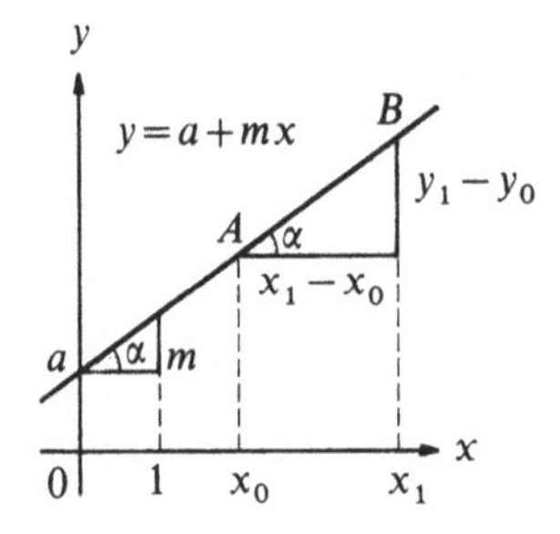

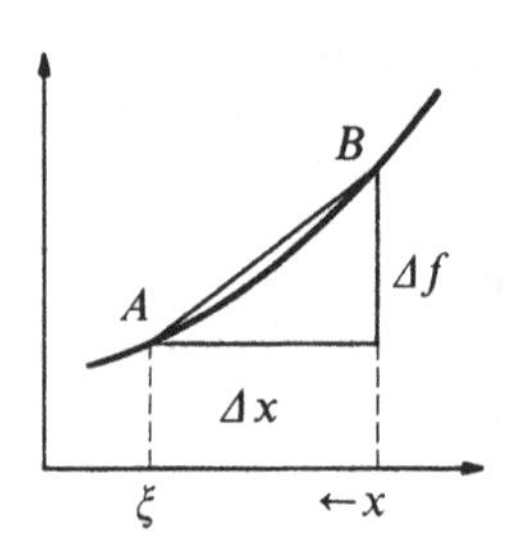

Nun sei eine reellwertige Funktion f in einer Umgebung U des Punktes ξ erklärt, die wir als Kurve $y=f(x)$ darstellen. Der sogenannte

$$\textit{Differenzenquotient} \quad \frac{\Delta f}{\Delta x}=\frac{f(x)-f(\xi)}{x-\xi} \qquad (x\neq\xi)$$

gibt die Steigung der Geraden durch die beiden Kurvenpunkte $A=(\xi, f(\xi))$ und $B=(x, f(x))$ (oder auch die mittlere Steigung der Kurve zwischen diesen beiden Punkten) an. Die Funktion f heißt an der Stelle ξ differenzierbar, wenn der Grenzwert des Differenzenquotienten für $x\to\xi$ existiert. Dieser Limes wird die *Ableitung* oder der *Differentialquotient* von f (an der Stelle ξ) genannt und mit einem der Symbole

$$f'(\xi)\equiv\frac{df(\xi)}{dx}:=\lim_{x\to\xi}\frac{f(x)-f(\xi)}{x-\xi},$$

gelegentlich auch mit $Df(\xi)$, bezeichnet. Oft ist es zweckmäßig, den Punkt x in der Form $x=\xi+\Delta x$ oder $x=\xi+h$ zu schreiben. In dieser Bezeichnungsweise ist

$$f'(\xi)=\lim_{\Delta x\to 0}\frac{f(\xi+\Delta x)-f(\xi)}{\Delta x}=\lim_{h\to 0}\frac{f(\xi+h)-f(\xi)}{h}.$$

Man nennt die Gerade, welche die Kurve in den Punkten A und B schneidet, auch eine *Sekante* (von lat. secare, schneiden). Die Gerade durch den Punkt A mit der Steigung $f'(\xi)$ wird *Tangente* an die durch $y=f(x)$ gegebene

Kurve genannt; sie hat die Gleichung

$$y = f(\xi) + f'(\xi)(x - \xi) \quad (\xi \text{ fest}).$$

Die Tangente ist anschaulich die Grenzlage der Sekanten, die Tangentensteigung $f'(\xi)$ der Grenzwert der Sekantensteigungen, wenn B sich auf A hin bewegt.

Betrachten wir nun das von Newton bevorzugte kinematische Modell. Eine (etwa geradlinige) *Bewegung* kann dadurch beschrieben werden, daß der zur Zeit t zurückgelegte Weg s als Funktion $s = s(t)$ vorgegeben wird. Der zugehörige Differenzenquotient

$$v_m = \frac{s(t) - s(t_0)}{t - t_0}$$

ist nichts anderes als die *mittlere Geschwindigkeit* zwischen den Zeiten t_0 und t und der Differentialquotient

$$v(t_0) \equiv s'(t_0) = \lim_{t \to t_0} \frac{s(t) - s(t_0)}{t - t_0}$$

die *momentane Geschwindigkeit* zur Zeit t_0.

Diese Begriffe übertragen sich auf jede andere zeitabhängige Größe $A(t)$. Der Differenzenquotient $\frac{A(t) - A(t_0)}{t - t_0}$ mißt die Änderung dieser Größe pro Zeiteinheit, also die mittlere Änderungsgeschwindigkeit, und die Ableitung $A'(t_0)$ ihre momentane Änderungsgeschwindigkeit zur Zeit t_0.

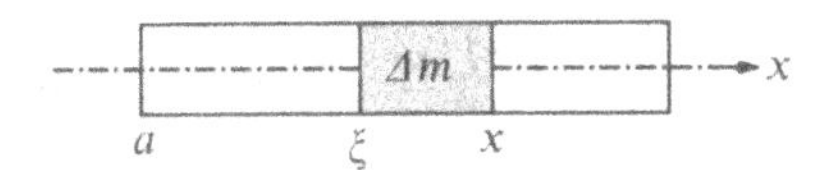

Die *Dichte eines inhomogenen Stabes* stellt eine weitere physikalische Anwendung dar. Der Stab habe den Querschnitt 1, das Material sei inhomogen, und die Masse zwischen den Stellen a und x betrage $m = m(x)$. Die mittlere Dichte zwischen ξ und x ist durch $\rho_m = \Delta m / \Delta x = [m(x) - m(\xi)]/(x - \xi)$ und die Dichte an der Stelle ξ durch die Ableitung $\rho(\xi) = \lim_{\Delta x \to 0} \frac{\Delta m}{\Delta x} = m'(\xi)$ gegeben, falls $m = m(x)$ differenzierbar ist.

Beispiele. 1. $f(x) = e^x$. Für ein beliebiges reelles ξ ist

$$\frac{f(\xi + h) - f(\xi)}{h} = \frac{e^{\xi + h} - e^{\xi}}{h} = e^{\xi} \frac{e^h - 1}{h} \to e^{\xi} \quad \text{für } h \to 0$$

wegen $(e^h - 1)/h \to 1$; vgl. 7.9. Wir erhalten also

$$\frac{d}{dx} e^x \equiv (e^x)' = e^x \quad \text{für alle } x \in \mathbb{R}.$$

2. Für $f(x) = a + mx$ ist $f'(x) = m$ ($x \in \mathbb{R}$ beliebig). Speziell hat die konstante Funktion $f(x) \equiv a$ eine identisch verschwindende Ableitung $f'(x) \equiv 0$.

3. $f(x)=x^n$, ξ beliebig, $n\in\mathbb{N}$. Für den Differenzenquotienten $[f(\xi+h)-f(\xi)]/h$ erhält man aus der Binomialformel

$$\frac{(\xi+h)^n-\xi^n}{h}=\frac{1}{h}\left[nh\xi^{n-1}+\binom{n}{2}h^2\xi^{n-2}+\ldots+h^n\right]$$

$$=n\xi^{n-1}+h\left[\binom{n}{2}\xi^{n-2}+\ldots+h^{n-2}\right]\to n\xi^{n-1}$$

für $h\to 0$. Demnach ist

$$(x^n)'=nx^{n-1}\qquad\text{für } x\in\mathbb{R}.$$

4. $f(x)=\sin x$. Für festes x ist aufgrund des Additionstheorems 7.16 für den Sinus

$$\frac{\sin(x+h)-\sin x}{h}=\frac{\sin x\cos h+\cos x\sin h-\sin x}{h}$$

$$=\sin x\frac{\cos h-1}{h}+\cos x\frac{\sin h}{h}\to\cos x$$

für $h\to 0$, da $(\cos h-1)/h\to 0$ und $(\sin h)/h\to 1$ konvergiert, vgl. 7.16. Damit und mit einer entsprechenden Rechnung für den Cosinus oder auch gemäß $\cos x=\sin(x+\frac{\pi}{2})$ erhält man

$$(\sin x)'=\cos x\quad\text{und}\quad(\cos x)'=-\sin x\qquad\text{für } x\in\mathbb{R}.$$

10.2 Einseitige Differenzierbarkeit. Die Funktion f sei in einer rechts- bzw. linksseitigen Umgebung von ξ definiert. Man nennt die einseitigen Grenzwerte

$$f'_+(\xi):=\lim_{h\to 0+}\frac{f(\xi+h)-f(\xi)}{h}\qquad\textit{rechtsseitige Ableitung},$$

$$f'_-(\xi):=\lim_{h\to 0-}\frac{f(\xi+h)-f(\xi)}{h}\qquad\textit{linksseitige Ableitung}$$

von f an der Stelle ξ. Ist f in einer Umgebung von ξ definiert, dann ist die Gleichung $f'_+(\xi)=f'_-(\xi)$ hinreichend und notwendig für die Differenzierbarkeit an der Stelle ξ; und natürlich ist in diesem Fall $f'(\xi)=f'_+(\xi)=f'_-(\xi)$. Beispielsweise ist für $f(x)=|x|$

$$f'_+(0)=1\quad\text{und}\quad f'_-(0)=-1.$$

Diese Funktion ist also im Nullpunkt nicht differenzierbar.

Man sagt, eine im Intervall J definierte Funktion f sei *in J differenzierbar*, wenn $f'(\xi)$ für jedes $\xi\in J$ existiert. In diesem Fall ist die Funktion f': $x\mapsto f'(x)$ in J erklärt. Ist dabei $J=[a,b]$, so versteht man unter den Ableitungen in den Endpunkten immer stillschweigend die einseitigen Ableitungen $f'_+(a)$ und $f'_-(b)$, auch wenn das nicht besonders angegeben wird; entsprechendes gilt bei halboffenen Intervallen in jenem Endpunkt, welcher zum Intervall gehört. Die Funktion $f(x)$ heißt *stetig differenzierbar* im (beliebigen) Intervall J, wenn $f'(x)$ in J existiert und stetig ist. Die durch die bisherigen Beispiele nahegelegte Vermutung, daß die Ableitung einer in J differenzierbaren Funktion dort auch stetig ist, daß also die beiden Begriffe der Differenzierbarkeit und der stetigen Differenzierbarkeit in J zusammenfallen, ist nicht richtig, vgl. unten Beispiel 3.

Man beachte ferner, daß unter der (eventuell einseitigen) Differenzierbarkeit immer die Existenz des entsprechenden Grenzwertes im eigentlichen Sinn verstanden wird. Dagegen werden die Ableitungssymbole gelegentlich auch dann benutzt, wenn der Limes der Differenzenquotienten einen der Werte $\pm\infty$ annimmt. In diesem Sinne hat die Funktion $f(x)=\sqrt{x}$ im Punkt 0 die Ableitung $f'_+(0)=\infty$ (Beweis?).

Beispiele. 1. Für die Funktion $f(x)=[x]$ (größte ganze Zahl $\leq x$) ist $f'_+(1)=0$ und $f'_-(1)=\infty$. Sie ist also an der Stelle $\xi=1$ nicht differenzierbar.

2. $f(x)=x\sin\frac{1}{x}$ für $x\neq 0$, $f(0)=0$. Die Funktion ist bei $\xi=0$ stetig, aber nicht differenzierbar, da $f(h)$ gegen Null strebt, jedoch $\frac{1}{h}(f(h)-f(0))=\sin\frac{1}{h}$ keinen Grenzwert hat für $h\to 0$. Auch die einseitigen Ableitungen existieren nicht.

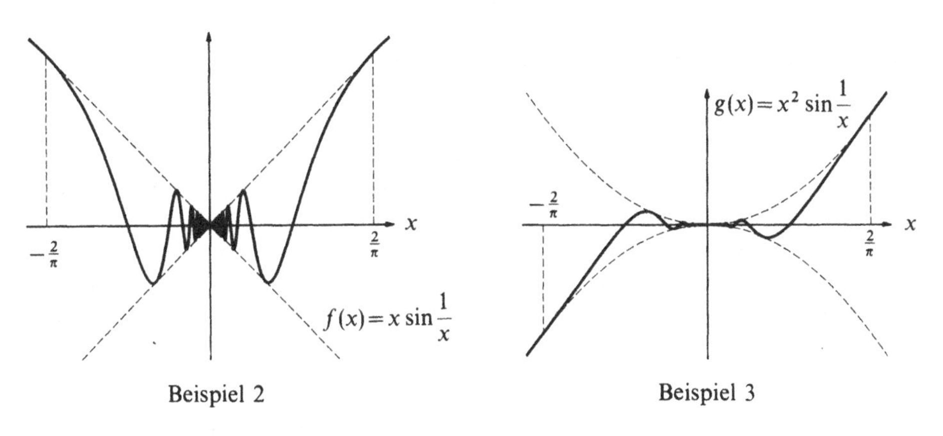

Beispiel 2 Beispiel 3

3. $g(x)=x^2\sin\frac{1}{x}$ für $x\neq 0$, $g(0)=0$. Hier liegen die Verhältnisse anders, es ist

$$g'(0)=\lim_{h\to 0}\frac{1}{h}(g(h)-g(0))=\lim_{h\to 0}h\sin\frac{1}{h}=0.$$

Aufgrund späterer Ableitungsregeln ist

$$g'(x)=2x\sin\frac{1}{x}-\cos\frac{1}{x} \qquad \text{für } x\neq 0.$$

Der Limes von $g'(x)$ für $x\to 0$ existiert nicht (der erste Summand auf der rechten Seite strebt gegen 0, der zweite hat keinen Limes). Die Funktion g ist also in $\mathbb{R}$ differenzierbar, ihre Ableitung g' ist jedoch unstetig bei $x=0$.

10.3 Einfache Tatsachen. Die Funktion f sei in einer Umgebung U des Punktes ξ erklärt und an der Stelle ξ differenzierbar. Da der Differenzenquotient

$$(*) \qquad \frac{f(x)-f(\xi)}{x-\xi}\to f'(\xi)$$

strebt für $x\to\xi$, bleibt er beschränkt. Man kann etwa zur Schranke $K:=|f'(\xi)|+1$ ein $\delta>0$ so bestimmen, daß für $0<|x-\xi|<\delta$ der Differenzenquotient dem Betrage nach kleiner als K ist. Ist $f'(\xi)$ positiv, so sind – wieder wegen $(*)$ – die

Differenzenquotienten ebenfalls positiv, wenn nur x hinreichend nahe bei ξ gelegen ist. Das heißt also, daß $f(x)-f(\xi)$ positiv oder negativ ist, je nachdem x rechts oder links von ξ liegt. Diese einfachen Aussagen faßt der folgende Satz zusammen.

Satz. *Die Funktion f sei an der Stelle ξ differenzierbar. Dann besteht in einer Umgebung von ξ eine Abschätzung (Lipschitzbedingung an der Stelle ξ)*

$$|f(x)-f(\xi)| \leq K|x-\xi|.$$

Insbesondere ist also f stetig in ξ. Im Fall $f'(\xi)>0$ gilt

$$f(\xi-h)<f(\xi)<f(\xi+h) \quad \textit{für kleine positive } h;$$

im Fall $f'(\xi)<0$ kehren sich hier die Vorzeichen um.

Der Satz gilt mutatis mutandis auch für einseitige Differenzierbarkeit.

Nehmen wir nun an, die Funktion f habe an der Stelle ξ ein lokales Maximum, es sei also $f(x) \leq f(\xi)$ für $x \in U(\xi)$. Dann kann nicht $f'(\xi)>0$ sein, denn daraus würde $f(\xi+h)>f(\xi)$ für kleine positive h folgen. Ebenso erkennt man, daß auch die Annahme $f'(\xi)<0$ zum Widerspruch führt. Es muß also $f'(\xi)=0$ sein. Eine ähnliche Schlußweise führt zum selben Resultat, wenn bei ξ ein lokales Minimum vorliegt. Dieses wichtige Ergebnis ist bekannt als

Fermatsches Kriterium für ein Extremum. *Die Funktion f sei in einer Umgebung von ξ definiert und an der Stelle ξ differenzierbar. Besitzt f an dieser Stelle ξ ein lokales Maximum oder Minimum, so ist notwendigerweise $f'(\xi)=0$.*

Dieses notwendige Kriterium stellt ein außerordentlich nützliches Hilfsmittel zur Lösung von Maximum-Minimum-Aufgaben dar. Es wird später durch hinreichende Kriterien ergänzt werden. Um die Extremwerte einer in einem Intervall differenzierbaren Funktion f zu finden, sucht man die Nullstellen ihrer Ableitung auf und prüft dann nach, ob an diesen Stellen ein Extremum vorliegt. Besonders einfach wird dieses Verfahren, wenn die Ableitung in einem kompakten Intervall J nur eine einzige Nullstelle ξ besitzt. Nach Satz 6.8 hat f in J ein Maximum. Kommen die Endpunkte des Intervalls für ein Maximum nicht in Frage (das läßt sich häufig auf einen Blick erkennen), so ist der Funktionswert $f(\xi)$ notwendigerweise das Maximum. Entsprechendes gilt für das Minimum.

Aufgabe (aus Keplers *Faßmessung*). Von allen senkrechten Kreiszylindern mit konstantem Durchmesser bestimme man denjenigen mit dem größten Volumen. [Ist der Zylinder im (x,y,z)-Raum durch die Ungleichungen $x^2+y^2 \leq r^2$, $0 \leq z \leq h$ definiert, so ist der Durchmesser gleich der Entfernung der beiden Punkte $(-r,0,0)$ und $(r,0,h)$.]

Einem Beispiel in 10.2 konnte man entnehmen, daß die Ableitung einer im Intervall J differenzierbaren Funktion nicht notwendig stetig ist. Das legt die Frage nahe, ob man jene Funktionen, die als Ableitungen auftreten, in anderer Weise charakterisieren kann. Gibt es z.B. eine Funktion f mit $f'(x)=\operatorname{sgn} x$? Das allgemeine Problem läßt sich nicht in einfacher Weise beantworten. Für das Beispiel ist jedoch die Antwort einfach: Es gibt keine Funktion, deren Ableitung gleich $\operatorname{sgn} x$ ist. Ableitungen haben nämlich die uns von den stetigen Funktionen vertraute Zwischenwerteigenschaft (6.10), sie können also keine Sprünge machen.

Zwischenwertsatz für Ableitungen. *Die Ableitung einer in einem Intervall J differenzierbaren Funktion f nimmt jeden Zwischenwert an, d.h. $f'(J)$ ist ein Intervall (oder ein Punkt).*

Beweis. Es seien etwa $a<b$ zwei Stellen aus J und $f'(a)>\alpha>f'(b)$. Für $g(x)=f(x)-\alpha x$ ist $g'(a)>0$, $g'(b)<0$, und wir müssen den Nachweis erbringen, daß ein $\xi\in(a,b)$ mit $g'(\xi)=f'(\xi)-\alpha=0$ existiert. Nach dem obigen Satz ist $g(a+h)>g(a)$ und $g(b-h)>g(b)$ für kleine positive h. Für das Maximum von g im Intervall $[a,b]$ kommt also nur ein innerer Punkt $\xi\in(a,b)$ in Frage, und nach dem Fermatschen Kriterium ist $g'(\xi)=0$ oder $f'(\xi)=\alpha$. □

10.4 Das Differential. Das Differential (und nicht die Ableitung) war der Grundbegriff des Leibnizschen *calculus differentialis*, während wir heute das Differential mit Hilfe der Ableitung definieren. Ausgangspunkt ist der folgende einfache

Satz. *Die in einer Umgebung U der Stelle x definierte Funktion f ist genau dann an dieser Stelle differenzierbar, wenn es eine Konstante c und eine Funktion $\varepsilon(h)$ derart gibt, daß (für $x+h\in U$)*

$$f(x+h)=f(x)+ch+h\varepsilon(h) \quad \text{und} \quad \lim_{h\to 0}\varepsilon(h)=0$$

ist. Es ist dann $f'(x)=c$.

Die genannte Gleichung ist nämlich äquivalent mit

$$\frac{f(x+h)-f(x)}{h}=c+\varepsilon(h),$$

und hieraus folgt die Behauptung sofort. □

Aufgrund der Gleichung des Satzes wird der Zuwachs $\Delta f=f(x+h)-f(x)$ zerlegt in zwei Terme, einen linearen Hauptteil $ch=f'(x)h$ und einen Rest von der Größe $h\varepsilon(h)$. Der Hauptteil ist eine lineare Funktion von h. Er wird das *Differential* der Funktion f (im Punkt x) genannt und mit df bezeichnet,

$$df\equiv df(x):=f'(x)h.$$

In diesem Zusammenhang nennt man auch den Zuwachs der unabhängigen Veränderlichen x ein Differential und bezeichnet ihn häufig mit dx statt h. Die Gleichung des Satzes nimmt dann die Form

$$f(x+dx)=f(x)+f'(x)\,dx+dx\cdot\varepsilon(dx)$$

an, und das Differential lautet

$$df=f'(x)\,dx.$$

Das Differential ist eine Funktion von zwei Variablen x und dx (oder h); es hängt im allgemeinen nichtlinear von der betrachteten Abszisse x und linear von dem Zuwachs dx ab. Alle Ableitungsregeln lassen sich auch in Differentialform schreiben, und in dieser Form wurden sie ursprünglich von Leibniz gegeben. Beispiele sind $d\sin x = \cos x\, dx$, $dx^3 = 3x^2\, dx$, $d\log x = dx/x$, usw.

Für die Mathematiker des 17. und 18. Jahrhunderts waren dx und $dy = df$ infinitesimale Größen, nämlich unendlich kleine Zunahmen von x und $y = f(x)$. Im Unterschied dazu ist für uns dx eine beliebige reelle Zahl, die als (positiver oder negativer) Zuwachs von x gedeutet wird, und df ist der entsprechende Zuwachs der Tangente im Punkt x; vgl. Abb. Das Differential df stellt eine lineare Näherung für den tatsächlichen Zuwachs $\Delta f = f(x+dx) - f(x)$ dar.

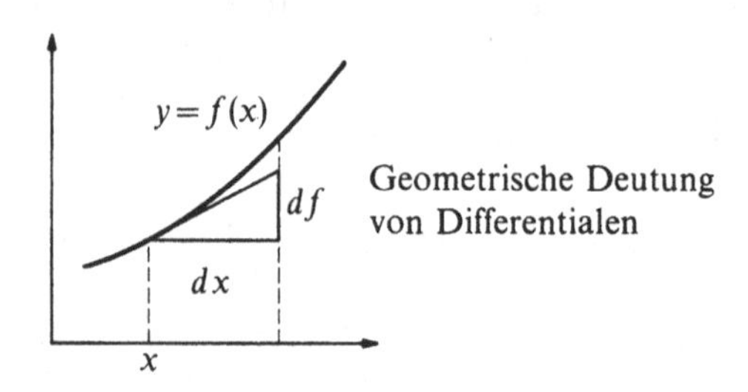

Geometrische Deutung von Differentialen

Die Differentialschreibweise bewirkt eine gewisse Akzentverschiebung darüber, was als der wesentliche Begriff der Differentialrechnung anzusehen ist. Im Zentrum steht nicht mehr die Ableitung (Steigung der Tangente) als Grenzwert von Differenzenquotienten (Sekantensteigungen), sondern die Möglichkeit, die Änderung einer Funktion durch eine *lineare* Funktion, ihr Differential, bis auf einen vernachlässigbaren Rest von der Größe $h\varepsilon(h)$ beschreiben zu können: $f(x+h) = f(x) + ch + h\varepsilon(h)$. Hier stellt der Ausdruck ch das Differential dar. Es wird sich später bei der mehrdimensionalen Differentialrechnung erweisen, daß dies der zentrale Gesichtspunkt ist.

10.5 Rechenregeln für die Ableitung. *Mit f und g sind auch die Funktionen $f+g$, λf, $f \cdot g$ und f/g an der Stelle ξ differenzierbar (letzteres natürlich nur, falls $g(\xi) \neq 0$ ist), und es gelten die Differentiationsregeln*

$$(f+g)' = f' + g', \quad (\lambda f)' = \lambda f', \quad \textit{Produktregel} \quad (fg)' = f'g + fg',$$

$$\textit{Quotientenregel} \quad \left(\frac{f}{g}\right)' = \frac{f'g - fg'}{g^2}, \quad \textit{speziell} \quad \left(\frac{1}{g}\right)' = -\frac{g'}{g^2}$$

an der Stelle ξ.

Beweis. Nach den Rechenregeln 6.5 für Grenzwerte gelten für $\Delta x \to 0$ mit der Abkürzung $\Delta f = f(\xi + \Delta x) - f(\xi)$ die Beziehungen

$$\frac{\Delta(f+g)}{\Delta x} = \frac{\Delta f}{\Delta x} + \frac{\Delta g}{\Delta x} \to f'(\xi) + g'(\xi), \qquad \frac{\Delta(\lambda f)}{\Delta x} = \lambda \frac{\Delta f}{\Delta x} \to \lambda f'(\xi),$$

$$\frac{\Delta(fg)}{\Delta x} = g(\xi)\frac{\Delta f}{\Delta x} + f(\xi + \Delta x)\frac{\Delta g}{\Delta x} \to f'(\xi)\, g(\xi) + f(\xi)\, g'(\xi),$$

$$\frac{\Delta\left(\frac{1}{g}\right)}{\Delta x}=\frac{-1}{g(\xi)\,g(\xi+\Delta x)}\,\frac{\Delta g}{\Delta x}\;\to\;-\frac{g'(\xi)}{g^2(\xi)}.$$

Die Regel für f/g folgt nach dem, was wir bereits wissen,

$$\left(f\cdot\frac{1}{g}\right)'=f'\cdot\frac{1}{g}+f\left(\frac{1}{g}\right)'=\frac{f'}{g}-\frac{f\,g'}{g^2}=\frac{f'\,g-f\,g'}{g^2}.\qquad\square$$

Wir kommen nun zur wichtigsten und weitreichendsten Ableitungsregel, der Kettenregel für zusammengesetzte Funktionen $h=g\circ f$.

10.6 Die Kettenregel. *Es sei f im Intervall I und g im Intervall $J\supset f(I)$ erklärt. Ist f in $\xi\in I$ und g in $\eta:=f(\xi)$ differenzierbar, so ist $h=g\circ f$ (in I erklärt und) in ξ differenzierbar, und es gilt $h'=(g'\circ f)f'$ für $x=\xi$ oder*

$$(g\circ f)'(\xi)=g'(f(\xi))\,f'(\xi).$$

Beweis. Zunächst sei $f'(\xi)\neq 0$. Wir stützen uns auf das Folgenkriterium 6.3 und betrachten eine beliebige gegen ξ konvergente Folge (x_n) mit $x_n\neq\xi$. Nach Satz 10.3 ist dann $f(x_n)\neq f(\xi)$ für große n, und wegen der Stetigkeit von f strebt $y_n=f(x_n)$ gegen $\eta=f(\xi)$. Also strebt

$$\frac{h(x_n)-h(\xi)}{x_n-\xi}=\frac{g(y_n)-g(\eta)}{y_n-\eta}\cdot\frac{f(x_n)-f(\xi)}{x_n-\xi}\;\to\;g'(\eta)\,f'(\xi).$$

Nun sei $f'(\xi)=0$. Nach Satz 10.3 genügt g einer Lipschitz-Abschätzung $|g(y)-g(\eta)|\le K\,|y-\eta|$ für $y\in U(\eta)$. Hieraus folgt

$$\left|\frac{h(x)-h(\xi)}{x-\xi}\right|=\left|\frac{g(f(x))-g(f(\xi))}{x-\xi}\right|\le K\left|\frac{f(x)-f(\xi)}{x-\xi}\right|\to 0$$

für $x\to\xi$, d.h. $h'(\xi)=0$. $\square$

Beispiele. 1. $(x^3e^x)'=(3x^2+x^3)e^x$.

2. $(\sin x^2)'=2x\cos x^2$.

3. $\dfrac{d}{dx}\exp\left(\dfrac{1}{x}\cos x\right)=-\dfrac{1}{x^2}(\cos x+x\sin x)\exp\left(\dfrac{1}{x}\cos x\right)\quad(x\neq 0)$.

4. $(x^\alpha)'=(e^{\alpha\log x})'=\dfrac{\alpha}{x}e^{\alpha\log x}=\alpha x^{\alpha-1}\quad(x>0,\ \alpha$ beliebig).

5. Mit $g(y)=y^2$ bzw. $g(y)=\dfrac{1}{y}$ ergibt sich $(f^2)'=2ff'$ und $(1/f)'=-f'/f^2$. Hieraus lassen sich ähnlich wie bei früheren Rechenregeln die Produkt- und die Quotientenregel ableiten (Übungsaufgabe!).

Die Kettenregel ist ein erstes Beispiel für die Überlegenheit der Leibnizschen Schreibweise. Die Funktion $g(y)$ wird durch die Ersetzung $y=f(x)$ zu einer Funktion von x, und die in der bisherigen Gestalt weder unmittelbar einsichtige noch leicht zu merkende Kettenregel wird zu einer Kürzungsregel für Brüche

$$\frac{dg}{dx}=\frac{dg}{dy}\cdot\frac{dy}{dx}.$$

Ähnliches gilt für die nun zu beweisende Regel für die

10.7 Ableitung der Umkehrfunktion. *Die Funktion f sei im Intervall I stetig und streng monoton. Ist die (im Intervall $J=f(I)$ stetige) Umkehrfunktion $f^{-1}=:\phi$ in $\eta=f(\xi)\in J$ differenzierbar mit $\phi'(\eta)\neq 0$, so ist f in ξ differenzierbar und*

$$f'(\xi)=\frac{1}{\phi'(\eta)}=\frac{1}{\phi'(f(\xi))}.$$

Sowohl im Leibnizschen Differentialkalkül als auch in der Newtonschen Fluxionsrechnung erscheint diese Beziehung lediglich als eine Regel des Bruchrechnens,

$$\frac{dy}{dx}=\frac{1}{dx/dy} \quad \text{bzw.} \quad \frac{\dot{y}}{\dot{x}}=\frac{1}{\dot{x}/\dot{y}}.$$

Ähnliches gilt für den Beweis. Wie im vorangehenden Beweis gelte $x_n \to \xi$, $x_n \neq \xi$. Wieder ist $y_n=f(x_n)\neq f(\xi)$ und $\lim y_n=\eta$, also

$$\frac{f(x_n)-f(\xi)}{x_n-\xi}=\frac{y_n-\eta}{\phi(y_n)-\phi(\eta)}=\left(\frac{\phi(y_n)-\phi(\eta)}{y_n-\eta}\right)^{-1} \to \frac{1}{\phi'(\eta)}. \qquad \square$$

Auch am geometrischen Bild läßt sich das Resultat sofort ablesen. Im (x,y)-System haben die Funktionen $y=f(x)$ und $x=\phi(y)$ dasselbe Bild. Die Tangente an der Stelle (ξ,η) hat die Steigung $m=f'(\xi)$. Wenn man dagegen das Bild um 90° dreht und die y-Achse zur Abszisse macht, hat die Steigung den Wert $1/m$.

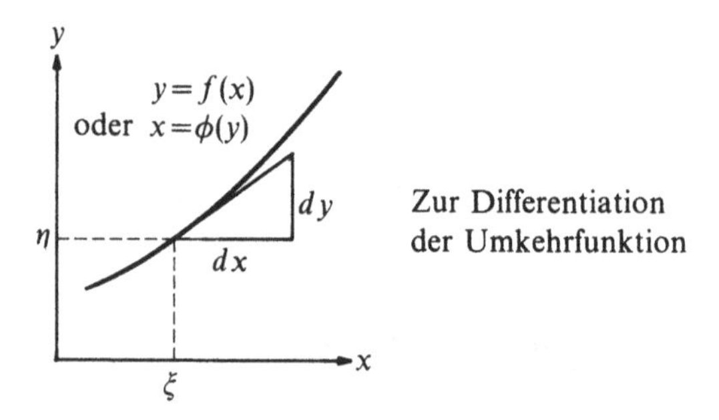

Zur Differentiation der Umkehrfunktion

Bemerkung. Man kann die Regel für die Umkehrfunktion aus der Identität $x\equiv\phi(f(x))$ durch Differenzieren unter Heranziehung der Kettenregel unmittelbar ableiten,

$$1\equiv\phi'(f(x))\cdot f'(x).$$

Ein Beweis ist dies jedoch nicht. Man weiß ja noch gar nicht, ob f' existiert! Bei der Anwendung ist dieses Vorgehen jedoch meist vorzuziehen. Betrachten wir etwa die Funktion $y=\sqrt{x}$, $x>0$. Aufgrund des Satzes bildet man zuerst die Umkehrfunktion $\phi(y)=y^2$, differenziert diese, $\phi'=2y$, und erhält schließlich

$$(\sqrt{x})'=\frac{1}{2y}=\frac{1}{2\sqrt{x}}.$$

Schneller geht es jedoch, wenn man die Identität $(\sqrt{x})^2 = x$ differenziert: $2\sqrt{x}(\sqrt{x})' = 1$.

Es folgen einige weitere Beispiele.

1. *Arcustangens.* Aus $(\tan y)' = 1 + \tan^2 y$ und $x = \tan(\arctan x)$ folgt

$$1 = (\arctan x)' \cdot (1 + [\tan(\arctan x)]^2)$$

oder

$$(\arctan x)' = \frac{1}{1+x^2} \quad \text{für } x \in \mathbb{R}.$$

Da sich die Nebenwerte nur um eine Konstante vom Hauptwert unterscheiden, gilt die Formel für jeden Zweig des Arcustangens.

2. *Logarithmus.* Es ist $x = e^{\log x}$ für $x > 0$, also

$$1 = (\log x)' \, e^{\log x} = (\log x)' \, x$$

oder $(\log x)' = \frac{1}{x}$. Ähnlich ergibt sich $(\log(-x))' = \frac{1}{x}$ für $x < 0$, also $(\log|x|)' = \frac{1}{x}$ für $x \neq 0$.

3. *Arcussinus.* Es sei $f(x) = \overline{\arcsin} \, x$, also $\phi(y) = \sin y$ mit $-\pi/2 \leq y \leq \pi/2$. Aus

$$\phi'(y) = \cos y = \sqrt{1 - \sin^2 y} \neq 0 \quad \text{für } -\frac{\pi}{2} < y < \frac{\pi}{2}$$

folgt

$$(\overline{\arcsin} \, x)' = \frac{1}{\sqrt{1-x^2}} \quad \text{für } |x| < 1$$

(für monoton fallende Zweige des Arcussinus ist ein Minuszeichen zu setzen).

10.8 Zusammenfassung. (a) Für endliche Summen gilt natürlich

$$(\lambda_1 f_1 + \ldots + \lambda_n f_n)' = \lambda_1 f_1' + \ldots + \lambda_n f_n'.$$

Die Erweiterung der *Produktregel* auf n differenzierbare Funktionen f_i lautet

$$(f_1 f_2 \cdots f_n)' = f_1' f_2 \cdots f_n + f_1 f_2' f_3 \cdots f_n + \ldots + f_1 \cdots f_{n-1} f_n'.$$

Besonders übersichtlich wird diese Regel, wenn man $f_i \neq 0$ voraussetzt und durch das Produkt der f_i dividiert:

$$\frac{(f_1 f_2 \cdots f_n)'}{f_1 f_2 \cdots f_n} = \frac{f_1'}{f_1} + \frac{f_2'}{f_2} + \ldots + \frac{f_n'}{f_n}.$$

Der Beweis durch vollständige Induktion ist einfach, ein zweiter Beweis ist (für $f_i \neq 0$) in (b) angedeutet.

(b) *Logarithmische Ableitung.* Die Ableitung des Logarithmus von f

$$(\log f(x))' = \frac{f'(x)}{f(x)}$$

wird als logarithmische Ableitung von f bezeichnet. Gelegentlich wird auch die allgemeinere Formel

$$(\log|f(x)|)' = \frac{f'(x)}{f(x)}, \quad \text{falls } f(x) \neq 0,$$

so benannt. Die zweite Form der Produktformel in (a) ergibt sich sofort durch logarithmische Ableitung von $f=f_1\cdots f_n$ unter Benutzung von

$$\log(f_1\cdots f_n)=\log f_1+\ldots+\log f_n.$$

Dabei ist die Voraussetzung $f_i>0$ nicht einschränkend, da ein Vorzeichenwechsel von f_i weder die linke noch die rechte Seite der Gleichung ändert.

(c) Auch die *Kettenregel* besitzt eine Verallgemeinerung auf n-fache Komposition $f_1\circ f_2\circ\ldots\circ f_n$. Im Fall $n=3$ lautet die Formel $(h\circ g\circ f)'=(h'\circ g\circ f)\cdot(g'\circ f)\cdot f'$ oder

$$(h(g(f(x))))'=h'(g(f(x)))\cdot g'(f(x))\cdot f'(x).$$

(d) *Elementare Funktionen.* Bekanntlich bezeichnet man als elementare Funktion jede Funktion, welche sich aus Konstanten und den Funktionen x, $\sin x$, e^x als endlicher „analytischer Ausdruck" mit den vier Grundrechenoperationen sowie den Operationen Komposition (mittelbare Funktion) und Umkehrfunktion bilden läßt. Da wir für jede dieser Operationen eine entsprechende Differentiationsregel besitzen, ergibt sich das wichtige Resultat:

Jede elementare Funktion ist differenzierbar und hat wieder eine elementare Funktion zur Ableitung.

Diese Regel ist mit Verstand anzuwenden. Natürlich kann eine elementare Funktion „Singularitäten" besitzen, und diese können sich sogar häufen. So sind etwa $\sin\frac{1}{x}$ und auch $\log\left(\sin\frac{1}{x}\right)^2$ elementare Funktionen.

Die folgende Tabelle enthält eine Liste der wichtigsten elementaren Funktionen und deren Ableitungen.

Tabelle von Differentialquotienten

$(x^\alpha)'=\alpha\cdot x^{\alpha-1}$ für $x>0$ $\begin{pmatrix}\alpha\in\mathbb{N}: & \text{alle } x\\ \alpha=-1,-2,\ldots: & x\neq 0\end{pmatrix}$

$(e^x)'=e^x$ für alle x

$(a^x)'=a^x\log a$ für alle x $(a>0)$

$(\log|x|)'=1/x$ für $x\neq 0$

$(\sin x)'=\cos x$ für alle x

$(\cos x)'=-\sin x$ für alle x

$(\tan x)'=\dfrac{1}{\cos^2 x}=1+\tan^2 x$ für $x\neq\dfrac{2k+1}{2}\cdot\pi$

$(\cot x)'=-\dfrac{1}{\sin^2 x}=-(1+\cot^2 x)$ für $x\neq k\cdot\pi$

$(\overline{\arcsin}\, x)'=\dfrac{1}{\sqrt{1-x^2}}$ für $|x|<1$ (Nebenzweige: $\pm 1/\sqrt{1-x^2}$)

$$(\overline{\operatorname{arc}}\cos x)' = -\frac{1}{\sqrt{1-x^2}} \quad \text{für } |x|<1 \quad (\text{Nebenzweige: } \pm 1/\sqrt{1-x^2})$$

$$(\arctan x)' = \frac{1}{1+x^2} \quad \text{für alle } x \quad (\text{auch für Nebenzweige})$$

$$(\operatorname{arccot} x)' = -\frac{1}{1+x^2} \quad \text{für alle } x \quad (\text{auch für Nebenzweige})$$

$$(\sinh x)' = \cosh x \quad \text{für alle } x$$

$$(\cosh x)' = \sinh x \quad \text{für alle } x$$

$$(\tanh x)' = \frac{1}{\cosh^2 x} = 1 - \tanh^2 x \quad \text{für alle } x$$

$$(\coth x)' = -\frac{1}{\sinh^2 x} = 1 - \coth^2 x \quad \text{für } x \neq 0$$

$$(\operatorname{Arsinh} x)' = \frac{1}{\sqrt{1+x^2}} \quad \text{für alle } x \quad (\operatorname{Arsinh} x \equiv \log(x+\sqrt{1+x^2}))$$

$$(\operatorname{Arcosh} x)' = \pm\frac{1}{\sqrt{x^2-1}} \quad \text{für } x>1 \quad (\operatorname{Arcosh} x \equiv \pm\log(x-\sqrt{x^2-1}))$$

$$(\operatorname{Artanh} x)' = \frac{1}{1-x^2} \quad \text{für } |x|<1 \quad \left(\operatorname{Artanh} x \equiv \frac{1}{2}\log\frac{1+x}{1-x}\right)$$

$$(\operatorname{Arcoth} x)' = \frac{1}{1-x^2} \quad \text{für } |x|>1 \quad \left(\operatorname{Arcoth} x \equiv \frac{1}{2}\log\frac{x+1}{x-1}\right)$$

10.9 Höhere Ableitungen, die Klassen C^k. Ist die Funktion f im Intervall J differenzierbar, so wird durch $x \mapsto f'(x)$ eine neue Funktion f', die Ableitung von f, definiert. Wenn f' an der Stelle $\xi \in J$ differenzierbar ist, läßt sich die *zweite Ableitung* $f''(\xi) := \left(\frac{d}{dx} f'\right)(\xi)$ bilden. Existiert diese für jedes $\xi \in J$, so ist auch f'' eine in J erklärte Funktion. Auf diese Weise fortfahrend, gelangt man zur dritten Ableitung $f''' := (f'')'$ und zu höheren Ableitungen. Man schreibt üblicherweise $f', f'', f''', f^{(4)}, f^{(5)}, \ldots, f^{(n)} := \frac{d}{dx} f^{(n-1)}$. Zur einfachen Schreibweise von Formeln wie $\sum a_k f^{(k)}$ hat man $f^{(0)} \equiv f$, $f^{(1)} \equiv f'$, ... festgelegt. Außerdem werden die Bezeichnungen

$$f^{(n)}(x) \equiv \frac{d^n f(x)}{dx^n} \equiv \left(\frac{d}{dx}\right)^n f(x) \equiv D^n f(x)$$

verwendet. Wenn $f^{(n)}$ an der Stelle ξ bzw. im Intervall J existiert, so nennt man f in ξ bzw. in J n-mal differenzierbar. Ist die n-te Ableitung $f^{(n)}$ sogar stetig in J, so sagt man, f sei *n-mal stetig differenzierbar* in J (kürzer: f sei von der Klasse C^n) und schreibt dafür $f \in C^n$ oder genauer $f \in C^n(J)$. Aufgrund von

Satz 10.3 sind dann auch alle Ableitungen von niedrigerer Ordnung in J stetig. Es sei daran erinnert, daß $C^0(J)$ den Raum der auf J stetigen Funktionen bezeichnet; vgl. 6.1. Nach Satz 10.5 sind mit f und g auch $\lambda f + \mu g$ und fg aus $C^n(J)$. Also ist $C^n(J)$ eine Funktionenalgebra und ebenso $C^\infty(J) := \bigcap_{n \geq 0} C^n(J)$, die Menge aller auf J beliebig oft stetig differenzierbaren Funktionen. Offensichtlich gilt $C^\infty \subset \ldots \subset C^n \subset C^{n-1} \ldots \subset C^0$. Man schreibt $C^n[a, b]$ statt $C^n([a, b])$, ...

Beispiele. 1. Für $n = 1, 2, \ldots$ und beliebiges $\alpha \in \mathbb{R}$ ist

$$\left(\frac{d}{dx}\right)^n e^{\alpha x} = \alpha^n e^{\alpha x} \quad (x \in \mathbb{R}), \qquad \left(\frac{d}{dx}\right)^n x^\alpha = \binom{\alpha}{n} n! \, x^{\alpha - n} \quad (x > 0),$$

$$\left(\frac{d}{dx}\right)^n \sin x = \begin{cases} \sin x, & n = 4k \\ \cos x, & n = 4k+1 \\ -\sin x, & n = 4k+2 \\ -\cos x, & n = 4k+3 \end{cases},$$

$$\left(\frac{d}{dx}\right)^n \log x = (-1)^{n-1} (n-1)! \frac{1}{x^n} \quad (x > 0).$$

2. Jedes Polynom $P(x)$ ist aus $C^\infty(\mathbb{R})$, und es ist $P^{(k)}(x) \equiv 0$ für $k > \operatorname{Grad} P$.

Rechenregeln für höhere Ableitungen. Es wird vorausgesetzt, daß f und g n-mal differenzierbar sind.

(a) $(\lambda f + \mu g)^{(n)} = \lambda f^{(n)} + \mu g^{(n)}$.

(b) *Die Leibnizsche Regel* für die n-te Ableitung des Produkts lautet

$$(f \cdot g)^{(n)} = \sum_{k=0}^{n} \binom{n}{k} f^{(k)} g^{(n-k)} = f^{(n)} g + n f^{(n-1)} g' + \ldots + f g^{(n)},$$

insbesondere

$$(f \cdot g)' = f' g + f g', \qquad (f \cdot g)'' = f'' g + 2 f' g' + f g''.$$

Die nachfolgende Beweisskizze benutzt eine Analogie zwischen dem Differenzieren und dem Rechnen mit Potenzen, welche die frappierende Ähnlichkeit mit dem Binomialsatz auf natürliche Weise erklärt. Sie schließt sich überdies eng an die ursprünglichen Leibnizschen Überlegungen [OK 162, S. 65–71 = Werke, Band 5, 377–382] an. Ordnen wir der Ableitung $f^{(k)}$ die Potenz a^k, der Ableitung $g^{(k)}$ die Potenz b^k zu, so entspricht dem Übergang von $f^{(k)} g^{(l)}$ zur Ableitung $\frac{d}{dx}(f^{(k)} g^{(l)}) = f^{(k+1)} g^{(l)} + f^{(k)} g^{(l+1)}$ der Übergang von $a^k b^l$ zu $a^{k+1} b^l + a^k b^{l+1} = (a+b) a^k b^l$. Anders gesagt, dem Differentialoperator d/dx entspricht die Multiplikation mit $a+b$. Dabei muß man 0-te Potenzen mitführen, die erste Ableitung $(fg)' = fg' + f'g$ wird also durch $(a+b) a^0 b^0 = a^0 b^1 + a^1 b^0$ wiedergegeben. Damit ist man aber bereits fertig: der n-ten Ableitung $\left(\frac{d}{dx}\right)^n (fg)$ ist das Produkt $(a+b)^n$ zugeordnet.[1])

---

[1]) Der an der Beweiskraft dieses Schlusses zweifelnde Leser möge einen direkten Beweis durch vollständige Induktion durchführen. Er wird feststellen, daß der Schluß von n auf $n+1$ vollständig dem entsprechenden Schluß bei der Binomialformel 2.14 entspricht.

Übrigens zeigt dieser Analogieschluß auch, wie die entsprechenden Formeln bei mehr als zwei Faktoren aussehen. Der Differentiation eines Ausdrucks $f^{(i)} g^{(j)} h^{(k)}$ entspricht die Multiplikation von $a^i b^j c^k$ mit $a+b+c$. Man muß also, um die Formel für $\left(\frac{d}{dx}\right)^n (fgh)$ zu erhalten, den Ausdruck $(a+b+c)^n$ entwickeln. Mit Aufgabe 2.6 ergibt sich

$$(f \cdot g \cdot h)^{(n)} = \sum_{i+j+k=n} \frac{n!}{i!j!k!} f^{(i)} g^{(j)} h^{(k)}.$$

Beispiele. 1. $(x^3 e^x)^{(6)} = x^3 e^x + 6 \cdot 3x^2 e^x + \binom{6}{2} \cdot 6xe^x + \binom{6}{3} \cdot 6e^x$.

2. Die hundertste Ableitung von $x^2 \sin 2x$ ist gegeben durch

$$x^2 \cdot 2^{100} \sin 2x + \binom{100}{1} 2x \cdot 2^{99}(-\cos 2x) + \binom{100}{2} \cdot 2 \cdot 2^{98}(-\sin 2x)$$
$$= 2^{100}[(x^2 - 2475) \sin 2x - 100x \cdot \cos 2x].$$

Damit ist der formale Teil dieses Paragraphen abgeschlossen; sein wesentliches Thema sind die Ableitungsregeln. Daß man mit unseren beschränkten Kenntnissen bereits wichtige und keineswegs einfache Aufgaben lösen kann, soll am folgenden Beispiel gezeigt werden.

Das Fermatsche Prinzip. Wir behandeln die folgende Aufgabe. Es seien zwei Punkte $A=(0, -a)$ in der unteren und $B=(d,b)$ in der oberen Halbebene gegeben (a, b, $d>0$). Unter der Annahme, daß man sich in der unteren Halbebene mit der Geschwindigkeit $v_1>0$ und in der oberen Halbebene mit der Geschwindigkeit $v_2>0$ bewegen kann, soll der Weg gefunden werden, auf dem man in kürzester Zeit von A nach B gelangt. Wir benutzen, daß der schnellste Weg zwischen zwei Punkten in ein und derselben Halbebene eine Gerade ist. Zur Lösung des Problems nehmen wir auf der x-Achse einen Punkt $P=(x,0)$ an. Die Zeit $T=T(x)$, um von A über P nach B zu kommen, beträgt

$$T(x) = \frac{\sqrt{a^2+x^2}}{v_1} + \frac{\sqrt{b^2+(d-x)^2}}{v_2}.$$

Zur Bestimmung des Minimums suchen wir die Nullstelle der Ableitung:

$$T'(x) = \frac{x}{v_1\sqrt{a^2+x^2}} - \frac{(d-x)}{v_2\sqrt{b^2+(d-x)^2}} = 0$$

genau dann, wenn

$$\text{(B)} \qquad \frac{x}{\sqrt{a^2+x^2}} : \frac{d-x}{\sqrt{b^2+(d-x)^2}} = \frac{v_1}{v_2} \Leftrightarrow \frac{\sin\phi_1}{\sin\phi_2} = \frac{v_1}{v_2}$$

ist. Dabei sind ϕ_1 und ϕ_2 die Winkel zwischen der Senkrechten in P und den Strahlen PA bzw. PB.

Da x und $d-x$ nur im Intervall $(0,d)$ dasselbe Vorzeichen haben, müssen die Lösungen von (B) in diesem Intervall liegen. Bei einer Vergrößerung von x nimmt der Winkel ϕ_1 zu und der Winkel ϕ_2 ab; $\sin\phi_1/\sin\phi_2$ durchläuft also monoton alle positiven Werte, wenn x von 0 nach d sich bewegt. Also hat (B) genau eine Lösung. Da $T(x)\to\infty$ strebt für $|x|\to\infty$, gibt es ein absolutes Minimum, und dieses wird nach dem Fermatschen Kriterium 10.3 durch (B) beschrieben.

Das Brechungsgesetz. Durchdringt ein Lichtstrahl zwei homogene Medien, die längs einer ebenen Grenzfläche zusammenstoßen, so bleibt er in seiner Ebene senkrecht zur Grenzfläche und erfährt in dieser Ebene (es ist die x-y-Ebene in der Abbildung) eine Brechung, die nach der Formel

$$n_1 \sin\phi_1 = n_2 \sin\phi_2 \quad \textit{Snelliussches Brechungsgesetz}$$

verläuft. Dabei ist $n_i = c_0/c_i$ der Brechungsindex des betrachteten Mediums und c_0 bzw. c_i die Lichtgeschwindigkeit im Vakuum bzw. im Medium. Dieses Brechungsgesetz wurde 1621 von WILLEBRORD SNELLIUS (1580–1626, ab 1613 Professor für Mathematik in Leiden) experimentell gefunden und zuerst von DESCARTES 1637 in seinem *Discours de la méthode* ohne Nennung des Urhebers veröffentlicht. Der Vergleich mit der oben in (B) gelösten Aufgabe zeigt, daß das Licht den schnellsten Weg sucht. FERMAT hat diese Erklärung des Brechungsgesetzes gefunden und zu dem allgemeinen *Fermatschen Prinzip* erhoben, daß die Natur immer auf dem schnellsten oder kürzesten Weg handle. Damit hat Fermat dem Naturgeschehen ein teleologisches (d.h. auf ein optimales Ziel gerichtetes) Wirken unterlegt, welches zu mannigfachen philosophischen (Trug-) Schlüssen geführt hat und heute noch führt.

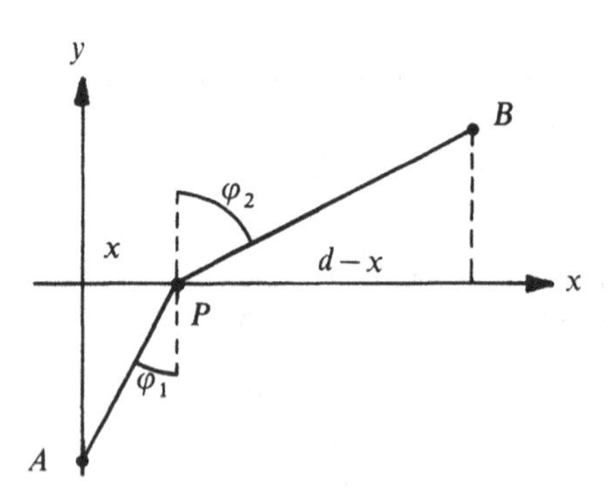

Das Brechungsgesetz von SNELLIUS

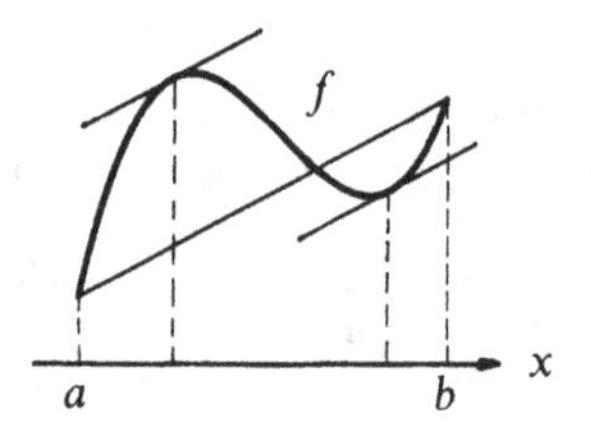

Geometrische Deutung des Mittelwertsatzes (in diesem Beispiel gibt es zwei Zwischenwerte mit der gewünschten Eigenschaft)

Das Studium von Funktionen, ihr Verhalten bei einer Änderung des Arguments, ist eine der wesentlichen Aufgaben der Analysis. Die Ableitung, im geometrischen Bild die Steigung der Tangente, im Bewegungsbild die momentane Geschwindigkeit, mißt die Änderung „im Kleinen“. Kann man, so lautet das Problem, aus der Kenntnis des Änderungsverhaltens im Kleinen auf das Verhalten im Großen schließen, und in welcher Weise geschieht das? Anders gefragt, wie gewinnt man aus der Ableitung die Funktion zurück? Die nachfolgenden Sätze, der Mittelwertsatz und der Hauptsatz in seinen beiden Formen, geben Antwort auf diese Frage. Sie gehören zu den zentralen Aussagen der (eindimensionalen) Analysis.

10.10 Der Mittelwertsatz der Differentialrechnung. *Ist die Funktion f im kompakten Intervall $[a,b]$ stetig und im offenen Intervall (a,b) differenzierbar, so existiert ein $\xi \in (a,b)$ mit*

$$\frac{f(b)-f(a)}{b-a} = f'(\xi).$$

Geometrisch ist der Satz unmittelbar einsichtig: Es gibt eine Tangente, welche dieselbe Steigung wie die Gerade durch die beiden Punkte $(a,f(a))$ und $(b,f(b))$ hat. Beim klassischen Beweis, welchem wir zunächst folgen, wird der Satz auf den nach dem französischen Mathematiker MICHEL ROLLE (1652–1719) benannten Spezialfall $f(a)=f(b)$ zurückgeführt. Eine zweite, wesentlich weiterführende Beweisidee werden wir in 12.21–24 darstellen.

Satz von Rolle. *Ist f in $[a,b]$ stetig, in (a,b) differenzierbar und $f(a)=f(b)$, so verschwindet die Ableitung f' an mindestens einer Stelle $\xi\in(a,b)$, $f'(\xi)=0$.*

Beweis. Ist f konstant, so ist $f'(\xi)=0$ für jedes $\xi\in J:=[a,b]$. Andernfalls gibt es Funktionswerte $f(x)>f(a)$ oder Werte $f(x)<f(a)$ (oder beides). Im ersten Fall nimmt f sein Maximum M in einem inneren Punkt ξ von J an, und nach dem Fermatschen Kriterium 10.3 ist $f'(\xi)=0$. Ganz entsprechend verfährt man im zweiten Fall. □

Wir beweisen nun den Mittelwertsatz durch Zurückführung auf den Satz von Rolle.

Es sei $\phi(x):=f(x)-\alpha(x-a)$ mit $\alpha=\dfrac{f(b)-f(a)}{b-a}$. Die Funktion $\phi(x)$ erfüllt, wie man leicht bestätigt, die Voraussetzung des Satzes von Rolle, $\phi(a)=f(a)=\phi(b)$. Daher existiert ein $\xi\in(a,b)$ mit $\phi'(\xi)=0$, d.h. $f'(\xi)-\alpha=0$. □

Bei den Anwendungen des Mittelwertsatzes ist es häufig so, daß a ein fest gewählter und b ein variabler Punkt ist, welcher links oder rechts von a gelegen sein kann. Um hierbei komplizierte Formulierungen und Fallunterscheidungen zu vermeiden, treffen wir die folgende

Vereinbarung. Bei Intervallen $[a,b]$, $[a,b)$, ... wird zugelassen, daß $b<a$ ist. Das Intervall $[a,b)$ wird also im Fall $a<b$ durch die Ungleichungen $a\le x<b$, im Fall $b<a$ durch die Ungleichungen $b<x\le a$ beschrieben, und ähnlich verfährt man in den anderen Fällen. Wir werden, wenn diese erweiterte Auffassung gelten soll, jeweils einen Hinweis wie „$b<a$ zulässig" geben. Beim Satz von Rolle und beim Mittelwertsatz sieht man sofort, daß $b<a$ zulässig ist, da sich der Differenzenquotient bei Vertauschung von a und b nicht ändert. Dasselbe gilt für die nachstehende äquivalente Form des Mittelwertsatzes:

$$f(x+h)=f(x)+hf'(x+\theta h) \quad \text{mit } 0<\theta<1.$$

Dabei wird vorausgesetzt, daß f in $[x,x+h]$ stetig und in $(x,x+h)$ differenzierbar ist ($h<0$ zulässig).

Der Mittelwertsatz ist ein erstes, noch unvollkommenes Hilfsmittel, um aus dem lokalen Verhalten auf das globale Verhalten zu schließen. Wir ziehen zunächst einige

Folgerungen. Die Funktion f sei im (beliebigen) Intervall J differenzierbar.

(a) Ist $f'\ge 0$ bzw. $f'\le 0$ in J, so ist f monoton wachsend bzw. monoton fallend in J.

(b) Ist $f'=0$ in J, so ist f in J konstant.

(c) Ist $|f'(x)| \leq L$ in J, so ist f lipschitzstetig in J,

$$|f(x)-f(x')| \leq L|x-x'| \quad \text{für } x, x' \in J.$$

Denn sind a, b beliebige Punkte aus J mit $a<b$ und ist $f' \geq 0$ bzw. $f'=0$ bzw. $|f'| \leq L$, so folgt aus dem Mittelwertsatz $f(a) \leq f(b)$ bzw. $f(a)=f(b)$ bzw. $|f(a)-f(b)| \leq L|a-b|$. □

Der Mittelwertsatz läßt sich, wie zuerst CAUCHY [*Calcul différentiel* S. 308] entdeckt hat, verallgemeinern.

Verallgemeinerter Mittelwertsatz der Differentialrechnung. *Die Funktionen f, g seien in $[a,b]$ stetig und in (a,b) differenzierbar ($b<a$ zulässig). Außerdem sei $g' \neq 0$ in (a,b). Dann existiert ein $\xi \in (a,b)$ mit*

$$\frac{f(b)-f(a)}{g(b)-g(a)} = \frac{f'(\xi)}{g'(\xi)}.$$

Beweis. Aus dem Mittelwertsatz folgt für g zunächst $g(b)-g(a) \neq 0$. Ansonsten geht man wie beim Mittelwertsatz vor. Für die Funktion $h(x)=f(x)-[g(x)-g(a)]\alpha$ mit $\alpha=\dfrac{f(b)-f(a)}{g(b)-g(a)}$ ist $h(a)=f(a)=h(b)$. Nach dem Satz von Rolle gibt es ein $\xi \in (a,b)$ mit $h'(\xi)=0$, d.h. $f'(\xi)-\alpha g'(\xi)=0$. Hieraus folgt die Behauptung.

Für $g(x)=x$ ergibt sich der ursprüngliche Mittelwertsatz. □

Die „Schwäche" des Mittelwertsatzes besteht in der unverbindlichen Aussage über den Punkt ξ, von dem nur bekannt ist, daß er im offenen Intervall (a,b) gelegen ist. So hat der an konkreten Abschätzungen Interessierte nur die Möglichkeit, Konstanten m, M mit $m \leq f'(\xi) \leq M$ in (a,b) zu bestimmen, woraus dann

$$m \leq \frac{f(b)-f(a)}{b-a} \leq M$$

folgt. So ergeben sich z.B. aus den Ungleichungen $|\cos x| \leq 1$ und $\cosh x \geq 1$ die Abschätzungen

$$|\sin x - \sin y| \leq |x-y| \quad \text{und} \quad |\sinh x - \sinh y| \geq |x-y|$$

für beliebige x, $y \in \mathbb{R}$.

Als erste Anwendung des Mittelwertsatzes betrachten wir den Limes eines Quotienten $f(x)/g(x)$ für $x \to a$ oder $x \to a+$, $x \to \infty$, ... In 6.5 wurde die Quotientenregel bewiesen: $\lim f(x)/g(x) = \alpha/\beta$, wenn $\lim f(x)=\alpha$ und $\lim g(x)=\beta$ ist. Sie versagt jedoch in den beiden häufig auftretenden Fällen $\alpha=\beta=0$ und $\alpha=\beta=\infty$. Die nachfolgende, in dem von DE L'HOSPITAL geschriebenen ersten Lehrbuch der Leibnizschen Differentialrechnung (1696) auftretende Regel weist den Weg, auf dem solche „Grenzwerte vom Typus 0/0 oder ∞/∞" manchmal gefunden werden können.

10.11 Regel von de l'Hospital. *Die Funktionen f und g seien in einem links bzw. rechts an den Punkt a anschließenden Intervall $J=(b,a)$ bzw. $J=(a,c)$ ($b<a<c$,*

$a=\pm\infty$ zugelassen) differenzierbar. Es sei $g'(x)\neq 0$ in J, und es liege einer der beiden folgenden Fälle vor, wobei lim *den Grenzwert für $x\to a\pm$ oder $x\to\pm\infty$ bezeichnet:*

(a) $\lim f(x)=\lim g(x)=0$.
(b) $\lim g(x)=\infty$ oder $\lim g(x)=-\infty$.

Dann ist

$$\lim\frac{f(x)}{g(x)}=\lim\frac{f'(x)}{g'(x)},$$

falls der zweite (eigentliche oder uneigentliche) Limes existiert.

Beweis. Fall (a). Betrachten wir zunächst den Fall $x\to a+$, $a\in\mathbb{R}$. Definiert man $f(a)=g(a)=0$, so sind die Funktionen f, g in $[a,c)$ stetig und in (a,c) differenzierbar. Nach dem erweiterten Mittelwertsatz 10.10 ist

$$\frac{f(x)}{g(x)}=\frac{f(x)-f(a)}{g(x)-g(a)}=\frac{f'(\xi)}{g'(\xi)}\quad\text{mit } a<\xi<x.$$

Daraus folgt die Behauptung für $x\to a+$.

Der Fall $x\to\infty$ kann nach 6.12 durch die Transformation $t=1/x$ auf $t\to 0+$ zurückgeführt werden. Eine zunächst formale Rechnung liefert

$$\lim_{x\to\infty}\frac{f(x)}{g(x)}=\lim_{t\to 0+}\frac{f\left(\frac{1}{t}\right)}{g\left(\frac{1}{t}\right)}\overset{*}{=}\lim_{t\to 0+}\frac{\frac{d}{dt}f\left(\frac{1}{t}\right)}{\frac{d}{dt}g\left(\frac{1}{t}\right)}$$

$$=\lim_{t\to 0+}\frac{-f'\left(\frac{1}{t}\right)t^{-2}}{-g'\left(\frac{1}{t}\right)t^{-2}}=\lim_{t\to 0+}\frac{f'\left(\frac{1}{t}\right)}{g'\left(\frac{1}{t}\right)}=\lim_{x\to\infty}\frac{f'(x)}{g'(x)}.$$

Da der letzte Limes existiert, kann diese Gleichungskette von hinten nach vorn gelesen werden. An der Stelle $\overset{*}{=}$ wird der bereits bewiesene Teil benutzt.

Die Fälle $x\to a-$ und $x\to-\infty$ werden ebenso behandelt.

Fall (b). Wir betrachten den Fall $x\to a-$ ($a=\infty$ zugelassen) und nehmen an, daß $\lim f'/g'=\alpha\neq-\infty$ und $\lim g=\infty$, also $g'>0$ ist (beides kann durch Vorzeichenwechsel erreicht werden). Zu $\gamma<\alpha$ gibt es dann ein $d\in J$ mit

$$\frac{f'(x)}{g'(x)}>\gamma\quad\text{für } d<x<a.$$

Wieder ist nach dem erweiterten Mittelwertsatz 10.10 mit einem geeigneten $\xi\in(d,a)$

$$\frac{f(x)-f(d)}{g(x)-g(d)}=\frac{f'(\xi)}{g'(\xi)}>\gamma$$

oder

$$f(x)-f(d)>\gamma(g(x)-g(d))\quad\text{für } d<x<a.$$

Nach Division durch $g(x)$ lautet diese Ungleichung

$$\frac{f(x)}{g(x)} > \gamma + \frac{f(d) - \gamma g(d)}{g(x)}.$$

Wegen $g(x) \to \infty$ strebt der letzte Term gegen 0 für $x \to a-$, d.h. zu $\varepsilon > 0$ gibt es ein $d_1 \in (d, a)$ mit

$$\frac{f(x)}{g(x)} > \gamma - \varepsilon \quad \text{für } d_1 < x < a.$$

Damit ist die Behauptung im wesentlichen bewiesen. Denn im Fall $\alpha = \infty$ kann man γ beliebig groß wählen und erhält $\lim f/g = \infty$. Ist α endlich, so kann man von vorneherein $\gamma = \alpha - \varepsilon$ wählen und erhält, da dieselbe Schlußweise sich natürlich auch mit dem $<$-Zeichen durchführen läßt,

$$\alpha - 2\varepsilon < \frac{f(x)}{g(x)} < \alpha + 2\varepsilon \quad \text{für } d_2 < x < a$$

bei geeignetem d_2. Daraus folgt $\lim f/g = \alpha$. □

Häufig tritt bei der Anwendung der Regel der Fall ein, daß auch $\lim f'(x)/g'(x)$ vom unbestimmten Typus $\frac{0}{0}$ oder $\frac{\infty}{\infty}$ ist. Man wird dann die Regel von de l'Hospital nochmals anwenden, also den Grenzwert $\lim f''(x)/g''(x)$ betrachten und muß möglicherweise dieses Verfahren mehrfach fortsetzen. Dabei kann es durchaus vorkommen, daß alle auftretenden Limites vom unbestimmten Typus $\frac{0}{0}$ oder $\frac{\infty}{\infty}$ sind, daß man also auf diese Weise nicht zum Ziel kommt. Ein einfaches Beispiel dafür ist $f(x) = \sinh x$, $g(x) = \cosh x$, $x \to \infty$ bzw. $x \to -\infty$.

Beispiele. 1. $\lim\limits_{x \to \infty} \frac{e^{\alpha x}}{x^n} = \infty$ für $\alpha > 0$ und $n \in \mathbb{N}$. Dies wurde bereits in 7.9 (d) bewiesen, folgt aber auch durch n-malige Anwendung der Regel:

$$\lim_{x \to \infty} \frac{e^{\alpha x}}{x^n} = \lim_{x \to \infty} \frac{\alpha e^{\alpha x}}{n x^{n-1}} = \ldots = \lim_{x \to \infty} \frac{\alpha^n e^{\alpha x}}{n!} = \infty.$$

2. $\lim\limits_{x \to \infty} e^{-x^2} \int_0^x e^{t^2} dt = 0$ und $\lim\limits_{x \to \infty} e^{-\sqrt{x}} \int_0^x e^{\sqrt{t}} dt = \infty$. Das folgt durch Spezialisierung aus

$$\lim_{x \to \infty} \frac{1}{e^{g(x)}} \int_0^x e^{g(t)} dt = \lim_{x \to \infty} \frac{e^{g(x)}}{g'(x) e^{g(x)}} = \lim_{x \to \infty} \frac{1}{g'(x)}.$$

Dabei wurde der erste Hauptsatz 10.12 benutzt.

3. Gesucht ist für jedes $a \in \mathbb{R}$ der Grenzwert

$$L(a) := \lim_{x \to 0} \frac{e^{-x^2} - 1 + x \sin x}{\sqrt{1 - x^2} + a x^2 - 1}$$

(Typus 0/0). Durch Differentiation ergibt sich

$$L(a) = \lim_{x \to 0} \frac{-2xe^{-x^2} + \sin x + x\cos x}{2ax - x(1-x^2)^{-1/2}} \quad \left(\text{Typus } \frac{0}{0}\right)$$

$$= \lim_{x \to 0} \frac{(4x^2-2)e^{-x^2} + 2\cos x - x\sin x}{2a - (1-x^2)^{-1/2} - x^2(1-x^2)^{-3/2}} = 0 \quad \text{für } a \neq \frac{1}{2}.$$

Will man auf diese Weise den Fall $a = 1/2$ behandeln, so sind zwei weitere komplizierte Differentiationen erforderlich. Viel rascher führen Potenzreihen zum Ziel. Für den Zähler Z bzw. Nenner N lautet die Potenzreihenentwicklung $(\sqrt{1+t} = 1 + \frac{1}{2}t - \frac{1}{8}t^2 \ldots)$

$$Z = 1 - x^2 + \tfrac{1}{2}x^4 + \ldots - 1 + x(x - \tfrac{1}{6}x^3 + \ldots) = \tfrac{1}{3}x^4 + bx^6 + \ldots,$$

$$N = 1 - \tfrac{1}{2}x^2 - \tfrac{1}{8}x^4 + \ldots + ax^2 - 1 = (a - \tfrac{1}{2})x^2 - \tfrac{1}{8}x^4 + cx^6 + \ldots.$$

Daraus ergibt sich sowohl das frühere Resultat $L(a) = 0$ für $a \neq \frac{1}{2}$ als auch $L(\frac{1}{2}) = -\frac{8}{3}$.

Dieses Beispiel ist durchaus typisch für viele ähnlich gelagerte Fälle. Deshalb der Rat:

Sind die Potenzreihenentwicklungen der auftretenden Funktionen um die Stelle a bekannt, so ist beim Limes für $x \to a$ das Verfahren, einige Potenzen der Entwicklung aufzuschreiben, der Regel von de l'Hospital meist vorzuziehen.

10.12 Der Hauptsatz der Differential- und Integralrechnung. In der zweiten Hälfte des 17. Jahrhunderts reift die Erkenntnis, daß Integration nichts anderes als Antidifferentiation, Umkehrung der Differentiation ist. Sie stellt, in mathematische Form gegossen, den Hauptsatz dar. Bei genauerer Betrachtung handelt es sich jedoch um zwei verschiedene Aussagen, und je nach Geschmack des Autors wird die eine oder die andere als Hauptsatz bezeichnet, oder man spricht, wie wir es tun, von zwei Hauptsätzen. Zum einen geht man von f durch Integration zu einer neuen Funktion

$$F(x) := \int_c^x f(t)\,dt$$

über. Wir schreiben $F = If$ und bezeichnen I als *Integrationsoperator*. Sodann wendet man auf F den *Differentiationsoperator* D an, $DF := F'$. Damit ist man, so lautet der erste Hauptsatz, wieder bei der Funktion f angelangt.

Die zweite Möglichkeit besteht darin, zunächst von f durch Differentiation zu $f' = Df$ und danach durch Integration zu $If' = IDf$ zu gelangen. Der zweite Hauptsatz behauptet, daß man dabei „bis auf eine Konstante" wieder zu f zurückkehrt. Darüber, welche der beiden Aussagen die wichtigere ist, gibt es verschiedene Ansichten. Doch erscheint uns die Tatsache, daß aus f', also aus der lokalen Kenntnis der Änderung von f, wieder f zurückgewonnen werden kann, als das tiefere Resultat.

Erster Hauptsatz. *Die Funktion f sei im kompakten Intervall $J = [a, b]$ integrierbar und an der Stelle $\xi \in J$ stetig. Dann ist die Funktion*

$$F(x) := \int_c^x f(t)\,dt \quad \textit{mit } c \in J$$

in ξ differenzierbar und $F'(\xi)=f(\xi)$. Ist also $f\in C(J)$, so ist $F\in C^1(J)$ und $F'(x)=f(x)$ in J.

Zweiter Hauptsatz. *Ist die Funktion F im kompakten Intervall $J=[a,b]$ stetig differenzierbar (oder auch nur differenzierbar und ihre Ableitung F' integrierbar), so gilt*

$$F(b)-F(a)=\int_a^b F'(t)\,dt$$

und entsprechend für x, $c\in J$

$$F(x)=F(c)+\int_c^x F'(t)\,dt.$$

Eine mehr algebraische Form der Hauptsätze lautet: Der auftretende Integraloperator I bildet den Raum $C(J)$ isomorph (linear und bijektiv) auf den Raum $C_c^1(J)=\{f\in C^1(J)\colon f(c)=0\}$ ab mit der Umkehrabbildung $I^{-1}=D$.

Für den zweiten Hauptsatz geben wir zwei Beweise; im ersten wird die Stetigkeit, im zweiten die Integrierbarkeit von F' zugrundegelegt.

Beweis. Erster Hauptsatz. Wegen

$$F(\xi+h)-F(\xi)=\int_\xi^{\xi+h} f(t)\,dt$$

und

$$f(\xi)=\frac{1}{h}\int_\xi^{\xi+h} f(\xi)\,dt$$

(der Integrand ist konstant!) ist

$$A(h):=\frac{F(\xi+h)-F(\xi)}{h}-f(\xi)=\frac{1}{h}\int_\xi^{\xi+h}[f(t)-f(\xi)]\,dt.$$

Da f in ξ stetig ist, gibt es zu $\varepsilon>0$ ein $\delta>0$ mit $|f(x)-f(\xi)|<\varepsilon$ für $|x-\xi|<\delta$. Für $|h|<\delta$ ist also der oben auftretende Integrand $f(t)-f(\xi)$ dem Betrage nach $<\varepsilon$, das Integral $<\varepsilon|h|$ und schließlich $|A(h)|<\varepsilon$. Dies gilt für alle h mit $|h|<\delta$, und daraus folgt die Behauptung des ersten Hauptsatzes, $F'(\xi)=f(\xi)$.

Zweiter Hauptsatz. Die Funktion $G(x):=\int_a^x F'(t)\,dt$ ist, wenn wir F' als stetig annehmen, nach dem ersten Hauptsatz stetig differenzierbar in J, und es ist $G(a)=0$, $G'(x)=F'(x)$ in J. Die Differenz $H(x):=F(x)-G(x)$ hat also die Ableitung Null. Nach der Folgerung (b) aus dem Mittelwertsatz ist H konstant, $H(x)=H(a)=F(a)$ für $x\in J$. Setzt man hier $x=b$, so erscheint gerade die behauptete Gleichung des zweiten Hauptsatzes.

Zweiter Beweis des zweiten Hauptsatzes. Wir wählen eine beliebige Zerlegung Z: $a=x_0<x_1<\ldots<x_p=b$ des Intervalls J und schreiben die Differenz $F(b)-F(a)$ als Teleskopsumme:

$$F(b)-F(a)=\sum_{i=1}^{p}(F(x_i)-F(x_{i-1})).$$

Nach dem Mittelwertsatz läßt sich jeder Summand auf der rechten Seite in der Form

$$F(x_i)-F(x_{i-1})=(x_i-x_{i-1})F'(\xi_i) \quad \text{mit } x_{i-1}<\xi_i<x_i$$

schreiben. Es ist also

$$F(b)-F(a)=\sum_{i=1}^{p}(x_i-x_{i-1})F'(\xi_i).$$

Die rechte Seite dieser Gleichung stellt gerade eine Riemannsche Summe $\sigma(Z, \xi)$ für das Integral $A:=\int_a^b F'(t)\,dt$ dar. Führt man diese Überlegung für jede Zerlegung Z_n einer Zerlegungsnullfolge durch, so ergibt sich $F(b)-F(a)=\sigma(Z_n, \xi^n)$ und daraus für $n\to\infty$ dann $F(b)-F(a)=A$. Dieser Beweis ist übrigens unabhängig vom ersten Hauptsatz. □

10.13 Satz über gliedweise Differentiation. *Die Funktionen f_n seien im Intervall J stetig differenzierbar. Existiert $f(x)=\lim_{n\to\infty} f_n(x)$ in J und ist die Folge (f_n') gleichmäßig konvergent in J, etwa $\lim_{n\to\infty} f_n'(x)=g(x)$, dann ist $f(x)$ stetig differenzierbar in J und $f'(x)=g(x)$ oder*

$$[\lim_{n\to\infty} f_n(x)]'=\lim_{n\to\infty} f_n'(x) \quad \textit{in } J.$$

Bemerkung. Der Satz wird falsch, wenn anstelle der gleichmäßigen Konvergenz nur die Konvergenz von (f_n') und die Stetigkeit von g vorausgesetzt wird; vgl. Aufgabe 24.

Beweis. Aufgrund der gleichmäßigen Konvergenz ist $g(x)=\lim f_n'(x)$ stetig in J, und Limes und Integral können vertauscht werden; vgl. 7.3 und 9.14. Man wählt $a\in J$ und hat dann für jedes $x\in J$ die Beziehung

$$\int_a^x g(t)\,dt=\lim_{n\to\infty}\int_a^x f_n'(t)\,dt=\lim_{n\to\infty}[f_n(x)-f_n(a)]=f(x)-f(a).$$

Nach dem ersten Hauptsatz ist das links stehende Integral differenzierbar mit der Ableitung $g(x)$. Deshalb hat $f(x)$ dieselbe Eigenschaft, $f'(x)=g(x)$ in J. □

Die Übertragung auf unendliche Reihen bietet keine Schwierigkeit und lautet folgendermaßen.

Corollar 1. *Für $n\in\mathbb{N}$ sei f_n stetig differenzierbar in J. Ist $f(x)=\sum_{n=0}^{\infty} f_n(x)$ konvergent und $\sum_{n=0}^{\infty} f_n'(x)$ gleichmäßig konvergent in J, dann ist f stetig differenzierbar und*

$$f'(x)=\left(\sum_{n=0}^{\infty} f_n(x)\right)'=\sum_{n=0}^{\infty} f_n'(x) \quad \textit{in } J.$$

Man hat also die folgende

Merkregel. *Man darf eine konvergente unendliche Reihe gliedweise differenzieren, wenn die formal differenzierte Reihe gleichmäßig konvergiert.*

Im Spezialfall der Potenzreihe ergibt sich das folgende.

Corollar 2. *Eine Potenzreihe*

$$f(x) = \sum_{n=0}^{\infty} a_n x^n$$

mit dem Konvergenzradius r darf für $|x| < r$ beliebig oft gliedweise differenziert werden; es ist also $f \in C^\infty(-r, r)$ und z.B.

$$f'(x) = \sum_{n=1}^{\infty} n a_n x^{n-1} \quad \textit{für } |x| < r.$$

Das Entsprechende gilt natürlich für Potenzreihen der Form $\sum a_n (x-\xi)^n$.

Die differenzierte Reihe $\sum (n+1) a_{n+1} x^n$ hat nämlich nach Beispiel 2 von 7.6 denselben Konvergenzradius r. Sie ist also in jedem Intervall $|x| \lesssim s$ mit $s < r$ gleichmäßig konvergent; vgl. 7.6.

Beispiele. $(e^x)' = e^x$, $(\sin x)' = \cos x$, $(\cos x) = -\sin x$ (neuer Beweis!).

10.14 Taylor-Reihe und Taylor-Polynom. Wir haben die Potenzreihen der elementaren Funktionen, den Wegen von Euler (*Introductio*) und Cauchy (*Cours d'analyse*) folgend, rein „algebraisch" hergeleitet. Die Verbindung zur Differentialrechnung kommt zum Vorschein, wenn man eine Potenzreihe $f(x) = \sum_{n=0}^{\infty} a_n (x-a)^n$ gliedweise differenziert. Man erhält

$$f^{(k)}(x) = \sum_{n=k}^{\infty} a_n n(n-1)(n-2) \cdots (n-k+1)(x-a)^{n-k},$$

insbesondere $f^{(k)}(a) = a_k k!$. Es besteht also der

Satz. *Jede Potenzreihe $\sum_{n=0}^{\infty} a_n (x-a)^n$ mit positivem Konvergenzradius läßt sich mit Hilfe der durch sie dargestellten Funktion f in der Form*

$$\text{(T)} \qquad f(x) = \sum_{n=0}^{\infty} \frac{f^{(n)}(a)}{n!} (x-a)^n$$

schreiben.

Nun liegt nichts näher als sozusagen den Spieß umzudrehen. Ist die Funktion f in einer Umgebung U von a beliebig oft differenzierbar, so bildet man die Reihe

$$T(x; a) \equiv T(x; a, f) := \sum_{n=0}^{\infty} \frac{f^{(n)}(a)}{n!} (x-a)^n.$$

Man nennt sie die von f erzeugte *Taylor-Reihe.*

Die entscheidende Frage lautet: Wird die Funktion f durch ihre Taylor-Reihe dargestellt, gilt also die Gleichung (T)? Wir betrachten dazu das n-te *Taylorpolynom* von f bezüglich der Stelle a,

$$T_n(x; a) := f(a) + f'(a)(x-a) + \frac{f''(a)}{2!}(x-a)^2 + \ldots + \frac{f^{(n)}(a)}{n!}(x-a)^n.$$

10.15 Satz von Taylor. *Es sei J ein Intervall, $f \in C^{n+1}(J)$ und $a, x \in J$. Dann ist*

$$f(x) = T_n(x;a) + R_n(x;a),$$

wobei das „Restglied" R_n durch

$$R_n(x;a) = \int_a^x \frac{(x-t)^n}{n!} f^{(n+1)}(t)\,dt$$

gegeben ist ($n \geq 0$).

Beweis. Für $n=0$ lautet die Behauptung

$$f(x) = f(a) + \int_a^x f'(t)\,dt.$$

Das ist gerade der Hauptsatz der Differential- und Integralrechnung. Für den Schluß von n auf $n+1$ halten wir x fest und betrachten die Funktion

$$F(t) = \frac{(x-t)^{n+1}}{(n+1)!} f^{(n+1)}(t).$$

Wenn man ihre Ableitung

$$F'(t) = \frac{(x-t)^{n+1}}{(n+1)!} f^{(n+2)}(t) - \frac{(x-t)^n}{n!} f^{(n+1)}(t)$$

von a nach x integriert, so erhält man links nach dem zweiten Hauptsatz $F(x) - F(a) = -F(a)$ und rechts $R_{n+1}(x;a) - R_n(x;a)$. Also ist $R_n(x;a) = F(a) + R_{n+1}(x;a)$ oder

$$\begin{aligned} f(x) &= T_n(x;a) + F(a) + R_{n+1}(x;a) \\ &= T_{n+1}(x;a) + R_{n+1}(x;a). \end{aligned}$$

Damit ist die Behauptung für den Index $n+1$ bewiesen. □

Das wesentliche am Satz von Taylor ist nicht die Darstellung $f = T_n + R_n$ (eine solche ist immer möglich), sondern die Formel für das Restglied. Betrachten wir zunächst ein exotisches Beispiel: $f(x) = (x-a)^{n+1}$. Offenbar ist $T_n \equiv 0$, also $f = R_n(x;a)$ oder

$$(*) \qquad (x-a)^{n+1} = (n+1)\int_a^x (x-t)^n\,dt.$$

Das kann man ohne Mühe auch direkt beweisen. Mit Hilfe des erweiterten Mittelwertsatzes der Integralrechnung 9.13 lassen sich einfachere und für viele Anwendungen bequemere Formen für das Restglied gewinnen. Mit $p(t) = (x-t)^n$ ergibt sich aus 9.13

$$R_n(x) = \frac{1}{n!} f^{(n+1)}(\xi) \int_a^x (x-t)^n\,dt.$$

Unter Heranziehung von (*) erhält man hieraus das historisch älteste *Restglied von Lagrange*[1])

$$R_n(x;a) = \frac{(x-a)^{n+1}}{(n+1)!} f^{(n+1)}(\xi) \qquad \text{mit } \xi \in (a,x).$$

[1]) J.L. Lagrange, Théorie des fonctions analytiques, Paris 1797, No. 53

Man kann es leicht behalten: Es ist einfach das nächste Glied in der Taylor-Reihe, wobei lediglich das Argument a von $f^{(n+1)}$ durch ξ zu ersetzen ist. Andere Restglieder sind in Aufgabe 6 angegeben.

Wegen der grundsätzlichen Wichtigkeit des Taylorschen Satzes skizzieren wir noch einen zweiten Beweis, der keine Integralrechnung, sondern den erweiterten Mittelwertsatz der Differentialrechnung 10.10 benutzt. Sind die Funktionen F und G aus $C^{n+1}(J)$ mit $J=[a,b]$ ($b<a$ zulässig) und ist $F(a)=G(a)=0$ sowie $G'\neq 0$ in (a,b), so ist

$$\frac{F(b)-F(a)}{G(b)-G(a)}=\frac{F(b)}{G(b)}=\frac{F'(\xi)}{G'(\xi)} \quad \text{mit } \xi\in(a,b).$$

Sind nun $F'(a)$ und $G'(a)$ ebenfalls gleich Null und ist $G''\neq 0$ in (a,b), so kann man denselben Schluß auf den Quotienten $F'(\xi)/G'(\xi)$ anwenden und erhält

$$\frac{F(b)}{G(b)}=\frac{F'(\xi)}{G'(\xi)}=\frac{F''(\xi_1)}{G''(\xi_1)} \quad \text{mit } \xi_1\in(a,\xi)\subset(a,b).$$

Durch Fortsetzung dieses Verfahrens gelangt man zu der Formel

$$(*) \qquad \frac{F(b)}{G(b)}=\frac{F^{(n+1)}(\xi)}{G^{(n+1)}(\xi)},$$

falls $F^{(k)}(a)=G^{(k)}(a)=0$ für $k=0,1,\dots,n$ sowie $G^{(k)}(x)\neq 0$ in (a,b) für $k\leq n+1$ ist. Wir führen nun den Satz von Taylor auf diese Formel zurück. Dazu setzen wir $F(x)=f(x)-T_n(x;a)$ und $G(x)=(x-a)^{n+1}$. Da die ersten n Ableitungen von f und T_n an der Stelle a übereinstimmen, ist $F^{(k)}(a)=0$ und, wie man sofort sieht, $G^{(k)}(a)=0$ für $k\leq n$. Da außerdem $F^{(n+1)}(x)=f^{(n+1)}(x)$ sowie $G^{(n+1)}(x)=(n+1)!$ ist, haben wir, wenn in $(*)$ $b=x$ gesetzt wird,

$$F(x)=R_n(x;a)=G(x)\frac{F^{(n+1)}(\xi)}{G^{(n+1)}(\xi)}=\frac{(x-a)^{n+1}}{(n+1)!}f^{(n+1)}(\xi)$$

mit $\xi\in(a,x)$. Das ist nichts anderes als das Restglied von Lagrange. □

Bemerkung. Wir waren bei der Formulierung des Satzes von Taylor großzügig und haben $f\in C^{n+1}$ vorausgesetzt. Der zweite Beweis und der Wortlaut des verallgemeinerten Mittelwertsatzes 10.10 zeigen, daß man mit den folgenden Voraussetzungen bereits das Restglied von Lagrange erhält: f ist in $[a,x]$ stetig, in $[a,x)$ n-mal stetig differenzierbar und $f^{(n+1)}$ existiert in (a,x) ($x<a$ zugelassen). Auch beim Restglied in Integralform kann man Abstriche machen. Es genügt zum Beispiel, daß $f\in C^n(J)$ mit $J=[a,x]$ und die $(n+1)$-te Ableitung von f in J stückweise stetig oder auch nur Riemann-integrierbar ist. Für die meisten Anwendungen sind solche Feinheiten jedoch irrelevant, weil f aus C^{n+1} oder sogar aus C^∞ ist.

Beispiele. 1. Es sei $f(x)=\sin x$, $n=6$, $a=0$, also

$$\sin x=x-\frac{x^3}{6}+\frac{x^5}{120}+R_6.$$

Mit dem Restglied von Lagrange ergibt sich

$$R_6(x;0)=-\frac{x^7}{7!}\cos\xi, \qquad \xi\in(0,x).$$

Man erhält so z.B.

$$\sin 1 = 1 - \frac{1}{6} + \frac{1}{120} + R, \qquad 0 > R > -\frac{1}{7!} = -\frac{1}{5040}.$$

2. Taylor-Entwicklung von $f(x) = x^{1/3}$ um $a = 8$. Aus

$$f' = \tfrac{1}{3}x^{-2/3}; \quad f'' = -\tfrac{2}{9}x^{-5/3}; \quad f''' = \tfrac{10}{27}x^{-8/3}$$

folgt (Restglied von Lagrange)

$$\begin{aligned}\sqrt[3]{8+h} &= f(8) + hf'(8) + \tfrac{1}{2}h^2 f''(8) + \tfrac{1}{6}h^3 f'''(8+\theta h)\\ &= 2 + \frac{1}{12}h - \frac{1}{9\cdot 32}h^2 + \frac{5}{81}h^3(8+\theta h)^{-8/3} \quad \text{mit } 0<\theta<1.\end{aligned}$$

Für $h = 2$ ergibt sich

$$\sqrt[3]{10} = 2 + \tfrac{1}{6} - \tfrac{1}{72} + \mathrm{R} = 2\tfrac{11}{72} + \mathrm{R}$$

mit

$$0 < R = \frac{40}{81}(8+2\theta)^{-8/3} < \frac{40}{81\cdot 2^8} < \frac{1}{500}.$$

3. **Satz.** *Die Zahl e ist irrational.*

Beweis. Angenommen, e sei rational, etwa

$$e = \frac{p}{q} \quad \text{mit } p, q \in \mathbb{N} \text{ und } q \geq 2.$$

Aus dem Taylorschen Satz mit $n = q$ und Lagrange-Restglied folgt

$$e = \frac{p}{q} = 1 + 1 + \frac{1}{2!} + \ldots + \frac{1}{q!} + \frac{e^\xi}{(q+1)!} \quad \text{mit } 0<\xi<1.$$

Multiplikation mit $q!$ ergibt

$$p(q-1)! = \{\text{ganze Zahl}\} + \frac{e^\xi}{q+1}.$$

Damit ist ein Widerspruch erreicht: Links steht eine ganze Zahl, rechts keine ganze Zahl, da $e^\xi < e < 3$ und $q \geq 2$, also $0 < e^\xi/(q+1) < 1$ ist. □

10.16 Die Taylorsche Entwicklung von Funktionen. Die Funktion f sei aus der Klasse $C^\infty(J)$. Das in 10.14 aufgeworfene Entwicklungsproblem läßt sich nun auf höchst einfache Weise beantworten. Das Taylorpolynom T_n ist die n-te Teilsumme der Taylor-Reihe, und wegen $f(x) = T_n(x;a) + R_n(x;a)$ gilt die Gleichung $f(x) = T(x;a)$ genau dann, wenn $\lim_{n\to\infty} R_n(x;a) = 0$ ist.

Satz. *Ist $f \in C^\infty(J)$ und $x, a \in J$, so besteht die Gleichung*

$$f(x) = T(x;a) \equiv \sum_{n=0}^{\infty} \frac{1}{n!} f^{(n)}(a)(x-a)^n$$

genau dann, wenn $R_n(x;a) \to 0$ strebt für $n \to \infty$. Das ist insbesondere immer dann der Fall, wenn es positive Konstanten α, C gibt, so daß die Ungleichungen

$$|f^{(n)}(t)| \leq \alpha C^n \quad \textit{für alle } t \in J \textit{ und fast alle } n$$

gelten.

Denn mit dieser Abschätzung ergibt sich für das Restglied von Lagrange

$$|R_{n-1}(x;a)| = \frac{|x-a|^n}{n!}|f^{(n)}(\xi)| \le \alpha\, C^n \frac{|x-a|^n}{n!} \to 0. \qquad \square$$

Mit Hilfe dieses Satzes können die bisher gewonnenen Potenzreihenentwicklungen von elementaren Funktionen neu begründet werden. Wir begnügen uns mit zwei Beispielen.

1. $f(x)=e^x$, $a=0$. Wählt man $J=(-\infty,b]$, so kann man wegen $|f^{(n)}(t)|=e^t\le e^b$ im obigen Satz $\alpha=e^b$ und $C=1$ setzen und erhält die Exponentialreihe $e^x=\sum_0^\infty \frac{x^n}{n!}$, und zwar für alle $x\in\mathbb{R}$, da b beliebig war. Ähnlich lassen sich die Reihen für $\sin x$, $\cos x$, $\sinh x$, $\cosh x$ ableiten.

2. $f(x)=\log x$, $a=1$. Nach einem Beispiel aus 10.9 ist

$$(\log x)^{(n)}=(-1)^{n-1}(n-1)!\,x^{-n},$$

also $f(1)=0$ und $f^{(n)}(1)/n!=(-1)^{n-1}/n$ für $n\ge 1$. Wir erhalten die uns aus 7.11 bekannte Entwicklung

$$\log x=(x-1)-\tfrac{1}{2}(x-1)^2+\tfrac{1}{3}(x-1)^3-+\dots$$

mit dem Konvergenzradius 1. Das Restglied von Lagrange hat die Form

$$R_{n-1}(x;1)=\pm\frac{1}{n}\left(\frac{x-1}{\xi}\right)^n \quad \text{mit } \xi\in(x,1).$$

Man sieht leicht, daß es für $1\le x\le 2$ und auch für $\frac{1}{2}\le x\le 1$ gegen 0 strebt. Der Fall $0<x<\frac{1}{2}$ läßt sich auf diese Weise nicht erledigen, jedoch führt die Integralform des Restgliedes zum Ziel. Eine wesentlich einfachere Methode wird im nächsten Abschnitt beschrieben.

Es ist üblich, eine Potenzreihe für die Funktion $f(x)$ mit dem Entwicklungspunkt a in eine Entwicklung um den Nullpunkt für die Funktion $g(x) := f(a+x)$ umzuschreiben. Im Fall $a=0$ lautet der Satz von Taylor

$$f(x)=f(0)+\frac{x}{1!}f'(0)+\dots+\frac{x^n}{n!}f^{(n)}(0)+R_n(x)$$

mit dem Restglied von Lagrange

$$R_n(x)=\frac{x^{n+1}}{(n+1)!}f^{(n+1)}(\theta x), \quad 0<\theta<1,$$

oder in Integralform

$$R_n(x)=\frac{1}{n!}\int_0^x (x-t)^n f^{(n+1)}(t)\,dt \equiv \frac{x^{n+1}}{n!}\int_0^1 (1-s)^n f^{(n+1)}(sx)\,ds.$$

Als Voraussetzung genügt $f\in C^{n+1}([0,x])$ ($x<0$ zugelassen). Die entsprechende Taylorsche Reihe mit $a=0$ wird häufig *Maclaurinsche Reihe* genannt,

$$T(x)=f(0)+xf'(0)+\frac{x^2}{2!}f''(0)+\frac{x^3}{3!}f'''(0)+\dots.$$

Hier und im folgenden schreiben wir kurz $R_n(x)$ statt $R_n(x;0)$ und verfahren ebenso bei T_n und T.

Wir beschreiben zum Abschluß dieser Betrachtungen einen verblüffend einfachen, von dem russischen Mathematiker SERGEJ N. BERNSTEIN (1880–1968, Studium in Paris und Göttingen, Professor in Charkov/Ukraine) gefundenen Entwicklungssatz, welcher nur einseitige Abschätzungen von $f^{(n)}$ benutzt. Es sei etwa $f \in C^\infty(J)$ mit $J=(-r,r)$, und es gelte $f^{(n)}(x) \geq 0$ für alle $x \in J$ und alle $n \geq N$. Für $0<\xi<r$ und große n sind sowohl die einzelnen Glieder von $T_n(\xi)$ als auch die Reste $R_n(\xi)$ nichtnegativ, und wegen $f(\xi)=T_n(\xi)+R_n(\xi)$ bilden die T_n eine monoton wachsende, die R_n eine monoton fallende Folge. Für $n \geq N$ ist also $0 \leq R_n(\xi) \leq R_N(\xi) =: A$. Nun wählen wir $q>1$ derart, daß $\eta = q\xi < r$ ist und wenden den vorangehenden Beweisgang auf die Funktion $g(x)=f(qx)$ an. Da g die Voraussetzungen von f im Intervall $J'=(-r/q,\ r/q)$ mit $\xi \in J'$ erfüllt, besteht auch für die Reste von g, welche wir mit $S_n(x)$ bezeichnen, eine ähnliche Abschätzung $0 \leq S_n(\xi) \leq B$ für große n. Nun ist aber, da alle Ableitungen monoton wachsende Funktionen von x sind, $g^{(k)}(t) = q^k f^{(k)}(qt) \geq q^k f^{(k)}(t)$, also

$$\begin{aligned} S_n(\xi) &= \int_0^\xi \frac{(\xi-t)^n}{n!} g^{(n+1)}(t)\,dt \geq q^{n+1} \int_0^\xi \frac{(\xi-t)^n}{n!} f^{(n+1)}(t)\,dt \\ &= q^{n+1} R_n(\xi). \end{aligned}$$

Daraus folgt $0 \leq R_n(\xi) \leq q^{-n-1} S_n(\xi) \leq q^{-n-1} B \to 0$ für $n \to \infty$. Da man ξ beliebig nahe an r wählen kann, ergibt sich $R_n(x) \to 0$ für $0 \leq x < r$. Aus der Monotonie von $f^{(n+1)}(x)$ folgt $|R_n(-x)| \leq R_n(x)$ für positive x, d.h. es strebt $R_n(x) \to 0$ für alle $x \in (-r,r)$. Wir haben damit den folgenden Satz bewiesen.

10.17 Satz von S. Bernstein (1914). *Es sei $f \in C^\infty(J)$ mit $J=(-r,r)$. Ist $f^{(n)}(x) \geq 0$ in J für alle großen n oder $(-1)^n f^{(n)}(x) \geq 0$ in J für alle großen n, so besteht die Taylor-Entwicklung*

$$f(x) = \sum_{n=0}^{\infty} \frac{1}{n!} f^{(n)}(0)\, x^n \quad \text{in } J.$$

Der zweite Fall läßt sich durch Übergang zur Funktion $g(x) := f(-x)$ auf den schon behandelten ersten Fall zurückführen.

Wir geben zwei *Beispiele.* Für $f(x)=\log(1+x)$ und $f(x)=(1+x)^\alpha$ (α beliebig) sind die Vorzeichen der Ableitungen alternierend (im zweiten Fall für $n>\alpha$). Damit sind die Taylor-Entwicklung des Logarithmus und die binomische Entwicklung für das Intervall $(-1,1)$ bewiesen.

10.18 Das Gegenbeispiel von Cauchy. Im *Calcul infinitésimal* [Oeuvres, II.4, S. 229–230] schreibt Cauchy: „Man könnte glauben, daß die Reihe $[F(0)+xF'(0)+\frac{1}{2}x^2F''(0)+\ldots]$ immer dann, wenn sie konvergent ist, die Funktion $F(x)$ zur Summe hat, und daß in dem Fall, wo die einzelnen Glieder eines nach dem anderen verschwinden, auch die Funktion $F(x)$ verschwindet; aber, um sich vom Gegenteil zu überzeugen, genügt es zu beobachten, daß die zweite Bedingung erfüllt sein wird, wenn man

$$F(x) = e^{-\left(\frac{1}{x}\right)^2},$$

und die erste, wenn man

$$F(x)=e^{-x} \quad +e^{\left(\frac{1}{x}\right)^2}$$

setzt ..."

Heutzutage läßt man einem Autor (und einem Studenten!) eine solche Formulierung nicht mehr durchgehen, man schreibt vielmehr völlig unmißverständlich

$$F(x)=\begin{cases}\exp(-1/x^2) & \text{für } x \neq 0\\ 0 & \text{für } x=0.\end{cases}$$

Wir werden zeigen, daß F zur Klasse $C^\infty(\mathbb{R})$ gehört und daß $F^{(n)}(0)=0$ ist für alle $n \in \mathbb{N}$. Die Taylor-Reihe verschwindet also identisch, $T(x;F)\equiv 0 \neq F(x)$. Die Taylor-Reihe hat den Konvergenzradius $r=\infty$, jedoch stellt sie nicht die Funktion F dar. Zum Beweis benötigen wir einen auch sonst nützlichen

Hilfssatz. *Die Funktion f sei im Intervall $[a,b)$ $(a<b)$ stetig, in (a,b) differenzierbar, und es gelte $\lim\limits_{x\to a+} f'(x)=\alpha$. Dann existiert $f'_+(a)=\alpha$, und f' ist an der Stelle a (rechtsseitig) stetig. Entsprechendes gilt für linksseitige Grenzwerte.*

Der Beweis beruht auf der Tatsache, daß beim Mittelwertsatz 10.10 die Differenzierbarkeit nur im Innern des Intervalls verlangt ist. Es ist also

$$\frac{f(x)-f(a)}{x-a}=f'(\xi) \quad \text{mit } a<\xi<x<b.$$

Für $x\to a+$ strebt auch $\xi\to a+$, also $f'(\xi)\to\alpha$, woraus die Behauptung folgt. □

Für unsere Funktion F ist $F^{(n)}$ von der Form $P_n\left(\frac{1}{x}\right)e^{-1/x^2}$, wobei P_n ein Polynom (vom Grad $3n$) ist, z.B. $P_1(t)=2t^3$, $P_2(t)=4t^6-6t^4$. Nun strebt $t^k e^{-t^2}\to 0$, also auch $P_n(t)e^{-t^2}\to 0$ für $t\to\pm\infty$ (Beispiel 1 von 10.11). Daraus folgt $F^{(n)}(x)=P_n\left(\frac{1}{x}\right)e^{-1/x^2}\to 0$ für $x\to 0$. Für $n=0$ ergibt sich die Stetigkeit im Nullpunkt, für $n=1$ nach dem Hilfssatz $F'(0)=0$ und die Stetigkeit von F' in $\mathbb{R}$, usw. □

Aufgaben

1. Man beweise die folgende Verallgemeinerung des Satzes von Bernstein:
Ist $f\in C^\infty(J)$, $J=(-r,r)$, und mit geeigneten positiven Konstanten α, C

$$f^{(n)}(x)\geq -\alpha C^n \quad \text{in } J \text{ für große } n,$$

so wird f in J durch die Taylorreihe dargestellt. (Man betrachte die Hilfsfunktion $g(x)=f(x)+\beta e^{Cx}$.)

2. Man zeige, daß die Funktion

$$f(x)=\begin{cases}e^{-1/x} & \text{für } x>0\\ 0 & \text{für } x\leq 0\end{cases}$$

zur Klasse $C^\infty(\mathbb{R})$ gehört. [Für positive x ist $f^{(n)}(x)=P_n\left(\frac{1}{x}\right)f(x)$, wobei P_n ein Polynom vom Grad $2n$ ist.]

3. Man konstruiere zu zwei beliebigen reellen Zahlen a, b mit $a<b$ eine Funktion $g\in C^\infty(\mathbb{R})$ mit den Eigenschaften

$$g(x)=0 \quad \text{für } x \le a, \qquad g(x)=1 \quad \text{für } x \ge b,$$
g monoton wachsend.

Anleitung: Man betrachte eine Stammfunktion zu $h(x)=f(x-a)f(b-x)$, wobei f die Funktion von Aufgabe 2 ist.

4. Es seien a, b mit $a<b$ und $\varepsilon>0$ gegeben. Man konstruiere eine Funktion $h \in C^\infty(\mathbb{R}^n)$, welche $=1$ in $[a,b]$ und $=0$ außerhalb $(a-\varepsilon, b+\varepsilon)$ ist und der Ungleichung $0 \le h(x) \le 1$ genügt. [Man benutze Aufgabe 3.]

5. *Fortsetzung von Funktionen.* Es sei $f \in C^n[a,b]$ $(n \in \mathbb{N})$. Man konstruiere eine Fortsetzung g von f auf $\mathbb{R}$ von der Klasse $C^n(\mathbb{R})$. Zusätzlich wird verlangt, daß g außerhalb des Intervalls $(a-\varepsilon,\ b+\varepsilon)$ $(\varepsilon>0$ vorgegeben) verschwindet.

Anleitung: Zur Fortsetzung kann man zunächst die Taylorpolynome $T_n(x;a)$ bzw. $T_n(x;b)$ benutzen und dann mit einer geeigneten Funktion multiplizieren.

6. *Restglied* in der Taylor-Entwicklung. Man leite das *Restglied von Schlömilch*[1])

$$R_n(x;a)=\frac{(x-a)^p(x-\xi)^{n+1-p}}{p \cdot n!} f^{(n+1)}(\xi) \quad \text{mit } \xi \in (a,x) \quad (1 \le p \le n)$$

ab, indem man den Integranden in der Integralform des Restgliedes als Produkt schreibt und den verallgemeinerten Mittelwertsatz der Integralrechnung 9.13 mit $p(x) = (x-t)^{p-1}$ anwendet. Der Fall $p=1$ führt auf das *Restglied von Cauchy*[2])

$$R_n(x;a)=\frac{(x-a)(x-\xi)^n}{n!} f^{(n+1)}(\xi).$$

7. *Zentraler Differenzenquotient.* Es sei

$$\delta_h^2 f(x) := \frac{1}{h^2}[f(x+h)-2f(x)+f(x-h)]$$

der zentrale (oder symmetrische) Differenzenquotient 2. Ordnung. Man zeige, daß es für $f \in C^2(I)$ bzw. $C^3(I)$ bzw. $C^4(I)$ mit $I=(x-\delta,\ x+\delta)$ und $0<h<\delta$ Zahlen ξ, ξ', ξ'' gibt mit

$$\delta_h^2 f(x)=f''(\xi), \qquad x-h<\xi<x+h,$$

$$\delta_h^2 f(x)=f''(x)+\frac{h}{6}(f'''(\xi')-f'''(\xi'')), \qquad x-h<\xi'<x<\xi''<x+h,$$

$$\delta_h^2 f(x)=f''(x)+\frac{h^2}{12} f^{(4)}(\xi), \qquad x-h<\xi<x+h.$$

Insbesondere strebt, wenn $f \in C^2(I)$ ist, $\delta_h^2 f(x) \to f''(x)$ für $h \to 0$.

8. Es sei J ein offenes Intervall, $f \in C(J)$ und $g_n(x)=n(f(x+1/n)-f(x))$ (bei festem $x \in J$ ist $g_n(x)$ für große n erklärt). Man zeige: f ist genau dann aus $C^1(J)$, wenn g_n in kompakten Teilintervallen von J gleichmäßig konvergiert; wenn dies zutrifft, ist $f'(x) = \lim\limits_{n \to \infty} g_n(x)$.

Anleitung: Man integriere g_n über ein Intervall $[\alpha,\beta] \subset J$ und zeige, daß $\int_\alpha^\beta \lim g_n \, dx = f(\beta)-f(\alpha)$ ist.

---

[1]) O. Schlömilch, *Handbuch der Differential- und Integralrechnung*, Bd. 1, 1847, S. 177

[2]) A.L. Cauchy, *Calcul infinitésimal*, Oeuvres II.4, S. 26

9. Man beweise die Ungleichungen ($n=1,2,3,\ldots$)

(a) $\sum_{k=0}^{2n-1} \frac{x^k}{k!} < e^x$ für $x \neq 0$;

(b) $\sum_{k=1}^{2n-1} \frac{(-1)^{k-1}}{k} x^k > \ln(1+x)$ für $x > -1$, $x \neq 0$;

(c) $\sum_{k=0}^{2n-1} \binom{-1/2}{k} x^k < \frac{1}{\sqrt{1+x}}$ für $x > -1$, $x \neq 0$.

10. Es sei $f \in C^2(J)$, $a \in J$ und $f''(a) \neq 0$. Man zeige: Für kleine Werte von $|h|$ (mit $a+h \in J$) gibt es genau ein $\theta = \theta(h) \in (0,1)$ mit

$$\frac{f(a+h)-f(a)}{h} = f'(a+\theta h),$$

und es gilt $\theta(h) \to 1/2$ für $h \to 0$.

Man gebe ein Beispiel mit $f''(a)=0$ an, bei dem beide Behauptungen falsch werden.

11. Man zeige: Die durch $f(x) = \frac{1}{2}x + x^2 \sin\frac{1}{x}$ für $x \neq 0$, $f(0)=0$ definierte Funktion ist für alle x differenzierbar mit $f'(0) > 0$, sie ist aber in keiner Umgebung von 0 monoton wachsend.

Bemerkung: Ist f in $[-a,a]$ stetig differenzierbar und $f'(0) > 0$, so ist f streng monoton wachsend in einer Umgebung von 0 (warum?) Das obige Beispiel zeigt, daß dies nicht richtig zu sein braucht, wenn f nur differenzierbar ist.

12. Die Funktion $f(t) \equiv f(t;a,c) = \left(1+\frac{a}{t}\right)^{t+c}$ (a, c reell) hat die folgenden Eigenschaften:

(a) $f(t;a,c) \to e^a$ für $t \to \infty$ bei beliebigem reellem c;

(b) f ist streng monoton fallend in $(0,\infty)$ für $0 < a \leq 2c$;

(c) f ist streng monoton wachsend in $(0,\infty)$ für $a > 0$, $c \leq 0$.

(d) Im Fall $0 < 2c < a$ existiert ein $t_0 > 0$ derart, daß f in $(0, t_0)$ streng fallend und in (t_0, ∞) streng wachsend ist. Dabei ist $t_0 < ac/(a-2c)$.

Man beweise diese Behauptungen durch Betrachtung der zweiten Ableitung von $g = \log f$ unter Beachtung von $\lim_{t\to\infty} g'(t) = 0$.

Bemerkung: Hierin ist enthalten, daß die Zahlen $\left(1+\frac{1}{n}\right)^n$ und $\left(1+\frac{1}{n}\right)^{n+1}$ monoton wachsend bzw. fallend gegen e streben (vgl. 4.7). Zwei weitere Beispiele mit $a=1$:

$$c = \frac{1}{2}, \quad t = n - \frac{1}{2}: \quad a_n = \left(\frac{2n+1}{2n-1}\right)^n;$$

$$c = \frac{1}{3}, \quad t = n - \frac{1}{3}: \quad b_n = \left(\frac{3n+2}{3n-1}\right)^n.$$

Die erste Folge ist nach (b) monoton fallend, die zweite nach (d) monoton wachsend. Jedes a_n ist also eine obere und jedes b_n eine untere Schranke für e. Man berechne einige a_n, b_n.

13. Man beweise durch Induktion nach n

$$\int_0^1 x^m (\ln x)^n \, dx = (-1)^n \frac{n!}{(m+1)^{n+1}} \qquad \text{für } m, n \in \mathbb{N}.$$

(Der Fall $m=0$ ist vorerst auszulassen, da es sich um uneigentliche Integrale handelt; vgl. § 12.) Als Anwendung zeige man:

$$\int_0^1 x^x\,dx=\sum_{n=1}^{\infty}\frac{(-1)^{n+1}}{n^n}.$$

14. Es sei $f\in C[a,b]$ und $g\colon J\to[a,b]$ differenzierbar, wobei J ein Intervall ist. Man zeige, daß

$$F(x)=\int_a^{g(x)} f(t)\,dt$$

in J differenzierbar und $F'(x)=f(g(x))\,g'(x)$ ist.

Entsprechend zeige man, daß

$$G(x)=\int_{g(x)}^{h(x)} f(t)\,dt,$$

wenn h denselben Voraussetzungen wie g genügt, in J differenzierbar und

$$G'(x)=f(h(x))\,h'(x)-f(g(x))\,g'(x)\quad\text{ist.}$$

Als Anwendung bestimme man

$$\lim_{x\to 0}\frac{1}{x^6}\int_{-2x^2}^{2x^2}\log(1+t^2)\,dt\quad\text{und}\quad\lim_{x\to 0} x\int_x^{2x}\frac{\sin t}{t^3}\,dt.$$

15. Die Funktionen f, g seien im Intervall J differenzierbar, und es sei $h(x)=\max(f(x),g(x))$, $k(x)=\min(f(x),g(x))$. Man zeige:

(a) Die Funktionen h, k sind in allen Punkten $c\in J$ mit $f(c)\neq g(c)$ differenzierbar, in den Punkten c mit $f(c)=g(c)$ genau dann, wenn $f'(c)=g'(c)$ ist.

(b) Die Funktion $x\mapsto|f(x)|$ ist in c differenzierbar, wenn $f(c)\neq 0$ ist, im Fall $f(c)=0$ genau dann, wenn $f'(c)=0$ ist.

[Man kann (muß aber nicht) (a) auf (b) zurückführen.]

16. Die Funktion f sei in $[0,a]$ stetig, in $(0,a)$ differenzierbar, und es sei $f(0)=0$ sowie f' schwach bzw. stark monoton wachsend. Man zeige, daß dann $f(x)/x$ schwach bzw. stark monoton wachsend in $(0,a]$ ist.

17. Man zeige: Ist f in J differenzierbar und f' monoton, so ist $f\in C^1(J)$.

18. Es sei $f(x)=x^n(1-x)^n$. Man zeige: Für $0<k\le n$ ist $f^{(k)}(x)=x^{n-k}(1-x)^{n-k}\cdot P_k(x)$, wobei P_k ein Polynom vom Grad k ist, welches k einfache Nullstellen im Intervall $(0,1)$ besitzt.

19. Es sei I ein kompaktes Intervall, $a\in I$, $f\in C^{n+1}(I)$ und P_n ein Polynom vom Grad $\le n$. Man zeige: Besteht eine Abschätzung

$$|f(x)-P_n(x)|\le M\,|x-a|^{n+1}\quad\text{für } x\in I\quad (M\text{ konstant}),$$

so ist $P_n(x)$ das n-te Taylor-Polynom $T_n(x;a)$.

20. Man berechne das Taylor-Polynom $T_2(x;0)$ der Funktion $f(x)=e^{\cos x}$ und bestimme eine Konstante $M>0$ derart, daß

$$|f(x)-T_2(x;0)|\le M\,|x|^3$$

für alle $x\in\mathbb{R}$ ist.

21. Man bestimme in der Potenzreihenentwicklung $f(x)=\sum_{k=0}^{\infty}a_k x^k$ für die Funktionen

(a) $f(x)=\exp(\sqrt[3]{1+x^3})$, (b) $f(x)=\sin(\sqrt{\cosh x}-1)$

die Koeffizienten a_k für $k\le 6$.

22. Man zeige, daß die durch $f(x)=\sum_{k=0}^{\infty}\frac{1}{k!}\cdot\frac{1}{1+4^k x^2}$ erklärte Funktion f in $\mathbb{R}$ beliebig oft differenzierbar ist; man berechne $f^{(n)}(0)$ für jedes $n=0,1,2,\ldots$ und zeige, daß die Taylor-Reihe $\sum_{n=0}^{\infty}\frac{f^{(n)}(0)}{n!}x^n$ für alle $x\neq 0$ divergiert.

Anleitung: Die n-te Ableitung von $g(t)=1/(1+t^2)$ ist von der Form $P_n(t)/(1+t^2)^{n+1}$, also beschränkt. Man berechne $g^{(n)}(0)$ aus der Potenzreihe.

23. Man bestimme die folgenden Grenzwerte:

(a) $\lim\limits_{x\to 0}\dfrac{x\sin^3 x(1-\cos x)}{\sqrt{1+x^3}+\sqrt{1-x^3}-2}$;

(b) $\lim\limits_{x\to 0}\dfrac{\log(1+x+x^2)-x}{x^2}$;

(c) $\lim\limits_{x\to\infty}\dfrac{\log(1+e^x)}{\sqrt{1+x^2}}$;

(d) $\lim\limits_{x\to\infty} x e^{-x^2}\int_0^x e^{t^2}dt$;

(e) $\lim\limits_{x\to\frac{\pi}{4}}(\tan x)^{\tan 2x}$;

(f) $\lim\limits_{x\to 0}\dfrac{\tan x-\sin x}{x(1-\cos x)}$;

(g) $\lim\limits_{x\to 0}\dfrac{e^x-1-xe^{x/2}}{x^3}$;

(h) $\lim\limits_{x\to\infty} x[\log(1+\sqrt{x^2+1})-\log x]$.

24. Man zeige anhand des Beispiels

$$f_n(x)=n^2\left(\frac{x^{n+1}}{n+1}-\frac{x^{n+2}}{n+2}\right)\quad \text{in } J=[0,1],$$

daß der Satz 10.13 über die gliedweise Differentiation falsch wird, wenn anstelle der gleichmäßigen Konvergenz nur die Konvergenz von (f_n') vorausgesetzt wird.

Insbesondere bestimme man $\lim f_n'(x)$ und $\lim f_n(1)$.

25. Man berechne die Ableitung f' der Funktion f (und gebe an, wo sie nicht existiert):

(a) $f(x)=\frac{1}{2}(x+|x|)\sqrt{|x|}\quad (x\in\mathbb{R})$;

(b) $f(x)=\log\left(\dfrac{\sqrt{1+2x}-1}{\sqrt{1+2x}+1}\right)\quad (x>0)$;

(c) $f(x)=\begin{cases}\frac{1}{2} & \text{für } x=0,\\ \dfrac{1}{\sin x}-\dfrac{1}{e^x-1} & \text{für } 0<|x|<\frac{\pi}{2};\end{cases}$

(d) $f(x)=\begin{cases}\frac{\pi}{2} & \text{für } x=0,\\ \arctan\left(x+\dfrac{1}{x^2}\right) & \text{für } x\neq 0.\end{cases}$

26. Es sei $f_n(x)=0$ für $-1\le x\le 0$ und $f_n(x)=x^{1+\frac{1}{n}}$ für $0<x\le 1$.

(a) Man zeige, daß die Folge (f_n) im Intervall $[-1,1]$ gleichmäßig konvergiert, und man bestimme die Grenzfunktion f.

(b) Man zeige, daß die Funktionen f_n in $[-1,1]$ differenzierbar sind und daß die Folge (f_n') in $[-1,1]$ punktweise konvergiert. Man bestimme die Grenzfunktion g.

(c) Man skizziere f, g, f_n und f_n' für $n=1,2,3$.

27. Die Funktion $f\colon [-1,1]\to\mathbb{R}$ sei stetig. Man zeige:

$$\lim_{h\to 0+}\int_{-1}^{1}\frac{hf(x)}{h^2+x^2}\,dx=f(0)\pi.$$

Anleitung: Man betrachte zuerst den Fall $f\equiv$ konst.

§ 11. Anwendungen

Der Hauptsatz, das Fundament der Infinitesimalrechnung, hat eine theoretische und eine praktische Seite. Zur ersteren gehört, daß man aus den Differentialen von Größen (heute sagt man, aus der Ableitung) diese Größen darstellen kann. Darauf beruht letztendlich unsere exakte Naturwissenschaft, welche die Naturgesetze als Beziehungen zwischen Differentialen, als Differentialgleichungen, formuliert. Zur praktischen Seite gehört, daß uns ein wirkungsvolles Hilfsmittel zur Lösung mannigfacher Quadraturprobleme an die Hand gegeben wird. Bereits der 23jährige NEWTON hat beide Aspekte klar erkannt. In seinem „October 1666 tract" findet man Dutzende von vollzogenen Quadraturen und Methoden zur Lösung solcher Aufgaben. Wir wenden uns zunächst diesem algorithmischen Teil zu, der „Technik des Integrierens". Es folgen dann Anwendungen über Flächen, Volumina, Schwerpunkte, ... In einem zweiten Teil wird die Differentialrechnung herangezogen, um das Änderungsverhalten von Funktionen und Kurven zu studieren. Die wichtigsten Stichworte sind Monotonie, Maxima und Minima, Konvexität, Kurvendiskussion (11.15–11.20). Als Anwendung werden sodann eine Reihe von klassischen Ungleichungen (11.21–11.25) behandelt. Das Kontraktionsprinzip und seine Anwendung im Newton-Verfahren beschließt den Paragraphen.

11.1 Die Stammfunktion oder das unbestimmte Integral. Ist das Integral $\int_a^b f\,dx$ gesucht, so zeigt uns der zweite Hauptsatz eine Alternative zu der oft langwierigen Bestimmung von Riemannschen Summen und deren Limes bei Verfeinerung der Zerlegung. Es genügt, eine Funktion F mit der Eigenschaft $F'=f$ zu finden. Dann ist

$$\int_a^b f(x)\,dx=F(b)-F(a)=:F|_a^b.$$

Damit wird die „Antidifferentiation", die Suche nach einer Funktion F, deren Ableitung gleich der gegebenen Funktion f ist, zu einem wichtigen neuen Problem. Eine Funktion F mit dieser Eigenschaft heißt *Stammfunktion* oder *unbestimmtes Integral* von f. Man schreibt dafür

$$F(x)=\int f(x)\,dx\equiv\int f\,dx \quad (\text{in } J)$$

ohne Angabe von Grenzen beim Integralzeichen. Mit $F(x)$ ist auch $F(x)+C$ ($C\in\mathbb{R}$ beliebig) eine Stammfunktion von $f(x)$. Sind F und G Stammfunktionen von f, so ist $F'(x)-G'(x)=0$, d.h. $F(x)=G(x)+C$ aufgrund des Mittelwertsatzes 10.10. Man erhält somit alle Stammfunktionen von f aus einer einzigen durch Addition einer beliebigen Konstante. Eine Beziehung $\int f(x)\,dx=F(x)$ ist also lediglich eine andere Schreibweise für die Gleichung $F'=f$ in J. Bei Gleichungen mit unbestimmten Integralen ist demnach Vorsicht geboten. Aus $\int f\,dx=F$ und $\int f\,dx=G$ folgt nicht $F=G$, sondern lediglich $F=G+C$. So ist etwa $\int x^2\,dx=\frac{1}{3}x^3$, aber ebenso $\int x^2\,dx=\frac{1}{3}x^3+2$. Die Schreibweise findet ihre Rechtfertigung im zweiten Hauptsatz. Aus $\int f\,dx=F$ in J folgt $\int_a^b f\,dx=F|_a^b$ für beliebige a, $b\in J$. Wir merken noch an, daß manche Autoren die Schreibweise $\int f(x)\,dx=F(x)+C$ bevorzugen.

Nach dem ersten Hauptsatz besitzt jede in J stetige Funktion f eine Stammfunktion in J, nämlich das Integral $F(x)=\int_c^x f(t)\,dt$ mit $c\in J$. Für unser jetziges Problem ist diese Feststellung irrelevant. Wir wollen ja umgekehrt die Stammfunktion heranziehen, um damit Integrale leicht bestimmen zu können!

11.2 Die Technik des Integrierens. Für das Differenzieren hat man einfache Regeln, nach denen die Ableitung einer jeden elementaren Funktion bestimmt werden kann.

Beim Integrieren ist die Situation ganz anders: Es gibt elementare Funktionen, die nicht „elementar integrierbar" sind, was heißen soll, daß sie keine elementare Stammfunktion besitzen. Es kann sich also nur darum handeln, möglichst umfassende Klassen von elementar integrierbaren Funktionen zu beschreiben und Methoden zur Bestimmung einer Stammfunktion zu entwickeln. Die hierzu entwickelte *Technik des Integrierens* basiert auf (a) einer Liste von Grundintegralen, die man im wesentlichen dadurch erhält, daß die in 10.8 angegebene Tabelle von Ableitungen von rechts nach links gelesen wird, (b) der Methode der partiellen Integration, (c) der Substitutionsregel und (d) einem Fundus von mehr oder weniger raffinierten Umformungen, welche für gewisse Klassen von Funktionen unter Heranziehung von (a)-(c) zum erstrebten Ziel, der Reduktion auf Grundintegrale und damit zur Stammfunktion führen. Wir bringen hier nur einen bescheidenen Ausschnitt aus diesem hauptsächlich im 18. Jahrhundert entwickelten Gebiet und verweisen darauf, daß Nachschlagewerke existieren, in denen Tausende von unbestimmten Integralen aufgelistet sind. Bekannt sind die Integraltafeln von Gröbner-Hofreiter und Gradshteyn-Ryzhik (vgl. Literaturverzeichnis).

Grundintegrale

$$\int x^\alpha\,dx=\frac{x^{\alpha+1}}{\alpha+1} \quad (x>0,\ \alpha\neq-1;\ x\neq 0 \text{ für } \alpha\in\mathbb{Z};\ \text{alle } x \text{ für } \alpha\in\mathbb{N})$$

$$\int\frac{dx}{x}=\log|x| \quad\text{und}\quad \int\log|x|\,dx = x\log|x|-x \quad (x\neq 0)$$

$$\int\frac{dx}{1+x^2}=\arctan x \quad (\text{Nebenwerte zugelassen})$$

$$\int \frac{dx}{1-x^2} = \frac{1}{2}\log\left|\frac{x+1}{x-1}\right| = \begin{cases} \operatorname{Artanh} x \text{ in } (-1,1) \\ \operatorname{Arcoth} x \text{ in } (-\infty,-1) \text{ und } (1,\infty) \end{cases}$$

$$\int \frac{dx}{\sqrt{1-x^2}} = \overline{\arcsin} x \quad (-1<x<1)$$

$$\int \frac{dx}{\sqrt{1+x^2}} = \operatorname{Arsinh} x$$

$$\int \frac{dx}{\sqrt{x^2-1}} = \log|x+\sqrt{x^2-1}| = \begin{cases} \operatorname{Arcosh} x \text{ in } (1,\infty) \\ -\operatorname{Arcosh}(-x) \text{ in } (-\infty,-1) \end{cases}$$

$$\int e^x\,dx = e^x$$

$$\int a^x\,dx = \frac{1}{\log a}a^x \quad (a>0)$$

$$\int \sin x\,dx = -\cos x$$

$$\int \cos x\,dx = \sin x$$

$$\int \tan x\,dx = -\log|\cos x| \quad (x \neq (k+\tfrac{1}{2})\pi, k\in\mathbb{Z})$$

$$\int \cot x\,dx = \log|\sin x| \quad (x \neq k\pi, k\in\mathbb{Z})$$

$$\int \sinh x\,dx = \cosh x$$

$$\int \cosh x\,dx = \sinh x$$

$$\int \tanh x\,dx = \log\cosh x$$

$$\int \coth x\,dx = \log|\sinh x| \quad (x \neq 0)$$

$$\int \frac{1}{\cos^2 x}\,dx = \tan x \quad (x \neq (k+\tfrac{1}{2})\pi, k\in\mathbb{Z})$$

$$\int \frac{1}{\sin^2 x}\,dx = -\cot x \quad (x \neq k\pi, k\in\mathbb{Z}).$$

Die Formeln gelten in $\mathbb{R}$, wenn nichts anderes vereinbart ist.

11.3 Partielle Integration. Die Funktionen f, g seien in einem (beliebigen) Intervall J differenzierbar. Durch die folgende, unter den Namen *partielle Integration*, *Teilintegration* und *Produktintegration* bekannte Formel

$$\int f(x)\,g'(x)\,dx = f(x)\,g(x) - \int f'(x)\,g(x)\,dx$$

wird das Integral von fg' „teilweise gelöst", nämlich auf das Integral von $f'g$ zurückgeführt. Durch Differenzieren beider Seiten erkennt man, daß es sich hier lediglich um eine andere Form der Produktregel $(fg)' = fg' + f'g$ handelt. Die entsprechende Formel für bestimmte Integrale

$$\int_a^b f g'\,dx = fg\Big|_a^b - \int_a^b f' g\,dx$$

mit

$$fg|_a^b = f(b)\,g(b) - f(a)\,g(a)$$

gilt unter der Voraussetzung $f,\ g \in C^1(J)$ und $a,\ b \in J$.

Bei der Anwendung muß man versuchen, einen vorliegenden Integranden derart als Produkt fg' zu schreiben, daß sowohl g als auch das Integral $\int f' g\,dx$ auf der rechten Seite einfach gefunden werden können. Hierzu drei

Beispiele.

1. $\int \log x\,dx = \int (\log x)\cdot 1\,dx = x\log x - \int x\frac{1}{x}\,dx = x\log x - x\ (x>0)$.

2. $\int \sin^2 x\,dx = \sin x(-\cos x) - \int (\cos x)(-\cos x)\,dx$.
Durch Addition von $\int \sin^2 x\,dx$ auf beiden Seiten folgt

$$2\int \sin^2 x\,dx = -\sin x\cos x + \int (\sin^2 x + \cos^2 x)\,dx,$$

wegen $\sin^2 x + \cos^2 x = 1$ also

$$\int \sin^2 x\,dx = \tfrac{1}{2}(x - \sin x\cos x).$$

3. Ganz ähnlich ergibt sich für natürliches $n \geq 2$

$$\int \sin^n x\,dx = \sin^{n-1} x(-\cos x) + \int (n-1)\sin^{n-2} x\cos^2 x\,dx$$

und durch Addition von $(n-1)\int \sin^n x\,dx$ auf beiden Seiten

$$n\int \sin^n x\,dx = -\cos x\sin^{n-1} x + (n-1)\int \sin^{n-2} x\,dx.$$

Dies ist eine Rekursionsformel, mit der man den Exponenten n auf den Exponenten $n-2$ und damit das Integral nach mehrmaliger Anwendung auf eines der Integrale $\int dx = x$ (n gerade) oder $\int \sin x\,dx = -\cos x$ (n ungerade) zurückführen kann.

Für das entsprechende bestimmte Integral mit den Grenzen 0 und π lautet die Rekursionsformel

$$\int_0^\pi \sin^n x\,dx = \frac{n-1}{n}\int_0^\pi \sin^{n-2} dx \quad (n=2,3,\dots).$$

Da das Integral für $n=1$ bzw. $n=0$ den Wert 2 bzw. π hat, führt die wiederholte Anwendung auf die beiden Formeln

$$\left.\begin{aligned}\int_0^\pi \sin^{2m+1} x\,dx &= \frac{2m}{2m+1}\cdot\frac{2m-2}{2m-1}\cdots\frac{4}{5}\cdot\frac{2}{3}\cdot 2\\ \int_0^\pi \sin^{2m} x\,dx &= \frac{2m-1}{2m}\cdot\frac{2m-3}{2m-2}\cdots\frac{3}{4}\cdot\frac{1}{2}\cdot\pi\end{aligned}\right\}\quad (m=1,2,3,\dots).$$

Die *n*-fache partielle Integration. Bei manchen Anwendungen ist es notwendig, mehrfach partielle Integration anzuwenden. Schreibt man zur Abkürzung Ig für $\int g(x)\,dx$, $I^2 g$ für $\int (Ig)\,dx$, ..., so erhält man, wenn eine Stammfunktion von $f\cdot g$ gesucht ist, nacheinander die Formeln

$$\begin{aligned}\int fg\,dx &= f\cdot Ig - \int f'\cdot Ig\,dx\\ &= f\cdot Ig - f'\cdot I^2 g + \int f''\cdot I^2 g\,dx\\ &= f\cdot Ig - f'\cdot I^2 g + f''\cdot I^3 g - \int f'''\cdot I^3 g\,dx\\ &\quad \dots\dots\dots,\end{aligned}$$

allgemein

$$\int f g\,dx = f\cdot I g - f'\cdot I^2 g + f''\cdot I^3 g - + \ldots + (-1)^{n-1} f^{(n-1)}\cdot I^n g$$
$$+ (-1)^n \int f^{(n)}\cdot I^n g\,dx.$$

Diese Formel für die *n-fache partielle Integration* sei am folgenden Beispiel erläutert.

$$\int x^n e^x\,dx = x^n e^x - n x^{n-1} e^x + n(n-1) x^{n-2} e^x \ldots.$$

Man fährt solange fort, bis die Ableitung von $f(x) = x^n$ zu Null geworden ist; dann fällt das Integral weg, und man erhält

$$\int x^n e^x\,dx = e^x \{x^n - n x^{n-1} + n(n-1) x^{n-2} - + \ldots + (-1)^n n!\}.$$

In ähnlicher Weise lassen sich die Integrale $\int x^n \sin x\,dx$, $\int x^n \cos x\,dx$ sowie $\int x^n \sinh x\,dx$, $\int x^n \cosh x\,dx$ behandeln.

11.4 Die Substitutionsregel. Ist $F'(x) = f(x)$, so ist nach der Kettenregel

$$\frac{d}{dt} F(\phi(t)) = f(\phi(t))\,\phi'(t).$$

Nur eine andere Schreibweise für diese Gleichung ist

$$\text{(a)} \qquad \int f(\phi(t))\,\phi'(t)\,dt = \int f(x)\,dx\big|_{x=\phi(t)}.$$

Vorausgesetzt ist dabei, daß f im Intervall J stetig, ϕ im Intervall I differenzierbar und $\phi(I) \subset J$ ist.

Ist außerdem ϕ streng monoton in I, so existiert die Umkehrfunktion ϕ^{-1} von ϕ. Setzt man in der Gleichung (a), in der ja links und rechts dieselbe Funktion von t steht, $t = \phi^{-1}(x)$ ein, so erhält man die zweite, meist nützlichere Form

$$\text{(b)} \qquad \int f(x)\,dx = \int f(\phi(t))\,\phi'(t)\,dt\big|_{t=\phi^{-1}(x)}.$$

Die entsprechende Formel für bestimmte Integrale lautet

$$\text{(c)} \qquad \int_a^b f(x)\,dx = \int_\alpha^\beta f(\phi(t))\,\phi'(t)\,dt \quad \text{mit } a = \phi(\alpha),\ b = \phi(\beta).$$

Sie ist gültig, wenn $f \in C^0(J)$, $\phi \in C^1(I)$ und $\phi(I) \subset J$ sowie $a, b \in J$ ist (eine Monotonievoraussetzung über ϕ ist nicht erforderlich).

Der Beweis von (c) folgt sofort aus der Tatsache, daß $F(x)$ bzw. $F(\phi(t))$ Stammfunktionen für die beiden Integranden sind und daß $F(x)|_a^b = F(\phi(t))|_\alpha^\beta$ ist.

Die Substitutionsregel ist ein überzeugendes Beispiel für die Zweckmäßigkeit der zunächst umständlich erscheinenden Leibnizschen Schreibweise $\int f(x)\,dx$ statt einfach $\int f$. Setzt man $x = \phi(t)$, so ist $dx = \phi'(t)\,dt$, d.h. das rein formale Rechnen mit Differentialen liefert das richtige Ergebnis $\int f(x)\,dx = \int f(\phi(t))\,\phi'(t)\,dt$.

Wir bringen zunächst ein paar Beispiele für die Form (a) der Substitutionsregel. Dabei kommt es darauf an zu *erkennen*, daß ein Integral vom Typ $\int f(\phi(t))\,\phi'(t)\,dt$ vorliegt. In allen Fällen sei empfohlen, die Richtigkeit der Formel durch Differentiation zu bestätigen.

$$\int t e^{t^2}\,dx = \tfrac{1}{2}e^{t^2}, \qquad \int x^2\cos(3x^3)\,dx = \tfrac{1}{9}\sin(3x^3),$$

$$\int \frac{u^3\,du}{\sqrt{u^4+2}} = \frac{1}{2}\sqrt{u^4+2}, \qquad \int \frac{dx}{x\log x} = \log\log x \quad (x>1).$$

Wie lautet das letzte Integral für $0<x<1$?

In der Form (b) wird die Substitution zur Kunst des Integrierens. Die richtige Substitution kann rasch zum Ziel, die falsche nur weiter ins Dickicht führen. Man braucht Übung und Erfahrung und oft auch Glück, um den richtigen Ansatz zu finden. Häufig muß man mehrere Substitutionen $x=\phi(t)$, $t=\psi(s)$, ... hintereinander hängen, die am Schluß, wenn man bei lösbaren Grundintegralen angelangt ist, alle wieder rückgängig gemacht werden müssen. Man ist gut beraten, während der Rechnung weniger auf Gültigkeitsbereiche, Umkehrbarkeit der Substitution und anderes zu achten, sondern „munter draufloszurechnen". Die anschließende Probe durch Differenzieren ist die beste Rechtfertigung.

Beispiele. 1. $\displaystyle\int \frac{e^{3x}+3}{e^x+1}\,dx \underset{(e^x=t)}{=} \int \frac{t^3+3}{t(t+1)}\,dt = \int \left(t-1+\frac{3+t}{t(t+1)}\right)dt = \frac{t^2}{2}-t+\int\left(\frac{3}{t}-\frac{2}{t+1}\right)dt$

$$= \frac{t^2}{2}-t+3\log t-2\log(t+1) = \frac{1}{2}e^{2x}-e^x+3x-2\log(1+e^x)$$

(es ist $x=\log t$, $dx=dt/t$).

2. $\displaystyle\int \sin^5 x\,dx = \int (1-\cos^2 x)^2 \sin x\,dx \underset{(\cos x=t)}{=} -\int (1-t^2)^2\,dt$

$$= -t+\tfrac{2}{3}t^3-\tfrac{1}{5}t^5 = -\tfrac{1}{5}\cos^5 x+\tfrac{2}{3}\cos^3 x-\cos x$$

($\sin x\,dx = -dt$). Beispiel 3 von 11.3 zeigt einen anderen Lösungsweg.

3. $\displaystyle\int \sqrt{1-x^2}\,dx \underset{(x=\cos t)}{=} -\int \sin^2 t\,dt \overset{*}{=} \tfrac{1}{2}(\sin t\cos t - t)$

$$= \tfrac{1}{2}\left(x\sqrt{1-x^2}-\arccos x\right) \quad \text{oder} \quad \tfrac{1}{2}\left(x\sqrt{1-x^2}+\arcsin x\right)$$

(Hauptwert der Arcusfunktion; $\overset{*}{=}$ benutzt Beispiel 2 von 11.3).

4. $\displaystyle\int \sqrt{x^2+1}\,dx = \tfrac{1}{2}\left(x\sqrt{x^2+1}+\log\left(x+\sqrt{x^2+1}\right)\right)$ (Subst. $x=\sinh t$).

11.5 Die Integration der rationalen Funktionen. Wir beginnen nun mit dem angekündigten Programm, einige Klassen von elementar integrierbaren Funktionen anzugeben. Das wichtigste Ergebnis in dieser Richtung ist der

Satz. *Jede rationale Funktion ist elementar integrierbar.*

Beweis. Jede rationale Funktion $R(x)=P(x)/Q(x)$ (P, Q Polynome) läßt sich in ein Polynom und eine echt gebrochen rationale Funktion und die letztere gemäß 8.5 in reelle Partialbrüche der Form

$$\frac{1}{(x-c)^p} \quad \text{und} \quad \frac{dx+e}{(ax^2+bx+c)^p} \quad (p=1,2,3,\ldots)$$

zerlegen. Dabei hat das quadratische Polynom ax^2+bx+c keine reellen Nullstellen, seine Diskriminante $D=4ac-b^2$ ist also positiv. Die Behauptung ergibt sich dann durch Anwendung der folgenden Formeln, deren Bestätigung durch Differentiation keine Mühe macht.

(a) $\int \frac{dx}{x-c} = \log|x-c|;$

(b) $\int \frac{dx}{(x-c)^p} = \frac{1}{(1-p)(x-c)^{p-1}}$ für $p \geq 2;$

(c) $\int \frac{dx}{ax^2+bx+c} = \frac{2}{\sqrt{D}} \arctan \frac{2ax+b}{\sqrt{D}};$

(d) $\int \frac{x\,dx}{ax^2+bx+c} = \frac{1}{2a} \log|ax^2+bx+c| - \frac{b}{a\sqrt{D}} \arctan \frac{2ax+b}{\sqrt{D}};$

(e) $$\int \frac{dx}{(ax^2+bx+c)^{p+1}} = \frac{1}{pD} \cdot \frac{2ax+b}{(ax^2+bx+c)^p} + \frac{2a(2p-1)}{pD} \int \frac{dx}{(ax^2+bx+c)^p};$$

(f) $$\int \frac{x\,dx}{(ax^2+bx+c)^{p+1}} = -\frac{1}{2ap} \cdot \frac{1}{(ax^2+bx+c)^p} - \frac{b}{2a} \int \frac{dx}{(ax^2+bx+c)^{p+1}}.$$

Hierin ist $D = 4ac - b^2 > 0$ und $p \geq 1$. Durch sukzessive Anwendung von (e) und (f) lassen sich höhere Potenzen des quadratischen Polynoms abbauen, bis schließlich ein Integral der Form (c) oder (d) erscheint. □

Hat das quadratische Nennerpolynom in (c) zwei reelle Nullstellen, so ist eine Zerlegung in reelle lineare Faktoren möglich, und man erhält mit Hilfe von (a) die Formel

(g) $$\int \frac{dx}{ax^2+bx+c} = \frac{1}{\sqrt{-D}} \log\left|\frac{2ax+b-\sqrt{-D}}{2ax+b+\sqrt{-D}}\right|, \quad \text{falls } D = 4ac - b^2 < 0.$$

LEIBNIZ hat sich ausführlich mit der Quadratur rationaler Funktionen auseinandergesetzt (die folgenden Seitenzahlen beziehen sich auf zwei Arbeiten in den *Acta Eruditorum* 1702 und 1703, die in OK 162 übersetzt sind). Das Beispiel

$$\int \frac{dx}{x^4-1}$$

macht ihm keine Mühe. „Offenbar sind die Wurzeln des Nenners $x+1$, $x-1$, $x+\sqrt{-1}$, $x-\sqrt{-1}$. Sie geben miteinander multipliziert x^4-1." Daraus leitet er dann die Partialbruchzerlegung

$$\frac{1}{x^4-1} = \frac{1}{4(x-1)} - \frac{1}{4(x+1)} - \frac{1}{2(x^2+1)}$$

ab (S. 53–54). Es folgt also

$$\int \frac{dx}{x^4-1} = \frac{1}{4} \log\left|\frac{x-1}{x+1}\right| - \frac{1}{2} \arctan x.$$

„Wir kommen in diesem Zusammenhang auf eine Frage von größter Wichtigkeit, ob nämlich alle rationalen Quadraturen auf die Quadratur der Hyperbel und des Kreises zurückgeführt werden können" (S. 55). Er meint damit die Zurückführung auf die

Formeln (a) bis (f) oder ähnliche Formeln (z.B. hat (a) mit der Quadratur der Hyperbel $y=\frac{1}{x}$ zu tun). Am Beispiel des Integrals

$$\int \frac{dx}{x^4+a^4}$$

versucht er zu zeigen, daß dies nicht immer möglich ist.

Er findet völlig korrekt die vier linearen Faktoren des Nenners in der Form $x \pm a\sqrt{\pm\sqrt{-1}}$ und fährt dann fort: „Aber welche Kombination zweier von diesen vier Wurzeln wir auch vornehmen mögen, niemals werden wir erreichen, daß zwei miteinander multipliziert eine reelle Größe geben" (S. 56). Hier irrt Leibniz!

Aufgabe. Man gebe die beiden Paare von linearen Faktoren mit reellem Produkt an und bestimme die reelle Partialbruchzerlegung von $1/(x^4+a^4)$ sowie eine Stammfunktion zu dieser Funktion.

Aus der großen Zahl von elementar integrierbaren Funktionenklassen geben wir im folgenden die wichtigsten Beispiele.

11.6 Satz. *Die folgenden Integrale stellen elementare Funktionen dar:*

(a) $\int R(x, \sqrt[k]{ax+b})\,dx \quad (k \in \mathbb{N})$;

(b) $\int R\left(x, \sqrt[k]{\dfrac{ax+b}{cx+d}}\right) dx \quad (k \in \mathbb{N})$;

(c) $\int R(e^{ax})\,dx, \quad \int R(\sinh ax, \cosh ax)\,dx$;

(d) $\int R(\sin ax, \cos ax)\,dx$;

(e) $\int R(x, \sqrt{ax^2+bx+c})\,dx$;

(f) $\int R(x, \sqrt{ax+b}, \sqrt{cx+d})\,dx$.

Dabei ist $R(x,y)$ eine rationale Funktion von x und y, also $R=P/Q$, wobei P und Q Polynome in x und y, d.h. Linearkombinationen von endlich vielen Ausdrücken der Form $1, x, y, x^2, xy, y^2, x^3, x^2y, \ldots$ sind (analog für $R(x,y,z)$).

Der folgende *Beweis* enthält jeweils konkrete Angaben, wie man eine Stammfunktion gewinnen kann.

(a) Die Substitution

$$t=\sqrt[k]{ax+b}, \quad x=\frac{1}{a}(t^k-b), \quad dx=\frac{k}{a}t^{k-1}\,dt$$

ergibt

$$\int R(x, \sqrt[k]{ax+b})\,dx=\frac{k}{a}\int R\left(\frac{t^k-b}{a}, t\right) t^{k-1}\,dt=\int R_1(t)\,dt,$$

wobei $R_1(t)$ eine rationale Funktion in t und damit nach 11.5 elementar integrierbar ist.

(b) Die Substitution

$$t=\sqrt[k]{\frac{ax+b}{cx+d}}$$

führt in ähnlicher Weise zum Ziel.

(c) Mit

$$e^{ax}=t, \quad x=\frac{1}{a}\log t, \quad dx=\frac{1}{at}\,dt$$

folgt

$$\int R(e^{ax})\,dx = \frac{1}{a}\int R(t)\frac{dt}{t}.$$

(d) Man kann o.B.d.A. $a=1$ annehmen (lineare Substitution). Die Substitution

$$t=\tan\frac{x}{2}, \quad x=2\arctan t, \quad dx=\frac{2}{1+t^2}\,dt$$

ergibt wegen

$$\cos^2\frac{x}{2}=\left(1+\tan^2\frac{x}{2}\right)^{-1}=\frac{1}{1+t^2}, \qquad \sin^2\frac{x}{2}=1-\cos^2\frac{x}{2}=\frac{t^2}{1+t^2},$$

$$\cos x=\cos^2\frac{x}{2}-\sin^2\frac{x}{2}=\frac{1-t^2}{1+t^2}, \qquad \sin x=2\sin\frac{x}{2}\cos\frac{x}{2}=\frac{2t}{1+t^2}$$

die Gleichung

$$\int R(\sin x,\cos x)\,dx=2\int R\left(\frac{2t}{1+t^2},\frac{1-t^2}{1+t^2}\right)\frac{dt}{1+t^2}=\int R_1(t)\,dt$$

mit rationalem Integranden $R_1(t)$.

(e) Das quadratische Polynom ax^2+bx+c läßt sich durch eine lineare Substitution $t=(2ax+b)/\sqrt{\pm D}$, $D=4ac-b^2$, auf die Form $1+t^2$ oder $1-t^2$ bringen. Die drei möglichen Fälle werden folgendermaßen auf (c) bzw. (d) reduziert.

$$(\mathrm{e}_1)\quad \int R\left(t,\sqrt{t^2+1}\right)dt \Rightarrow \int R(\sinh s,\cosh s)\cosh s\,ds \quad \begin{pmatrix} t=\sinh s\\ \sqrt{}=\cosh s\end{pmatrix},$$

$$(\mathrm{e}_2)\quad \int R\left(t,\sqrt{t^2-1}\right)dt \Rightarrow \int R(\cosh s,\sinh s)\sinh s\,ds \quad \begin{pmatrix} t=\cosh s\\ \sqrt{}=\sinh s\end{pmatrix},$$

$$(\mathrm{e}_3)\quad \int R\left(t,\sqrt{1-t^2}\right)dt \Rightarrow \int R(\sin s,\cos s)\cos s\,ds \quad \begin{pmatrix} t=\sin s\\ \sqrt{}=\cos s\end{pmatrix}.$$

(f) Dieser Fall wird mittels $t=\sqrt{ax+b}$ auf (e) zurückgeführt,

$$\int R\left(x,\sqrt{ax+b},\sqrt{cx+d}\right)dx=\int R\left(\frac{t^2-b}{a},t,\sqrt{c\frac{t^2-b}{a}+d}\right)\frac{2t}{a}\,dt.$$

Beispiele.

1. $$\int\frac{\sqrt{x^2+4x+5}}{2+x+\sqrt{x^2+4x+5}}\,dx \underset{(t=x+2)}{=} \int\frac{\sqrt{t^2+1}}{t+\sqrt{t^2+1}}\,dt$$

$$\underset{(t=\sinh s)}{=}\int\frac{(\cosh s)^2\,ds}{\sinh s+\cosh s}=\frac{1}{4}\int\frac{e^{2s}+2+e^{-2s}}{e^s}\,ds=\tfrac{1}{4}(e^s-2e^{-s}-\tfrac{1}{3}e^{-3s}).$$

Wegen $s=\operatorname{Arsinh} t=\log\left(t+\sqrt{t^2+1}\right)=\log\left(x+2+\sqrt{x^2+4x+5}\right)$ ist das Integral

$$=\frac{1}{4}A-\frac{1}{2A}-\frac{1}{12A^3} \quad \text{mit} \quad A=x+2+\sqrt{x^2+4x+5}.$$

2. $\displaystyle\int \frac{dx}{2+e^{2x}} \underset{(t=e^{2x})}{=} \int \frac{dt}{(2+t)2t} = \frac{1}{4}\int \left(\frac{1}{t} - \frac{1}{2+t}\right) dt$

$\displaystyle= \frac{1}{4}(\log t - \log(2+t)) = \frac{x}{2} - \frac{1}{4}\log(2+e^{2x}).$

3. $\displaystyle\int \frac{\cot x}{1+\cos x}\, dx = \int \frac{\cos x\, dx}{\sin x(1+\cos x)} \qquad \left(t = \tan\frac{x}{2};\ \text{vgl. (d)}\right)$

$\displaystyle= \int \frac{1-t^2}{2t}\, dt = \frac{1}{2}\log|t| - \frac{1}{4}t^2$

$\displaystyle= \frac{1}{2}\log\left|\tan\frac{x}{2}\right| - \frac{1}{4}\tan^2\frac{x}{2}.$

4. $\displaystyle\int \tan^2 x\, dx \underset{(t=\tan x)}{=} \int \frac{t^2}{1+t^2}\, dt = \int \left(1 - \frac{1}{1+t^2}\right) dt$

$= t - \arctan t = \tan x - x.$

Hier wäre die $\tan\frac{x}{2}$-Substitution von (d) wesentlich komplizierter.

Damit sind unsere Betrachtungen zur Technik des Integrierens abgeschlossen. Wir kommen nun zu den Anwendungen der Integralrechnung und beginnen mit dem Inhaltsproblem.

11.7 Vorläufiges zum Inhaltsproblem. Noch im vorigen Jahrhundert, als der Integralbegriff längst geklärt war, wurden Inhaltsfragen in naiver Weise behandelt und die entsprechenden Formeln zur Bestimmung von Inhalten durch Integrale nur anschaulich begründet. Die Einsicht, daß zunächst einmal gesagt werden muß, was unter dem Inhalt einer ebenen oder räumlichen Punktmenge zu verstehen ist, bevor man darangehen kann, ihn zu berechnen, setzte sich erst gegen Ende des Jahrhunderts durch. Die aus dem Riemannschen Integralbegriff erwachsene Peano-Jordansche Inhaltstheorie werden wir, um den Gang der Dinge nicht aufzuhalten und um Wiederholungen zu vermeiden, erst im zweiten Band und dann sogleich für den n-dimensionalen Fall behandeln. Damit aber die folgenden Betrachtungen über die Fläche ebener Bereiche und das Volumen von Rotationskörpern nicht ganz in der Luft der Anschauung hängen, schicken wir ihnen einen Prolog zur Inhaltstheorie voraus.

Ausgangspunkt der Inhaltstheorie im $\mathbb{R}^n$ ist das n-dimensionale Intervall $j=[a_1,b_1]\times[a_2,b_2]\times\ldots\times[a_n,b_n]$ (im ebenen Fall das achsenparallele Rechteck, im räumlichen Fall der achsenparallele Quader), dem als elementargeometrischer Inhalt das Produkt der Kantenlängen $|j|=\Pi(b_k-a_k)$ zugeordnet wird. Eine Intervallsumme I ist eine Vereinigung von endlich vielen sich nicht überschneidenden Intervallen. Das soll heißen, daß je zwei Intervalle keine inneren Punkte, also höchstens Randpunkte gemeinsam haben. Als Inhalt $|I|$ von I wird die Summe der Intervallinhalte festgelegt. Dieser Inhalt von Intervallsummen hat die drei in der Einleitung zu §9 genannten Eigenschaften (E, M, A): der Inhalt ist *eindeutig* definiert, *monoton* (aus $I\subset K$ folgt $|I|\le|K|$) und *additiv* ($|I\cup K|=|I|+|K|$, falls I und K sich nicht überschneiden). Für eine beschränkte Punktmenge $M\subset\mathbb{R}^n$ betrachtet man alle Intervallsummen I, K

mit $I \subset M \subset K$ und definiert als Inhalt von M die Zahl $|M| := \sup |I| = \inf |K|$, falls Supremum und Infimum gleich sind. Dies entspricht völlig der archimedischen Kompressionsmethode durch Approximation von innen und außen. Alle Mengen, welche einen Inhalt besitzen, werden *quadrierbar* oder im Jordanschen Sinne meßbar genannt. Insbesondere sind Intervalle quadrierbar, und ihr Inhalt stimmt mit dem elementargeometrischen Inhalt überein. Wir geben die wichtigsten Ergebnisse der Jordanschen Inhaltstheorie wieder.

(a) Mit M und N sind auch die Mengen $M \cup N$, $M \cap N$ und $M \setminus N$ quadrierbar, und die Eigenschaften der Monotonie und der Additivität gelten auch für quadrierbare Mengen. Daraus folgt beispielsweise im Fall $M \subset N$ die Gleichung $|M| + |N \setminus M| = |N|$.

(b) Der Inhalt einer Menge ist invariant gegenüber Bewegungen, also Parallelverschiebungen, Spiegelungen und Drehungen. Für die um den Faktor $\lambda > 0$ aufgeblähte bzw. geschrumpfte Menge $\lambda M = \{\lambda x \colon x \in M\}$ gilt $|\lambda M| = \lambda^n |M|$.

(c) Lassen sich zu einer beliebigen Menge P quadrierbare Mengen q_k und Q_k mit $q_k \subset P \subset Q_k$ angeben, so daß $\sup |q_k| = \inf |Q_k| =: \mu$ ist, so ist P quadrierbar und $|P| = \mu$. Zur Bestimmung des Inhalts kann man also anstelle von Intervallsummen auch andere schon als quadrierbar erkannte Mengen heranziehen. Ein Beispiel dafür ist die in der Einleitung zu § 9 beschriebene Quadratur einer von der archimedischen Spirale begrenzten Fläche, die von innen und außen durch Summen von Kreissektoren approximiert wurde.

(d) Ist $M \subset \mathbb{R}^{n-1}$ quadrierbar, so ist auch $Z = M \times [a,b] \subset \mathbb{R}^n$ quadrierbar und $|Z| = (b-a)|M|$. Kurz: Für Zylinder gilt „Inhalt gleich Grundfläche mal Höhe".

Diese Tatsachen werden erst im zweiten Band bewiesen. Die folgenden Betrachtungen haben zum Ziel, die Fläche (zweidimensionaler Inhalt) von ebenen Bereichen und das Volumen (dreidimensionaler Inhalt) von Rotationskörpern mit Hilfe der Integralrechnung zu bestimmen. Dabei bedienen wir uns einer anschaulichen Argumentation, die so angelegt ist, daß ihre strenge Begründung unter Heranziehung der hier vorweggenommenen Ergebnisse aus der Inhaltstheorie leicht möglich ist.

11.8 Die Fläche ebener Bereiche als Integral. Wir bezeichnen die Punkte der euklidischen Ebene $\mathbb{R}^2$ mit (x,y). Ist f über $I = [a,b]$ $(a < b)$ integrierbar und nichtnegativ, so ist die zwischen der x-Achse und der Kurve $y = f(x)$ gelegene, also durch die Ungleichungen $a \le x \le b$, $0 \le y \le f(x)$ definierte *Ordinatenmenge* $M = M(f)$ quadrierbar und

$$|M(f)| = \int_a^b f(x)\,dx.$$

Denn die zur Definition des Integrals benutzten Unter- und Obersummen sind, worauf schon in 9.1 hingewiesen wurde, nichts anderes als die Inhalte von in M enthaltenen bzw. M überdeckenden zweidimensionalen Intervallsummen; die Behauptung folgt dann mit (c) aus 9.5. Entsprechend ist im Fall $f \le 0$ die zwischen der x-Achse und der Kurve gelegene Punktmenge M^* quadrierbar und $|M^*| = -\int_a^b f(x)\,dx$ (Beweis durch Spiegelung an der x-Achse).

Hat f wechselndes Vorzeichen, so mißt das Integral die oberhalb der x-Achse liegenden Flächenstücke mit dem positiven, die unterhalb der x-Achse liegenden Flächenstücke mit dem negativen Vorzeichen.

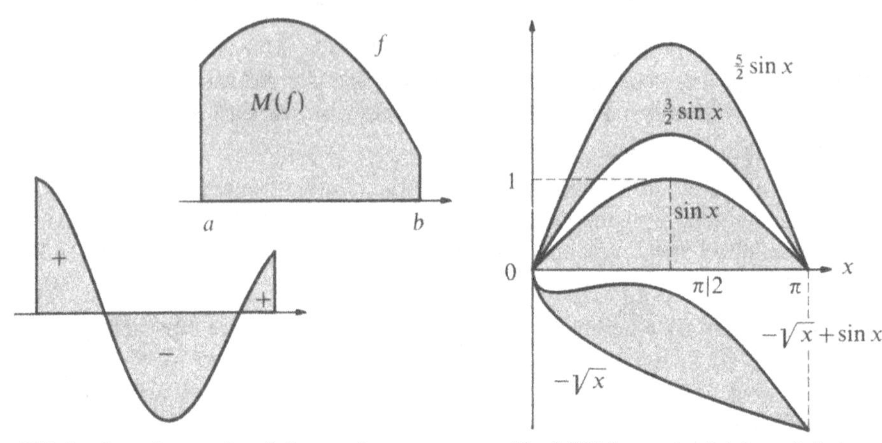

Flächenberechnung durch Integrale — Drei Flächen mit gleichem Inhalt

Sind zwei über I integrierbare Funktionen f und g vorgelegt und ist $f \leq g$, so ist die zwischen (den Ordinaten $x=a$ und $x=b$ und) den Kurven $y=f(x)$ und $y=g(x)$ gelegene Punktmenge N quadrierbar, und es ist

$$|N| = \int_a^b [g(x) - f(x)]\,dx.$$

Das folgt im Falle $f \geq 0$ aus $N = M(g) \setminus M(f)$ und der Additivität des Inhalts. Der allgemeine Fall kann durch Parallelverschiebung, also durch Übergang zu den Funktionen $f+c$, $g+c$ ($c>0$ konstant) darauf zurückgeführt werden. Diese Betrachtungen rechtfertigen eine der typischen Schlußweisen der Cavalierischen Indivisiblentheorie (§ 9). So haben z.B. die drei durch $0 \leq x \leq \pi$ und $0 \leq y \leq \sin x$ bzw. $\frac{3}{2}\sin x \leq y \leq \frac{5}{2}\sin x$ bzw. $-\sqrt{x} \leq y \leq -\sqrt{x} + \sin x$ definierten Punktmengen alle denselben Flächeninhalt, nämlich 2; vgl. Abb.

Alle früher berechneten Integrale lassen sich in diesem Sinn als quadrierte ebene Punktmengen deuten, an Beispielen mangelt es also nicht. Die gewonnene theoretische Einsicht wollen wir zusammenfassen:

Eine von zwei stetigen (oder integrierbaren) Kurven $y=f(x)$ und $y=g(x)$ und den senkrechten Geraden $x=a$ und $x=b$ begrenzte Punktmenge ist quadrierbar, das entsprechende gilt bei Vertauschung von x und y, und die Quadrierbarkeit liegt auch bei solchen Punktmengen vor, welche aus endlich vielen Stücken von der genannten Art zusammengesetzt sind.

11.9 Darstellung in Polarkoordinaten. Als nächstes behandeln wir ebene Bereiche, die in Polarkoordinaten

$$x = r\cos\varphi, \qquad y = r\sin\phi$$

dargestellt sind. Durch die Strahlen $\phi=\alpha$ und $\phi=\beta$ $(0<\beta-\alpha<2\pi)$ wird aus dem Einheitskreis ein Kreissektor S vom Öffnungswinkel $\beta-\alpha$ ausgeschnitten, dessen Inhalt $|S|=\frac{1}{2}(\beta-\alpha)$ beträgt. Der entsprechende Sektor S_r des Kreises vom Radius $r>0$ hat den Inhalt $\frac{1}{2}r^2(\beta-\alpha)$. Das wurde für den Fall $\alpha=0$, $r=1$ in 7.16 (l) abgeleitet und ergibt sich im allgemeinen Fall aus der Drehungsinvarianz und der Regel $|rM|=r^2|M|$; vgl. 11.7 (b).

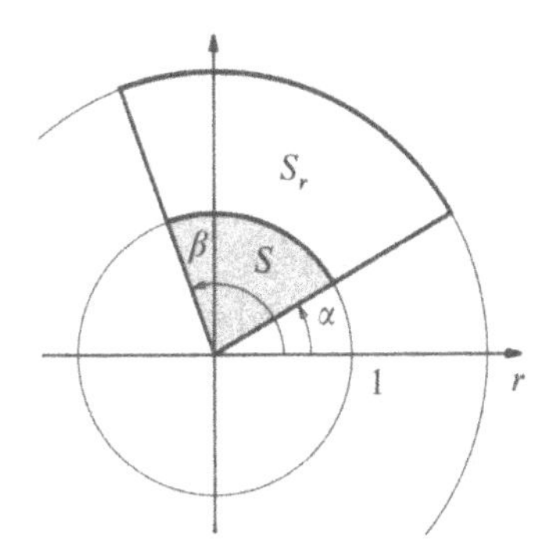

Inhalt eines Kreissektors

Zur Leibnizschen Sektorformel

Betrachten wir nun eine in Polarkoordinaten durch

$$r=f(\phi) \qquad \text{für } \alpha\leq\phi\leq\beta$$

mit $f(\phi)\geq 0$ gegebene Kurve. Für den von der Kurve und den beiden Strahlen $\phi=\alpha$ und $\phi=\beta$ begrenzten Sektor S - in Polarkoordinaten ist er durch die Ungleichungen $\alpha\leq\phi\leq\beta$, $0\leq r\leq f(\phi)$ definiert - gilt die

Leibnizsche Sektorformel. *Ist f in $[\alpha,\beta]$ nichtnegativ und integrierbar, so ist der Sektor S quadrierbar. Seine Fläche wird durch das Integral*

$$|S|=\frac{1}{2}\int_\alpha^\beta r^2\,d\phi\equiv\frac{1}{2}\int_\alpha^\beta f^2(\phi)\,d\phi$$

angegeben.

Der *Beweis* wurde am Beispiel der Archimedischen Spirale bereits in der Einleitung zu § 9 entwickelt. Er fußt auf der folgenden Einsicht. Die zur Zerlegung Z: $\alpha=\phi_0<\phi_1<\ldots<\phi_n=\beta$ gehörige Untersumme

$$s(Z)=\sum_{k=1}^{n}\frac{1}{2}(\phi_k-\phi_{k-1})m_k^2 \quad \text{mit} \quad m_k=\inf f([\phi_{k-1},\phi_k])$$

kann gedeutet werden als Summe der Inhalte von n Kreissektoren S_k: $\phi_{k-1}\leq\phi\leq\phi_k$, $0\leq r\leq m_k$, welche dem Sektor S einbeschrieben sind. Ganz entsprechend ist die Obersumme $S(Z)=\sum\frac{1}{2}(\phi_k-\phi_{k-1})M_k^2$ gleich der Summe $\sum|S_k^*|$ der Inhalte von n Kreissektoren S_k^*: $\phi_{k-1}\leq\phi\leq\phi_k$, $0\leq r\leq M_k$, welche S überdecken. Die Behauptung folgt dann aufgrund der Darbouxschen Definition des Integrals unter Heranziehung der Eigenschaft 11.7 (c) des Inhalts. □

Zur Leibnizschen Sektorformel gibt es zahlreiche, ebenso einfache wie schöne Beispiele.

1. (Archimedes). Die archimedische Spirale $r=c\phi$ $(c>0)$, $0\leq\phi\leq\frac{\pi}{2}$ und die daraus durch Spiegelung an der y-Achse entstehende Kurve schneiden aus dem Kreis vom Radius $\frac{1}{2}c\pi$ ein Stück heraus, das ein Sechstel der Kreisfläche ausmacht:

$$\int_0^{\pi/2} c^2\phi^2\,d\phi=\frac{1}{3}c^2\left(\frac{\pi}{2}\right)^3=\frac{1}{6}\pi\left(\frac{c\pi}{2}\right)^2.$$

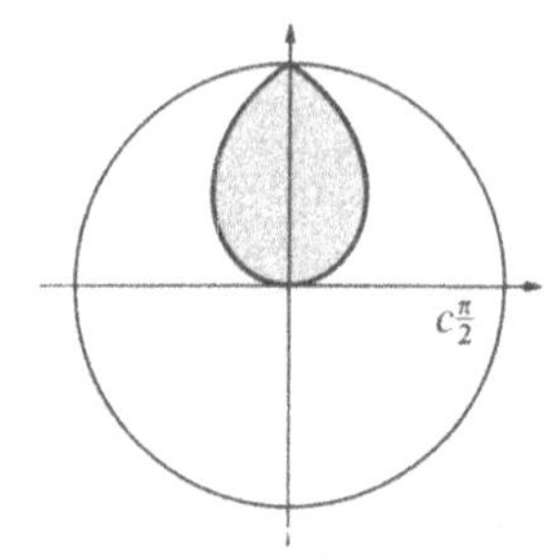

Archimedische Spirale (mit Spiegelkurve)

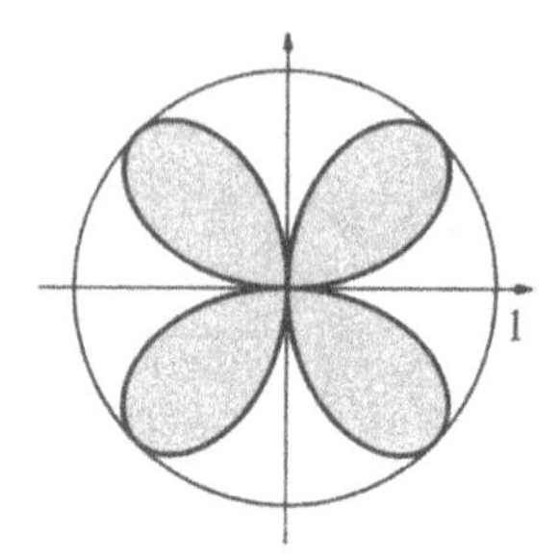

Vierblättriges Kleeblatt

2. Das vierblättrige Kleeblatt K, welches durch $r=|\sin 2\phi|$, $0\leq\phi\leq 2\pi$ gegeben ist, hat die halbe Fläche des Einheitskreises. Es ist nämlich

$$|K|=2\int_0^{\pi/2}(\sin 2\phi)^2\,d\phi=\int_0^{\pi}(\sin t)^2\,dt=\frac{\pi}{2}.$$

3. Auch das n-blättrige Kleeblatt $(n=1,2,\ldots)$ $r=\left|\sin\frac{n}{2}\phi\right|$, $0\leq\phi\leq 2\pi$ hat den Inhalt $\frac{1}{2}\pi$. Beweis als Aufgabe.

11.10 Das Volumen von Rotationskörpern. Das Volumen eines senkrechten Kreiszylinders vom Radius r und der Höhe h beträgt $\pi r^2 h$; vgl. 11.7 (d). Nun sei in der (x,z)-Ebene eine nichtnegative Funktion $x=f(z)$ für $a\leq z\leq b$ gegeben. Durch Rotation um die z-Achse erzeugt die „Meridiankurve“ $x=f(z)$ einen Rotationskörper (Drehkörper). Darunter versteht man die im dreidimensionalen (x,y,z)-Raum durch die Ungleichungen

$$a\leq z\leq b,\qquad x^2+y^2\leq f^2(z)$$

definierte Punktmenge.

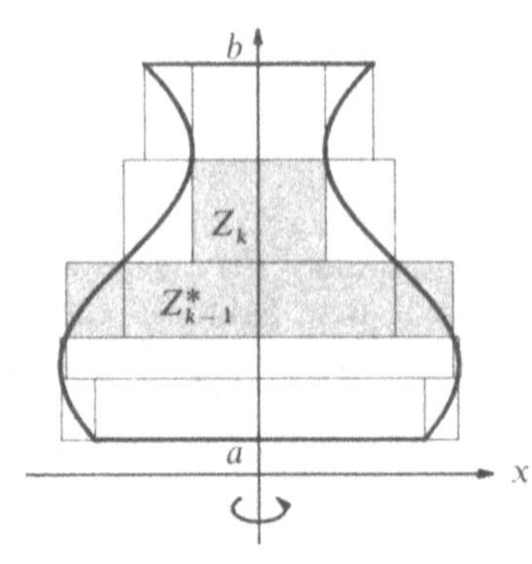

Volumenberechnung eines Rotationskörpers

Satz. *Der von einer im Intervall $[a,b]$ nichtnegativen, integrierbaren Funktion f durch Rotation um die z-Achse erzeugte Drehkörper ist quadrierbar, und sein Volumen V beträgt*

$$V=\pi\int_a^b f^2(z)\,dz.$$

Zum *Beweis* betrachten wir eine Zerlegung Z: $a=z_0<z_1<\ldots<z_n=b$ des Intervalls $[a,b]$. Die zugehörigen Unter- und Obersummen

$$s(Z)=\sum_{k=1}^{n}\pi(z_k-z_{k-1})m_k^2,\qquad S(Z)=\sum_{k=1}^{n}\pi(z_k-z_{k-1})M_k^2$$

(m_k und M_k bezeichnen das Infimum und Supremum von f im Intervall $[z_{k-1},z_k]$) lassen sich als Volumina deuten. Es sei Z_k bzw. Z_k^* der Kreiszylinder $z_{k-1}\leq z\leq z_k$, $x^2+y^2\leq m_k^2$ bzw. $\leq M_k^2$. Nach der Volumenformel für Kreiszylinder ist dann

$$s(Z)=\sum|Z_k| \quad\text{und}\quad S(Z)=\sum|Z_k^*|.$$

Da die Mengen $\bigcup Z_k$ und $\bigcup Z_k^*$ den Drehkörper von innen und außen approximieren, ergibt sich die Behauptung ähnlich wie im vorigen Beispiel wieder aus 11.7 (c). □

Diese Formel stellt übrigens einen Spezialfall des Cavalierischen Prinzips für räumliche Körper dar. In den folgenden Beispielen handelt es sich immer um Drehkörper, welche durch Drehung um die z-Achse entstehen.

1. Wir betrachten für positive Zahlen a, b das aus der Ellipse

$$\frac{x^2}{a^2}+\frac{z^2}{b^2}=1$$

mit den Halbachsen a und b entstehende Drehellipsoid E sowie den umschriebenen Drehzylinder Z (Höhe $2b$, Radius a) und den einbeschriebenen Doppelkegel K (Grundkreisradius a, Höhe jeweils b). Dann verhalten sich die Volumina von K, E und Z wie $1:2:3$. Insbesondere ist $|E|=\frac{4}{3}\pi a^2 b$. Als Sonderfall ergibt sich das Kugelvolumen $\frac{4}{3}\pi r^3$ für die Kugel vom Radius r.

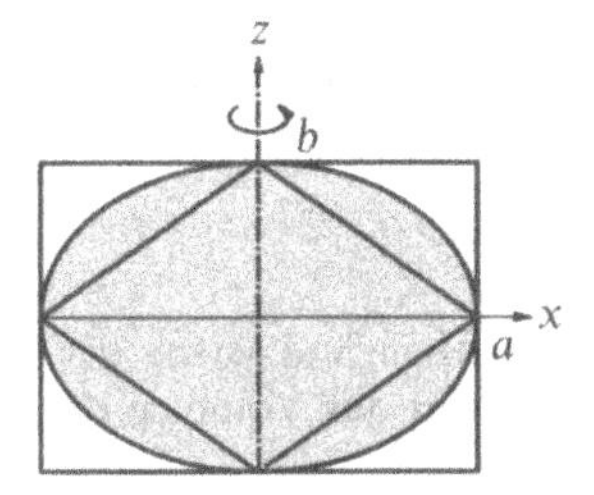

Drehkegel, Drehellipsoid und Drehzylinder

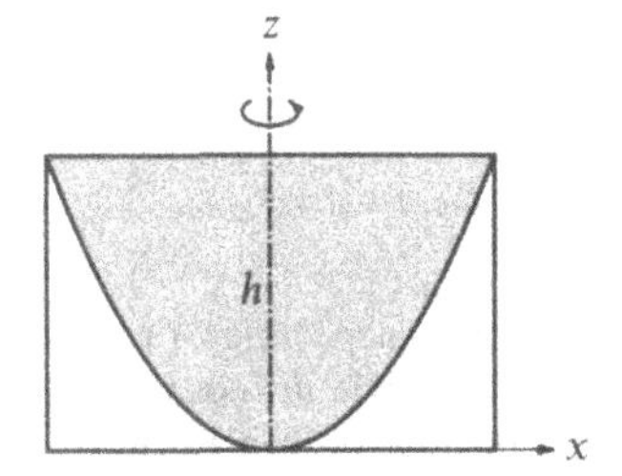

Drehparaboloid

Es ist nämlich

$$|E|=2\pi\int_0^b a^2\left(1-\frac{z^2}{b^2}\right)dz=2\pi a^2\left(b-\frac{b^3}{3b^2}\right)=\frac{4}{3}\pi a^2 b,$$

$$|K|=2\pi\int_0^b a^2\left(1-\frac{z}{b}\right)^2 dz=2\pi a^2\left(b-\frac{2b^2}{2b}+\frac{b^3}{3b^2}\right)=\frac{2}{3}\pi a^2 b.$$

2. Das durch die Parabel $z=cx^2$ $(c>0)$ erzeugte Drehparaboloid P von der Höhe h hat das halbe Volumen des umschriebenen Drehzylinders (Radius $\sqrt{h/c}$, Höhe h):

$$|P|=\pi\int_0^h \frac{z}{c}\,dz=\frac{\pi h^2}{2c}=\frac{1}{2}|Z|.$$

Diese beiden Beispiele gehören zu den berühmtesten Entdeckungen von ARCHIMEDES. Auf seinem heute verschollenen Grab waren, wie Cicero berichtet, eine Kugel und der umschriebene Zylinder dargestellt. KEPLER hat in seiner *Faßmessung* die archimedischen Ergebnisse weitergeführt, indem er die Kegelschnitte um andere Achsen sich drehen ließ. Wir beschreiben einige seiner zahlreichen Kubaturen. Die Ellipse mit den Halbachsen a und b schneiden wir mit der zur senkrechten Symmetrieachse NS parallelen, um d nach rechts verschobenen neuen Rotationsachse AC. Durch Rotation des links von der Achse AC gelegenen Ellipsenteils $ANBSC$ entsteht ein Körper „von der Form einer Quitte (malum cotoneum)", während der rechts von der Achse AC gelegene Teil ADC einen Körper „von der Form einer Olive (oliva) oder Pflaume (prunum)" liefert (diese und die folgenden Zitate sind aus Keplers *Faßmessung* entnommen; hier S. 10/11). Nun „trete an Stelle der Hauptachse ein Diameter BD als Rotationsachse. So wird die Ellipse in zwei Hälften geteilt, deren jede bei der Drehung um BD einen Körper von der Form einer Birne (pyrum) erzeugt, die natürlich zu den Äpfeln, Quitten und Pflaumen gehört, damit der Nachtisch vollständig wird" (S. 13/14). In ähnlicher Weise läßt Kepler Parabeln und Hyperbeln um eine gegen die Symmetrieachse parallel verschobene Achse AB rotieren. „Durch die Parabel und Hyperbel entstehen dann, namentlich durch letztere, Körperformen, welche der des Ätna ähnlich sind durch die Aushöhlung am Gipfel, die von den Griechen als „Krater" bezeichnet wird" (S. 10).

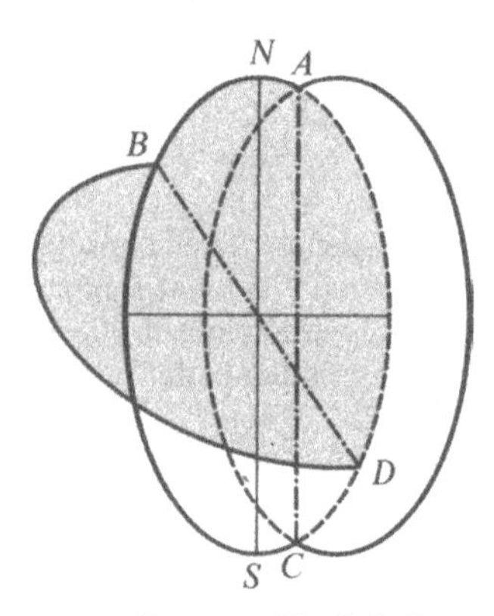

KEPLERs Nachtisch

3. Wir berechnen einige Früchte aus Keplers Nachtisch und setzen der Einfachheit halber $a=b=1$ sowie $d=\cos\alpha$ und $h=\sin\alpha$ (vgl. Bild). Für das Volumen der Pflaume P erhält man mit der obigen Formel

$$\frac{1}{2\pi}|P|=\int_0^h(\sqrt{1-z^2}-d)^2\,dz=h+hd^2-\frac{1}{3}h^3-2d\int_0^h\sqrt{1-z^2}\,dz.$$

Nach Beispiel 3 von 11.4 ist $2\int\sqrt{1-z^2}\,dz=z\sqrt{1-z^2}+\arcsin z$, und mit $\sqrt{1-h^2}=d$, $\arcsin h=\alpha$ folgt

$$\frac{1}{2\pi}|P|=h(d^2+1)-\frac{1}{3}h^3-d(hd+\alpha)=h-\frac{1}{3}h^3-\alpha d.$$

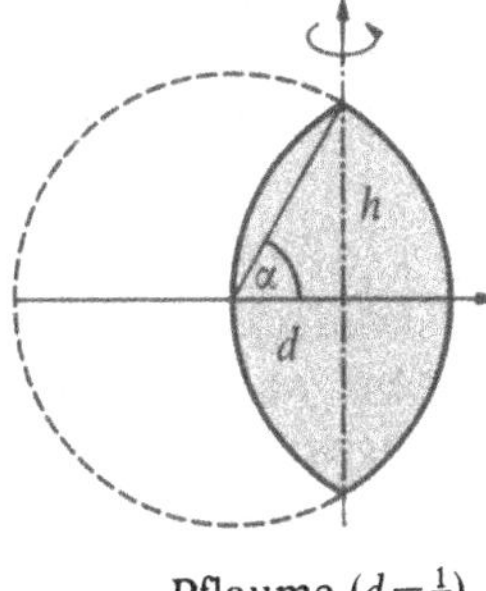

Pflaume ($d=\frac{1}{2}$)

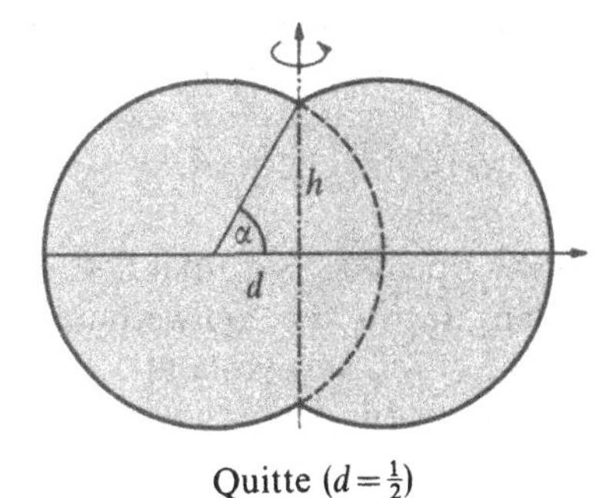

Quitte ($d=\frac{1}{2}$)

Für die Quitte Q ergibt sich (das zweite Integral mißt den oben und unten herausgenommenen „Krater")

$$\begin{aligned}\frac{1}{2\pi}|Q| &= \int_0^1 (d+\sqrt{1-z^2})^2\,dz - \int_h^1 (d-\sqrt{1-z^2})^2\,dz \\ &= \int_0^1 \left[(d+\sqrt{\ })^2-(d-\sqrt{\ })^2\right]dz + \int_0^h (d-\sqrt{\ })^2\,dz \\ &= 4d\int_0^1 \sqrt{1-z^2}\,dz + \frac{1}{2\pi}|P| = \frac{1}{2\pi}|P| + \pi d.\end{aligned}$$

Bezeichnen wir die Einheitskugel mit K, so ist z.B. für $d=1/2$ $(\alpha=60°,\ h=\frac{1}{2}\sqrt{3})$

$$|P|:|K| = \tfrac{9}{16}\sqrt{3}-\tfrac{\pi}{4} = 0{,}189\ldots, \qquad |Q|:|K| = \tfrac{9}{16}\sqrt{3}+\tfrac{\pi}{2} = 2{,}545\ldots,$$

also $|Q| = 13{,}47\,|P|$ (die ebenen (!) Bilder lassen eher auf ein kleineres Verhältnis schließen).

4. Wir lassen die Parabel $z=x^2$ um eine parallel zur Symmetrieachse um den Betrag d nach rechts verschobene Rotationsachse sich drehen. Im verschobenen (x,z)-System, wobei die x-Achse den Scheitel der Parabel berührt und die nach unten orientierte z-Achse Rotationsachse ist, lautet die Gleichung der Parabel $z=(x+d)^2$. Wieder gibt es zwei Rotationskörper. Der größere Parabelast ASC erzeugt durch die Rotation, um in Keplers Bild zu bleiben, einen parabolischen Vulkan V, der kleinere Ast AD ein gerades Horn H („wie beim Vieh", schreibt Kepler (S. 11) zu einer Zeit, als es noch keine Granaten gab).

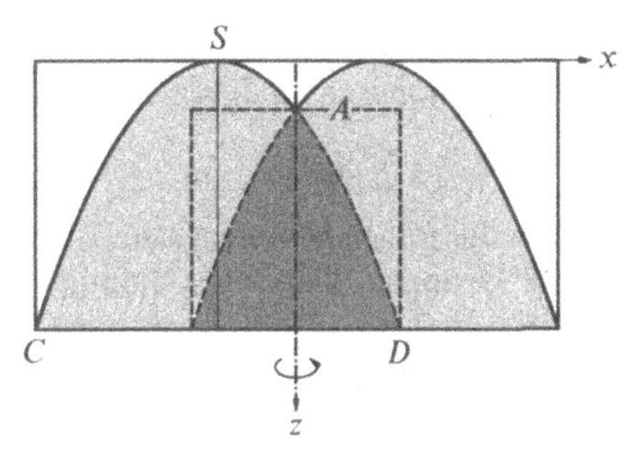

Vulkan und Horn

Aufgabe. Man schneide die Körper durch die Ebene $z=h$ ($h>d^2$) ab und berechne die Volumina von H und V. Man vergleiche die Drehkörper H und V mit den kleinsten umschriebenen Kreiszylindern Z_H und Z_V. Wie lauten die Volumenverhältnisse $|H|:|Z_H|$ und $|V|:|Z_V|$ für $h=4$ und $d=1$?

11.11 Schwerpunkte. ARCHIMEDES schuf mit seiner Entdeckung des Hebelgesetzes den Begriff des Schwerpunktes. Sind an einem waagerechten Balken Massen $m_1, \ldots, m_p$ im Abstand $x_1, \ldots, x_p$ von einem angenommenen Nullpunkt befestigt, so wird der Schwerpunkt x_s dieses Systems bestimmt durch die Gleichung

$$x_s = \frac{1}{M} \sum m_k x_k, \quad \text{wobei} \quad M = \sum m_k$$

die Gesamtmasse ist. Wird der Balken an der Stelle x_s unterstützt, so befindet er sich im statischen Gleichgewicht. Archimedes überträgt diese Überlegungen auf ebene und im Raum verteilte Punktsysteme und auf homogen mit Masse belegte Flächen. Er benutzt die mechanische Analogie des Gleichgewichts am Hebel sogar, um Flächen zu quadrieren. In seinem Werk *Über das Gleichgewicht von Flächen* findet sich der Satz, daß der Schwerpunkt des Dreiecks der Schnittpunkt der Seitenhalbierenden ist. Im 16. und 17. Jahrhundert war die Bestimmung von Schwerpunkten ein Lieblingsthema der Mathematiker. PAUL GULDIN (geb. 1577 in St. Gallen, Professor für Mathematik am Jesuitenkolleg in Graz und an der Universität Wien, gest. 1643 in Graz) schrieb ein vierbändiges Werk *Centrobaryca seu de centro gravitatis trium specierum quantitatis continuae* (... oder über den Schwerpunkt dreier Arten von stetigen Massen), in welchem sich die beiden Guldinschen Regeln finden (s.u.). Im 4. Band greift er Kepler und Cavalieri wegen deren freizügiger Benutzung von Infinitesimalen heftig an.

Die Beschäftigung mit mechanischen Problemen war nichts weniger als eine Spielerei. Die Entwicklung des Berg- und Hüttenwesens zu einer Industrie, welche schon im 15. Jahrhundert begann, die Errichtung von Windmühlen, der Bau von Uhren und mechanischen Maschinen aller Art erforderten theoretische Grundlagen. Schwerpunktbestimmungen waren in diesem Prozeß der Mechanisierung des Weltbildes (s. Dijksterhuis [1984]) lediglich eine Einzelerscheinung, aber eine im Vorstadium der Infinitesimalrechnung besonders wichtige.

Die obige Formel kann auch n-dimensional gelesen werden. Sind im $\mathbb{R}^n$ endlich viele Punkte x_k mit zugehörigen Gewichten $m_k>0$ gegeben, so sind der *Schwerpunkt* x_s und die *Gesamtmasse* M dieses Systems von „Massenpunkten" durch

$$M x_s = \sum m_k x_k, \quad M = \sum m_k$$

erklärt. Diese Bildung hat die folgende wesentliche Eigenschaft. Wir unterteilen die Punkte x_k in einzelne Gruppen, wobei wir umnumerieren und die zur i-ten Gruppe gehörenden Punkte mit x_{ik} (i fest) bezeichnen. Für die Masse M_i und den Schwerpunkt ξ_i der i-ten Gruppe ist

$$M_i \xi_i = \sum_k m_{ik} x_{ik}, \quad M_i = \sum_k m_{ik}.$$

Der Schwerpunkt x_s und die Masse M des gesamten Systems berechnen sich dann zu

$$M = \sum_{i,k} m_{ik} = \sum_i M_i,$$

$$M x_s = \sum_{i,k} m_{ik} x_{ik} = \sum_i \Big(\sum_k m_{ik} x_{ik}\Big) = \sum_i M_i \xi_i.$$

In Worten: Man kann den Schwerpunkt auch dadurch berechnen, daß man die Massenpunkte in einzelne Gruppen einteilt und die Punkte einer Gruppe durch ihren Schwerpunkt ersetzt, in dem die Gesamtmasse der Gruppe vereinigt ist. Der Schwerpunkt des ganzen Systems berechnet sich dann aus diesen Gruppenschwerpunkten.

Die vorangehenden Betrachtungen gelten im $\mathbb{R}^n$, ja in beliebigen Vektorräumen (und werden dort auch benutzt, etwa im Zusammenhang mit konvexen Mengen). Im folgenden betrachten wir den $\mathbb{R}^2$. Unser Ziel ist es, den Schwerpunkt von Flächen, welche homogen mit Masse von gleicher Dichte belegt sind, zu berechnen. Dabei approximieren wir die Fläche durch Rechtecke und ersetzen jedes Rechteck durch seinen Schwerpunkt (Mittelpunkt), in welchem die gesamte Masse konzentriert ist. Da es auf einen gemeinsamen Faktor nicht ankommt, kann man diese Masse gleich der Rechteckfläche, d.h. die Dichte gleich 1 setzen.

Um Indizes zu sparen, wechseln wir die Schreibweise und stellen Punkte der Ebene durch (x, y) dar. Für den Schwerpunkt eines endlichen Systems von Punkten (x_k, y_k) mit den Massen m_k gilt dann

$$M x_s = \sum m_k x_k, \qquad M y_s = \sum m_k y_k, \qquad M = \sum m_k.$$

Nun sei F eine von zwei Ordinaten $x=a$ und $x=b$ und zwei Kurven $y=f(x)$ und $y=g(x)$ begrenzte Figur; es wird $a<b$, $f \le g$ und $f, g \in R[a,b]$ vorausgesetzt. Bei vorgegebener Zerlegung $Z=(x_0, x_1, \ldots, x_p)$ des Intervalls $[a,b]$ berechnen wir die Werte von f und g in den Mittelpunkten $\xi_k = \frac{1}{2}(x_{k-1} + x_k)$ der einzelnen Teilintervalle und bilden die Rechtecke

$$R_k := [x_{k-1}, x_k] \times [f(\xi_k), g(\xi_k)] \subset \mathbb{R}^2,$$

welche die Figur F approximieren. Ersetzt man nun jedes Rechteck R_k durch seinen Schwerpunkt $(\xi_k, \frac{1}{2}(f(\xi_k) + g(\xi_k)))$ mit der Masse $m_k = (x_k - x_{k-1})(g(\xi_k) - f(\xi_k))$, so erkennt man, daß der Schwerpunkt (x_s, y_s) von F sich näherungsweise durch die Formeln

$$M x_s \approx \sum_{k=1}^{p} \xi_k (g(\xi_k) - f(\xi_k))(x_k - x_{k-1}),$$

$$M y_s \approx \sum_{k=1}^{p} \tfrac{1}{2}(g^2(\xi_k) - f^2(\xi_k))(x_k - x_{k-1}),$$

$$M \approx \sum_{k=1}^{p} (g(\xi_k) - f(\xi_k))(x_k - x_{k-1})$$

bestimmt. Alle drei Summen lassen sich als Riemannsche Summen von Integralen deuten, und durch den Grenzübergang $|Z| \to 0$ erhält man die Formeln

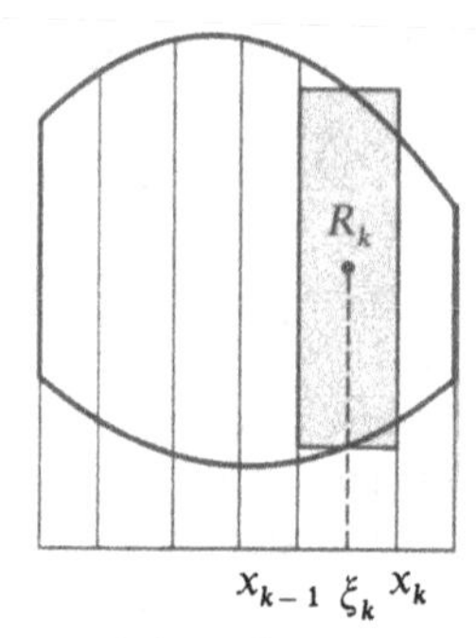

Schwerpunktberechnung
durch Zerlegung in schmale Rechtecke

für den Schwerpunkt von F

$$x_s = \frac{1}{|F|}\int_a^b x(g(x)-f(x))\,dx,$$

$$y_s = \frac{1}{2|F|}\int_a^b (g^2(x)-f^2(x))\,dx.$$

Die zweite dieser Gleichungen erinnert an die im vorigen Abschnitt bewiesene Volumenformel für Drehkörper. Ist die Figur F in der oberen Halbebene gelegen, also $f \geq 0$, so erzeugt sie bei Rotation um die x-Achse einen Drehkörper vom Volumen

$$V = \pi\int_a^b (g^2 - f^2)\,dx.$$

Es besteht also die Beziehung

$$V = (2\pi y_s)\cdot|F|,$$

welche sich bereits bei PAPPUS (lebte um 300 n. Chr. in Alexandrien) findet und von Guldin wiederentdeckt wurde.

Erste Guldinsche Regel. *Wenn eine ebene Figur um eine äußere, in der Ebene gelegene Achse rotiert, so ist das Volumen des erzeugten Drehkörpers gleich der Fläche der Figur multipliziert mit dem Umfang des Kreises, den ihr Schwerpunkt beschreibt.*

In ähnlicher Weise verknüpft die zweite Guldinsche Regel, welche im zweiten Band bewiesen wird, die Oberfläche eines Drehkörpers mit dem Schwerpunkt der Meridiankurve.

Beispiele. 1. Der Schwerpunkt der Fläche unter der Potenzkurve $y = x^\alpha$ $(\alpha > 0)$ zwischen $x = 0$ und $x = 1$ wurde zuerst von Fermat bestimmt. Man erhält $M = 1/(\alpha+1)$ und

$$x_s = (\alpha+1)\int_0^1 x^{\alpha+1}\,dx = \frac{\alpha+1}{\alpha+2},$$

$$y_s = \frac{\alpha+1}{2}\int_0^1 x^{2\alpha}\,dx = \frac{1}{2}\cdot\frac{\alpha+1}{2\alpha+1},$$

insbesondere für die Parabel $y = x^2$ den Schwerpunkt $(\frac{3}{4}, \frac{3}{10})$.

2. Für die obere Hälfte des Einheitskreises $x^2+y^2\le 1$, $x\ge 0$ ergibt sich aus Symmetriegründen $x_s=0$ und

$$y_s=\frac{1}{\pi}\int_{-1}^{1}(1-x^2)\,dx=\frac{4}{3\pi}=0{,}4244\ldots.$$

Dieses Ergebnis läßt sich aus der ersten Guldinschen Regel ableiten: $2\pi y_s\cdot\frac{1}{2}\pi=\frac{4}{3}\pi$.

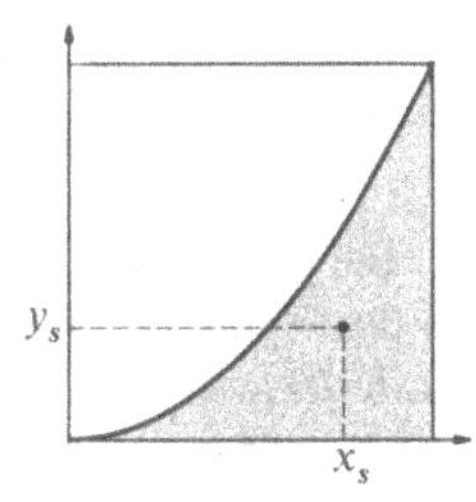

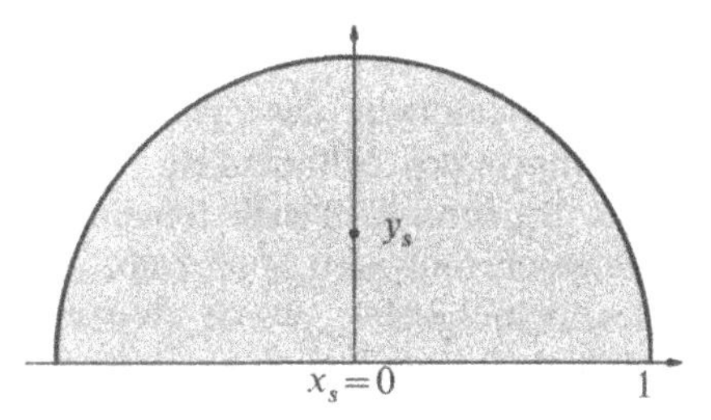

Schwerpunkt einer Parabelfläche und eines Halbkreises

3. Eine Kreisscheibe rotiere um eine in ihrer Ebene befindliche Achse. Der Abstand d zwischen Kreismittelpunkt und Drehachse sei mindestens so groß wie r. Der entstehende Drehkörper T wird *Torus* genannt. Sein Volumen ergibt sich, da der Kreismittelpunkt zugleich Schwerpunkt ist, ohne Mühe aus der ersten Guldinschen Regel zu

$$|T|=2\pi d\cdot\pi r^2=2\pi^2 r^2 d.$$

11.12 Trägheitsmomente. Rotiert ein Massenpunkt um eine Achse, so nennt man das Produkt aus der Masse m und dem Quadrat des Abstandes r von der Drehachse sein Trägheitsmoment $J=mr^2$. Mit diesem Begriff läßt sich die Bewegungsenergie $E=\frac{1}{2}mv^2$ des Massenpunktes (v Geschwindigkeit) auf die Winkelgeschwindigkeit ω der Drehbewegung umrechnen: $E=\frac{1}{2}J\omega^2$ (es ist $v=r\omega$!). Bei einem endlichen System von Massenpunkten berechnet sich das Trägheitsmoment als Summe der einzelnen Trägheitsmomente, und bei einem Körper mit kontinuierlicher Massenverteilung geht man ganz entsprechend wie beim Drehmoment vor, indem man ihn in kleine Teile aufteilt und diese wie Massenpunkte behandelt. Die dabei auftretenden Summen lassen sich als Riemannsche Summen deuten, und der Grenzübergang bei Verfeinerung der Zerlegung führt auf ein Integral.

Wir konkretisieren diesen Gedankengang und legen im dreidimensionalen (x,y,z)-Raum das Koordinatensystem so, daß die z-Achse Rotationsachse wird. Befindet sich die Masse m_k am Ort (x_k, y_k, z_k), so ist

$$J=\sum(x_k^2+y_k^2)\,m_k$$

das Trägheitsmoment dieses Systems von Massenpunkten. Bei der Behandlung stetiger Massenverteilungen wählen wir eine abkürzende Schreibweise, wie sie in ähnlicher Form in der physikalischen und technischen Literatur üblich ist. Dem Leser sei empfohlen, die auftretenden Riemannschen Summen ausführlich niederzuschreiben.

(a) *Kreiszylinder.* Als Vorbereitung für den allgemeinen Drehkörper betrachten wir den homogen mit Masse von konstanter Dichte ρ belegten Kreiszylinder Z: $r^2 \equiv x^2+y^2 \le R^2$, $0 \le z \le h$. Für eine dünne Zylinderschale (Hohlzylinder) vom inneren Radius r und der Dicke Δr sind Masse und Trägheitsmoment ungefähr durch $m=2\pi\rho r h \Delta r$ und $J=2\pi\rho h r^3 \Delta r$ gegeben. Summiert man über alle Zylinderschalen, so ergibt sich $J \approx 2\pi\rho h \sum r^3 \Delta r$ und nach Grenzübergang

$$J=2\pi\rho h \int_0^R r^3\,dr = \tfrac{1}{2}\pi\rho h R^4$$

als Trägheitsmoment des Zylinders Z. Es ist $J=\frac{1}{2}R^2 \cdot M$, wobei $M=\pi R^2 h\rho$ die Gesamtmasse des Zylinders ist.

Das Ergebnis läßt sich folgendermaßen deuten. Bei der Drehung mit der Winkelgeschwindigkeit ω herrscht an der Peripherie des Zylinders die maximale Geschwindigkeit $v_m=\omega R$. Würde sich die gesamte Masse mit dieser Geschwindigkeit bewegen, so wäre ihre kinetische Energie gleich $\frac{1}{2}M v_m^2 = \frac{1}{2}M\omega^2 R^2$. Tatsächlich ist sie jedoch nur halb so groß, $E=\frac{1}{2}J\omega^2=\frac{1}{4}M\omega^2 R^2$.

(b) *Rotationskörper.* Wir legen die Bezeichnungen von 11.10 zugrunde. Der Drehkörper sei durch die Ungleichungen $r=\sqrt{x^2+y^2} \le f(z)$, $a \le z \le b$, mit nichtnegativem $f \in R[a,b]$ definiert. Wir zerlegen ihn in Scheiben vom Radius $f(z)$ und der Dicke Δz und erhalten für das Drehmoment aufgrund von (a) angenähert den Wert $J \approx \sum \frac{1}{2}\pi\rho f^4(z)\Delta z$, also

$$J=\tfrac{1}{2}\pi\rho \int_a^b f^4(z)\,dz.$$

Als Beispiel betrachten wir das von der Ellipse $\dfrac{x^2}{a^2}+\dfrac{z^2}{b^2}=1$ mit den Halbachsen a und b in der (x,z)-Ebene erzeugte Drehellipsoid. Sein Trägheitsmoment hat den Wert

$$J=\frac{1}{2}\pi\rho 2 \int_0^b a^4 \left(1-\frac{z^2}{b^2}\right)^2 dz = \pi\rho a^4 \left(b-\frac{2}{3}b+\frac{1}{5}b\right)$$

oder

$$J=\tfrac{8}{15}\pi\rho a^4 b = \tfrac{2}{5}a^2 M,$$

wobei $M=\frac{4}{3}\pi\rho a^2 b$ die Masse des Ellipsoids ist.

Die am Schluß von (a) diskutierte Veranschaulichung ergibt hier folgendes: Die kinetische Energie des sich drehenden Ellipsoids beträgt 40% jenes Betrages, der sich ergeben würde, wenn man überall die (am Äquator auftretende) maximale Geschwindigkeit zugrundelegt. Dieser Sachverhalt ist unabhängig von der Größe der Halbachsen.

Wir rechnen das folgende Beispiel durch: Wieviel Rotationsenergie würde die Erdkugel verlieren, wenn der Tag um 1 Sekunde länger wäre? Dazu sei $\omega=2\pi/86400$ die jetzige und $\omega-\delta=2\pi/86401$ die angenommene kleinere Winkelgeschwindigkeit (tatsächlich ist der Sterntag um etwa 4 Minuten kürzer), $a=6{,}378 \cdot 10^6$ m der Erdradius am Äquator und $M=5{,}976 \cdot 10^{24}$ kg die Masse der Erde. Daraus würde sich für das Trägheitsmoment der Erde $J=0{,}4 \cdot a^2 M=9{,}724 \cdot 10^{37}\,\mathrm{kg\,m^2}$ ergeben. Tatsächlich ist das Trägheitsmoment kleiner als bei einer homogenen Kugel, da die Dichte nach innen zunimmt; es beträgt $J=8{,}068 \cdot 10^{37}\,\mathrm{kg\,m^2}$. So ergibt sich für die Differenz der Rotationsenergie $E(\omega)$ unter Vernachlässigung des in δ quadratischen Gliedes etwa

$$\Delta E = E(\omega)-E(\omega-\delta)=\tfrac{1}{2}J(\omega^2-(\omega-\delta)^2) \approx J\omega\delta$$

mit $\delta = 2\pi(1/86400-1/86401) \approx 2\pi/86400^2$, also (im m-kg-sec-System in der Energieeinheit 1 Joule = 1 Ws)

$$\Delta E = \frac{4\pi^2 \cdot 8{,}068}{86400^3} \cdot 10^{37}\,\mathrm{J} = 4{,}94 \cdot 10^{24}\,\mathrm{J}.$$

Zum Vergleich: Der Weltenergieverbrauch liegt etwa bei $3 \cdot 10^{20}$ J pro Jahr. Nimmt man an, daß die Tageslänge im Jahrhundert um 1/500 sec wächst, so beträgt der jährliche Verlust an Rotationsenergie rund 10^{20} J, das ist etwa ein Drittel des jährlichen Energieverbrauchs. Ein zweiter Vergleich: Die Energiereserven der Welt werden bei den wichtigsten fossilen Brennstoffen geschätzt auf 16482 Quads für Kohle, 3721 Quads für Erdöl, 2653 Quads für Erdgas (aus: National Geographic, *Special Report „Energy"*, Februar 1981). Ein Quad ist 10^{15} BTU, eine BTU (British Thermal Unit) etwa 1000 Joule. Diese Energiereserven machen also $2{,}3 \cdot 10^{22}$ J aus, das entspricht einer Verlängerung des irdischen Tages um etwa 1/215 Sekunde.

11.13 Mechanische Arbeit. Wir betrachten den einfachsten Fall der Verschiebung eines Körpers längs einer Geraden durch eine Kraft, die die Richtung dieser Geraden hat. Für die von der Kraft dabei geleistete Arbeit gilt die Regel „Arbeit ist Kraft mal Weg". Beispiele dafür sind das senkrechte Heben einer Masse im irdischen Schwerefeld oder die waagerechte Verschiebung eines Körpers auf einer Unterlage durch Überwindung der Reibung. Nun sei die Kraft nicht konstant, sondern eine Funktion $k(x)$ der Ortsvariablen x (auf der Geraden, längs der verschoben wird). Bei der Verschiebung des Körpers von x nach $x + \Delta x$ wird ein Arbeitsanteil $\Delta A \approx k(x)\Delta x$ geleistet. Wird der Körper vom Ort a zum Ort b verschoben, so hat man diese Anteile zu summieren, $A \approx \sum k(x)\Delta x$, woraus sich dann durch Grenzübergang die Formel

$$A = \int_a^b k(x)\,dx$$

ergibt. Auch hier sei empfohlen, die entsprechende Riemannsche Summe aufzuschreiben.

Einige Beispiele werden den Begriff der Arbeit verdeutlichen.

1. **Die elastische Feder.** Wird ein an einer Feder befestigter Körper aus der bei $x = 0$ angenommenen Ruhelage ausgelenkt, so ist die auftretende Kraft proportional zur Auslenkung, $k = \gamma x$. Dies ist streng genommen eine Annahme, welche die *elastische* Feder definiert; man nennt γ die *Federkonstante*. Bei der Verschiebung von $x = 0$ nach $x = a$ ist die Arbeit

$$A = \int_0^a \gamma x\,dx = \tfrac{1}{2}\gamma a^2$$

aufzuwenden.

2. **Senkrechtes Heben in große Höhe.** Die dabei zu überwindende Schwerkraft kann nur in der Nähe der Erdoberfläche als konstant angesehen werden. Nach dem Newtonschen Gravitationsgesetz zieht die Erde einen Körper mit der Kraft $\gamma M m/x^2$ an, wobei M die Erdmasse, m die Masse des Körpers, γ die Gravitationskonstante und x den Abstand vom Erdmittelpunkt bezeichnet. Um den Körper von der Höhe a auf die Höhe b zu bringen, ist die Arbeit

$$A = \lambda \int_a^b \frac{dx}{x^2} = \lambda \left(\frac{1}{a} - \frac{1}{b}\right), \qquad \lambda = \gamma m M$$

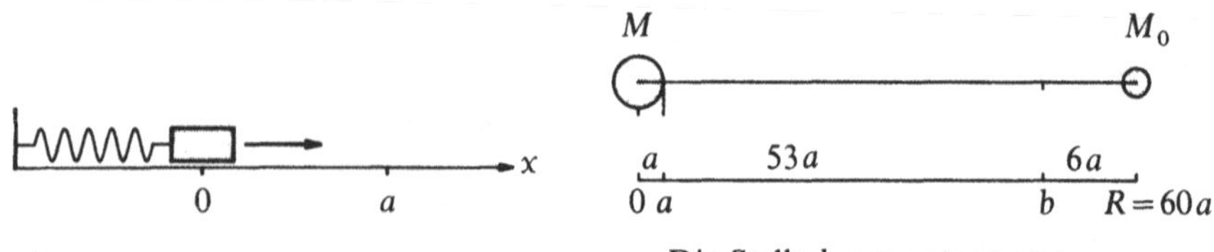

Die Stelle b entgegengesetzt gleicher Erd- und Mondanziehung

aufzubringen. Wir setzen a gleich dem Erdradius (6370 km) und für b erstens $b=\infty$ (der Körper wird aus dem Anziehungsbereich der Erde gebracht), zweitens $b=(1+10^{-6})a$ (der Körper wird um 6,37 m gehoben). Als Arbeit A_∞ bzw. A ergibt sich

$$A_\infty=\frac{\lambda}{a}, \qquad A=\frac{\lambda}{a}\left(1-\frac{1}{1+10^{-6}}\right)\approx 10^{-6}A_\infty.$$

Der Arbeitsaufwand, um 1 kg aus dem Anziehungsbereich der Erde zu bringen, ist also etwa gleich dem Aufwand, um 1000 Tonnen 6,37 m hoch zu heben.

Nun erweitern wir das Beispiel, indem wir den Körper in Richtung des Mondes heben und die Anziehung des Mondes mitberücksichtigen. Der Körper soll von a (Erdoberfläche) bis zu jener Stelle b zwischen Erde und Mond gehoben werden, wo sich Erd- und Mondanziehung die Waage halten. Frage: Welcher Bruchteil der Arbeit A_∞ ist aufzuwenden? Man benötigt nur die Daten (wir verzichten auf Genauigkeit) Mondmasse $M_0=M/81$, Abstand Erde–Mond $R=60a$. Der Punkt b bestimmt sich aus der Gleichung

$$\frac{M}{b^2}=\frac{M_0}{(R-b)^2} \Leftrightarrow \frac{b}{R-b}=\sqrt{M/M_0}=9$$

zu $b=54a$. Die gegen das Erdschwerefeld zu leistende Arbeit verringert sich um die im Mondschwerefeld gewonnene Arbeit. Mit $\alpha=\gamma m$ und $A_\infty=\alpha M/a$ ergibt sich

$$\begin{aligned} A&=\alpha M\left(\frac{1}{a}-\frac{1}{54a}\right)-\alpha M_0\left(\frac{1}{6a}-\frac{1}{59a}\right)\\ &=A_\infty\left[1-\frac{1}{54}-\frac{1}{81}\left(\frac{1}{6}-\frac{1}{59}\right)\right]=A_\infty(1-0{,}0204). \end{aligned}$$

Das Ergebnis mag überraschen: Im Vergleich zu A_∞ hat sich die Arbeit nur um 2% verringert.

Es sei zum Schluß bemerkt, daß in beiden Beispielen Beschleunigungskräfte nicht berücksichtigt wurden, ganz abgesehen von einer Fülle weiterer Einflüsse (Luftwiderstand, Bewegung der Himmelskörper, ...) im zweiten Beispiel.

11.14 Numerische Integration. Die zahlreichen Beispiele gelungener Integrationen dürfen nicht darüber hinwegtäuschen, daß die Bestimmung eines Integrals in geschlossener Form, also die Angabe seines Wertes mit Hilfe von bekannten Konstanten und elementaren Funktionen eher die Ausnahme als die Regel ist. Zu den Funktionen, deren Integrale nicht durch elementare Funktionen ausgedrückt werden können, gehören die Beispiele von 9.16 sowie

$$\sin x^3, \quad \sqrt{x^3+1}, \quad \sqrt[3]{x^2+1}, \quad \sqrt{x}\,e^x, \ldots.$$

Ist eine Funktion durch eine Potenzreihe darstellbar, so findet man ihr Integral durch gliedweise Integration in der Form einer unendlichen Reihe. Dieselbe

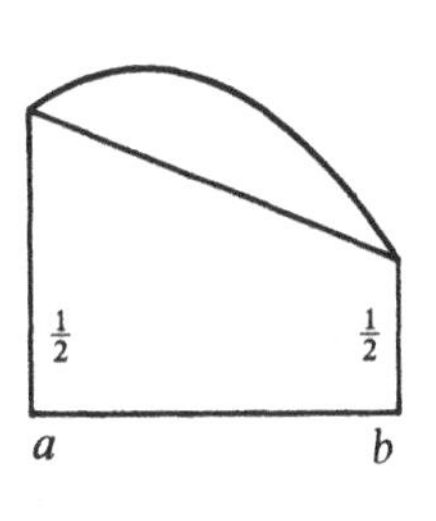

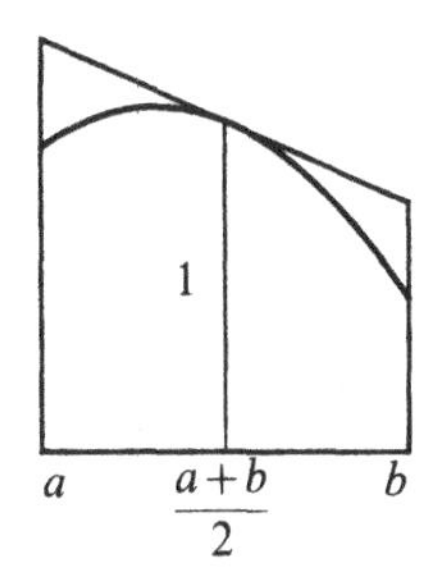

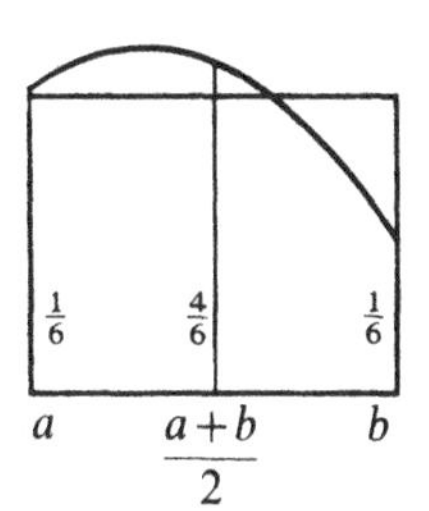

Sehnentrapezregel

Tangententrapezregel

Keplersche Faßregel

Situation kann auch bei andersartigen Reihenentwicklungen vorliegen. Häufig ist damit eine brauchbare Grundlage für eine numerische Bestimmung des Integrals gegeben. Allgemeine Verfahren der *numerischen Integration* benutzen die Funktionswerte des Integranden an einigen wenigen vorgeschriebenen Stellen, aus denen mittels einer *Quadraturformel* ein Näherungswert für das Integral $J(f) \equiv \int_a^b f(x)\,dx$ bestimmt wird. Wir geben dazu drei Beispiele.

$$S(f) := (b-a)\tfrac{1}{2}\{f(a)+f(b)\} \quad \textit{Sehnentrapezformel}$$

$$T(f) := (b-a)f\left(\frac{a+b}{2}\right) \quad \textit{Tangententrapezformel}$$

$$Si(f) := \frac{b-a}{6}\left\{f(a)+4f\left(\frac{a+b}{2}\right)+f(b)\right\} \quad \textit{Simpsonsche Formel.}$$

Die Namen der beiden ersten Formeln weisen auf ihre geometrische Bedeutung hin (vgl. Abb.). Für die dritte Formel, benannt nach dem britischen Mathematiker THOMAS SIMPSON (1710–1761), ist im deutschen Sprachraum die Bezeichnung *Keplersche Faßregel* verbreitet (Kepler führt in seiner *Faßmessung* aus, wie man das Volumen von Weinfässern durch Messung des Durchmessers am Boden, am Deckel und an der dicksten Stelle bestimmen kann). Man kann den Wert $Si(f)$ auffassen als den Inhalt eines Rechtecks der Breite $b-a$, dessen Höhe h gleich einem mittleren Funktionswert, nämlich einem gewichteten Mittel aus den Werten von f an den drei Stützstellen ist.

Betrachten wir zunächst ein paar Beispiele. Sie wurden so gewählt, daß der Wert des Integrals bekannt und damit die Güte der Approximation unmittelbar ablesbar ist:

1. $\int_1^2 \frac{dx}{x}$ 2. $\int_0^{\pi/2} \sin x\,dx$ 3. $\int_0^1 x^2\,dx$ 4. $\int_0^1 x^4\,dx$

J	S	T	Si
1. $\log 2 = 0{,}693147$	$\frac{3}{4} = 0{,}75$	$\frac{2}{3} = 0{,}666\ldots$	$\frac{25}{36} = 0{,}69444$
2. 1	$\frac{\pi}{4} = 0{,}7854$	$\frac{\pi\sqrt{2}}{4} = 1{,}1108$	1,00228
3. $\frac{1}{3}$	$\frac{1}{2}$	$\frac{1}{4}$	$\frac{1}{3}$
4. $\frac{1}{5} = 0{,}2$	$\frac{1}{2}$	$\frac{1}{16} = 0{,}0635$	$\frac{5}{24} = 0{,}20833$

Der Leser sei ermuntert, einige der einfachen Rechnungen selbst nachzuprüfen. Es ist übrigens $Si(f)=\frac{1}{3}S(f)+\frac{2}{3}T(f)$.

Bei der Simpsonregel stellt sich die Frage, wie man „ausgerechnet" zu den Gewichten $\frac{1}{6}, \frac{4}{6}, \frac{1}{6}$ kommt und warum man nicht $\frac{1}{3}, \frac{1}{3}, \frac{1}{3}$ oder $\frac{1}{4}, \frac{1}{2}, \frac{1}{4}$ nimmt. Damit sind wir beim Problem der Güte und Begründung einer Quadraturformel. Die Forderung, die Formel soll bei geringem Rechenaufwand möglichst gute Resultate erbringen, ist leicht gestellt, ihre Präzisierung schon schwieriger. Grundsätzlich gibt es keine in allen Fällen günstige Allround-Formel. Optimalität kann immer nur in bezug auf spezielle Merkmale erzielt werden. Sucht man nach Quadraturformeln, welche für „glatte" Funktionen günstig sind, so wird man ganz natürlich auf Polynome als Testfunktionen für die Qualität einer Formel geführt. In der Tat sind die meisten Quadraturformeln bestimmt durch die Forderung, für Polynome bis zu einem gewissen Grad auf die eine oder andere Weise optimal zu sein. In dieser Richtung gilt:

Während die Sehnen- und die Tangententrapezformel schon bei quadratischen Polynomen versagen, quadriert die Simpsonsche Formel Polynome vom dritten oder niedrigerem Grad exakt.

Dies ergibt sich durch Nachrechnen oder aus der folgenden

Fehlerabschätzung für die Simpsonsche Formel. *Für $f\in C^3[a,b]$ besteht die Gleichung*

$$J(f)-Si(f)=-\frac{(b-a)^4}{1152}\left[f'''\left(\frac{a+b}{2}+\xi\right)-f'''\left(\frac{a+b}{2}-\xi\right)\right]$$

mit $|\xi|\le\frac{1}{2}(b-a)$, woraus sich, wenn ω_3 die Schwankung von f''' in $[a,b]$ bezeichnet, die Abschätzung

$$|J(f)-Si(f)|\le\frac{(b-a)^4}{1152}\,\omega_3$$

ergibt.

Beweisskizze. Man kann zu $f(c+x)$ mit $c=\frac{1}{2}(a+b)$ übergehen und annehmen, daß $[a,b]=[-h,h]$ ist. Für die Funktionen

$$J(x)=\int_{-x}^{x} f(t)\,dt \quad \text{und} \quad S(x)=\frac{x}{3}(f(-x)+4f(0)+f(x))$$

ist $J(0)=S(0)=0$, $J'(0)=S'(0)$, $J''(0)=S''(0)$ und $J'''(x)-S'''(x)=-\frac{x}{3}(f'''(x)-f'''(-x))$ (die Zerlegung $J(x)=\int_0^x-\int_0^{-x}$ hilft bei der Ableitung). Mit den Bezeichnungen $\varepsilon(x)=J(x)-S(x)$ und $\phi(x)=f'''(x)-f'''(-x)$ ist $\varepsilon(0)=\varepsilon'(0)=\varepsilon''(0)=0$, $\varepsilon'''(x)=-\frac{1}{3}x\phi(x)$, also nach dem Taylorschen Satz und dem erweiterten Mittelwertsatz 9.13

$$J(f)-S(f)=\varepsilon(h)=-\int_0^h\frac{(h-t)^2}{2}\frac{t}{3}\phi(t)\,dt=-\frac{1}{6}\phi(h')\int_0^h t(h-t)^2\,dt=-\frac{h^4}{72}\phi(h')$$

mit $0<h'<h=\frac{1}{2}(b-a)$. □

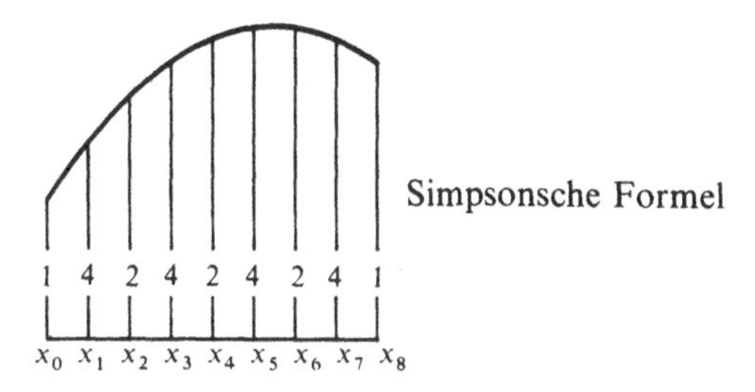

Simpsonsche Formel

Summierte Quadraturformeln. Bei der praktischen Berechnung eines Integrals wird man in der Regel das Intervall $[a,b]$ in hinreichend kleine Teilintervalle zerlegen und in jedem dieser Teilintervalle eine Quadraturformel anwenden. Auf diese Weise erhält man, wenn das Intervall $[a,b]$ in n gleiche Teile zerlegt wird und die Teilpunkte mit $a=x_0, x_2, x_4, \ldots, x_{2n}=b$ sowie die Mittelpunkte der einzelnen Teilintervalle mit $x_1, x_3, \ldots, x_{2n-1}$ bezeichnet werden ($x_k=a+k(b-a)/2n$) die häufig benutzte *summierte Simpsonsche Formel*

$$Si(f)=\frac{b-a}{6n}\{f_0+4f_1+2f_2+4f_3+2f_4+\ldots+2f_{2n-2}+4f_{2n-1}+f_{2n}\}$$

als Näherungsformeln für das Integral $\int_a^b f(x)\,dx$, wobei zur Abkürzung $f_k=f(x_k)$ gesetzt wurde.

Als einfaches Beispiel berechnen wir mit der Simpsonformel und $n=2$ das Integral

$$\begin{aligned}\int_0^1 \frac{dx}{1+x^2} &\approx \frac{1}{12}\{f_0+4f_1+2f_2+4f_3+f_4\}\\ &=\frac{1}{12}\left\{1+\frac{4}{1+1/16}+\frac{2}{1+1/4}+\frac{4}{1+9/16}+\frac{1}{2}\right\}\\ &=\frac{1}{12}\left\{\frac{3}{2}+\frac{64}{17}+\frac{8}{5}+\frac{64}{25}\right\}=\frac{8011}{4\cdot 2550}=0{,}78539216.\end{aligned}$$

Das Integral hat den Wert $\frac{\pi}{4}$, die Rechnung liefert also für π den Näherungswert $8011/2550=3{,}1415686\ldots$ mit einem Fehler $<3\cdot 10^{-5}$.

Bemerkung. NEWTON hat schon in seinem zweiten Brief an Leibniz vom 24. Oktober 1676 und später in den *Principia* (3. Buch, Lemma V) bemerkt, man könne zur bequemen Quadratur der Fläche unter einer Kurve sich eines durch gewisse vorgegebene Kurvenpunkte hindurchgehenden Polynoms (er nennt es eine parabolische Kurve) bedienen und dieses dann quadrieren. In einer 1711 herausgegebenen Abhandlung *Methodus differentialis* kommt er auf das Problem zurück. Er ersetzt die Funktion f durch ein Polynom P vom Grad $\leq n$, das an $n+1$ äquidistanten Stützstellen mit f übereinstimmt, und integriert das letztere. Die daraus resultierenden Quadraturformeln sind von seinem Schüler ROGER COTES (1682–1716) weiter untersucht worden. Man nennt sie heute Newton-Cotes-Formeln (die Keplersche Faßregel gehört dazu); vgl. Aufgabe 2.

Damit verlassen wir die Integralrechnung. Das Thema der folgenden Überlegungen ist das qualitative Verhalten einer Funktion. Dafür stellt der Satz von Taylor ein vielseitiges Handwerkszeug dar. Zunächst behandeln wir Extremwerte. Daß das Fermatsche Kriterium $f'(a)=0$ für ein Extremum bei a notwendig, aber nicht hinreichend ist, zeigen einfache Beispiele wie $f(x)=x^3$ im Nullpunkt.

11.15 Hinreichende Kriterien für Maxima und Minima. *Ist f im Intervall $(a-\delta, a+\delta)$ differenzierbar, $f'(a)=0$ und $f'(x)>0$ für $x<a$, $f'(x)<0$ für $x>a$, so hat f im Punkt a ein lokales Maximum im strengen Sinn ($f(x)=f(a)$ nur für $x=a$). Dies trifft insbesondere zu, wenn $f''(a)$ existiert und <0 ist. Entsprechend liegt ein lokales Minimum vor, wenn $f'(x)<0$ für $x<a$ und $f'(x)>0$ für $x>a$ ist, also insbesondere, wenn $f''(a)>0$ ist.*

Das folgt unmittelbar aus dem Mittelwertsatz 10.10

$$f(x)-f(a)=(x-a)f'(\xi) \quad \text{mit } \xi \text{ zwischen } x \text{ und } a;$$

die rechte Seite ist im ersten Fall sowohl links als auch rechts von a negativ. Ist schließlich $f''(a)<0$, so ist $f'(x)>f'(a)=0$ links von a und ebenso $f'(x)<0$ rechts von a; vgl. Satz 10.3.

11.16 Kriterien für Wendepunkte. Es sei weiterhin f differenzierbar in $J=(a-\delta, a+\delta)$. Man sagt, an der Stelle a liegt ein *Wendepunkt* von f vor, wenn die Kurve f dort die Tangente durchsetzt, d.h. wenn

$$f(x)-T_1(x;a)=f(x)-f(a)-(x-a)f'(a)$$

dasselbe oder entgegengesetzte Vorzeichen wie $(x-a)$ hat.

(a) *Hat $f\in C^2(J)$ einen Wendepunkt an der Stelle a, so ist $f''(a)=0$.*

(b) *Ist $f\in C^3(J)$ und $f''(a)=0$, $f'''(a)\neq 0$, so hat f an der Stelle a einen Wendepunkt.*

Beweis. (a) Es ist

$$f(x)-T_1(x;a)=\frac{(x-a)^2}{2}f''(\xi).$$

Da ein Wendepunkt vorliegt, hat die linke Seite und deshalb auch die rechte Seite einen Vorzeichenwechsel an der Stelle a. Das ist jedoch wegen der Stetigkeit von f'' und wegen $(x-a)^2>0$ nur für $f''(a)=0$ möglich.

(b) Wegen $f''(a)=0$ ist $T_2=T_1$ und

$$f(x)-T_1(x;a)=\frac{(x-a)^3}{3!}f^{(3)}(\xi).$$

Nach Voraussetzung ist $f^{(3)}(x)>0$ oder <0 in einer Umgebung von a. Also wechselt die rechte Seite das Vorzeichen im Punkt a. □

Im folgenden Schema sind diese Kriterien zusammengefaßt:

Extremum	⇒	$f'(a)=0$
Wendepunkt	⇒	$f''(a)=0$
$f'(a)=0$, $f''(a)>0$	⇒	Minimum
$f'(a)=0$, $f''(a)<0$	⇒	Maximum
$f''(a)=0$, $f'''(a)\neq 0$	⇒	Wendepunkt

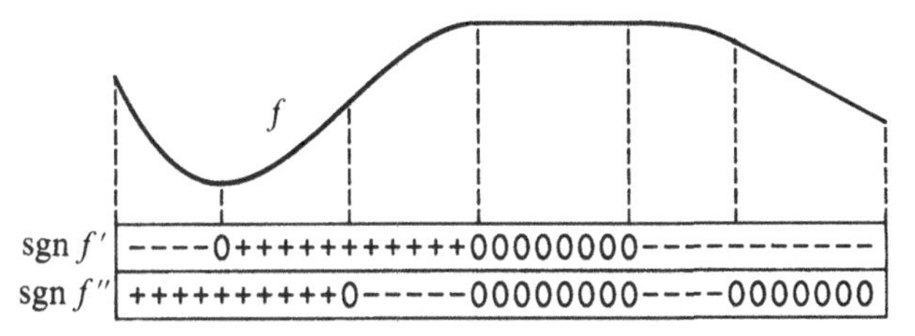

Auswirkungen der Vorzeichen von f' und f'' auf den Verlauf der Funktion f

11.17 Konvexe und konkave Funktionen. Man nennt die Funktion f *konvex* bzw. *streng konvex* auf dem (beliebigen) Intervall J, wenn es zu jedem Punkt a aus dem Innern J^0 von J eine lineare Funktion $\tau(x)=\alpha+\beta x$ mit den Eigenschaften

(T) $\qquad \tau(a)=f(a)$ und $\tau(x)\leq f(x)$ bzw. $<f(x)$ für $x\neq a$ $(x\in J)$

gibt.

Auch die von f erzeugte Kurve $y=f(x)$ wird konvex genannt. Die Gerade $y=\tau(x)$ heißt *Stützgerade*, welche die Kurve im Kurvenpunkt $(a,f(a))$ „stützt". Konvexität bedeutet also, daß in jedem (inneren) Kurvenpunkt eine Stützgerade existiert. Ferner heißt f (streng) *konkav* in J, wenn $-f$ (streng) konvex in J ist.

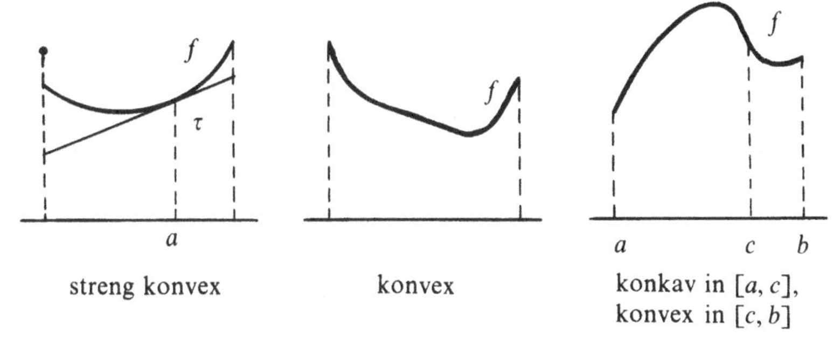

streng konvex — konvex — konkav in $[a,c]$, konvex in $[c,b]$

Kriterium. *Eine in J stetige und in J^0 differenzierbare Funktion ist [streng] konvex, wenn ihre Ableitung [streng] monoton wachsend ist. Hinreichend dafür ist, daß die zweite Ableitung nichtnegativ [bzw. positiv] in J^0 ist.*

Beweis. Als Stützgerade im Punkt $a\in J^0$ kommt natürlich nur die Tangente in Frage, und für diese ist

$$\tau(x):=f(a)+f'(a)(x-a)\leq f(x) \quad \text{in } J,$$

da nach dem Mittelwertsatz $f(x)=f(a)+(x-a)f'(\xi)$ mit $\xi\in(a,x)$ und $f'(\xi)\geq f'(a)$ rechts von a und $\leq f'(a)$ links von a ist (mit $<$ bei strenger Monotonie). □

Wir kommen nun zu einer wichtigen von J.L.W.V. JENSEN 1906 entdeckten Ungleichung.

11.18 Die Jensensche Ungleichung für konvexe Funktionen. *Die Funktion f sei auf dem Intervall J konvex. Für beliebige Punkte $x_1,\dots,x_n\in J$ und beliebige* *positive Zahlen $\lambda_1, \ldots, \lambda_n$ mit $\lambda_1 + \ldots + \lambda_n = 1$ gilt dann*

$$f(\lambda_1 x_1 + \ldots + \lambda_n x_n) \leq \lambda_1 f(x_1) + \ldots + \lambda_n f(x_n).$$

Ist f streng konvex, so besteht Gleichheit nur dann, wenn alle x_i gleich sind.

Man bezeichnet in diesem Zusammenhang positive Zahlen $\lambda_1, \ldots, \lambda_n$ mit der Summe 1 auch als *Gewichte* und nennt $\lambda_1 x_1 + \ldots + \lambda_n x_n$ einen Mittelwert, genauer ein *gewichtetes arithmetisches Mittel* aus den x_i (für $\lambda_1 = \ldots = \lambda_n = \frac{1}{n}$ ist es das übliche arithmetische Mittel). Wenn nicht alle x_i gleich sind, gilt

$$\min(x_i) < \lambda_1 x_1 + \ldots + \lambda_n x_n < \max(x_i).$$

Denn ist α das Minimum, so ist $\sum \lambda_i x_i - \alpha = \sum \lambda_i (x_i - \alpha) > 0$.

Beweis. Für eine lineare Funktion $\tau(x) = \alpha + \beta x$ ist (alle Summen laufen von 1 bis n) $\tau(\sum \lambda_i x_i) = \sum \lambda_i \tau(x_i)$, wie leicht einzusehen ist. Sind alle x_i gleich, so ist die Aussage trivial, sind sie nicht alle gleich, so ist $\sum \lambda_i x_i =: a \in J^0$, und für die zugehörige Stützfunktion τ gilt

$$f(a) = \tau(a) = \sum \lambda_i \tau(x_i) \leq \quad (\text{bzw. } <) \quad \sum \lambda_i f(x_i). \qquad \square$$

Der Fall $n = 2$ der Jensenschen Ungleichung lautet (mit $\lambda_1 = \lambda$, $\lambda_2 = 1 - \lambda$)

$$\text{(S)} \qquad f(\lambda a + (1-\lambda) b) \leq \lambda f(a) + (1-\lambda) f(b) \quad \text{für } a, b \in J \text{ und } 0 < \lambda < 1$$

($<$ bei strenger Konvexität und $a \neq b$). Die Ungleichung (S) hat eine einfache geometrische Deutung: Die Gerade (Sehne) durch die Kurvenpunkte $(a, f(a))$ und $(b, f(b))$,

$$\sigma(x) = \frac{b-x}{b-a} f(a) + \frac{x-a}{b-a} f(b)$$

verläuft in (a, b) oberhalb der Kurve $y = f(x)$. Setzt man nämlich $x = \lambda a + (1-\lambda) b$, $\lambda = \frac{b-x}{b-a}$, so geht (S) über in $f(x) \leq \sigma(x)$; vgl. Abb.

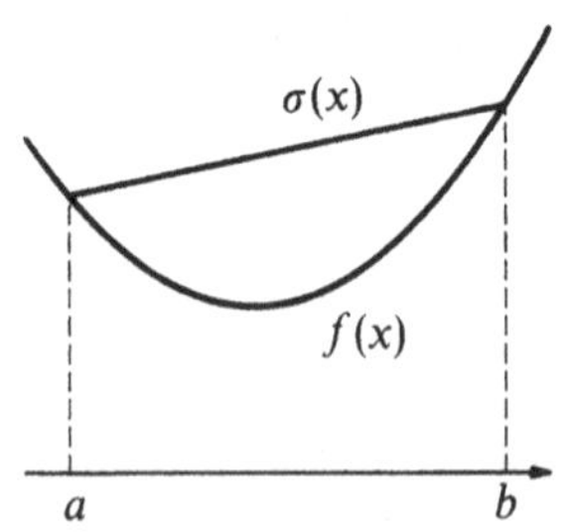

Sehnendefinition der Konvexität

Häufig wird die Ungleichung (S) zum Ausgangspunkt der Theorie konvexer Funktionen gewählt (*Sehnendefinition*), während wir uns hier auf die *Tangentendefinition* (T) gestützt haben. Die Äquivalenz beider Definitionen haben wir erst zur Hälfte nachgewiesen. Der Schluß (S) $\Rightarrow$ (T) wird in 11.19 nachgeholt (er ist für unsere Ergebnisse nicht wichtig).

Als einfache Folgerung erhält man die

Jensensche Ungleichung für Integrale. *Die Funktion f sei im Intervall J stetig und konvex, die Funktion g sei auf $I=[a,b]$ erklärt, und es sei $g(I)\subset J$, so daß also $f\circ g$ definiert ist. Sind g und $f\circ g$ über I integrierbar, so gilt*

$$f\left(\frac{1}{b-a}\int_a^b g(t)\,dt\right)\leq\frac{1}{b-a}\int_a^b f(g(t))\,dt.$$

Zum *Beweis* betrachtet man eine beliebige Zerlegung $a=t_0<t_1<\ldots<t_n=b$ des Intervalls I und einen Satz (τ_i) von Zwischenpunkten. Ersetzt man die Integrale durch Riemannsche Zwischensummen, so lautet die in Frage stehende Ungleichung

$$f\left(\sum\frac{t_i-t_{i-1}}{b-a}g(\tau_i)\right)\leq\sum\frac{t_i-t_{i-1}}{b-a}f(g(\tau_i)).$$

Sie geht in die Jensensche Ungleichung über, wenn man $\lambda_i=(t_i-t_{i-1})/(b-a)$ und $x_i=g(\tau_i)$ setzt. Die Behauptung folgt dann durch Grenzübergang (f ist stetig!). □

11.19 Mehr über konvexe Funktionen. Die Funktion f sei im Intervall J konvex, und es seien $a<b<c$ drei Punkte aus J. Ferner sei

$$D(x,y)\equiv D(x,y;f):=\frac{f(x)-f(y)}{x-y}\quad(x\neq y)$$

der Differenzenquotient von f. Es ist $D(x,y)=D(y,x)$. Aus der Ungleichung (S) von 11.18 folgt

$$(*)\qquad D(a,b)\leq D(a,c)\leq D(b,c)\quad\text{für } a<b<c.$$

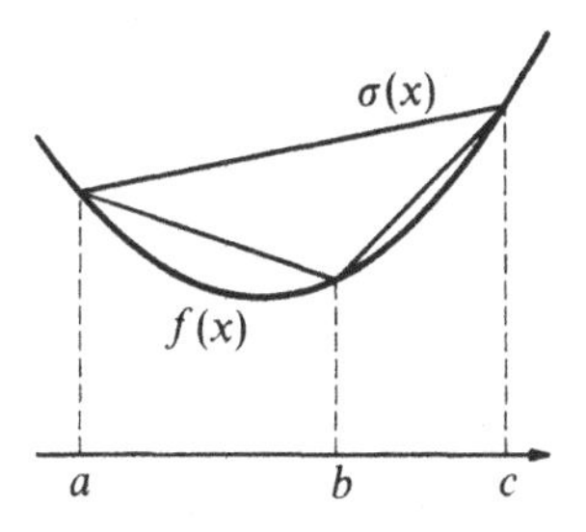

Dazu sei $\sigma(x)$ die Gerade durch die Kurvenpunkte $(a,f(a))$ und $(c,f(c))$, und D' bezeichne den Differenzenquotient bezüglich σ; er hat den konstanten Wert $\alpha=D(a,c)$. Aus $f(b)\leq\sigma(b)$ folgt $D(a,b)\leq D'(a,b)=\alpha$ und $D(b,c)\geq D'(b,c)=\alpha$. □

Alle folgenden Schlüsse beruhen auf der Ungleichung $(*)$.

Satz. *f sei konvex im Intervall J, und J^0 bezeichne das Innere von J. Dann ist f stetig in J^0 und sogar lipschitzstetig in kompakten Teilintervallen von J^0. Die einseitigen Ableitungen f'_+ und f'_- existieren in J^0, und es ist*

$$f'_-(x)\leq f'_+(x)\leq f'_-(y)\leq f'_+(y)\quad\text{für } x<y\quad(x,y\in J^0);$$

insbesondere sind f'_+ und f'_- monoton wachsend in J^0. Die Ableitung $f'(x)$ existiert in J bis auf höchstens abzählbar viele Ausnahmepunkte.

Beweis. Zunächst gilt, wenn $\xi \in J^0$ fest ist,

$$D(x, \xi) \le D(y, \xi) \quad \text{für } x < y \text{ und } x \neq \xi,\ y \neq \xi,$$

d.h. $D(x, \xi)$ ist monoton wachsend in x. Bei der Zurückführung auf (*) sind drei Fälle $x < y < \xi$, $x < \xi < y$, $\xi < x < y$ zu betrachten. Nun sei $x < \xi < y$. Aufgrund der Monotonie von D existieren

$$f'_-(\xi) = \lim_{x \to \xi -} D(x, \xi) \quad \text{und} \quad f'_+(\xi) = \lim_{y \to \xi +} D(y, \xi),$$

und wegen $D(x, \xi) \le D(y, \xi)$ ist $f'_-(\xi) \le f'_+(\xi)$. Nun sei $\xi < x < y < \eta$. Aus $D(\xi, x) \le D(x, y) \le D(y, \eta)$ und der Monotonie von $D(\xi, x)$ in x und von $D(y, \eta)$ in y folgt für $x \to \xi +$ und $y \to \eta -$ die Beziehung $f'_+(\xi) \le f'_-(\eta)$. Damit sind die Ungleichungen für einseitige Ableitungen bewiesen. Ferner zeigt dieser Schluß, daß für beliebige Punkt x, y zwischen ξ und η die Abschätzung $f'_+(\xi) \le D(x, y) \le f'_-(\eta)$ besteht. Also ist f in $[\xi, \eta]$ lipschitzstetig.

Die Differenzierbarkeit von f ergibt sich aus dem folgenden

Lemma. *Eine im Intervall J monotone Funktion hat höchstens abzählbar viele Unstetigkeitsstellen in J.*

Beweis. Ist ϕ in $[a, b]$ monoton wachsend, so existieren die einseitigen Grenzwerte $\phi(x+)$, $\phi(x-)$, und $\omega(x) = \phi(x+) - \phi(x-)$ (Schwankung an der Stelle x) ist ≥ 0. Offenbar gibt es für festes $\delta > 0$ nur endlich viele Stellen x mit $\omega(x) \ge \delta$. Man setzt nun nacheinander $\delta = 1, \frac{1}{2}, \frac{1}{3}, \ldots$ und erkennt, daß es wegen 2.9 (d) höchstens abzählbar viele Stellen mit $\omega(x) > 0$ gibt. Letzteres gilt, wieder nach 2.9 (d), auch für beliebige Intervalle.

Ist x ein Stetigkeitspunkt von f'_-, so ergibt sich aus $f'_-(x) \le f'_+(x) \le f'_-(y)$ für $y \to x+$, daß $f'_+(x) = f'_-(x)$ ist. Die Ableitung existiert also in allen Stetigkeitspunkten von f'_-, d.h. mit höchstens abzählbar vielen Ausnahmen in J. □

Corollar. *Die beiden Definitionen (S) und (T) für die Konvexität sind äquivalent.*

Zum Beweis der Implikation (S)$\Rightarrow$(T) sei $a \in J^0$. Dann ist $\tau(x) = f(a) + m(x - a)$ mit $m = f'_+(a)$ eine Stützfunktion. Denn für $x < a < y$ ist $D(x, a) \le m \le D(a, y)$, woraus man leicht $f(x) \ge \tau(x)$ und $f(y) \ge \tau(y)$ ableitet.

11.20 Kurvendiskussion. Die bisherigen Betrachtungen geben wesentliche Hilfen, um das Verhalten einer Funktion und insbesondere die Gestalt ihres Schaubildes zu erkennen. Man wird, wenn eine Kurve $y = f(x)$ (mit $f \in C^2$) zu zeichnen ist, zunächst sich vergewissern, wo f positiv oder negativ ist, wo Nullstellen und eventuell Unendlichkeitsstellen von f liegen. Um etwa das Verhalten für $x \to \infty$ zu studieren, kann man versuchen, eine Darstellung $f(x) = g(x) + \varepsilon(x)$ zu gewinnen, in welcher g eine einfache, bekannte Funktion und $\lim\limits_{x \to \infty} \varepsilon(x) = 0$ ist. Ist dabei $g(x) = a + bx$ linear, so nennt man die Gerade

$y=a+bx$ eine *Asymptote*. Genaueren Aufschluß über den Verlauf der Kurve geben die Ableitungen f' und f''. Man bestimmt zunächst die Nullstellen dieser Funktionen und die Bereiche, in denen sie positive oder negative Werte annehmen. Damit weiß man, wo die Kurve monoton wachsend ($f'>0$) oder fallend ($f'<0$) und wo sie konvex ($f''>0$) oder konkav ($f''<0$) ist. Auch die Maxima ($f'=0$, $f''<0$) und Minima ($f'=0$, $f''>0$) ergeben sich durch diese Betrachtung in den meisten Fällen. Ist a eine Nullstelle von f'' und wechselt f'' dort das Vorzeichen, so liegt ein Wendepunkt vor, die Kurve geht von einer konvexen in eine konkave Gestalt über (oder umgekehrt).

Beispiele. 1. $f(x)=\sin(x^2/16)$. Offenbar ist $f(x)=f(-x)$, es genügt also, positive Argumente zu betrachten. Aus

$$f(x)=\sin\frac{x^2}{16}, \qquad f'(x)=\frac{x}{8}\cos\frac{x^2}{16},$$

$$f''(x)=\frac{1}{8}\cos\frac{x^2}{16}-\frac{x^2}{64}\sin\frac{x^2}{16}$$

ergibt sich für die Nullstellen x_k, x_k', x_k'' von f, f', f''

$$f=0 \Rightarrow x_k=4\sqrt{k\pi}, \qquad f'(x_k)=\tfrac{1}{8}(-1)^k x_k, \qquad f''(x_k)=\tfrac{1}{8}(-1)^k \neq 0,$$

$$f'=0 \Rightarrow x_0'=0 \quad \text{und} \quad x_k'=4\sqrt{(k-\tfrac{1}{2})\pi}, \qquad f(x_k)=(-1)^{k-1},$$

$$f''=0 \Rightarrow \tan\frac{x^2}{16}=\frac{8}{x^2}.$$

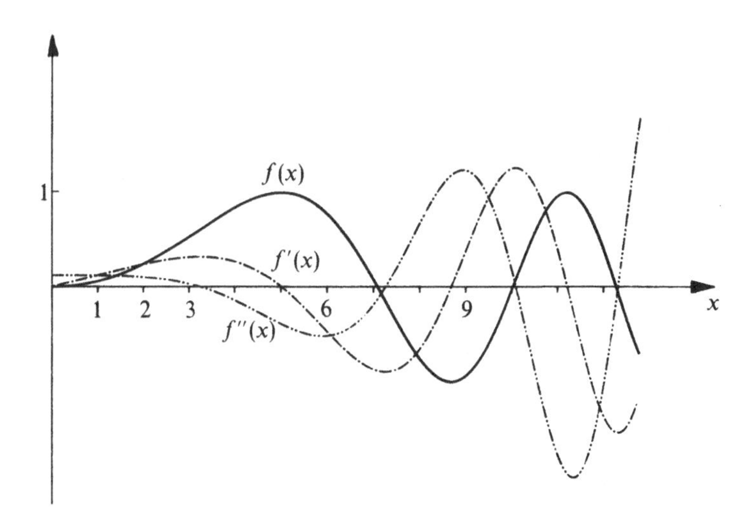

Die Nullstellen x_k'' von f'' findet man also, indem man zuerst die Schnittpunkte t_k der Kurven $y=\tan t$ und $y=\dfrac{1}{2t}$ aufsucht und dann $x_k''=4\sqrt{t_k}$ setzt. Aus der Abbildung läßt sich gut erkennen, welche Auswirkungen der Verlauf von f'' auf das Verhalten von f' und damit von f hat.

k	x_k	x'_k	x''_k
0	0	0	3,233
1	$4\sqrt{\pi} = 7{,}090$	$4\sqrt{\pi/2} = 5{,}013$	7,258
2	$4\sqrt{2\pi} = 10{,}027$	$4\sqrt{3\pi/2} = 8{,}683$	10,089
3	$4\sqrt{3\pi} = 12{,}280$	$4\sqrt{5\pi/2} = 11{,}210$	12,314
4	$4\sqrt{4\pi} = 14{,}180$	$4\sqrt{7\pi/2} = 13{,}264$	14,202

2. *Oszillierende Funktionen.* Im folgenden ist

$$S(x) = \sin 1/x \text{ und } C(x) = \cos 1/x \quad (x \neq 0) .$$

Wir untersuchen die Funktionen (vgl. die Abb. in 10.2)

$$S_n(x) = x^n S(x) \text{ für } x \neq 0, \quad S_n(0) = 0 \quad (n = 1, 2, 3, \ldots).$$

Sie sind stetig in $\mathbb{R}$ und aus $C^\infty(\mathbb{R}\setminus\{0\})$, und sie oszillieren bei 0, d. h. sie haben in jeder Umgebung von 0 unendlich viele Nullstellen (mit Vorzeichenwechsel). Ihre Ableitungen lauten für $x \neq 0$

$$\begin{aligned} S'_n &= x^{n-2}(-C + nxS) \\ S''_n &= x^{n-4}(-S + n(n-1)x^2 S - 2(n-1)xC), \end{aligned}$$

die höheren Ableitungen sind von der Form ($p \geq 1, x \neq 0$)
(1) $S_n^{(p)} = x^{n-2p}(S^* + L)$ mit $S^* \in \{S, -S, C, -C\}$ und $\lim_{x\to 0} L(x) = 0$; dabei ist L eine Linearkombination von Ausdrücken $x^k S$, $x^k C$ mit $k \geq 1$.

Es folgen einige interessante Eigenschaften von S_n:
(a) S_1 ist nicht differenzierbar bei $x = 0$; dagegen ist S_2 in $\mathbb{R}$ differenzierbar und $S'_2(0) = 0$, jedoch ist $S'_2(x)$ bei 0 unstetig. S_3 ist aus $C^1(\mathbb{R})$.
(b) Allgemein gilt für $p \geq 1$, $n > 2p$: S_n ist aus $C^p(\mathbb{R})$, alle Ableitungen der Ordnung $\leq p$ verschwinden für $x = 0$ und oszillieren bei 0.
(c) Beispiele von Funktionen f aus $C^p(\mathbb{R})$ mit $f'(0) = 0$, welche bei 0 weder ein Extremum noch einen Wendepunkt haben, sind S_n mit $n > 2p$.
(d) Ist $f'(0) = 0$ und wechselt $f'(x)$ bei 0 das Vorzeichen, so liegt ein Extremum vor (hinreichendes Kriterium 11.15). Ein Beispiel für eine Funktion $f \in C^1(\mathbb{R})$ mit einem Minimum bei 0, bei der $f'(x)$ oszilliert, also kein Vorzeichenwechsel bei 0 vorliegt, ist

$$f(x) = 2x^4 + S_4 \geq x^4 \text{ mit } f'(x) = x^2(8x + 4xS - C).$$

3. *Funktionen aus C^∞.* Wir benutzen die Funktion

$$E(x) = E(-x) = e^{-1/x} \text{ für } x > 0, \quad E(0) = 0.$$

Sie ist gerade, aus $C^\infty(\mathbb{R})$ und positiv für $x \neq 0$; ferner ist $E^{(p)}(0) = 0$ für alle $p \geq 1$; vgl. Aufg. 2 in §10. Die Funktion

$$f(x) = E(x)S(x) \text{ mit } S(x) = \sin 1/x^2 \text{ für } x \neq 0, \quad f(0) = 0$$

ist aus $C^\infty(\mathbb{R})$, und alle Ableitungen oszillieren bei 0 und sind dort 0.

Folgerung: Es gibt auch Funktionen aus $C^\infty(\mathbb{R})$ mit den Eigenschaften von (c) und (d); bei (d) kann man etwa $h(x) = 2E(x) + E(x)S(x) \geq E(x)$ nehmen. Ganz anders ist dagegen die Situation bei den

4. *Potenzreihen.* Wenn die Entwicklung wie $f(x) = a_0 + a_1 x + a_k x^k + a_{k+1} x^{k+1} + \ldots$ mit $a_k \neq 0$ beginnt, dann durchdringt die Kurve $y = f(x)$ die Tangente $y = a_0 + a_1 x$ bei $x = 0$, wenn k ungerade ist (Wendepunkt), und sie berührt die Tangente bei $x = 0$, wenn k gerade ist.

Im Fall $f'(0) = a_1 = 0$ liegt bei 0 entweder ein Extremum (k gerade) oder ein Wendepunkt (k ungerade) vor. Damit sind alle Fälle erfaßt, es gibt also keine Oszillation bei 0.

Aufgaben. 1. Man zeige, daß S_n im Fall $n = 2p$ zu $C^{p-1}(\mathbb{R})$ gehört und daß die p-te Ableitung von S_n in $\mathbb{R}$ existiert, aber bei 0 unstetig ist.

2. Man beweise (i) die Aussagen über S_n, (ii) die Aussagen in Beispiel 3 und (iii) den Satz in Beispiel 4. *Anleitung* zu (iii): $f(x) = a_0 + a_1 x + x^k (a_k + g(x))$ mit $g(0) = 0$.

In den folgenden vier Nummern werden klassische Ungleichungen behandelt. Sie stellen außerordentlich nützliche Hilfsmittel in den verschiedensten Gebieten der Analysis und Funktionalanalysis dar. Historisches findet man in den Büchern von Hardy-Littlewood-Pólya [1978] und Beckenbach-Bellman [1983]. Zunächst knüpfen wir an die Jensensche Ungleichung an.

11.21 Mittelwerte mit einer beliebigen Funktion. Die Funktion ϕ sei im Intervall I stetig und streng monoton wachsend. Ihre Umkehrfunktion ϕ^{-1} hat dann im Intervall $\phi(I) = J$ dieselben Eigenschaften. Wir betrachten den *gewichteten ϕ-Mittelwert* von n Zahlen $x_1, \ldots, x_n \in I$ mit den Gewichten $\lambda_i > 0$, $\lambda_1 + \ldots + \lambda_n = 1$

$$M_\phi(x_i; \lambda_i) := \phi^{-1}\left(\sum_{i=1}^{n} \lambda_i \phi(x_i)\right).$$

Ist α die kleinste und β die größte der Zahlen x_i, so ist $\sum \lambda_i \phi(x_i)$ zwischen $\phi(\alpha)$ und $\phi(\beta)$ und damit der Mittelwert zwischen α und β gelegen, $\min(x_i) \leq M_\phi(x_i; \lambda_i) \leq \max(x_i)$. Die Wahl $\phi(x) = x$ bzw. $\phi(x) = \log x$ führt auf

$M_{\mathrm{id}}(x_i; \lambda_i) \equiv A(x_i; \lambda_i) = \lambda_1 x_1 + \ldots + \lambda_n x_n$ *gewichtetes arithmetisches Mittel,*

$M_{\log}(x_i; \lambda_i) \equiv G(x_i; \lambda_i) = x_1^{\lambda_1} x_2^{\lambda_2} \cdots x_n^{\lambda_n}$ *gewichtetes geometrisches Mittel.*

Für gleiche Gewichte $\lambda_1 = \ldots = \lambda_n = \frac{1}{n}$ erhält man das aus 3.7 bekannte arithmetische und geometrische Mittel. Die Funktion $\phi(x) = x^r (r > 0)$ erzeugt das mit M_r bezeichnete Mittel

$$M_r(x_i; \lambda_i) = \left(\sum_{i=1}^{n} \lambda_i x_i^r\right)^{1/r} \quad \textit{gewichtetes Mittel } r\textit{-ter Ordnung},$$

wobei $x_i \geq 0$ vorausgesetzt ist. Offenbar ist M_1 das arithmetische Mittel. Die Beziehungen zwischen diesen Mitteln werden durch den folgenden allgemeinen Satz geklärt.

Satz. *Die Funktionen ϕ, ψ seien im Intervall I stetig und streng monoton wachsend, und $\omega := \psi \circ \phi^{-1}$ sei in $J = \phi(I)$ konvex. Dann ist für $x_i \in I$*

$$M_\phi(x_i; \lambda_i) \leq M_\psi(x_i; \lambda_i).$$

Ist ω streng konvex und sind nicht alle x_i gleich, so gilt die strenge Ungleichung.

Die zu beweisende Ungleichung $\phi^{-1}(\sum \lambda_i \phi(x_i)) \leq \psi^{-1}(\sum \lambda_i \psi(x_i))$ wird durch Anwendung von ψ in $\omega(\sum \lambda_i \xi_i) \leq \sum \lambda_i \omega(\xi_i)$ mit $\xi_i = \phi(x_i)$ übergeführt. Sie folgt also aus der Jensenschen Ungleichung. □

11.22 Satz über die Mittel *r*-ter Ordnung. *Die Funktion* $r \mapsto M_r(x_i; \lambda_i)$ *ist (wenn wir vom trivialen Fall, daß alle* x_i *gleich sind, absehen) im Intervall* $(0, \infty)$ *stetig und streng monoton wachsend, und es ist*

$$\lim_{r \to 0+} M_r(x_i; \lambda_i) = G(x_i; \lambda_i) \quad \textit{und} \quad \lim_{r \to \infty} M_r(x_i; \lambda_i) = \max(x_i).$$

Beweis. Der Vergleich von M_r mit M_s führt auf das Paar $(\phi, \psi) = (x^r, x^s)$ mit $\omega = \psi \circ \phi^{-1} = x^{s/r}$. Für $r < s$ ist ω streng konvex, und aus dem vorangehenden Satz folgt $M_r < M_s$. Damit ist die strenge Monotonie bewiesen, während die Stetigkeit in r unmittelbar aus der Definition ablesbar ist.

Es sei x_p die größte der Zahlen x_i. Dann ist $\lambda_p^{1/r} x_p \leq M_r \leq x_p$ und aus $\lambda_p^{1/r} \to 1$ für $r \to \infty$ folgt mit dem Sandwich Theorem $\lim_{r \to \infty} M_r = x_p$.

Beim Nachweis von $M_r \to G$ $(r \to 0)$ gehen wir zum Logarithmus über:

$$\log M_r(x_i) = \frac{1}{r} \log \sum \lambda_i x_i^r \to \log G(x_i) = \sum \lambda_i \log x_i \quad (r \to 0)$$

ist zu zeigen. Der Grenzwert ist vom Typus $\frac{0}{0}$, und die l'Hospitalsche Regel (Ableitung von Zähler und Nenner nach r) führt auf

$$\frac{\sum \lambda_i x_i^r \log x_i}{\sum \lambda_i x_i^r}.$$

Wegen $x_i^r \to 1$ strebt der Nenner dieses Bruches gegen 1 und der Zähler gegen $\sum \lambda_i \log x_i$, was zu zeigen war. □

Bemerkung. Die gegebene Definition von M_r ist (mit $x_i > 0$) auch für negative r sinnvoll. Zwischen den Mittelwerten M_r und M_{-r} besteht die Beziehung $M_r\left(\frac{1}{x_i}; \lambda_i\right) = (M_{-r}(x_i; \lambda_i))^{-1}$. Außerdem legt es der vorangehende Satz nahe, $M_0(x_i; \lambda_i) := G(x_i; \lambda_i)$ zu definieren. Mit diesen Festlegungen besteht dann der Satz:

Die Funktion $r \mapsto M_r(x_i; \lambda_i)$ *ist in* $\mathbb{R}$ *stetig und streng monoton wachsend (wenn nicht alle* x_i *gleich sind), und es strebt* $M_r(x_i; \lambda_i)$ gegen $\min(x_i)$ für $r \to -\infty$ *und gegen* $\max(x_i)$ *für* $r \to \infty$.

Die Zurückführung auf den vorangehenden Satz sei als Übungsaufgabe gestellt.

Im obigen Satz ist insbesondere die Ungleichung zwischen dem arithmetischen und dem geometrischen Mittel enthalten:

$$G(x_i; \lambda_i) < A(x_i; \lambda_i), \quad \text{wenn nicht alle } x_i \geq 0 \text{ gleich sind.}$$

Sie läßt sich auch direkt aus dem Satz von 11.21 ableiten. Die Mittelwerte G und M_r $(r > 0)$ werden durch $\phi = \log x$ und $\psi = x^r$ erzeugt. Dazu gehört die streng konvexe Funktion $\omega = \psi \circ \phi^{-1} = e^{rx}$. Die Ungleichung $G < A$ folgt also aus dem Satz der vorangehenden Nummer.

Wir halten den Fall $n=2$ ($x_1^{\lambda_1}x_2^{\lambda_2}<\lambda_1 x_1+\lambda_2 x_2$ für $x_1 \neq x_2$) in etwas anderer Schreibweise zum späteren Gebrauch fest. Mit $\lambda_1=\frac{1}{p}$, $\lambda_2=\frac{1}{q}$ und $x_1=a^p$, $x_2=b^q$ ergibt sich dann das

Corollar. *Für reelle Zahlen, $a, b \geq 0$ und $p, q>1$, welche der Bedingung $\frac{1}{p}+\frac{1}{q}=1$ genügen, ist*

$$ab \leq \frac{a^p}{p}+\frac{b^q}{q}.$$

Gleichheit tritt nur im Fall $a^p=b^q$ ein.

Die beiden folgenden Nummern behandeln die auf OTTO HÖLDER (1859–1937, Professor in Königsberg und Leipzig) und HERMANN MINKOWSKI (1864–1909, auf Veranlassung Hilberts 1902 nach Göttingen berufen) zurückgehenden Ungleichungen. Wegen ihrer vielseitigen Verwendbarkeit sind sie als „the workhorses of analysis" bezeichnet worden.

11.23 Höldersche Ungleichung. *Für beliebige (reelle oder komplexe) Zahlen a_i, b_i und positive Exponenten p, q mit $\frac{1}{p}+\frac{1}{q}=1$ ist*

$$\sum_{i=1}^{n} |a_i b_i| \leq \left(\sum_{i=1}^{n} |a_i|^p\right)^{1/p} \left(\sum_{i=1}^{n} |b_i|^q\right)^{1/q}.$$

Beweis. Die beiden Faktoren auf der rechten Seite werden mit A und B bezeichnet, es ist also $A^p=\sum |a_i|^p$. Die Fälle $A=0$ und $B=0$ sind offenbar trivial und können ausgeschlossen werden. Nach der Ungleichung des vorangehenden Lemmas ist

$$\frac{|a_i b_i|}{AB} \leq \frac{1}{p}\frac{|a_i|^p}{A^p}+\frac{1}{q}\frac{|b_i|^q}{B^q}.$$

Durch Summation ergibt sich die Behauptung:

$$\frac{1}{AB}\sum |a_i b_i| \leq \frac{1}{p}\frac{A^p}{A^p}+\frac{1}{q}\frac{B^q}{B^q}=1. \qquad \square$$

Durch Grenzübergang $n \to \infty$ erhält man die *Höldersche Ungleichung für unendliche Reihen.* Insbesondere ist $\sum a_i b_i$ absolut konvergent, wenn die Reihen $\sum |a_i|^p$, $\sum |b_i|^q$ konvergieren.

Höldersche Ungleichung für Integrale. *Es sei $f, g \in R[a, b]$ und $p, q>1$ mit $\frac{1}{p}+\frac{1}{q}=1$. Dann ist*

$$\int_a^b |f(t)\, g(t)|\, dt \leq \left(\int_a^b |f(t)|^p\, dt\right)^{1/p} \left(\int_a^b |g(t)|^q\, dt\right)^{1/q}.$$

Zum *Beweis* ersetzt man, wie in 11.18 bei der Jensenschen Ungleichung, die Integrale durch Riemannsche Summen. Die Zerlegung soll aber äquidistant sein mit $t_i - t_{i-1} = h = \frac{b-a}{n}$. Die entstehende Ungleichung

$$h \sum_1^n |f(\tau_i)\, g(\tau_i)| \le \left(h \sum_1^n |f(\tau_i)|^p\right)^{1/p} \left(h \sum_1^n |g(\tau_i)|^q\right)^{1/q}$$

ist richtig, da der Faktor h sich weghebt und mit der Ersetzung $a_i = f(\tau_i)$, $b_i = g(\tau_i)$ gerade die Hölder-Ungleichung erscheint. Die Behauptung folgt dann in der üblichen Weise durch Grenzübergang. □

11.24 Minkowskische Ungleichung. *Für* $p \ge 1$ *ist*

$$\left(\sum_{i=1}^n |a_i + b_i|^p\right)^{1/p} \le \left(\sum_{i=1}^n |a_i|^p\right)^{1/p} + \left(\sum_{i=1}^n |b_i|^p\right)^{1/p}.$$

Beweis. Da der Fall $p=1$ trivial ist, setzen wir $p>1$ voraus. Weiter kann man o.B.d.A. annehmen, daß $a_i, b_i \ge 0$ ist (das läuft darauf hinaus, daß man in der linken Summe $|a_i + b_i|$ durch $|a_i| + |b_i|$ ersetzt, wodurch diese höchstens vergrößert wird). Bezeichnen wir in der Minkowski-Ungleichung die linke Seite mit S, die beiden Summanden rechts mit A und B. Dann ist mit $s_i = a_i + b_i$

$$S^p = \sum s_i^p = \sum a_i s_i^{p-1} + \sum b_i s_i^{p-1}.$$

Wir definieren nun q durch $\frac{1}{p} + \frac{1}{q} = 1$ und wenden auf jeden Summanden die Hölder-Ungleichung an:

$$S^p \le \left(\sum a_i^p\right)^{1/p} \left(\sum s_i^{(p-1)q}\right)^{1/q} + \left(\sum b_i^p\right)^{1/p} \left(\sum s_i^{(p-1)q}\right)^{1/q}.$$

Wegen $(p-1)\,q = p$ ist also

$$S^p \le (A+B)\, S^{p/q}$$

und wegen $p/q = p-1$ schließlich $S \le A + B$, wie behauptet war. □

Die entsprechende Minkowski-Ungleichung für (eigentliche oder uneigentliche) Integrale lautet ($p \ge 1$)

$$\left(\int_a^b |f(t) + g(t)|^p\, dt\right)^{1/p} \le \left(\int_a^b |f(t)|^p\, dt\right)^{1/p} + \left(\int_a^b |g(t)|^p\, dt\right)^{1/p}.$$

Ihr Beweis über Riemannsche Summen soll dem Leser überlassen bleiben.

Besonders wichtig ist der Fall $p = q = 2$ in der Hölderschen und Minkowskischen Ungleichung:

$$\left(\sum a_i b_i\right)^2 \le \left(\sum a_i^2\right)\left(\sum b_i^2\right) \qquad \textit{Cauchysche Ungleichung,}$$

$$\sqrt{\sum (a_i + b_i)^2} \le \sqrt{\sum a_i^2} + \sqrt{\sum b_i^2} \qquad \textit{Dreiecksungleichung}$$

(noch eine Dreiecksungleichung!). Für komplexe Zahlen sind Absolutzeichen zu setzen. Für Integrale gilt

$$\left(\int_a^b |f(x)\, g(x)|\, dx\right)^2 \le \int_a^b f^2(x)\, dx \cdot \int_a^b g^2(x)\, dx \qquad \textit{Cauchy-Schwarzsche Ungleichung,}$$

$$\left(\int_a^b (f(x) + g(x))^2\, dx\right)^{1/2} \le \left(\int_a^b f^2(x)\, dx\right)^{1/2} + \left(\int_a^b g^2(x)\, dx\right)^{1/2}.$$

11.25 Eine Ungleichung von Redheffer. Aus dem großen Feld der Ungleichungen wählen wir zum Abschluß ein von R.M. REDHEFFER[1]) stammendes, besonders schönes Beispiel aus.

Für $2n$ nichtnegative Zahlen $a_1, \ldots, a_n$, $b_1, \ldots, b_n$ ist, wenn $G_k = (a_1 \cdots a_k)^{1/k}$ das geometrische Mittel von $a_1, \ldots, a_k$ bezeichnet,

$$\text{(Re)} \qquad \sum_{k=1}^{n} k(b_k - 1)\, G_k + nG_n \leq \sum_{k=1}^{n} a_k b_k^k.$$

Gleichheit tritt genau dann ein, wenn $a_k b_k^k = G_{k-1}$ für $k = 2, \ldots, n$ ist.

Der Beweis[2]) geht aus von der Bernoullischen Ungleichung 2.13

$$(1) \qquad (1 + y_k)^k \geq 1 + k y_k \qquad \text{für } y_k \geq -1 \quad (k = 1, 2, 3, \ldots).$$

Multiplikation mit $c_k \geq 0$ und Summation führt auf (alle Summen laufen von 1 bis n)

$$(2) \qquad \sum k c_k y_k + \sum c_k \leq \sum c_k (1 + y_k)^k.$$

Zunächst sei $a_k > 0$ für alle k. Setzt man $c_k = G_{k-1}$ (mit $G_0 = 1$) und $y_k = \dfrac{b_k G_k}{G_{k-1}} - 1$, so wird aus (2), wie wir nun zeigen, gerade die Ungleichung (Re). Die linken Seiten von (Re) bzw. (2) seien mit L_n bzw. L'_n bezeichnet. Zieht man von diesen Größen die Summe $A = \sum k b_k G_k$ ab, so erhält man

$$L_n - A = -\sum k G_k + n G_n,$$
$$L'_n - A = -\sum k G_{k-1} + \sum G_{k-1} = -\sum (k-1)\, G_{k-1},$$

letzteres wegen $c_k y_k = b_k G_k - G_{k-1}$. Offenbar ist $L_n - A = L'_n - A$, d.h. $L_n = L'_n$. Aus der Beziehung

$$(3) \qquad c_k (1 + y_k)^k = G_{k-1}\, b_k^k G_k^k / G_{k-1}^k = b_k^k G_k^k / G_{k-1}^{k-1} = a_k b_k^k$$

(es ist $G_k^k = a_1 \ldots a_k$) folgt die Gleichheit der rechten Seiten von (Re) und (2) und damit die Ungleichung (Re).

Für $n = 1$ gilt das Gleichheitszeichen in (Re) und in (2). Für $n > 1$ gilt es in (2) wegen $c_k > 0$ genau dann, wenn es in (1) für $2 \leq k \leq n$ gilt, d.h. wenn $y_2 = \ldots = y_n = 0$ ist. Nach (3) ist das mit $G_{k-1} = a_k b_k^k$ gleichbedeutend.

Nun sei $a_k \geq 0$. Ist $a_1 = 0$, so folgt $G_k = 0$ für alle k, $L_n = 0$, und die Behauptung ist offenbar richtig. Es sei also $a_1, \ldots, a_{p-1} > 0$ und $a_p = 0$, also $G_k = 0$ for $k \geq p$. Die Behauptung gilt dann für $n = p - 1$, und für $n \geq p$ ist $L_n = L_{p-1} - (p-1)\, G_{p-1} < L_{p-1}$. In der Ungleichung (Re) steht also das $<$-Zeichen, in Übereinstimmung mit $a_p b_p^p = 0 \neq G_{p-1}$. □

Wir geben einige Anwendungen. Für $b_1 = \ldots = b_n = 1$ erscheint ein alter Bekannter, die Ungleichung zwischen dem arithmetischen und geometrischen Mittel.

$$n G_n \leq a_1 + \ldots + a_n.$$

Gleichheit tritt nur dann ein, wenn $a_k = G_{k-1}$ $(k = 2, \ldots, n)$ ist, d.h. wenn alle a_k gleich sind.

Die Wahl $b_k = 1 + \dfrac{1}{k}$ führt auf die Ungleichung

$$(*) \qquad G_1 + G_2 + \ldots + G_n + n G_n \leq 2a_1 + \left(1 + \frac{1}{2}\right)^2 a_2 + \ldots + \left(1 + \frac{1}{n}\right)^n a_n.$$

---

[1]) *Recurrent inequalities.* Proc. London Math. Soc. 17 (1967) 683–699

[2]) Ich verdanke ihn einer Mitteilung von Herrn Prof. K. Hinderer.

Läßt man links das Glied nG_n weg und ersetzt rechts $\left(1+\frac{1}{k}\right)^k$ durch e, so ergibt sich eine Ungleichung von T. Carleman

$$G_1+G_2+\ldots+G_n<e(a_1+a_2+\ldots+a_n)$$

(falls nicht alle $a_k=0$ sind). Auch eine von Kaluza und Szegö angegebene Verschärfung ist in (*) enthalten; vgl. die zitierte Originalarbeit.

Iterative Lösung von Gleichungen. In den beiden folgenden Abschnitten werden Methoden behandelt, mit denen man Gleichungen von der Form $f(x)=g(x)$ lösen kann. Die Existenzfrage bietet in dem hier allein betrachteten Fall *einer* Gleichung mit *einer* Unbekannten meist keine Schwierigkeiten. Sind etwa f und g im kompakten Intervall $J=[a,b]$ stetig und ist $f(a)\geq g(a)$ und $f(b)\leq g(b)$, so folgt aus dem auf die Differenz $f(x)-g(x)$ angewandten Zwischenwertsatz sofort, daß ein $\xi\in J$ mit $f(\xi)=g(\xi)$ existiert. Es sei erinnert, daß eine Lösung der Gleichung $f(\xi)=\xi$ als Fixpunkt von f bezeichnet wird; vgl. 4.10. Es gibt also immer einen Fixpunkt von f, wenn f stetig in J und $f(J)\subset J$ ist (das gilt aber nur bei kompaktem J!). Das Schwergewicht der folgenden Betrachtungen liegt deshalb bei der numerischen Bestimmung von Lösungen.

11.26 Kontrahierende Abbildungen. Das Kontraktionsprinzip. Wir sagen, die Abbildung $f\colon J\to\mathbb{R}$ sei *kontrahierend* oder eine *Kontraktion*, wenn sie für x, $y\in J$ einer Ungleichung

$$|f(x)-f(y)|\leq\alpha|x-y| \quad \text{mit} \quad 0\leq\alpha<1$$

genügt. Auch Formulierungen wie α-Kontraktion, α-kontrahierend sind gebräuchlich. Eine solche Abbildung „kontrahiert" die Differenz $|x-y|$ der Urbilder, die Bilddifferenz ist mindestens um den Faktor α kleiner. Es ist wesentlich, daß die Lipschitzkonstante $\alpha<1$ ist. Eine differenzierbare Funktion f ist genau dann α-kontrahierend, wenn $|f'(x)|\leq\alpha$ in J ist (Mittelwertsatz!).

Wir betrachten, wie schon in 4.10, das Iterationsverfahren

$$\text{(I)} \qquad x_1=f(x_0),\quad x_2=f(x_1),\ldots,\quad \text{allgemein} \quad x_{n+1}=f(x_n) \quad (n\in\mathbb{N})$$

zur Gewinnung eines Fixpunkts *(Methode der sukzessiven Approximation)*. Der folgende Satz gibt eine Antwort auf die Konvergenzfrage. Er ist bekannt unter dem Namen *Fixpunktsatz für kontrahierende Abbildungen* oder

Kontraktionsprinzip. *Die Funktion f bilde das abgeschlossene Intervall J in sich ab, und sie sei eine α-Kontraktion. Dann besitzt f in J genau einen Fixpunkt ξ, $f(\xi)=\xi$. Die mit einem beliebigen Startwert $x_0\in J$ nach der Vorschrift* (I) *gebildete Iterationsfolge (x_n) konvergiert gegen ξ, und es besteht die Abschätzung*

$$|x_n-\xi|\leq\frac{|x_n-x_{n+1}|}{1-\alpha}\leq\frac{\alpha^n}{1-\alpha}|x_1-x_0|.$$

Als Vorbemerkung zum Beweis betrachten wir die Ungleichung

$$|x-y|\leq|x-f(x)|+|f(x)-f(y)|+|f(y)-y|,$$

ersetzen darin den mittleren Term $|f(x)-f(y)|$ durch $\alpha|x-y|$, bringen diesen Term nach links, dividieren durch $1-\alpha$ und erhalten

(D)
$$|x-y| \leq \frac{1}{1-\alpha}\{|f(x)-x|+|f(y)-y)|\}.$$

Die Größe $f(x)-x$ wird auch als *Defekt* bzgl. der Gleichung $f(x)=x$ und dementsprechend die Formel (D) als *Defektungleichung* bezeichnet.

Nun zum *Beweis*. Zunächst folgt aus (D) die Eindeutigkeit des Fixpunktes. Denn aus $x=f(x)$ und $y=f(y)$ ergibt sich $|y-x|=0$. Für die Folge (x_n) mit $x_{n+1}=f(x_n)$ gilt offenbar $|x_2-x_1|=|f(x_1)-f(x_0)|\leq\alpha|x_1-x_0|$, $|x_3-x_2|\leq\alpha|x_2-x_1|\leq\alpha^2|x_1-x_0|$, ..., allgemein

(*)
$$|x_{n+1}-x_n|\leq\alpha^n|x_1-x_0| \quad \text{für } n\geq 0.$$

Für natürliche Zahlen n und p ist dann nach der Defektungleichung mit $x=x_{n+p}$, $y=x_n$

$$|x_{n+p}-x_n| \leq \frac{1}{1-\alpha}\{|x_{n+p+1}-x_{n+p}|+|x_{n+1}-x_n|\}$$
$$\leq \frac{1}{1-\alpha}(\alpha^{n+p}+\alpha^n)|x_1-x_0|.$$

Es ist also, wenn man $|x_1-x_0|/(1-\alpha)=C$ setzt und $\alpha^{n+p}<\alpha^n$ beachtet,

$$|x_{n+p}-x_n|\leq 2C\alpha^n \quad \text{für beliebiges } p>0,$$

d.h. (x_n) ist wegen $\lim\alpha^n=0$ eine Cauchy-Folge. Bezeichnen wir mit ξ ihren Grenzwert, so liegt ξ in J, und aus der Gleichung $x_{n+1}=f(x_n)$ folgt für $n\to\infty$, da die linke Seite gegen ξ, die rechte wegen der Stetigkeit von f gegen $f(\xi)$ strebt, $\xi=f(\xi)$. Die in der Behauptung auftretende Fehlerabschätzung ist ein Spezialfall ($x=\xi$, $y=x_n$) der Defektungleichung in Verbindung mit (*). □

Die Iterationsvorschrift $x_{n+1}=f(x_n)$ läßt sich anhand der Kurven $y=f(x)$ und $y=x$ sehr gut veranschaulichen. In den folgenden Bildern sind vier typische Fälle I–IV skizziert, in denen (in dieser Reihenfolge) monotone und alternierende Konvergenz, monotone und alternierende Divergenz vorliegt. Man kann die divergenten Fälle III und IV durch Übergang zur Umkehrfunktion in die konvergenten Fälle I und II überführen. Denn ist f in einer Umgebung des Fixpunktes streng monoton und bezeichnet f^{-1} ihre Umkehrfunktion, so ist $\xi=f(\xi)$ gleichbedeutend mit $\xi=f^{-1}(\xi)$. Faßt man die Bilder III und IV als Schaubilder der Kurve $x=f^{-1}(y)$ auf, so erhält man eine geometrische Darstellung der Iterationsvorschrift $y_{n+1}=f^{-1}(y_n)$, indem man die Pfeilrichtung umkehrt.

Diese Gedanken finden sich bereits in der *Théorie analytique de la chaleur* (1822), dem Hauptwerk von JEAN-BAPTISTE JOSEPH FOURIER (1768–1830). Bei der Untersuchung der Wärmeleitung in einer Kugel taucht dort (§§ 286–7) das Problem auf, Lösungen der Gleichung $x/\lambda=\tan x$ zu finden ($\lambda>0$ gegeben). Fourier gibt dazu ein Bild vom Typ III, geht dann mittels der Umkehrfunktion

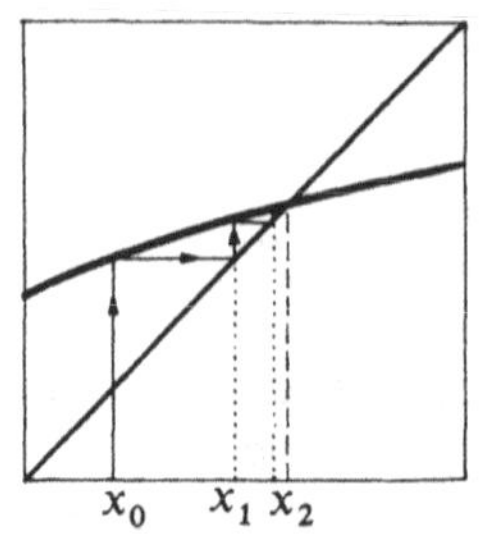

I. Monotone Konvergenz

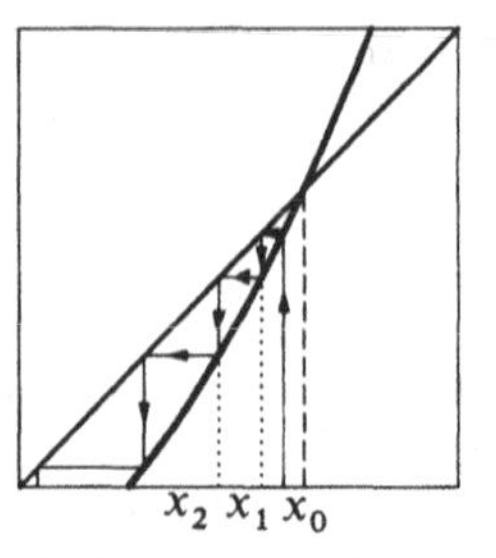

III. Monotone Divergenz

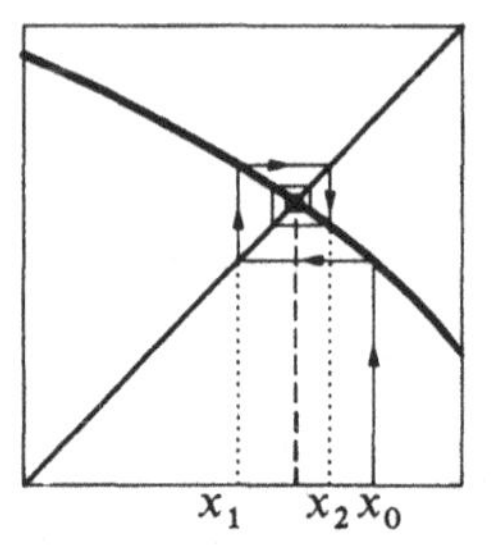

II. Alternierende Konvergenz

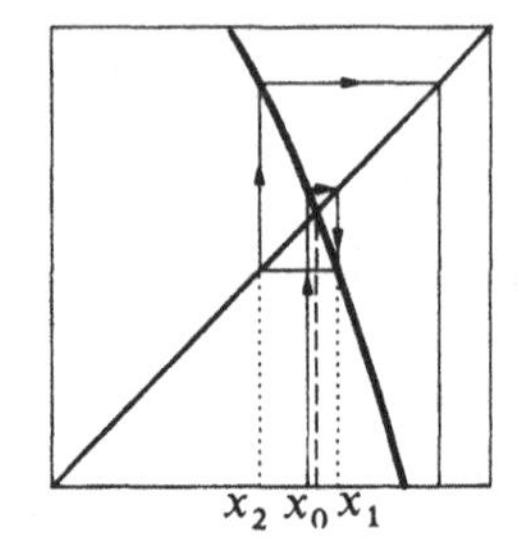

IV. Alternierende Divergenz

zur Gleichung $x = \arctan x/\lambda$ über, die vom Typ I ist, und findet

$$x = \ldots \arctan\frac{1}{\lambda}\left(\arctan\frac{1}{\lambda}\left(\arctan\frac{1}{\lambda}\left(\arctan\frac{1}{\lambda}\right)\right)\right).$$

Das ist nichts anderes als sukzessive Approximation $x_{n+1} = \arctan x_n/\lambda$ mit $x_0 = 1$.

Hundert Jahre später machte STEFAN BANACH (1892–1945, Professor an der Universität Lwòw/Polen, einer der Begründer der Funktionalanalysis) in seiner Dissertation von 1920 deutlich, daß das Kontraktionsprinzip eine weit über den eindimensionalen Fall hinausgehende Reichweite hat, ja zu den fundamentalen Prinzipien der Analysis zu zählen ist (mehr darüber im zweiten Band).

Beispiele. Das Iterationsverfahren ist außerordentlich einfach auf Taschenrechnern zu programmieren (die Formel für f, danach Stop/Start und Rücksprung auf den Formelanfang, das ist alles).

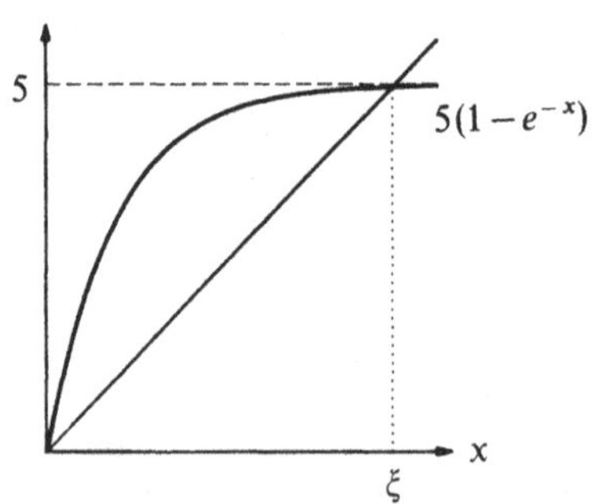

1. Nach dem Wienschen Strahlungsgesetz ist die Wellenlänge maximaler Strahlung eines schwarzen Körpers $\lambda_{\max}$ von der absoluten Temperatur T abhängig, und zwar nach der Formel $T\lambda_{\max}=\dfrac{hc}{\xi k}$ mit $(h,c,k)=$(Plancksches Wirkungsquantum, Lichtgeschwindigkeit, Boltzmann-Konstante). Die Konstante ξ ist die positive Lösung der Gleichung

$$x=5(1-e^{-x}).$$

Eine Skizze zeigt, daß der monotone Typ I vorliegt und daß $3<\xi<5$ ist. Die Iteration ist also bei der Wahl $x_0=3$ bzw. $x_0=5$ monoton wachsend bzw. fallend. Die Rechnung ergibt

x_0	3,000 0000	5,000 0000	$\xi=4{,}965\,114$
x_1	4,751 0647	4,966 3103	
x_2	4,956 7876	965 1559	
x_3	964 8225	1157	
x_4	965 1041	1143	
x_5	1139	1142	
x_6	1142		

2. Die Funktion $f(x)=1-\mu x^2$ bildet, wenn $0\le\mu\le 2$ ist, das Intervall $J=[-1,1]$ in sich ab. Es gibt genau einen positiven Fixpunkt $\xi=\xi_\mu$; für $\mu=2$ ist -1 ein weiterer Fixpunkt. Aus $f'(x)=-2\mu x$ folgt, daß f für $0\le\mu<\frac{1}{2}$ eine Kontraktion in J ist; wir haben dann den konvergenten Typ II. Eine einfache Rechnung ergibt

$$\xi_\mu=\frac{1}{2\mu}(\sqrt{1+4\mu}-1),\qquad f'(\xi_\mu)=-(\sqrt{1+4\mu}-1).$$

Die Ableitung im Fixpunkt hat für $\mu=\mu_0=\frac{3}{4}$ den Wert -1, und es ist $|f'(\xi_\mu)|<1$ für $0\le\mu<\mu_0$ und $|f'(\xi_\mu)|>1$ für $\mu_0<\mu\le 2$. Für $\mu>\mu_0$ liegt also der divergente Typ IV vor, während das Schaubild vermuten läßt, daß auch die Parameterwerte μ zwischen $\frac{1}{2}$ und μ_0 dem konvergenten Typ II zuzurechnen sind; in der Tat ist die Abbildung in einer Umgebung von ξ_μ kontrahierend, wenn $\mu<\mu_0$ ist. Führen wir vor einer weiteren Untersuchung einige neue Begriffe ein.

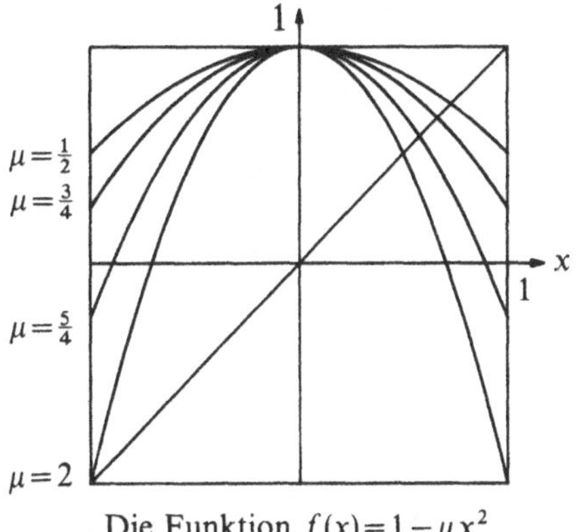

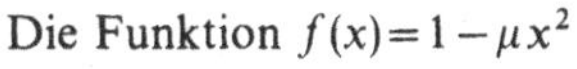
Die Funktion $f(x)=1-\mu x^2$

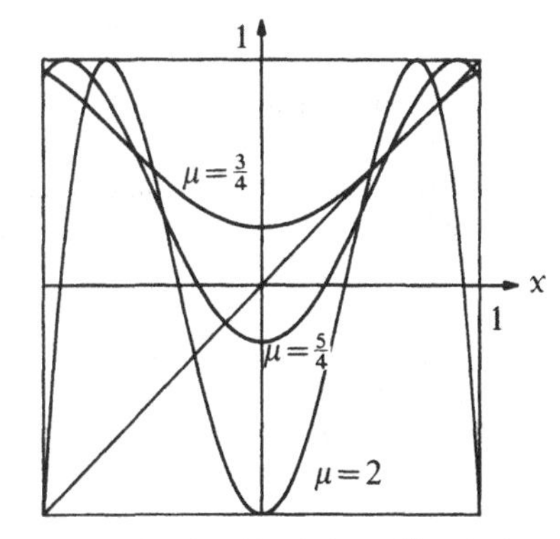

Die zugehörige Funktion $f^2=f\circ f$

Anziehende und abstoßende Fixpunkte. Periodische Bahnen. Ist f im Intervall J erklärt und ξ ein Fixpunkt von f, so nennt man die Menge aller Startwerte x_0, für welche die nach der Vorschrift $x_{n+1}=f(x_n)$ definierte Iterationsfolge (x_n) gebildet werden kann (d.h. also, daß die Konstruktion nicht aus J hinausführt) und gegen ξ konvergiert, den *Einzugsbereich* von ξ. Der Fixpunkt ξ wird *anziehend* (oder *Attraktor*) bzw. *abstoßend* (oder *Repeller*) genannt, wenn der Einzugsbereich eine Umgebung von ξ ist bzw. nur aus dem Punkt ξ selbst besteht. Im obigen Beispiel 1 ist ξ anziehend mit dem Einzugsbereich $(0,\infty)$. Im zweiten Beispiel ist ξ_μ für $0\le\mu\le\frac{3}{4}=\mu_0$ anziehend mit dem Einzugsbereich J (dies wird weiter unten gezeigt) und abstoßend für $\mu>\frac{3}{4}$. Der im Fall $\mu=2$ auftretende Fixpunkt -1 ist ebenfalls abstoßend.

Bemerkung. Seit einigen Jahren werden in verstärktem Maße Iterationsverfahren im nicht-konvergenten Fall untersucht. Zum einen hat das seinen Grund darin, daß selbst in den einfachsten eindimensionalen Fällen (etwa im obigen Beispiel 2) eine Fülle neuer und überraschender Phänomene auftritt. Zum anderen gibt es wichtige Anwendungen, u.a. in der mathematischen Biologie. Es sei f eine im Intervall J stetige Funktion mit $f(J)\subset J$. Man kann dann die Iterierten $f^2:=f\circ f$, $f^3:=f\circ f^2$, ... (mit $f^0=\mathrm{id}$, $f^1=f$) bilden. Die Folge $(f^n(x_0))_{n=0}^\infty$ ist nichts anderes als die von x_0 aus nach der Vorschrift (I) gewonnene Iterationsfolge (x_n). Man nennt sie auch die von x_0 ausgehende *Bahn* (engl. orbit). Ist ξ ein Fixpunkt von f^m mit minimalem m, d.h. $f^m(\xi)=\xi$ und $f^k(\xi)\neq\xi$ für $k=1,\dots,m-1$, so wird die Bahn periodisch mit der Periode m und ξ ein periodischer Punkt mit der Periode m (kurz: m-periodisch) genannt. Es ist dann $f^{pm+k}(\xi)=f^k(\xi)$ für beliebige p, $k\in\mathbb{N}$. Die Bahn von ξ besteht also aus m verschiedenen Punkten ξ, $f(\xi)$, ..., $f^{m-1}(\xi)$, welche alle m-periodisch sind. Ist der Fixpunkt ξ von f^m anziehend oder abstoßend, so wird auch die Bahn anziehend oder abstoßend genannt; man sieht leicht, daß mit ξ auch die anderen Punkte der Bahn anziehende Fixpunkte von f^m sind. Ein Fixpunkt von f ist also ein 1-periodischer Punkt.

Aufgabe. Man zeige: Im obigen Beispiel 2 wird

$$f^2(x)=1-\mu(1-\mu x^2)^2=1-\mu+2\mu^2x^2-\mu^3x^4.$$

In bezug auf f^2 ist ξ_μ für $0\le\mu\le\mu_0=\frac{3}{4}$ der einzige Fixpunkt, und zwar ein anziehender Fixpunkt mit dem Einzugsbereich J, und es liegt der Typus I vor. Daraus leite man ab, daß ξ_μ auch für f anziehend mit dem Einzugsbereich J ist.

Für $\mu_0<\mu\le 2$ hat f genau eine 2-periodische Bahn. Man bestimme sie für $\mu=1$ und $\mu=\frac{5}{4}$.

Eine eingehende Analyse von Beispiel 2 ergibt das folgende Bild. Läßt man μ über μ_0 hinaus anwachsen, so wird der Fixpunkt ξ_μ abstoßend, und es erscheint eine 2-periodische Bahn, welche alle anderen Bahnen (ausgenommen die Bahn (ξ_μ)) anzieht. Dies gilt für $\mu_0<\mu\le\mu_1:=1{,}25$. Danach tritt eine 4-periodische Bahn auf, welche alle Bahnen bis auf die periodischen mit kleinerer Periode anzieht. Wenn μ weiter wächst, erscheinen Bahnen mit den Perioden 8, 16, 32, ... Genauer: Es gibt eine streng monoton wachsender Folge (μ_n) mit der Eigenschaft, daß für $\mu_{n-1}<\mu\le\mu_n$ eine 2^n-periodische Bahn existiert, welche alle Bahnen (ausgenommen periodische Bahnen mit kleinerer Periode) anzieht. Dabei ist $\lim\mu_n=:\mu_\infty=1{,}401\dots$. Für μ zwischen μ_∞ und 2 werden die Verhältnisse außerordentlich verwickelt. Es treten neue Perioden, aber auch „chaotisches" Verhalten auf. Mit diesen Andeutungen wollen wir es bewenden lassen. Eine Theorie eindimensionaler Iterationsverfahren findet sich in dem Buch *Iterates of maps of an interval* von Ch. Preston (Lecture Notes in Math. Vol. 999, Springer Verlag 1983). Das Beispiel 2 ist entnommen einem Artikel *Smooth transformations of intervals* von O.E. Lanford III (Seminaire Bourbaki 1980/81, n° 563, Springer Lecture Notes in Math., Vol. 901, Springer Verlag 1981).

11.27 Das Newton-Verfahren zur Nullstellenbestimmung. Eine Gleichung $f(x) = 0$ kann auf mannigfache Weise in eine äquivalente Fixpunktgleichung $x = \phi(x)$ überführt werden, etwa in der Form

$$x = x + f(x) \quad \text{oder auch} \quad x = x - 5f^2(x).$$

Ein für das Iterationsverfahren möglichst günstiges ϕ wird man erhalten, wenn die Ableitung ϕ' in der Nähe des Fixpunktes ξ dem Betrag nach klein ist. Dann ist auch die Lipschitzkonstante α von ϕ klein, was aufgrund der Fehlerabschätzung von Satz 11.26 zu einer raschen Konvergenz führt. Geht man von der (offenbar mit $f(x) = 0$ äquivalenten) Gleichung

$$x = \phi(x) := x + g(x) f(x) \quad \text{mit} \quad g \neq 0$$

aus, so führt die Forderung, daß $\phi' = 1 + g'f + f'g \approx 0$ in der Nähe von ξ ist, wegen $f(\xi) = 0$ auf $1 + f'g \approx 0$. Die Wahl $g = -1/f'$ und damit die Fixpunktgleichung

$$x = x - \frac{f(x)}{f'(x)}$$

wird also durch diese Überlegung nahegelegt. Das dieser Gleichung entsprechende Iterationsverfahren

$$\text{(N)} \qquad x_{n+1} = x_n - \frac{f(x_n)}{f'(x_n)} \quad \text{für } n = 0, 1, 2, \ldots$$

wird *Newton-Verfahren* zur Nullstellenbestimmung von f genannt. Es hat eine einfache geometrische Interpretation:

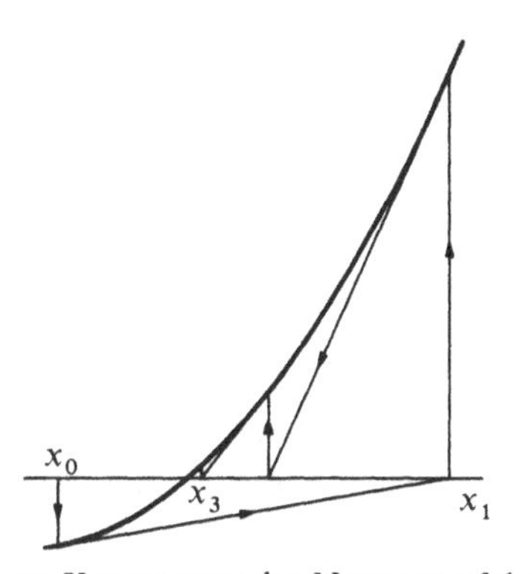

Monotone Konvergenz des Newtonverfahrens

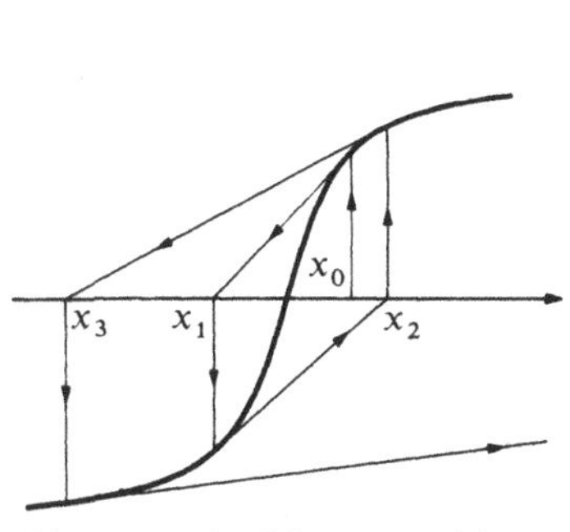

Divergenz des Newtonverfahrens

Um vom Punkt x_n zu einer besseren Näherung x_{n+1} für die Nullstelle zu gelangen, ersetzt man die Kurve durch ihre Tangente im Punkt x_n. Der nach der Vorschrift (N) berechnete Punkt x_{n+1} ist nichts anderes als die Nullstelle dieser Tangente. Voraussetzung für das Verfahren ist, daß f' nicht verschwindet. Das erste Bild legt die Vermutung nahe, daß für konvexes f monotone Konvergenz „von rechts" vorliegt. Im zweiten Bild ist ein Beispiel für Divergenz angedeutet.

Konvergenzsatz. *Die Funktion f sei im Intervall $J=[\xi, b]$ stetig differenzierbar, ihre Ableitung sei in $(\xi, b]$ positiv und monoton wachsend. Ferner sei $f(\xi)=0$. Dann konvergiert für jeden Anfangswert $x_0 \in (\xi, b]$ die nach der Vorschrift* (N) *gebildete „Newtonfolge" (x_n) streng monoton fallend gegen ξ.*

Ist sogar $f \in C^3(J)$ und $f'(\xi)>0$, so besteht die Abschätzung

$$|x_{n+1}-\xi| \leq A(x_n-\xi)^2 \quad \textit{mit} \quad A=\tfrac{1}{2}\max_J |\phi''|,$$

wobei $\phi(x)=x-f(x)/f'(x)$ ist.

Bemerkung. Wenn die durch ein Iterationsverfahren gewonnene Folge (x_n) einer Abschätzung $|x_{n+1}-\xi| \leq A(x_n-\xi)^2$ genügt, so wird sie (oder auch das Verfahren) *quadratisch konvergent* genannt. Das trifft z.B. auf das Newton-Verfahren zu. Ist der Fehler $x_n-\xi$ von der Größenordnung 10^{-k}, so ist der nächste Fehler $x_{n+1}-\xi$ von der Ordnung 10^{-2k} (falls A von der Größenordnung 1 ist). Bei jedem Schritt wird also die Zahl der gültigen Dezimalstellen von ξ ungefähr verdoppelt.

Beweis. Der Beweis des ersten Teils ist einfach. Nach dem Kriterium 11.17 ist f konvex. Die Tangente im Punkt x_n verläuft also unterhalb der Kurve $y=f(x)$, und sie hat wegen $f'>0$ eine positive Steigung. Ihre Nullstelle x_{n+1} liegt also zwischen ξ und x_n ($\xi=x_{n+1}$ im Fall $f'=$const.). Die Folge (x_n) ist also monoton fallend, und ihr Limes $\eta=\lim x_n$ ist $\geq \xi$. Nehmen wir an, es sei $\xi<\eta$. Geht man in der Iterationsvorschrift (N) zum Limes für $n\to\infty$ über, so folgt $\eta=\eta-f(\eta)/f'(\eta)$, also $f(\eta)=0$. Nach Voraussetzung ist aber f' positiv in $(\xi, b]$, also $f(\eta)>0$. Aus diesem Grunde muß $\eta=\xi$ sein.

Für die zweite Behauptung setzen wir $\phi(x)=x-f(x)/f'(x)$. Dann ist $x_{n+1}=\phi(x_n)$, und die Taylorentwicklung

$$x_{n+1}=\phi(x_n)=\phi(\xi)+(x_n-\xi)\,\phi'(\xi)+\tfrac{1}{2}(x_n-\xi)^2\,\phi''(\xi')$$

mit $\xi' \in (\xi, x_n)$ zeigt wegen $\phi(\xi)=\xi$ und $\phi'(\xi)=0$, daß

$$x_{n+1}-\xi=(x_n-\xi)^2\,\tfrac{1}{2}\phi''(\xi')$$

ist. Daraus ergibt sich die behauptete Abschätzung sofort. □

Dem Satz liegt die Voraussetzung zugrunde, daß f monoton wachsend und konvex, also etwa $(\operatorname{sgn} f', \operatorname{sgn} f'')=(1,1)$ ist. Wenn f' und f'' das Vorzeichen nicht wechseln, so sind für das Signum noch drei andere Kombinationen $(1, -1)$, $(-1,1)$ und $(-1,-1)$ möglich. Diese lassen sich auf den behandelten Fall $(1,1)$ zurückführen, indem man von f zu einer anderen Funktion $g(x)=\pm f(\pm x)$ übergeht.

Im ersten Teil des Satzes ist zugelassen, daß $f'(\xi)=0$ ist. Ein Beispiel dafür ist $f(x)=x^\alpha$ mit $\alpha>1$. Die Iterationsvorschrift (N) lautet hier $x_{n+1}=\left(1-\dfrac{1}{\alpha}\right)x_n$. Man sieht unmittelbar, daß die Newtonfolge (x_n) dem Satz entsprechend monoton fallend ist, jedoch nicht quadratisch gegen 0 konvergiert. Für die Fehlerabschätzung des zweiten Teils ist also die Voraussetzung $f'(\xi)>0$ wesentlich. Jedoch gilt die Abschätzung selbst, wie ihr Beweis zeigt, auch dann, wenn f''

das Vorzeichen wechselt. Genügt die Ausgangsnäherung x_0 der Ungleichung $|x_0-\xi|<1/A$, so zeigt diese Abschätzung, daß $|x_1-\xi|<|x_0-\xi|$ ist. Man erkennt ohne Mühe, daß dann die Fehler $|x_n-\xi|$ eine monotone Nullfolge bilden. Daraus folgt ein weiterer

Satz. *Ist* $f\in C^3(J)$, $f'\neq 0$ *in* J *und* $f(\xi)=0$, *wobei* ξ *ein innerer Punkt von* J *ist, so gibt es eine Umgebung* U *von* ξ *mit der Eigenschaft, daß für jeden Startwert* $x_0\in U$ *die Newtonfolge* (x_n) *quadratisch gegen* ξ *konvergiert.*

Beispiele. 1. *Die p-te Wurzel.* Das in 4.10 diskutierte Verfahren zur Berechnung von $\xi=\sqrt[p]{a}$ $(a>0)$ ist nichts anderes als das Newtonverfahren für die positive Nullstelle der (für $x\geq 0$ konvexen) Funktion $f(x)=x^p-a$. Die entsprechende Fixpunktgleichung lautet nämlich

$$x=x-\frac{f(x)}{f'(x)}=x-\frac{x^p-a}{p\,x^{p-1}}.$$

Die dort festgestellte rasche Konvergenz des Verfahrens findet in der Abschätzung des Konvergenzsatzes ihre Erklärung. Darüber hinaus besitzen wir jetzt eine einfache Veranschaulichung des Verfahrens anhand der Kurve $y=x^p-a$.

2. Newton hat das nach ihm benannte Näherungsverfahren in seiner (in §7 ausführlich diskutierten) Schrift *De Analysi* dargestellt und am Beispiel der Gleichung

$$y^3-2y-5=0$$

erläutert. Ausgehend von der Näherung $y_0=2$ erhält er für die Differenzen

$$y_{n+1}-y_n=-\frac{y_n^3-2y_n-5}{3y_n^2-2}$$

zunächst $y_1-y_0=0{,}1$, danach $y_2-y_1=-0{,}0054$ und schließlich $y_3-y_2=-0{,}00004853$. Als Nullstelle findet er $\eta=2{,}09455147$. Auf einem Taschenrechner ergeben sich dagegen die Werte $y_1-y_0=0{,}1$, $y_2-y_1=-0{,}005431878$, $y_3-y_2=-0{,}000016640$, woraus sich η (wie bei Newton) zu $\eta=2{,}094551482$ errechnet.

Bemerkung. Im vorangehenden Beispiel wird ein wesentlicher Vorzug des Iterationsverfahrens sichtbar. Man braucht gar nicht bei jedem Schritt mit der vollen angestrebten Genauigkeit zu rechnen. Das Verfahren „vergißt" die früheren Rundungsfehler, jeder Schritt kann als ein erster Schritt angesehen werden. Diese Sachlage besteht auch beim Verfahren der sukzessiven Approximation, von dem das Newtonverfahren ja ein Spezialfall ist, und allgemeiner bei allen „einstelligen" Iterationsverfahren, bei denen x_{n+1} nur von x_n und nicht von $x_{n-1},\ldots,x_0$ abhängt. Solche Verfahren haben den außerordentlichen Vorteil, daß sich bei ihnen Rundungsfehler nicht akkumulieren können.

Newton beschreibt sein Verfahren in *De Analysi* rein analytisch, und weder dort noch sonstwo in seinem Werk findet sich eine Andeutung des geometrischen Zusammenhangs oder ein erklärendes Bild. Sein Interesse an dem Verfahren zielt in eine andere Richtung. Er benutzt es in modifizierter Form, um die Potenzreihenentwicklung einer implizit gegebenen Funktion zu finden. Dies wird am Beispiel $y^3+a^2y-2a^3+axy-x^3=0$ erläutert, wo bei jedem Schritt ein weiterer Koeffizient der Entwicklung $y=c_0+c_1x+c_2x^2+\ldots$ bestimmt wird.

Wir schließen diesen Abschnitt mit einer allgemeinen Bemerkung. In der Literatur finden sich auch Sätze, bei denen die Aussage, daß ξ Nullstelle von f ist, nicht in der Voraussetzung auftritt, sondern Teil der Behauptung ist. Dabei sind die Voraussetzungen einerseits kompliziert und schlecht nachprüfbar, andererseits erlauben sie die Anwendung des Zwischenwertsatzes, woraus sich in Verbindung mit dem (ebenfalls meist vorausgesetzten) Nichtverschwinden der ersten Ableitung die Existenz genau einer Nullstelle sofort ergibt. Eine ähnliche kritische Bemerkung trifft auch für das Kontraktionsprinzip zu. Die Nachprüfung der Voraussetzungen ist oft mühsam, und der Einzugsbereich des Fixpunktes ist häufig größer, als es der Satz erwarten läßt. In der Regel erkennt man anhand einer Skizze schneller, ob ein Fixpunkt vorhanden und die Iterationsfolge konvergent ist. Im eindimensionalen Fall stehen uns eben der Zwischenwertsatz und Monotoniebetrachtungen als an Einfachheit nicht zu überbietende Hilfsmittel zur Verfügung. Ganz anders sieht die Sache schon bei komplexen Funktionen und erst recht im $\mathbb{R}^n$ aus. Aber das ist ein Problem für den zweiten Band.

Aufgaben

1. Man berechne das Volumen des durch Rotation der Meridiankurve $y=\cosh x$, $0 \le x \le a$, um die x-Achse entstehenden Drehkörpers. Der Körper wird *Katenoid* genannt.

2. *Quadraturformeln* zur Approximation von $J(f)=\int_a^b f(x)\,dx$. Man zeige:

Zu $n+1$ vorgegebenen Stützstellen $x_0,\dots,x_n \in [a,b]$ gibt es genau eine Quadraturformel $Q(f)=(b-a)[\alpha_0 f(x_0)+\dots+\alpha_n f(x_n)]$, welche alle Polynome vom Grad $\le n$ exakt integriert. Die Koeffizienten sind durch $\alpha_k=\frac{1}{b-a}J(L_k)$ definiert, wobei $L_k(x)$ das in 3.3 eingeführte Lagrangesche Interpolationspolynom ist.

Newton-Cotes-Formeln. Im äquidistanten Fall $x_k=a+kh$, $h=\frac{1}{n}(b-a)$, sind die α_k absolute (von a, b unabhängige) Konstanten mit $\alpha_k=\alpha_{n-k}$. Daraus folgt für gerades $n=2m$: Die Quadraturformel ist auch noch für Polynome vom Grad $n+1$ exakt. Beispiel: Die Simpsonsche Formel integriert Polynome vom Grad ≤ 3 exakt.

Man bestätige die *Newtonsche Dreiachtelregel* ($n=3$)

$$J(f) \approx \frac{b-a}{8}\{f(a)+3f(a+h)+3f(a+2h)+f(b)\}.$$

3. *Extremum.* Es sei $f \in C^{2k-1}(J)$, $J=(a-\delta,\ a+\delta)$ $(k \ge 1)$, $f'(a)=f''(a)=\dots=f^{(2k-1)}(a)=0$, und es existiere $f^{(2k)}(a)$. Ist $f^{(2k)}(a)>0$ bzw. <0, so hat f an der Stelle a ein Minimum bzw. Maximum. Anleitung: $f(x)-f(a)=R_{2k-2}$. Man diskutiere den Vorzeichenwechsel von $f^{(2k-1)}$.

4. *Kurvendiskussion.* $f(x)=x^x$, $g(x)=x^{x^2}$, $h(x)=x^{x^x}=x^{f(x)}$ $(x \ge 0)$.

5. Die Funktion ϕ sei stetig im Intervall $J=(0,c]$, und es sei $0<\phi(x)<x$ in J. Man zeige, daß die durch sukzessive Approximation $x_{n+1}=\phi(x_n)$ für $n \in \mathbb{N}$, $x_0 \in J$ gewonnene Folge eine monotone Nullfolge ist. Daraus leite man den folgenden Kontraktionssatz ab:

Die Funktion f bilde das Intervall $I=[a,b]$ mit $b-a \le c$ in sich ab, und es gelte

$$|f(x)-f(y)| \le \phi(|x-y|) \quad \text{in } I.$$

Dann hat f in I genau einen Fixpunkt $\xi=f(\xi)$, und jede durch sukzessive Approximation $x_{n+1}=f(x_n)$ mit $x_0 \in I$ gewonnene Folge konvergiert gegen ξ.

Anleitung: Es sei $c_{n+1}=\phi(c_n)$ mit $c_0=c$. Dann gilt $|x_{p+n}-x_n| \le c_n$ für alle p. Man kann annehmen, daß ϕ monoton wachsend ist (Übergang zu $\phi^*(x)=\max\{\phi(t)\colon 0 \le t \le x\}$).

6. *Konvexe Funktionen.* Mit Hilfe des zentralen Differenzenquotienten $\delta_h^2 f(x) = [f(x+h) - 2f(x) + f(x-h)]/h^2$ (vgl. Aufgabe 7 von §10) bilden wir die

symmetrische obere zweite Derivierte $\overline{D}^2 f(x) = \limsup_{h \to 0} \delta_h^2 f(x)$

(symmetrische zweite Ableitung, wenn $\lim_{h \to 0} \delta_h^2 f(x)$ existiert).

Man zeige: Die im Intervall J stetige Funktion f ist genau dann konvex, wenn $\delta_h^2 f(x) \geq 0$ für x, $x \pm h \in J$ ist, und auch genau dann, wenn $\overline{D}^2 f(x) \geq 0$ in J^0 ist. (Man kann mit der Sehnendefinition oder der Tangentendefinition der Konvexität arbeiten. Ähnlich wie in 12.21 betrachte man zuerst den Fall $\overline{D}^2 f > 0$ und dann die Funktion $f_\varepsilon(x) = f(x) + \varepsilon x^2$; lim sup ist in 12.22 definiert).

7. Es sei J ein Intervall und S eine endliche oder unendliche Menge von in J konvexen Funktionen. Man zeige: Ist $f(x) := \sup_{\sigma \in S} \sigma(x) < \infty$ in J, so ist f konvex in J.

8. Man zeige, daß es zu $f \in C(J)$, $J = [a, b]$, eine größte konvexe Funktion $g \leq f$ und eine kleinste konkave Funktion $h \geq f$ gibt und daß $f(a) = g(a) = h(a)$ und $f(b) = g(b) = h(b)$ ist. Man veranschauliche sich g und h anhand einiger Beispiele.

Anleitung: Man kann $g(x) = \sup\{\sigma(x) \colon \sigma \in S\}$ setzen, wobei S die Menge aller konvexen (oder auch aller linearen) Funktion $\leq f$ ist.

9. Man leite aus der Ungleichung $\sum_{i,j} (a_i b_j - a_j b_i)^2 \geq 0$ die Cauchysche Ungleichung für Summen (11.24) ab.

10. Man bestimme zu den folgenden Funktionen eine Stammfunktion:

(a) $x^5 \cos x^3$; (b) $\dfrac{e^{\alpha\sqrt{x}}}{\sqrt{x}}$ $(\alpha \in \mathbb{R})$;

(c) $\dfrac{1}{2x^2 + x^4}$; (d) $\dfrac{\log(1+x)}{x^{3/2}}$;

(e) $\tan^2 x$ $\left(|x| < \dfrac{\pi}{2}\right)$; (f) $\dfrac{1}{x \log x}$ $(x > 1)$;

(g) $\dfrac{e^x + 1}{e^x + e^{-x}}$ $(x \in \mathbb{R})$; (h) $(1 + \sin x)^{-2}$ $\left(-\dfrac{\pi}{2} < x < \dfrac{3}{2}\pi\right)$;

(i) $\dfrac{x^7 - x^6 + 2x^5 - 2x^4 - x^3 - 4x + 1}{x^6 - 2x^5 + 3x^4 - 4x^3 + 3x^2 - 2x + 1}$;

(j) $\dfrac{2e^{4x} + 3e^{3x} + 2e^{2x} - e^x}{e^{4x} + e^{3x} - e^x - 1}$;

(k) $x^2 \sin 4x$; (l) $\dfrac{(\log x)^3}{x}$;

(m) $e^{2x}(2x+1) \sin 3x$; (n) $\arccos 2x$.

11. Man berechne die Integrale

(a) $\displaystyle\int_0^1 \frac{dx}{1 + x^4}$; (b) $\displaystyle\int_0^3 \arctan x \, dx$;

(c) $\displaystyle\int_1^4 \frac{(\log x)^4}{x} dx$; (d) $\displaystyle\int_2^4 \sqrt{\frac{x}{x-1}} dx$;

(e) $\displaystyle\int_{\pi/12}^{\pi/4} \frac{\cos^3 2x}{\sin^2 2x} dx$; (f) $\displaystyle\int_0^{\pi/3} \left(1 + \frac{1}{\cos x}\right) dx$;

(g) $\displaystyle\int_0^1 \sin ax \sin bx \, dx$; (h) $\displaystyle\int_1^e \frac{1}{x} (\log x)^5 \, dx$.

12. Man zeige: Die durch ($a>0$)

$$x_{n+1}=\tfrac{1}{2}(3x_n-ax_n^3) \quad \text{für } n\in\mathbb{N}, \quad x_0\in(0,1/\sqrt{a}),$$

definierte Folge ist monoton wachsend, und sie konvergiert gegen $\xi=1/\sqrt{a}$. Es handelt sich um das Newton-Verfahren, auf die Gleichung $\frac{1}{x^2}-a=0$ angewandt (Skizze!).

Bemerkung. Dieser Algorithmus ist vorteilhaft für die Berechnung von $\sqrt{a}$ (es ist $\sqrt{a}=a\xi$) mit hoher Präzision, da er die Division vermeidet. Er wurde bei einer Berechnung von π auf über 4 Millionen Stellen nach dem am Schluß von 9.18 behandelten Iterationsverfahren benutzt; vgl. die dort genannte Literatur.

13. Man diskutiere die durch $f(x)=\frac{1}{2}\log(1+e^{2x})+\arctan e^x$ definierte Kurve (Extrema, Wendepunkte, Verhalten für $x\to\pm\infty$, Skizze im Intervall $[-2,2]$). Insbesondere zeige man: Für $x\geq 0$ ist $\varepsilon(x)=f(x)-x-\frac{\pi}{2}<0$, monoton wachsend, für $x\leq 0$ ist $\delta(x)=f(x)-e^x<0$ und monoton wachsend, und es gilt $\lim\limits_{x\to\infty}\varepsilon(x)=0$, $\lim\limits_{x\to-\infty}\delta(x)e^{-2x}=\frac{1}{2}$.

14. Es sei $f(x)=(\sin x)^2(1-\cos x)$. Man bestimme (a) die Symmetrieeigenschaften und Periodizität, (b) die Nullstellen, (c) die lokalen Extrema, (d) die Wendepunkte, Konvexitäts- und Konkavitätsbereiche der Funktion f und skizziere ihren Verlauf.

15. Es sei F die in der (x,y)-Ebene durch die x-Achse und die Funktionen $y=\sin x$ bzw. $y=\sin^2 x$, $0\leq x\leq\pi$, begrenzte Fläche. Man bestimme (a) den Inhalt $|F|$, (b) den Schwerpunkt von F, (c) das Volumen des Rotationskörpers, der durch Rotation von F um die zur x-Achse parallelen Achse $y=-r$ ($r\geq 0$) entsteht, (d) das Trägheitsmoment dieses Rotationskörpers im Fall $r=0$, d.h. bei Drehung um die x-Achse.

16. *Die Lemniskate.* Diese ebene Kurve ist definiert als der Ort aller Punkte P in der Ebene, für die das Produkt der Abstände zu zwei fest gewählten Punkten A, B mit dem Abstand $AB=2d$ den festen Wert d^2 hat. Wählt man $d=1$ und $A=(1,0)$, $B=(-1,0)$, $P=(x,y)$, so wird $AP=(x-1)^2+y^2$, $BP=(x+1)^2+y^2$ und $AP\cdot BP=1$. Nach einfacher Umrechnung erhält man die

(L) *Lemniskatengleichung* $(x^2+y^2)^2=2(x^2-y^2)$.

Führt man Polarkoordinaten $(x,y)=r(\cos\phi,\sin\phi)$ ein, so ist die linke Seite gleich r^4, die rechte Seite gleich $2r^2(\cos^2\phi-\sin^2\phi)=2r^2\cos 2\phi$, und die Gleichung (L) nimmt die Form

$$r^2=2\cos 2\phi$$

an. Man berechne (a) die Koordinaten der Punkte mit maximaler x- bzw. y-Koordinate, (b) die Fläche einer Schleife sowie das Volumen des Körpers, der durch Rotation der in der rechten Halbebene gelegenen Schleife (c) um die x-Achse, (d) um die y-Achse erzeugt wird.

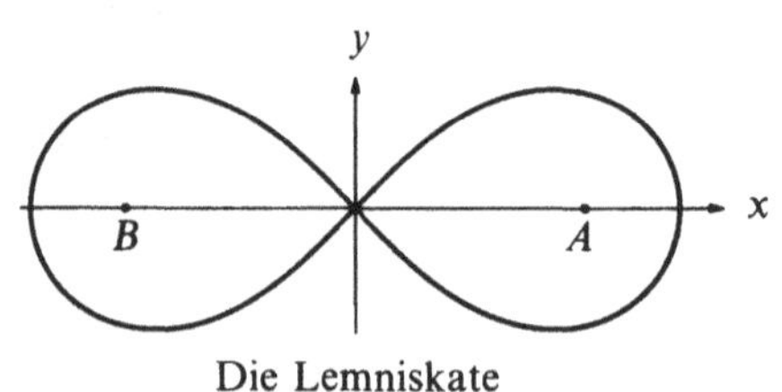

Die Lemniskate

§ 12. Ergänzungen

Die einzelnen Gegenstände dieses Paragraphen hängen nur lose miteinander zusammen und sind nicht aus einer kontinuierlichen Entwicklung entstanden. Es ist deshalb zweckmäßig, die historischen Anmerkungen bei den einzelnen Abschnitten zu geben.

Uneigentliche Integrale

Das Riemannsche Integral $\int_a^b f(x)\,dx$ wurde entwickelt unter der doppelten Voraussetzung, daß sowohl die zu integrierende Funktion f als auch das Integrationsintervall $J=[a,b]$ beschränkt ist. Läßt man eine dieser Voraussetzungen fallen, so verliert es zunächst seinen Sinn. Es liegt jedoch auf der Hand, auch für unendliche Intervalle das Integral durch einen entsprechenden Grenzübergang zu definieren, etwa

$$\int_0^\infty e^{-x}\,dx = \lim_{y\to\infty}\int_0^y e^{-x}\,dx = \lim_{y\to\infty}(1-e^{-y}) = 1.$$

Entsprechend wird man verfahren, wenn das Intervall beschränkt, die Funktion f jedoch unbeschränkt ist, wie das folgende Beispiel zeigt:

$$\int_0^1 \frac{dx}{\sqrt{x}} = \lim_{\varepsilon\to 0+}\int_\varepsilon^1 \frac{dx}{\sqrt{x}} = \lim_{\varepsilon\to 0+} 2(1-\sqrt{\varepsilon}) = 2.$$

Man spricht in beiden Fällen von *uneigentlichen* (Riemannschen) Integralen und nennt zur Unterscheidung die in § 9 definierten Integrale auch *eigentliche* Riemann-Integrale.

CAUCHY hat in seinem Lehrbuch *Calcul infinitésimal* von 1823, in welchem zum ersten Mal die Summendefinition des Integrals dargestellt wird, diese Ausdehnung des Integralbegriffs in der 24. Lektion vorgenommen (Oeuvres II.4, S. 141). Er bemerkt zunächst, daß für eigentliche Integrale die Grenzwertbeziehung

$$\int_a^b f(x)\,dx = \lim_{\xi\to b}\int_a^\xi f(x)\,dx$$

gilt (Satz 9.16). Die verschiedenen uneigentlichen Fälle behandelt er dann in Analogie zu dieser Gleichung durch Grenzübergang. Auch wir lassen uns von demselben Gesichtspunkt leiten.

12.1 Unbeschränkter Integrationsbereich. Es sei f eine in dem unbeschränkten Intervall $[a,\infty)$ erklärte Funktion, welche über jedes kompakte Intervall $[a,c]$ $(a<c<\infty)$ integrierbar ist. Dann definiert man

$$\text{(a)} \qquad \int_a^\infty f(x)\,dx := \lim_{c\to\infty}\int_a^c f(x)\,dx.$$

Wenn dieser Limes (im eigentlichen Sinn) existiert, so sagt man, das uneigentliche Integral existiere oder *konvergiere*. Wenn der Limes einen der Werte $\pm\infty$

annimmt oder nicht existiert, wird das Integral *divergent*, im ersten Fall auch bestimmt divergent, genannt.

Beispiele. 1. $\int_1^\infty \frac{dt}{t} = \lim_{c\to\infty} \int_1^c \frac{dt}{t} = \lim_{c\to\infty} \log c = \infty.$

Das Integral ist bestimmt divergent.

2. $\int_1^\infty \frac{dt}{t^\alpha} = \lim_{c\to\infty} \frac{c^{1-\alpha}-1}{1-\alpha} = \begin{cases} \frac{1}{\alpha-1} & \text{für } \alpha>1 \\ \infty & \text{für } \alpha<1. \end{cases}$

3. Das Integral $\int_0^\infty \sin t\, dt$ ist divergent, da $\lim_{c\to\infty} \cos c$ nicht existiert.

Unter entsprechenden Voraussetzungen definiert man für ein Intervall $(-\infty, a]$

$$\text{(b)} \qquad \int_{-\infty}^a f(x)\,dx := \lim_{c\to-\infty} \int_c^a f(x)\,dx.$$

Integrale, welche sich über ganz $\mathbb{R} = (-\infty, \infty)$ erstrecken, werden gemäß

$$\text{(c)} \qquad \int_{-\infty}^\infty f(x)\,dx := \int_{-\infty}^a f(x)\,dx + \int_a^\infty f(x)\,dx \quad (a\in\mathbb{R})$$

erklärt. Das Integral in (c) wird also in zwei Teile gespalten und auf jeden Teil die frühere Definition angewandt. Man sieht leicht, daß diese Definition unabhängig von der Wahl von a ist (siehe Regel 12.2 (a)). Man beachte, daß die Definition *nicht* lautet

$$\text{(c')} \qquad \int_{-\infty}^\infty f(x)\,dx = \lim_{c\to\infty} \int_{-c}^c f(x)\,dx.$$

Nach (c') würde sich z.B. $\int_{-\infty}^\infty x\,dx = 0$ ergeben! Man kann jedoch, wenn die Existenz des Integrals gesichert ist, dieses nach (c') berechnen. Beispiel:

$$\int_{-\infty}^\infty \frac{dx}{1+x^2} = \lim_{c\to\infty} \int_{-c}^c \frac{dx}{1+x^2} = \lim_{c\to\infty} [\arctan c - \arctan(-c)] = \pi.$$

12.2 Rechenregeln. Wir beschränken uns im folgenden auf ein Integrationsintervall $[a, \infty)$. Die Aussagen gelten jedoch (mit entsprechender Anpassung) auch für Integrale über $(-\infty, a]$ und $(-\infty, \infty)$.

Ist f über $[a, \infty)$ (uneigentlich) integrierbar, dann ist f auch über jedes Intervall $[c, \infty)$ mit $a<c<\infty$ integrierbar. Mit f und g sind auch αf und $f+g$ über $[a, \infty)$ integrierbar, und es gelten die Formeln

$$\text{(a)} \qquad \int_a^\infty f\,dx = \int_a^c f\,dx + \int_c^\infty f\,dx \qquad \text{für } a<c<\infty;$$

$$\text{(b)} \qquad \int_c^\infty f(x)\,dx \to 0 \qquad \text{für } c\to\infty;$$

(c) $$\int_a^\infty (\alpha f+\beta g)\,dx=\alpha\int_a^\infty f\,dx+\beta\int_a^\infty g\,dx;$$

(d) $$f\le g \Rightarrow \int_a^\infty f\,dx\le\int_a^\infty g\,dx.$$

Diese Aussagen ergeben sich sofort aus der Definition.

12.3 Das Konvergenzkriterium von Cauchy. *Die Funktion f sei über jedes Intervall $[a,c]$ $(a<c<\infty)$ integrierbar. Das Integral $\int_a^\infty f(x)\,dx$ existiert genau dann, wenn zu jedem $\varepsilon>0$ ein $C>a$ existiert, so daß*

$$\left|\int_\xi^\eta f(x)\,dx\right|<\varepsilon \qquad \text{für } \eta>\xi\ge C$$

ist.

Das Integral ist nämlich definiert als Limes $\lim\limits_{\xi\to\infty} F(\xi)$ mit $F(\xi)=\int_a^\xi f(x)\,dx$. Dieser Limes existiert nach dem Cauchy-Kriterium 6.12(b) genau dann, wenn zu $\varepsilon>0$ ein $C>a$ mit $|F(\xi)-F(\eta)|<\varepsilon$ für $\xi,\eta\ge C$ existiert. Die Differenz $F(\eta)-F(\xi)$ ist aber nichts anderes als das im Cauchy-Kriterium auftretende Integral. □

Beispiel. Für $\alpha>0$ existiert

$$\int_1^\infty \frac{\sin t}{t^\alpha}\,dt.$$

Es ist nämlich für $1\le x<y$

$$J(x,y):=\int_x^y \frac{\sin t}{t^\alpha}\,dt=-\frac{\cos t}{t^\alpha}\bigg|_x^y-\alpha\int_x^y\frac{\cos t}{t^{\alpha+1}}\,dt,$$

also

$$|J(x,y)|\le\frac{1}{x^\alpha}+\frac{1}{y^\alpha}+\alpha\int_x^y\frac{dt}{t^{\alpha+1}}$$
$$=\frac{1}{x^\alpha}+\frac{1}{y^\alpha}+\frac{1}{x^\alpha}-\frac{1}{y^\alpha}=\frac{2}{x^\alpha}\le\frac{2}{C^\alpha}\qquad\text{für } y\ge x\ge C,$$

woraus die Existenz des Integrals nach dem Cauchy-Kriterium folgt.

Bemerkung. Die Aussage „wenn $\int_a^\infty f\,dx$ existiert, so gilt $f(x)\to 0$ für $x\to\infty$" ist im allgemeinen falsch. Man gebe ein Gegenbeispiel an.

12.4 Absolute Konvergenz, Majorantenkriterium. Die Funktion f sei über jedes Intervall $[a,c]$ mit $a<c$ integrierbar. Man sagt, das Integral $\int_a^\infty f(x)\,dx$ sei *absolut konvergent*, wenn das Integral $\int_a^\infty |f(x)|\,dx$ existiert.

Aus dem Cauchy-Kriterium 12.3 folgt: Wenn $\int_a^\infty f(x)\,dx$ absolut konvergiert, so konvergiert (= existiert) es auch. Nach der Dreiecksungleichung für Integrale 9.12 ist nämlich ($\varepsilon>0$ vorgegeben)

$$\left|\int_\xi^\eta f(x)\,dx\right| \leq \int_\xi^\eta |f(x)|\,dx < \varepsilon \qquad \text{für } \eta > \xi \geq C$$

bei geeignetem $C = C(\varepsilon)$. Setzt man in der ersten dieser Ungleichungen $\xi = a$ und läßt $\eta \to \infty$ streben, so erkennt man, daß die Dreiecksungleichung auch für uneigentliche Integrale gültig bleibt:

$$\left|\int_a^\infty f(x)\,dx\right| \leq \int_a^\infty |f(x)|\,dx.$$

Majoranten-Kriterium. *Das Integral* $\int_a^\infty f(x)\,dx$ *ist absolut konvergent, wenn eine integrierbare Majorante g existiert, wenn also* $|f(x)| \leq g(x)$ *mit* $\int_a^\infty g(x)\,dx < \infty$ *ist (Integrierbarkeit in Intervallen* $[a, c]$ *vorausgesetzt).*

Das folgt ebenfalls sofort aus dem Cauchy-Kriterium 12.3 wegen $\left|\int_\xi^\eta f(x)\,dx\right| \leq \int_\xi^\eta g(x)\,dx$.

Beispiel. Aus einer Abschätzung

$$|f(x)| \leq \frac{C}{x^\alpha} \quad \text{oder} \quad |f(x)| \leq \frac{C}{x(\log x)^\alpha} \quad \text{mit } \alpha > 1$$

(für große x) folgt die absolute Konvergenz von $\int_a^\infty f(x)\,dx$. Das ergibt sich im ersten Fall aus 12.1, Beispiel 2, im zweiten Fall aus

$$\int_a^c \frac{dx}{x(\log x)^\alpha} = \left.\frac{(\log x)^{1-\alpha}}{1-\alpha}\right|_a^c \to \frac{1}{(\alpha-1)(\log a)^{\alpha-1}}$$

für $c \to \infty$ $(\alpha > 1)$. Übrigens ist das entsprechende uneigentliche Integral für $\alpha \leq 1$ divergent (Übungsaufgabe).

12.5 Unendliche Reihen und uneigentliche Integrale. Der folgende Satz stellt einen engen Zusammenhang zwischen der Konvergenz von unendlichen Reihen und uneigentlichen Integralen her. Zugleich ist er ein wirksames Konvergenz- bzw. Divergenzkriterium für Reihen, gelegentlich auch für Integrale.

Integralkriterium. *Die Funktion* $f(x)$ *sei für* $x \geq p$ $(p \in \mathbb{Z})$ *nichtnegativ und monoton fallend. Dann besteht die Ungleichung*

$$\sum_{n=p+1}^\infty f(n) \leq \int_p^\infty f(x)\,dx \leq \sum_{n=p}^\infty f(n),$$

aus der insbesondere folgt, daß die Reihe und das Integral dasselbe Konvergenzverhalten haben.

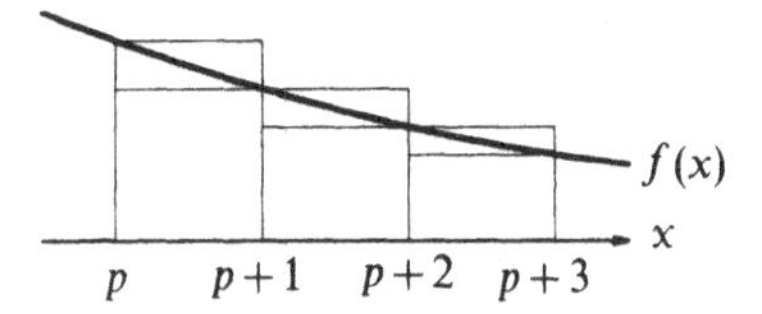

Beweis. Aus der Monotonie von f folgt sofort

$$f(n+1) \leq \int_n^{n+1} f(x)\,dx \leq f(n)$$

für $n \geq p$. Durch Addition dieser Ungleichungen für $n=p,\ p+1, \dots, q-1$ folgt

$$\sum_{n=p+1}^{q} f(n) \leq \int_p^q f(x)\,dx \leq \sum_{n=p}^{q-1} f(n),$$

woraus sich für $q \to \infty$ die Behauptung ergibt (da $F(\xi)=\int_p^{\xi} f(x)\,dx$ eine monoton wachsende Funktion von ξ ist, kann man sich auf ganzzahlige Werte $\xi=q\to\infty$ beschränken). □

Beispiele. Die Reihen

$$\sum_{n=1}^{\infty} \frac{1}{n^{\alpha}} \quad \text{und} \quad \sum_{n=2}^{\infty} \frac{1}{n(\log n)^{\alpha}}$$

sind konvergent für $\alpha > 1$ und divergent für $\alpha \leq 1$; vgl. das Beispiel in 12.4.

Numerische Berechnung von unendlichen Reihen. Man kann den obigen Satz zu diesem Zweck heranziehen, indem man für ein hinreichend großes p die p-te Teilsumme explizit berechnet und den Rest abschätzt. Es gilt ja

$$\int_{p+1}^{\infty} f(x)\,dx \leq \sum_{n=p+1}^{\infty} f(n) \leq \int_p^{\infty} f(x)\,dx.$$

Berechnen wir nach dieser Methode etwa die Riemannsche Zetafunktion an der Stelle $x=3$,

$$\zeta(3)=\sum_{n=1}^{\infty} \frac{1}{n^3}.$$

Für die p-te Teilsumme s_p mit $p=1000$ rechnet ein programmierbarer Taschenrechner den Wert $s_{1000}=1{,}202\,056\,4037$ aus (es ist zweckmäßig, bei der Rechnung mit den kleinen Zahlen zu beginnen), während der Rest r_{1000} in diesem Fall gemäß

$$\int_{1001}^{\infty} \frac{dx}{x^3} < r_{1000} < \int_{1000}^{\infty} \frac{dx}{x^3},$$

also

$$0{,}4990 \cdot 10^{-6} < \frac{1}{2\cdot(1001)^2} < r_{1000} < \frac{1}{2\cdot(1000)^2} = 0{,}5 \cdot 10^{-6}$$

abgeschätzt wird. Unter der Annahme, daß die ersten 8 Stellen von s_{1000} nach dem Komma vertrauenswürdig sind, ergibt sich $\zeta(3)=1{,}202\,05690$. Der tatsächliche Wert ist $1{,}202\,056\,9030\dots$ [Selby, Weast u.a., *Handbook of mathematical tables*].

12.6 Grenzübergang unter dem Integralzeichen. Satz. *Die Funktionen* $f_n(x)$ *und* $g(x)$ *seien integrierbar über* $[a,c]$ *für jedes* $c>a$. *Ferner sei* $|f_n(x)| \leq g(x)$ *für alle* *n und* $\int_a^\infty g(x)\,dx$ *konvergent. Dann folgt aus* $\lim_{n\to\infty} f_n(x)=f(x)$ *gleichmäßig in jedem Intervall* $[a,c]$ *die Existenz der folgenden Integrale und die Gleichung*

$$\int_a^\infty f(x)\,dx=\lim_{n\to\infty}\int_a^\infty f_n(x)\,dx.$$

Beweis. Wegen der gleichmäßigen Konvergenz ist f über jedes Intervall $[a,c]$ integrierbar. Ferner folgt aus $|f_n(x)|\le g(x)$ die Ungleichung $|f(x)|\le g(x)$, nach dem Majoranten-Kriterium 12.4 also die Existenz aller auftretenden Integrale. Nun ist für festes ξ

$$J_n=\left|\int_a^\infty (f_n-f)\,dx\right|\le\left|\int_a^\xi\right|+\left|\int_\xi^\infty\right|=J_n'+J_n''.$$

Wegen der gleichmäßigen Konvergenz im Intervall $[a,\xi]$ ist $\lim_{n\to\infty} J_n'=0$. Ferner ist wegen $|f_n(x)-f(x)|\le 2g(x)$

$$J''=\left|\int_\xi^\infty (f_n-f)\,dx\right|\le\int_\xi^\infty 2g(x)\,dx.$$

Nach 12.2 (b) kann man zu gegebenem $\varepsilon>0$ die Zahl ξ so groß wählen, daß $J_n''<\varepsilon$ ist. Ferner gibt es bei dieser Wahl von ε und ξ eine Zahl N derart, daß $J_n'<\varepsilon$ für $n\ge N$ ist. Es gilt also $J_n<2\varepsilon$ für $n\ge N$, d.h. $\lim J_n=0$, wie behauptet war. □

Der Satz wird falsch, wenn man die Voraussetzung $|f_n(x)|\le g(x)$ streicht, und zwar selbst dann, wenn die f_n auf dem ganzen Intervall $[a,\infty)$ gleichmäßig konvergent und die Integrale $\int_a^\infty f_n\,dx$ absolut konvergent sind. Als Gegenbeispiel kann die durch

$$f_n(x)=\frac{1}{x}\quad\text{für } n<x<2n \quad\text{und}\quad f_n(x)=0 \text{ sonst}$$

definierte Funktionenfolge im Intervall $J=[0,\infty)$ dienen. Man zeige, daß $\lim f_n(x)=0$ gleichmäßig in J gilt und berechne die Integrale.

12.7 Unbeschränkter Integrand. Wir behandeln nun den Fall eines beschränkten Intervalls $[a,b]$ und einer Funktion f, die bei a oder bei b unbeschränkt wird. Zunächst sei f unbeschränkt in einer Umgebung von a, jedoch beschränkt und (eigentlich) Riemann-integrierbar in $[c,b]$ für jedes c mit

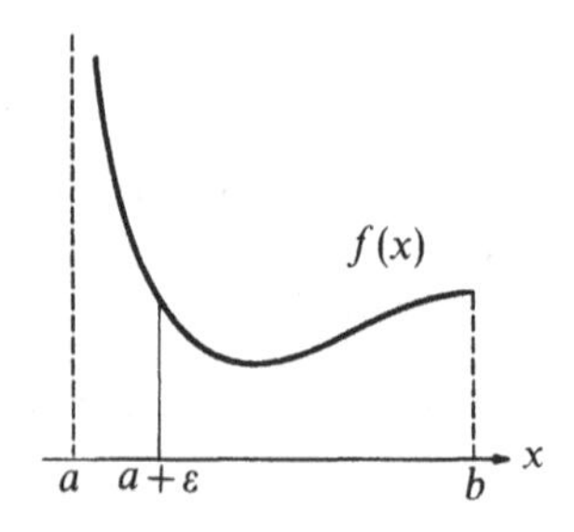

$a<c<b$. Dann definiert man

$$\text{(a)} \qquad \int_a^b f(x)\,dx := \lim_{c\to a+} \int_c^b f(x)\,dx = \lim_{\varepsilon\to 0+} \int_{a+\varepsilon}^b f(x)\,dx,$$

falls der Limes existiert.

Ist f „bei b unbeschränkt", so erklärt man bei Vorliegen geeigneter Voraussetzungen, die der Leser leicht selbst finden kann, das Integral durch

$$\text{(b)} \qquad \int_a^b f(x)\,dx := \lim_{\varepsilon\to 0+} \int_a^{b-\varepsilon} f(x)\,dx.$$

Den Fall, daß f in jedem Intervall $[c,d]$ mit $a<c<d<b$ integrierbar, aber bei a und bei b unbeschränkt ist, führt man gemäß

$$\text{(c)} \qquad \int_a^b f(x)\,dx := \int_a^c f(x)\,dx + \int_c^b f(x)\,dx \quad (a<c<b)$$

auf die Fälle (a) und (b) zurück. Diese Definition ist wieder unabhängig von der Wahl von c.

Die Definition (c) wird auch für $b=\infty$ benutzt, um das Integral $\int_a^\infty f(x)\,dx$ für den Fall zu erklären, daß f bei a unbeschränkt ist.

Beispiele.

1. $\displaystyle\int_0^1 \frac{dx}{\sqrt{1-x^2}} = \lim_{c\to 1-0} \int_0^c \frac{dx}{\sqrt{1-x^2}} = \lim_{c\to 1-0} \arcsin c = \frac{\pi}{2}.$

2. $\displaystyle\int_0^1 \frac{dx}{x^\alpha} = \begin{cases} \dfrac{1}{1-\alpha} & \text{für } 0<\alpha<1 \\ \infty & \text{für } \alpha \geq 1. \end{cases}$

Hieraus und aus Beispiel 2 in 12.1 folgt, daß das Integral $\int_0^\infty \frac{dx}{x^\alpha}$ für kein reelles α existiert.

Die früher eingeführten Redeweisen *Konvergenz*, *Divergenz*, *absolute Konvergenz* werden auch für die neu eingeführten uneigentlichen Integrale benutzt. Auch sagt man, ein Integral sei bei a oder bei b oder bei a und b uneigentlich, um auf die kritische Stelle hinzuweisen. Es bereitet keine Mühe, die früheren Sätze so umzuformulieren, daß sie auf die jetzige Situation passen, und auch bei den Beweisen treten keine neuen Schwierigkeiten auf. Wir nehmen davon Abstand, dieses Programm, dem jeder mathematische Reiz abgeht, durchzuführen, und begnügen uns mit der Feststellung, daß die Rechenregeln 12.2, das Cauchy-Kriterium 12.3, das Majoranten-Kriterium 12.4 und der Satz 12.6 über Grenzprozesse unter dem Integralzeichen gültig bleiben. Schließlich sei ins Gedächtnis zurückgerufen, worauf wir bereits zu Anfang bei den historischen Bemerkungen hingewiesen haben: Die Definition des uneigentlichen Integral $\int_a^b f\,dx$ ist mit jener des eigentlichen Riemannschen Integrals verträglich, d.h. für $f\in R[a,b]$ ergibt jede der obigen Definitionen (a)–(c) wegen Satz 9.16 den Wert des eigentlichen Riemann-Integrals.

12.8 Die Gammafunktion. Beim Ausbau der Analysis im frühen 18. Jahrhundert wurde auch die Aufgabe diskutiert, eine Funktion zu finden, welche die häufig auftretenden Produkte $n! = 1 \cdot 2 \cdot 3 \cdots n$ interpoliert, für die also $f(n) = n!$ ist. Der junge EULER erfuhr davon durch CHRISTIAN GOLDBACH (1690–1764, studierte Jura und war später Sekretär der Petersburger Akademie; die berühmte Goldbachsche Vermutung, daß jede gerade Zahl größer zwei als Summe zweier Primzahlen dargestellt werden kann, ist noch unbewiesen). Euler hatte offenbar wenig Mühe mit der Aufgabe. In Briefen vom 13. 10. 1729 und 8. 1. 1730 teilte er Goldbach seine Lösung in verschiedenen Formen mit, unter denen die folgende

$$\Gamma(x) := \int_0^\infty e^{-t} t^{x-1}\, dt \qquad \textit{Eulersche Gammafunktion}$$

(kurz: *Gammafunktion*) heute am beliebtesten ist. Erst im Laufe der Zeit hat sich herausgestellt, daß die Gammafunktion nach den elementaren Funktionen eine der wichtigsten Funktionen der Analysis ist.

Wir wissen bereits, daß $\Gamma(1) = \int_0^\infty e^{-t}\, dt = 1$ ist, und es bereitet keine Mühe, die Gleichung $\Gamma(n+1) = n!$ für $n \in \mathbb{N}$ durch n-fache partielle Integration zu bestätigen (dasselbe wird sich unten durch eine allgemeinere Betrachtung ergeben). Daß $\Gamma(n)$ nicht den Wert $n!$, sondern den Wert $(n-1)!$ hat, kann man als Schönheitsfehler ansehen. Gauß hat ohne Erfolg versucht, durch eine andere Bezeichnung $\Pi(x)$ für $\Gamma(x+1)$ dem abzuhelfen.

Der folgende Satz faßt einige Eigenschaften der Gammafunktion zusammen. Man beachte, daß für $x < 1$ das Integral auch bei 0 uneigentlich ist. In diesem Fall ist es als $\int_0^1 + \int_1^\infty$ definiert.

Satz. *Die Gammafunktion ist aus $C^\infty(0, \infty)$. Man darf unter dem Integralzeichen differenzieren und erhält*

$$\Gamma^{(k)}(x) = \int_0^\infty e^{-t} (\log t)^k t^{x-1}\, dt \qquad \textit{für } k = 0, 1, 2, \ldots \quad \textit{und} \quad x > 0.$$

Alle diese Integrale sind für $x > 0$ absolut konvergent. Für $x > 0$ besteht die Funktionalgleichung

$$\Gamma(x+1) = x\Gamma(x).$$

Beweis. Man muß die beiden Integrale über $(0, 1]$ und über $[1, \infty)$ gesondert behandeln und benötigt dazu die beiden folgenden Abschätzungen. Es sei δ eine kleine, a eine große positive Zahl und $0 < 4\delta \le x \le a$. Dann ist mit geeigneten Konstanten $K_1, K_2, \ldots$

$$(*) \qquad e^{-t} |\log t|^k t^{x-1} \le \begin{cases} K_1 t^{-\delta} t^{4\delta - 1} = K_1 t^{3\delta - 1} & \text{für } 0 < t < 1 \\ K_2 e^{-t} t^a < \dfrac{K_3}{t^2} & \text{für } t \ge 1. \end{cases}$$

Denn für $t \to \infty$ wächst e^t stärker als jede Potenz von t und t stärker als jede Potenz des Logarithmus, und für $t \to 0+$ wächst $t^{-\delta}$ stärker als jede Potenz des

Logarithmus (Merkregel 7.9 (d)). Die Ungleichung mit K_3 folgt also aus $e^{-t}t^{a+2}\to 0$ für $t\to\infty$. Mit dem Majorantenkriterium und den Beispielen aus 12.4 und 12.7 ergibt sich dann die Existenz der Integrale.

Wir zeigen jetzt, daß die im Satz für $k=1$ auftretende Funktion Γ' die Ableitung von Γ ist. Aus der Taylorentwicklung $e^s=1+s+\frac{1}{2}s^2e^{\theta s}$ folgt mit $s=y\log t$

$$t^y=1+y\log t+\frac{y^2}{2}\log^2 t\cdot t^{\theta y} \quad \text{mit } 0<\theta<1.$$

Dies führt auf die für $|y|<\delta$ gültige Abschätzung

$$\left|\frac{t^y-1}{y}-\log t\right|\le\begin{cases}|y|\log^2 t\cdot t^{-\delta}\le K_4|y|\,t^{-2\delta} & \text{für } 0<t<1\\ |y|\log^2 t\cdot t^{\delta}\le K_5|y|\,t^{2\delta} & \text{für } t\ge 1.\end{cases}$$

Es sei

$$A(x,y):=\frac{\Gamma(x+y)-\Gamma(x)}{y}-\Gamma'(x)=\int_0^\infty e^{-t}t^{x-1}\left\{\frac{t^y-1}{y}-\log t\right\}dt$$

und A_1, A_2 das entsprechende Integral über $(0,1)$ bzw. $(1,\infty)$. Wenn man für die geschweifte Klammer die entsprechende Abschätzung einsetzt und für den entstehenden Ausdruck die entsprechende Ungleichung (*) benutzt, so erkennt man, daß sowohl A_1 als auch A_2 für $4\delta\le x\le a$ und $|y|\le\delta$ eine Abschätzung $|A_i(x,y)|\le K|y|$ zuläßt. Es strebt also $A\to 0$ für $y\to 0$, d.h. die Ableitung von Γ existiert und ist gleich dem obigen Integral für $k=1$. Da man δ beliebig klein und a beliebig groß wählen kann, gilt dies für alle $x>0$. Bei den höheren Ableitungen erfährt der Beweis nur geringe Modifikationen. Da eine differenzierbare Funktion stetig ist, folgt $\Gamma\in C^\infty(0,\infty)$.

Für den Nachweis der Funktionalgleichung benutzen wir partielle Integration,

$$\int_0^c e^{-t}t^\alpha\,dt=-e^{-t}t^\alpha\Big|_0^c+\alpha\int_0^c e^{-t}t^{\alpha-1}\,dt.$$

Für $c\to\infty$ folgt $\Gamma(\alpha+1)=\alpha\,\Gamma(\alpha)$. Im Fall $0<\alpha<1$ muß man etwas vorsichtiger schließen: Man integriert von ε bis 1 sowie von 1 bis c und läßt im ersten Integral $\varepsilon\to 0+$, im zweiten Integral $c\to\infty$ rücken. □

(a) Durch wiederholte Anwendung der Funktionalgleichung ergibt sich

$$\Gamma(x)\,x(x+1)(x+2)\cdots(x+n)=\Gamma(x+n+1) \qquad \text{für } x>0,$$

insbesondere $\Gamma(n+1)=n!$ für $n\in\mathbb{N}$.

(b) Nach der Integralformel für $k=2$ ist

$$\Gamma''(x)>0 \qquad \text{für } x>0,$$

also $\Gamma'(x)$ streng monoton wachsend. Wegen $\Gamma(1)=\Gamma(2)=1$ besitzt Γ genau ein Minimum, welches im Intervall $(1,2)$ liegt. Die Kurve $y=\Gamma(x)$ ist streng konvex, links von der Minimumstelle ist sie fallend, rechts davon wachsend.

Wir geben einige weitere Eigenschaften der Γ-Funktion ohne Beweis an.[1])

---

[1]) In den Lehrbüchern von Courant [1963; Bd. 2], Heuser [1981, Bd. 2], v. Mangoldt-Knopp [1961; Bd. 3] ist die Theorie der Γ-Funktion mehr oder weniger ausführlich dargestellt.

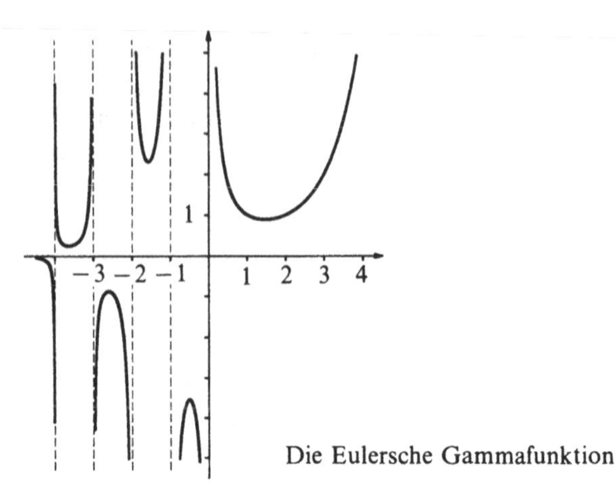

Die Eulersche Gammafunktion

(c) Unter Benutzung der Funktionalgleichung $\Gamma(x+1)=x\Gamma(x)$ läßt sich die Gammafunktion auf negative Argumente fortsetzen, indem man

$$\Gamma(x):=\frac{1}{x}\Gamma(x+1)$$

definiert, zunächst für $-1<x<0$, dann für $-2<x<-1$, usw. Um die Gammafunktion für komplexe Werte von x zu erklären, benutzt man zunächst die Integraldarstellung, welche für $\operatorname{Re} x>0$ konvergiert, und setzt dann mit Hilfe der Funktionalgleichung auf die linke Halbebene $\operatorname{Re} x\leq 0$ fort.

Für $x\to 0$ wird $\Gamma(x)$ wie $\frac{1}{x}$ unendlich, denn es strebt $x\Gamma(x)=\Gamma(x+1)\to 1$ für $x\to 0$ (dies gilt auch im Komplexen). Man sagt, Γ hat im Nullpunkt einen „Pol erster Ordnung". Ähnlich folgt aus (a) für $x\to -n$, daß sich $\Gamma(x)$ an der Stelle $-n$ wie $c_n/(x+n)$ mit $c_n=(-1)^n/n!$ verhält. An allen übrigen Stellen $x\in\mathbb{C}$ ist $\Gamma(x)$ holomorph, d.h. in eine Potenzreihe entwickelbar. Die Theorie der Γ-Funktion im Komplexen wird behandelt in dem Grundwissen-Band *Funktionentheorie II* von R. Remmert.

(d) GAUSS geht bei seinen Untersuchungen zur Gammafunktion von der Produktdarstellung

$$\Gamma(x)=\lim_{n\to\infty}\frac{n!\,n^x}{x(x+1)\cdots(x+n)}$$

aus. Sie findet sich bereits bei EULER in seinem ersten Brief an Goldbach und hat den Vorteil, für alle $x\neq 0, -1, -2, \ldots$ gültig zu sein.

(e) Die von uns benutzte Integraldarstellung der Gammafunktion nennt man (mit Legendre) auch *Eulersches Integral zweiter Gattung*. Durch die Variablentransformationen $y=e^{-t}$ bzw. $z=\log t$ ergeben sich die äquivalenten Formen

$$\Gamma(x)=\int_0^1\left(\log\frac{1}{y}\right)^{x-1}dy=\int_{-\infty}^{\infty}e^{xz}e^{-e^z}dz.$$

(f) Als *Eulersches Integral erster Gattung* oder *Eulersche Betafunktion* bezeichnet man das von zwei Parametern p, q abhängende Integral

$$B(p,q)=\int_0^1 t^{p-1}(1-t)^{q-1}\,dt.$$

Man erkennt leicht, daß dieses (für $p<1$ bzw. $q<1$ an der unteren bzw. oberen Integrationsgrenze uneigentliche) Integral für $p>0$, $q>0$ existiert. Für spezielle, insbesondere ganz- und halbzahlige Werte von p und q wurde es schon von WALLIS, NEWTON und STIRLING betrachtet. Die Betafunktion hängt mit der Gammafunktion durch die Gleichung

$$B(p,q)=B(q,p)=\frac{\Gamma(p)\,\Gamma(q)}{\Gamma(p+q)} \qquad \text{für } p,q>0$$

zusammen (s. Beispiel 4 in II.7.21). Insbesondere ist also für natürliche Zahlen m, n

$$\int_0^1 t^m(1-t)^n\,dt=\frac{m!\,n!}{(m+n+1)!}$$

Vgl. Aufgabe 2.

(g) Die Gammafunktion genügt einer weiteren Funktionalgleichung

$$\Gamma(x)\,\Gamma(1-x)=\frac{\pi}{\sin \pi x} \qquad (x\notin\mathbb{Z}),$$

aus welcher sich für $x=1/2$ der Wert

$$\Gamma\left(\frac{1}{2}\right)=\int_0^\infty \frac{e^{-t}}{\sqrt{t}}\,dt=\sqrt{\pi}$$

ergibt.

Einfache Differentialgleichungen

Die Entwicklung der Analysis vollzog sich von Anfang an in viel breiterem Rahmen, als es der heutige Aufbau vermuten läßt. Der junge NEWTON führte zur Systematisierung seiner Überlegungen die Begriffe Fluente und Fluxion ein; vgl. dazu § 10. Eine Kurve ist durch zwei Fluenten $x(t)$, $y(t)$ bestimmt, zwischen denen eine Relation $f(x,y)=0$ besteht, und gesucht ist eine entsprechende Relation zwischen den Geschwindigkeiten $\dot{x}$, $\dot{y}$, aus denen dann die Steigung der Tangente $\dot{y}/\dot{x}$ berechnet werden kann. Auch die inverse Aufgabe, das Integrationsproblem, stellt Newton von Anfang an in diesem allgemeineren Rahmen. Gegeben ist nicht eine Funktion, zu der die Stammfunktion gesucht wird, sondern eine Beziehung zwischen Fluenten und Fluxionen, etwa in der Form $f(x,y,\dot{y}/\dot{x})=0$, aus welcher bei vorgegebener Fluente x die andere Fluente y bestimmt werden soll. In den folgenden zwei Zitaten, das erste aus einem Manuskript von 1665 [MP I, 344], das zweite aus dem *October 1666 tract* [MP I, 403] weist der etwa 23-jährige Newton auch auf die außerordentlichen Schwierigkeiten dieses Problems hin.

If an equation expressing y^e relation of their motions bee given, tis more difficult & sometimes Geometrically impossible, thereby to find y^e relation of y^e spaces described by motions [y^e = the].

If two Bodys A & B, by their velocitys p & q describe y^e lines x & y. & an Equation bee given expressing y^e relation twixt one of y^e lines x, & y^e ratio q/p of their motions q & p; To find y^e other line y.

Could this ever bee done all problems whatever might bee resolved [twixt = zwischen, statt $\dot{x}, \dot{y}$ schreibt Newton noch p, q].

Newton betrachtet also in Verallgemeinerung des Quadraturproblems Gleichungen zwischen Fluxionen, später sind es bei Leibniz und den Bernoullis Gleichungen zwischen Differentialen, *Differentialgleichungen*. Die Entwicklung des Funktionsbegriffes im 18. Jahrhundert und die neue Strenge im 19. Jahrhundert brachten einen neuen systematischen Aufbau der Analysis mit sich. So haben heute in den einführenden Vorlesungen zunächst die Grundbegriffe Funktion, Limes und Stetigkeit, Ableitung und Integral Vorrang, und die Differentialgleichungen werden späteren Semestern vorbehalten. Uns steht jedoch genügend Rüstzeug zur Verfügung, um einfache Differentialgleichungen behandeln zu können, und darüber hinaus eröffnen erst Differentialgleichungen den Zugang zu der Fülle von Anwendungen aus den verschiedensten Wissenschaften.

12.9 Lineare Differentialgleichungen erster Ordnung. Da bei den Anwendungen die unabhängige Veränderliche meist die Zeit ist, verabreden wir, das Argument mit t statt x, die Funktionen $x(t)$, $y(t)$, ... und ihre Ableitungen in Newtonscher Schreibweise mit $\dot{x}(t)=dx(t)/dt$, $\ddot{x}=d^2x/dt^2$, ... zu bezeichnen. Eine Gleichung der Form $f(t,x,\dot{x})=0$ heißt Differentialgleichung erster Ordnung, eine Funktion $x(t)$ wird *Lösung* der Differentialgleichung (in einem Intervall J) genannt, wenn $f(t,x(t),\dot{x}(t))\equiv 0$ für $t\in J$ ist. Eine Gleichung der speziellen Form

$$\dot{x}=\alpha x+\beta,$$

in welcher α und β gegebene Funktionen von t sind, heißt lineare Differentialgleichung erster Ordnung, und sie wird *homogen* oder *inhomogen* genannt, je nachdem, ob $\beta=0$ oder $\beta\neq 0$ ist. Wir behandeln hier nur den Fall, daß α und β konstant sind.

Die homogene Gleichung

$$\dot{x}=\alpha x$$

hat, wie man leicht errät, die Lösung $x(t)=e^{\alpha t}$ (in $\mathbb{R}$). Nach einigem Nachdenken wird man daraufkommen, daß auch $x(t)=-3e^{\alpha t}$ und allgemeiner $x(t)=Ce^{\alpha t}$ mit konstantem C Lösungen sind. Dies sind nun alle Lösungen. Denn ist irgendeine Lösung ϕ vorgegeben, so ist

$$\frac{d}{dt}[\phi(t)e^{-\alpha t}]=\dot{\phi}e^{-\alpha t}-\alpha\phi e^{-\alpha t}=e^{-\alpha t}(\dot{\phi}-\alpha\phi)=0,$$

also $\phi(t)e^{-\alpha t}=\text{const.}=C$ und damit $\phi(t)=Ce^{\alpha t}$.

Man spricht von einem *Anfangswertproblem* für eine Differentialgleichung erster Ordnung, wenn zu einem bestimmten Zeitpunkt ein „Anfangswert" der Lösung vorgeschrieben wird, wenn also eine Lösung gesucht ist, die zur Zeit t_0 den Wert x_0 haben soll. Das Anfangswertproblem

(AWP) $$\dot{x}=\alpha x,\quad x(t_0)=x_0$$

hat für beliebig vorgegebene reelle Zahlen t_0 und x_0 genau eine Lösung, nämlich

$$x(t) = x_0\, e^{\alpha(t - t_0)}.$$

Davon kann man sich leicht überzeugen. Geometrisch ausgedrückt, geht durch jeden Punkt (t_0, x_0) der (t, x)-Ebene genau eine Lösung.

Betrachten wir noch die inhomogene Gleichung

$$\dot{y} = \alpha y + \beta.$$

Sie hat im allein interessierenden Fall $\alpha \neq 0$ eine konstante Lösung $y(t) = -\beta/\alpha$. Zwischen den Lösungen der homogenen und der inhomogenen linearen Differentialgleichung $\dot{x} = \alpha x$ bzw. $\dot{y} = \alpha y + \beta$ bestehen, in völliger Analogie zu den Verhältnissen bei linearen Gleichungssystemen, die folgenden Beziehungen.

Mit x_1 und x_2 ist auch die Linearkombination $\lambda x_1 + \mu x_2$ (λ, μ reell) eine Lösung der homogenen Differentialgleichung. Sind y_1 und y_2 Lösungen der inhomogenen Differentialgleichung, so ist ihre Differenz $x := y_1 - y_2$ eine Lösung der entsprechenden homogenen Gleichung. Wenn man also *eine* Lösung $\bar{y}$ der inhomogenen Gleichung kennt, so erhält man alle Lösungen der inhomogenen Gleichung in der Form $y = \bar{y} + x$, wobei x alle Lösungen der homogenen Gleichung durchläuft.

Danach sind also alle Lösungen der inhomogenen Gleichung $\dot{y} = \alpha y + \beta$ *im Fall* $\alpha \neq 0$ *von der Form*

$$y(t) = -\frac{\beta}{\alpha} + C e^{\alpha t} \quad \textit{mit } C \in \mathbb{R},$$

und das zugehörige Anfangswertproblem

$$\dot{y} = \alpha y + \beta, \qquad y(t_0) = y_0$$

hat genau eine Lösung, nämlich

$$y(t) = -\frac{\beta}{\alpha} + \left(y_0 + \frac{\beta}{\alpha}\right) e^{\alpha(t - t_0)}.$$

Anwendungen. Man nennt $\dot{x} = \alpha x$ die *Differentialgleichung der Wachstumsprozesse* ($\alpha > 0$) bzw. *Zerfallsprozesse* ($\alpha < 0$). Dabei liegt die folgende Modellvorstellung zugrunde. Eine Größe $x(t)$ ändere sich derart, daß ihre Zunahme (oder Abnahme) Δx während eines kleinen Zeitintervalls Δt ungefähr proportional zu der Größe selbst (und natürlich auch zu Δt) ist: $\Delta x = x(t + \Delta t) - x(t) \approx \alpha x(t) \Delta t$ (α Proportionalitätsfaktor). Dann ergibt sich für $\Delta t \to 0$ die Gleichung $\dot{x} = \alpha x$. In Worten: Die momentane Änderungsgeschwindigkeit ist proportional zur momentanen Größe. Das klassische Beispiel ist der radioaktive Zerfall. Ein Beispiel aus der Biologie ist das Anwachsen einer Population, wenn die Geburtsrate die Sterberate übersteigt. Natürlich beschreibt dieses einfache Modell „Vermehrung proportional zur Population" nur in gewissen Grenzen die Wirklichkeit einigermaßen zutreffend; bei solchen Phänomenen wie Überbevölkerung muß es modifiziert werden. Ein weiteres Beispiel ist das Anwachsen eines ruhenden Kapitals bei festem Zinssatz (wobei in der Praxis der Zins nicht kontinuierlich, sondern zu festen, äquidistanten Zeitpunkten zufließt).

Auch die inhomogene Gleichung $\dot{y}=\alpha y+\beta$ kann ähnlich interpretiert werden. Sie drückt aus, daß die Änderungsgeschwindigkeit aus zwei Beiträgen sich zusammensetzt, einem Beitrag proportional zur Größe selbst und einem konstanten Beitrag: Das Wachstum bzw. der Zerfall wird überlagert durch einen konstanten Zu- bzw. Abfluß. Man denke etwa an die Bevölkerung eines Landes, wobei eine gleichbleibende Einwanderungs- oder Auswanderungsquote angenommen wird, oder ein sich verzinsendes Kapital, dem laufend gleiche Beträge zufließen bzw. entzogen werden. Drei Fälle sind im Bild festgehalten. In den beiden ersten Fällen wird das „Aussterben" ($\alpha<0$) überlagert von einem konstanten Einwanderungs- und Auswanderungsstrom. Im Fall I strebt die Population einem Gleichgewicht $-\beta/\alpha>0$ zu, unabhängig davon, wie groß oder klein sie am Anfang ist, im Fall II wird in endlicher Zeit Null erreicht, ganz im Gegensatz zu homogenen Gleichung $\dot{x}=\alpha x$ mit $\alpha<0$. Im dritten Fall überlagern sich proportionales Wachstum und konstante Auswanderung. Hier kommt es entscheidend auf die Anfangsgröße an. Je nachdem, ob sie kleiner oder größer als der kritische Wert $-\beta/\alpha>0$ ist, tritt exponentielles Wachstum oder Aussterben ein.

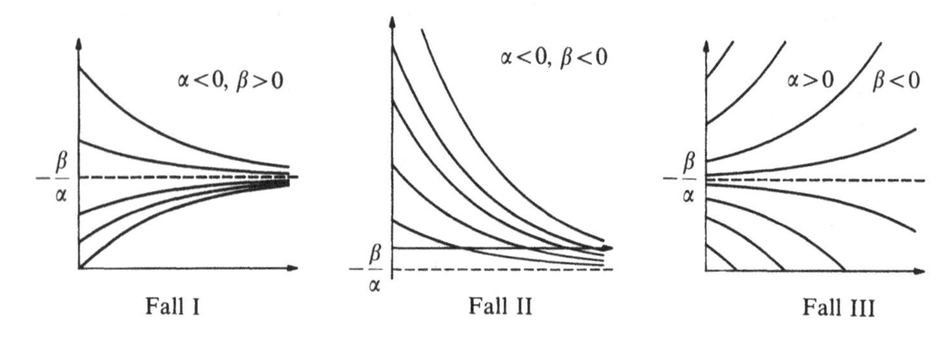

Fall I Fall II Fall III

12.10 Lineare Differentialgleichungen zweiter Ordnung. Darunter versteht man allgemein eine Differentialgleichung der Form

$$\ddot{x}+\alpha\dot{x}+\beta x=\gamma,$$

wobei die Koeffizienten α, β, γ gegebene Funktionen der Zeit sind. Die Gleichung heißt *homogen* bzw. *inhomogen*, je nachdem, ob $\gamma=0$ oder $\neq 0$ ist. Wir behandeln wieder nur den Fall, daß α, β und γ reelle Konstanten sind. Auch hier besteht der in 12.9 beschriebene Zusammenhang zwischen den Lösungen der homogenen und inhomogenen Gleichung. Lösungen der homogenen Gleichung „darf" man addieren und mit Konstanten multiplizieren. Wenn man zu einer fest gewählten Lösung der inhomogenen Gleichung irgendeine Lösung der homogenen Gleichung addiert, so erhält man eine Lösung (und auf diese Weise alle Lösungen) der inhomogenen Gleichung.

Differentialgleichungen zweiter Ordnung haben eine Fülle interessanter Anwendungen in der Dynamik bewegter Massenpunkte oder Körper. Beschreibt $x(t)$ den Ort eines Körpers zur Zeit t, so ist seine Geschwindigkeit durch $v(t)=\dot{x}(t)$ und seine Beschleunigung durch $\ddot{x}(t)$ gegeben. Im einfachsten Fall einer Bewegung längs einer Geraden aufgrund von Kräften, die in der Richtung dieser Geraden wirken, führt das Newtonsche Gesetz „Kraft gleich Masse mal Beschleunigung“ zu der skalaren Bewegungsgleichung

$$m\ddot{x}=k(x,\dot{x}),$$

wenn wir annehmen, daß m die Masse des Körpers ist und daß die Kraft k vom Ort x und von der Geschwindigkeit $\dot{x}$ abhängt. Die Bewegung wird dann eindeutig beschrieben sein, wenn neben der Kenntnis des Kraftgesetzes zu einem Zeitpunkt t_0 die Anfangslage x_0 und die Anfangsgeschwindigkeit v_0 bekannt sind. Das Anfangswertproblem lautet also

$$m\ddot{x}=k(x,\dot{x}), \qquad x(t_0)=x_0, \qquad \dot{x}(t_0)=v_0.$$

Wenn k von der einfachen Gestalt $k(x,\dot{x})=A+Kx+R\dot{x}$ ist, so nimmt die Bewegungsgleichung die eingangs genannte Form einer linearen Differentialgleichung zweiter Ordnung mit konstanten Koeffizienten $\ddot{x}+\alpha\dot{x}+\beta x=\gamma$ an, und mit dieser werden wir uns vornehmlich beschäftigen. Als Lösungen treten, wie wir sehen werden, Funktionen der Gestalt $e^{\mu t}\cos\nu t$ auf. Die damit verbundenen Rechnungen werden wesentlich einfacher, wenn man nur mit der Exponentialfunktion $e^{\lambda t}$ rechnet und zuläßt, daß λ komplex ist. Deshalb seien einige Bemerkungen über komplexwertige Funktionen

$$z(t)=(x(t),y(t))=x(t)+i\,y(t)$$

(mit reellwertigem x, y) vorausgeschickt. Die Variable t ist nach wie vor reell. Die Ableitung $\dot{z}$ kann man entweder gemäß

$$\dot{z}=\dot{x}+i\,\dot{y}$$

definieren, oder man geht auf die originäre Definition $z(t)=\lim\limits_{h\to 0}[z(t+h)-z(t)]/h$ zurück und gewinnt dann diese Gleichung aus dem wohlbekannten Faktum, daß Konvergenz im Komplexen genau dann vorliegt, wenn Real- und Imaginärteil konvergieren. Einfache Ableitungsregeln für $z=x+iy$, $\zeta=\xi+i\eta$ wie

$$\frac{d}{dt}(z+\zeta)=\dot{z}+\dot{\zeta}, \qquad \frac{d}{dt}(z\zeta)=\dot{z}\zeta+z\dot{\zeta}$$

beweist man entweder durch Nachrechnen, oder man überträgt die früheren Beweise. Wichtig ist für uns, daß die Regel

$$\frac{d}{dt}e^{\lambda t}=\lambda e^{\lambda t} \quad \text{für komplexe } \lambda$$

gültig bleibt (der frühere Beweis ist übertragbar, oder: Zerlegung in Real- und Imaginärteil). Weiter ist wichtig, daß für $z(t)=x(t)+i\,y(t)$ die Differentialgleichung

$$\ddot{z}+\alpha\dot{z}+\beta z=\gamma \quad (\alpha,\ \beta,\ \gamma \text{ reell})$$

genau dann besteht, wenn

$$\ddot{x}+\alpha\dot{x}+\beta x=\gamma \quad \text{und} \quad \ddot{y}+\alpha\dot{y}+\beta y=0$$

ist. Insbesondere erhält man aus einer komplexen Lösung der homogenen Gleichung durch Zerlegung in Real- und Imaginärteil zwei reelle Lösungen der homogenen Gleichung.

Zur Bestimmung einer Lösung der homogenen Differentialgleichung machen wir den Ansatz $z(t)=e^{\lambda t}$ und erhalten die Bedingung

$$\ddot{z}+\alpha\dot{z}+\beta z=\lambda^2 e^{\lambda t}+\alpha\lambda e^{\lambda t}+\beta e^{\lambda t}=e^{\lambda t}(\lambda^2+\alpha\lambda+\beta)=0.$$

Die Funktion $e^{\lambda t}$ ist also genau dann eine Lösung der homogenen Differentialgleichung, wenn die

$$\textit{Charakteristische Gleichung} \quad \lambda^2+\alpha\lambda+\beta=0$$

besteht; die linke Seite dieser Gleichung wird auch *charakteristisches Polynom* genannt.

Wenn das charakteristische Polynom zwei verschiedene reelle Wurzeln λ_1, λ_2 hat, so entsprechen diesen zwei reelle Lösungen $x_1=e^{\lambda_1 t}$, $x_2=e^{\lambda_2 t}$. Wenn λ eine nichtreelle Nullstelle ist, so ist $\bar{\lambda}$ ebenfalls Nullstelle, da die Koeffizienten α, β reell sind. Aus der komplexen Lösung $z(t)=e^{\lambda t}$ mit $\lambda=\mu+i\nu$ ergeben sich zwei reelle Lösungen

$$x_1=\operatorname{Re} z=e^{\mu t}\cos\nu t, \qquad x_2=\operatorname{Im} z=e^{\mu t}\sin\nu t.$$

Die zweite Lösung $e^{\bar{\lambda} t}$ liefert dieselben reellen Lösungen, also nichts neues. Es bleibt nur noch der Fall übrig, daß das charakteristische Polynom eine reelle Doppelwurzel hat. Er tritt genau dann ein, wenn $\alpha^2=4\beta$ ist. Mit der Bezeichnung $\alpha=2\delta$ lautet die Differentialgleichung dann

$$\ddot{z}+2\delta\dot{z}+\delta^2 z=0.$$

Sie hat die reelle Lösung $x_1=e^{-\delta t}$. Daneben ist $x_2=te^{-\delta t}$ eine weitere Lösung, wie man ohne Schwierigkeit nachrechnet. In allen Fällen haben wir damit zwei reelle Lösungen gefunden, und jede Lösung ist eine Linearkombination von diesen zweien. Dies entspricht dem ersten Teil des folgenden Satzes.

Satz. *Alle reellen Lösungen der homogenen Differentialgleichung $\ddot{x}+\alpha\dot{x}+\beta x=0$ (α, β reell) lassen sich mit Hilfe der angegebenen Lösungen als Linearkombination*

$$x(t)=A_1 x_1(t)+A_2 x_2(t) \quad (A_1, A_2 \textit{ reelle Konstanten})$$

darstellen. Das Anfangswertproblem

$$\ddot{x}+\alpha\dot{x}+\beta x=0, \qquad x(t_0)=x_0, \qquad \dot{x}(t_0)=v_0$$

besitzt für beliebige vorgegebene Zahlen t_0, x_0, v_0 genau eine Lösung.

Beweis. Zunächst wird gezeigt, daß das Anfangswertproblem lösbar ist. Dabei kann man $t_0=0$ annehmen. Denn hat die Lösung $x(t)$ die vorgeschriebenen Anfangswerte bei $t=0$, so hat die Lösung $\bar{x}(t)=x(t-t_0)$ dieselben Werte an der Stelle t_0. Im ersten Fall $x_i=e^{\lambda_i t}$ ($\lambda_1 \neq \lambda_2$ reell) ergeben sich für A_1, A_2 die Gleichungen

$$A_1+A_2=x_0, \qquad \lambda_1 A_1+\lambda_2 A_2=v_0.$$

Dieses lineare Gleichungssystem für A_1, A_2 ist eindeutig lösbar, da seine Determinante gleich $\lambda_2 - \lambda_1 \neq 0$ ist. Der zweite Fall $\lambda \notin \mathbb{R}$ läßt sich, wenn man komplex rechnet, genauso behandeln. Man versucht, in der komplexen Lösung $z(t) = B_1 e^{\lambda t} + B_2 e^{\bar{\lambda} t}$ die komplexen Konstanten B_1, B_2 so zu bestimmen, daß die Anfangsbedingungen erfüllt sind. Man kommt auf dasselbe lösbare Gleichungssystem für B_1, B_2. Der Realteil $x = \operatorname{Re} z$ ist dann eine reelle Lösung mit den richtigen Anfangswerten. Der Leser hat keine Schwierigkeit, auch im dritten Fall $x_1 = e^{-\delta t}$, $x_2 = t e^{-\delta t}$ das Anfangswertproblem zu lösen.

Jedes Anfangswertproblem ist also lösbar. Wir zeigen nun, daß es eindeutig lösbar ist. Da man von einem Anfangswertproblem mit zwei Lösungen durch Differenzbildung zu einer Lösung mit den Anfangswerten $x_0 = v_0 = 0$ kommt, genügt es zu zeigen, daß es nur eine Lösung x mit $x(0) = \dot{x}(0) = 0$ gibt. Für eine solche Lösung bilden wir die Funktion $\phi(t) = x^2 + \dot{x}^2$. Für ihre Ableitung gilt

$$\dot{\phi} = 2x\dot{x} + 2\dot{x}\ddot{x} = 2\dot{x}(x - \alpha\dot{x} - \beta x) \leq (1 + 2|\alpha| + |\beta|)\,\phi.$$

Dabei wurde die Ungleichung $2x\dot{x} \leq x^2 + \dot{x}^2 = \phi$ benutzt. Es ist also $\dot{\phi} \leq \delta\phi$ mit $\delta = 1 + 2|\alpha| + |\beta|$. Die Funktion $\psi(t) = e^{-\delta t}\phi(t)$ hat die Eigenschaften $\psi(0) = 0$, $\psi(t) \geq 0$ für $t > 0$, $\dot{\psi} = e^{-\delta t}(\dot{\phi} - \delta\phi) \leq 0$, woraus $\psi(t) \equiv 0$ folgt.

Damit haben wir gezeigt, daß jedes Anfangswertproblem genau eine Lösung $x = A_1 x_1 + A_2 x_2$ besitzt. Da andererseits eine willkürliche Lösung der homogenen Differentialgleichung natürlich auch als Lösung eines geeigneten Anfangswertproblems aufgefaßt werden kann, ist jede Lösung von der angegebenen Form. □

Die inhomogene Gleichung $\ddot{x} + \alpha\dot{x} + \beta x = \gamma$ besitzt für $\beta \neq 0$ eine konstante Lösung $x(t) = \gamma/\beta$ und für $\beta = 0$ die Lösung $x(t) = \gamma t/\alpha$ bzw. $\frac{1}{2}\gamma t^2$ im Fall $\alpha = 0$. Damit sind auch alle Lösungen der inhomogenen Gleichung gefunden. Die bisherigen Ergebnisse versetzen uns in die Lage, eine Reihe von physikalischen Schwingungsvorgängen mathematisch zu beschreiben.

12.11 Der harmonische Oszillator. Ein Körper der Masse m bewege sich reibungsfrei längs einer waagrecht gedachten x-Achse, und er sei mit einer Feder fest verbunden. Die Feder genüge dem Hookeschen Gesetz, d.h. sie antworte, wenn man sie aus der Ruhelage heraus dehnt oder zusammendrückt, mit einer Gegenkraft, welche proportional zur Auslenkung ist. Wir nehmen an, daß der Nullpunkt der x-Achse mit der Ruhelage des Körpers zusammenfällt. Befindet sich der Körper am Ort x, so übt die Feder auf ihn eine Kraft der Größe $-Kx$ aus, wobei die Federkonstante K positiv ist. Die Bewegungsgleichung lautet also $m\ddot{x} = -Kx$ oder

$$\ddot{x} + \omega^2 x = 0 \quad \text{mit} \quad \omega = \sqrt{K/m} > 0.$$

Das charakteristische Polynom $\lambda^2 + \omega^2$ hat die Wurzel $\lambda = i\omega$. Sie führt auf die komplexe Lösung $z = e^{i\omega t}$ und auf die beiden reellen Lösungen $\operatorname{Re} z = \cos\omega t$ und $\operatorname{Im} z = \sin\omega t$ (natürlich hätte man diese beiden Lösungen auch ohne die komplexen Hilfsmittel von 12.10 erraten können). Der Körper führt also Schwingungen um den Nullpunkt aus. Um eine bestimmte Lösung zu erhalten, muß man Anfangsbedingungen stellen. Wenn man etwa um die Strecke x_0 auslenkt

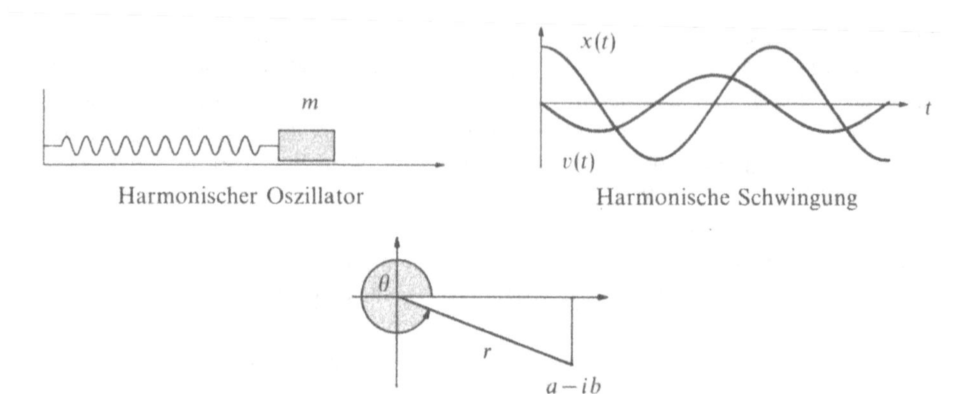

Harmonischer Oszillator

Harmonische Schwingung

$a \cos s + b \sin s = r \cos(s+\theta)$

und zur Zeit $t=0$ losläßt, so lautet die Anfangsbedingung $x(0)=x_0$ und $v(0) = \dot{x}(0)=0$. Man kann auch daran denken, dem Körper zur Zeit 0 in der Ruhelage einen Stoß zu versetzen, was durch $x(0)=0$ und $v(0)=v_0$ beschrieben wird. Die Lösung des allgemeinen Anfangswertproblems für den schwingenden Körper

$$\ddot{x}+\omega^2 x=0, \quad x(0)=x_0, \quad \dot{x}(0)=v_0$$

ist offenbar durch

$$x(t)=x_0 \cos\omega t+\frac{v_0}{\omega}\sin\omega t$$

gegeben. Diese Form der Lösung ist nicht günstig. Man kann ihr weder die Amplitude (Größe des maximalen Ausschlags) noch die Lage der Maxima und Minima ansehen.

Wir benutzen eine auch sonst nützliche Umformung. Es ist

$$\operatorname{Re}[(a-ib)e^{is}]=a\cos s+b\sin s \quad (a, b, s \text{ reell}).$$

Stellt man $a-ib$ in Polarkoordinaten dar, $a-ib=re^{i\theta}$, so ergibt sich

$$a\cos s+b\sin s=\operatorname{Re}[re^{i\theta}e^{is}]=\operatorname{Re} re^{i(s+\theta)}=r\cos(s+\theta).$$

Damit haben wir die folgende Gestalt der Lösung gewonnen

$$x(t)=r\cos(\omega t+\theta) \quad \text{mit } r=\sqrt{x_0^2+v_0^2/\omega^2}, \qquad \theta=\arg(x_0-iv_0/\omega),$$

aus der die Kreisfrequenz ω, die Amplitude r und die Lage der Extrema ablesbar sind. Man nennt diese Bewegung eine *harmonische Schwingung* und das schwingende System einen *harmonischen Oszillator.*

Wir betrachten jetzt den Fall, daß der Körper senkrecht an der Feder aufgehängt sei. Eine y-Achse sei senkrecht nach unten orientiert, und ihr Nullpunkt entspreche der entspannten Lage der Feder. Für einen angehängten Körper mit der Masse m, dessen Bewegung durch $y(t)$ beschrieben werden soll, lautet die Bewegungsgleichung (g Erdbeschleunigung)

$$m\ddot{y}=-Ky+mg \quad \text{oder} \quad \ddot{y}+\omega^2 y=g \quad (\omega=\sqrt{K/m}).$$

Es existiert eine konstante Lösung $y=g/\omega^2=mg/K$, und die allgemeine Lösung lautet $y(t)=g/\omega^2+x(t)$, wobei x irgendeine Lösung der homogenen Gleichung ist. Auch dieser Körper führt eine harmonische Schwingung aus. Die Erdanziehung bewirkt lediglich, daß der Mittelpunkt (die Ruhelage) der Schwingung um den Betrag mg/K nach unten verschoben ist.

12.12 Reibungskräfte. Die harmonischen Schwingungen weichen in einem wesentlichen Punkt von denjenigen ab, die man in der Natur beobachtet. Diese dauern, einmal angeregt, in alle Ewigkeit fort, während jene abklingen und schließlich aufhören. Hier sind noch andere, bremsende Kräfte am Werk, welche der Bewegungsrichtung entgegengesetzt wirken. Solche Kräfte heißen *Reibungs-* oder *Dämpfungskräfte*, ihr Vorzeichen ist stets dem der Geschwindigkeit entgegengesetzt. Reibungskräfte stellen ein außerordentlich komplexes Phänomen dar, und ihre mathematische Beschreibung führt in das schwierige und aktuelle Gebiet der nichtlinearen Schwingungen. Drei wichtige Sonderfälle seien genannt. Bei der Gleitreibung zwischen festen Flächen ist die Reibungskraft weitgehend unabhängig von der Geschwindigkeit, also konstant (Coulombsches Reibungsgesetz), man spricht auch von *trockener Reibung*. Bei der langsamen Bewegung von Körpern in Flüssigkeiten und Gasen ist die Reibungskraft etwa proportional zur Geschwindigkeit, während sie bei rascher Bewegung aufgrund von Turbulenzerscheinungen etwa wie das Quadrat der Geschwindigkeit anwächst. Wir behandeln zunächst die

Trockene Reibung. Kehren wir zum ersten Beispiel eines waagrecht auf einer Fläche schwingenden Körpers zurück. Unter Berücksichtigung trockener Reibung lauten die Bewegungsgleichungen

$$m\ddot{x} = -Kx - \rho \operatorname{sgn} \dot{x}$$

oder

$$\ddot{x} + \sigma \operatorname{sgn} \dot{x} + \omega^2 x = 0 \quad \left(\omega = \sqrt{K/m} > 0, \ \sigma = \rho/m > 0\right).$$

Das Glied $-\rho \operatorname{sgn} \dot{x}$ stellt die dem Betrage nach konstante Reibungskraft dar. Die Gleichung wechselt nach jeder Halbschwingung ihre Form. Bei der Bewegung vom maximalen zum minimalen Ausschlag lautet sie $\ddot{x} - \sigma + \omega^2 x = 0$, von

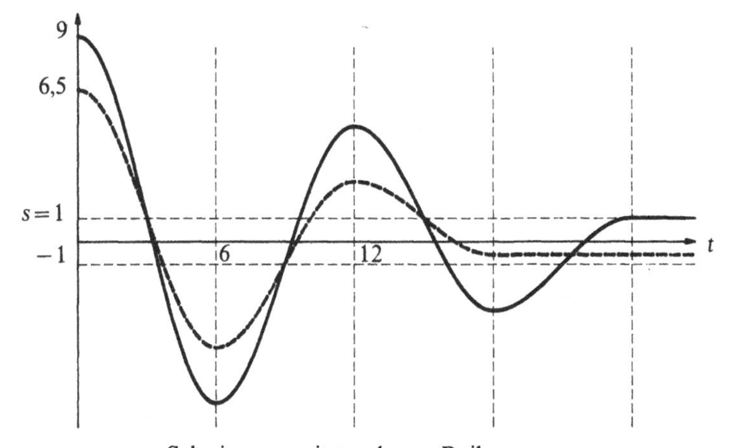

Schwingung mit trockener Reibung

da an bis zum nächsten Maximum jedoch $\ddot{x}+\sigma+\omega^2 x=0$. Diesen beiden Gleichungen entsprechen Lösungen x_1 und x_2 von der Form

$$x_1(t)=r_1 \cos\omega(t+\theta_1)+s \quad \text{und} \quad x_2(t)=r_2 \cos\omega(t+\theta_2)-s$$

mit $s=\sigma/\omega^2>0$. Diese Lösungen sind stetig und mit waagrechten Tangenten aneinanderzustückeln. Die Frequenz ändert sich nicht. Die Amplituden der aufeinanderfolgenden Halbwellen nehmen jeweils um $2s$ ab. In der Abbildung sind die Lösungen von zwei Anfangswertproblemen mit $6\omega=\pi$, $s=1$, $x(0)=6{,}5$ bzw. 9, $\dot{x}(0)=0$ eingezeichnet.

Die Schwingung kommt zur Ruhe, wenn ein Extremum im Bereich zwischen $-s$ und s auftritt. Zu einer Anfangsbedingung $0<|x(t_0)|<s$, $\dot{x}(t_0)=0$ gibt es keine Lösung, wie man zeigen kann. Physikalisch spielt eine Rolle, daß die Reibungskraft bei sehr kleiner Geschwindigkeit zunimmt und in die Haftreibung bei der Geschwindigkeit 0 übergeht. Dieses Phänomen eines zufälligen Stillstandes innerhalb eines kleinen Bereiches kann man an zahlreichen Meßinstrumenten, besonders schön an einer Badezimmerwaage minderer Qualität beobachten.

12.13 Gedämpfte Schwingung. Unter der Annahme einer zur Geschwindigkeit proportionalen Reibungskraft $-M\dot{x}$ erhalten wir die Bewegungsgleichung der gedämpften Schwingung $m\ddot{x}=-Kx-M\dot{x}$ oder

$$\text{(GS)} \qquad \ddot{x}+2\delta\dot{x}+\omega^2 x=0 \quad \text{mit } \omega=\sqrt{K/m}, \quad 2\delta=M/m.$$

Man nennt δ auch Abklingkonstante und $D=\delta/\omega=M/2\sqrt{Km}$ das *Dämpfungsmaß*. Bei der charakteristischen Gleichung

$$\lambda^2+2\delta\lambda+\omega^2=0$$

sind verschiedene Fälle zu unterscheiden.

(a) **Schwache Dämpfung:** $\delta<\omega$ oder $D<1$. Aus den Wurzeln $\lambda=-\delta\pm\sqrt{\delta^2-\omega^2}=-\delta\pm i\nu$, $\nu=\sqrt{\omega^2-\delta^2}>0$ ergibt sich die allgemeine Lösung von (GS) nach 12.10 zu

$$x(t)=e^{-\delta t}(A_1 \cos\nu t+A_2 \sin\nu t)=re^{-\delta t}\cos(\nu t+\theta).$$

Es ist

$$\nu=\sqrt{\omega^2-\delta^2}=\omega\sqrt{1-D^2}<\omega.$$

Die Dämpfung bewirkt also eine Verkleinerung der Frequenz ω um den Faktor $\sqrt{1-D^2}$. Die Beträge $q_k=|x(t_k)|$ an den aufeinanderfolgenden Stellen $t_k=(k\pi-\theta)/\nu$, an denen die Lösungskurve eine der Exponentialkurven $\pm re^{-\delta t}$ berührt, nehmen in *geometrischer Folge* ab:

$$\frac{q_{k+1}}{q_k}=e^{-\delta\pi/\nu}=\exp\left(\frac{-\pi D}{\sqrt{1-D^2}}\right)<1.$$

Diese wichtige Größe, welche das Abklingen beschreibt, hängt nur vom Dämpfungsmaß $D=\delta/\omega$ ab.

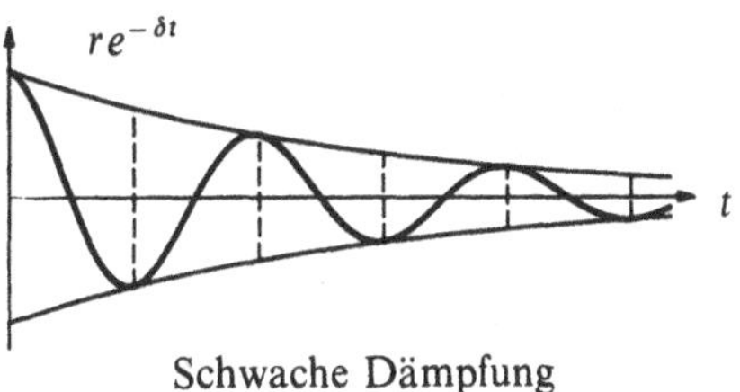

Schwache Dämpfung

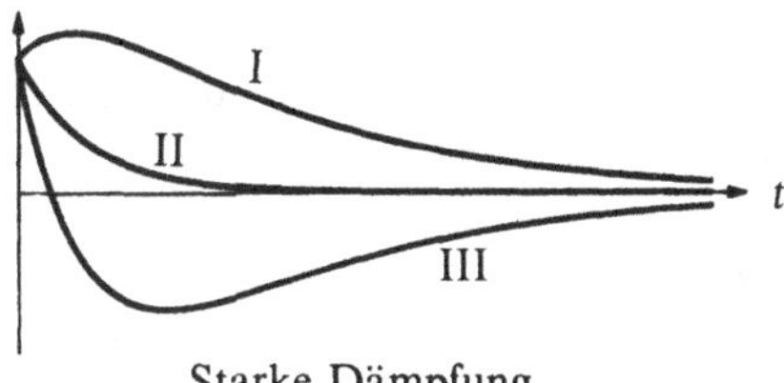

Starke Dämpfung

(b) **Starke Dämpfung, aperiodischer Fall:** $\delta > \omega$ oder $D > 1$. Die charakteristische Gleichung hat zwei reelle Wurzeln $\lambda = -\delta \pm \sqrt{\delta^2 - \omega^2}$. Als Lösung der Bewegungsgleichung (GS) ergibt sich

$$x(t) = e^{-\delta t}(A_1 e^{\mu t} + A_2 e^{-\mu t}) \quad \text{mit} \quad \mu = \sqrt{\delta^2 - \omega^2} = \omega \sqrt{D^2 - 1} > 0.$$

Sie beschreibt wegen $\pm\mu - \delta < 0$ eine abklingende Kriechbewegung. Jede Lösung hat höchstens eine Nullstelle und höchstens ein Extremum. Die Abbildung zeigt drei Typen von Kriechbewegungen. Im Grenzfall $v_0 = -(\delta + \mu)x_0$ lautet die Lösung des Anfangswertproblems (bei $t = 0$)

$$x(t) = x_0 e^{-(\delta + \mu)t}.$$

Für $x_0 > 0$, $v_0 < -(\delta + \mu)x_0$ existiert eine positive Nullstelle (Fall III), für $v_0 > -(\delta + \mu)x_0$ (Fall I) und $v_0 = -(\delta + \mu)x_0$ (Fall II) nicht.

(c) **Aperiodischer Grenzfall:** $\delta = \omega$ oder $D = 1$. Die beiden Wurzeln des charakteristischen Polynoms fallen zusammen, die allgemeine Lösung von (GS) lautet nach 12.10

$$x(t) = e^{-\delta t}(A_1 + A_2 t).$$

Jede Lösung hat, ähnlich wie bei (b), höchstens eine Nullstelle und höchstens ein Extremum. Es liegt eine Kriechbewegung vor; das zu (b) gehörige Bild gibt auch jetzt eine wenigstens qualitative Beschreibung der möglichen Bewegungen.

Gedämpfte Schwingungen treten in praxi sehr häufig auf. Bei Meßinstrumenten etwa versucht man, durch konstruktive Maßnahmen ein dem jeweiligen Zweck angepaßtes Verhältnis von Rückstellkraft $-Kx$ und Reibungskraft $-R\dot{x}$ zu erreichen. Bei einer Benzinuhr im Auto arbeitet man mit großer Dämpfung und nimmt bewußt in Kauf, daß die richtige Anzeige sich sehr langsam einstellt. Schwieriger ist es beim Tachometer, wo zwischen zwei sich widersprechenden Zielen, rasch abklingender Schwingung einerseits und genauer Anzeige andererseits, ein Kompromiß zu schließen ist. Bei genauerer Betrachtung muß man auch die trockene Reibung mit berücksichtigen, d.h. die rechte Seite der Bewegungsgleichung um ein Glied $-\rho \operatorname{sgn} \dot{x}$ vermehren. Die Verhältnisse liegen ganz ähnlich wie bei der in 12.12 diskutierten harmonischen Schwingung mit trockener Reibung. Bei jeder Halbschwingung tritt zur Lösung der homogenen Differentialgleichung ein konstanter Term $+s$ oder $-s$ hinzu, und man kann die Lösung genauso, wie es dort beschrieben ist, aus einzelnen (jetzt aber gedämpften) Halbschwingungen mit verschobenem Zentrum aufbauen. Hier ergibt sich eine weitere, und zwar höchst wichtige Nebenbedingung für den Konstrukteur. Die Größe s hängt unmittelbar mit der Genauigkeit der Anzeige zusammen, und sie hängt von ω ab. Diese interessanten Fragestellungen gehören in das Gebiet der technischen Schwingungslehre; vgl. etwa K. Klotter, *Technische Schwingungslehre*, Springer-Verlag 1951.

12.14 Resonanz. Zum Abschluß untersuchen wir den Fall, daß auf das schwingende System neben den „inneren" Kräften $-Kx$ und $-R\dot{x}$ eine explizit gegebene „äußere" Kraft der Größe $P\cos\Omega t$ einwirkt. Die Bewegungsgleichung (GS) der vorangehenden Nummer nimmt dann die Gestalt

(Re) $$\ddot{x}+2\delta\dot{x}+\omega^2 x=\gamma\cos\Omega t \quad (\gamma=P/m)$$

an. Es handelt sich also um eine periodisch mit der Kreisfrequenz Ω wirkende Kraft, und die Frage lautet: Wie reagiert das System auf diese äußere Anregung, und speziell, existiert eine „erzwungene Schwingung", d.h. eine periodische Lösung mit der aufgezwungenen Erregerfrequenz Ω? Wieder genügt es, eine einzige Lösung der Gleichung (Re) zu finden. Durch Überlagerung mit Lösungen der homogenen Differentialgleichung erhält man dann alle Lösungen.

Die Rechnungen vereinfachen sich, wenn man die komplexe Gleichung

$$\ddot{z}+2\delta\dot{z}+\omega^2 z=\gamma e^{i\Omega t}$$

betrachtet. Ist $z(t)$ eine Lösung, so ist $x=\operatorname{Re} z$ eine Lösung von (Re). Wir versuchen es mit dem Ansatz

$$z=c\,e^{i\Omega t} \quad (c \text{ komplex})$$

und werden nach Division durch $e^{i\Omega t}$ auf die Bedingung

(*) $$c(-\Omega^2+2\delta i\Omega+\omega^2)=\gamma$$

geführt.

(a) **Keine Reibung,** $\delta=0$. Offenbar ist $z=[\gamma/(\omega^2-\Omega^2)]\,e^{i\Omega t}$ eine Lösung, also

$$x(t)=\operatorname{Re} z=\frac{\gamma}{\omega^2-\Omega^2}\cos\Omega t \qquad \text{für } \omega\neq\Omega$$

eine Lösung von (Re). Man sieht sofort:

Abgesehen vom Fall $\omega=\Omega$ gibt es immer eine erzwungene Schwingung. Für $\omega>\Omega$ schwingt das System „in Phase", ohne Phasenverschiebung und mit demselben Vorzeichen wie die äußere Kraft, für $\omega<\Omega$ in „Gegenphase".

Um die Abhängigkeit der Amplitude A von erzwungenen Schwingungen von Ω klarer zu sehen, führt man den Quotienten $\eta=\Omega/\omega$ ein. Die Amplitude A ist dann durch

$$A=\frac{\gamma}{|\Omega^2-\omega^2|}=\frac{\gamma}{\omega^2}\cdot V(\eta) \quad \text{mit} \quad V(\eta)=\frac{1}{|1-\eta^2|}$$

gegeben. Man nennt V den *Vergrößerungsfaktor*. Ist $\Omega\approx\omega$, also $\eta\approx 1$, so wird der Vergrößerungsfaktor sehr groß, es treten die bekannten und gefürchteten Resonanzerscheinungen ein. Im Grenzfall $\omega=\Omega$ versagt die Lösungsformel.

Eine Lösung lautet, wie man leicht bestätigt,

$$x(t) = \frac{\gamma}{2\omega} t \sin \omega t.$$

Die Amplituden dieser (und damit jeder) Lösung streben gegen ∞ für $t \to \infty$.

(b) **Mit Reibung,** $\delta > 0$. Die Gleichung (*) läßt sich immer nach c auflösen, und sie führt auf

$$z(t) = \frac{\gamma}{\omega^2 - \Omega^2 + 2i\delta\Omega} e^{i\Omega t} = \frac{\gamma(\omega^2 - \Omega^2 - 2i\delta\Omega)}{(\omega^2 - \Omega^2)^2 + 4\delta^2\Omega^2} e^{i\Omega t}$$

(es wurde mit dem konjugiert-komplexen Nenner erweitert) und

$$x(t) = \operatorname{Re} z = \frac{\gamma}{(\omega^2 - \Omega^2)^2 + 4\delta^2\Omega^2} [(\omega^2 - \Omega^2)\cos\Omega t + 2\delta\Omega \sin\Omega t].$$

Nach den Formeln in 12.11 läßt sich die eckige Klammer umformen zu $r\cos(\Omega t + \theta)$ mit $r = \sqrt{(\omega^2 - \Omega^2)^2 + 4\delta^2\Omega^2}$. Es ist also

$$x(t) = \frac{\gamma}{\sqrt{(\omega^2 - \Omega^2)^2 + 4\delta^2\Omega^2}} \cos(\Omega t + \theta)$$

eine Lösung der Gleichung (Re).

Es gibt also in jedem Fall, unabhängig von der Größe der Dämpfung, eine erzwungene Schwingung mit der Erregerfrequenz Ω, und zwar ist es eine harmonische Schwingung mit konstanter Amplitude. Um das Verhalten des Systems für große Werte von t zu studieren, braucht man nur diese Lösung zu berücksichtigen, da eine eventuell vorhandene überlagerte Lösung der homogenen Differentialgleichung exponentiell gegen Null konvergiert.

Wir rechnen die Amplitude A der erzwungenen Schwingung wieder um auf die Größen $D = \delta/\omega$ und $\eta = \Omega/\omega$. Es wird

$$A = \frac{\gamma}{\sqrt{(\omega^2 - \Omega^2)^2 + 4\delta^2\Omega^2}} = \frac{\gamma}{\omega^2} \cdot V \quad \text{mit} \quad V = \frac{1}{\sqrt{(1 - \eta^2)^2 + 4D^2\eta^2}}.$$

Im Fall $D = 0$ nimmt der Vergrößerungsfaktor V natürlich den Wert von (a), $V = 1/|1 - \eta^2|$ an. Für $\eta = 1$, d.h. $\Omega = \omega$, wird

$$V = \frac{1}{2D}.$$

Bei kleiner Dämpfung wird V sehr groß. Das ist (im einfachsten Fall) die unter dem Namen *Resonanz* bekannte Erscheinung, die beim Bau aller Maschinen mit periodischen Bewegungen (Auto, Kraftwerksturbine, Waschmaschinenschleuder, ...) durch konstruktive Maßnahmen vermieden werden muß. Übrigens tritt das Maximum von V nicht bei $\eta = 1$, sondern bei dem etwas kleineren Wert $\eta_0 = \sqrt{1 - 2D^2}$ ein. Hier wird $D^2 < 1/2$ angenommen; für größere Werte von D ist V klein und die Sache sowieso harmlos (es sei daran erinnert, daß das nichterregte System nur für $D < 1$ eine gedämpfte Schwingung ausführt).

Der maximale Wert von V ist für kleine D nur geringfügig von $1/2D$ verschieden,

$$V(\eta_0) = V_{\max} = \frac{1}{2D\sqrt{1-D^2}}.$$

Man kann aus der Formel für den Vergrößerungsfaktor V noch mehr herauslesen, etwa daß er für $\eta \to \infty$ gegen 0 strebt: Auf eine äußere Erregung mit sehr hoher Frequenz reagiert das System nicht.

Damit sind unsere Betrachtungen über Differentialgleichungen abgeschlossen.

Die Eulersche Summenformel

Unter geeigneten Voraussetzungen über die Funktion f kann man die Summe $S = f(1) + f(2) + \ldots + f(n)$ als eine Näherung für das Integral $I = \int_0^n f(x)\,dx$ ansehen. Das ergibt sich, wenn man die Summe und das Integral als Flächeninhalte deutet, oder auch aus der Summendefinition des Integrals, wenn man eine äquidistante Zerlegung mit der Schrittweite 1 betrachtet. Dieser Zusammenhang, der uns in 12.5 zum Integralkriterium für unendliche Reihen (oder Integrale) geführt hat, soll nun vertieft und in eine Formel $S = I + R$ mit explizit gegebenem Restglied R gefaßt werden. Damit ist der Gegenstand dieses Abschnittes umrissen. Zur Vorbereitung benötigen wir einige Tatsachen über

12.15 Bernoullische Polynome. Die Bernoullischen Polynome $B_n(x)$ sind für $n \in \mathbb{N}$ mit Hilfe der Bernoullischen Zahlen B_n gemäß der Formel

$$B_n(x) := \sum_{k=0}^{n} \binom{n}{k} B_k x^{n-k} = x^n + \binom{n}{1} B_1 x^{n-1} + \binom{n}{2} B_2 x^{n-2} + \ldots + B_n$$

definiert. Wegen $(B_0, B_1, B_2, B_3) = (1, -\frac{1}{2}, \frac{1}{6}, 0)$ ist

$$B_0(x) = 1, \quad B_1(x) = x - \tfrac{1}{2}, \quad B_2(x) = x^2 - x + \tfrac{1}{6}, \quad B_3(x) = x^3 - \tfrac{3}{2}x^2 + \tfrac{1}{2}x.$$

Für spätere Zwecke merken wir an, daß

$$|B_2(x)| \le \tfrac{1}{6} \quad \text{und} \quad |B_3(x)| < \tfrac{1}{20} \quad \text{in } [0,1]$$

ist (das Maximum von $|B_3(x)|$ liegt bei $(\frac{1}{2} \pm \frac{1}{6}\sqrt{3})$).

Wir benötigen die folgenden drei Eigenschaften

$$\text{(B)} \qquad \begin{aligned} &B_n(0) = B_n(1) = B_n \quad \text{für } n \neq 1, \\ &B_n'(x) = n B_{n-1}(x), \qquad \int_0^1 B_n(x)\,dx = 0 \qquad \text{für } n \ge 1, \end{aligned}$$

welche sich ohne Mühe beweisen lassen. So stimmt etwa die erste Eigenschaft mit der Gleichung

$$B_n = \sum_{k=0}^{n} \binom{n}{k} B_k \quad \text{oder} \quad \sum_{k=0}^{n-1} \binom{n}{k} B_k = 0 \quad (n > 1)$$

überein, welche nach 7.20 zur rekursiven Definition der B_n benutzt werden kann, und

$$\int_0^1 B_n(x)\,dx = \sum_{k=0}^{n} \binom{n}{k} B_k \frac{1}{n+k-1} = \frac{1}{n+1} \sum_{k=0}^{n} \binom{n+1}{k} B_k$$

verschwindet wegen eben dieser Gleichung (für $n+1$ statt n); (vgl. Aufgabe 4 für einen anderen Beweis).

Wir betrachten die Bernoullischen Polynome nur im Intervall $[0,1)$ und setzen sie periodisch mit der Periode 1 fort. Die entstehenden Funktionen $C_n(x)$ sind also gemäß $C_n(x) := B_n(x-[x])$ definiert. Wegen $B_n(0) = B_n(1)$ ist $C_n(x)$ für $n \neq 1$ eine in $\mathbb{R}$ stetige Funktion.

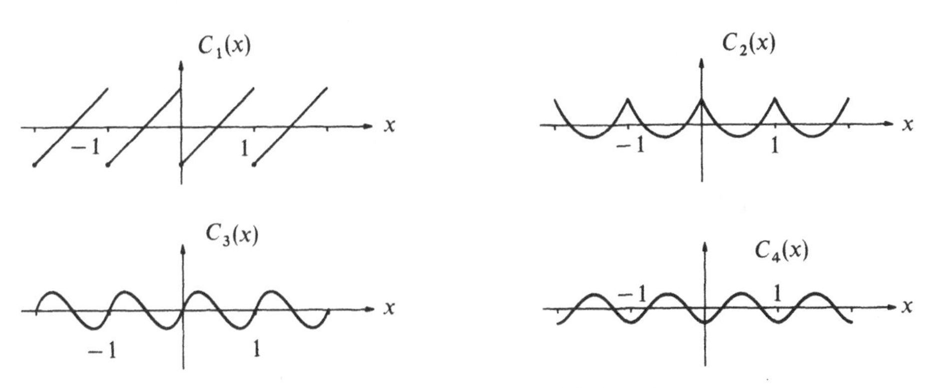

Die periodisch fortgesetzten Bernoullischen Polynome
(C_2, C_3 und C_4 sind überhöht)

12.16 Eulersche Summenformel. Wegen $C_1'(x) = 1$ in $[k, k+1)$ $(k \in \mathbb{N})$ ist für stetig differenzierbares f

$$\begin{aligned}\int_k^{k+1} f(x)\,dx &= \int_k^{k+1} f(x)\,C_1'(x)\,dx \\ &= \lim_{\varepsilon \to 0+} fC_1\Big|_k^{k+1-\varepsilon} - \int_k^{k+1} f'(x)\,C_1(x)\,dx \\ &= \tfrac{1}{2}[f(k+1) + f(k)] - \int_k^{k+1} f'(x)\,C_1(x)\,dx.\end{aligned}$$

Wir summieren diese Gleichung für $k = 0, 1, \ldots, n-1$ und erhalten

$$\begin{aligned}\int_0^n f(x)\,dx = {}& \tfrac{1}{2} f(0) + f(1) + f(2) + \ldots + f(n-1) + \tfrac{1}{2} f(n) \\ & - \int_0^n f'(x)\,C_1(x)\,dx.\end{aligned}$$

Damit ist die Eulersche Summenformel in ihrer einfachsten Form bereits bewiesen:

Satz. *Für* $f \in C^1[0,n]$ *ist*

(ES$_0$) $$\sum_{k=0}^{n} f(k) = \int_0^n f(x)\,dx + \tfrac{1}{2}[f(0)+f(n)] + R_0$$

mit

$$R_0 = \int_0^n f'(x)\, C_1(x)\,dx.$$

Das „Restglied" R_0 wird nun umgeformt. Im Intervall $[k,k+1]$ ist $C_3'' = 3C_2' = 6C_1$. Durch zweimalige partielle Integration ergibt sich

$$\int_k^{k+1} f'\,C_1\,dx = \int_k^{k+1} f' \frac{C_3''}{6}\,dx = f'\frac{C_3'}{6} - \frac{f''\,C_3}{6}\Bigg|_k^{k+1} + \frac{1}{6}\int_k^{k+1} f'''\,C_3\,dx,$$

wegen $C_3'(k) = 3C_2(k) = 3B_2 = C_3'(k+1)$ und $C_3(k) = C_3(k+1) = B_3 = 0$ also

$$\int_k^{k+1} f'\,C_1\,dx = \frac{C_2}{2} f'\Bigg|_k^{k+1} + \frac{1}{6}\int_k^{k+1} f'''\,C_3\,dx.$$

Summation von $k=0$ bis $k=n-1$ ergibt

$$R_0 = \int_0^n f'\,C_1\,dx = \frac{C_2}{2} f'\Bigg|_0^n + \frac{1}{6}\int_0^n f'''\,C_3\,dx$$

oder

(ES$_1$) $$R_0 = \left[\frac{B_2}{2} f'\right]_0^n + R_1 \quad \text{mit} \quad R_1 = \frac{1}{3!}\int_0^n f'''\,C_3\,dx.$$

Auf R_1 wenden wir dasselbe Verfahren an. Mit $C_5'' = 5C_4' = 5\cdot 4\,C_3$ erhält man zunächst

$$\frac{1}{3!}\int_k^{k+1} f'''\,C_3\,dx = \frac{1}{5!}\int_k^{k+1} f'''\,C_5''\,dx$$

$$= \frac{1}{5!}[f'''\,C_5' - f^{(4)}\,C_5]_k^{k+1} + \frac{1}{5!}\int_k^{k+1} f^{(5)}\,C_5\,dx,$$

wegen $C_5'(k) = 5C_4(k) = 5B_4 = C_5'(k+1)$ und $C_5(k) = C_5(k+1) = B_5 = 0$ dann

$$\frac{1}{3!}\int_k^{k+1} f'''\,C_3\,dx = \frac{B_4}{4!} f'''\Bigg|_k^{k+1} + \frac{1}{5!}\int_k^{k+1} f^{(5)}\,C_5\,dx$$

und nach Summation schließlich

(ES$_2$) $$R_0 = \left[\frac{B_2}{2!} f' + \frac{B_4}{4!} f'''\right]_0^n + R_2 \quad \text{mit} \quad R_2 = \frac{1}{5!}\int_0^n f^{(5)}\,C_3\,dx.$$

In genau derselben Weise kann man fortfahren. Da alle B_n mit ungeradem Index $n \geq 3$ verschwinden (aus diesem Grunde haben wir immer gleich zweimal partiell integriert, ein Summand fiel dann von selbst weg), wiederholt sich das Spiel. Das Ergebnis ist die folgende, für $p \in \mathbb{N}$ unter der Voraussetzung $f \in C^{2p+1}[0,n]$ gültige

Eulersche Summenformel

$$(\mathrm{ES_p}) \qquad f(0)+f(1)+\ldots+f(n)=\int_0^n f(x)\,dx+\tfrac{1}{2}[f(0)+f(n)]$$

$$+\left[\frac{B_2}{2!}f'+\frac{B_4}{4!}f'''+\ldots+\frac{B_{2p}}{(2p)!}f^{(2p-1)}\right]_0^n+R_p$$

mit

$$R_p=\frac{1}{(2p+1)!}\int_0^n f^{(2p+1)}(x)\,C_{2p+1}(x)\,dx.$$

EULER hat diese Formel während seiner ersten Petersburger Epoche entdeckt und in Band 6 der *Commentarii Academiae Petropolitanae* eher beiläufig mitgeteilt. Ein Beweis erschien dann in Band 8 (Jahrgang 1736, erschienen 1741), und eine ausführliche Darstellung mit Beispielen in seinem Lehrbuch *Institutiones calculi differentialis* (1756). Die Formel findet sich auch in MACLAURINS *Treatise of fluxions* (1742) und wird häufig als Euler-Maclaurinsche Formel bezeichnet.

12.17 Die Eulersche Konstante. EULER hat (um 1734) entdeckt, daß die Teilsummen der harmonischen Reihe wie $\log n$ anwachsen, und zwar in dem Sinne, daß der Grenzwert

$$C=\lim\left(1+\frac{1}{2}+\ldots+\frac{1}{n}-\log n\right)$$

existiert. Die Zahl C wird *Eulersche Konstante* genannt. Die ersten 15 Stellen von C,

$$C=0{,}57721\,56649\,01532$$

wurden bereits von Euler richtig angegeben. Der Berechnung auf 32 Stellen (von denen jedoch, wie sich später herausstellte, nur die ersten 19 richtig waren) verdankt es LORENZO MASCHERONI (1750–1800), daß C auch Mascheronische Konstante genannt wird. Es ist bis heute nicht bekannt, ob C eine rationale oder irrationale Zahl ist.

Die folgende Betrachtung wird die Existenz des Limes und einen Weg zu seiner Berechnung aufzeigen. Für die Funktion $f(x)=1/(x+r)$ ($r\geq 1$ ganz) liefert die Formel ($\mathrm{ES_p}$) wegen $f^{(k)}(x)=(-1)^k\cdot k!\cdot(x+r)^{-(k+1)}$ die Beziehung

$$\sum_{k=0}^{n}\frac{1}{r+k}=\log\frac{r+n}{r}+\frac{1}{2}\left(\frac{1}{r}+\frac{1}{r+n}\right)$$

$$+\sum_{i=1}^{p}\frac{B_{2i}}{2i}\left(\frac{1}{r^{2i}}-\frac{1}{(r+n)^{2i}}\right)-\int_0^n\frac{C_{2p+1}(x)\,dx}{(x+r)^{2p+2}}.$$

Addiert man auf beiden Seiten $1+\ldots+\dfrac{1}{r-1}-\log n$ und läßt dann $n\to\infty$ streben, so ergibt sich die Existenz des Grenzwertes C und die Gleichung

$$C=1+\ldots+\frac{1}{r}-\frac{1}{2r}-\log r+\sum_{i=1}^{p}\frac{B_{2i}}{2i\cdot r^{2i}}-\int_0^\infty\frac{C_{2p+1}(x)}{(x+r)^{2p+2}}\,dx.$$

Für $p=1$ und $r=10$ erhält man

$$C=1+\ldots+\frac{1}{10}-\frac{1}{20}-\log 10+\frac{1}{1200}-\int_0^\infty \frac{C_3(x)}{(x+10)^4}\,dx.$$

Die Abschätzung $|C_3(x)|<\frac{1}{20}$ von 12.15 liefert für das Restglied

$$|R_1|<\frac{1}{20}\int_0^\infty \frac{dx}{(x+10)^4}=\frac{1}{6}\cdot 10^{-4},$$

während die expliziten Terme die Zahl 0,57722 zur Summe haben. Für größere Werte von p hat man die Schwierigkeit, Schranken für $C_{2p+1}(x)$ zu finden (diese Bemerkung gilt auch bei anderen Anwendungen der Eulerschen Summenformel). Nimmt man $p=2$ und $r=10$ und benutzt die Abschätzung $|C_5(x)|<\frac{1}{20}$, so wird das Restglied dem Betrage nach $<10^{-7}$, wie man leicht sieht.

Als Vorbereitung zum zweiten Beispiel, der Stirlingschen Formel für $n!$, leiten wir die

12.18 Produktdarstellung des Sinus ab. Sie wurde von EULER gefunden und lautet

(Si) $$\sin \pi x=\pi x\prod_{k=1}^{\infty}\left(1-\frac{x^2}{k^2}\right).$$

Unendliche Produkte sind genau wie unendliche Reihen als Limes der endlichen Teilprodukte definiert, $\prod_{k=1}^{\infty} a_k=\lim_{n\to\infty}(a_1 a_2\cdots a_n)$. Ein formaler „Beweis" ist höchst einfach. Durch logarithmische Differentiation beider Seiten entsteht die Gleichung

$$\pi \cot \pi x=\frac{1}{x}-\sum_{k=1}^{\infty}\frac{2x}{k^2-x^2},$$

die wir aus 8.12 als Partialbruchzerlegung des Cotangens kennen. Der nachstehende strenge Beweis nimmt natürlich auf dieses Ergebnis Bezug. Zunächst sei $x\in J=[-\frac{1}{2},\frac{1}{2}]$. Die Funktion $f(x)=\log\frac{\sin\pi x}{\pi x}$ ist aus $C^\infty(J)$ $\left(\frac{1}{t}\sin t \text{ ist eine Potenzreihe!}\right)$. Es ist

$$f'(x)=\pi\cot\pi x-\frac{1}{x}=-\sum_{k=1}^{\infty}\frac{2x}{k^2-x^2},$$

und diese Reihe ist in J gleichmäßig konvergent wegen $1/(k^2-x^2)<2/k^2$. Für die Funktion

$$g(x)=\sum_{k=1}^{\infty}\log\left(1-\frac{x^2}{k^2}\right) \quad\text{ist}\quad g'(x)=-\sum_{k=1}^{\infty}\frac{2x}{k^2-x^2}=f'(x).$$

Denn aus $|\log(1+t)|\le 2|t|$ für $|t|\le 1/2$ folgt $\left|\log\left(1-\frac{x^2}{k^2}\right)\right|\le 1/k^2$, wenn $x\in J$ ist.

Beide Reihen sind also gleichmäßig konvergent in J, und die gliedweise Differentiation ist erlaubt. Aus $f'=g'$ und $f(0)=g(0)=0$ folgt dann $f(x)=g(x)$ in J oder

$$\log \frac{\sin \pi x}{\pi x} = \sum_{k=1}^{\infty} \log \left(1 - \frac{x^2}{k^2}\right) = \lim_{n \to \infty} \sum_{k=1}^{n} \log \left(1 - \frac{x^2}{k^2}\right)$$

$$= \lim_{n \to \infty} \log \prod_{k=1}^{n} \left(1 - \frac{x^2}{k^2}\right) = \log \lim_{n \to \infty} \prod_{k=1}^{n} \left(1 - \frac{x^2}{k^2}\right).$$

Durch Anwendung der Exponentialfunktion auf beide Seiten erhält man das gesuchte Ergebnis

$$(*) \qquad \sin \pi x = \lim_{n \to \infty} \pi x \prod_{k=1}^{n} \left(1 - \frac{x^2}{k^2}\right) \quad \text{in } J.$$

Die Ausdehnung des Resultats auf beliebige reelle x ist einfach. Zur Untersuchung der rechten Seite benutzen wir $1 - x^2/k^2 = (k-x)(k+x)/k^2$ und setzen

$$p_n(x) = x \prod_{k=1}^{n} \left(1 - \frac{x^2}{k^2}\right) = C_n(x-n)(x-n+1) \cdots x(x+1) \cdots (x+n)$$

mit konstantem C_n. Aus dieser Darstellung erkennt man, daß

$$p_n(x+1) = p_n(x) \frac{x+n+1}{x-n}$$

ist. Für $|x| \leq \frac{1}{2}$ konvergiert also auch $p_n(x+1)$, und zwar gegen $-\lim p_n(x) = -\sin \pi x = \sin \pi(x+1)$. Die Gleichung (*) gilt also in $[-\frac{1}{2}, \frac{3}{2}]$. Wir wiederholen diese Prozedur und erkennen so, daß die Produktdarstellung in $[-\frac{1}{2}, \frac{5}{2}], \ldots$, schließlich in $[0, \infty)$ gültig ist. Da auf beiden Seiten der Gleichung (*) ungerade Funktionen stehen, ist die Darstellung vollständig bewiesen. □

Bemerkung. Das Sinusprodukt ist ein weiteres Beispiel für die Übertragung von Sätzen über Polynome auf Potenzreihen. Hier handelt es sich um die aus dem Hauptsatz der Algebra folgende Produktdarstellung eines Polynoms, welches seine Nullstellen (mit Vielfachheit) sichtbar werden läßt. Eine allgemeine Theorie der Produktdarstellung holomorpher Funktionen behandelt der Grundwissen-Band *Funktionentheorie II* von R. Remmert.

12.19 Wallissches Produkt. Für $x = 1/2$ lautet das Sinusprodukt

$$1 = \frac{\pi}{2} \prod_{1}^{\infty} \left(1 - \frac{1}{4k^2}\right) = \frac{\pi}{2} \prod_{1}^{\infty} \frac{(2k+1)(2k-1)}{(2k)^2}$$

oder nach einfacher Umformung

$$\frac{\pi}{2} = \prod_{k=1}^{\infty} \frac{(2k)^2}{(2k-1)(2k+1)} \equiv \lim_{n \to \infty} \left(\frac{2 \cdot 2}{1 \cdot 3} \cdot \frac{4 \cdot 4}{3 \cdot 5} \cdot \frac{6 \cdot 6}{5 \cdot 7} \cdots \frac{2n \cdot 2n}{(2n-1)(2n+1)}\right).$$

Dies ist das berühmte, von JOHN WALLIS 1655 in seiner *Arithmetica infinitorum* mitgeteilte Wallissche Produkt.

12.20 Die Stirlingsche Formel. Zur Abschätzung von $n!$ benutzen wir die Eigenschaft des Logarithmus, daß $\log n! = \log 1 + \log 2 + \ldots + \log n$ ist, und berechnen die Summe mit Hilfe der Eulerschen Summenformel (ES_1). Dazu setzen wir also $f(x)=\log(1+x)$, nehmen als obere Grenze $n-1$ statt n, benutzen die Formel $\int\log(1+x)\,dx=(1+x)\log(1+x)-x$ und erhalten

(*) $$\log n! = n\log n-(n-1)+\frac{1}{2}\log n+\frac{B_2}{2}\left(\frac{1}{n}-1\right)+\frac{1}{3}\int_0^{n-1}\frac{C_3(x)}{(1+x)^3}\,dx$$
$$=\left(n+\frac{1}{2}\right)\log n-n+\gamma_n$$

mit

$$\gamma_n=1-\frac{1}{12}+\frac{1}{12n}+\frac{1}{3}\int_1^n\frac{C_3(x)}{x^3}\,dx.$$

Es existiert demnach der Limes

(**) $$\gamma=\lim_{n\to\infty}\gamma_n=\frac{11}{12}+\frac{1}{3}\int_1^\infty\frac{C_3(x)}{x^3}\,dx.$$

Nun berechnen wir γ auf andere Weise mit Hilfe des Wallisschen Produkts 12.19. Danach ist $\sqrt{\pi/2}$ der Limes für $n\to\infty$ von

$$\frac{2\cdot 4\cdots(2n)}{1\cdot 3\cdots(2n-1)\cdot\sqrt{2n+1}}=\frac{[2\cdot 4\cdots(2n)]^2}{(2n)!\sqrt{2n+1}}=\frac{(2^n n!)^2}{(2n)!\sqrt{2n+1}}$$

und $\log\sqrt{\pi/2}$ der Limes des entsprechenden Logarithmus, d.h. von

$$\begin{aligned}&2(n\log 2+\log n!)-\log(2n)!-\tfrac{1}{2}\log(2n+1)\quad[\text{mit }(*)]\\&=2n\log 2+(2n+1)\log n-2n+2\gamma_n-[(2n+\tfrac{1}{2})\log 2n-2n+\gamma_{2n}]\\&\quad-\tfrac{1}{2}\log(2n+1)\\&=-\tfrac{1}{2}\log 2+\tfrac{1}{2}\log n+2\gamma_n-\gamma_{2n}-\tfrac{1}{2}\log(2n+1).\end{aligned}$$

Wegen $2\gamma_n-\gamma_{2n}\to\gamma$ und $\log n-\log(2n+1)\to-\log 2$ folgt

$$\log\sqrt{\pi/2}=\gamma-\log 2\quad\text{oder}\quad\gamma=\log\sqrt{2\pi}.$$

Aus (*) ergibt sich dann eine erste Form der Stirlingschen Formel

$$\log\frac{n!\,e^n}{n^n\sqrt{n}}=\gamma_n\to\log\sqrt{2\pi}$$

oder

(Sti$_0$) $$\lim_{n\to\infty}\frac{n!}{\left(\frac{n}{e}\right)^n\sqrt{2\pi n}}=1.$$

Man sagt auch, $n!$ verhalte sich asymptotisch wie $\sqrt{2\pi n}(n/e)^n$, und schreibt

$$n!\cong\sqrt{2\pi n}\left(\frac{n}{e}\right)^n.$$

Ganz grobe Merkregel: Das Produkt der n Zahlen 1, 2, ..., n ist etwa gleich dem Produkt der n gleichen Zahlen n/e.

Für eine genauere Abschätzung von γ_n gehen wir zurück zur Integraldarstellung (**) und erhalten

$$\gamma_n = \gamma + (\gamma_n - \gamma) = \log\sqrt{2\pi} + \frac{1}{12n} - \frac{1}{3}\int_n^\infty \frac{C_3(x)}{x^3}\,dx.$$

Aus der Abschätzung $|C_3(x)| < \frac{1}{20}$ (vgl. 12.15) folgt für das Integral

$$\left|\frac{1}{3}\int_n^\infty \frac{C_3(x)}{x^3}\,dx\right| < \frac{1}{120n^2}$$

und damit schließlich die endgültige Stirlingsche Formel

$$\text{(Sti)} \qquad n! = \sqrt{2\pi n}\left(\frac{n}{e}\right)^n \exp\left(\frac{1}{12n} + \frac{\theta_n}{120n^2}\right) \quad \text{mit } |\theta_n| < 1.$$

Berechnen wir als Beispiel 10000! und bezeichnen dazu mit Log den dekadischen Logarithmus und mit M die Zahl $\operatorname{Log} e$ (Modul des dekadischen Logarithmus). Nach (Sti) ist

$$\begin{aligned}\operatorname{Log} 10000! &= \operatorname{Log}\sqrt{2\pi} + 2 + 40000 - 10000M + \frac{M}{12}(10^{-4} + \theta_n \cdot 10^{-9})\\ &= 0{,}3990899 + 40002 - 4342{,}9448190 + 0{,}0000036\\ &= 35659{,}4542745.\end{aligned}$$

Die Zahl 10000! hat also 35660 Stellen und beginnt mit den Ziffern 28462.

Die Stirlingsche Formel ist eine asymptotische Formel. Sie wird (im Sinne des relativen Fehlers) um so genauer, je größer n ist. Immerhin erhält man schon für $n=10$ aus der Formel, wenn man $\theta_n = 0$ setzt, $10! \approx 3628810$ und für $\theta_n = -1$ bzw. $+1$ die Schranken

$$3628505 < 10! < 3629114.$$

Der genaue Wert ist $10! = 3628800$.

Es macht nur geringe Mühe, unter Benutzung von (Sti) noch bessere Stirling-Formeln abzuleiten. Eine schwächere Form der Formel (Sti_0), die insbesondere den Faktor $\sqrt{2\pi}$ nicht enthält, findet sich in dem 1730 erschienenen Lehrbuch *Methodus differentialis* des Engländers James Stirling (1692–1770).

Verallgemeinerung des Mittelwertsatzes
Dini-Derivierte

Solange man nur analytische Ausdrücke als stetige Funktionen gelten ließ, gab es mit der Ableitung keine großen Probleme. Stetige Funktionen waren, von eventuellen Singularitäten abgesehen, auch differenzierbar. Mit der genauen Festlegung von Stetigkeit und Differenzierbarkeit um 1820 ergab sich eine neue Situation. Daß stetige Funktionen an einzelnen, sogar an abzählbar vielen Stellen nicht differenzierbar sein können, zeigen einfache Beispiele. Die Frage war, ob die Differenzierbarkeit im Begriff der Stetigkeit in irgendeiner Form enthalten oder davon völlig losgelöst ist. Konkret formuliert: Gibt es eine Funktion, welche in einem Intervall stetig, jedoch in keinem einzigen Punkt des Intervalls differenzierbar ist? Als ein Kandidat für die Nicht-Differenzierbarkeit erschien zunächst die

$$\textit{Riemannsche Funktion} \quad R(x) = \sum_{n=1}^{\infty} \frac{1}{n^2} \sin(n^2 x).$$

Die Stetigkeit von R folgt sofort aus dem Majorantenkriterium, da $\sum \frac{1}{n^2}$ eine konvergente Majorante ist. RIEMANN soll um 1860 behauptet haben, diese Funktion sei nirgends differenzierbar. Daß dies leichter gesagt als bewiesen ist, hat bereits Weierstraß entdeckt. Die Frage ist erst seit 1971 vollständig geklärt. Die Funktion R ist u.a. nicht differenzierbar an allen Stellen $x = \pi\xi$ mit irrationalem ξ, aber es ist etwa $R'(\pi(2p+1)/(2q+1)) = -\frac{1}{2}$ für $p, q \in \mathbb{N}$. Genaueres über diese Funktion und ihre Historie findet man in zwei Artikeln von E. Neuenschwander bzw. S.L. Segal im Math. Intelligencer 1 (1978), S. 40–44 bzw. 81–82.

Es war WEIERSTRASS, der die mathematische Welt mit einer harmlos aussehenden Funktion überrascht hat, welche überall stetig, aber nirgends differenzierbar ist. Er hat dieses in 12.26 wiedergegebene Beispiel 1872 der Berliner Akademie präsentiert. Publiziert wurde es 1875 von Paul du Bois-Reymond (J. Reine Angew. Math. 79, S. 21–37); P. Dugac untersucht in [1973, p. 92–94], ob Weierstraß es bereits früher in seinen Vorlesungen behandelt hat. Erst in unserem Jahrhundert kam zutage, daß BOLZANO schon um 1830 ein solches Beispiel konstruiert hat (diese Bolzano-Funktion ist beschrieben in dem Buch *Einführung in die Höhere Mathematik II* von K. Strubecker, S. 246).

Das letzte Viertel des vorigen Jahrhunderts brachte eine Verallgemeinerung des Ableitungsbegriffes und der zugehörigen Sätze. Unmittelbarer Anlaß dazu war die vertiefte Einsicht und Klärung der Begriffe Stetigkeit und Differenzierbarkeit, welche wir vor allem der Weierstraßschen Schule verdanken. Der Italiener ULISSE DINI (1845–1918, Professor in Pisa) führte 1878 in seinem Lehrbuch *Fondamenti per la teoria delle funzioni di variabili reali* in Verallgemeinerung der Ableitung die vier heute nach ihm benannten Derivierten ein; vgl. 12.23. In den 80er und 90er Jahren erschienen zahlreiche neue Lehrbücher über die Differential- und Integralrechnung, welche sich ausführlich mit den Grundlagen beschäftigen (in Deutschland Rudolf Lipschitz, J. Thomae, Axel Harnack, Moritz Pasch, Otto Stolz, in Frankreich Jules Tannery, Camille Jordan, Ph. Gilbert, H. Laurent, in Italien A. Genocchi – G. Peano, Ernesto Pascal, Giulio Vivanti), die Infinitesimalrechnung war „in". Als Höhepunkt dieser Entwicklung erscheint dann kurz nach der Jahrhundertwende der Lebesguesche Integralbegriff, welcher vieles vereinheitlicht und verallgemeinert.

Der Mittelwertsatz der Differentialrechnung

$$\frac{f(b)-f(a)}{b-a} = f'(\xi) \quad \text{mit } \xi \in (a,b)$$

hat neben der Stetigkeit im abgeschlossenen Intervall $J=[a,b]$ zur Voraussetzung, daß f in $J^0=(a,b)$ differenzierbar ist. Die Verletzung dieser Voraussetzung auch nur in einem einzigen Punkt macht den Satz ungültig. So hat etwa bei der Funktion $f(x)=|x|$ der Differenzenquotient für $a=-b$ den Wert 0. Als Ableitungen treten jedoch nur die Werte ± 1 auf.

Die folgenden Überlegungen haben eine allgemeine Fassung des Mittelwertsatzes zum Ziel. Die überraschend einfache Schlußweise kommt aus der Theorie der Differentialungleichungen. Sie geht im Ansatz auf LUDWIG SCHEEFFER (1859–1885, Studium in Berlin und München, früh gestorben an Typhus) zurück; s. Acta math. 5 (1884/5) 183–194 und 279–296.

12.21 Satz. *Die Funktion f sei im Intervall $[a,b]$ stetig, in (a,b) rechtsseitig differenzierbar, und es gelte $f'_+(x)>0$ in (a,b). Dann ist f streng monoton wachsend in $[a,b]$.*

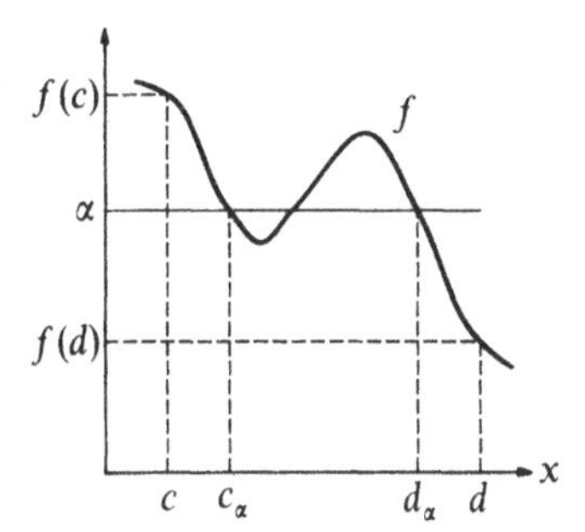

Beweis. Zunächst werde angenommen, es sei $a \le c < d \le b$ und $f(c) > f(d)$. Daraus ergibt sich ein Widerspruch wie folgt. Zu jedem α mit $f(c) > \alpha > f(d)$ gibt es nach dem Zwischenwertsatz ein $d_\alpha \in (c,d)$ mit $f(d_\alpha) = \alpha$. Noch mehr, es gibt nach 6.10 ein größtes solches d_α, so daß $f(x) < \alpha$ für $d_\alpha < x < d$ ist.

Jeder rechtsseitige Differenzenquotient an der Stelle d_α ist also negativ, $[f(d_\alpha + h) - f(d_\alpha)]/h < 0$ für kleine positive h. Für $h \to 0+$ folgt $f'_+(d_\alpha) \le 0$. Dieser Widerspruch zur Voraussetzung $f'_+ > 0$ zeigt also, daß $f(c) \le f(d)$ für beliebige Zahlen $c < d$ aus J ist. Die Funktion ist demnach schwach monoton wachsend in J. Nun kann aber die Gleichheit $f(c) = f(d)$ nicht eintreten. Denn aus ihr würde folgen, daß f im Intervall $[c,d]$ konstant und damit $f' = 0$ ist. Also ist f streng monoton. □

Der Beweis zeigt aber noch viel mehr. Ist $f(c) > f(d)$, so kann man $\alpha \in (f(d), f(c))$ beliebig wählen und erhält ein d_α mit $f'_+(d_\alpha) \le 0$. Es gibt also überabzählbar viele Stellen $\xi \in J$ mit $f'_+(\xi) \le 0$. Anders gesagt, der Fall $f(c) > f(d)$ kann auch dann nicht eintreten, wenn man in der Voraussetzung $f'_+(x) > 0$ abzählbar viele Ausnahmestellen zuläßt, an denen sie nicht einzutreten braucht. Vgl. dazu auch Aufgabe 14 (Satz von Zygmund).

Folgerung. *Ist f in $[a,b]$ stetig und $f'_+(x) > 0$ bzw. ≥ 0 in J mit Ausnahme von höchstens abzählbar vielen Stellen, an denen diese Ungleichung nicht vorausgesetzt wird, so ist bereits f streng bzw. schwach monoton wachsend. Die Aussagen bleiben bestehen, wenn man anstelle von f'_+ die linksseitige Ableitung f'_- einsetzt.*

Beweis. Der Fall $f'_+ > 0$ ist bereits erledigt. Im Fall $f'_+ \ge 0$ betrachtet man die Hilfsfunktion $g_\varepsilon(x) = f(x) + \varepsilon x$ $(\varepsilon > 0)$. Für sie gilt $(g_\varepsilon)'_+ \ge \varepsilon > 0$ bis auf abzählbar viele Stellen. Also ist g_ε monoton wachsend. Für zwei beliebige Punkte $c < d$

aus J gilt damit $g_\varepsilon(c) < g_\varepsilon(d)$, woraus sich für $\varepsilon \to 0+$ die Ungleichung $f(c) \leq f(d)$ ergibt. Also ist f schwach monoton wachsend.

Den Fall der linksseitigen Ableitung f'_- behandelt man, indem man im Beweis statt d_α die kleinste Stelle c_α aus (c, d) mit $f(c_\alpha) = \alpha$ wählt und linksseitige Differenzenquotienten benutzt; vgl. Abb. □

Wir wenden uns nun einer weiteren Verallgemeinerung zu, bei welcher auch die einseitige Differenzierbarkeit überflüssig wird. Zunächst geht es um die Übertragung der in 4.15 eingeführten Begriffe.

12.22 Limes superior und Limes inferior. Die reellwertige Funktion f sei auf $D \subset \mathbb{R}$ erklärt, und ξ sei ein Häufungspunkt von D. Eine gegen ξ konvergierende Folge (x_n) aus D mit $x_n \neq \xi$ wollen wir kurz „zulässig" nennen. Unter dem Limes superior bzw. Limes inferior von f für $x \to \xi$ verstehen wir den größten bzw. kleinsten Folgenlimes $\lim\limits_{n\to\infty} f(x_n)$, wobei (x_n) zulässig ist. Genauer:

Wir vereinbaren, daß sowohl für ξ als auch für den Grenzwert die Werte $\pm\infty$ zulässig sind, wir betrachten also die Konvergenz in $\overline{\mathbb{R}}$ mit Einschluß der bestimmten Divergenz. Dann besitzt nach 4.16 jede Folge $(f(x_n))$ eine konvergente Teilfolge. Mit $L \subset \overline{\mathbb{R}}$ bezeichnen wir die Menge aller möglichen Grenzwerte $\lim\limits_{n\to\infty} f(y_n)$, wobei (y_n) zulässig ist, und setzen

$$\liminf_{x\to\xi} f(x) := \inf L \quad \text{und} \quad \limsup_{x\to\xi} f(x) := \sup L.$$

Das entspricht genau unserem Vorgehen bei Zahlenfolgen.

(a) Ist $\liminf\limits_{x\to\xi} f(x) = a$ und $\limsup\limits_{x\to\xi} f(x) = b$, so gibt es zulässige Folgen (ξ_n) und (η_n) mit

$$\lim_{n\to\infty} f(\xi_n) = a \quad \text{und} \quad \lim_{n\to\infty} f(\eta_n) = b,$$

und für jede konvergente Folge ist $a \leq \lim\limits_{n\to\infty} f(x_n) \leq b$.

(b) Ist a bzw. b endlich und wird $\varepsilon > 0$ vorgegeben, so gibt es eine Umgebung U von ξ mit

$$a - \varepsilon < f(x) \quad \text{bzw.} \quad f(x) < b + \varepsilon \qquad \text{für } x \in \dot{U} \cap D.$$

Andererseits existiert für jede Umgebung V von ξ

$$\text{ein} \quad x \in \dot{V} \cap D \quad \text{mit} \quad f(x) < a + \varepsilon \quad \text{bzw.} \quad b - \varepsilon < f(x).$$

(c) Es ist $\lim\limits_{x\to\xi} f(x) = a$ genau dann, wenn

$$\limsup_{x\to\xi} f(x) = \liminf_{x\to\xi} f(x) = a$$

ist.

Beweis. (a) Es seien ξ und b endlich. Zu einer beliebigen natürlichen Zahl $k \geq 1$ gibt es aufgrund der Definition des Supremums eine Zahl $\alpha \in L$ mit $b - \frac{1}{k} < \alpha \leq b$, d.h. eine zulässige Folge (x_n) mit

$$b - \frac{1}{k} < \lim f(x_n) \leq b.$$

Wir wählen aus der Folge (x_n) ein Element aus, das mit η_k bezeichnet wird und die Eigenschaften

$$|\eta_k - \xi| < \frac{1}{k} \quad \text{und} \quad b - \frac{1}{k} \leq f(\eta_k) \leq b + \frac{1}{k}$$

haben soll. Damit haben wir die gewünschte Folge (η_k) mit $\lim f(\eta_k) = b$ gefunden. Im Fall $b = \infty$ lautet die entsprechende Ungleichung $f(\eta_k) > k$, wodurch $\lim f(\eta_k) = \infty$ erzwungen wird. Entsprechend verfährt man mit dem Limes inferior sowie in dem Fall $\xi = \pm\infty$. Die Ungleichung $a \leq \lim f(x_n) \leq b$ ist aufgrund der Definition von a und b trivial.

(b) Gäbe es keine Umgebung von ξ mit $f(x) < b + \varepsilon$ in $\dot{U} \cap D$, so könnte man für jedes k einen Punkt $\eta_k \in D$ mit $f(\eta_k) \geq b + \varepsilon$ und $0 < |\eta_k - \xi| < \frac{1}{k}$ finden. Eine konvergente Teilfolge von $(f(\eta_k))$ hätte dann einen Limes $\geq b + \varepsilon$ im Widerspruch zur Definition von b. Der zweite Teil von (b) und ebenso (c) ergibt sich sofort aus (a).

Bemerkung. Man spricht vom linksseitigen Limes superior und schreibt $\limsup\limits_{x \to \xi-}$, wenn $D = (\xi - \delta, \xi)$ $(\delta > 0)$ ist und verfährt in den anderen drei Fällen entsprechend.

Beispiele. $\limsup\limits_{x \to \infty} \sin x = 1$, $\liminf\limits_{x \to \infty} x \sin x = -\infty$,

$$\limsup_{x \to 0} \left|\sin \frac{1}{x}\right| = 1, \qquad \liminf_{x \to 0} \left|\sin \frac{1}{x}\right| = 0.$$

12.23 Die vier Dini-Derivierten. In Verallgemeinerung des Begriffes der Ableitung definiert man für eine beliebige, in einer rechts- bzw. linksseitigen Umgebung der Stelle ξ erklärte Funktion f die vier *Dini-Derivierten* (oder auch Dini-Ableitungen) D^+f, D_+f, D^-f, D_-f gemäß

$$D^+ f(\xi) = \limsup_{x \to \xi+} \frac{f(x) - f(\xi)}{x - \xi} \quad \textit{rechte obere Dini-Derivierte},$$

$$D_+ f(\xi) = \liminf_{x \to \xi+} \frac{f(x) - f(\xi)}{x - \xi} \quad \textit{rechte untere Dini-Derivierte},$$

$$D^- f(\xi) = \limsup_{x \to \xi-} \frac{f(x) - f(\xi)}{x - \xi} \quad \textit{linke obere Dini-Derivierte},$$

$$D_- f(\xi) = \liminf_{x \to \xi-} \frac{f(x) - f(\xi)}{x - \xi} \quad \textit{linke untere Dini-Derivierte},$$

wobei die Werte $\pm\infty$ zugelassen sind.

Offenbar ist $f'(\xi) = a$ genau dann, wenn alle vier Dini-Derivierten den Wert a haben. Für die Dirichletsche Funktion, welche für rationale Argumente den Wert 0, für irrationale Argumente den Wert 1 hat, ist z.B.

$$D^+ f(\xi) = \infty, \quad D_+ f(\xi) = 0, \quad D^- f(\xi) = 0, \quad D_- f(\xi) = -\infty \quad \text{für } \xi \in \mathbb{Q}.$$

Wie lautet die entsprechende Zeile für irrationales ξ?

Es sei (a_n) eine beliebige und (b_n) eine konvergente Folge. Nach 4.16 ist

$$\limsup(a_n+b_n)=\limsup a_n+\lim b_n$$

unter Beachtung der Regel $\pm\infty+\alpha=\pm\infty$ (entsprechend für lim inf). Daraus erhält man das folgende

Lemma. *Ist die Funktion g an der Stelle ξ differenzierbar, so ist für jede Dini-Derivierte D*

$$D(f+g)(\xi)=Df(\xi)+g'(\xi).$$

Der Mittelwertsatz erhält nun die folgende endgültige Gestalt.

12.24 Verallgemeinerter Mittelwertsatz der Differentialrechnung [Scheeffer 1885]. *Die Funktion f sei im (beliebigen) Intervall J stetig. Ferner bezeichne D eine fest gewählte Dini-Derivierte und N eine höchstens abzählbare Teilmenge von J. Sind die Werte von Df in einem Intervall I enthalten,*

$$Df(x)\in I \quad \text{für } x\in J\setminus N,$$

so liegen auch die Werte aller Differenzenquotienten in I,

$$\frac{f(b)-f(a)}{b-a}\in I \quad \text{für } a,b\in J \quad \text{mit } a\neq b.$$

Insbesondere gilt: Ist $Df(x)>0$ bzw. ≥ 0 in $J\setminus N$, so ist f streng bzw. schwach monoton wachsend in J.

Bemerkungen. In dieser Formulierung liegt nun in der Tat eine Verallgemeinerung des Mittelwertsatzes 10.10 vor. Denn dieser besagt wegen unserer Unkenntnis über die Zwischenstelle ξ ja auch nicht mehr, als daß der Differenzenquotient gleich einem möglichen Wert der Ableitung ist, also in der Wertemenge der Ableitung gelegen ist (letztere ist nach dem Zwischenwertsatz 10.3 ein Intervall).

Warnung: Es ist wesentlich im obigen Satz, daß man mit einer einzigen Dini-Ableitung, etwa mit D^+ arbeitet. Es genügt z.B. für die Monotonie nicht, daß zu jedem x eine Dini-Ableitung D gewählt werden kann, für welche $Df(x)>0$ ist; vgl. das Beispiel in 12.26. Andererseits folgt aber aus dem Satz: Ist etwa $D^+f(x)\geq 0$ für $x\in J\setminus N$, so ist f monoton wachsend, also jeder Differenzenquotient nichtnegativ und damit $Df(x)\geq 0$ für jedes $x\in J$ und jede der vier Dini-Ableitungen.

Der *Beweis* ist im wesentlichen in den früheren Überlegungen enthalten. In 12.21 kann man die Voraussetzung $f'_+>0$ durch $D^+f(x)>0$ ersetzen, wie ein Blick auf den Beweis zeigt. Lautet die Voraussetzung $D^-f(x)>0$, so schließt man ganz entsprechend mit linksseitigen Differenzenquotienten an der Stelle c_α. Ist etwa $I=(m,M]$, so ist die Voraussetzung $Df(x)\in I$ äquivalent mit $m<Df(x)\leq M$. Man betrachtet dann $g(x)=f(x)-mx$ und $h(x)=f(x)-(M+\varepsilon)x$ und stellt fest, daß $Dg>0$ und $Dh<0$ in $J\setminus N$ ist. Also ist g streng monoton wachsend und h streng monoton fallend, woraus sich in einfacher Weise $m<[f(b)-f(a)]/(b-a)<M+\varepsilon$ ergibt. Da $\varepsilon>0$ beliebig ist, liegt der Differenzenquotient in I. □

12.25 Satz. *Die Funktion f sei stetig im Intervall J, und D bezeichne eine der vier Dini-Derivierten. Ist Df stetig an der Stelle $\xi\in J$ (also insbesondere endlich in einer Umgebung von ξ), so ist f an der Stelle ξ differenzierbar und $f'(\xi) = Df(\xi)$. Ist also Df stetig in J, so ist $f\in C^1(J)$ und $Df=f'$ in J.*

Der *Beweis* ist sehr einfach. Es sei $a:=Df(\xi)$ und $\varepsilon>0$ vorgegeben. Dann gibt es ein $\delta>0$ derart, daß

$$Df(x)\in B_\varepsilon(a) \quad \text{für } |x-\xi|<\delta, \quad x\in J,$$

also nach dem vorangehenden Satz auch

$$\frac{f(x)-f(\xi)}{x-\xi}\in B_\varepsilon(a) \quad \text{für } 0<|x-\xi|<\delta, \quad x\in J$$

ist. Also ist $f'(\xi)=a$. □

12.26 Eine stetige, nirgends differenzierbare Funktion. Das in der Einleitung zu diesem Abschnitt (vor 12.21) erwähnte Beispiel von WEIERSTRASS

$$f(x)=\sum_{n=0}^{\infty} q^n\cos(a^n\pi x) \quad (0<q<1, a\in\mathbb{N})$$

ist vielfach untersucht worden. Weierstraß selbst hat u.a. gezeigt, daß f für ungerades a, welches der Ungleichung $qa>1+\frac{3}{2}\pi$ genügt, an keiner Stelle eine endliche Ableitung besitzt.

Wir betrachten ein ähnliches Beispiel[1])

$$f(x)=\sum_{n=0}^{\infty} q^n g(a^n x) \quad \text{mit} \quad g(x)=\operatorname{dist}(x,\mathbb{Z})$$

(also $g(x)=|x|$ für $|x|\le 1/2$, mit Periode 1 fortgesetzt) unter der Voraussetzung

$$0<q<1, \quad a\in\mathbb{N}, \quad a\ge 4 \quad \text{und} \quad aq>2.$$

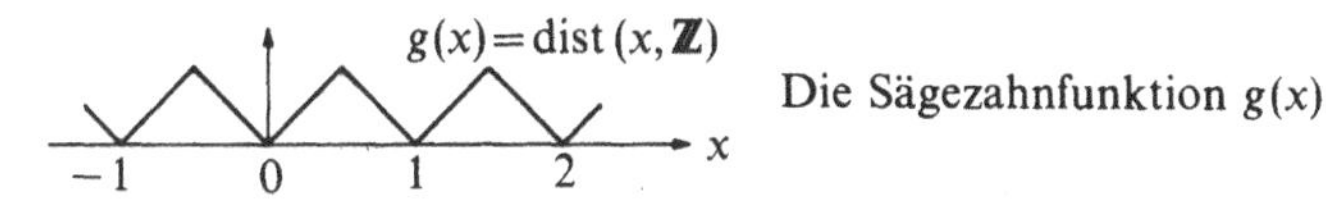

Die Sägezahnfunktion $g(x)$

Die Funktion g ist Lipschitz-stetig mit der Lipschitz-Konstante 1, periodisch mit der Periode 1, und es ist $g'(x)=\pm 1$ für $2x\notin\mathbb{Z}$. Es ist $|q^n g(a^n x)|\le q^n/2$. Nach dem Majorantenkriterium ist die Reihe also in $\mathbb{R}$ gleichmäßig konvergent und ihre Summe $f(x)$ stetig. Ferner ist f periodisch mit der Periode 1 sowie $0\le f(x)\le \dfrac{1}{2(1-q)}$.

Als nächstes werden wir den Differenzenquotienten

$$\delta_k f(x):=\frac{f(x+h_k)-f(x)}{h_k} \quad \text{mit} \quad h_k=\pm a^{-k-1} \quad (k\ge 1)$$

abschätzen. Die Funktion $g(a^n x)$ hat die Periode a^{-n} und die Lipschitzkonstante a^n. Also ist

$$\delta_k g(a^n x)=0 \quad \text{für } n>k \quad \text{und} \quad |\delta_k g(a^n x)|\le a^n \quad \text{für } n\le k,$$

[1]) Es ist mit einem 1903 von T. Takagi angegebenen Beispiel verwandt; vgl. Jahrbuch Fortschritte Math. 34 (1903), S. 410.

woraus

$$(*)\qquad \delta_k f(x) = \sum_{n=0}^{k-1} q^n \delta_k g(a^n x) + q^k \delta_k g(a^k x)$$

und

$$(**)\qquad \left|\sum_{n=0}^{k-1} q^n \delta_k g(a^n x)\right| \le \sum_{n=0}^{k-1} q^n a^n < \frac{q^k a^k}{aq-1} = \eta a^k q^k$$

mit $0<\eta=\dfrac{1}{aq-1}<1$ folgt. Wir wählen nun das Vorzeichen von h_k derart, daß $g(a^k x)$ zwischen x und $x+h_k$ linear ist. Das ist immer möglich, da $g(a^k x)$ linear in Intervallen der Länge $\frac{1}{2}a^{-k}$ und $|h_k| \le \frac{1}{4}a^{-k}$ ist. Bei dieser Wahl von h_k ist $\delta_k g(a^k x) = \pm a^k$ und damit

$$|\delta_k f(x)| \ge (1-\eta) q^k a^k \to \infty \qquad \text{für } k \to \infty.$$

Damit haben wir bereits gezeigt, daß f an keiner Stelle x differenzierbar ist.

Für eine genauere Untersuchung unterteilen wir das Intervall $[0,1]$ in vier Teile

$$I_0=[0,\tfrac{1}{4}], \quad I_1=[\tfrac{1}{4},\tfrac{1}{2}], \quad I_2=[\tfrac{1}{2},\tfrac{3}{4}], \quad I_3=[\tfrac{3}{4},1]$$

und bezeichnen mit A_i die Menge aller Zahlen x, für welche unendlich oft $a^k x - [a^k x] \in I_i$ ist ($i=0, 1, 2, 3$). Eine Zahl x kann durchaus zu mehreren A_i gehören.

Ist $x \in A_0$ bzw. A_1, so setzen wir $\operatorname{sgn} h_k = 1$ bzw. -1 und erreichen damit, daß beide Stellen $a^k x$ und $a^k(x+h_k)$ in einem Intervall $[m, m+\frac{1}{2}]$ liegen (m ganz), in welchem g die Steigung 1 besitzt. Es ist dann $\delta_k g(a^k x) = a^k$ (unendlich oft) und

$$\delta_k f(x) \ge (1-\eta) a^k q^k,$$

woraus sich im ersten Fall $D^+ f(x) = \infty$, im zweiten Fall $D^- f(x) = \infty$ ergibt. Entsprechend setzt man, wenn $x \in A_3$ bzw. A_4 ist, $\operatorname{sgn} h_k = 1$ bzw. -1 und erhält $D_+ f(x) = -\infty$ bzw. $D_- f(x) = -\infty$.

Im folgenden setzen wir der Einfachheit halber $a=8$ und $aq \ge 5$ voraus. In (**) kann man dann $\eta = \frac{1}{4}$ wählen.

Als Zuwachs nehmen wir jetzt $h'_k = \pm\frac{3}{4}a^{-k}$ und bezeichnen den entsprechenden Differenzenquotienten mit δ'_k. Für $n>k$ ist wieder $\delta'_k g(a^n x) = 0$, da h'_k ein Vielfaches von a^{-n} ist. Es gilt also (*) mit δ'_k. Für $x \in A_0$ wählen wir $\operatorname{sgn} h'_k = -1$ und erhalten (vgl. Abbildung)

$$\delta'_k g(a^k x) = -\tfrac{1}{3}a^k \quad \text{und} \quad \delta'_k f(x) \le (\tfrac{1}{4}-\tfrac{1}{3}) a^k q^k,$$

also $D_- f(x) = -\infty$. Entsprechend trifft man für $x \in A_1$ bzw. A_2 bzw. A_3 die Wahl $\operatorname{sgn} h'_k = 1$ bzw. -1 bzw. 1 und erhält $\delta'_k g(a^k x) = -\frac{1}{3}a^k$ bzw. $\frac{1}{3}a^k$ bzw. $\frac{1}{3}a^k$. Die Ergebnisse sind in der folgenden Aufstellung festgehalten.

$$\begin{aligned}
x \in A_0&: \quad D^+ f = \infty, \quad D_- f = -\infty,\\
x \in A_1&: \quad D^- f = \infty, \quad D_+ f = -\infty,\\
x \in A_2&: \quad D^- f = \infty, \quad D_+ f = -\infty,\\
x \in A_3&: \quad D^+ f = \infty, \quad D_- f = -\infty.
\end{aligned}$$

Die Funktion f hat also die Eigenschaft, daß für jedes x eine Dini-Ableitung den Wert $+\infty$ annimmt. Trotzdem ist f nicht monoton wachsend.

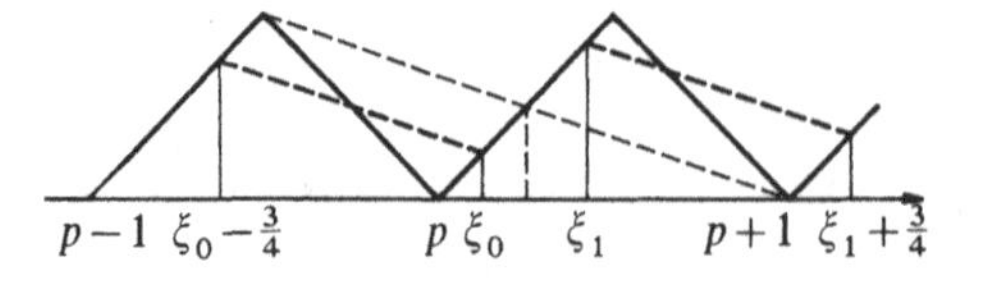

$\xi_0 = 8^k x$ (Fall A_0), $\xi_1 = 8^k x'$ (Fall A_1). Die gestrichelten Geraden haben die Steigung $-\frac{1}{3}$

Man kann weiter zeigen (was hier nicht geschehen soll), daß jede der Mengen $\mathbb{R}\setminus A_i$ eine (Lebesguesche) Nullmenge ist. Es ist also fast überall in $\mathbb{R}$ (d.h. bis auf eine Nullmenge)

$$D^+f(x) = D^-f(x) = \infty \quad \text{und} \quad D_+f(x) = D_-f(x) = -\infty \quad .$$

Das Beispiel zeigt also, daß die Annahme „$D^+f(x) \geq 0$ fast überall" *nicht* die Monotonie von f nach sich zieht.

In den folgenden drei Nummern behandeln wir einige Integral-Ungleichungen, welche in verschiedenen Gebieten (u.a. Differentialgleichungen, Funktionalanalysis) Anwendung finden. Wir beginnen mit einem von dem schwedischen Mathematiker THOMAS HAKEN GRONWALL (1877-1932, lebte ab 1912 in den USA) entdeckten Lemma.

12.27 Das Lemma von Gronwall. *Genügt eine im Intervall $J = [0, T]$ stetige Funktion $u(t)$ der Ungleichung*

$$u(t) \leq a + b\int_0^t u(s)ds \text{ in } J \text{ mit } b > 0, \text{ so folgt } u(t) \leq ae^{bt} \text{ in } J.$$

Dabei ist a eine beliebige Konstante.

Das Lemma wird auch *Gronwallsche Ungleichung* genannt. Der folgende Beweis benutzt eine einfache Methode mit weitreichenden Konsequenzen.

Beweis. Die Funktion $w(t) = \bar{a}e^{bt}$ hat die Eigenschaften $w' = bw$ und $w(0) = \bar{a}$, woraus man mit dem Hauptsatz der Differential- und Integralrechnung 10.12 die „Integralgleichung"

$$w(t) = \bar{a} + b\int_0^t w(s)\,ds$$

erhält. Wir wählen $\bar{a} > a$ und wollen zeigen, daß dann $u(t) < w(t)$ in J gilt. Zunächst

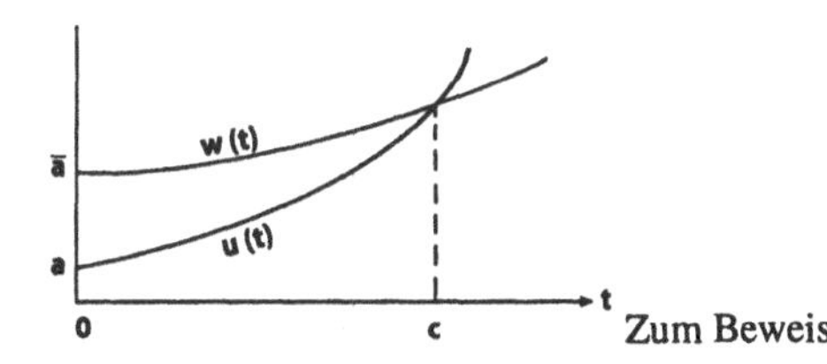

Zum Beweis

ist $u(0) = a < \bar{a} = w(0)$. Wenn die Ungleichung $u < w$ nicht in ganz J besteht, so gibt es eine erste Stelle $c \in J$ mit der Eigenschaft

$$u(t) < w(t) \text{ für } 0 \leq t < c \text{ und } u(c) = w(c)$$

(c ist das supremum aller t_0 mit $u < w$ in $[0, t_0)$; vgl. dazu den Nullstellensatz 6.9). An der Stelle c ist dann

$$u(c) \leq a + b\int_0^c u(s)ds < \bar{a} + b\int_0^c w(s)ds = w(c).$$

Dieser Widerspruch zeigt, daß in der Tat $u < w$ in J für alle $\bar{a} > a$ gilt, woraus man die Behauptung $u \leq ae^{bt}$ erhält. □

In den Anwendungen treten auch Ungleichungen von ähnlichem Typ auf, etwa mit Funktionen anstelle von Konstanten a, b oder Integrale wie $\int_0^t (t-s)^\alpha u(s)ds$. Wir behandeln wichtige Beispiele dieser Art und beginnen mit einem für das Folgende wesentlichen

Vergleichssatz. *Für die in $J = [0, T]$ stetigen Funktionen u, w gelte*

$$w(t) > g(t) + \int_0^t h(t, s)w(s)ds \quad in\ J$$

$$u(t) \leq g(t) + \int_0^t h(t, s)w(s)ds \quad in\ J;$$

dabei ist g stetig, und $h(t, s) \geq 0$ ist stetig in s für jedes t. Dann ist

$$u(t) < w(t) \quad in\ J.$$

Der obige Beweis überträgt sich auf diesen Satz. Man sieht sofort, daß $u(0) < w(0)$ ist und daß, wenn die Behauptung falsch ist und c wie oben bestimmt wird, $u(c) < w(c)$ folgt. Damit ist der Beweis bereits abgeschlossen. □

Ein Vergleichssatz mit Zulassung des Gleichheitszeichens besteht, wenn $h(t, s)$ beschränkt ist:

Corollar 1. *Es sei $0 \leq h(t, s) \leq A$ für $0 \leq s \leq t \leq T$ mit einer geeigneten Konstante A. Dann gilt:*

$$\left.\begin{aligned} w(t) &\geq g(t) + \int_0^t h(t, s)w(s)ds \quad in\ J \\ u(t) &\leq g(t) + \int_0^t h(t, s)u(s)ds \quad in\ J \end{aligned}\right\} \Rightarrow u(t) \leq w(t) \quad in\ J.$$

Für den Beweis sei $z = u - w$ und $Z(t) = ae^{At}$ mit $a > 0$. Es ist dann wegen $Z' = AZ$ und $Z(0) = a$

$$z(t) \leq \int_0^t h(t, s)z(s)ds$$

$$Z(t) = a + \int_0^t AZ(t)ds > \int_0^t AZ(s)ds \geq \int_0^t h(t, s)Z(s)ds,$$

und aus dem Vergleichssatz folgt $z(t) < Z(t)$ und, da $a > 0$ beliebig ist, $z \leq 0 \Rightarrow u \leq w$. □

Daraus ziehen wir einige Folgerungen.

(a) *Eindeutigkeit.* Die Gleichung

$$v(t) = g(t) + \int_0^t h(t, s)v(s)ds \tag{1}$$

besitzt höchstens eine Lösung. Sind nämlich u und w Lösungen von (1), so folgt aus dem Corollar $u \leq w$ und natürlich auch $w \leq u$, also $u = w$.

(b) Hat die Gleichung (1) die Lösung v, so ist $u \le v \le w$ in J.

(c) Man nennt, wenn u, w die Ungleichung des Corollars erfüllen, u eine *Unterfunktion* und w eine *Oberfunktion* für die Gleichung (1). Die Lösung v ist Unter- und Oberfunktion, und sie ist das supremum aller Unterfunktionen und auch das infimum aller Oberfunktionen. Insbesondere ist v die bestmögliche Schranke für u.

Corollar 2. *Es seien $u, h \in C(J)$, $h(t) \ge 0$ sowie $H(t) = \int_0^t h(s)ds$. Dann gilt*

$$u(t) \le a + \int_0^t h(s)u(s)ds \text{ in } J \Rightarrow u(t) \le ae^{H(t)} \text{ in } J.$$

Ist $g(t)$ monoton wachsend, so erhält man die Abschätzung

$$u(t) \le g(t) + \int_0^t h(s)u(s)ds \Rightarrow u(t) \le g(t)e^{H(t)} \text{ in } J.$$

Beweis. 1.Teil. Die Funktion $v(t) = ae^{H(t)}$ ist wegen $v' = hv$, $v(0) = a$ Lösung der Gleichung $v(t) = a + \int_0^t h(s)v(s)ds$. Da u eine Unterfunktion dieser Gleichung ist, folgt $u \le v$ nach (b).
Im zweiten Fall betrachtet man die Ungleichung für u in $J_0 = [0, t_0]$. Man kann dann den ersten Teil mit $a = g(t_0)$ heranziehen und erhält $u(t) \le g(t_0)e^{H(t)}$ in J_0, insbesondere für $t = t_0$. Da t_0 beliebig ist, erhält man die Behauptung. □

Beispiel. Aus der folgenden Ungleichung soll eine Schranke für u gefunden werden:

$$u(t) \le a + c\int_0^t (t-s)^2 u(s)ds \quad in\ J = [0, \infty), \text{ wobei } a, c > 0 \text{ ist.}$$

1. Weg. Wir nehmen wieder ein beliebiges Intervall $J_0 = [0, t_0]$ und können dann wegen $(t-s)^2 \le t_0^2$ in J_0 das Gronwallsche Lemma mit $b = ct_0^2$ anwenden und erhalten $u(t_0) \le ae^{bt}$, woraus sich dann die Schranke $a \exp(ct^3)$ ergibt.
2. *Weg.* Um Corollar 1 anzuwenden, bedarf es einer Funktion $w(t)$ mit

$$w(t) \ge a + c\int_0^t (t-s)^2 w(s)ds = a + I.$$

Das Integral I hat ähnliche Gestalt wie das Restglied im Taylorschen Satz 10.15. Danach ist $w(t) = T_2(t) + R_2(t)$ mit

$$R_2(t) = \frac{1}{2}\int_0^t (t-s)^2 w(s)ds = I, \text{ falls } w''' = 2cw$$

ist. Lösungen dieser Gleichung sind $w(t) = \lambda e^{\alpha t}$ mit $\alpha = \sqrt[3]{2c}$. Dann ist λ so zu bestimmen, daß

$$T_2(t) = \lambda + \lambda\alpha t + \frac{1}{2}\lambda\alpha^2 t^2 \ge a \text{ ist.}$$

Man erhält so eine um Größenordnungen bessere Schranke

$$u(t) \le ae^{\alpha t} \text{ für } t \ge 0 \text{ mit } \alpha = \sqrt[3]{2c}.$$

Dieser Weg ist aber noch viel ergiebiger: Ersetzt man in der Ungleichung für u die Konstante a durch eine Funktion $g(t)$, und erlaubt g eine Abschätzung $g(t) \le T_2(t)$ mit geeignetem λ, so erhält man die Schranke $u(t) \le \lambda e^{\alpha t}$.

Historische Aufgabe. Das nach Gronwall benannte Lemma erschien in den Annals of Math. (1918/19) und lautet dort (in geänderter Bezeichnung)

$$0 \le u(t) \le \int_0^t (Mu(s) + A)ds \Rightarrow u(t) \le Ate^{Mt} \quad (A, M > 0). \tag{2}$$

Es ist ein Sonderfall von Corollar 2 mit $g(t) = At$.
Man bestimme die Lösung der zugehörigen Integralgleichung

$$v(t) = \int_0^t (Mv(s) + A)ds;$$

sie stellt nach (c) (s.oben) die beste Schranke für u dar. Man zeige, daß Gronwalls Schranke $w(t) = Ate^{Mt}$ größer als $v(t)$ ist und daß $v(t)$ nicht wie te^{Mt}, sondern nur wie e^{Mt} wächst.

Aufgabe. Man bestimme für die Funktion $u(t)$, die der Ungleichung

$$u(t) \le P(t) + \int_0^t (t-s)^n u(s)ds$$

genügt, ein möglichst kleines α derart, daß eine Konstante C mit der Eigenschaft $u(t) \le Ce^{\alpha t}$ für $t \ge 0$ existiert. Dabei ist $n \ge 1$ und $P(t)$ ein Polynom vom Grad $\le n$. Man benutze den obigen 2. Weg.

12.28 Ungleichungen vom Faltungstyp. Der Name bezieht sich auf die Faltung $f * g$ zweier in $[0, \infty)$ erklärten Funktionen f, g, die gemäss

$$(f * g)(t) = \int_0^t f(t-s)g(s)ds = \int_0^t f(s)g(t-s)ds \quad (t \ge 0)$$

definiert ist (die zweite Darstellung erhält man durch die Substitution $s' = t - s$). Wir untersuchen die Ungleichung

$$u(t) \le g(t) + c\int_0^t f(t-s)u(s)ds \text{ in } [0, \infty) \text{ mit } c > 0,\ f(t) \ge 0 \tag{3}$$

mit dem Ziel, eine Schranke für u zu finden. Dazu machen wir den Ansatz $w(t) = ae^{\alpha t}$ und benutzen das Faltungsintegral in der zweiten Form

$$c\int_0^t f(s)w(t-s)ds \text{ mit } w(t-s) = w(t)e^{-\alpha s}.$$

Es ist dann die Ungleichung

$$w(t) \geq g(t) + cw(t)\int_0^t f(s)e^{-\alpha s}ds \text{ für } t \geq 0 \tag{4}$$

zu befriedigen. Dazu sei

$$G(\alpha) = \sup\{g(t)e^{-\alpha t};\; t \geq 0\} \text{ und } F(\alpha) = \int_0^\infty f(s)e^{-\alpha s}ds;$$

wir nehmen an, dass ein α mit $F(\alpha),\; G(\alpha) < \infty$ existiert und merken an, dass $G(\alpha)$ fallend und $F(\alpha)$ streng fallend in α ist. Als hinreichend für die Bedingung (2) erhält man dann nach Division durch $w(t)$ und unter Beachtung von $g(t)/w(t) \leq G(\alpha)/a$

$$(2') \qquad 1 \geq G(\alpha)/a + cF(\alpha).$$

Aus dem Vergleichssatz 12.27 in der Form von Corollar 1 erhält man so den

Satz. *Es sei $f(t) \geq 0$ und integrierbar auf kompakten Intervallen sowie $c > 0$. Genügt $u \in C[0,\infty)$ der Ungleichung* (3), *so ist $u(t) \leq ae^{\alpha t}$ für $t \geq 0$, falls $a > 0$ und α die Bedingung* (2′) *erfüllen.*

In anderer Form: Es sei $cF(\alpha_0) = 1$ und $G(\alpha_0) < \infty$. Dann gibt es zu jedem $\alpha > \alpha_0$ ein $a > 0$ derart, daß $u(t) \leq ae^{\alpha t}$ für $t \geq 0$ gilt.

In der zweiten Form ist $cF(\alpha) < 1$ für $\alpha > \alpha_0$ wegen der strengen Monotonie von F; für *große a* gilt dann (2′).

Beispiel. Es sei $f(t) = t^{\beta-1}$ mit $\beta > 0$. Man erhält (Substitution $r = \alpha s$)

$$F(\alpha) = \int_0^\infty s^{\beta-1}e^{-\alpha s}ds = \alpha^{-\beta}\int_0^\infty e^{-r}r^{\beta-1}dr = \alpha^{-\beta}\Gamma(\beta);$$

dabei ist $\Gamma(\beta)$ die in 12.8 eingeführte Gammafunktion.

Folgerung. *Es sei $\beta > 0$, $\alpha_0 = [c\Gamma(\beta)]^{1/\beta}$, also $cF(\alpha_0) = 1$, sowie $G(\alpha_0) < \infty$. Dann gibt es zu $\alpha > \alpha_0$ ein $a > 0$ derart, daß aus*

$$u(t) \leq g(t) + c\int_0^t (t-s)^{\beta-1}u(s)ds \text{ folgt } u(t) \leq ae^{\alpha t} \text{ für } t \geq 0.$$

Bemerkung. Ungleichungen vom Faltungstyp treten häufig auf. Das obige Beispiel wird in dem Buch *Geometric Theory of Semilinear Parabolic Equations* von Dan Henry (Lecture Notes in Mathematics 840, Springer-Verlag 1981) eingehend behandelt.

Aufgabe. Man löse die Aufgabe in 12.27 mit Hilfe des obigen Satzes und vergleiche das Ergebnis mit jenem, das in 12.27 (2. Weg) erhalten wurde.

12.29 Nichtlineare Integral-Ungleichungen. Zum Abschluß behandeln wir Ungleichungen, die sich aus einer *Volterraschen Integralgleichung* ergeben. Darunter versteht man eine Gleichung der Gestalt

$$(1) \qquad v(t) = g(t) + \int_0^t k(t, s, v(s))ds \text{ in } J = [0, T].$$

Dabei ist der "Kern" $k(t, s, y)$ in $J^* \times \mathbb{R}$ (gelegentlich auch in $J^* \times [0, \infty)$) definiert, wobei $J^* = \{(t, s) : 0 \le s \le t \le T\}$ ist (diese Voraussetzung sagt lediglich, dass der Kern dort definiert ist, wo man integrieren will). Grundlage unserer Überlegungen ist wieder ein

Vergleichsprinzip. *Die Funktion $k(t, s, y)$ sei in $J^* \times \mathbb{R}$ stetig und – das ist die wesentliche Voraussetzung – schwach wachsend in y. Dann gilt für $u, w \in C(J)$: Aus*

$$\left.\begin{aligned} u(t) &\le g(t) + \int_0^t k(t, s, u(s)ds \\ w(t) &> g(t) + \int_0^t k(t, s, w(s)ds \end{aligned}\right\} \text{ folgt } u(t) < w(t) \text{ in } J.$$

Der Beweis folgt demselben Weg wie im linearen Fall in 12.27. Wieder ist offenbar $u(0) < w(0)$, und der Widerspruch benutzt das Intervall $[0, c)$, in dem $u < w$, jedoch $u(c) = w(c)$ ist. Da die Ungleichung $k(t, s, u(s)) \le k(t, s, w(s))$ für $0 \le s \le t \le c$ gilt, erhält man $u(c) < w(c)$ und damit den gewünschten Widerspruch. □

Beispiel 1. Es sei $u(t) \ge 0$ stetig und $a \ge 0,\ c > 0$, sowie

$$u(t) \le a + c\int_0^t (t - s)\sqrt{u(s)}ds \text{ in } [0, \infty).$$

Wir betrachten wieder die zugehörige Gleichung (1) für $v(t)$. Differenziert man diese Gleichung, so erhält man $v'' = c\sqrt{v}$, und dafür gibt es eine Lösung: $v(t) = \lambda t^4$ mit

$\lambda = (c/12)^2$. Es liegt nun nahe, den Ansatz $w(t) = \lambda(t+\alpha)^4$ mit $\alpha > 0$ zu versuchen. Zunächst ist auch $w'' = c\sqrt{w}$, und nach dem Satz von Taylor ist dann

$$\begin{aligned} w(t) &= w(0) + tw'(0) + \int_0^t (t-s)w''(s)ds \\ &> a + c\int_0^t (t-s)\sqrt{w(s)}ds, \end{aligned}$$

falls $w(0) = \lambda\alpha^4 > a$ ist. Nach dem Vergleichssatz ist $u(t) < w(t)$. Man kann dann zur Grenze $\lambda\alpha^4 = a$ übergehen und erhält

$$u(t) \le \lambda(t+\alpha)^4 \text{ für } t \ge 0, \text{ wobei } \lambda = (c/12)^2 \text{ und } \alpha = \sqrt[4]{a/\lambda} \text{ ist.}$$

Aufgabe 1. Für die stetige Funktion $u(t)$ mit der Eigenschaft

$$u(t) \le a + c\int_0^t (t-s)^n\sqrt{u(s)}ds \text{ für } t \ge 0 \; (a \ge 0, n \ge 1)$$

finde man eine Schranke.

Anleitung. Man sucht eine Funktion $w(t) = T_n(t) + R_n(t)$ (Taylor-Darstellung 10.15) für die $R_n(t) = c\int_0^t (t-s)^n\sqrt{w(s)}ds$ ist. Das läuft auf $w^{(n+1)} = n!c\sqrt{w}$ hinaus. Wie im Beispiel 1 führt ein Potenzansatz $w(t) = \lambda(t+\alpha)^k$ zum Ziel.

Aufgabe 2. Die stetige Funktion $u(t)$ genüge der Ungleichung

$$u(t) \le a + bt + \int_0^t (t-s)u^2(s)ds,$$

wobei $a > 0$ und $b \ge 0$ ist. Man gebe eine Schranke $w(t)$ an.

Anleitung. Man geht wie bei Aufgabe 1 vor und erhält $w'' = w^2$. Es gibt eine Lösung der Form λt^k, daraus mache man einen Ansatz für $w(t)$, für den $w(0)$ und $w'(0)$ positiv sind.

Schlußbemerkungen. 1. Der italienische Mathematiker und Physiker VITO VOLTERRA (1860 - 1940), dessen Namen die Gleichung (1) trägt, hat in der Analysis und ihren Anwendungen wesentliche Beiträge geleistet; u.a. bei der mathematischen Modellierung biologischer Systeme.

2. Wenn in einem Vergleichssatz ein kompaktes Grundintervall $[0, T]$ zugrunde liegt und dabei $T > 0$ beliebig ist, so gilt der Satz natürlich auch in $[0, \infty)$ (falls die Voraussetzungen dort gelten).

3. Es mag dem Leser erscheinen, dass strenge Ungleichungen in den Vergleichssätzen überflüssig und mehr vom Beweis diktiert sind. Vorsicht ist aber wohl am Platze. Setzt man im vorangehenden Beispiel $a = 0$, so erhält man $u(t) \leq w(t) = \lambda t^4$, und w ist die Lösung der entsprechenden Gleichung (1). Diese Gleichung hat aber auch die Lösung $w(t) = 0$, und aus einem Vergleichssatz mit Zulassung der Gleichheit wie im Corollar 1 von 12.27 würde sich $\lambda t^4 \leq 0$ ergeben!

4. In den letzten drei Nummern über Integral-Ungleichungen wurde immer wieder die enge Verbindung mit entsprechenden Differentialgleichungen sichtbar, besonders bei der Suche nach geeigneten Schrankenfunktionen. Dieser Zusammenhang wird deutlich, wenn man eine Differentialgleichung $y'(t) = f(t, y(t))$ mit einem vorgegebenen Anfangswert $y(0) = a$ (das so genannte Anfangswertproblem) als Integralgleichung vom Volterra-Typ schreibt:

$$y'(t) = f(t, y(t)),\ y(0) = a \quad \Leftrightarrow \quad y(t) = a + \int_0^t f(s, y(s))ds.$$

Ein anderes Beispiel: Die Integralgleichung

$$v(t) = a + bt + c\int_0^t (t-s)\sqrt{v(s)}ds \tag{2}$$

ist äquivalent zu dem Anfangswertproblem

$$v''(t) = c\sqrt{v(t)},\ v(0) = a,\ v'(0) = b. \tag{2'}$$

Hier ist man in der glücklichen Lage, das Anfangswertproblem geschlossen lösen zu können. Benutzt man dazu den grösseren Anfangswert $v(0) = \overline{a} > a$ und genügt $u(t)$ der zu (2) entsprechenden Ungleichung $u(t) \leq a + bt + \ldots$, so ist v eine obere Schranke nach dem Vergleichssatz. Lässt man nun $\overline{a}$ gegen a streben, so erhält man $u(t) \leq v(t)$, wobei v die Lösung von (2′) ist. Die Funktion v ist die beste, d.h. kleinste Schranke, denn eine Schranke muss für alle u, also auch für $u = v$ gelten.
Man sollte aber im Auge behalten, daß die Angabe der optimalen Schranke die Ausnahme ist. Hat man etwa in (2) den Faktor $(t-s)^2$, so lautet (2′)
$v''' = 2c\sqrt{v}, \ldots$, und dieses Anfangswertproblem ist nicht geschlossen lösbar. Der in 12.27 beschriebene 2. Weg ergibt auch hier und in ähnlichen Fällen eine einfache und gute Schranke, deren Wachstum für $t \to \infty$ realistisch ist; vgl. etwa Aufgabe 1.

Ausblick. Die Theorie der gewöhnlichen Differentialgleichungen bietet eine (nicht sehr grosse) Anzahl von explizit lösbaren Anfangswertproblemen, und mit ihrer Hilfe lassen sich optimale obere Schranken für entsprechende Integral-Ungleichungen ableiten. Ein Beispiel ist die optimale Schranke für die ursprüngliche Gronwall-Gleichung in 12.27.

Die Bindung zu den Differentialgleichungen geht noch weiter. Es gibt eine wohl entwickelte Theorie der Differential-Ungleichungen, und mit ihrer Hilfe lassen sich

Sätze über Integral-Ungleichungen beweisen. Jedoch ist das nicht immer möglich (das Beispiel in 12.28 mit reellem β gehört dazu).

Es gilt aber auch die Umkehrung: Man kann eine Differential-Ungleichung wie etwa $u'(t) \leq f(t, u(t))$, mit Anfangswert $u(0) \leq a$ in eine Integral-Ungleichung verwandeln und darauf einen Vergleichssatz anwenden, wie sie hier bewiesen worden sind. Auf diese Weise lassen sich Sätze über Differential-Ungleichungen herleiten. Wir haben hier auch deshalb einen Einblick in das Feld der Integral-Ungleichungen gegeben, weil die Beweise von einer unübertroffenen Einfachheit sind. Ein weiterer Grund: auf dem Umweg über das Integral lassen sich verallgemeinerte Differential-Ungleichungen (genannt "im Sinne von Carathéodory") sehr einfach behandeln.

Wer diese Andeutungen vertiefen will, möge etwa zu dem Buch *Gewöhnliche Differentialgleichungen* (7. Aufl. 2000) von W. Walter greifen. Dort findet man zahlreiche Typen von explizit lösbaren Anfangsproblemen, wozu auch (2′) gehört, und ferner die zentralen Sätze über Differential-Ungleichungen.

Aufgaben

1. *Vergleichskriterien.* Die iterierten Logarithmen $\log_n$ sind durch

$$\log_1 x = \log x, \quad \log_2 x = \log(\log x), \quad \log_3 x = \log(\log_2 x), \ldots$$

definiert. Man beweise die Abelschen Vergleichskriterien für die Konvergenz bzw. Divergenz von unendlichen Reihen: $\sum a_n$ ist absolut konvergent, wenn die Koeffizienten einer Abschätzung

$$|a_n| \leq \frac{C}{n \cdot \log n \cdot \log_2 n \cdots \log_{p-1} n \cdot (\log_p n)^\alpha} \quad \text{mit } \alpha > 1$$

für große n genügen. Die Reihe ist divergent, wenn

$$a_n \geq \frac{c}{n \cdot \log n \cdot \log_2 n \cdots \log_{p-1} n \cdot \log_p n} \quad (c > 0)$$

für große n ist (Integralkriterium 12.5). Hierbei ist $p \geq 1$ fest gewählt.

2. Man zeige direkt, daß die Eulersche Betafunktion für alle ganz- und halbzahligen $p, q > 0$ den Wert

$$B(p,q) \equiv \int_0^1 x^{p-1}(1-x)^{q-1}\, dx = \frac{\Gamma(p)\Gamma(q)}{\Gamma(p+q)}$$

hat.

Hinweis: $B(p,q) = B(q,p)$, $B(p,q+1) = \frac{q}{p} B(p+1,q)$ durch partielle Integration.

3. Man berechne für $\zeta(5) = \sum_1^\infty n^{-5}$ eine Teilsumme (mit Hilfe eines Taschenrechners) und schätze den Rest ab.

4. *Bernoullische Polynome.* Man zeige, daß durch Multiplikation der beiden Potenzreihen für $x/(e^x - 1)$ und e^{tx} (t fest) die Potenzreihe

$$\frac{x}{e^x - 1} \cdot e^{tx} = \sum_{n=0}^\infty \frac{B_n(t)}{n!} x^n$$

entsteht und daß der Konvergenzradius dieser Reihe $\geq 2\pi$ ist (für jedes t). Man leite die drei Eigenschaften 12.15 (B) der Bernoulli-Polynome aus dieser Darstellung ab.

5. Man zeige, daß in der Hölder-Ungleichung

$$\sum_1^n a_i b_i \le \left(\sum_1^n a_i^p\right)^{1/p} \left(\sum_1^n b_i^q\right)^{1/q} \quad \left(a_i, b_i \ge 0, \frac{1}{p} + \frac{1}{q} = 1, p > 1\right)$$

das Gleichheitszeichen genau dann gilt, wenn die Folgen (a_i^p) und (b_i^q) proportional sind, d.h. wenn eine Gleichung $\lambda a_i^p + \mu b_i^q = 0$ für $i = 1, \ldots, n$ mit $|\lambda| + |\mu| > 0$ besteht. Wie lautet die Ausdehnung auf unendliche Reihen?

6. Man zeige: Sind die Funktionen f_n im Intervall J konvex, so ist auch $g(x) = \sup_n f_n(x)$ und $h(x) = \sum_n f_n(x)$ in J konvex (bei unendlich vielen f_n ist vorausgesetzt, daß $g(x) < \infty$ bzw. die Summe konvergent ist).

7. Die Funktion f sei in $[a, \infty)$ positiv und monoton fallend mit $\lim_{x \to \infty} f(x) = 0$. Die Funktion g sei periodisch mit der Periode $p > 0$, integrierbar, und es sei $\int_0^p g\,dx = 0$. Man zeige, daß $\int_a^\infty f(x) g(x)\,dx$ existiert.

8. Man untersuche die folgenden uneigentlichen Integrale auf Konvergenz und absolute Konvergenz ($\alpha \in \mathbb{R}$; die vorangehende Aufgabe ist hilfreich):

(a) $\int_0^\infty \frac{\sin x}{x^\alpha}\,dx$;

(b) $\int_0^\infty \frac{\cos ax - \cos bx}{x^\alpha}\,dx \quad (a, b, \alpha > 0)$;

(c) $\int_0^{\pi/2} \frac{dx}{(\cos x)^\alpha} \quad (\alpha > 0)$;

(d) $\int_0^\infty \frac{\sin 1/x}{x^\alpha}\,dx$;

(e) $\int_0^\infty \frac{\cos 1/x}{x^\alpha}\,dx$;

(f) $\int_0^\infty \left[\ln\left(1 + \frac{1}{x^3}\right)\right]^\alpha dx$;

(g) $\int_0^{2\pi} \frac{x\,dx}{\sqrt{1 - \cos x}}$;

(h) $\int_0^{\pi^2} \frac{dx}{\sin\sqrt{x}}$;

(i) $\int_0^\infty \frac{dx}{\sqrt[3]{2x + x^4}}$;

(j) $\int_0^\infty \frac{|\sin \pi x|^\alpha}{\sqrt{x}(x+1)\log x}\,dx$;

(k) $\int_0^\infty \sqrt{x}\sin(x^2)\,dx$;

(l) $\int_0^\infty \frac{\sinh(x^\alpha)}{e^x - 1}\,dx$;

(m) $\int_0^\infty x^x e^{-x^2}\,dx$.

9. Man untersuche die folgenden Integrale auf Konvergenz und berechne gegebenenfalls ihren Wert.

(a) $\int_0^1 \frac{x^9}{\sqrt{1 - x^5}}\,dx$;

(b) $\int_1^\infty \frac{dx}{\sinh x \cdot (\cosh x)^2}$;

(c) $\int_1^\infty \frac{dx}{x(1+x)}$;

(d) $\int_0^\infty \frac{dx}{\sqrt{x}(1+x)}$;

(e) $\int_0^1 \ln t\,dt$;

(f) $\int_0^1 \frac{\ln t}{\sqrt{t}}\,dt$;

(g) $\int_0^1 (\log x)^4\,dx$;

(h) $\int_0^\infty \frac{dx}{\sqrt{e^{2x} + 1}}$;

(i) $\int_0^\infty \left(\arctan(x^2) - \frac{\pi}{2}\right)dx$;

(j) $\int_0^\infty \left(\frac{\pi}{2} - \arctan x\right)dx$.

10. *Die Laplace-Transformation.* Die Funktion f sei über jedes Intervall $[0,a]$ $(a>0)$ integrierbar. Man nennt die Funktion

$$F(x):=\int_0^\infty e^{-xt}f(t)\,dt \tag{L}$$

die Laplace-Transformierte von f und bezeichnet sie auch mit $F=\mathscr{L}(f)$. Zu fragen ist zunächst, für welche x das Integral existiert; wir beschränken uns hier auf reelle Werte von x.

(a) Man berechne die Laplace-Transformierte für die Funktionen e^{at}, $\sin at$, $\cos at$, t^a und $H(t-a)$ ($=0$ für $t\le a$ und $=1$ für $t>a$). Dabei sei $a\in\mathbb{R}$ in den ersten drei und $a>0$ in den letzten beiden Beispielen.

Man zeige: (b) Ist das Integral (L) an der Stelle x_0 absolut konvergent, so auch für alle $x>x_0$.

(c) Mit geeigneten Konstanten K, $n>0$ gelte $|f(t)|\le K(1+t^n)$ für $t>0$. Dann gehört $F=\mathscr{L}(f)$ zur Klasse $C^\infty(0,\infty)$, und man darf unter dem Integralzeichen differenzieren.

Anleitung zu (c): Es genügt zu zeigen, daß $G=\mathscr{L}(-tf(t))$ die erste Ableitung von F ist (warum?). Man schätze dazu $F(x+h)-F(x)-hG(x)$ ab unter Verwendung von $|e^{-s}-1+s|\le\frac{1}{2}s^2e^{|s|}$ für $s\in\mathbb{R}$.

11. *Elliptische Integrale.* Integrale der Form $\int R(x,\sqrt{P(x)})\,dx$, worin $R(x,y)$ eine rationale Funktion und P ein Polynom vom 3. oder 4. Grad ist, lassen sich - von Ausnahmefällen abgesehen - nicht durch elementare Funktionen ausdrücken. Die folgenden drei Integrale

$$\int\frac{dx}{\sqrt{(1-x^2)(1-k^2x^2)}},\qquad \int\frac{1-k^2x^2}{\sqrt{(1-x^2)(1-k^2x^2)}}\,dx,$$

$$\int\frac{dx}{(1+hx^2)\sqrt{(1-x^2)(1-k^2x^2)}}$$

$(0<k<1)$ heißen elliptische Integrale erster, zweiter bzw. dritter Gattung. Es sei erwähnt, daß jedes Integral $\int R(x,\sqrt{P(x)})\,dx$ von der beschriebenen Art sich durch Substitutionen auf elliptische Integrale (und geschlossen lösbare Integrale) zurückführen läßt.

Man zeige: Das elliptische Integral erster Gattung

$$J(k,a)=\int_0^a\frac{dx}{\sqrt{(1-x^2)(1-k^2x^2)}}\qquad(0<k<1)$$

existiert für $0<a\le1$, und es geht durch die Substitution $x=\sin t$ in die sogenannte *Legendresche Normalform*

$$F(k,T)=\int_0^T\frac{dt}{\sqrt{1-k^2\sin^2t}}\quad\text{mit } a=\sin T,\quad 0<T\le\tfrac{\pi}{2}$$

über. Es ist

$$J(k,1)=F\left(k,\frac{\pi}{2}\right)=\frac{\pi}{2}\cdot\left(1+\left(\frac{1}{2}\right)^2k^2+\left(\frac{1\cdot3}{2\cdot4}\right)^2k^4+\left(\frac{1\cdot3\cdot5}{2\cdot4\cdot6}\right)^2k^6+\dots\right).$$

Man berechne $\frac{2}{\pi}F\left(\frac{1}{2},\frac{\pi}{2}\right)$ auf 4 Dezimalen genau.

12. Man beweise die folgende Integraldarstellung der Riemannschen Zetafunktion

$$\zeta(s)=\sum_{n=1}^{\infty}\frac{1}{n^s}=\frac{1}{\Gamma(s)}\int_0^{\infty}\frac{t^{s-1}}{e^t-1}\,dt \quad (s>1).$$

Anleitung: $\frac{\Gamma(s)}{n^s}=\int\limits_0^{\infty} e^{-nt}t^{s-1}\,dt.$

13. Man schreibe die Eulerschen Summenformeln (ES_0) und (ES_1) für $f(x)=(1+x)^{-s}$ explizit auf und lasse $n\to\infty$ streben. Es ergeben sich zwei Integraldarstellungen für $\zeta(s)$.

In den folgenden Aufgaben wird der Satz 12.21 über monotone Funktionen vertieft. Das wesentlich Neue besteht darin, daß nun auch nicht-abzählbare Ausnahmemengen E betrachtet werden, an denen die Ungleichung $Df>0$ nicht zu gelten braucht. Im folgenden Satz ist eine Menge E „erlaubt", wenn ihre Bildmenge $f(E)$ kein Intervall enthält. Mit D wird eine beliebige, aber fest gewählte Dini-Derivierte bezeichnet.

14. *Satz von Zygmund.* Die Funktion f sei im Intervall I stetig, und die Menge $E\subset I$ habe die Eigenschaft, daß ihre Bildmenge $f(E)$ keine inneren Punkte enthält. Dann gilt

$$Df>0 \quad \text{in} \quad I\setminus E \Rightarrow f \text{ ist in } I \text{ monoton wachsend.}$$

15. *Monotoniekriterium.* Ist f in I stetig und $C\subset I$ abzählbar, so gilt

$$Df\geq 0 \quad \text{in} \quad I\setminus C\Rightarrow f \text{ ist monoton wachsend in } I.$$

16. *Rechenregeln für Dini-Ableitungen.* Sind f und g in einer rechtsseitigen Umgebung einer Stelle x definiert, so gelten an dieser Stelle die Aussagen

(a) $D^+f=-D_+(-f)$
(b) $D^+(\lambda f)=\lambda D^+f$ für $\lambda>0$
(c) $D^+(f+g)\leq D^+f+D^+g$
(d) $D^+(f+g)\geq D^+f+D_+g$
(e) $D^+(f-g)\geq D^+f-D^+g.$

Entsprechendes gilt für die linksseitigen Derivierten. In (c)–(e) ist vorausgesetzt, daß die rechte Seite definiert, also nicht von der Form $\infty-\infty$ ist. Man erhält diese Regeln aus den entsprechenden Regeln für Zahlenfolgen in 4.16.

Anleitung. In Aufgabe 14 übernimmt man den Beweis von 12.21 und wählt $\alpha\notin f(E)$. Die Punkte c_α und d_α gehören dann nicht zu E. Für $D=D^+$ ist also $Df(d_\alpha)>0$, und wegen $f(x)<\alpha$ für $x>d_\alpha$ erhält man einen Widerspruch.

In Aufgabe 15 geht man wie in der Folgerung 12.21 vor und benutzt den Satz von Zygmund und Lemma 12.23.

Bemerkung. Der Satz von Aufgabe 14 geht nach S. SAKS (*Theory of the Integral*, Warszawa 1937, S. 203) auf ZYGMUND zurück; es wird jedoch keine Quelle genannt. Übrigens läßt sich aus dem Satz von ZYGMUND auch der Monotoniesatz für absolutstetige Funktionen herleiten: Ist $f' \geq 0$ fast überall in I, so ist f monoton wachsend. Absolutstetigkeit wird im zweiten Band in 9.22 erklärt, und man benötigt Lemma 9.28, jedoch keine Lebesguesche Integrationstheorie.

17. Es sei $Lx = \ddot{x} + \alpha\dot{x} + \beta x$ mit $\alpha^2 \geq 4\beta$ (reeller Fall). Man zeige: Für die Zahl N der Nullstellen einer Lösung von $Lx = P_k$, wobei P_k ein Polynom vom Grad $k \geq 0$ ist, gilt $N \leq k+2$. Im Fall $Lx = 0$, $x \neq 0$ ist $N \leq 1$.

Anleitung. Für den Induktionsbeweis benutze man die Gleichung für $y = \dot{x}$ und wende den Satz von Rolle an.

Lösungen und Lösungshinweise zu ausgewählten Aufgaben

Aufgaben in § 1. *6.* Durch die Ungleichungen werden die folgenden Mengen charakterisiert:

(a) $(-1,4)$; (b) $(-1,2)\cup(4,\infty)$; (c) $(4,\infty)$; (d) $\emptyset$; (e) $(\frac{5}{4},\infty)$; (f) $\mathbb{R}$.

10. Man betrachte den Ausdruck $\left(\varepsilon a-\frac{b}{\varepsilon}\right)^2$.

11. Man kann $s=\sup A$ nehmen.

12. Aus (A13) folgt (A13*) mit A11. Nun gelte (A13*), und es sei A' eine nach oben beschränkte Menge. Ist B die Menge aller oberen Schranken und $A=\mathbb{R}\setminus B$, so gilt $A<B$. Die Schnittzahl s ist gleich $\sup A'$, wie man leicht sieht.

14. Das kleinste Intervall, welches die Menge enthält, ist
(a) $[0,1)$; (b) $(-\infty,1)$; (c) $[2,\frac{5}{2}]$; (d) $(-3,1)$.

Aufgaben in § 2. *1.* $N_3=\{1,-1\}$, $N_4=\{\pm\frac{1}{2},\ \pm 2,\ 1\}$,
$N_5=\{\pm\frac{1}{3},\ \pm 3,\ \pm 1,\ \pm\sqrt{2},\ \pm\frac{1}{2}\sqrt{2},\ \pm\frac{1}{2}\pm\frac{1}{2}\sqrt{5}\}$.

5. Es seien $\lambda_1,\dots,\lambda_k$ die (paarweise verschiedenen) Nullstellen von P und (a_n) eine Lösung von (R). Gesucht sind Koeffizienten $x_1,\dots,x_k$ derart, daß

$$(+)\qquad a_n=x_1\lambda_1^n+x_2\lambda_2^n+\dots+x_k\lambda_k^n \quad \text{für } n=0,1,2,\dots$$

gilt. Die ersten k dieser Gleichungen bilden ein System von k linearen Gleichungen für k Unbekannte x_i. Die Koeffizientenmatrix (λ_i^j) $(i=1,\dots,k;\ j=0,\dots,k-1)$ ist die Vandermonde-Matrix der Zahlen $\lambda_1,\dots,\lambda_k$; diese ist regulär (vgl. M. Koecher, *Lineare Algebra und analytische Geometrie*, S. 126). Daraus folgt die eindeutige Darstellung. Die Gleichung $(+)$ gilt dann für alle n, da links und rechts eine Lösung von (R) mit denselben Anfangswerten steht.

10. (a) $\left[\frac{n}{2}\right]+1$; (b) A^2 für $n=4m$ und $n=4m+1$, A^2+A für $n=4m+2$ und $n=4m+3$, wobei $A=\left[\frac{n}{4}\right]+1$ und $m\in\mathbb{N}$ ist.

11. (a) $\binom{n}{k}\left(\frac{364}{365}\right)^{n-k}\left(\frac{1}{365}\right)^k$; (b) $\sum_{j=k}^{n}\binom{n}{j}\left(\frac{364}{365}\right)^{n-j}\left(\frac{1}{365}\right)^j$.
Für $n=200$, $k=2$ ergibt sich als Wahrscheinlichkeit (a) 0,087 und (b) 0,105.

12. $\inf M=1$, $\sup M=\infty$ für $\lambda>1$, $\inf M=\sup M=1$ für $\lambda=1$,
$\inf M=-\infty$, $\sup M=1$ für $\lambda<1$.

14. $f(n)=6n-2$, $a=2$.

Aufgaben in § 3. *7.* Für die Dirichlet-Funktion ist $P=\mathbb{Q}$.

Aufgaben in § 4. *4.* Man kann den folgenden Beweisgang einschlagen:
(i) $\liminf A(a_1, \ldots, a_n)$ ändert sich nicht, wenn man endlich viele a_n abändert. (ii) Es sei $\alpha = \liminf a_n$ endlich und $\varepsilon > 0$ gegeben. Dann ist $a_n > \alpha - \varepsilon$ für fast alle n, also nach Abänderung für alle n, also $A(a_1, \ldots, a_n) > \alpha - \varepsilon$ für alle n, also $\alpha - \varepsilon \le \liminf A(a_1, \ldots, a_n)$. Ähnlich erledigt man den Fall $\alpha = \infty$; im Fall $\alpha = -\infty$ ist nichts zu beweisen.

9. Alle Folgen sind konvergent. Als Grenzwert ergibt sich (a) $-\frac{7}{2}$, (b) 0, (c) $\frac{1}{2}$, (d) 0, (e) 1, (f) 0, (g) $\frac{1}{2}$, (h) 0, (i) b (in allen Fällen).

10. Alle Folgen sind streng monoton.

15. n_0 ist die kleinste Zahl $\ge q^{1/\alpha}/(1-q^{1/\alpha})$. In den beiden speziellen Fällen ist $n_0 = 3$ bzw. $n_0 = 14$.

16. (a) Die Folge ist monoton wachsend für $\lambda \ge \lambda_\alpha$, monoton fallend für $\lambda \le \lambda_\alpha$ mit $\lambda_\alpha = \alpha/(1+\alpha^2)$. (b) Mit der Bezeichnung $\xi_0 = (1-\sqrt{1-4\lambda^2})/2\lambda$, $\xi_1 = (1+\sqrt{1-4\lambda^2})/2\lambda$ gilt im Fall $0 < \lambda \le \frac{1}{2}$: $a_n \nearrow \xi_0$ für $0 \le \alpha < \xi_0$, $a_n \searrow \xi_0$ für $\xi_0 < \alpha < \xi_1$, $a_n \nearrow \infty$ für $\alpha > \xi_1$. Für $\alpha = \xi_0$ bzw. ξ_1 ist $a_n = \xi_0$ bzw. ξ_1 für alle n. Im Fall $\lambda > 1/2$ gilt $a_n \nearrow \infty$ für alle α.

17. Die Folge konvergiert.

18. Die Aufgabe erscheint schwierig; der Autor würde sich über positive Ergebnisse aus dem Leserkreis freuen. Als Grenzwert kommt offenbar nur 0 oder 2 in Frage. Die folgenden Überlegungen zeigen, daß ein $\alpha \in (1, 2)$ mit $\lim a_n = 2$ existiert; sie stammen von Herrn Dr. R. Redlinger, Karlsruhe.

Es seien A, B, C die folgenden Teilmengen von $(1, \infty)$: $\alpha \in A$ bzw. B, wenn (a_n) streng monoton wachsend und beschränkt bzw. unbeschränkt ist, $\alpha \in C$ sonst. Man sieht leicht, daß $\lim a_n = 2$ für $\alpha \in A$, $B \supset [2, \infty)$ und $\frac{3}{2} \in C$ ist. Es ist $\alpha \in B$ genau dann, wenn es ein n mit $a_1 < a_2 < \ldots < a_n$ und $a_n > 2$ gibt. Daraus folgt, daß B offen ist. Es ist $\alpha \in C$ genau dann, wenn es ein n mit $a_1 < a_2 < \ldots < a_n$, $a_{n+1} \le a_n$ gibt. Daraus folgt, daß auch C offen ist (im Fall $a_{n+1} < a_n$ ist es einfach, im Fall $a_{n+1} = a_n$ ist $a_{n-1} = a_{n+2} < a_{n+1}$). Man beachte, daß immer $\alpha > 1$ vorausgesetzt ist. Also ist $(1, \infty) = A \cup B \cup C$, wobei die Mengen B, C offen, disjunkt und nicht leer sind. Daraus folgt $A \neq \emptyset$.

19. Man zeige, daß (a_n) eine wachsende Folge, (b_n) eine fallende Folge und $a_n b_n$ konstant ist. Daraus folgt dann $\lim a_n = \lim b_n = \sqrt{a_1 b_1}$.

20. Die Behauptung folgt aus $c^n \le a^n + b^n + c^n \le 3c^n$.

21. Die Folge (a_n) besitze eine konvergente Teilfolge, etwa (b_n) mit $\lim b_n = \alpha$. Sind unendlich viele $b_n > \alpha$, so gibt es ein $b_{n_1} > \alpha$, sodann ein $b_{n_2} \in (\alpha, b_{n_1})$, ein $b_{n_3} \in (\alpha, b_{n_2})$, usw. Die Folge (b_{n_k}) ist monoton fallend. Die anderen Fälle werden ähnlich behandelt.

Aufgaben in § 5. *2.* Als Summe ergibt sich nacheinander $\frac{1}{24}, \frac{1}{60}, \frac{1}{18}, \frac{1}{90}$.

7. (b) Man reduziere das Problem zunächst auf den Fall $P(k) = k^m$ und danach auf den Fall $Q(k) = k^{m+1}$.

9. Konvergent sind (a), (b) für $\alpha = -3$, (d), (f), (g), (h), (j), (k), (m) für $|\alpha| < 1$. Divergent sind (b) für $\alpha \neq -3$, (c), (e), (i), (l), (m) für $|\alpha| \ge 1$.

10. Konvergent, divergent, konvergent.

11. Man bestimme die Anzahl der n_k im Intervall $(2^n, 2^{n+1})$ bzw. $(10^n, 10^{n+1})$.

12. (a) $x/(1-x)$ für $|x| < 1$, $1/(1-x)$ für $|x| > 1$.
(b) Es ist $s_n = 1 - [(1+a_1)(1+a_2)\cdots(1+a_n)]^{-1}$, also $\lim s_n = 1$.

13. $\sum_{n=0}^{\infty} c_n = \frac{\alpha}{\alpha-1} \sum_{k=0}^{\infty} a_k$ für $|\alpha|>1$ (i.a. divergent für $0<|\alpha|\le 1$).

15. $\lim a_n = 0$, die Reihe divergiert.

Aufgaben in § 6. *7.* (a) $-\frac{1}{4}$, (b) $-\frac{1}{2}$, (c) r, (d) $\frac{3}{2}$, (e) 1.

8. (a) $\mathbb{R}$, (b) $\mathbb{R}\setminus\left\{\frac{1}{n}: n\in\mathbb{Z},\ n\neq 0\right\}$.

9. Es gilt $f(x+h)/f(h)\le f(x)\le f(x+h)f(-h)$ für kleine $|h|$.

13. (a) und (b) sind einfach, man hat $g(\xi)=f(\xi-)$ zu setzen. Offenbar ist $f(b)-f(a) = g(b)-g(a)+\omega(\xi)$ und $\omega_f(x)=\omega_g(x)$ für $x\neq\xi$. Bei (c) und (d) kann man dann nacheinander $f_1(x)=f(x)-\omega(\xi_1)H(x-\xi_1)$, $f_2(x)=f_1(x)-\omega(\xi_2)H(x-\xi_2), \ldots$ betrachten und zeigen, daß alle f_k wachsend sind und daß

$$f_n(x)=f(x)-\sum_1^n \omega(\xi_k)H(x-\xi_k),\quad f(b)-f(a)=f_n(b)-f_n(a)+\sum_1^n \omega(\xi_k)$$

ist. Die Behauptung folgt für $n\to\infty$ (falls es unendlich viele Unstetigkeitsstellen gibt).

16. Es besteht eine Darstellung $P_k(x)=P_k(x_0)L_0(x)+\ldots+P_k(x_n)L_n(x)$, wobei die L_k Lagrange-Polynome sind. Daraus folgt die Behauptung ohne Mühe.

Aufgaben in § 7. *2.* Aus $RQ=P$ und $\operatorname{Grad} P<k$ folgt durch Vergleich der Koeffizienten von x^n für $n\ge k$:

$$0=a_n+c_1a_{n-1}+\ldots+c_ka_{n-k} \Rightarrow \gamma_i=-c_i.$$

Also ist $x^k+c_1x^{k-1}+\ldots+c_k=x^kQ\left(\frac{1}{x}\right)$ das charakteristische Polynom.

3. $Q(x)=1-(\gamma_1x+\ldots+\gamma_kx^k)$, $P(x)=Q(x)(a_0+a_1x+\ldots)$. Die Koeffizienten von $P(x)=b_0+b_1x+\ldots+b_{k-1}x^{k-1}$ ergeben sich aus den Gleichungen

$$\begin{aligned} b_0 &= a_0 \\ b_1 &= a_1-\gamma_1a_0 \\ &\vdots \\ b_{k-1} &= a_{k-1}-(\gamma_1a_{k-2}+\gamma_2a_{k-3}+\ldots+\gamma_{k-1}a_0). \end{aligned}$$

4. $1+2x^2+2x^3+6x^4+10x^5+22x^6+\ldots$, allgemein $a_n=\frac{1}{3}(2^n+2(-1)^n)$.

5. (a) 1, (b) 1. (c) 0, (d) -2, (e) $\frac{1}{6}$, (f) $\frac{1}{2}$, (g) 8 für $a=\frac{1}{2}$ und 0 sonst, (h) $-\frac{1}{2}$, (i) $\frac{1}{45}$.

6. Es ist $|f_n(x)|\le n^{-3/2}$ (man kann etwa für $|x|\le 1/\sqrt{n}$ und $|x|\ge 1/\sqrt{n}$ gesondert abschätzen). Daraus folgt die gleichmäßige Konvergenz der Reihe und die Behauptung.

7. (a) $\frac{1}{e}$, (b) $\frac{1}{2}$, (c) 1, (d) $e^{-1/2}$, (e) 1, (f) 1, (g) 1, (h) e, (i) 1, (j) $3\sqrt{3}$, (k) 2.

8. (a) Nur für $x=0$ konvergent. (b) (c) (e) In $\mathbb{R}$ konvergent, in beschränkten Intervallen gleichmäßig konvergent. (d) für $x>0$ konvergent, in jedem Intervall $[\varepsilon,\infty)$ mit $\varepsilon>0$ gleichmäßig konvergent. (f) In $\mathbb{R}$ konvergent, in jedem Intervall $[k\pi+\varepsilon,\ (k+1)\pi-\varepsilon]$ gleichmäßig konvergent ($\varepsilon>0$, $k\in\mathbb{Z}$).

9. (a) $\frac{e^{-x^2}}{(1-e^{-x^2})^2}$ für $x\neq 0$; (b) $\frac{x^3}{1-e^{-x^2}}$ für $x\neq 0$, 0 für $x=0$;

(c) e^{e^x} für $x \in \mathbb{R}$; (d) $\cos\sqrt{x}$ für $x \geq 0$ und $\cosh\sqrt{-x}$ für $x<0$;

(e) $\dfrac{1}{e^{2+\cos x}-1}$ für $x \in \mathbb{R}$; (f) $\exp\left(-\frac{1}{2}(1+x+x^2)\right)$ für $x \in \mathbb{R}$.

10. (a) $0, 1, 1, \frac{1}{3}, -\frac{1}{3}, -\frac{7}{10}$; (b) $e, 0, -\dfrac{e}{2}, 0, \dfrac{e}{6}, 0$; (c) $0, 1, 0, \frac{1}{6}, 0, \frac{7}{360}$;

(d) $\sqrt{2}, -\dfrac{\sqrt{2}}{4}, \dfrac{7\sqrt{2}}{32}, \dfrac{7\sqrt{2}}{128}, -\dfrac{11\sqrt{2}}{2048}, -\dfrac{123\sqrt{2}}{4096}$; (e) $\log 3, 0, 0, \frac{1}{3}, 0, 0$.

11. Die Reihe konvergiert für $|x|<1$. Es ist a_n = Anzahl der Teiler von n (1 und n eingeschlossen), insbesondere $(a_1, \ldots, a_6) = (1, 2, 2, 3, 2, 4)$.

12. Die Folge $(f_n(x))$ ist (a) gleichmäßig konvergent in $[0, 2]$, (b) konvergent in $[0, 2]$, gleichmäßig konvergent in $[\delta, 2-\delta]$, (c) gleichmäßig konvergent in $\mathbb{R}$, falls $\alpha \leq \frac{1}{2}$, konvergent in $\mathbb{R}$ und gleichmäßig konvergent für $|x| \geq \delta$, falls $\alpha > \frac{1}{2}$, (e) konvergent in $(0, \infty)$, gleichmäßig konvergent in $[\delta, \infty)$; dabei ist δ eine beliebige positive Zahl. In allen anderen Fällen ist die Folge divergent.

Aufgaben in § 8. *8.* Mit $z = x + iy$ ergibt sich (a) Parallelstreifen $-1 < y < 0$,
(b) Ellipse $4x^2 + 10y^2 = 25$, (c) Parabel $y^2 = 1 + 2x$,
(d) Gerade $y + x = 1$ ohne $z = 1$, (e) Kreis $|z + \frac{4}{3}| = \frac{2}{3}$, (f) Gerade $y = x$.

10. $z = -1 + i = \sqrt{2}e^{i3\pi/4}$, $\zeta = -\frac{1}{2}(1 + i\sqrt{3}) = e^{i4\pi/3}$,
$z^{-1} = -\frac{1}{2}(1+i) = \frac{1}{2}\sqrt{2}e^{i5\pi/4}$, $\zeta^{-1} = -\frac{1}{2}(1 - i\sqrt{3}) = e^{i2\pi/3}$.

11. (a) $z_k = 2e^{i\phi_k}$, $\phi_k = \dfrac{6k-1}{15}\pi$, $k = 0, 1, 2, 3, 4$; (b) $\dfrac{1+i}{2} \pm \dfrac{\sqrt{5}}{2}(1-i)$;

(c) $\pm i$, $\pm\dfrac{1-i}{\sqrt{2}}$; (d) $z_k = \dfrac{i\sin\phi_k}{1+\cos\phi_k}$, $\phi_k = \dfrac{2k\pi}{5}$, $k = 0, \ldots, 4$.

13. $\dfrac{1}{4}\left(\dfrac{2}{(1-z)^2} + \dfrac{1}{1-z} + \dfrac{1}{1+z}\right) = \dfrac{1}{4}\sum\limits_{n=0}^{\infty}(2n+3+(-1)^n)z^n$.

Aufgaben in § 9. *4.* Aus (a), (b) folgt (mit den Bezeichnungen von 9.1) $s(Z, f) \leq J(f, I) \leq S(Z, f)$. Daraus ergibt sich die Behauptung.

5. Man kann so vorgehen: (i) $f \leq g \Rightarrow J(f, I) \leq J(g, I)$, (ii) $J(f \equiv 1, [a, b]) = b - a$, (iii) $|I| \inf f(I) \leq J(f, I) \leq |I| \sup f(I)$. Bei (ii) zeige man, daß $J(f \equiv 1, [0, a]) = \phi(a)$ für $a > 0$ und daß $\phi(r) = r$ für rationale $r > 0$ gilt.

6. Man schätze die Differenz $\sigma(Z, \xi, \eta) - \sigma(Z, \xi)$ ab.

7. $a_k = (-1)^{k-1}\dfrac{e^{\alpha k\pi} + e^{\alpha(k-1)\pi}}{\alpha^2 + 1}$, $b_k = -\alpha a_k$.

9. Zur Existenz vgl. man Aufgabe 18. Das Integral hat den Wert $\lim\limits_{n\to\infty}\left(\log n - \sum\limits_{k=2}^{n}\dfrac{1}{k}\right) = 1 - C \approx 0{,}4228$. Dabei ist C die Eulersche Konstante; vgl. 12.17.

10. Es ist $f(x) \geq M - \varepsilon$ in einem Teilintervall $[\alpha, \beta]$. Das Integral von f^n liegt also zwischen $(\beta - \alpha)(M - \varepsilon)^n$ und $(b - a)M^n$. Daraus folgt die Behauptung.

13. Als Limes ergibt sich $\int\limits_0^1 \dfrac{dt}{x + yt} = \dfrac{1}{y}\log\left(1 + \dfrac{y}{x}\right)$.

Aufgaben in § 10. *3.* $g(x)=F(x)/F(b)$ mit $F(x)=0$ für $x<a$, $F(x)=\int_a^x f(t-a)f(b-t)dt$ für $x\geq a$.

9. Man benutze die Lagrangesche Form des Restgliedes in der Taylor-Entwicklung.

10. Die Eindeutigkeit von θ folgt aus der strengen Monotonie von f'. Der Bruch $\frac{1}{h}(f(a+h)-f(a))$ ist einerseits gleich $f'(a+\theta h)=f'(a)+\theta h f''(\xi)$, andererseits nach der Taylor-Formel gleich $f'(a)+\frac{h}{2}f''(\xi')$, wobei $\xi, \xi' \in (a, a+h)$ ist. Die Behauptung folgt für $h \to 0$.

14. Als Limes ergibt sich $\frac{16}{3}$ und $\frac{1}{2}$.

17. Das folgt aus dem Zwischenwertsatz für Ableitungen.

18. Satz von Rolle! Die Einfachheit der Nullstellen folgt durch Abzählung.

19. Man zeige, daß $|P_n(x)-T_n(x;a)| \leq M_1|x-a|^{n+1}$ ist und daß daraus $P_n \equiv T_n$ folgt.

20. $T_2(x;0)=e(1-\frac{1}{2}x^2)$, $M=1$ oder $\frac{e}{3}$.

21. (a) $e, 0, 0, \frac{e}{3}, 0, 0, -\frac{e}{18}$; (b) $0, 0, \frac{1}{4}, 0, -\frac{1}{96}, 0, \frac{1}{1440}$.

23. (a) -2, (b) $\frac{1}{2}$, (c) 1, (d) $\frac{1}{2}$, (e) e^{-1}, (f) 1, (g) $\frac{1}{24}$, (h) 1.

25. (a) $f'(x)=\frac{3}{2}\sqrt{x}$ für $x\geq 0$, $f'(x)=0$ für $x\leq 0$; (b) $f'(x)=(x\sqrt{1+2x})^{-1}$ für $x>0$;
(c) $f'(x)=-\frac{\cos x}{\sin^2 x}+\frac{e^x}{(e^x-1)^2}$ für $0<|x|<\frac{\pi}{2}$, $f'(0)=\frac{1}{12}$;
(d) $f'(x)=\frac{x(x^3-2)}{1+2x^3+x^4+x^6}$, $x\in\mathbb{R}$.

Aufgaben in § 11. *Aufgabe in 11.10.* Es ist $|H|:|Z_H|=7:18$, $|V|:|Z_V|=5:8$.

Aufgabe in 11.26. Jeder Fixpunkt von f^2 entspricht entweder einem Fixpunkt von f (d.h. ξ_μ) oder einer 2-periodischen Bahn (dann ist auch $f(\xi)$ ein Fixpunkt). Da es höchstens 4 Fixpunkte gibt (Polynom 4. Grades), existiert höchstens eine 2-periodische Bahn. Für $\mu_0<\mu\leq 2$ ist $(f^2)'(\xi_\mu)>1$, andererseits $f^2(1)<1$. Also existiert zwischen ξ_μ und 1 ein weiterer Fixpunkt, welcher nicht Fixpunkt von f ist. Für $\mu=1$ ist (0; 1), für $\mu=5/4$ ist $(-0{,}1656854;\ 0{,}9656854)$ die 2-periodische Bahn.

Bemerkung. Für $\mu=2$ ergibt sich $(-0{,}309017;\ 0{,}809017)$.

1. $V=\pi\int_0^a \cosh^2 x\,dx=\frac{\pi}{4}(a+\sinh 2a)$.

3. Man benutze das Restglied in der Form von Lagrange.

4. Die Funktion f ist stetig und streng konvex in $[0,\infty)$, $f(0)=1$, $f'(0)=-\infty$, $\min f = f\left(\frac{1}{e}\right)$. Die Funktion g ist in $[0,\infty)$ stetig differenzierbar, in $[0,\alpha]$ streng monoton fallend, in $[\alpha,\infty)$ streng monoton wachsend mit $\alpha=1/\sqrt{e}$, $g'(0)=0$, $\min g=g(\alpha)$. Die Funktion h ist $[0,\infty)$ stetig differenzierbar und streng monoton wachsend, $h(0)=0$, $h'(0)=1$.

10. (a) $\frac{1}{3}(x^3 \sin x^3 + \cos x^3)$; (b) $\frac{2}{\alpha} e^{\alpha\sqrt{x}}$ für $\alpha \neq 0$ sowie $2\sqrt{x}$ für $\alpha = 0$;

(c) $-\frac{1}{2x} - \frac{\sqrt{2}}{4} \arctan \frac{x}{\sqrt{2}}$; (d) $4 \arctan \sqrt{x} - 2\frac{\log(1+x)}{\sqrt{x}}$; (e) $\tan x - x$;

(f) $\log(\log x)$; (g) $\frac{1}{2}\log(1+e^{2x}) + \arctan(e^x)$; (h) $-\frac{1}{2}\frac{\cos x}{1+\sin x} - \frac{1}{6}\left(\frac{\cos x}{1+\sin x}\right)^3$;

(i) $\frac{1}{2}x^2 + x + \frac{1}{x-1} + \log|x-1| + \frac{x}{2(1+x^2)} + \frac{3}{2}\arctan x$;

(j) $\log|e^{2x}-1| + \frac{2}{\sqrt{3}} \arctan \frac{2e^x+1}{\sqrt{3}}$; (k) $\frac{1}{32}\cos 4x + \frac{1}{8}x \sin 4x - \frac{1}{4}x^2 \cos 4x$;

(l) $\frac{1}{4}(\log x)^4$; (m) $\frac{1}{169}e^{2x}(52x \sin 3x - 78x \cos 3x + 36 \sin 3x - 15 \cos 3x)$;

(n) $-\frac{1}{2}\sqrt{1-4x^2} + x \arccos 2x$.

11. (a) $\frac{\sqrt{2}}{4}\left(\frac{\pi}{2} + \log(1+\sqrt{2})\right) \approx 0{,}8670$; (b) $3 \arctan 3 - \frac{1}{2}\log 10 \approx 2{,}5958$;

(c) $\frac{32}{5}(\log 2)^5 \approx 1{,}0240$; (d) $\frac{1}{2}\log\left|\frac{u-1}{u+1}\right| - \frac{u}{u^2-1}\Big|_{2/\sqrt{3}}^{\sqrt{2}} \approx 2{,}4855$; (e) $\frac{1}{4}$;

(f) $\arctan\sqrt{3} + \operatorname{Arsinh}\sqrt{3} \approx 2{,}3642$;

(g) $\frac{a \cos a \sin b - b \sin a \cos b}{b^2 - a^2}$, falls $|a| \neq |b|$,

$\frac{1}{2} - \frac{1}{4a}\sin 2a$, falls $b = a$, $-\frac{1}{2} + \frac{1}{4a}\sin 2a$, falls $b = -a$;

(h) $\frac{1}{6}$.

14. (a) $f(x)$ und $f(x-\pi)$ sind gerade; f ist 2π-periodisch. (b) $k\pi$ $(k \in \mathbb{Z})$.
(c) Stellen lokaler Minima: $k\pi$ $(k \in \mathbb{Z})$; Stellen lokaler Maxima in $[0, 2\pi]$: $x_1 = \pi - \arccos\frac{1}{3} \approx 1{,}9106$, $x_2 = \pi + \arccos\frac{1}{3} \approx 4{,}3726$.
(d) f hat an der Stelle $x \in [0, \pi)$ einen Wendepunkt $\Leftrightarrow \cos x = -\frac{1}{18}(5 \pm \sqrt{97})$ $\Leftrightarrow x_3 \approx 1{,}2980$ bzw. $x_4 \approx 2{,}5409$; f ist konvex in $[0, x_3]$ und in $[x_4, \pi]$, konkav in $[x_3, x_4]$.

15. (a) $|F| = 2$ bzw. $\frac{\pi}{2}$, (b) $(x_s, y_s) = (\frac{\pi}{2}, \frac{\pi}{8})$ bzw. $(\frac{\pi}{2}, \frac{3}{8})$.
(c) $V = \pi^2(r^2 + \frac{1}{2})$ bzw. $\pi^2(r^2 + r + \frac{3}{8})$, (d) $J = \frac{3}{8}V$ bzw. $\frac{35}{96}V$.

16. (a) Maximale x-Koordinate im Punkt $(\sqrt{2}, 0)$, maximale y-Koordinate in den Punkten $(\pm\frac{1}{2}\sqrt{3}, \frac{1}{2})$, (b) 1,

(c) $V = \pi \int_0^{\sqrt{2}} y^2\,dx = \pi \int_0^{\sqrt{2}} (\sqrt{1+4x^2} - 1 - x^2)\,dx \approx 0{,}6440$,

(d) $V = \pi \int_{-1/2}^{1/2} 2\sqrt{1-4y^2}\,dy = \frac{1}{2}\pi^2 \approx 4{,}9348$.

Aufgaben in § 12. *1.* Eine Stammfunktion zu $1/x \cdot \log x \cdots \log_{p-1} x \cdot (\log_p x)^\alpha$ ist $(\log_p x)^{1-\alpha}/(1-\alpha)$. Sie strebt gegen 0 für $x \to \infty$, falls $\alpha > 1$ ist, d.h. das entsprechende Integral konvergiert. Im Fall $\alpha = 1$ ist $\log_{p+1} x$ eine Stammfunktion. Diese strebt gegen ∞ für $x \to \infty$, d.h. das entsprechende Integral divergiert.

3. Es ist $\zeta(5) = 1{,}0369277548$.

7. Mit der Bezeichnung $g^+(x)=\max(g(x),0)$, $g^-(x)=\max(-g(x),0)$ ist

$$g=g^+-g^-,\quad \int_0^p g^+\,dx=\int_0^p g^-\,dx.$$

Für

$$a_n^+=\int_{np}^{(n+1)p} fg^+\,dx,\quad a_n^-=\int_{np}^{(n+1)p} fg^-\,dx,\quad a_n=\int_{np}^{(n+1)p} fg\,dx$$

gilt $a_n=a_n^+-a_n^-$, $a_n^+\searrow 0$, $a_n^-\searrow 0$ sowie $a_n^+\geqq a_{n+1}^-\geqq a_{n+2}^+$. Es sei etwa $a=0$. Die beiden Reihen $a_0^+-a_1^-+a_2^+-a_3^-+-\ldots$ und $a_1^+-a_2^-+a_3^+-+\ldots$ sind nach dem Leibniz-Kriterium konvergent, also auch $\sum a_n$. Daraus folgt die Konvergenz des Integrals.

8. Mit den Bezeichnungen K für konvergent, AK für absolut konvergent, D für divergent gilt: (a) K für $0<\alpha<2$, AK für $1<\alpha<2$, (b) K für $0<\alpha<3$, AK für $1<\alpha<3$ (der Fall $a=b$ ist trivial), (c) K für $\alpha<1$, (d) K für $0<\alpha<2$, AK für $0<\alpha<1$, (e) K für $1<\alpha<2$, nicht AK, (f) K für $\alpha>\frac{1}{3}$, (g) D, (h) D, (i) K, (j) K für $\alpha>-\frac{1}{2}$, (k) K, (l) K für $0<\alpha<1$, (m) K.

9. (a) $\frac{4}{15}$, (b) $\dfrac{1}{\cosh(1)}-\dfrac{1}{2}\log\dfrac{1+\cosh(1)}{\cos(1)-1}$, (c) $\log 2\approx 0{,}6931$, (d) π, (e) -1,

(f) -4, (g) 24, (h) $\log(1+\sqrt{2})$, (i) $-\dfrac{\pi}{\sqrt{2}}$, (j) ∞.

10. (a) $\mathscr{L}(e^{at})=\dfrac{1}{x-a}\quad(x>a)$, $\quad\mathscr{L}(\sin at)=\dfrac{a}{x^2+a^2}$, $\quad\mathscr{L}(\cos at)=\dfrac{x}{x^2+a^2}$,

$\mathscr{L}(H(t-a))=\dfrac{1}{x}e^{-ax}\quad(x>0)$.

11. Es ist

$$\frac{2}{\pi}F\left(\frac{1}{2},\frac{\pi}{2}\right)=\sum_{k=0}^{\infty}a_k4^{-k}\quad\text{mit}\quad a_k=\left(\frac{1\cdot 3\cdots(2k-1)}{2\cdot 4\cdots(2k)}\right)^2.$$

Aus

$$a_4\cdot\left(\frac{9}{10}\right)^{2p}<a_{4+p}<a_4=\left(\frac{105}{384}\right)^2\qquad\text{für } p=1,2,\ldots$$

folgt

$$\frac{2}{\pi}F\left(\frac{1}{2},\frac{\pi}{2}\right)=1+\frac{1}{4\cdot 4}+\frac{9}{64\cdot 16}+\frac{25}{256\cdot 64}+r_3,$$

wobei sich r_3 mit Hilfe der geometrischen Reihe abschätzen läßt:

$$\frac{a_4}{64}\cdot\frac{1}{3,19}<r_3<\frac{a_4}{64}\cdot\frac{1}{3}.$$

Es ist also $0{,}000366<r_3<0{,}000390$ und schließlich $1{,}073180<\frac{2}{\pi}F(\frac{1}{2},\frac{\pi}{2})<1{,}073205$.

13.
$$\begin{aligned}\zeta(s)&=\frac{1}{2}+\frac{1}{s-1}-s\int_1^{\infty}C_1(x)\frac{1}{x^{s+1}}\,dx\\&=\frac{1}{2}+\frac{1}{s-1}+\frac{1}{12s}-\frac{s(s+1)(s+2)}{6}\int_1^{\infty}C_3(x)\frac{1}{x^{s+3}}\,dx.\end{aligned}$$

Aufgabe in 12.27. 2. Weg. Man bestimmt $w = T_n + R_n$ so, dass

$$T_n(t) \geq P(t) \text{ und } R_n(t) = \int_0^t (t-s)^n w(s)ds$$

ist. Die Gleichung führt auf $w^{(n+1)} = n!w$, der Ansatz $w(t) = \lambda e^{\alpha t}$ führt zu

$$\alpha^{n+1} = n! \text{ und } T_n(t) = \lambda \left(1 + \alpha t + \ldots + \frac{\alpha^n}{n!} t^n\right) \geq P(t).$$

Sind α und λ entsprechend bestimmt, so ist $u(t) \leq \lambda e^{\alpha t}$ für $t \geq 0$.

Historische Aufgabe in 12.27. $v' = Mv + A$, $v(0) = 0$, woraus man nach 12.9 $v(t) = A(e^{Mt} - 1)/M$ erhält. Aus $e^{-Mt} > 1 - Mt$ folgt $v(t) < Ate^{Mt}$.

Aufgabe in 12.28. Es ist $u(t) \leq g(t) + \int_0^t (t-s)^n u(s)ds$. Zwei Methoden.

(a) 2. Weg (s. oben): $g(t) \leq P(t) \Longrightarrow u(t) \leq \lambda e^{\alpha_0 t}$, $\alpha_0 = (n!)^{1/(n+1)}$.

(b) Folgerung aus Satz 12.28: α_0 wie in (a); wegen $G(\alpha_0) < \infty$ ist $g(t) \leq Ce^{\alpha_0 t}$. Zu $\alpha > \alpha_0$ gibt es dann ein λ mit $u(t) \leq \lambda e^{\alpha t}$.
Bei (b) wächst die Schranke stärker ($\alpha > \alpha_0$), aber es ist ein grösserer Term $g(t) \leq Ce^{\alpha_0 t}$ zugelassen.

Aufgabe 1 in 12.29. Man benutzt den 2. Weg: $w = T_n + R_n$ mit $w^{(n+1)} = cn!\sqrt{w}$. Für $w = \lambda t^{2n+2}$ hat man

$$w^{(n+1)} = \lambda \frac{(2n+2)!}{(n+1)!} t^{n+1)} = n!c\sqrt{w} \Longrightarrow \sqrt{\lambda} = \frac{n!(n+1)!}{(2n+2)!} c.$$

Der Ansatz $w(t) = \lambda(t+\alpha)^{2n+2}$ führt zu $w(0) = \lambda\alpha^{2n+2} = a$. Mit diesen Konstanten ist $u(t) \leq \lambda(t+\alpha)^{2n+2}$ für $t \geq 0$.

Aufgabe 2 in 12.29. Lösung: $w(t) = 6/(\alpha - t)^{-2}$. Man erhält

$$u(t) \leq \frac{6}{(\alpha - t)^2} \text{ falls } w(0) = 6\alpha^{-2} \geq a \text{ und } w'(0) = 12\alpha^{-3} \geq b \text{ ist.}$$

Die Funktion $u(t)$ existiert mindestens für $0 \leq t < \alpha = \sqrt{6/a}$, wenn $0 \leq b \leq \sqrt{2/3}a^{3/2}$ ist. Ist b grösser, so wird $\alpha = \sqrt[3]{12/b}$.

Literatur

Werke zur Mathematik-Geschichte

Häufig zitiert sind

DSB = Dictionary of Scientific Biography, Vol. I–XV, Charles Scribner's Sons, New York 1970–1978. Hier findet man, alphabetisch angeordnet, ausführliche Beschreibungen des Lebens und der Werke aller großen Mathematiker.

OK = Ostwald's Klassiker der exakten Wissenschaften. W. Engelmann Verlag, Leipzig. Diese Schriftenreihe enthält zahlreiche „klassische" mathematische Arbeiten vom Altertum bis ins 19. Jahrhundert, meistens sorgfältig kommentiert. Fremdsprachliche Werke sind ins Deutsche übersetzt.

MP = The mathematical papers of Isaac Newton, Vol. I–X. Ed. by D.T. Whiteside, Cambridge University Press 1967 ff.

1. ABEL, N.H.: Untersuchungen über die Reihe $1+\frac{m}{1}x+\frac{m(m-1)}{1\cdot 2}x^2+\frac{m(m-1)(m-2)}{1\cdot 2\cdot 3}x^3+\ldots$ Hrsg. v. A. Wangerin. OK 71, Leipzig 1921
2. ARCHIMEDES: Über Spiralen. OK 201, Leipzig 1922
3. BECKER, O.: Grundlagen der Mathematik in geschichtlicher Entwicklung. Orbis Bd. II/6, München 1954
4. BERNOULLI, JAKOB: Unendliche Reihen. Hrsg. v. G. Kowalewski. OK 171, Leipzig 1909
5. BERNOULLI, JAKOB: Wahrscheinlichkeitsrechnung (Ars conjectandi). Hrsg. v. R. Haussner. OK 107 (1. und 2. Teil), OK 108 (3. und 4. Teil), Leipzip 1899
6. BERNOULLI, JOHANN: Differentialrechnung (nach einer Handschrift von 1691/92). Hrsg. von P. Schafheitlin. OK 211, Leipzig 1924
7. BOLZANO, B.: Rein analytischer Beweis des Lehrsatzes, dass zwischen je zwey Werthen, die ein entgegengesetztes Resultat gewähren, wenigstens eine reelle Wurzel der Gleichung liege. Hrsg. v. Ph. Jourdain. OK 153, Leipzig 1905. Zitiert als „Rein analytischer Beweis"
8. BOLZANO, B.: Functionenlehre. Hrsg. v. K. Rychlik. B. Bolzano's Schriften, Bd. 1, Prag 1930
9. CANTOR, G.: Gesammelte Abhandlungen. Hrsg. v. E. Zermelo. Georg Olms, Hildesheim 1962
10. CANTOR, M.: Vorlesungen über die Geschichte der Mathematik, Bd. I–IV, Leipzig 1901. Der dritte Band wird als „Cantor III" zitiert
11. CAUCHY, A.: Cours d'Analyse de l'Ecole Royale Polytechnique. 1re Partie. Analyse Algébrique, Paris 1821, Œuvres complètes II.3. Zitiert als „Cours d'Analyse"
12. CAUCHY, A.: Résumé des Leçons données à l'Ecole Royale Polytechnique sur le calcul infinitésimal, Paris 1923. Œuvres complètes II.4. Zitiert als „Calcul infinitésimal"
13. CAUCHY, A.: Leçons sur le calcul différentiel, Paris 1829. Œuvres complètes II.4. Zitiert als „Calcul différentiel"
14. DEDEKIND, R.: Stetigkeit und irrationale Zahlen. Gesammelte Schriften, 3. Band, S. 315–334. Braunschweig 1932

15. DEDEKIND, R.: Was sind und was sollen die Zahlen? Ebenda, S. 335–391
16. DIJKSTERHUIS, E.J.: Die Mechanisierung des Weltbildes. Springer 1984
17. DUGAC, P.: Eléments d'analyse de Karl Weierstrass. Arch. Hist. Exact Sci. 10 (1973), 41–176
18. EDWARDS Jr., C.H.: The historical development of the Calculus. Springer 1979
19. EUKLID: Die Elemente, Buch I–XIII. Hrsg. v. Clemens Thaer. Wiss. Buchgesellschaft Darmstadt 1980
20. EULER, L.: Einleitung in die Analysis des Unendlichen. 1. Teil der Introductio in Analysin Infinitorum. Mit einer Einführung zur Reprintausgabe von W. Walter. Springer 1983. Zitiert als „Introductio"
21. EULER, L.: Institutiones calculi differentialis. Übersetzung „Vollständige Anleitung zur Differentialrechnung" von J.A.Chr. Michelsen 1790
22. EULER, L.: Institutiones calculi integralis. Übersetzung „Vollständige Anleitung zur Integralrechnung" von J. Salomon, 3 Bände, Wien 1828
23. FERMAT, PIERRE DE: Abhandlungen über Maxima und Minima. Hrsg. v. M. Miller. OK 238, Leipzig 1934
24. FERMAT, PIERRE DE: Einführung in die ebenen und körperlichen Örter. Hrsg. v. H. Wieleitner, OK 208, Leipzig 1923
25. GENOCCHI, A., PEANO, G.: Differentialrechnung und Grundzüge der Integralrechnung. Aus dem Italienischen übers. von G. Bohlmann und A. Schepp. Leipzig 1899
26. GERICKE, H.: Mathematik in Antike und Orient. Springer 1984
27. KEPLER, J.: Neue Stereometrie der Fässer. Übersetzung von R. Klug. OK 165, Leipzig 1908. Zitiert als „Fassmessung"
28. KLINE, M.: Mathematical Thought from Ancient to Modern Times. Oxford Univ. Press, New York 1972
29. KOWALEWSKI, G.: Große Mathematiker. München-Berlin 1939
30. LEIBNIZ, G.W.: Über die Analysis des Unendlichen. Hrsg. v. G. Kowalewski. OK 162, Leipzig 1920
31. LEIBNIZ, G.W.: Mathematische Schriften. Hrsg. v. C.I. Gerhardt, Bd. 1–7. Georg Olms, Hildesheim 1962
32. NEWTONS Abhandlung über die Quadratur der Kurven (1704). Hrsg. v. G. Kowalewski. OK 164, Leipzig 1908
33. REIFF, R.: Geschichte der unendlichen Reihen. Wiesbaden 1969
34. RIEMANN, B.: Mathematische Werke. Hrsg. v. H. Weber. B.G. Teubner, Leipzig 1892
35. , STRUIK, D.J.: A Source Book in Mathematics 1200–1800. Harvard Univ. Press 1969
36. TROPFKE, J.: Geschichte der Elementarmathematik, Bd. 1, 4. Aufl., bearb. v. K. Vogel, K. Reich, H. Gericke. De Gruyter 1980
37. WAERDEN, B.L. van der: Erwachende Wissenschaft. Birkhäuser 1956
38. WALTER, W.: Old and new approaches to Euler's trigonometric expansions. Amer. Math. Monthly 89 (1982), 225–230

Lehrbücher und Nachschlagewerke

39. ACZÉL, J.: Vorlesungen über Funktionalgleichungen und ihre Anwendungen. Birkhäuser, Basel und Stuttgart 1961
40. BECKENBACH, E.F., BELLMAN, R.: Inequalities. Springer 1961
41. COURANT, R.: Vorlesungen über Differential- und Integralrechnung. 1. Band, 4. Aufl., Springer 1971; 2. Band, 4. Aufl., Springer 1972
42. GRADSHTEYN, I.S., RYZHIK, I.M.: Table of Integrals, Series, and Products. Academic Press 1980

43. GRÖBNER, W., HOFREITER, N.: Integraltafel, Teil I und II. Springer 1961
44. HARDY, G.H., LITTLEWOOD, J.E., PÓLYA, G.: Inequalities. Cambridge Univ. Press 1959
45. HEUSER, H.: Lehrbuch der Analysis, Teil 1, 13. Aufl. und Teil 2, 11 Aufl., B.G. Teubner, Stuttgart 2000
46. JAHNKE-EMDE-LÖSCH: Tafeln Höherer Funktionen, 6. Aufl. B.G. Teubner, Stuttgart 1960
47. MAGNUS, W., OBERHETTINGER, F., and SONI, R.P.: Formulas and theorems for the special functions of mathematical physics. Springer 1966
48. MANGOLDT, H. v., KNOPP, K.: Einführung in die Höhere Mathematik, Band 1 bis 4. S. Hirzel Verlag, Stuttgart 1990
49. SELBY, S.M., WEAST, R.C., et al.: Handbook of Mathematical Tables. Chemical Rubber Publ. Co., Cleveland 1962
50. STRUBECKER, K.: Einführung in die höhere Mathematik, Bd. I–IV, R. Oldenbourg Verlag, München und Wien 1966ff.

Bezeichnungen und Grundformeln

Grundbegriffe wie $\lim a_n$, $\sum a_n$, f', $\int f\,dx$, … sind in der folgende Liste nicht aufgenommen.

Formeln

Tabellen

Namen- und Sachverzeichnis

Die kursiv gesetzte Seitenzahl hinter einem Eigennamen weist auf Lebensdaten hin.